개정3판

생태복원 계획·설계론 제Ⅱ권

생태복원 과정별 기법과 실무

조 동 길

넥서스환경디자인연구원 출판부

생태복원 계획·설계론 제 II 권 개정3판

생태복원 과정별 기법과 실무

1판 1쇄 인쇄 2011년 8월 25일
2판 1쇄 인쇄 2017년 8월 17일
3판 1쇄 인쇄 2024년 8월 30일

지은이 조 동 길

발행인 이 시 정
편집디자인 김 보 라

발행처 넥서스환경디자인연구원(주)
출판신고 2007년 2월 21일 (신고번호 제22-3086호)
주소 경기도 의왕시 이미로 40 인덕원 IT밸리 B903 (우)16006
전화 031-424-2930 | 팩스 031-421-2931
홈페이지 www.nexusdesign.co.kr | 이메일 nexus@nexusdesign.co.kr
값 40,000원

ISBN 979-11-87571-24-7

생태복원 계획·설계론 제 II 권 개정3판

생태복원 과정별 기법과 실무

조 동 길

넥서스환경디자인연구원 출판부

개정3판

머 리 말

지난 2011년에 "생태복원 계획·설계론"으로 초판을 낸 이후에 2017년에 "생태복원 계획·설계론"을 2권으로 나누어 개정판을 출간하였다. 이후 필자는 실무를 보는 회사의 대표를 마치고, 2020년 3월 학교로 와서 교육과 연구에 더 집중할 수 있는 좋은 계기가 마련되었다. 학교에 와서 생태복원 분야와 관련된 교과목들을 중심으로 강의하다 보니 개정3판을 서둘러 내야겠다는 생각을 항상 품고 있었다. 가장 크게 변화한 것 중에 하나가 생태복원과 관련된 정책이 법제화되면서 산림청에서는 '산림복원'이라는 이름으로 법조항이 신설되었고, 환경부에서는 '자연환경복원'과 관련한 법조항이 생겼다. 해양수산부에서 갯벌복원을 위한 갯벌법(약칭)이 제정되기도 하였다. 결과적으로 법적 뒷받침 속에서 우리나라 생태복원 분야는 더 체계적이고 빠르게 발전하고 있었다. 그런 가운데 이 책은 아직도 2017년 시절을 벗어나지 못하여 아쉬움만을 가지다가 이제야 3번째 개정판을 출간하게 되었다.

3번째 개정판에서는 새로운 법과 제도, 정책이나 기법 등을 담았다. 특히, 기후변화협약에 따른 파리협정의 이행과 생물다양성협약, 그리고 쿤밍-몬트리올 글로벌 생물다양성 프레임워크(GBF) 등으로 세상은 빠르게 변화하고 있다. 이에 발맞춰 우리나라에서도 여러 가지 법과 제도를 정비하고, 국제 흐름에 맞추고 있다. 또한, 생태복원에 대한 국내 관심이 더 많아지고, 새로운 기법들이 정착되어 가면서 생태복원 사업을 위한 단계별로도 새로운 내용들을 추가하였다. 물론 지난 7년 사이에 사라진 제도나 잘못되었다고 판단된 내용들은 삭제하였다.

7년 사이의 변화 과정을 거치면서 새로운 개정판을 낸 만큼 앞으로 또 5~6년이 지나는 사이에 생태복원 분야에는 많은 발전이 있을 것으로 생각한다. 따라서 그 때 즈음엔 "생태복원 계획·설계론" 제4판이 출판될 것이라고 생각한다. 개정3판 작업을 하면서 담지 못했거나 수정하지 못한 것들은 차후 지속적인 수정과 보완 작업을 거치면서 더욱 정교하고 체계화된 책이 될 수 있도록 하고자 한다. 더불어서 독자분들께서 이 책에 담긴 내용에 대한 지적 혹은 새로운 생각들이나 기법들에 대해서 알려주신다면 언제든지 받아들이고 고민하여 더 나은 책을 만들 준비를 갖고 있음을 알려드리고 싶다. 학문의 발전 속에 산업이 발전하게 되고, 산업의 발전은 학문의 발전으로 다시 연결되는 순환과 교류의 관계 속에서 우리 생태복원 분야가 나날이 발전해 나가기를 진심으로 바란다.

끝으로 책이 나오기까지 세세한 내용을 리뷰하고 수정해 준 진산환경연구원의 정희정 연구원과 동아대학교 생태복원연구실의 김민지 연구원, 넥서스환경디자인연구원의 이시정 대표에게도 고마운 마음을 전하다. ♣

부산 승학산 기슭에서 낙동강 하구를 보며.

珍汕 **조 동 길** (cdgileco@dau.ac.kr)

2권 차례

1권 차례

사진설명 : 길동생태공원

1장 생태복원 전체 과정과 접근 방법

1. 생태복원의 전체 과정과 접근 방법

가. 생태복원의 전체 과정

생태복원을 위한 과정은 다른 분야의 사업과 크게 다르지 않다. 조경이나 건축, 도시계획 분야 등에서 일반적으로 이루어지는 목적 설정 → 조사 및 분석, 평가 → 기본구상 → 계획 및 설계 → 시공 → 유지 및 관리 등의 과정을 생태복원에서도 거의 유사하게 거친다. 다만, 복원 목적이 명확히 제시되지 않은 사업을 추진할 경우에는 목적 설정이 대상지역에 대한 조사 및 분석, 평가 등의 과정을 거친 후에 시행하는 것이 일반적이다. 여기서는 생태복원 사업의 진행을 위한 전체 과정을 기획 단계를 포함시켜 크게 5단계로 구분하여 설명하였으며, 전체 과정은 [그림 1-1]에서 제시하였다.

1단계에서는 복원사업을 기획하는 단계로서 복원사업을 어떻게 추진할 것인지에 대한 준비 단계라 할 수 있다. 이를 위해 우선 복원할 대상지역을 선정한 후 그 지역이 국가나 지역, 사이트 차원에서 복원이 필요한 것인지를 검토해야 한다. 훼손되지 않았거나 자연에 의한 자율적 복원이 더 경제적이라면 굳이 복원을 할 필요가 없을 것이다. 이후 선정된 지역이 복원할 필요가 있다고 판단된다면 대상지역에 대한 전반적인 여건을 분석하는 것이 바람직하다. 마지막으로 복원사업을 추진하기 위한 이해 당사자들이 참여하는 파트너십을 구축해야 한다. 최근에는 국제적으로도 다양한 이해당사자와 지역주민의 참여를 강조하고 있다.

2단계는 복원사업 지역에 대한 현황 조사 및 분석과 평가를 시행하는 단계이다. 이 단계에서는 대상지역에 대한 생태계 구조와 기능에 대한 조사를 실시한 후에, 복원 측면에서 다양한 분석을 시행해야 한다. 아울러서 조사 및 분석 결과를 토대로 해당 지역의 보전 가치 평가와 함께 향후 예측되는 환경 변화에 대한 내용을 도출하여 대상지역의 복원 방향을 설정하는 데 참고할 수 있도록 해야 한다.

2단계는 현황에 대한 진단에 해당한다. 정밀하고 체계적인 조사 및 분석을 통한 정확한 진단은 복원 방향 설정에 있어 매우 중요하다. 또한, 이 단계에서는 SWOT-C 분석을 시행하게 된다. 조사 및 분석 결과를 토대로 강점(S), 약점(W)을 도출하고, 기회 요소(O)와 위협 요소(T)를 구분한다. 그리고 제한인자(C)를 도출하여 강점은 기회 요소와 함께 더욱 잘 활용하도록 해야 하며, 약점은 위협 요소와 함께 제거하거나 극복해야 한다. 제한인자는 대상지에서 생태복원과 관련된 제약 사항이나 한계를 설정하는 인자들로서 최적의 해결 전략을 수립해야 한다.

1단계

▶ 복원 사업의 기획

- 복원 대상지 선정
- 국가·지역·사이트 차원에서의 복원 필요성 및 여건 검토
- 이해당사자를 포함한 파트너십 구성

2단계

▶ 현황 조사 및 분석, 평가

- 현황 조사 및 분석
  - 지역적 맥락의 조사 및 분석
  - 역사적 맥락의 조사 및 분석
  - 생태적 기반 환경의 조사 및 분석 : 기후 및 기상, 지형 및 지세, 수리 및 수문, 토양 등
  - 생태환경의 조사 및 분석 : 서식처, 식생 및 식물상, 동물상 등
  - 생활환경의 조사 및 분석 : 대기질, 수질, 소음 및 진동, 폐기물 등
  - 인문사회 환경의 조사 및 분석 : 토지이용, 인구, 교통, 역사 및 문화 등
  - 기타 환경 인자의 조사 및 분석
  - 조사 및 분석의 종합(SWOT-C 분석)
- 보전가치 평가 및 환경 변화 예측
  - 보전 가치 평가 : 희귀성, 다양성, 자연성 등
  - 환경 변화 예측 : 환경 잠재성 분석, 잠재자연식생 분석, 시계열 분석, 참조서식처 분석 등

3단계

▶ 복원 기본구상

- 복원 기본 방향 설정
- 복원 목표 설정
- 목표종 및 목표 서식처 선정
- 접근 방법 설정
- 대안 설정 및 프로그램 작성

4단계

▶ 복원 계획 및 설계

- 공간 구획 및 동선 계획·설계
- 생태적 기반 환경의 복원 : 기후 특성을 고려한 복원, 지형 복원, 수리·수문 및 수질 복원, 토양 복원, 환경개선 계획
- 식물상 및 식생 복원
- 생물종 서식처 복원
- 복원재료·시설물 및 포장 계획
- 모니터링 및 유지·관리 계획

생태적 영향 평가

5단계

▶ 친환경적 시행, 모니터링 및 복원 후 평가, 유지·관리

- 복원 계획의 친환경적 시행(시공)
- 모니터링
- 복원 후 평가
- 유지·관리

교훈
(유사 사업에 활용)

[그림 1-1] 생태복원의 기본 과정

3단계는 복원 기본구상을 실시하는 단계로, 복원계획을 수립하는 데 있어서 가장 중요한 부분이다. 앞 단계에서 이루어진 조사 및 분석 결과, 보전 가치 평가 및 환경 변화 예측 결과를 토대로 복원의 기본방향과 구체적 목표를 설정하는 단계이다. 이 중에서도 복원의 목표와 목표종 및 목표 서식처를 설정하는 것은 매우 중요하다. 실제로 복원 계획을 시행하였을 때, 이 계획이 성공한 것인지 실패한 것인지에 대한 판단은 복원 계획의 목표에 따라서 달라지기 때문이다. 주의할 것은 복원 목표를 설정하는 데 있어서 가능한 한 최대한 구체적이어야 하며, 다양하고 유동적인 목표 설정, 시간의 흐름을 고려한 목표 설정도 이루어져야 한다.

4단계는 복원 계획 및 설계 단계로서 3단계에서 설정된 복원 기본구상 내용 특히, 복원 목표를 달성하기 위한 여러 가지 계획들을 제시하는 단계이다. 이 단계에서는 복원할 서식처의 수준이나 유형, 생물종 등에 대한 정보를 바탕으로 하여 적합한 지역에 생물종이 필요로 하는 서식기반 및 시설들을 배치하도록 해야 한다. 이 단계에서 중요한 것은 적절한 서식처의 조성과 함께 인간의 접근과 영향에 대한 고려를 충분히 해야 한다는 것이다. 즉, 어느 정도 인간의 간섭을 허용하고, 제한을 해야 할 것인지에 대한 구분을 명확히 하여 필요한 공간과 재료, 시설물 등을 갖추어야 한다. 부문별 계획 및 설계 내용은 복원사업의 유형에 따라서 다소 차이는 있지만, 일반적으로 공간 구분과 동선, 생태적 기반 환경의 복원, 식물상 및 식생 복원, 생물종 서식처 복원, 복원 재료 및 시설물, 포장, 그리고 모니터링 및 유지·관리 계획으로 구분할 수 있다.

한편, 4단계에서 이루어진 복원 계획 및 설계에 대한 결과물은 생태적 영향 평가(ecological impact assessment)를 시행하여 복원 사업으로 인해 해당 지역 및 주변 생태계에 미치는 영향을 파악해야 한다. 복원 사업일지라도 잘못된 방향을 설정하였거나 대단위 복원 사업이 이루어지면 주변 지역에 미치는 영향이 없지는 않을 것이다. 따라서 계획 및 설계된 내용을 토대로 사업 내용이 생태계에 미치는 영향을 살피고, 저감 방안을 마련해야 한다. 복원 사업이 주변 생태계에 미치는 영향이 크다고 판단되면, 3단계에서부터 이루어지는 기본구상부터 다시 설정해야 한다.

마지막 5단계는 계획 및 설계된 내용을 토대로 친환경적인 시행, 모니터링 및 복원 후 평가, 유지·관리가 이루어지는 단계다. 이 단계에서 계획 및 설계도면에 준하여 시공을 하되, 실제 적용하는 데 있어서 제한점이 되는 인자들을 잘 고려하면서 시공해야 한다. 시공과 함께 관리는 조성 과정에서의 관리와 조성 직후의 관리, 그리고 준공 후 장기적인 관리 등으로 구분할 수 있다. 각 관리 단계별로 적용된 기법들이 제 기능을 할 수 있도록 해야 하며, 가급적 인위적 관리는 피하고 순응적 관리 방식을 채택해야 한다. 모니터링은 조성 전과 조성 중, 그리고 조성 후의 서식환경과 생물종을 기록하여 복원 계획·설계 및 시공의 성공 여부를 평가하는 기초 자료로 활용해야 한다.

한편, 우리나라 환경부에서 추진 중인 도시생태축 복원사업과 관련한 사업 추진 과정은 [그림 1-2]에서 제시하였다. 전체 과정은 5단계로 구성되어 있는데, 첫 번째인 복원 기획 단계는 사업의 본격적인 추진에 앞서 복원사업에 관한 전반적인 윤곽을 잡는 과정으로서 복원사업의 방향, 내용, 발전 계획 등을 작성한다. 사업타당성 검토에서 사업 부지 선정까지를 아우른다. 두 번째 단계인 복원 계획 수립 단계는 복원사업의 실질적인 실현 방법에 대해 여러 대안을 비교·검토하여 최적안을 선정하고, 그에 대한 부문별 기본계획을 마련하는 단계이다. 세 번째 단계는 복원 설계 단계로 타당성 조사 및 기본계획을 토대로 복원 규모, 배치 형태, 복원 방법 및 기간, 소요 비용, 유지관리 등을 조사, 분석, 비교 검토하여 상세 설계를 수행하는 단계이다. 네 번째 단계는 복원 시공 단계로 설계 단계에서 작성한 상세 설계도면에 따라 현장에서 환경과 조화를 이루도록 생태복원 공사를 실행하는 단계이다. 마지막 단계는 사후 관리 단계로 복원 시공 후 관리 단계인데, 모니터링, 유지·관리, 사후평가로 구분한다(환경부 자연생태정책과, 2023.07.).

※ 계획/설계와 시공 단계를 통합하여 시행할 수 있음.

[그림 1-2] 도시생태축 복원사업 추진 세부 절차

※ 자료출처: 환경부 자연생태정책과, 2023.07.

산림복원사업을 위한 추진 과정은 산림자원의 조성 및 관리에 관한 법률 제42조의5부터 제42조의 8까지에 걸쳐서 제시되어 있다. 여기서 말하는 산림복원사업의 과정은 독립적인 사업이라기보다는 산림청이나 지자체에서 종합적으로 추진하기 위해서 법에서 규정하고 있는 것을 의미한다.

주요 과정	법적 주요 내용	세부 규정
산림복원 대상지의 실태조사 (제42조의5)	① 지방자치단체의 장 및 지방산림청장은 훼손된 산림을 복원하기 위하여 매년 훼손된 산림의 실태를 조사하여야 한다. ② 지방자치단체의 장 및 지방산림청장은 제1항에 따라 조사한 훼손된 산림의 실태를 산림청장에게 보고하여야 하며, 산림청장으로부터 자료의 제출을 요청받은 경우에는 특별한 사유가 없으면 이에 협조하여야 한다.	▪ 실태조사의 내용과 방법, 절차 등 그 밖에 필요한 사항은 시행령 제48조의4(산림복원 대상지의 실태조사 내용 등) 참고
타당성 평가 (제42조의6)	① 지방자치단체의 장 및 지방산림청장은 산림복원사업을 시행하기 전에 산림복원의 필요성·적합성·환경성 등 타당성을 종합적으로 평가하여야 한다.	▪ 타당성 평가의 기준, 방법, 절차, 그 밖에 필요한 사항은 시행령 제48조의5(산림복원사업의 타당성 평가 기준 등) 참고
계획·시행 등 (제42조의7)	① 산림복원사업은 국가 또는 지방자치단체의 사업으로 한다. ② 산림복원사업을 하려는 자는 대통령령으로 정하는 바에 따라 산림복원사업의 시행에 관한 계획서(이하 "산림복원사업계획서"라 한다)를 작성하여야 한다.	
사후 모니터링 (제42조의8)	① 산림청장 및 지방자치단체의 장은 산림복원사업을 종료한 후 복원목표의 달성도, 식생 회복력 등에 대하여 10년 이상 모니터링을 실시하여야 한다. 다만, 대통령령으로 정하는 규모(660㎡) 이하의 산림복원지는 제외한다.	▪ 사후 모니터링을 위한 기준과 절차, 방법과 내용 등에 필요한 사항은 시행령 제48조의7(산림복원지의 사후 모니터링 절차 등) 참고

[그림 1-3] 산림복원사업 추진 과정

※ 자료출처: 산림자원의 조성 및 관리에 관한 법률(2023.6.20., 일부 개정 기준)의 내용을 그림으로 작성함.

위 과정에서 계획·시행 등의 단계에서 작성하는 산림복원사업계획서에는 다음 각 호의 사항이 포함되어야 한다.

1. 사업의 필요성과 목표
2. 사업 대상지역의 위치, 현황, 사업 기간, 총 사업비
3. 주요 사용공법 및 전문가 활용계획
4. 사후 모니터링 및 평가계획

5. 그 밖에 사업 시행에 필요하다고 인정되는 사항

한편, 산림복원 업무처리지침(산림청, 2022.01.)에서는 전체 과정을 7단계로 구분하였는데, 각 단계별 추진 절차는 다음과 같다.

추진절차		시행주체	주요내용	검토사항
1단계	산림복원 기본계획 수립	산림청장	• 계획기간 : 10년 • 주요내용 - 목표,,추진방향, 사후관리, 정보관리, - 인력육성, 국제교류 등 • 지자체, 지방산림청 - 광역 지역계획 등 수립	• 산림복원의 기본목표 및 추진방향 • 산림복원 대상지 • 산림복원지 사후관리
2단계	산림복원 대상지 실태조사	지자체장 지방산림청장	• 연 1회, 수시(필요시), 전국 • 현장조사(서면, 항공, 원격 병행)	• 훼손지 현황 - 훼손원인 및 유형 - 훼손규모 및 2차 피해 - 복원의 필요성·시급성
3단계	산림복원사업 타당성 평가	지자체장 지방산림청장	• 산림복원사업의 타당성 평가 • 평가기준 - 필요성, 적합성, 환경성	• 사업의 시급성 ·효과성 • 기본계획과의 연계성 • 대상지 훼손원인 및 정도 • 복원목표 및 참조생태계
4단계	산림복원사업 계획서	지자체장 지방산림청장	• 산림복원사업 실행 전 수립 • 주요내용 - 복원 목표, 대상지 현황, 적용공법, 모니터링·평가계획 등	• 목표종 선정의 적정성 • 소재 확보 계획 • 현장 실행 가능성
5단계	산림복원 사업실행	지자체장 지방산림청장	• 산림복원 공사의 실행 - 설계, 시공, 감리 - 산림사업법인, 산림조합 등 • 자생식물과 자연재료 활용	• 자생식물·자연재료 활용 • 현장 시공 방법 • 주변 생태계 교란·피해
6단계	산림복원 사후 모니터링	지자체장 지방산림청장	• 준공 후 10년 이상 실시 - 1단계(1, 2년), (추가)3, 4년 - 2단계(5, 10년) • 모니터링 기관 - 한국수목원정원관리원 - 한국산지보전협회	• 모니터링 계획서 • 기반·환경 현장 여건의 변화 • 생물다양성의 증감 • 재료·시설물 상태 등 • 사후관리 방안
7단계	산림복원지 사후 유지 관리	지자체장 지방산림청장	• (유지) 복원 진행상황 양호 - 풀베기 등 기본적인 사후 관리 • (보완) 예상치 못한 현상 발생 - 보식, 피해 발생지 등 보완 • (수정) 목표 달성이 어려운 경우 - 개선안 마련 및 목표 수정	• 모니터링 결과보고서 • 유지·보수(하자) 계획 - 여건 시기 등 검토 • 보완/수정 목표, 공법, 효과성 검토

[그림 1-4] 산림복원사업의 단계별 추진 절차

※ 자료출처: 산림청(2022.01.)을 다시 그림

나. 생태복원 원칙

1) SER과 IUCN(2004)의 기본 원칙

국제생태복원학회에서는 바람직한 생태복원을 위해서 그간의 경험을 토대로 만들어낸 13가지의 원칙을 제시하였다(SER & IUCN, 2004). 이 원칙들과 복원 과정에서의 속성들은 생태적 접근에 의한 생물다양성을 보전하기 위한 것들이다. 13가지의 원칙은 생태계를 위한 6가지 원칙과 인간계를 위한 7가지 원칙으로 구성되어 있다.

가) 생태계를 위한 원칙

첫째, 생태·환경적 공간의 변화를 설계에 녹아들게 해야 한다. 생태계는 항상 변화하는 공간이다. 기후나 지형, 수리·수문, 토양 등과 같은 생태적 기반 환경뿐만 아니라 식물과 동물 등 생물종들도 변화한다. 따라서 이러한 변화의 속성을 충분히 고려한 설계가 되도록 해야 한다.

둘째, 주변의 다른 거대한 생태계와 연계되어야 한다. 이것은 복원할 지역에 있는 생태계뿐만 아니라 주변 지역의 생물종 공급원이 될 수 있는 더 큰 생태계와 연결되어야 함을 의미한다. 주지하다시피, 생물종 공급원(source)과 생물종 수용처(sink)의 개념을 고려하여 접근해야 한다.

셋째, 구조적 변경보다는 복원되는 과정을 중요시해야 한다. 생태복원은 구조와 기능을 함께 복원하는 것이지만, 일반적으로 생태계의 구조를 잘 만드는 것은 상대적으로 어렵지 않다. 하지만 생태계의 기능은 제대로 복원되지 않을 경우에는 전혀 작동하지 않는 시스템이 된다. 따라서 구조적 복원도 중요하지만, 생태계의 기능이 제대로 구현될 수 있도록 복원하는 것이 중요하다. 이를 위해서 구조적 변경에 치우치는 것보다는 복원되는 과정을 중요시한 설계 방법을 사용해야 한다.

넷째, 복원지역이 자연발생적인 과정(self-generating processes)에 의해서 발달해 갈 수 있도록 충분한 시간을 허락해야 한다. 생태복원 사업은 토목이나 건설 사업과 같이 조기에 준공해야 좋은 것이 아니다. 자연이 스스로의 힘에 의해서 생태계를 만들 수 있도록 사람들이 도와주는 것뿐이다. 결과적으로 생태복원은 자연이 시간에 의해서 서서히 자리를 잡아갈 수 있도록 충분한 시간을 갖고 접근해야 한다.

다섯째, 훼손된 결과보다는 원인을 치유해야 한다. 훼손된 결과나 현상, 징후만을 보고 접근하는 것이 아니라 왜 대상지역의 생태계가 훼손되었는지에 대한 원인을 파악하여 진단하고 접근해야 한다. 이러한 접근은 복원사업이 실패하지 않도록 도와주며, 복원사업 이후 재차 훼손되는 것을 방지하기 위한 것으로 훼손 원인을 제거하는 복원이 되어야 한다.

여섯째, 순응적 관리를 위한 모니터링 계획을 포함해야 한다. 생태복원은 자연에 의해서 훼손지역이 원래의 상태로 되돌아가는 것이다. 따라서 예기치 못한 상황들이 자주 발생할 수 있다. 외래종의 침입이나 부영양화, 의도하지 않았던 종의 번성 등이 대표적이다. 따라서 복원사업 후 모니터링을 하면서 그에 적합한 관리 즉, 순응적 관리가 되도록 해야 한다.

나) 인간계를 위한 원칙

첫째, 모든 이해당사자들이 복원사업으로 인해서 얻게 될 비용과 편익, 기회 요소, 그리고 가능한 대안들에 대해서 충분히 알 수 있도록 해야 한다. 이것은 전문가들에 의해서만 추진되는 복원 사업이 아니라 다양한 이해당사자들 다시 말해, 토지 소유주, 사업자, 관리자, 지방자치단체, 지역주민, 환경단체 등 해당 사업과 이해관계가 있는 모든 사람들이 복원사업에 참여하고 구체적 내용, 복원 후 효과 등에 대해서 이해할 수 있도록 해야 한다는 것이다.

둘째, 모든 이해당사자들 특히, 자연자원의 이용자들에게 힘을 실어 주어야 한다. 이 원칙은 복원사업지역에서 예전부터 자연으로부터 혜택을 받는 사람들을 보호해야 함을 의미한다. 주지하다시피, 갯벌은 자연생태계로서도 중요하지만 어민들에게 삶의 터전이 된다. 따라서 복원사업을 시행할 때에는 이러한 자연자원을 토대로 살아가는 사람들에 대한 배려가 필요하다.

셋째, 관계된 모든 사회 구성원이 계획 및 시공, 모니터링 과정에 참여해야 한다. 이것은 첫 번째에 언급된 바와 유사한 내용으로 복원사업의 전 과정에 모든 사회 구성원들이 참여해야 한다는 것이다. 여기에는 사회적 약자들도 포함되어야 한다.

넷째, 관계된 이해당사자들이 복원사업을 위한 경계 설정에 참여해야 한다. 이것은 사업 대상지와 관련해서 이해당사자들이 참여해야 함을 강조한 것으로 토지 소유주, 관리 책임이 있는 국가 및 지방기관 등이 함께 참여해야 함을 말한다. 그리고 참여 과정에서 토지 소유 문제 등의 이해관계를 배려한 경계가 설정되도록 해야 함을 의미한다. 실제로 우리나라에서 이루어지고 있는 생태계보전부담금 반환사업이나 자연환경보전 및 이용 시설의 사업에 있어서도 토지 소유 문제는 매우 민감하고 중요한 역할을 한다.

다섯째, 해당 지역의 과학적인 지식과 지역 고유문화와 같은 전통 지식들을 포함하여 과거와 현재에 관련된 모든 형태의 정보들을 고려해서 접근해야 한다. 생태복원은 자연생태계만을 복원하는 것이 아니라 지역 고유의 문화와 역사, 그리고 독특한 생활 방식, 자연을 대하는 태도 등 모든 영역에서의 문화적 요소를 함께 복원하는 것이다. 따라서 지역의 고유한 문화적 특성을 배려하지 않고 생태계만을 복원하는 것은 바람직하지 않다.

여섯째, 장기적 목표를 받아들이는 과정에서 얻게 되는 단기적 이익을 제공해야 한다. 생태복원이 오랜 기간에 걸쳐서 이루어지는 만큼 지역주민이나 이해당사자들에게 복원사업이 시행됨으로써 초기에 얻게 되는 경제적 이득 등을 충분히 제공해 주어야 한다. 복원사업을 하게 되면 지역주민이나 지역자치단체에 어떠한 이익이 제공되는지를 장기와 단기로 구분해서 알려야 한다는 것이다. 예를 들어, 순천만을 포함한 순천만 국가정원 지역은 2023년 기준 한 해 980만 명 이상이 다녀가는 생태관광의 명소가 되었지만, 처음 순천만의 보전과 복원사업을 추진하고자 했을 때에는 지역주민의 반발이 있었다.

일곱째, 생태계가 주는 재화와 서비스에 대한 이득을 제공해야 한다. 생태계 서비스란 생태계를 통해서 얻을 수 있는 각종 유·무형의 혜택을 의미하는 것으로서, 생태계 서비스는 지지(지원) 기능, 공급 기능, 환경조절 기능, 문화 기능 등으로 다양하게 구분할 수 있다.

- 지지(지원) 기능: 서식지 제공, 대기 순환, 물 순환, 1차 생산, 토양 형성 등
- 공급 기능: 식량·섬유·원료·담수 등 유형적 생산물 제공
- 환경조절 기능: 기후 조절, 자연재해 조절, 수질 정화, 재해 방지 등
- 문화 기능: 오락적·미적 가치, 영감 제공

생태계 서비스에 관한 구체적인 내용은 "생태복원계획·설계론 제I권, 제5장. 생태복원 관련 국제 협약과 선진 외국의 법·제도" 부분에서 설명하였다.

일곱 번째 원칙은 여섯 번째와 유사한 것으로 복원된 생태계로 인해서 해당 지역에 어떤 이득이 주어지는 것인지를 알려주어야 한다. 생태관광 수익도 그 예가 될 수 있지만, 생태계가 갖는 고유한 기능 즉, 대기정화, 기후 조절 효과, 홍수 예방 효과 등 다각적인 측면에서의 이득을 알려주어야 한다.

2) 생태복원을 뒷받침하는 8가지 원칙

국제생태복원학회(2019)에서 발간한 "생태복원 실행을 위한 국제 원칙과 표준(International principles and standards for the practice of ecological restoration)"의 두 번째 개정판에서는 생태복원을 뒷받침하는 기본 원칙 8가지를 제시하였다([그림 1-5] 참조).

첫 번째 원칙은 이해당사자의 참여이다. 국제적인 원칙들에서는 가장 중요하게 생각하는 것이며, 앞서 제시하였던 내용들과 맥을 같이한다.

두 번째 원칙은 여러 가지 유형의 지식을 활용하는 것이다. 여기서 다양한 유형의 지식에는 전통적 생태지식(TEK), 지역적 생태지식(LEK), 과학적 발견, 실무자들이 복원 현장에서 습득한 지식 등을 포괄적으로 포함한다.

세 번째 원칙은 환경 변화를 고려하면서, 자생적인 참조 생태계를 활용하는 것이다.

네 번째 원칙은 식물과 동물이 서로 상호작용하고 공유하고 있는 환경에서 이루어지고 있는 자연 회복력을 향상시키는 것이다. 즉, 생태계의 회복 과정을 지지해야 한다.

다섯 번째 원칙은 측정 가능한 지표를 사용하여 명확한 목적과 목표를 설정해야 한다. 생태복원 프로젝트의 비전, 목적과 목표, 계획 등 전반적인 과정에서 그 내용들이 명확히 규정되어야 한다.

여섯 번째 원칙은 가능한 한 최고 수준의 생태계로 복구되도록 해야 한다. 즉, 복원하고자 하는 대상지역의 환경에 가장 적합한 복구 기법을 적용함으로써 최고 수준의 생태계로 복원되도록 해야 한다.

일곱 번째 원칙은 대규모 복원사업에 적용할 때에는 축적된 가치를 확보할 수 있어야 한다. 생태복원은 공간 규모에 관계없이 여러 가지 유익한 결과를 가져올 수 있다. 하지만 상당 부분의 생태적 과정은 유역 수준과 같이 더 큰 규모에서 잘 작동한다. 생태학적 그리고 범지구적 지속가능성 요구를 해결하려면 복원 조치 규모를 확대할 필요가 있다.

여덟 번째 원칙은 복원 활동 연속체의 한 부분으로서 작동하게 하는 것이다. 생태복원은 다양한 수준에서 생물다양성 보전에 기여하고, 탄소 격리·저장을 포함한 중요한 생태계 서비스 제공을 늘리고, 사람의 건강이나 복지 등을 개선하고, 인간과 자연과의 긍정적인 관계를 강화할 수 있는 많은 전략 중

하나이다. 따라서 생태복원은 이러한 지구환경 개선을 위한 연속체의 일부분으로서 작동할 수 있도록 해야 한다.

[그림 1-5] 생태복원을 뒷받침하는 8가지 원칙

※ 자료출처: George D. Gann *et al.*, 2019.

3) UN 생태복원 10년 계획을 위한 원칙

주지하다시피 2021년부터 2030년까지는 UN에서 정한 생태복원 10년 계획(The UN Decade on Ecosystem Restoration)이 적용되는 시기이다. 그래서 FAO, IUCN CEM & SER(2021)에서는 생태복원을 위한 원칙 10가지를 제시한 바 있다.

첫 번째 원칙은 생태계 복원은 UN의 지속가능발전목표와 리우 협약의 목표에 기여해야 한다.

두 번째, 생태계 복원은 시작 단계, 진행 과정과 결과까지의 전반에 걸쳐 포용적이고 참여적인 거버넌스, 사회적 공정성 및 형평성을 촉진해야 한다.

세 번째, 생태계 복원은 일련의 복원 활동(a continuum of restorative activities)을 포함해야 한다.

네 번째, 생태계 복원은 생물다양성, 생태계 건강성과 온전성, 인간의 복지를 위한 최고 수준의 회복을 달성하는 것을 목표로 한다.

다섯 번째, 생태계 복원은 생태계 악화의 직·간접적 원인을 해결해야 한다.

여섯 번째, 생태계 복원은 모든 유형의 지식을 통합하고 프로세스 전반에 걸쳐 지식의 교환과 통합을 촉진해야 한다.

일곱 번째, 생태계 복원은 잘 정의된 단기·중기·장기의 생태학적, 문화적, 사회·경제적 목적과 목표를 기반으로 해야 한다.

여덟 번째, 생태계 복원은 경관이나 해상 환경(seascape)을 고려하면서 지역의 생태적, 문화적, 사회·경제적 맥락에 맞게 조정되어야 한다.

아홉 번째, 생태계 복원에는 프로젝트나 프로그램의 전반에 걸쳐 모니터링, 평가 및 순응형 관리를 포함해야 한다.

마지막 열 번째, 생태계 복원은 장기적인 발전과 확장을 촉진하는 정책과 조치를 통해 가능해진다.

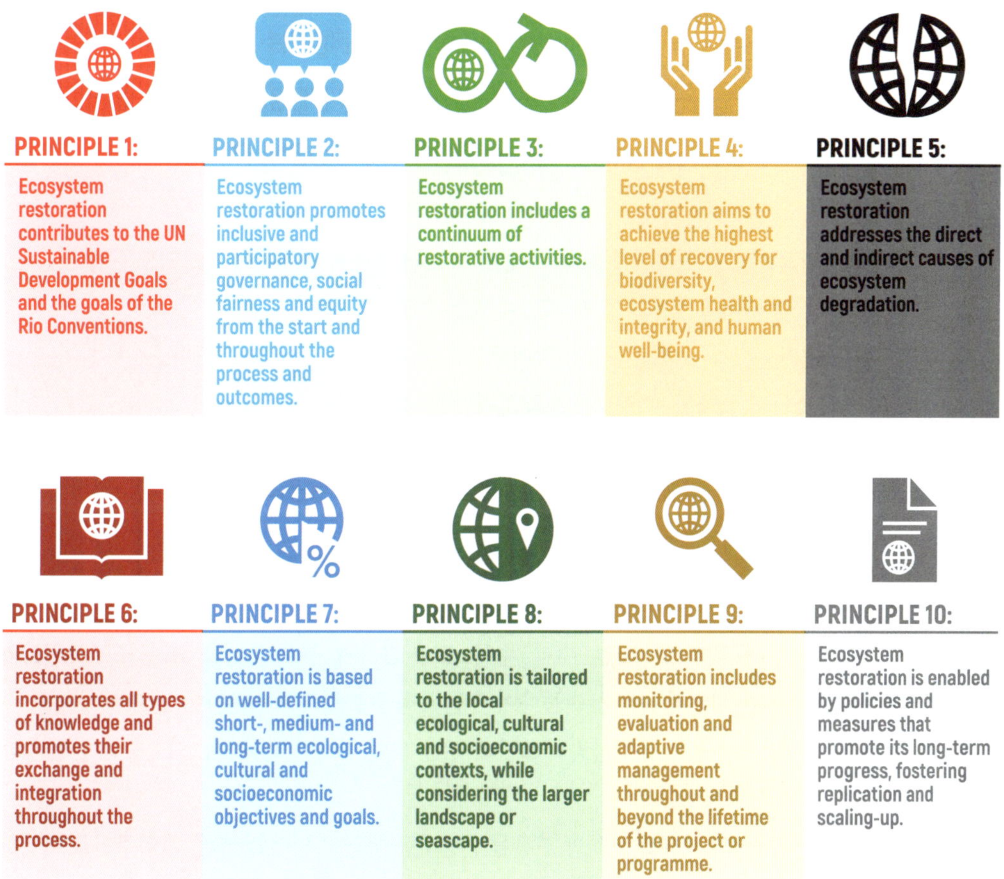

[그림 1-6] UN 생태복원 10년 계획을 위한 원칙

※ 자료출처: FAO, IUCN CEM & SER, 2021.

4) 법적 원칙

법적 원칙과 관련해서는 "생태복원계획·설계론 제I권, 제5장. 생태복원 관련 국제 협약과 선진 외국의 법·제도" 부분에서 설명한 바 있으나, 여기서 다시 한번 제시하면 다음과 같다.

우선, 환경부의 자연환경복원사업에 대한 기본 원칙은 자연환경보전법에서 제시하지 않고 있다.

다만, 산림복원을 규정하고 있는 산림자원의 조성 및 관리에 관한 법률 제42조의2에서 산림복원의 기본원칙을 다음과 같이 제시하고 있다.

1. 산림생태계가 모든 국민의 자산으로서 공익에 적합하게 보전·관리되고 지속가능한 이용이 이루어지도록 한다.
2. 산림 내 생물이 생태적으로 보호되고 산림생물다양성이 유지·증진될 수 있도록 한다.
3. 산림 내 서식공간 및 기능이 확보되도록 지형·입지에 적합한 자생식물·자연재료를 사용하여 식생을 복원한다.
4. 산림 내 생태계 균형이 파괴되거나 그 가치가 낮아지지 않도록 한다.
5. 산림복원 시 계획, 모니터링, 평가의 유기적 연계를 강화한다.

또한, 갯벌 복원과 관련해서는 '갯벌 및 그 주변지역의 지속가능한 관리와 복원에 관한 법률' 제19조에서 갯벌복원사업의 기본원칙을 다음과 같이 제시하였다.

1. 갯벌생태계의 건강성이 증진되도록 하고 내륙·연안의 생태적 연결성이 확보되도록 할 것
2. 과학적 모니터링 결과를 복원사업 전 과정에 반영할 것
3. 사업계획 수립단계부터 이해관계자가 참여하도록 할 것
4. 지역주민의 소득이 증대될 수 있도록 노력하여야 할 것

5) 또 다른 원칙

앞서 국제생태복원학회(SER)에서 제시한 생태복원 원칙과 중복될 수 있지만, 우리나라에서 생태복원을 할 때 접근해야 하는 기본 방침은 다음과 같다.

첫째, 우리나라의 기후 및 지형·지질, 수리·수문, 토양 및 식생 분포 특성을 고려하고, 복원사업 대상지역별로 갖는 고유한 생태적 특성을 존중하여 복원 계획을 수립하고 시행해야 한다.

둘째, 도입되는 식생은 가능한 우리나라의 고유 식생을 우선적으로 사용하며, 외래종의 침입에 대한 대비책을 갖고 복원을 진행해야 한다.

셋째, 지역사회 및 지역의 고유한 문화와 전통을 존중하는 복원이 되어야 하며, 지역주민을 비롯한 다양한 이해당사자가 함께 복원을 진행하도록 한다.

넷째, 복원 후 유지 및 관리 문제를 염두에 두고, 효율성은 높으면서 적은 유지·관리 비용과 자연에 의한 복원이 진행될 수 있도록 유도해야 한다.

다. 생태복원의 기본 접근 방법

1) 자연 형성 과정을 고려한 접근

자연 형성 과정이란 자연에 의해서 스스로 환경과 생물이 만들어져 가는 것이라고 할 수 있다. 즉, 자연에 의한 침식, 운반, 퇴적에 의한 지형 변화와 생태천이에 의한 식물군락과 동물군집의 시간적인 변천 등에 의하여 생태계가 형성되거나 변화되는 것을 바탕으로 접근하는 것을 말한다. 그 중에서도 자연이 만들어 내는 지형 변화를 대표적으로 꼽을 수 있는데, 하천에서 물의 흐름에 의한 침식과 운반, 퇴적 과정이 그 예가 된다. 인위적인 간섭이 없음에도 불구하고 물의 이동에 의해서 지형이 변화하는 것이며, 이러한 것은 사막에서나 바닷가에서도 쉽게 볼 수 있고, 빙하에 의한 지형 변화도 있다. 우리가 생태복원을 할 때에는 이러한 자연의 형성 과정을 이해하고, 앞으로 자연적으로 형성될 자연환경에 맞추어 접근해야 한다.

기후는 지형을 변화시킨다. 이 분야를 집중적으로 연구하는 것이 기후지형학(climatic geomorphology)인데, 기후조건과 지형과의 관계를 연구한다. 그리고 지형은 다시 수리와 수문 조건을 변형시키고, 변형된 수리·수문 조건에 맞추어서 토양이 변형된다. 즉, 건조한 곳은 건조 토양이 형성되고, 물에 접한 곳은 습한 토양, 그리고 물에 잠긴 곳은 습지 토양으로 발달해 나간다. 당연히 이러한 토양 조건들은 서식하는 식물종의 변화를 유발한다. 습한 토양에는 습생식물이 서식할 것이고, 건조한 토양에서는 육상식물이 서식할 것이다. 이러한 원리 즉, 기후 → 지형·지세 → 수리·수문 → 토양 → 식물상 및 식생 → 야생동물 등의 순환 및 상호 관련성은 비교적 간단한 이론임에도 불구하고 우리가 생태복원과 관련된 계획과 설계를 할 때 쉽게 간과하는 것이기도 하다. 따라서 좀 더 주의를 기울여서 자연에서의 원리·원칙들을 터득해 나갈 필요가 있다.

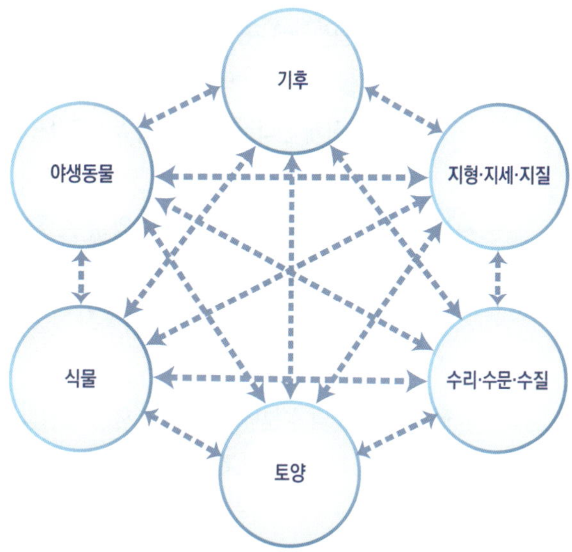

[그림 1-7] 비생물적 환경 인자와 생물 환경 인자의 순환 구조

구체적으로 우리나라의 환경에서 볼 수 있는 생태기반환경과 생태환경과의 일반적인 관련성을 제시해 보면 다음과 같다(안봉원 등, 1986).

- 지형-기후: 지형은 전반적인 지역 기후뿐만 아니라 일정 장소에 독특한 미기후를 형성하는 데 있어서 결정적인 역할을 한다. 계곡의 깊이, 사면의 경사도 및 향 등은 기온, 일조, 통풍,

강우 등의 제반 기상학적 현상에 영향을 미친다.

- 지형-지질: 급경사 지역은 주로 높은 지대에 분포되어 있으며, 완경사 지역은 주로 낮은 지대에 분포한다. 하천변은 주로 충적층으로 이루어졌으며, 이 지역은 보통 농경지로 이용된다. 석회암 등의 연질암과 화강암 등의 경질암은 풍화 작용의 차이에 따라 지형의 고저 형성에 영향을 미친다. 이 밖에도 단층, 습곡, 관입(貫入) 등의 지질 작용은 지형의 형성에 중요한 역할을 한다.
- 지형-수문: 지형적 특성에 따라서 하천의 기본적 패턴이 형성되며, 하천의 흐름은 지형을 변화시킨다. 지하수위 등은 지형 및 지질학적 구조에 영향을 받는다.
- 지형-토양: 지형의 변화가 미기후, 배수 등의 물리적 환경에 영향을 미쳐서 다양한 토성을 갖게 된다. 저지대에서는 일반적으로 배수가 불량하여 토양 발달이 양호하지만, 고지대는 건조하므로 토양 발달이 불량하여 토심이 깊지 못하다.
- 지형-식생: 지형의 고저가 미기후, 배수, 토성 등의 물리적 환경에 영향을 미쳐서 다양한 식생을 형성하게 된다. 지형의 고저뿐만 아니라 향, 경사도 등도 식생 형성에 영향을 미친다.
- 지형-야생동물: 구릉, 평야, 호수 등의 지형적 여건에 따라서 서로 다른 종류의 야생동물이 서식하게 된다. 야생동물의 서식은 식생 분포와도 밀접한 관련이 있다.

- 지질-수문: 지질학적 구조는 지하수의 유무, 용수의 다소에 직접적인 관계가 있으며, 모암의 종류 및 지형에 따라서 하천의 패턴이 형성된다.
- 지질-토양: 토양은 본래 암석으로부터 풍화 작용에 의하여 형성된 것으로 모암의 성분에 따라 토성이 영향을 받는다.
- 지질-식생: 모암 성분에 따라 토양 형성이 영향을 받으므로 식생 패턴까지 영향을 미친다. 또한 지질학적 작용이 지형 형성에 기여하며, 지형은 식생 분포와 밀접한 관계가 있다.

- 토양-수문: 배수의 양호 정도, 지하수위의 변동은 토성에 직접적인 영향을 미친다.
- 토양-식생: 토성 및 토양의 발달 정도는 식생 타입과 직접적 관계가 있다. 교목 혹은 숲이 잘 발달된 지역의 경우는 초지 등에 비하여 깊은 토심을 필요로 한다. 또한 습도, 비옥도 등은 식생 타입에 결정적인 역할을 한다.
- 토양-야생동물: 토양은 식생 타입과 관련이 있으며, 식생 타입은 야생동물의 분포에 중요한 인자가 된다.

- 수문-기후: 수문과 기후는 상호 의존 관계에 있다. 강우, 일조 등의 기상 조건은 지표수 및 지하수의 수량에 직접적 관련을 갖는다.
- 수문-식생: 토양 내 수분의 함량, 지하수위는 식생 타입과 직접적인 관련이 있다.

- 수문–야생동물: 수질은 어류 분포에 영향을 미치며, 식생 타입에 영향을 미쳐 궁극적으로 모든 야생동물의 분포에 관련된다.
- 식생–야생동물: 식생 분포는 야생동물의 서식처 분포에 결정적 인자가 되므로 식생도는 야생동물 분포도의 기초가 된다.
- 식생–기후: 기후의 지역적 변화에 따른 식생의 변화는 잘 알려진 사실이며, 미기후의 차이에 따라서도 식생 타입에 변화를 초래하게 된다. 또한, 식생으로 인한 미기후 형성도 이루어지고 있다.

이러한 접근 방법은 다시 순응적 계획 및 설계로 이야기할 수도 있다. 이 책의 뒷부분에서 제시하게 될 순응적 관리(adaptive management)에서 언급하겠지만, 자연이라는 환경은 시간에 따라서 각양각색으로 변하기 마련이다. 따라서 우리가 계획·설계를 할 때에 이러한 시간적인 변화와 공간적인 유연성을 고려할 필요가 있다.

2) 지역 고유의 역사와 문화를 존중하는 설계

생태복원은 넓은 차원에서 경관복원이라고도 한다. 경관은 생태와 문화가 얽혀있는 자원이다. 우리가 생태복원을 하는 데 있어서 자연적 측면의 환경만을 복원한다는 좁은 사고보다는 그 환경을 토대로 발달해 가는 문화를 함께 복원한다는 사고를 가질 필요가 있다. 즉, 생태·문화적 복원(eco-cultural restoration 또는 bio-cultural restoration)이라고 할 수 있는데, 이는 복원할 지역의 고유한 생태자원과 함께 문화적 특성을 반영하여 접근해야 함을 의미한다.

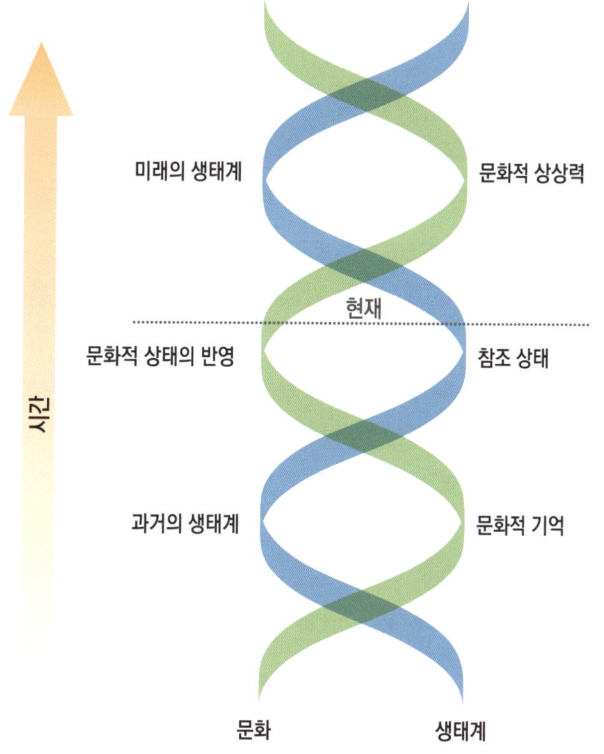

[그림 1-8] 생태와 문화의 조합에 의한 경관의 진화

예를 들어, 과거 전통적 어업 방식이 이루어지던 갯벌 지역과 주변 어촌을 복원한다고 하면, 우리는 갯벌의 생태적 복원과 함께 그곳에서 친환경적인 방식으로 어업을 하던 방법과 고유한 문화를 함께 고려해 주어야 한다. 또한, 우리나라는 과거부터 해풍과 염에 의한 피해를 감소시키기 위해 방풍림을 조성한 지혜가 있었는데, 갯벌과 어촌 내 농경지 사이에는 이러한 방풍림을

함께 복원해 주어야 한다. 방풍림은 바람과 함께 염분을 감소시켜 마을 인근에서 벼농사나 밭농사를 가능하게 해주고, 방풍림 자체가 물고기들에게 알맞은 서식처를 제공해 주어 해안가로 물고기를 모으는 역할을 하기도 하였다. 이러한 특정 문화 방식으로 경남 남해 물건리의 어부림이나 전남 고흥 신금리 외나로도의 어부림은 천연기념물로 보호하고 있다.

물고기의 유인을 위한 수림대 조성은 결과적으로 배후의 농경지와 마을을 해풍으로부터 보호하는 역할도 한다.

[그림 1-9] 남해 물건리 어부림

3) 전통 생태 지혜를 고려한 접근

지역 고유의 역사와 문화적 접근은 다시 우리 고유의 전통적인 생태 지혜라고도 할 수 있다. 이러한 전통적 지혜는 생태계를 보다 친환경적으로 복원하는 데 도움을 준다. 최근에는 생물다양성 협약 등의 영향으로 전통적 생태 지식(Traditional Ecological Knowledge, TEK)의 중요성이 커지고 있다. 이와 관련된 구체적인 내용은 이 책의 "제5장. 생태복원 기본구상" 중 복원 아이디어 및 전략 설정 부문에서 제시하였다.

배산임수의 지혜는 모두가 잘 알고 있는 것이며, 전통마을에 항상 빠지지 않는 요소 중에는 마을 내에서 발생하는 하수를 정화하는 습지가 마을 입구에 입지하는 경우가 많다. 필요한 경우에는 마을 앞에 숲을 조성하기도 하였다. 원주시 신림면 성남리 성황림은 온대 지방을 대표할 만한 활엽수림으로서 학술적 가치가 높고, 우리 조상들의 과거 종교관을 알 수 있는 민속자료로서의 기능도 하고 있으므로 천연기념물로 지정·보호하고 있는(국가유산청 국가유산포털, 2024년 6월 20일 검색 기준), 수구막이숲이다. 치악산자락에서 발원한 성남천이 마을을 거쳐 빠져나가는 수구에 조성되어 물과 함께 마을의 복락(福樂)이 밖으로 빠져나가지 않고 밖에서 들어오는 재액(災厄)이 마을로 들어오지 않게 막아주는 역할을 하고 있다. 뿐만 아니라 산자락과 산자락 사이를 가로막고 있어 골짜기를 타고 마을로 불어오는 세찬 바람을 막아주는 방풍숲이기도 하다. 마을사람들은 누구나 성황림이 없으면 바람 때문에 살기 힘들 것이라고 생각한다(한국전통지식포탈, 2024년 6월 20일 검색 기준).

농경과 관련하여서도 급한 경사지역에서 농사를 짓기 위해서 다랭이논이나 밭을 만들었다. 또한 경사지에서 밭고랑을 만들 때에도 등고선 방향으로 만들어서 농작물 생육에 유리하게 하였을 뿐만 아니라 침식 위험도 저감시켰다.

4) 유역 차원의 접근

유역 차원에서의 복원은 복원사업을 진행하는 데 있어서 대상의 규모를 어떻게 설정할 것인가 하는 문제를 잘 보여준다. 특히, 수질 향상을 포함하는 생태복원 계획은 보다 효율적인 수질 관리를 위한 계획 단위로서 유역 접근을 강조하고 있다.

가) 유역 차원 접근의 중요성

강과 하천, 나아가서는 호수나 습지 등의 수질을 향상시키고 관리하기 위한 지역의 설정에 있어서 효율적인 방법은 유역 차원의 접근 방법과 생물지역적 접근, 그리고 생태적 단위의 접근으로 구분해서 볼 수 있다.

우선, 유역(watershed) 차원의 접근 방법은 생물·물리적 및 사회·문화적 과정 사이의 관계를 명확히 하기 위해 상호관련성을 중요시하는 것으로서, 유역에 기초한 계획은 환경적으로 민감한 지역에 대한 생태적 계획을 하기에 가장 적합한 방법으로 인식되고 있다(Steiner *et al.*, 2000). 특히, 유역 차원의 접근은 수생태계 오염원의 관리에 있어서 매우 유용하다고 볼 수 있다(김귀곤 등, 2000). 구체적으로 유역 차원에서의 접근은 능선(ridge)에 의해서 구분하는데, 그 크기에 따라 소유역과 대유역 등으로 구분할 수 있다. 유역 차원에서 수질을 관리한다는 것은 능선에 의해 구분되는 하나의 구역을 종합적으로 접근한다는 것을 내포한다고 볼 수 있다.

한편, 생물지역적 접근(bioregional approach)은 계획, 보전, 그리고 개발에 있어서 장소성에 바탕을 둔 접근 방법이라고 할 수 있다. 기존에 이루어지던 접근이 경관을 해부하여 부분으로 나누는 방법을 이용한다면, 생물지역적 접근은 경관의 연속성을 중시하고 분석된 각 경관 단위를 통합하는 접근이다(Jones & Jones, SNU, 1998). 이러한 생물지역의 단위는 최상위에 생물지역(bioregion)이 있으며, 이것이 세분화되면서 하부생물지역(sub-region), 경관지구(landscape district), 그리고 최하위 단계에서 장소단위(place unit)로 구분한다. 생물지역 접근은 그 진행 과정에서 큰 특징을 찾아볼 수 있는데, 각각의 구분되는 장소단위들은 일련의 평가 과정을 거친 후에 동질의 단위들을 하나의 더 큰 지역(예를 들어, landscape district, sub-region, bioregion)으로 묶어서 이들 지역을 대상으로 관리 계획을 수립하게 된다. 즉, Moss와 Milne(1998)이 제기한 바와 같이 장소의 규모에 적합한 계획 기법을 적용할 수 있는 기반이 마련된다.

마지막으로 생태적 단위(ecological unit) 접근의 목적은 관리상에 있어 유사한 용량과 잠재성을 가지고 있는 육상과 수생태계를 다양한 수준의 해석을 통해 확인하는 것에 있다. 규모에 따라 다르지만 생태적 단위는 잠재적 자연군집, 토양, 수문 기능, 토지 형태 및 지형, 암석, 천이와 같은 자연 과정 등에서 유사한 패턴이 나타날 때 구분된다(Cleland *et al.*, 1997).

이렇게 구분되는 생태적 단위는 최상위급에 생태지역(ecoregion)이 있으며, 하위단위로 내려가면서 하부지역(sub-region), 경관(landscape), 토지단위(land unit)로 구분되며, 필요에 따라서는 지리적 지역(geographical areas)과 생태적 단위(ecological units)로 세분화하기도 한다.

[그림 1-10] 제주도를 대상으로 한 개략적인 생물지역 구분 사례

나) 유역 차원에서의 생태복원

Craig(2000)는 하천의 복원에 있어서 종합적인 접근(holistic approach)의 중요성을 언급하면서, 그 중요성을 알고 있지만 여러 가지 이유로 유역 차원에서의 조사나 포괄적인 분석과 평가 등이 쉽게 이루어지지 않고 있다고 지적하였다. 따라서 평가를 위해서 조사 및 분석해야 할 항목들을 제시하였는데, 여기에는 일반적인 하천 특성, 하천의 안정성, 인접 지역의 토지이용, 토지 소유자, 인간적인 (anthropogenic) 특성, 연구의 목적, 하천수변지대(riparian)의 상태, 지류(tributaries)의 위치, 접근과 조사 시간 등을 제시하였다.

라. 생태복원을 위한 고려사항

1) 성공적 생태복원을 위한 4가지 주요 개념

Eric Higgs(2003)는 모범적인 생태적 복원을 위한 4가지의 중요한 개념을 자연을 존중하는 와일드한 디자인(wild design), 복원에 있어서 핵심이 되는 중점적 요소의 실행(focal practices), 생태적 완결성(ecological integrity), 그리고 훼손 전의 상황에 대한 역사적 충실성(historical fidelity)으로 구분하였다.

[그림 1-11] 성공적 복원 계획 수립을 위한 고려사항

한편, 김남춘(1998)은 경관복원을 성공적으로 이루기 위한 기본 전제로 다음과 같은 것들을 제시하였다.

- 복원이 이루어졌을 때의 생태계 모습에 대한 정확한 비전
- 시공과 관리상의 적합한 기술 개발
- 생태계를 복원하고 유지하기 위한 생태적 과정의 이해에 대한 지식
- 복원의 과학적 근거가 되는 원리에 입각한 대중의 호응

2) 계획 단계에서 고려사항

성공적인 자연환경복원을 이루기 위해서는 많은 단계를 거처야 하며 무엇보다도 가장 중요한 것은 복원이 오랜 시간이 걸린다는 것, 복원도 지속적인 관리가 필요하다는 점을 이해하는 것이다. 복원계획에 있어 기본적으로 고려해야 할 것들은 아래와 같다(Donald Harker *et al.*, 1993).

- 계획단계에서 여러 분야의 전문가들이 참여하는 팀을 만들어 도움을 구하고,
- 목표, 목적, 방법을 명확히 규정하고,
- 대상지의 수문학적, 지리학적, 생물학적 변수들에 대해 철저히 분석하고,

- 상세한 대상지 계획을 수립하고,
- 재료, 구성, 생물종에 있어서 지역적 생물상을 반영하고,
- 대상지에 대한 종을 신중히 선택하고,
- 시간적, 공간적 식재 계획을 포함하는 각각의 군집에 대한 상세한 설계를 창조하고,
- 계획에 이용될 종들의 원천을 확인하고,
- 외래종과 바람직하지 않은 종을 조절하며,
- 피드백과 중간 수정에 대한 계획을 세우며,
- 장기적인 모니터링과 유지 및 관리 계획을 수립하는 것 등이 포함된다.

Memo

사진설명 : 전남 영암 간척지

2장 생태복원 사업 기획

2. 생태복원 사업 기획

생태복원의 전체 과정에서도 언급하였듯이 복원사업의 기획은 복원사업에 대한 전반적인 윤곽을 잡는 단계이다. 이를 위해서 여러 가지가 필요하겠지만, 우선적으로 선결되어야 할 것들이 복원 대상지 선정, 복원의 필요성 검토, 대상지역의 전반적 여건 분석 그리고 파트너십 구성 등이다. 다른 말로 표현하면, 복원사업을 기획하는 단계에서 고민해야 할 것은 누가, 언제, 어디서, 무엇을, 어떻게 그리고 왜 하는지 즉, 육하원칙에서 생각해봐야 한다.

가. 이해당사자를 포함한 파트너십 구성

생태복원 사업뿐만 아니라 공간을 대상으로 한 사업들은 다양한 이해당사자가 함께 참여하는 파트너십을 구축하여 추진하는 것이 좋다. 사업자, 해당 지자체, 토지 소유자, 관련 전문가, 지역주민, 환경단체, 어린이 등 해당 사업과 관련된 모든 사람들이 참여하는 협의체를 구성하는 것이다.

공원이나 하천 등을 새롭게 조성하거나 복원할 때 지금까지는 대부분 관련 분야의 전문가와 업체들에 의해서 주도되는 방식이었는데, 이러한 방식은 지역주민에게 지역 환경에 대한 관심을 끌지 못하며, 조성 후의 관리 등에 있어서도 많은 어려움을 주기 마련이었다. 하지만, 실제로 계획부터 조성 과정 전반에 걸쳐 지역주민이 참여하게 되면, 실제 참여한 사람들에게는 환경교육이 될 뿐만 아니라 자신이 함께 했다는 자부심도 얻게 되고, 그로 인해서 조성 후 관리에 있어서도 애착을 가지게 하여 그 효율성도 높일 수 있다.

파트너십에 의한 생태복원의 경향은 최근에 더욱 강조되고 있는데, 국제사회에서도 바람직한 생태복원을 위해서 대상지역과 관련한 이해당사자, 지식이나 권리를 보유하고 있는 당사자들의 폭넓은 참여가 필요함을 강조하고 있다(Nelson *et al.*, 2024). 우리나라에서는 과거 지방의제 21 사업의 실시와 주민 참여형 근린공원 조성이나 걷고 싶은 거리 조성 사업, 그리고 NGO 등에 의해서 이루어지고 있는 각종 복원사업 등은 모두 이러한 파트너십의 일환으로서 추진되는 것으로 해석해도 무방할 것이다. 물론, 그 참여의 폭이나 방법론 등에 있어서는 보완이 되어야 할 것이 많지만 말이다.

복원사업지역에 대해서 관계기관, 전문가, 지역주민들이 사업 내용에 대한 논의

복원사업지역과 주변 지역에 대한 전문가의 생태조사

[그림 2-1] 다양한 이해당사자들의 참여

나. 복원 대상지 선정

복원 대상지역 선정 방법은 일반적인 접근 방법과 특정 사업을 위한 접근 방법으로 구분할 수 있다. 여기서 일반적인 접근 방법이란 통상적으로 생태복원 사업을 하고자 할 때 접근하는 방법을 말하며, 특정 사업을 위한 접근 방법은 생태계보전부담금 반환사업이나 산림복원사업, 자연환경보전 및 이용 시설 조성 사업과 같이 국가기관이나 지방자치단체에서 수행하는 특정 사업을 말한다.

1) 일반적인 접근 방법

가) 사실적 접근 방법

복원 대상지를 선정하는 가장 기초적인 방법으로 사실적 접근은 각종 원인에 의해 자연 생태계가 훼손된 지역을 복원사업 대상으로 삼는 것이다. 즉, 자연 재해나 인위적 개발 등에 의해 훼손된 지역을 선정하는 것으로 직접적 피해를 입은 곳을 선정하기 때문에 손쉽게 확인이 가능하다. 예를 들어, 2022년 강원도 울진-삼척의 산불 지역에 대한 복원사업은 자연 재해에 의해 훼손된 지역을 복원한 것이다. 이런 경우, 복원 대상지역은 산불 피해를 입은 지역과 영향을 받은 주변 지역이 된다.

나) 역사적 접근 방법

역사적 접근 방법은 과거에는 중요한 서식처가 있었거나 생물종이 서식하였을 것으로 생각되는 지역을 대상으로 하여 복원 지역을 선정하는 방법이다. 물론, 어느 시기까지를 과거로 볼 것인가에 대한 문제는 있다. 이에 대한 구체적인 논의는 아직까지 없지만 일반적으로 현재 시점을 기준으로 과거 200년 이내에 서식처나 생물종이 서식하였던 정보를 활용한다. 과거 200년 이내라고 제시하는 것은, Lewis III(1990)가 습지의 복원과 창출의 개념을 정리하면서 창출은 지난 100~200년 사이에 습지가 없었던 곳에서 새롭게 만들어 주는 것으로 정의하였기 때문이다.

과거 중요한 생물종이 서식하였다거나 습지와 같이 가치 있는 서식처가 있었다는 정보는 다양한 방법을 통해서 습득할 수 있다. 대표적인 것이 그 지역에 오랫동안 살고 있는 지역주민이나 토지 소유자를 통해서도 알 수 있으며, 토양지도나 지형도, 인공위성 영상 등을 이용한 과거의 정보, 그리고 과거의 생태조사 자료와 위치 정보 등을 통해 확인이 가능하다.

실제로 서울 청계천 복원사업이 실시된 곳은 과거 청계천이 자연 하천이었다는 것을 모두가 알고 있고, 하천이 복개되었던 자리가 명확하여 쉽게 접근할 수 있다. 다만, 과거 청계천의 원 모습이 어떠했는가에 대한 상세한 정보를 얻기란 쉽지 않았지만, 복개되기 전의 사진이나 그림, 그 지역에 살았던 어르신들의 이야기 등을 토대로 옛 모습을 그려낼 수 있었다. 물론, 청계천이 엄격한 의미의 복원이냐 조경이냐는 등의 논란은 있었지만 말이다.

다) 기능적 접근 방법

기능적 접근 방법은 역사적 접근 방법을 이용할 수 없는 경우에 채택할 수 있다. 복원하고자 하는 지역에 대한 과거의 정보가 전혀 없거나 확보하기가 어려운 경우 어떠한 지역에 생물서식공간을 만들면 좋을까 하는 것이다. 이를 위해서 생물서식공간의 기능을 최대화 할 수 있는 곳을 선정하는 것이 기본적인 방법이다. 이 접근 방법은 해당 전문가에 의한 대상지역 평가가 필요하며, 상대적으로 시간과 인력이 많이 소요되는 단점이 있다.

서울시에서 동일한 면적의 생태연못을 만든다고 가정할 때, 주변에 공원이나 산림이 없는 도심지 한복판에 만드는 것보다는 남산이나 대규모 공원과 인접한 지역에 생태연못을 만드는 후자의 경우가 훨씬 더 큰 복원 효과를 볼 수 있다. 이것은 주변 지역에 생물종의 공급원이 충분히 확보될 수 있기 때문이다. 이와 같은 방식으로 복원 후 효과를 고려하여 접근하는 것이 기능적 접근 방법이다.

라) 복합적 접근 방법

복합적 접근 방법은 역사적 방법과 기능적 방법 등을 혼용하는 접근 방식이다. 대부분의 복원사업이 여기에 해당할 수 있는데, 예를 들어 여우 복원사업과 관련하여 소백산을 선정하는 과정이 대표적이다. 국립공원공단에서는 여우를 복원하기 위한 대상지를 찾기 위해서 덕유산, 소백산, 오대산 등을 후보군으로 설정한 후, 각 대상 지역에 대한 청문 및 문헌 조사를 통하여 과거 여우가 가장 많이 목격된 곳을 파악하였다. 또한, 대상 지역에 대한 현지 조사 및 분석을 통하여 여우의 먹이가 되는 설치류, 장과류, 견과류, 양서·파충류 등의 먹이 자원의 풍부도와 서식처 적합성 분석을 통해 최적지를 선정한 것이다.

2) 특정 사업을 위한 접근 방법

특정 사업을 위한 접근 방법은 정부기관 및 지자체에서 시행하고 있는 각종 복원 사업을 위한 대상지역 선정 방법이다. 환경부의 경우, 자연환경보전 및 이용 시설 조성 사업과 생태계보전부담금 반환사업 등을 매년 선정하여 지원하고 있는데, 이들 사업의 성공적 수행을 위한 첫 단계로서 적합한 사업지역과 사업 유형을 선정할 것을 권고하고 있다. 이러한 특정 목적 사업인 경우에는 각 사업에서 요구하는 사항들을 충족시킬 수 있는 곳을 선정해야 한다. 이러한 경우에는 대체로 관련 지침이나 가이드라인 등에서 사업 대상 후보지역이 갖추어야 할 조건을 제시하는 경우가 많다. 따라서 가이드라인에서 제시하는 기준에 적합한 곳을 선정하는 것이 바람직하다.

[표 2-1] 자연환경보전 및 이용 시설 조성 사업의 적정 후보지역

구 분	세 부 항 목
사업 목적	• 자연환경보전 및 이용 시설의 조성 사업 목적에 적합한 곳 • 복원 사업의 기본 취지를 구현할 수 있는 곳
지역주민의 합의	• 주민의 참여 의사, 지역경제 활성화에 기여가 큰 지역
생태기반환경	• 생태계 훼손 정도가 심한 곳, 보전지역, 주변 자연생태계와의 연결성, 동식물 서식지로서의 중요성
생물종	• 과거 중요 생물종이 서식하였거나 생물다양성 증진에 기여할 수 있는 지역, 과거 중요 서식처가 있었던 곳 • 주변 지역에 중요 서식처나 생물종이 서식하고 있는 곳
경관성	• 지리적 경관의 우수성, 주요 조망점에서의 가시 여부, 특정 경관의 조망 여부
시공성	• 시공 및 유지 관리 시 접근성, 사업 비용
사업 후 기대효과	• 사업 목적을 충분히 충족시킬 수 있는 지역 • 보전 혹은 복원 후 생물다양성 증진 등 기대되는 효과가 큰 지역

다. 복원 필요성 및 여건 검토

1) 국가·지역·사이트 차원에서의 복원 필요성 및 여건 검토

대상지가 선정된 이후에는 해당 지역이 국가나 지역, 주변 지역 차원에서 복원이 정말 필요한 것인지를 검토할 필요가 있다. 훼손에 따른 2차 피해가 예상되는 곳과 같이 어떠한 형태의 복원이든 시급한 지역이 있는가 하면, 어떤 곳은 자연에 맡겨서 스스로 복원되도록 하는 것이 나을 수도 있다. 이러한 것들에 대한 검토가 선결되어야 한다.

이를 위해서 복원의 필요성을 검토할 때에는 몇 가지 방법이 있지만, 우선적으로 봐야 할 것은 복원하고자 하는 지역의 주변에 지정되어 있는 보전지역이나 다른 생태계 혹은 해당 지역의 자연환경에 어떻게 기여할 수 있을 것인가를 파악하는 것이다. Michael Hough(1995)는 다음과 같은 예를 들었다.

- 특별한 지역이나 서식처의 유형과 관련한 지역적 우선순위나 목표를 충족시켜 주는가?
- 대상지역과 현재의 자연지역과의 연계 방안은 무엇이며, 서식처의 파편화를 줄일 수 있는 방법은 무엇인가?
- 수변 지역 서식처나 생태적 코리더를 강화하거나 완결시키는 방법은 무엇인가?
- 지역적 차원에서 서식처의 다양성을 증진시키는 방법은 무엇인가?
- 현재는 없지만, 어디에 필요한 서식처를 만들어 줄 수 있는가?
- 현재의 혹은 제안된 토지이용과 중요한 자연 지역 사이의 완충지역을 제공할 수 있는가?
- 공공 커뮤니티의 직접적인 참여를 위한 교육적 기회를 제공할 수 있는가?

Michael Hough(1995)가 위에서 예를 든 것들은 결국 생태복원을 대상으로 하는 지역이 지역적인 차원에서 어떤 기여를 할 수 있는지를 검토하게 하는 것이라고 볼 수 있다. 또한, 대상지역의 자연·문화적 특성은 광역적인 차원에서의 자연성 맥락과 어떻게 연계되는가에 대한 질문도 하고 있는데, 이와 관련하여 고려해야 할 것은 다음과 같다.

- 대상지역이나 그 인근 지역에 하천, 강, 연못, 호수나 습지와 같은 수환경이 존재하는가?
- 오래된 수림대나 지질학적 특성을 가진 곳, 지하수의 보호지역과 같이 중요한 지역이 있는가?
- 문화적 혹은 역사적으로 중요한 곳이 있는가?
- 인근 지역의 토지이용구획은 어떻게 되어 있는가, 특히 보호해야 할 자연지역이 있는가?

이러한 내용을 파악하기 위해서는 항공사진이나 지형도 등을 이용하는 것이 바람직하다. 최근에는 해상도가 높은 인공위성 영상도 많은데, 이러한 자료들을 활용하여 대상지역의 맥락을 함께 파악하는 것이 바람직하다.

또한, 상위 계획에서 복원할 지역에 대해서 어떤 방향을 설정하였는지를 검토해야 한다. 생태복원 대상지역 및 그 주변 지역과 관련하여 필요한 정책, 전략, 법 등과 같은 내용을 고려해야 한다는 것이다. 예를 들어, 복원 대상지역이 상위 계획에서 다른 토지이용으로 계획되어 있다면 복원할 수 있는 적합한 지역은 아니다. 결과적으로 상위 계획이나 관련된 정책, 전략, 법 등에서 복원할 대상지역과 관련하여 다른 용도의 특별한 계획이 수립되어 있지 않아야 한다.

2) 선행 관련 계획의 파악

생태복원 사업을 수립하기 위해서 우선적으로 파악해야 할 것 중에 하나로 선행 관련 계획의 검토를 제시하였는데, 이것은 적용 대상지와 관련하여 그 주변 지역에 어떠한 계획들이 이루어지고 있는지를 조사하는 것이다. 즉, 인근에 새로운 공원의 조성계획이 있다거나 택지개발 계획 혹은 도로계획 등이 잡혀 있는지를 조사하는 것으로서 이를 위해서 필요로 하는 것들은 다음과 같다.

우선, 보전 및 각종 개발계획과 관련하여 유역차원에서 접근할 필요가 있다. 그리고 도(道) 혹은 시나 군단위의 계획, 나아가서는 중앙정부차원에서 계획되고 있는 것들도 함께 살펴보아야 한다. 가능하다면 해당 지역과 관련된 전략도 꼼꼼히 살펴보아야 하며, 입수가 가능한 정보들은 최대한 수집하여 분석해야 한다.

이러한 조사 결과는 복원의 기본적인 방향을 설정하는 데 매우 유용하다. 예를 들어, 팔당상수원보호구역의 인접한 곳에 생태공원을 조성하고자 할 때에는 이 생태공원을 보전형으로 해야 할 것인지, 복원형 혹은 창출형으로 해야 할 것인지를 결정하는 단서를 준다. 주변지역이 법정 관리지역이고 오염물질의 유입이 제한된 지역이라고 한다면, 생태공원의 성격도 보전형으로 가면서 오염물질의 배출을 최소화하거나 수질을 정화시킬 수 있는 습지 조성 등이 함께 고려되어야 하기 때문이다.

라. 사업비 확보 및 대상지 경계 설정

1) 사업비 확보

복원 사업을 추진함에 있어서 소요되는 사업비를 어떻게 확보할 것인지도 매우 중요하다. 일반적으로 지자체나 국가기관, 사업자 등이 직접 발주하는 경우도 있으며, 국가기관이 지자체에 보조해주는 사업, 그리고 생태계보전부담금 반환사업과 같이 개발 시 납부한 부담금을 활용하는 사업 등으로 구분할 수 있다.

여기서 국가기관이 지자체에 보조해주는 사업으로는 자연환경보전 및 이용 시설 사업이 대표적이다. 이것은 자연환경보전법 제38조에 의한 것으로 관계중앙행정기관의 장 및 지방자치단체의 장은 자연환경보전 및 자연환경의 건전한 이용을 위하여 다음의 시설을 설치할 수 있도록 하고 있다.

- 자연환경을 보전하거나 훼손을 방지하기 위한 시설
- 훼손된 자연환경을 복원 또는 복구하기 위한 시설
- 자연환경보전에 관한 안내시설, 생태관찰을 위한 나무다리 등 자연환경을 이용하거나 관찰하기 위한 시설
- 자연보전관·자연학습원 등 자연환경을 보전·이용하기 위한 교육·홍보시설 또는 관리시설
- 그 밖의 자연자산을 보호하기 위한 시설

또한, 생태계보전부담금 반환사업은 개발 사업 시 납부한 생태계보전부담금을 생태계 복원 사업을 실시하였을 때 납부한 금액의 50% 이내에서 반환 받을 수 있다. 여기에 해당하는 사업은 소생태계, 생태통로, 대체자연, 자연환경보전·이용시설, 그리고 그 밖에 훼손된 생태계의 복원을 위한 사업 등 5가지이다. 생태계보전부담금 반환사업의 추진에 있어서 어려움은 바로 사업비 확보 방안이다. 개발 사업자들이 납부한 생태계보전부담금을 자연환경보전사업 대행자들이 반환사업에 사용하기 위한 대행 동의를 얻는 과정에서 충분한 대화와 설득이 필요하기 때문이다.

최근에는 ESG(Environmental, Social, Governance), TNFD(자연자본 관련 정보공개협의체) 등의 영향으로 민간기업들이 생태복원과 관련된 사업들을 추진하기도 하므로 이를 잘 활용할 필요도 있다.

2) 토지 소유 관계 확인

앞서 제시한 사업비 확보 방안 등과 연계된 것으로 특히, 생태계보전부담금 반환사업과 같이 자연환경보전사업 대행자가 사업을 발굴, 기획하고자 할 때에는 토지 소유 관계를 필히 확인해야 한다. 일반적으로 국유지나 공유지와 같은 경우에는 사업 후 관리 주체가 명확하여 해당 소유 기관과 협의만 되면 큰 어려움이 없다.

하지만, 복원사업을 하고자 하는 곳이 사유지일 경우에는 다소 어려움이 따르기 마련이다. 사유지

는 복원사업 전에 복원을 위한 토지 변형 등이 합의되었다고 하더라도 토지 소유자가 바뀌거나 복원 후 시간이 경과됨에 따라 변심하여 철회를 요청할 수도 있기 때문이다. 이를 사전에 방지하기 위해서 복원사업 지역의 임의적인 변형을 하지 않도록 하는 협약을 해 두는 것이 바람직하다. 일반적으로 5년에서 10년 정도의 기간 동안 변형을 하지 않는 것으로 하지만, 그 기간이 길면 길수록 좋다. 또한, 학교 등에 복원 사업이나 생태숲 등을 조성할 경우라도 학교장이 주기적으로 바뀌는 국·공립학교의 경우에는 임의적인 변형이 이루어지기 때문에 주의할 필요가 있다.

3) 사업 대상지 경계 설정

지금까지 언급한 사항들이 협의가 되면 사업 경계를 설정해야 한다. 토지 소유관계, 확보할 수 있는 사업비의 규모, 그리고 관련 이해당사자들의 합의에 의해서 어느 정도의 범위까지 복원할 것인지를 결정해야 한다. 이를 위해 지적도상의 경계와 수치지형도 등을 이용하여 구체적으로 경계를 설정해야 한다.

마. 인·허가 사항의 사전 검토

사업 경계 설정과 함께 검토해야 할 사항이 사업 대상지의 토지이용 현황이다. 대상지가 어떠한 지목이고, 어떤 용도지역으로 지정되어 있는지를 확인하는 것이 생태복원 사업을 추진하는 데 필요한 인·허가 사항을 확인할 수 있다. 원래 인·허가는 실시설계 이후 복원 공사를 시작하기 전 단계에서 시행하는 것이지만, 사전에 미리 인·허가 사항을 검토해 두는 것이 바람직하다.

우선, 해당 지역에 대한 전반적인 토지이용과 관련된 사항은 국토교통부의 토지이음(https://www.eum.go.kr/) 누리집에서 토지이용계획과 행위제한정보 등을 확인할 수 있다. 일반적으로 인·허가 사항이 복잡할수록 사업 기간 및 복원 사업에 제약이 많으므로 사업 경계 설정 시 충분한 검토가 필요하다.

인·허가 사항의 체크와 관련해서는 사업의 규모(면적), 용도지역, 성격 등에 따라서 다르기 때문에 여기서는 환경부의 도시생태축 복원 사업 중에 하나인 밀양자연마당 사업을 예시로 제시했다. 여기서 제시한 내용은 관련법에 따라 기본적으로 검토해야 할 사항만을 예시한 것이며, 실제 사업을 시행하는 과정에서는 해당 승인 기관 및 관련 부서와 충분한 협의가 필요하다. 또한 관련 법규는 항상 변할 수 있기 때문에 사업 시기의 최신 법률에 대한 충분한 검토가 필요하다.

밀양자연마당 사업의 경우, 부지 면적은 60,000㎡(자연마당 사업으로 최초 공고한 면적은 80,929㎡로, 실제 최종 승인된 면적이 다름)이며, 대부분 공유지(경상남도 교육청)이다. 용도지역은 도시지역의 자연녹지지역이고, 문화재보호구역으로 지정되어 있으며, 도시계획시설인 근린공원으로 지정되어 있다.

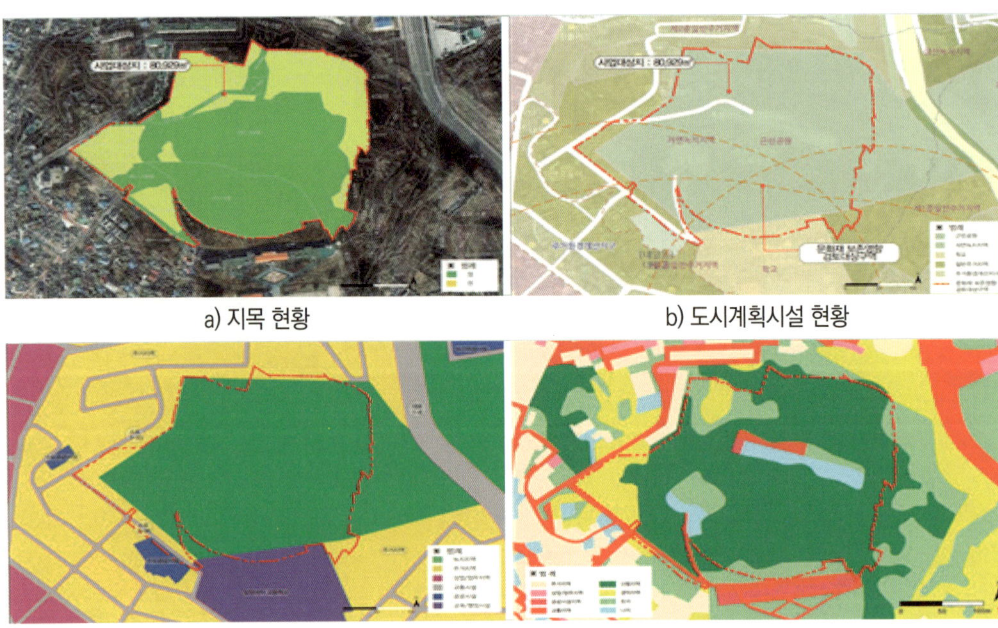

a) 지목 현황 b) 도시계획시설 현황 c) 용도 지역 현황 d) 토지 피복 현황

[그림 2-2] 밀양 자연마당 지역의 토지이용 현황

이와 같은 조건에서 인·허가 사항은 먼저 도시공원 및 녹지 등에 관한 법률에 따라 기 수립된 공원 조성계획(변경) 절차와 경상남도 문화재 현상 변경 승인 이후 실제 공사와 관련된 도시계획시설 실시계획인가 절차를 진행해야 한다. 또한, 매장유산 보호 및 조사에 관한 법률에 따른 문화재 지표 조사, 환경영향평가법에 따른 소규모환경영향평가, 자연재해대책법에 따른 재해영향성검토(개발 사업), 농지 및 산지전용허가 등의 협의를 병행하여 최종 승인을 득한 후에 공사에 들어갈 수 있다. 좀 더 구체적으로 개발 사업 허가 승인과 관련한 사항을 예시하면 다음과 같다.

[표 2-2] 국토의 계획 및 이용에 관한 법률에 따른 개발 사업 허가 사항

구분	관련 조항	내용	비고
개발행위 허가	법 제56조	일반적인 공작물 설치, 토지의 형질 변경 등 일반적인 복원 사업 해당	법 제61조에 따른 인허가 등의 의제 확인
도시·군계획시설 실시계획인가	법 제88조	도시·군 계획 시설 사업 (공원, 녹지, 체육시설, 광장, 저류지 등)	법 제92조에 따른 인허가 등의 의제 확인

※ 주) 도시계획시설 중 공원의 경우는 도시공원및녹지등에관한법률에 따라 공원조성계획(변경) 수립 후 실시계획인가 시행

한편, 개별법에 따른 허가 사항은 [표 2-3]과 같다.

[표 2-3] 개별법에 따른 인·허가 사항

관련법	관련 조항	내용	비고
산지 관리법	제14조 (산지전용허가)	산지를 다른 용도로 변경하는 경우	일반적인 복원사업에 해당 (전용면적 20,000㎡이상 시 산지전용타당성 작성)
	제15조 (산지전용신고)	산림공익시설과 그 부대 시설	시행령 제17조 (수목원, 자연휴양림 등)
	제15조2 (산지일시사용 허가·신고)	일정 용도로 일시사용(복구 전제)	조경수, 관상식물 재배, 임도, 작업로, 등산로 등 산길 조성
농지법	제34조 (농지의 전용허가·협의)	농지를 다른 용도로 전용하는 경우	
	제35조 (농지전용신고)	농지를 다른 시설의 부지로 전용하는 경우	농업인주택, 시설, 어린이놀이터, 마을회관 등
하천법	제33조 (하천의 점용 허가 등)	하천구역 안에서 행위를 하는 경우 (토지점용, 시설점용, 공작물신축, 굴착 등)	국가하천 – 하천관리청 지방하천 – 시·군 하천담당부서
문화유산법(약칭)	제35조(허가사항), 제36조(허가기준)	문화재 또는 문화재구역 안에서 행위를 하는 경우(현상변경 허용 범위를 벗어나는 경우)	국가지정 – 국가유산청 시도지정 – 광역시 및 도
개발제한구역법(약칭)	제12조(개발제한구역에서의 행위제한), 제12조의2(시·도지사의 행위허가 제한 등)	개발제한구역 내에서는 형질 변경, 공작물 설치, 도시군계획시설 사업 시행 불가 (단, 공원, 녹지 등 개발제한구역의 존치 및 보전 관리에 도움이 되는 시설 가능)	시행령 별표 1. 건축물 또는 공작물의 종류 또는 설치 범위
습지 보전법	제13조 (행위제한)	습지보호지역에서의 행위 제한 (단, 자연재해의 예방 및 복구, 습지보호지역의 보전을 위한 시설)	

※ 주1) 산지전용 시 대체산림자원조성비(시행령 별표5) – 국가 또는 지방자치단체가 시행할 경우 100% 감면

※ 주2) 농지전용 시 농지전용부담금 (시행령 별표5) – 국가 또는 지방자치단체가 시행할 경우 50% 감면

각종 검토 및 평가와 관련된 사항으로는 우선, 자연재해대책법에 따른 사전재해영향성 검토를 받아야 하며, 구체적인 예시는 [표 2-4]와 같다.

[표 2-4] 자연재해대책법에 따른 사전재해영향성검토

구분	관련 조항	내용	비고
행정계획	시행령 별표1	도시개발 - 19) 공원조성계획수립	공원조성계획의 경우 부지 면적 5,000㎡ 이상(최초 수립 시)
개발사업	시행령 별표1	국토법 제56조 개발행위허가	개별 법령에서 정하는 바에 따라 허가·승인 면적은 5,000㎡ 이상
		국토법 제88조 도시·군계획시설사업	
		산지관리법 제14조 산지전용허가	

※ 주) 사전재해영향성검토서 작성은 관련법에 따라 방재관리대책대행자가 수행해야 함.

환경영향평가법에 따른 환경영향평가의 내용은 [표 2-5]와 같다.

[표 2-5] 환경영향평가법에 따른 환경영향평가

구분	관련 조항	내용	비고
전략환경 영향평가	제9조	환경에 영향을 미치는 상위계획 수립 시 (도시개발, 도로, 항만 등)	시행령 별표 2: (도시지역의 경우 60,000㎡ 미만 제외)
환경영향 평가	제22조	환경에 영향을 미치는 실시계획 등의 허가·인가·승인을 할 때 해당사업이 환경에 미치는 영향조사	시행령 별표 3: (자연공원법 10만㎡ 이상, 도시공원법 시설 면적 10만㎡ 이상)
소규모환경 영향평가	제43조	환경 보전이 필요한 지역이나 난개발이 우려되는 지역에서 개발사업 시행 시 환경에 미치는 영향조사	시행령 별표 4: 국토법: 도시지역 (60,000㎡ 이상, 단, 녹지는 10,000㎡ 이상의 기반 시설)

※ 주) 소규모환경영향평가 대상 개정(2016.11.29. 기준) - 도시지역의 도시계획시설도 일정 사업 면적 이상일 경우 해당

지금까지 제시한 다양한 인·허가 사항들은 앞서 언급한 바와 같이 생태복원 기본구상 등과 동시에 진행하는 것이 바람직하다. 무엇보다도 환경영향평가서 및 재해영향성검토서의 작성 등은 관련법에 의해 면허를 갖춘 곳에서 시행해야 함을 주의해야 한다. 특히, 환경영향평가 등은 조사 및 분석 등을 위한 시간이 필요하기 때문에 미리 발주해서 복원 사업의 계획 및 설계와 동시에 진행해야 한다.

바. 사업 타당성 평가

산림복원사업의 경우, 산림자원의 조성 및 관리에 관한 법률(2023.10.31., 일부 개정 기준) 제42조의6(산림복원사업의 타당성 평가)에 의해서 타당성을 평가해야 한다. 즉, 지방자치단체의 장 및 지방산림청장은 산림복원사업을 시행하기 전에 산림복원의 필요성·적합성·환경성 등 타당성을 종합적으로 평가하여야 한다. 이에 의해서 산림자원의 조성 및 관리에 관한 법률 시행령(2024.4.30., 일부 개정 기준) 제48조의5(산림복원사업의 타당성 평가 기준 등)의 ④항에 따라서 산림복원사업의 타당성 평가 기준·방법·절차 등에 관한 세부적인 사항은 산림청장이 정하여 고시토록 되어 있다. 여기서는 산림복원사업 타당성 평가 세부기준 고시(산림청고시 제2021-109호, 2021.9.10., 일부개정 기준) 내용 중 제8조(타당성 평가 결과보고서)를 간략히 제시하고자 한다.

보고서의 큰 목차는 (I)요약문, (II)타당성 평가의 개요, (III)항목별 조사 내용, (Ⅳ)종합의견 및 평가로 구성되어 있다. 참고로 요약문에서는 아래의 내용을 제시해야 한다.

1. 사업의 개요 : 사업목표, 사업계획, 대상지 개황 등을 간략히 작성
2. 타당성 평가 결과 : 훼손 현황, 주변 환경, 기반 환경, 생태계 현황을 간략히 작성
3. 종합의견 : 산림복원사업의 필요성·적합성·환경성 등 평가 결과에 따른 산림복원사업 타당성 여부 명시

두 번째로 타당성 평가의 개요에서는 다음의 내용을 제시해야 한다.

1. 사업의 배경 및 목적 : 사업의 배경과 목적 및 필요성을 기술
2. 대상지 개황 : 타당성 평가 대상지역 및 주변지역의 인문환경, 자연환경, 지리적·지형적 여건 등을 기술
3. 타당성 평가 수행 방법 : 타당성 평가 법적 근거 및 조사·분석 방법 기술

세 번째로 항목별 조사 내용은 다음의 내용을 제시해야 한다.

1. 훼손 현황
   가. 훼손 원인 : 자연적, 인위적 요인으로 훼손된 원인을 구분하여 복원사업의 우선순위 평가
   나. 훼손 정도
      1) 지형 : 토양의 붕괴·침식·유출 정도 및 위험 정도 기술, 계류의 안정·침식·퇴적·유로 변화 정도 및 위험 정도 기술
      2) 식생 : 식생의 상·충해 등 피해여부 및 외래종·유해식물종의 침입유무 기술
      3) 경관 : 자연경관자원(산림경관, 수경관, 생태경관 등), 인문경관자원(역사문화경관,

도시경계경관, 건축경관 등), 조망경관자원(경관축, 자연 및 도시 스카이라인, 랜드마크 등) 등 경관자원 유형별 직·간접적 훼손 여부 기술

2. 주변 환경
   가. 개발 및 보존 현황 : 타당성 평가 대상지역 및 주변지역의 토지이용현황 및 계획 기술
   나. 역사·문화적 시설 : 타당성 평가 대상지역 및 주변지역의 역사·문화적 시설 기술

3. 기반 환경
   가. 지형 현황 : 타당성 평가 대상지의 위치, 평균 경사, 평균 표고, 방위 등 기술
   나. 토양 현황 : 타당성 평가 대상지 내 토양의 물리적·화학적 성질 기술
   다. 계류(溪流) 및 습원 현황 : 타당성 평가 대상지 내 계류 및 습원 현황 기술
   라. 기타 특이사항
      1) 부유토사, 부영양화, 폐광 유출수 유입 등
      2) 구조물(매설물)의 철거 및 처리, 지장목 등 식생의 재활용
      3) 특수공법의 필요 여부, 작업용 기계·장비의 진입 등

4. 생태계 현황
   가. 식생 현황 : 타당성 평가 대상지역 및 주변지역의 층위별 종조성, 종 다양도, 피도 등 현황 기술
   나. 산림 현황 : 타당성 평가 대상지역 및 주변지역 내 산림 및 입목 현황 기술
   다. 동·식물 현황 : 타당성 평가 대상지역 및 주변지역 내 동·식물의 서식 및 분포 현황 기술
      1) 동물 : 포유류, 조류, 양서·파충류, 육상곤충류
      2) 식물 : 야생 관속식물(양치·나자·피자식물)
   라. 참조생태계 : 조사구 내 개황, 토양, 산림, 식생, 동·식물 등 조사하여 기술

마지막으로 종합의견 및 평가에서는 다음의 내용을 제시해야 한다.

1. 필요성
   가. 사업의 타당성
      1) 사업 목적 : 복원사업의 목적은 훼손된 산림의 생태계 및 생물다양성이 원래의 상태에 가깝게 유지되고 증진될 수 있도록 그 구조와 기능을 회복시키는 것으로 해당 복원사업의 목적과 부합 여부 평가
      2) 산림복원 기본계획과의 연관성 : 「산림자원의 조성 및 관리에 관한 법률」 제42조의3에 따라 수립·시행 된 산림복원 기본계획의 목표 및 추진 방향과의 연계성 평가

3) 사업의 시급성 : 복원사업 대상지의 훼손 정도, 2차 훼손 피해 가능성, 산림생태계 및 지역사회에 미치는 영향을 분석하여 사업의 시급성 평가

4) 사업의 가능성 : 복원사업의 기술적 측면이 현장 적용 가능하며, 복원사업에 사용되는 자생식물 및 자연재료의 확보 가능 여부 등을 평가

5) 사업의 효과성 : 복원사업이 이루어짐으로써 식생의 회복, 생물다양성 증가, 토양개선, 사회·문화적 가치, 경관적 가치 향상 등 종합적으로 다양한 부분들의 효과 정도를 평가

2. 적합성

가. 훼손 정도 : 지형, 식생, 경관 등의 훼손 정도 및 가능성을 파악하여 복원사업의 가능 여부, 사업의 규모 등 평가

3. 환경성

가. 참조생태계 대비 생태계 현황

1) 참조생태계 대비 타당성 평가 대상지의 토양, 입목, 식생 등 비교 평가

2) 복원사업의 목표종 선정, 종조성 등 방향성 제시

나. 사회·문화·경관적 영향

1) 지역사회에 미치는 환경적·경제적·사회적 영향 평가

2) 역사·문화적 시설 훼손 가능성 검토 및 보전·저감 대책 제시

3) 조망점에 따른 산림경관 전·후 변화 비교 및 향상 방안 제시

4. 종합의견 및 결론

가. 산림복원사업의 목표 및 계획을 검토하고 생태적·기술적·경제적·사회적 측면에서 복원 가능성을 종합적으로 분석 및 평가하여 산림복원사업 타당성 여부 명시

나. 산림복원의 방향성(단기·중기·장기) 제시

다. 산림복원사업 추진 시 검토해야 할 사항 등 제시

1) 복원재료 등 사전 준비에 관한 사항

2) 장애요인 및 대책, 설계·시공 시 고려 할 사항

사진설명 : 한강하구 장항습지

3장 생태복원을 위한 조사 및 분석

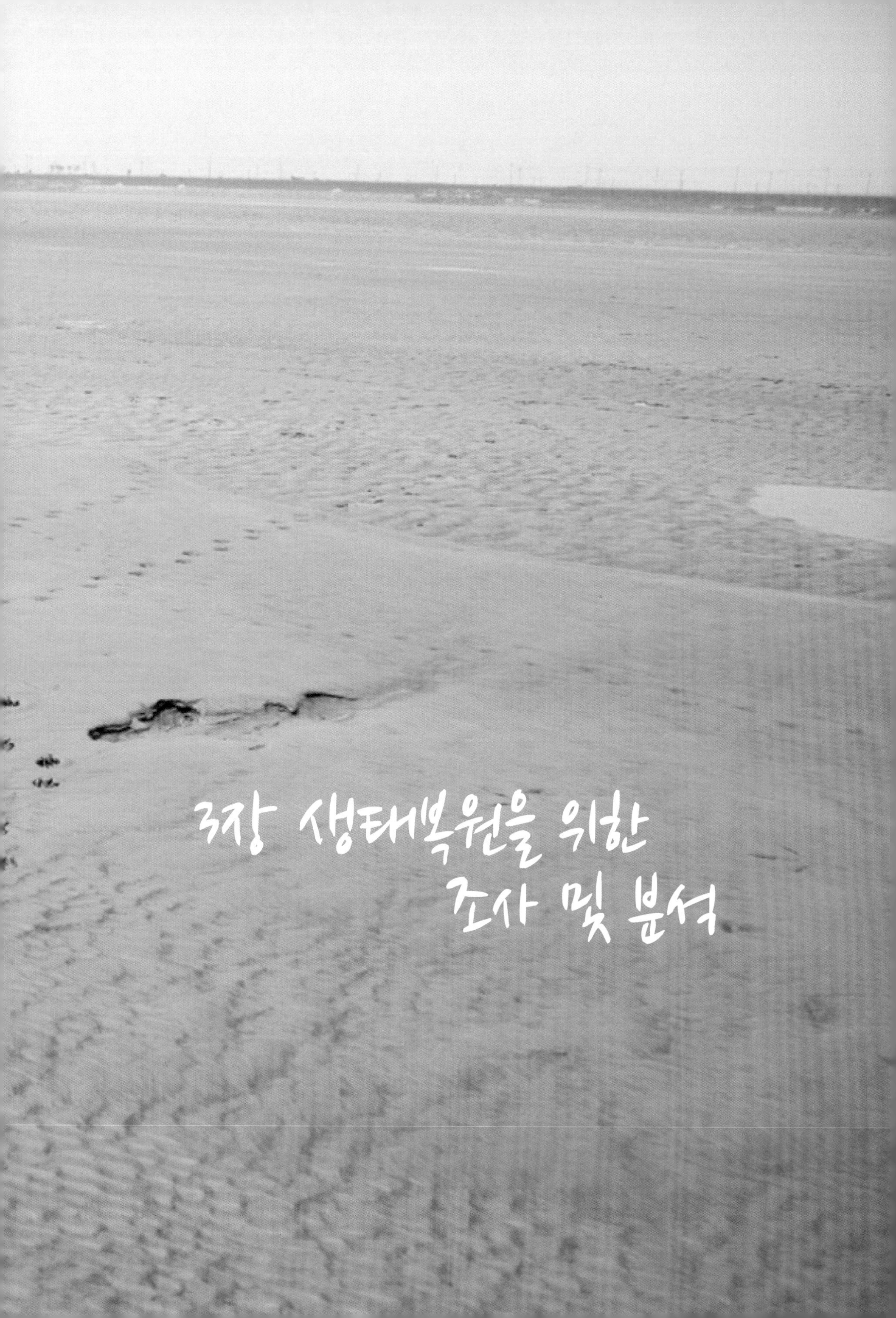

3. 생태복원을 위한 조사 및 분석

가. 조사·분석을 위한 계획 수립

어떠한 분야이든 실행을 하기 전에는 계획을 수립해야 한다. 즉, 어떠한 공간의 계획이나 설계, 공사 등을 하기 전에는 계획을 수립한다. 조사 및 분석도 마찬가지다. 대상지역을 나가서 조사하기 전에 무엇을 어떻게 조사할 것인지에 대한 구체적인 계획을 수립해야 한다. 생태복원을 위한 조사·분석도 대상지역을 파악하기 위한 구체적인 계획을 수립해야 하는데, 김재근 등(2004)은 다음과 같은 5가지 원칙을 제시하였다.

[표 3-1] 생태조사 계획 수립 원칙

항 목	주요내용
1. 조사 목적의 인지	• 일반 학술조사와 특정 사업 구분
2. 조사 대상 우선순위 결정	• 천연기념물, 멸종위기 야생생물 우선조사 • 각 생물군 특성에 따른 조사 시기 결정
3. 주변 환경 및 생물군과의 연관성 고려	• 환경요인 및 주변 서식 동·식물 특성 검토
4. 자료 수집 및 분석, 고찰	• 과거 선행 연구자료 비교, 검토
5. 문제점 및 대안 제시	• 현지 관찰, 생태학 실험, 모델링 등을 통해 문제점 파악 및 현실성 있는 대안 제시

※ 자료출처: 김재근 등(2004)의 내용을 수정함.

생태복원 사업을 위한 조사·분석의 기본 목적은 훼손지역의 훼손 원인을 진단하기 위한 것이다. 산불과 같이 직접적인 훼손 원인이 명확한 곳은 피해의 정도와 산불 이후의 생태계 현황에 대한 파악이 필요하다. 반면, 습지의 육화와 같이 훼손 원인을 파악하는 데 상당한 조사를 통한 데이터 축적과 분석을 통해서 원인을 규명하는 경우도 있다. 어떠한 경우가 되었든 복원해야 할 대상지역에 대한 구체적인 조사 목적을 파악하고, 그에 적합한 조사 및 분석 방법을 마련해야 한다.

조사 대상의 우선순위는 일반적으로 법적 보호종의 유무에 대한 파악이다. 대상지역에 과거 혹은 현재 법적 보호종이 생육·서식하고 있는지를 파악해야 하고, 그에 따른 서식지 개선·복원 방안을 마련하기 위한 정보를 제공해 줄 수 있어야 한다. 법적 보호종이 아니더라도 복원 대상의 목표종이 될 수 있는 생물종을 파악하는 것도 중요하다. 어떠한 경우든 해당 생물종에 대한 최적의 생물종 조사 시기를 알아야 하며, 그 생물종과 주변 환경과의 관련성 파악, 서식처 요구조건 등을 분석해야 한다.

한편, 관련 자료를 수집·분석할 때에는 자료의 객관성을 담보할 수 있는 문헌을 우선으로 해야 한다. 즉, 정부에서 발간한 공식 자료나 통계자료, 학술 논문 등이 다른 자료보다 우선하는 것이 일반적이다. 참고로 생물종과 관련한 누리집에서도 다양한 정보를 확보할 수 있는데, 대표적인 누리집으로는 환경부 환경공간정보서비스, 국립생태원 생태통로 네트워크, 국토환경정보센터(국토환경성평가지도), 국가공간정보포털, 산림공간정보서비스, 환경영향평가 지리정보서비스, 국립생물자원관 생물지리정보서비스, 국가생물다양성 정보공유체계, 국립생태원 멸종위기 야생생물 포털 등이 있다. 또한, 필요할 경우에는 NGO에서 작성한 보고서나 기업체에서 작성한 보고서도 활용해야 한다. 환경영향평가를 위한 보고서도 대국민 공개가 되고 있는 만큼 필요할 경우 참고할 수 있다. 어떠한 자료를 이용하든 객관성을 확보한 것이냐 하는 문제는 체크할 필요가 있다. 요즘에는 시민과학(citizen science) 분야가 활발한 만큼 이들의 자료도 간과해서는 안 된다. 전국자연환경조사를 시행하고 있는 국립생태원의 경우, 시민참여에 의한 조사를 공식적으로 활용하고 있다. 시민참여 전국자연환경조사는 2019년부터 시작하였으며, 2023년 11월 기준 전국 각지에서 730여 명이 참여했다(국립생태원 보도자료, 2023.11.7.). 시민과학자들이 조사한 자료는 해당 분야의 전문가로 구성된 종동정 검수반(동식물을 분류하고 이름을 찾는 작업)을 통해 검증하고 있다. 한편, 국립생물자원관에서는 K-BON(Korea Biodiversity Observation Network, 한국 생물다양성 관측 네트워크)을 2011년부터 발족하여 운영하고 있다. K-BON은 지구관측그룹(GEO) 산하 생물다양성 관측 네트워크(GEOBON) 내 국가단위 시스템이다. 국립생물자원관은 한반도 생물다양성의 변화를 관측하고 보전하기 위한 목적으로 운영하고 있다.

이러한 시민참여에 의한 조사는 여러 가지 이점도 갖고 있다. 우선은 전문가들에만 의존하는 자연환경조사의 시간적 사각지대를 해소할 수 있다. 여러 가지 이유 때문에 전문가들이 광범위한 지역을 조사하기 위해서 해당지역에 상주할 수 없기 때문에 대상지역에서 상주하고 있는 시민과학자들에 의해서 조사의 사각지대를 해소시킬 수 있다. 경제적으로도 조사를 위한 비용의 부담을 덜어줄 수 있다. 또한 시민과학자들의 관심을 유발하고 환경교육, 생물종에 대한 인식증진 등의 효과도 볼 수 있다.

한편, 대상지역의 조사 방법에는 전수조사와 표본조사로 구분할 수 있다. 전수조사는 대상지역 내의 모든 생물상을 조사하는 것을 의미한다. 하지만 면적이 넓을 경우에는 이러한 전수조사가 비용과 시간의 문제로 쉽지 않는 것이 현실이다. 따라서 표본조사 즉, 모집단에서 추출한 표본을 대상으로 조사하여 집단의 특성을 파악하는 통계학적 방법을 사용하는 경우가 많다. 문제는 표본조사를 위한 샘플지역을 선정하는 것인데, 이는 조사하고자 하는 생물분류군별로 차이가 있다. 이동성이 거의 없는 일부 소형 동물은 식물에 적용되는 표본추출방법을 사용할 수도 있으며, 또한 식물이라고 할지라도 조사대상 지역의 환경특성에 따라 조사 방법이 다르게 적용될 수 있다(김재근 등, 2004). 특히, 표본조사의 경우 전체 조사 지역을 일정한 크기의 소단위 조사구로 나누어 그 중에서 일부의 조사구를 표본으로 추출하는 것이 일반적이다(김재근 등, 2004).

표본조사와 관련한 예를 들면, 개체군 크기를 추정하는 일반적인 방법으로 포획-재포획 방법(Capture-Recapture Sampling 또는 marking-and-recapture method)이 있다. 앞서 언급한 바와 같이 어느 한 지역에서의 생물종 개체수를 확인하는 방법은 전수조사이지만, 이럴 경우 비용과 시간의 문제가 따른다. 따라서 표본을 추출하여 개체군의 크기를 추정할 때에는 일반적으로 표본조사 방법의 하나인 포획-재포획 방법을 이용한다. 이 방법은 우선 연구지역에서 1차로 동물들을 포획한 후 각 동물마다 조사자가 알아 볼 수 있는 표식을 한다. 이후 다시 동물들을 원래의 서식지로 방사한 후에 특정 시간이 경과한 후 원래의 서식지에서 다시 동물을 포획하여 그 중 표식이 있는 동물의 수를 확인하여 추정하는 방법이다. 포획-재포획 방법은 개체군 내에서 이입과 이출이 없는 폐쇄계(closed-population)에 적용하는 피터슨법(Petersen method)과 챠프만법(Chapman method), 그리고 시간에 따라 출생, 사망, 이입, 이출에 의한 개체군의 변동이 수반되는 개방계(open-population) 기반의 코막-졸리-시바법(Cormak-Jolly-Seber method)으로 구분할 수 있다(최서영과 노백호, 2016). 참고로 피터슨법에 의한 개체수 추정은 다음 식을 이용할 수 있다.

$$N = \frac{r\,n}{m}$$

· 여기서, N은 총 개체수,
r은 1차 조사에서 포획-표지-방사된 개체수,
n은 2차 조사에서 포획된 개체수,
m은 2차 조사에서 포획된 개체 가운데 표식이 있는 개체수를 의미한다.

한편, 챠프만법은 포획-재포획 방법에서 표지 개체수가 10개체 미만으로 관찰되는 경우, 개체군 크기를 추정하는 데 있어서 야기될 수 있는 통계적 오류를 최소화하기 위해 개발되었다(Heyer *et al.*, 1993). 챠프만법에 의한 개체수 추정 계산식은 다음과 같다.

$$N = \frac{(r+1)(n+1)}{(m+1)} - 1$$

· 여기서, N은 총 개체수,
r은 1차 조사에서 포획-표지-방사된 개체수,
n은 2차 조사에서 포획된 개체수,
m은 2차 조사에서 포획된 개체 가운데 표식이 있는 개체수를 의미한다.

조사가 이루어진 후에는 환경 조건과의 연관성을 살펴보는 것이 중요하다. 생물종간의 상호관련성이나 생물종과 기반환경과의 관련성, 생물종과 주변 환경과의 관련성 등 다각적인 차원에서 검토할 필요가 있다. 또한, 기존에 이루어졌던 자료가 있을 경우엔 과거의 조사 자료와도 비교, 분석할 필요가 있다. 이러한 일련의 과정을 거쳐서 대상지에서 조사한 결과가 갖는 의미 혹은 문제점 등을 도출하고, 그에 따른 최적의 관리 방안을 제시하는 것이 중요하다.

나. 지역적 맥락의 조사 및 분석

지역적 맥락(regional context)은 광역적 맥락과 유사한 개념으로 사용된다. 지역적 맥락의 조사 및 분석이란, 생태복원 사업을 하는 데 있어서 사업 경계 내부만을 대상으로 하여 조사·분석하는 것이 아니라 사업 대상지역 및 그 지역과 연관되는 주변 지역을 모두 조사·분석하는 것을 의미한다. 이러한 광역적 맥락을 조사·분석하는 주된 이유 중에 하나는 생태적 측면에서 생태네트워크의 구축 방향, 대상지와 생태네트워크 실현 가능성의 분석, 특히 종 공급원(source)과 종 수용처(sink)의 관계를 파악하기 위한 것이다.

생태계를 복원하는 데 있어서 우선적으로 고려해야 할 것은 주변 환경에 대한 정확한 분석과 이해라고 볼 수 있다. 이것은 대상지역에 대한 맥락을 제대로 이해해야 한다는 말로 대신할 수 있다. 주변 환경과 대상지역에 대한 분석과 충분한 이해는 생태복원의 방향과 목적을 구체적으로 설정하는 데 도움을 주기 때문이다. 왜냐하면, 주변 지역에 서식처의 유무, 전반적인 환경 조건 등에 따라서 복원될 서식처의 유형과 규모, 형태, 특성 등의 방향이 영향을 받을 수 있기 때문이다. Michael Hough(1995)는 어떠한 지역도 그곳만 따로 떼어놓고 이해 혹은 분석할 수 없다고 했다. 즉, 어떠한 생태복원 대상 지역이 있다고 한다면, 그곳만을 조사, 분석하는 것이 아니라 대상 지역의 주변까지도 넓게 보면서 접근해야 한다는 것을 강조하였다. 이는 지역적 맥락에 대한 조사의 중요성을 말해주고 있다.

이러한 접근 방법은 기존의 계획에서도 일부 사용되고 있으나, 생태네트워크 계획 등이 대두되면서 보다 강조되고 있다. 일반적으로 생태네트워크 계획을 할 때에는 단순히 하나의 도시차원만을 대상으로 하지 않고, 그 주변 지역까지를 함께 고려하여 네트워크화 계획을 세우기 때문이다. 시(市)의 행정구역은 단순히 개념적인 경계선일 뿐 생태적으로 보았을 때에는 보다 광역적인 차원에서 접근해야 한다. 예를 들어 서울시의 생태네트워크 계획은 서울시의 내부뿐만 아니라 서울시를 둘러싸고 있는 주변 산림과 그린벨트 지역, 그리고 수도권까지로 확장시켜서 큰 밑그림을 생각해 가면서 서울시의 생태네트워크 계획을 수립해야 한다. 이러한 관점에서 볼 때 지역적 맥락의 조사 및 분석에서는 경관생태적인 방법이나 보전생물학, 동물행태학 등의 이론을 접목시켜서 서식처의 연결성이나 야생동물종의 이동반경과 경로 등을 염두에 둔 조사가 되어야 한다.

지역적 맥락의 조사를 위한 내용과 그 결과물로서 도출되어야 할 도면을 정리해보면 [표 3-2]와 같다.

[표 3-2] 지역적 맥락을 위한 조사 내용과 도출할 도면

조사할 내용 혹은 고려사항	도출되어야 할 도면
• 주변지역과 대상지역에 관한 기존 계획은 무엇인가? • 대상지역이 지역적 맥락에서 생태적 목표를 달성하는 데 어떻게 도움을 줄 수 있는가? • 대상지역의 자연·문화적 특성은 광역적인 차원에서의 자연성 맥락과 어떻게 연계되는가? • 복원을 위해 필요한 정책 요건은 무엇인가?	• 대상지역 위치도(지역의 맥락) • 주변 지역의 선행 계획도 • 소유자 구분도

※ 자료출처: Michael Hough(1995)의 내용을 토대로 수정·보완함.

[그림 3-1] 지역적 맥락 분석도 예시

한편, 지역적 맥락의 조사 및 분석에서는 지역 차원에서의 선행 관련 계획의 조사, 지역 차원에서 생태적 목표의 달성 방향, 생태복원을 위해 필요한 정책 요건의 조사 등이 함께 수행되기도 한다. 이와 관련한 구체적인 사항들은 이 책의 "제2장. 생태복원 사업 기획" 분야에서 제시하였다.

다. 역사적 맥락의 조사 및 분석

역사적 맥락(historical context) 혹은 역사적 기록(historical record)의 조사 및 분석은 생태복원 계획에 있어 중요한 항목 중에 하나이다.이것은 복원하고자 하는 대상지역이 훼손되기 이전부터 어떠한 원인과 과정을 거치면서 변형되었는지를 파악하는 것에 초점을 맞춘다. 그리고 훼손되기 이전의 지형 구조, 수리·수문과 같은 환경 조건과 그곳에 서식하였던 생물종, 나아가서 당시의 생태적 주요 기능을 파악해야 한다. 즉, 훼손되기 이전의 서식처와 생물종에 대한 충분한 정보를 바탕으로 하여 복원하고자 하는 서식처의 규모와 목표, 접근 방법론 등을 구체적으로 수립해 나가는 데 활용해야 한다. 이것은 생태복원의 개념에서 나타나듯 훼손되기 이전의 상태로 되돌리기 위해서는 그 때의 환경 조건과 서식 생물종 등이 어떠했는지를 파악해야 하기 때문이다.

그렇다면 어떻게 기존의 자료를 확보할 수 있을 것인가? 생태복원계획을 수립하는 데 있어서 이것처럼 중요한 것은 없다. 훼손된 문화재를 복원할 때에는 문화재를 만들었을 때의 자료를 토대로 하는 경우, 관련 분야 전문가들의 자문을 토대로 하는 경우 등이 있을 것이다. 이와 같은 맥락에서 생태복원에서도 활용할 수 있는 것은 고지도나 지형도, 그리고, 과거에 조사된 환경조건이나 생태조사 자료 등이 유용하다. 또한, 생태적인 측면에서 과거의 기록을 찾아내는 방법 중 하나로 퇴적토에 있는 과거 기록을 찾는 방법도 있다. 이 분야와 관련된 학문은 고육수학, 고생태학, 고생물학 등으로 구분할 수 있다. 고육수학은 물속에 들어있는 물에서 서식하는 생물들을 주로 대상으로 하는 것이며, 고생태학은 물속에 있는 것뿐만 아니라 육상으로 날아간 꽃가루 또는 퇴적될 때 들어오는 토양, 그 다음 떠내려 온 물질들까지 같이 고려하는 것이다. 마지막으로 고생물학은 화석과 같이 큰 것들을 중심으로 조사·분석하는 것이다.

구체적으로 훼손되기 이전의 환경 조건을 알 수 있는 자료 및 정보의 수집 분석은 과거의 지형도(고지도 포함), 토양도, 임상도, 항공사진, 인공위성 영상, 화분, 지역주민 등을 활용할 수 있다.

1) 고지도의 조사 및 분석

과학기술이 발달한 이후에 이루어지고 있는 지리·영상 정보에 비할 바는 아니지만, 과거에 작성한 지도들도 복원을 하는 데 있어서는 중요한 단서를 제공할 수 있다. 특히, 세세한 기록이나 표현이 안 되는 작은 지역들보다는 광역적인 차원에서 고지도는 더욱 더 유용하다. 한 지역을 대상으로 하여 복원지역을 선정하거나 생태네트워크화 계획을 수립하는 데 있어서 복원의 잠재성을 가진 지역으로도 판단할 수 있다.

구체적으로 용산구를 예로 들어보면, 우선 [그림 3-2]는 경조 5부와 한성전도에 나타난 물, 녹지의 정보를 현재의 인공위성 영상에 표시한 것이다.

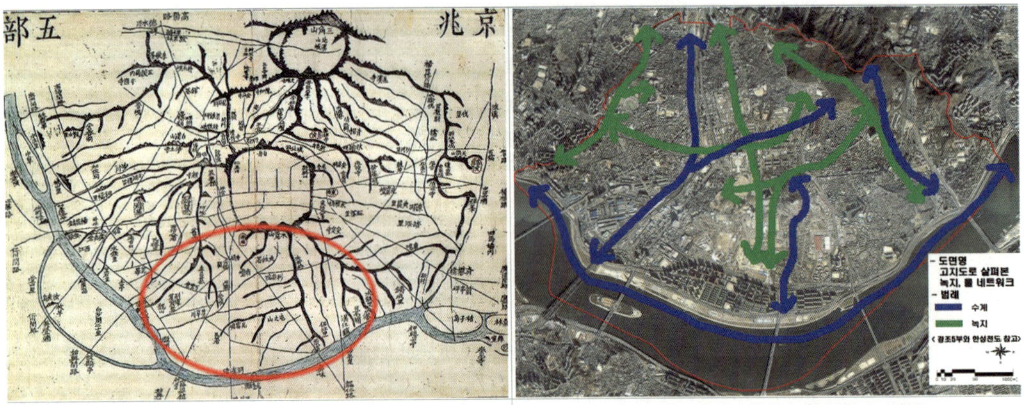

a) 경조 5부(京兆五部〈大東輿地圖〉) 김정호. 목판본. 30.2 X 40.4㎝. 서울대학교 규장각 소장

b) 고지도에서 나타난 하천과 녹지를 이용하여 현재의 항공사진에 표현한 것

[그림 3-2] 고지도를 활용한 생태네트워크 계획의 접근 예

고지도에 나타난 물과 녹지의 네트워크 체계를 오늘날의 인공위성영상에 비추어 살펴보면, 과거 용산이었던 곳에 현재는 고층 아파트 단지가 들어서 있는 상태이며, 과거 만초천이라는 수계는 현재 복개되어 철로 및 도로로 이용되고 있다. 또한, 도시화 등으로 인해 녹지 공간이 심하게 파편화되어 있는 모습을 확인할 수 있다. 그리하여 고도의 도시화가 진행된 서울의 모습에서 이전의 지형과 모습을 찾아보는 것은 힘든 일이 되어버렸다. 특히, 지형에 있어서 하천들은 거의 복개되어 버렸고, 서울을 둘러싼 큰 산들을 제외하고 작은 산들은 모두 깎이거나 도로가 나고, 건물들이 들어서 버려 그 모양새를 거의 알 수 없게 된 상태이다. 따라서 용산구에서 자연환경을 복원하거나 생태네트워크 계획을 수립하고자 할 때에는 과거의 상태를 최대한 반영하면서 현재의 조건이 갖고 있는 기회성과 제한성을 파악하고, 이를 바탕으로 적합하게 수립해 나가야 한다. 실제로 2009년에 이루어졌던 “용산공원 아이디어 공모전”에서는 남산에서부터 용산공원을 거쳐 한강까지 이어지는 녹지축을 구상한 아이디어들이 입선되기도 하였다.

2) 지형도의 조사 및 분석

지형도는 다양한 지리정보를 담고 있다. 특히, 지형에 대한 정보를 자세히 담고 있기 때문에 지형이 심하게 변한 지역의 복원 계획에 있어서 기존의 상태를 파악하는 데 유용하다. 지형도를 구입할 수 있는 방법은 국립지리정보원에서 제공하는 국토정보플랫폼(https://map.ngii.go.kr/)을 이용하는 것이다. 여기서는 대동여지도를 포함하여 일제 강점기의 지형도(5만대 1)와 1960년대부터의 지형도로 구분하여 공급하고 있다([그림 3-3] 예시도 참고). 참고로 현대적인 지도 제작 기술을 활용하여 작성한 최초의 지도는 1967년부터 1974년에 걸쳐 남한 전역을 대상으로 1/2만5천 지형도 762도엽을 제작한 것이 시초이다.

a) 대동여지도(1861)
-우측 파란색이 낙동강이며, 중앙부 아래쪽 큰 섬이 현재 부산 강서구 명지동임.

b) 1960년대 지형도
-우측 큰 강이 낙동강이고 좌측은 서낙동강임. 명지동은 제일 아래쪽에 위치하며 그 우측으로 을숙도가 있음.

[그림 3-3] 부산광역시 낙동강 하구권역의 대동여지도와 1960년대 지형도

※ 자료출처: 국토정보플랫폼(https://map.ngii.go.kr/)

※ 주) 참고로 일제 강점기에 작성된 지도에는 낙동강 하구권역이 표시되어 있지 않음.

3) 항공사진의 조사 및 분석

항공사진은 고지도나 지형도보다도 손쉽게 훼손되기 이전의 상태를 파악할 수 있다는 장점을 가지고 있다. 또한, 개괄적인 식생의 상태를 파악할 수도 있어서 복원을 위한 자료로써 유용하지만, 과학적이며 정량화된 결과물을 도출하는 데 한계가 있다.

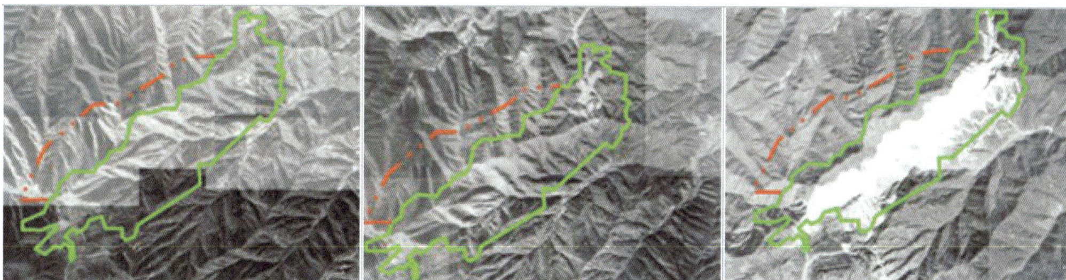

1970년	1981년	1986년

[그림 3-4] 항공사진으로 확인된 개발 전의 산림 형태 (강원도 자병산)

또한, 항공사진을 이용하여 시계열 변화를 분석하고자 할 때에는 국토정보플랫폼(https://map.ngii.go.kr/)을 활용하여 해당 지역의 항공사진을 추출한 후, 시간적 흐름에 따른 대상 지역의 지형 및 주변 환경 변화를 파악하면 도움이 된다. 우리나라에서는 전 국토를 대상으로 1966년부터 1974년까지 1/37,000 스케일의 항공사진을 촬영한 것이 시초이다.

4) 인공위성 영상의 조사 및 분석

최근에 다방면으로 활용되고 있는 인공위성 영상을 활용한 조사 및 분석 방법은 복원에 있어서도 매우 유용하다. 이 방법은 원격탐사(Remote Sensing, RS) 기법을 이용하여 매우 다양한 분석을 실시할 수 있다는 장점이 있으나, 1980년대 이전의 자료를 확보하기가 어렵다는 단점이 있다. 하지만, 비교적 최근에 훼손된 지역의 경우, 훼손되기 이전의 정보를 확인하는 데 가장 유용한 도구로서 사용되며, 일반적으로 과거의 지형도, 항공사진과 인공위성 영상을 함께 사용하여 분석하기도 한다.

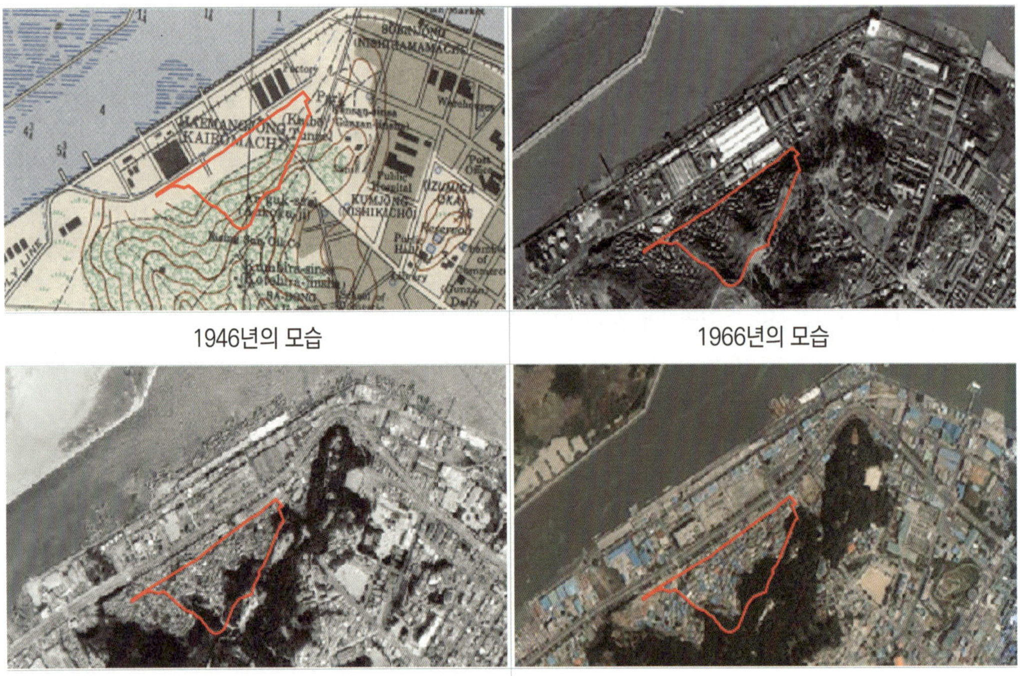

1946년의 모습 | 1966년의 모습

1992년의 모습 | 2012년의 모습

[그림 3-5] 군산 자연마당 대상 지역과 주변 지역의 토지이용 변화(1946~2012년)

5) 화분의 조사 및 분석

화분은 꽃의 수술(꽃밥)에서 만들어지는 생식 세포로서, 식물의 종류에 따라 다양한 형태를 보인다. 화분은 화학적으로 대단히 안정되어 있고, 약품으로 처리해도 잘 변하지 않는 특성을 가지고 있다. 따라서 지면에 퇴적되어 오랜 시간에 걸쳐서 지질의 변형과 기후의 변화를 겪어도 퇴적층에서 거의 원형 그대로의 화석으로 보존된다. 결과적으로 화분은 과거의 식생에 대한 정보를 파악하는 데 도움을 줄 수 있으며, 보다 과학적이고 정확한 과거의 식생을 파악하기 위해서는 화분을 분석하여 복원계획에 반영해 주는 것이 좋다.

6) 지역주민의 의견 조사 및 분석

여기서 말하는 지역주민의 의견 조사 및 분석은 복원을 하고자 하는 지역에서 오랫동안 살아온 사람들을 대상으로 하여 과거의 상태를 개괄적으로 파악하는 방법이다. 또는 오랫동안 토지를 소유하였던 사람과의 면담을 통해서도 과거의 토지이용 등을 파악할 수 있다. 즉, 지형도나 항공사진과 같이 구체적인 기록에 의한 것이 아니라 그 지역에서 오랫동안 살아오고 있는 사람이나, 해당 토지를 소유해 오고 있는 사람들로 하여금 과거에 상태가 어떠했는지, 혹은 어떠한 생물종이 살았었는지를 유추해 내는 것이다. 특히, 지형도나 항공사진, 인공위성 영상 등에서는 생물종에 대한 정보를 파악하기 힘들기 때문에 그 지역에서 오랫동안 살아온 사람들이 어릴 때 보았던 생물종들을 확인하는 방법으로도 유용하다.

7) 기타 방법

지금까지 제시한 방법들 이외에 과거의 정보를 파악할 수 있는 것은 자연환경보전법 제30조의 규정에 의해서 5년 마다 정기적으로 시행하고 있는 “전국자연환경조사”에 대한 자료이다. 이외에도 환경부에서 정기적으로 시행하고 있는 전국 무인도서 자연환경조사, 겨울철 조류 동시 센서스 조사 등이 유용하다. 어떠한 자료이든 정기적으로 일정 지역에 대해서 조사가 이루어지고 있다면, 훼손되기 이전의 정보나 과거의 생물종 분포 정보를 파악하는 데 도움을 줄 수 있다.

또한, 개별 사업에 대해서는 사전환경성 검토 보고서나 환경영향평가서 등도 개발 전의 상황을 파악하는 데 도움을 줄 수 있다.

어떠한 경우이든 우리나라에서 체계적인 생태계 조사를 실시한 것이 그리 오래되지 않았기 때문에 향후 이와 같은 생태적 지식과 정보를 축적해나가고 데이터베이스 및 도면화하는 작업들을 지속적으로 추진해 나갈 필요가 있다.

라. 생태기반환경의 조사·분석 방법

생태기반환경은 생물종의 서식에 있어서 기초가 되는 환경으로서 기후, 지형, 수리·수문과 수질, 그리고 토양 등으로 구분할 수 있다.

1) 기후 조사 및 분석 방법

기후는 지형을 형성하는 중요한 역할을 한다. 지형 형성 작용을 기후 조건과 관련하여 연구하는 기후지형학에서는 풍화·침식·운반·퇴적 등의 작용에 크게 영향을 미치는 인자를 기후로 보고 접근한다. 지형 형성에 기여하는 기후 인자는 기온·일조·강수·적설·동결·바람 등 여러 가지로 구분된다.

한편, 기후는 동·식물의 분포와 식물의 발달, 천이 등에 영향을 미칠 뿐만 아니라 도입될 시설물, 이용하는 인간의 행태에도 큰 영향을 미치는 인자이다. 생태복원에서 우리가 기후를 고려해야 하는 것은 식재기법과도 관련된다. 즉, 온도는 식물의 발아, 생장, 개화, 결실 등에 영향을 주고, 태양 빛은 수형, 생장의 정도와 개화 시기, 잎의 형태와 내부 구조, 광합성 작용, 증산 작용 등에 영향을 준다. 그리고 강수량은 식물의 분포, 습지의 형성 등을 결정짓기도 한다.

기후는 통상적으로 복원 대상 지역과 가장 인접해 있는 기상관측소의 자료(기상청 기상자료개방포털(https://data.kma.go.kr/)을 통해서 확인 가능)를 활용하며, 불가피할 때에는 해당 지역의 통계연보를 활용한다. 기상청에서의 자료를 수집·분석할 때에는 대상지 및 주변 지역의 강수량, 기온, 습도, 바람을 조사하고 과거의 기후 및 기상 변화에 대한 추이를 조사하여 분석하는 것이 좋다. 최근에는 기후변화 등의 영향으로 여러 가지 인자들의 변화가 과거보다 더 크기 때문이다.

한편, 생태복원 계획의 수립에 있어서 보다 구체적인 기후 특성을 파악하고자 할 경우에는 대상 지역에서 미기후 조사를 실시하기도 한다. 이때에는 자동기상관측장비(Automatic Weather System, AWS) 등을 이용하여 장기적으로 측정하기도 하고, 일시적 혹은 단기간의 기상 측정은 간이 측정기 등을 이용하여 현장에서 직접 측정하기도 한다.

고창 운곡습지에 설치된 AWS	정읍 월영습지에 설치된 AWS

[그림 3-6] 자동기상관측장비의 설치 예

[그림 3-7]은 전통적인 기후분석도를 예시한 것이며, 최근에는 GIS를 이용하여 기후분석지도를 작성하는 사례도 늘고 있다. 특히, 도시기후의 특성을 파악하여 바람길을 제안하거나 열환경 및 대기오염 개선 등을 위해서 기후분석지도를 작성하는 것은 매우 유용하다. 참고로 기후분석지도를 작성할 때는 기후톱을 분석하는 것부터 시작한다. 기후톱(climatop)은 기후를 의미하는 'klima(climate)'와 최소 공간단위를 의미하는 'top'의 합성어로서, 미기후적으로 비슷하거나 동일한 기후 특성을 나타내는 공간단위를 의미한다. 이러한 기후톱은 도시지역에서 기상요소에 인위적인 간섭과 조작 등으로 유발되는 기후변화를 지형과의 연관성을 제시하기 위해 만들어진 개념이다(최병길 등, 2011).

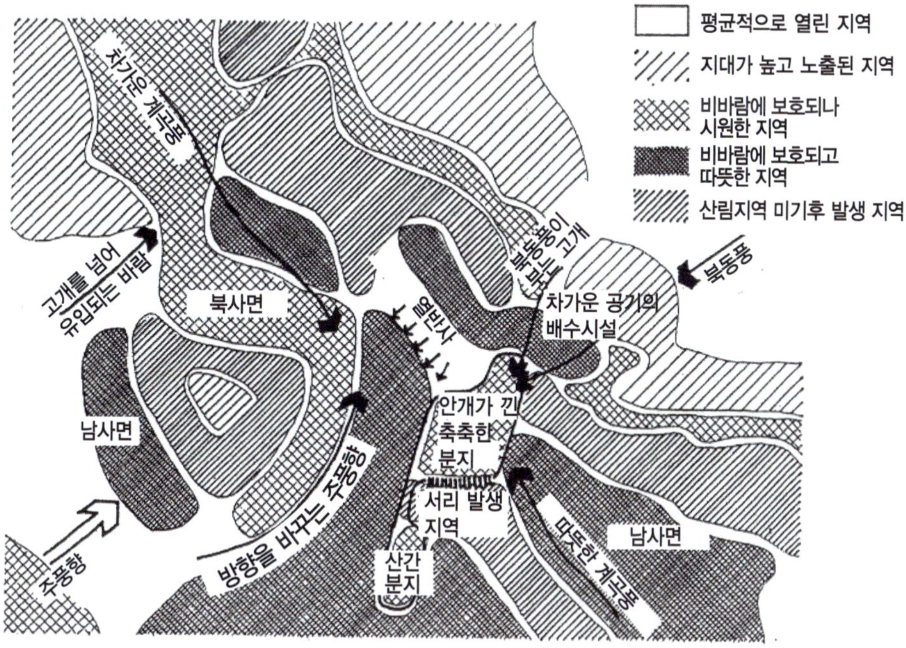

[그림 3-7] 기후 분석도

참고로 기후 및 기상과 관련한 자료를 수집할 수 있는 누리집은 기상자료개방포털, 산악기상관측시스템이 있으며, 대기환경과 관련된 누리집은 에어코리아, 국가미세먼지정보센터, 환경공간정보서비스, 환경영향평가 지리정보서비스 등이 있다.

2) 지형의 조사 및 분석 방법

지형(land form)은 생태복원 계획을 하는 데 있어서 가장 중요한 요소 중에 하나이다. 지형 패턴은 수문과 토양 조건들을 변화시키고, 변화된 환경에 따라서 산림과 습지 등 다양한 서식처들이 만들어진다. 또한, 생태복원에 있어서는 지형적인 요인을 교란시킴에 따라 서식처나 수문의 단절, 토양의 침식 등을 가져온다. 경관적인 측면에서나 생태적인 측면에서 지형의 교란은 부정적인 결과를 초래한다. 따라서 지형의 조사 및 분석에서는 대상지역의 물리적·표면적 형태에 대한 내용들을 파악해야 하는데, 여기에는 경사, 고도, 향, 굴곡 혹은 기복의 패턴 분석 등이 포함되어야 한다. 지형 분석은 지형도나 항공사진, 인공위성 영상 등을 이용할 수 있다. 정부기관에서 기존에 분석·구축한 자료를 활용하고자 할 때에는 국토정보플랫폼, 환경공간정보서비스, 한국토양환경정보시스템(흙토람), 산림공간정보서비스, 토양지하수정보시스템, 한국지질자원연구원 지오빅데이터 오픈플랫폼 등에서 자료를 추출하면 된다.

가) 경사

경사의 조사 및 분석은 지형의 가파르고 완만한 정도를 파악하는 것으로서, 전통적인 방법은 지형도를 이용하여 경사를 분석하게 된다. 경사도를 구하는 식은 다음과 같으며, 경사 분석도는 [그림 3-8]의 a)에서 제시하였다.

$$\text{경사도}(\%) = \frac{\text{수직거리}}{\text{수평거리}} \times 100$$

위의 식에서 지형도를 이용하여 실제 작업을 할 경우에 수평 거리는 등고선에 직각인 두 등고선간의 평면 거리를 나타내며, 수직 거리는 등고선의 간격을 나타낸다. 하지만, 경사를 보다 구체적으로 파악할 필요가 있을 때에는 현지에서 측량을 하거나 경사도계(clinometer)로 측정한다. 한편, 출입이 어렵거나 광범위한 공간을 대상으로 할 경우에는 GIS를 이용하여 분석할 수도 있다. 최근에는 대부분 GIS를 이용하여 분석하는 것이 일반적이다.

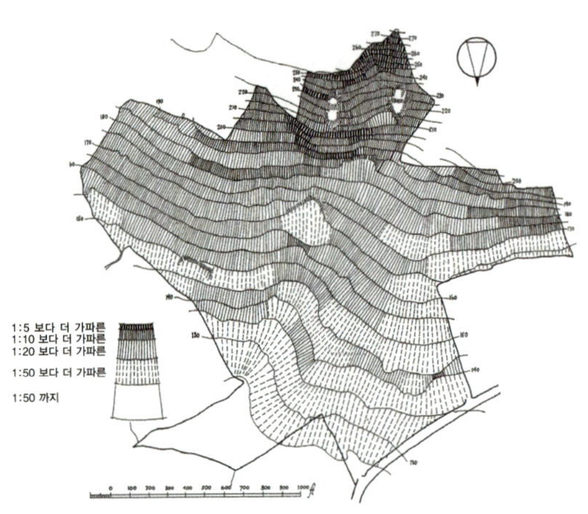

a) 지형도를 이용한 고전적인 경사 분석도

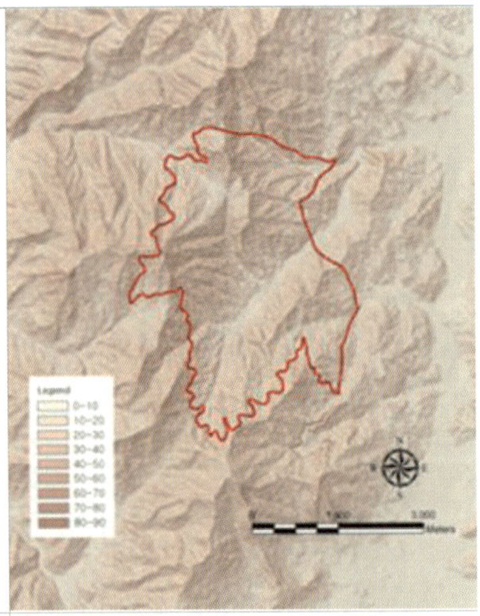

b) GIS를 이용한 경사 분석도

[그림 3-8] 경사 분석의 예

경사를 기준으로 지형을 분류하면, 평탄지부터 절험지까지 [표 3-3]과 같이 구분할 수 있다.

[표 3-3] 경사에 따른 구분

구 분	평탄지	완경사지	경사지	급경사지	험준지	절험지
기 준	5°미만	5~15°미만	15~20°미만	20~25°미만	25~30°미만	30°이상
	8.75% 미만	8.75 ~ 26.79% 미만	26.79 ~ 36.40% 미만	36.40 ~ 46.63% 미만	46.63 ~ 57.74% 미만	57.74% 이상

※ 자료출처: 산림청(2006)의 내용을 수정·보완함.

한편, 지형 용어와 관련하여 평탄지(平坦地, flat)는 경사 5°미만 지역으로서 대부분 풍적토 능선 이하의 지역을 말하며, 산록(山麓, piedmont)은 하부가 경작지 및 계곡에 접한 지역으로서 구릉지 및 산악지의 3부 능선 이하의 지역을 말한다. 또한, 완구릉지(緩丘陵地, rolling)는 낮은 구릉지로서 산록이 전답과 연결되고 산세가 험하지 않은 야산 지역으로서 경사 길이가 300m 이하인 지역을 말한다. 산복(山腹, hillside)은 구릉지 및 산악지의 3~7부 능선 지역을 말하며, 산정(山頂, summit)은 구릉지 및 산악지의 7부 능선 이상의 지역으로 대부분 잔적토인 지역을 말한다.

경사 분석이 중요한 것은 시설물의 입지뿐만 아니라 식생의 복원에 있어서 식재계획과도 밀접한 연관성을 갖기 때문이다. 이와 관련된 구체적 기법은 이 책의 "제6장. 생태복원 계획 및 설계의 다. 생태기반환경의 복원" 부분에서 제시하였다. 또한, 습지의 복원계획에서 경사는 수심과 더불어서 식생의 발달에 큰 영향을 미치는데 일반적으로 권고되는 습지 식생 복원 지역의 경사는 1:3~1:20이다(Malcolm Emery for the Ecological Parks Trust, 1986).

나) 고도

고도는 고도 차이에 따른 식생의 분포와 밀접한 관련성을 가진다. 산림지리생태학으로 발전한 분야에서는 이와 관련된 연구 문제를 집중적으로 다룬다. 산림지리생태학은 환경적 요소 즉 토양, 지형, 식생, 기후를 포함하며, 이들과 서로 상호작용하여 특징적인 생태적 패턴이 생성되는 것을 연구하는 것이다.

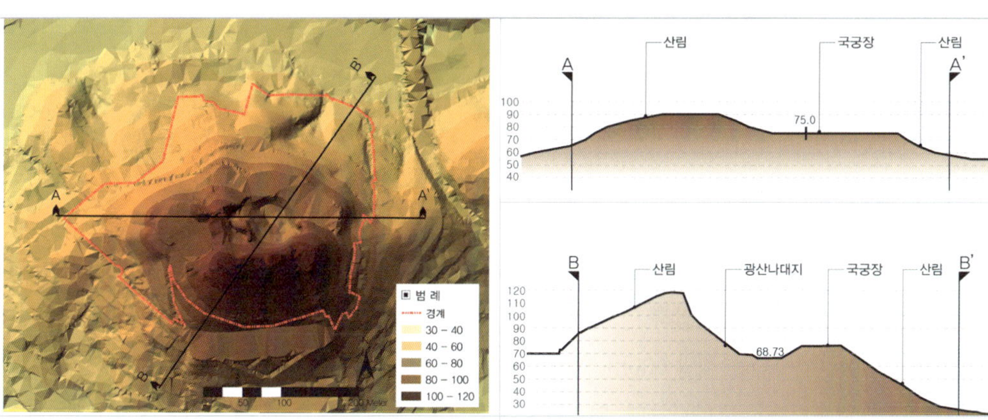

표고분석 | 대상지 주요 단면

[그림 3-9] 고도(표고)와 단면 작성 예(밀양 자연마당)

한편, 우리나라의 경우 산림의 수목은 아래 저지대부터 산지림이 나타나고, 아고산대에서는 왜성변형수가 나타난다. 그리고 고산대에서는 고산관목림, 고산초원, 고산툰드라 등의 순으로 나타난다([그림 3-10] 참조). 여기서 산지림은 숲이 우거진 곳을 말하는데, 일반적으로 낮은 고도에서는 상록활엽수와 낙엽활엽수가 혼재하며, 이후 고도가 높아지면서 낙엽활엽수, 상록침엽수 등의 순으로 나타난다(공우석, 2007). 그리고 산지림의 가장 높은 고도에는 재목(材木)을 생산할 수 있는 나무가 더 이상 자라지 못하는 삼림한계선 혹은 용재한계선이 나타난다. 이러한 삼림한계선은 기온이 낮은 곳, 건조한 곳, 바람이 너무 센 곳, 지형 및 토양 조건이 좋지 않은 곳에서 나타난다(공우석, 2007). 이후 더 높이 올라가면 교목이 자라지 않는 교목한계선이 나타나는데, 교목이 자라지 않는 것은 여러 가지 환경인자가 관여하지만 기후가 가장 핵심적인 요소로 보았다(공우석, 2007). 아고산대(subalpine belt)는 삼림한계선부터 교목한계선까지의 범위를 일컫는 말이다. 교목한계선보다 높은 산지에는 키가 3m를 넘지 못하는 작은 관목 등이 주로 자라는 고산관목대가 나타나고, 더 높이 올라가면 고산초원, 그리고 고산툰드라가 나타나고, 이후 설선(雪線)이 나타난다(공우석, 2007). 고산툰드라는 식물이 거의 자라지 못하고 빈 땅에 자갈 등이 널려 있는 곳을 말한다. 교목한계선부터 설선까지의 범위를 고산대(alpine belt)라고 부른다.

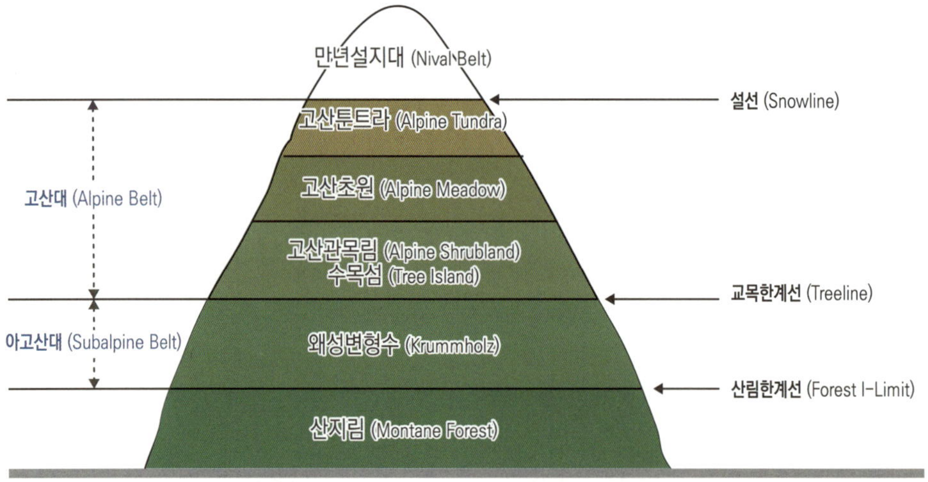

[그림 3-10] 산악경관의 수직적 분포

※ 자료출처: 공우석, 2007.

한편, 김종원·이율경(2006)은 제주도와 울릉도 지역이 동북아 온대 지역 속에서 전형적인 섬형의 식생지역이면서, 식생 분포의 압축 현상으로 식생의 수직분포가 뚜렷이 관찰된다고 하였다. 제주도의 경우 약 500m(남사면은 해발 600m, 북사면은 해발 400m로, 이는 3월의 5℃ 등온선이다)까지는 난온대 상록활엽수림대가 나타나는데, 여기는 구실잣밤나무-자금우 등이 우점한다. 또한, 냉온대 남부·저산지대는 500~1,100m 구간인데, 이는 4월의 5℃ 등온선이며, 졸참나무-꽝꽝나무 등 하록활엽수림이 우점한다. 냉온대 중부·산지대는 1,100~1,600m 구간이며, 5월의 5℃ 등온선 구간으로 물참나무-섬노린재나무 등 하록활엽수림이 우점하는 특성을 가진다. 냉온대 북부·고산지대는 당단풍-구상나무군락 등 침활혼합림이 우점하며, 해발 기준 1,300~1,800m 구간에서 나타난다. 그리고 아고산대는 1,600m 이상인 지역에서 나타나는데 구상나무-제주조릿대군집 등 침엽수림이 우점한다.

다) 향

향(向) 분석은 최근 GIS 기법을 이용하여 매우 구체적으로 분석할 수 있지만, 이러한 분석 기법이 용이하지 않을 때에는 최소한 동·서·남·북향과 같이 4개의 방향에 대한 분석은 실시해야 한다.

향은 식생 복원 계획에서 미기후에 영향을 주는 인자로 중요하며, 사면 방위는 지표면에 도달하는 태양복사와 직접적인 관계가 있다. 이런 결과에 의해서 대기나 토양 온도, 강수량, 토양수분함량 등의 차이는 식생의 생장과 발달에 큰 영향을 미친다(손요한 등, 2019). 우리나라가 포함된 북반구 온대지역을 기준으로 남·남서·남남동은 온도가 높고 건조하여 산림생산력이 낮은 반면에, 북사면은 태양복사가 적게 유입되어 서늘하고 수분함량이 많아 산림생산력이 높다. 동사면과 서사면은 거의 유사한 특성을 보이지만, 동사면은 아침에만 태양광에 노출되기 때문에 서사면보다 다소 서늘하고 습윤하다(손요한 등, 2019). 이러한 일조 및 그에 따른 증발 때문에 동향과 북향은 차갑고 습한 미기후를 형성하며, 남향과 서향은 따뜻하고 건조한 미기후를 형성한다. 결과적으로 자연지역에서 향에 따라 분포하는 식생의 패턴도 달라진다. 예를 들어, 우리나라의 남사면은 소나무 군락이 우점하며, 북사면은 참나무 군락이 우점하는 경향이 있다. 따라서 복원계획이나 생태적인 식재계획에서 향을 고려한 기법이 요구되고 있다. 비탈면 복원 사업지역에서도 햇빛이 많이 드는 남사면보다는 서늘하고 수분함량이 많은 북사면이 종자 발아 및 식생 발달에 더 유리한 경향을 나타낸다(우보명 등, 1998). 벽면녹화용 식물들을 향에 따른 생육 비교 실험 결과, 담쟁이덩굴은 북향에서 생육이 가장 왕성하고, 송악과 금빛줄사철은 남향에서 생육이 왕성한 것으로 나타났다(김다윤 등, 2021). 앞서 제시한 고도와 지금 언급한 향(사면) 인자와 관련하여 우리나라의 산림식생 분포를 그림으로 나타내면 다음과 같다.

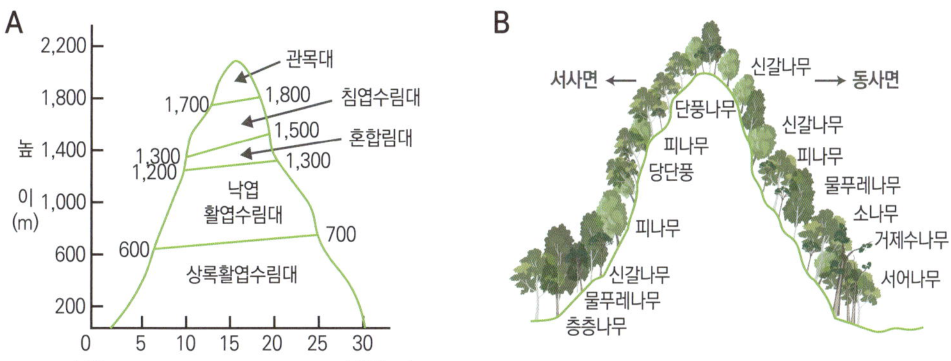

[그림 3-11] 해발고 및 사면에 따른 한라산의 산림대 분포(A)와 온대 북부 천연림의 식생 분포(B)

※ 자료출처: 국립산림과학원(2012)을 다시 그림

한편, 야생동물도 향의 영향을 받는다. 멸종위기에 처해 종 복원 프로젝트가 진행 중인 여우의 경우, 선호하는 서식처는 남향이다. 계절 번식을 하는 동물은 해가 너무 늦게 뜨거나 또는 너무 빨리 해가 지는 장소는 일조량이 모자라 번식 장애가 일어날 수 있다(서울대학교 산학협력단, 2009). 또한, 여우는 굴을 파서 생활하는 특성이 있는데, 여우굴의 주 출입구는 남향이나 남서향이 주를 이룬다.

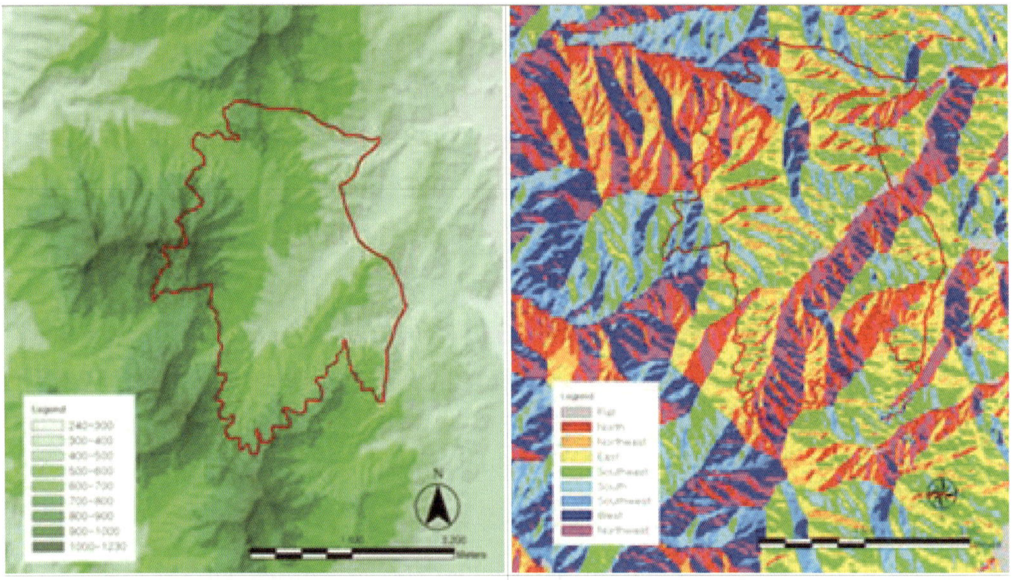

표고 분석도	향 분석도

[그림 3-12] GIS를 이용한 고도 및 향 분석도

라) 굴곡 혹은 기복의 패턴

경사, 고도, 그리고 향 등의 조사 및 분석과 함께 거시적인 관점에서 땅의 표면이 어떤 형태로 전개되는지를 살펴볼 필요가 있다. 즉, 계곡부와 능선부의 위치와 굴곡의 정도, 그리고 계곡이 지나가는 경로 등에 대한 종합적인 정보를 도면 등에서 분석해야 한다. 이러한 분석 결과는 복원 계획의 밑바탕을 제공해 준다.

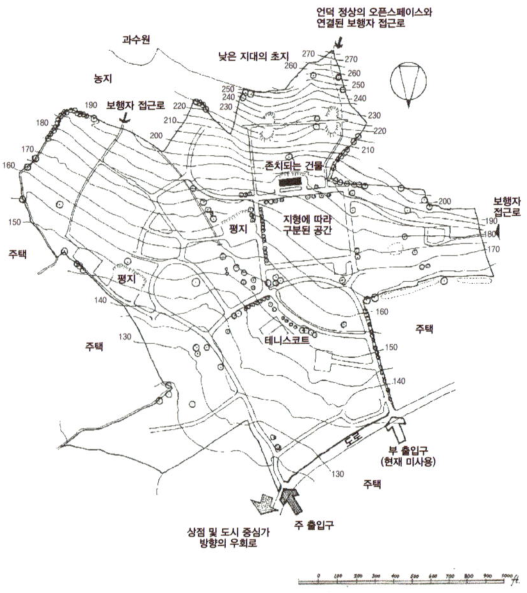

[그림 3-13] 지형과 접근성 중심의 지형 분석도 예시

마) 지형 보전 등급

환경부의 "자연환경조사 방법 및 등급분류기준 등에 관한 규정(환경부 훈령 제1161호, 2015.7.17., 일부 개정 기준)"에서는 지형에 대한 조사 및 분석 결과를 토대로 지형의 시각적 아름다움, 희소성 및 학술적 가치 등에 따라 지형 보전 등급을 평가하고 있다. 지형 보전 등급 평가를 위한 평가 항목과 방법, 등급 분류 기준은 [표 3-4], [표 3-5]와 같다.

[표 3-4] 지형 보전 등급 평가 항목 및 평가 요령

평 가 항 목	평 가 요 령
가. 대표성	• 지형조사 분류표에 제시된 단위 지형의 성인, 특성, 형태 등이 전형적으로 잘 나타내거나, 각각의 지형을 대표하는 것일수록 높게 평가
나. 희소성	• 고층습원, 사구 등 자연발생빈도가 적은 것이거나, 지역적으로 편재되어 있는 것, 또는 지역적 특성에 따른 상대적 희소성 등이 높을수록 높게 평가
다. 특이성	• 특이한 자연현상과 관련된 것일수록 높게 평가(예: 간헐천, 풍혈 등).
라. 재현불가능성	• 자연적 또는 인위적 환경변화에 의해 영향을 받아 변형되기 쉽고, 현재의 환경에서 다시 형성되기 힘든 것일수록 높게 평가
마. 학술·교육적 가치	• 지형학 분야의 연구와 자연교육의 대상이 되는 것일수록 높게 평가
바. 자연성	• 자연 상태로 잘 보전되어 있으며, 인위적인 훼손이 적은 것일수록 높게 평가
사. 다양성	• 동일 지형 요소로서 군집형태로 대상으로 분포하거나, 동일 지역 내에 다양한 지형이 나타나는 것일수록 높게 평가
아. 규모	• 일반적인 출현 형태에 비해 규모가 큰 것일수록 높게 평가
자. 기타 의견	• 위 항목에는 해당되지 않으나 조사자의 판단에 의해 중요하다고 판단되는 항목 및 내용을 기재

※ 비고: 가. 지형보전등급 세부 평가 기준에 따라 점수를 부여
나. 전문조사원의 현지조사 의견에 따라 특정 항목에서 절대적인 보전가치를 갖는다고 판단되는 경우 등급의 상향 조정이 가능
다. 평가 항목에 해당되지 않은 내용은 기타 의견 항목으로 평가하고, 지형 조사 상세표에 평가 내용을 기재

[표 3-5] 지형 보전 등급 분류 기준

등급구분	분 류 기 준
가. Ⅰ등급	(1) 절대적으로 보전해야 하는 대상 지형 또는 보전대상 지형 분포 지역 (2) 8가지 지형보전등급 평가항목에 대한 표준점수가 90점 이상인 경우 (3) 위 항에 해당하지 않으나 조사자가 지형의 특수성을 인정하여 '기타 항목'에 의해 Ⅱ등급을 상향 조정하고 '기타 의견'란에 상세한 의견을 기재한 경우 (4) 「야생생물 보호 및 관리에 관한 법률」 제2조제2호의 규정에 의한 멸종위기야생생물 Ⅰ급과 Ⅱ급처럼 생태 서식처 기능의 측면에서 단일 지형만으로도 절대적으로 보전되어야 할 가치가 있는 경우 (5) Ⅰ등급 지형 요소가 인접한 지역에서 집중적으로 분포할 경우 '특정 지형' 지정과 정밀조사 건의를 검토함

[표 계속]

등급구분	분 류 기 준
나. Ⅱ등급	(1) 보전 대상 지형 또는 보전 대상 지형 분포 지역에 해당 (2) 원형의 보전 상태가 양호한 지형 (3) 8가지 지형보전등급 평가항목에 대한 표준점수가 75점~89점인 경우 (4) 위 항에 해당하지 않으나 조사자가 지형의 특수성을 인정하여 '기타 항목'에 의해 Ⅲ등급을 상향 조정하고 '기타 의견'란에 상세한 의견을 기재한 경우
다. Ⅲ등급	(1) 준 보전 대상 지형 또는 지형 분포 지역에 해당 (2) 8가지 지형보전등급 평가항목에 대한 표준점수가 55점~74점인 경우 (3) 원지형이 일부 훼손된 지형으로 보전이나 관리가 필요한 지형 (4) 위 항에 해당하지 않으나 조사자가 지형의 특수성을 인정하여 '기타 항목'에 의해 Ⅳ등급을 상향 조정하고 '기타 의견'란에 상세한 의견을 기재한 경우
라. Ⅳ등급	(1) 지형으로서의 보전가치가 없음 (2) 원형이 훼손된 지형, 복원 가능성이 낮은 지형 (3) 지형의 성인, 특성, 형태 등의 측면에서 보편적으로 분포하는 지형 (4) 인공지형과 주민생활과 밀접한 관련이 있는 지형 (5) 8가지 지형보전등급 평가항목에 대한 표준점수가 54점 이하인 경우

3) 수리, 수문, 수질의 조사 및 분석 방법

수리·수문, 그리고 수질 환경은 물 환경 요인을 조사·분석하는 것으로 생태적 기반환경에서 매우 중요한 인자이다. 특히, 습지나 하천 지역의 복원 계획이나 광역적 차원 또는 유역 차원에서의 복원 계획을 수립하고자 할 때에는 더욱 중요하다. 참고로 엄격한 의미에서 수질은 생활환경으로 분류한다.

가) 수리·수문 환경의 조사 및 분석

수리·수문은 물의 공학적·순환적 흐름과 관련된 것으로 복원 대상지역의 내부와 외부를 모두 대상으로 한다. 즉, 복원 대상지역 내부에서의 수리·수문 환경의 조사·분석과 함께 그 주변 인근 지역, 영향을 미치는 지역에서의 수리·수문 환경도 함께 조사·분석해야 한다. 수리·수문의 조사·분석을 위해서는 우선 유역(watershed)을 구분해야 한다. 유역은 산 능선의 분수령을 중심으로 하여 구분한다.

[그림 3-14] 내의 표에서 유역 평균폭은 유역 면적(A)을 그 유역 내 본류의 유로 연장(L)으로 나눈 값을 의미하고, 유역형상계수는 유역 평균폭(A/L)을 본류의 유로연장(L)으로 나눈 값을 의미한다. 유역형상계수가 크면 유역의 폭이 넓고, 작으면 좁고 긴 유역이다. 또한, 유역형상계수가 크면 유출시간이 짧아져 첨두유량은 크고, 유역형상계수가 작으면 유출 시간이 길어서 첨두유량이 작아진다.

수문 조사를 개괄적으로 실시하고자 할 때에는 대상지의 주변과 내부의 수로, 유수 방향, 배수 상태 등과 같이 정성적으로 파악할 수 있는 항목들을 중심으로 조사할 수 있다. 또한, 습지 복원과 같은 경우에는 지하수위의 위치를 분석할 수 있는 조사를 실시하거나 홍수의 분석도 함께 이루어져야 한다.

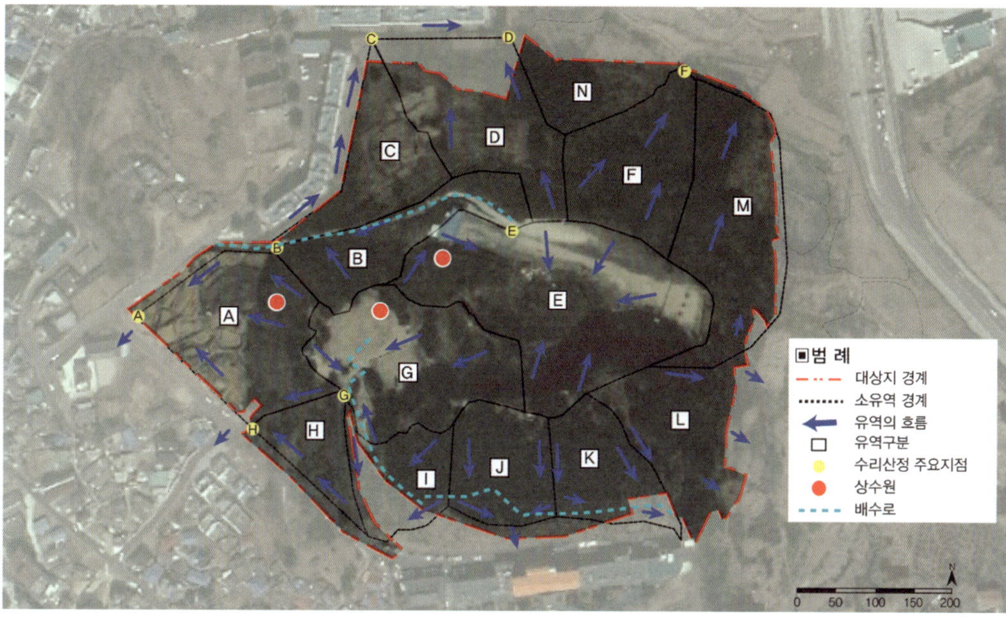

산정 지점	유역면적 A(㎢)	유로연장 L(㎞)	유역평균폭 A/L(㎞)	유역형상계수 A/L^2	유로경사 (%)
A	0.0077	0.105	0.073333	0.698413	33.3
B	0.0048	0.152	0.031579	0.207756	1.32
C	0.0044	0.091	0.048352	0.531337	43
D	0.0073	0.085	0.085882	1.010381	37.6
E	0.0138	0.13	0.106154	0.816568	1.5
F	0.006	0.1	0.06	0.6	45
G	0.0083	0.126	0.065873	0.522802	24.6
H	0.0025	0.06	0.041667	0.694444	43.8

[그림 3-14] 유역 구분 및 분석 예시(밀양 자연마당)

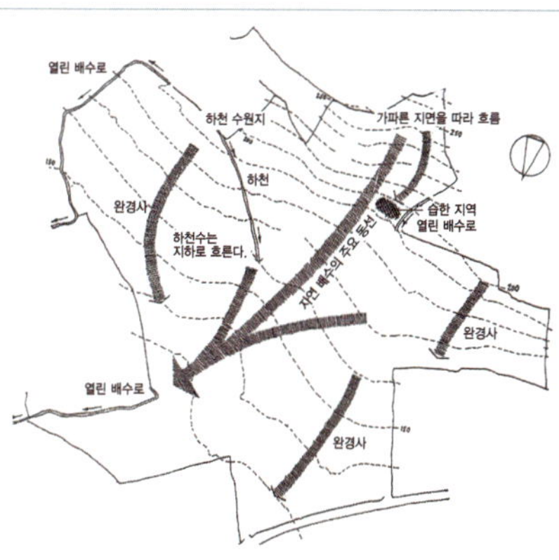

a) 배수체계 현황도

b) 홍수분석도

[그림 3-15] 수리·수문 분석도의 예

※ 자료출처: James A. Lagro Jr., 2001.

우선, 복원 지역을 둘러싸고 있는 산 능선을 중심으로 유역을 구분하고, 주변 하천까지의 유수 방향과 세부 지천, 개울 등의 위치를 파악한 후 이를 도면에 옮긴다. 그리고 강우 직후에는 빗물의 흐름 패턴을 조사해 보면, 소량의 물들이 이동하는 경로를 확인할 수도 있다. 이러한 작업을 위한 기초 도면은 수치지형도를 이용할 수도 있다.

한편, 하천관리지리정보시스템, 국가수자원관리종합시스템(물지도), 수문기상가뭄정보시스템, 물환경정보시스템, 환경공간정보서비스 등을 활용하면 정부에서 인증하는 데이터를 취득할 수도 있다. 참고로 해양의 물환경 정보는 연안포털, 해양환경정보포털 등에서 확보할 수 있다.

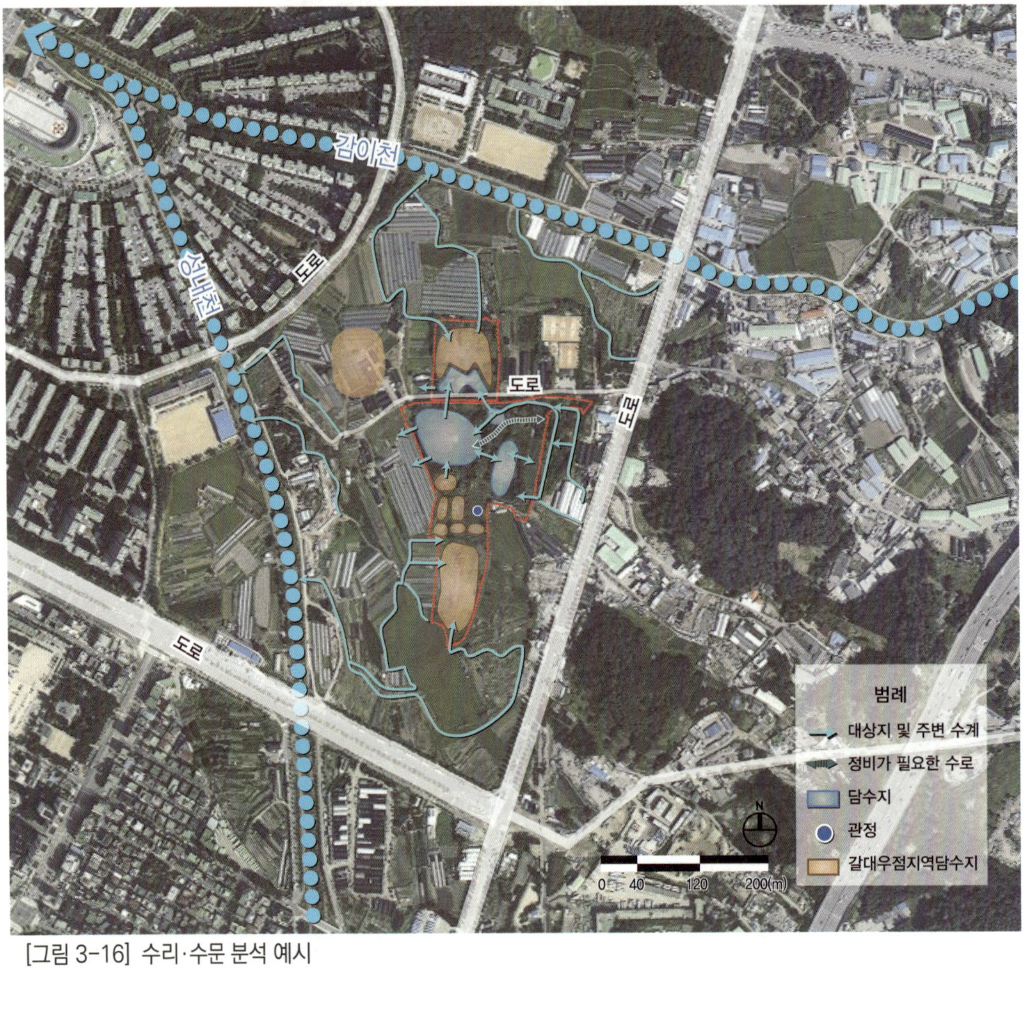

[그림 3-16] 수리·수문 분석 예시

하지만, 좀 더 정량적이고 구체적인 조사를 위해서는 다양한 모델의 유속계를 사용하여 유속을 실측하고, 하천 등 수체의 단면을 측량하여 유속과 횡단 면적을 곱하여 유량을 계산하여야 한다. 또한, 습지에서의 육화 또는 건조화 현상 등에 대한 정밀 조사가 필요할 때나 습지의 수량, 지하수위 등에 대한 지속적인 관찰이 필요할 경우에는 수위 관측 장비를 설치하여 조사하는 것이 바람직하다.

수위 측정을 위한 고정식 시설

수위 측정 장비로부터 데이터 추출 모습

[그림 3-17] 수위 측정 예

나) 수질 환경의 조사 및 분석

(1) 조사 항목

복원의 목적, 대상지역의 특성 등에 따라서 무엇을 조사할 것인지는 달라지지만, 일반적으로 환경부 환경정책기본법의 하천([표 3-7] 참고) 및 호소수질환경기준([표 3-9] 참고)에 설정된 항목에 수온을 포함하여 조사한다. 수온은 수질 조사 및 분석의 기본 항목으로 수온에 따른 수생태계의 변화를 점검하기 위해 실시한다. 기본적인 수질 조사 항목은 수온, pH, 용존산소(DO), 생물화학적 산소요구량(BOD), 화학적 산소요구량(COD), 부유물질(SS), 총 인(T-P), 총 질소(T-N) 등이다.

(2) 조사 방법

수질 조사는 현장에서 바로 분석이 가능한 것과 실내 분석이 가능한 것으로 구분하는데, 현장에서 분석이 가능한 것들은 정밀성이 높은 계측기를 이용하여 측정한 후 바로 야장에 그 값을 기입한다. 일반적으로 현장에서 파악이 가능한 수질 항목인 용존산소량(DO)은 채수 때와 실내 분석을 할 때에 수온의 변화에 따라 이화학적 변화를 일으킬 수 있기 때문에, 이에 대한 보정 및 참고를 위해 온도를 측정하는 것이 바람직하다. 또한, 전기전도도(EC)는 잔류염소량을 간접적으로 확인할 수 있으며, 기타 탁도와 pH도 함께 조사하여 분석토록 해야 한다.

한편, 실내 분석을 위한 조사는 시료를 채취하여 가급적 빠른 시간 내에 실험실에서 분석해야 한다. 시료의 채취 방법 역시 복원의 목적, 대상지역의 여건 등을 고려하여 수행하여야 하는데, 가능하다면 시료를 30분 간격으로 2번 채취하는 복수 시료 채취 방법을 선택하는 것이 바람직하다.

(3) 오염원의 조사 및 분석

오염원의 조사는 호소나 하천 등의 습지 수질에 직접적으로 연결되는 것으로서 일반적으로 점오염원과 비점오염원 조사로 나누어진다. 일정한 지점을 갖고 비교적 관리가 용이한 점오염원보다는 패턴이나 유형 등이 명쾌하지 않은 비점오염원의 조사 및 분석에 신경을 써야 한다. 좀 더 구체적으로 점오염원(point source)은 오염원이 쉽게 확인되는 것으로서 생활하수, 산업폐수 등이 한 곳으로 모아져서 나타나며, 자체 정화시설의 설치와 설치된 정화시설의 적정 관리를 유도함으로써 오염원의 통제와 관리가 가능하다. 그리고 비점오염원(nonpoint source)은 오염원의 확인이 어렵고 규제 관리가 용이하지 않은 것으로 농경지에 뿌려지는 농약과 비료, 도로가에 쌓인 분진 등이 대표적인 예가 된다. 한편, 오염원의 조사 및 분석도 단순히 대상지역 내부에서만 이루어지는 것이 아니라 지역적 맥락에서 보아야 하며, 유역 차원에서 접근해야 한다.

(4) 수질 분석 방법

수질 항목 중 현장 측정이 가능한 DO, 수온, pH, EC 항목은 현장에서 계측기기를 이용하여 측정하며, 실내 수질 분석 실험 항목은 시료를 채취하여 실내 실험을 통하여 분석한다. 일반적인 수질 분석 방법은 국립환경과학원에서 고시하는 수질오염공정시험기준(국립환경과학원고시 제2023-72호, 2023.12.14., 일부 개정 기준) 등을 이용한다.

[표 3-6] 항목별 수질 분석 방법 예시

수질분석항목	측정·분석 장소	측정 방법 · 장비 예
수온	현장실험	• 분석 방법: 접촉식법, 비접촉식법 • 분석 장비: 비접촉방사 온도계, 측온저항체 온도계, 열전대 온도계, 서미스터 온도계 등
전기전도도	현장실험	• 휴대용 전기전도도 측정기
pH	현장실험	• 분석 방법: 전위차법 • 분석 장비: 휴대용 pH 측정기(현장 측정일 경우)
DO	현장실험	• 분석 장비: 휴대용 DO 측정기(현장 측정일 경우)
	실내실험	• 분석 방법: 윙클러-아지드화(Winkler Azide) 나트륨변법, 전극법, 광학식 센서방법 등
SS	실내실험	• 분석 방법: 무게분석(유리섬유여지(GF/C)에 의한 중량법)
탁도	현장실험	• 분석 방법: 육안법
	실내실험	• 분석 방법: 네펠로법
BOD	실내실험	• 분석 방법: 5-DAY BOD Test(윙클러법과 DO 측정 기계 평균) 등
COD	실내실험	• 분석 방법: 중크롬산칼륨($K_2Cr_2O_7$)에 의한 화학적 산소요구량 등
T-N	실내실험	• 분석 방법: 흡광광도법(인도페놀법), 자외선흡광도법 등
T-P	실내실험	• 분석 방법: 아스코빅산(Ascorbic acid) 환원법 등

(5) 수질 기준

수질은 생태연못, 생태공원, 하천과 강 등을 포함한 공공 수역의 생태적 질과 연계되며, 조성 전뿐만 아니라 조성 후에도 각별히 유의해야 할 항목이다. 따라서 각각의 목적에 따라서 수질은 항상 정해진 기준을 충족할 수 있도록 해야 하는데, 여기서는 환경정책기본법의 하천 및 호소 수질 환경 기준에 대한 것을 간략히 소개하였다.

(가) 하천 수질 환경 기준

환경정책기본법에서 제시하고 있는 하천의 생활환경 기준(2022.12.6. 개정 기준)은 다음과 같다.

[표 3-7] 하천의 생활환경 기준

등급		상태 (캐릭터)	기준								
			수소 이온 농도 (pH)	생물화학적 산소요구량 (BOD) (mg/L)	화학적 산소요구량 (COD) (mg/L)	총유기 탄소량 (TOC) (mg/L)	부유 물질량 (SS) (mg/L)	용존 산소량 (DO) (mg/L)	총인 (total phosphorus) (mg/L)	대장균군 (군수/100㎖) 총 대장균군	대장균군 (군수/100㎖) 분원성 대장균군
매우 좋음	Ia		6.5 ~8.5	1 이하	2 이하	2 이하	25 이하	7.5 이상	0.02 이하	50 이하	10 이하
좋음	Ib		6.5 ~8.5	2 이하	4 이하	3 이하	25 이하	5.0 이상	0.04 이하	500 이하	100 이하
약간 좋음	II		6.5 ~8.5	3 이하	5 이하	4 이하	25 이하	5.0 이상	0.1 이하	1,000 이하	200 이하
보통	III		6.5 ~8.5	5 이하	7 이하	5 이하	25 이하	5.0 이상	0.2 이하	5,000 이하	1,000 이하
약간 나쁨	IV		6.0 ~8.5	8 이하	9 이하	6 이하	100 이하	2.0 이상	0.3 이하		
나쁨	V		6.0 ~8.5	10 이하	11 이하	8 이하	쓰레기 등이 떠 있지 않을 것	2.0 이상	0.5 이하		
매우 나쁨	VI			10 초과	11 초과	8 초과		2.0 미만	0.5 초과		

※ 비고

1. 등급별 수질 및 수생태계 상태
   - 가. 매우 좋음: 용존산소(溶存酸素)가 풍부하고 오염물질이 없는 청정상태의 생태계로 여과·살균 등 간단한 정수처리 후 생활용수로 사용할 수 있음.
   - 나. 좋음: 용존산소가 많은 편이고 오염물질이 거의 없는 청정상태에 근접한 생태계로 여과·침전·살균 등 일반적인 정수처리 후 생활용수로 사용할 수 있음.
   - 다. 약간 좋음: 약간의 오염물질은 있으나 용존산소가 많은 상태의 다소 좋은 생태계로 여과·침전·살균 등 일반적인 정수처리 후 생활용수 또는 수영용수로 사용할 수 있음.
   - 라. 보통: 보통의 오염물질로 인하여 용존산소가 소모되는 일반 생태계로 여과, 침전, 활성탄 투입, 살균 등 고도의 정수처리 후 생활용수로 이용하거나 일반적 정수처리 후 공업용수로 사용할 수 있음.
   - 마. 약간 나쁨: 상당량의 오염물질로 인하여 용존산소가 소모되는 생태계로 농업용수로 사용하거나 여과, 침전, 활성탄 투입, 살균 등 고도의 정수처리 후 공업용수로 사용할 수 있음.
   - 바. 나쁨: 다량의 오염물질로 인하여 용존산소가 소모되는 생태계로 산책 등 국민의 일상생활에 불쾌감을 주지 않으며, 활성탄 투입, 역삼투압 공법 등 특수한 정수처리 후 공업용수로 사용할 수 있음.
   - 사. 매우 나쁨: 용존산소가 거의 없는 오염된 물로 물고기가 살기 어려움.

아. 용수는 해당 등급보다 낮은 등급의 용도로 사용할 수 있음.

자. 수소이온농도(pH) 등 각 기준항목에 대한 오염도 현황, 용수처리방법 등을 종합적으로 검토하여 그에 맞는 처리방법에 따라 용수를 처리하는 경우에는 해당 등급보다 높은 등급의 용도로도 사용할 수 있음.

※ 자료출처: 환경정책기본법 시행령 [별표 1] 환경기준(제2조 관련, 2022.12.6. 개정 기준)

한편, 수질 및 수생태계 상태별로 생물학적 특성을 나타낸 이해표도 환경정책기본법에서 제시하고 있다.

[표 3-8] 수질 및 수생태계 상태별 생물학적 특성 이해표

생물등급	생물지표종		서식지 및 생물 특성
	저서생물(底棲生物)	어류	
매우좋음 ~ 좋음	옆새우, 가재, 뿔하루살이, 민하루살이, 강도래, 물날도래, 광택날도래, 띠무늬우묵날도래, 바수염날도래	산천어, 금강모치, 열목어, 버들치 등 서식	• 물이 매우 맑으며, 유속은 빠른 편임. • 바닥은 주로 바위와 자갈로 구성됨. • 부착 조류(藻類)가 매우 적음.
좋음 ~ 보통	다슬기, 넓적거머리, 강하루살이, 동양하루살이, 등줄하루살이, 등딱지하루살이, 물삿갓벌레, 큰줄날도래	쉬리, 갈겨니, 은어, 쏘가리 등 서식	• 물이 맑으며, 유속은 약간 빠르거나 보통임. • 바닥은 주로 자갈과 모래로 구성됨. • 부착 조류가 약간 있음.
보통 ~ 약간나쁨	물달팽이, 턱거머리, 물벌레, 밀잠자리	피라미, 끄리, 모래무지, 참붕어 등 서식	• 물이 약간 혼탁하며, 유속은 약간 느린 편임. • 바닥은 주로 잔자갈과 모래로 구성됨. • 부착 조류가 녹색을 띠며 많음.
약간나쁨 ~ 매우나쁨	왼돌이물달팽이, 실지렁이, 붉은깔따구, 나방파리, 꽃등에	붕어, 잉어, 미꾸라지, 메기 등 서식	• 물이 매우 혼탁하며, 유속은 느린 편임. • 바닥은 주로 모래와 실트로 구성되며, 대체로 검은색을 띰. • 부착 조류가 갈색 혹은 회색을 띠며 매우 많음.

※ 자료출처: 환경정책기본법 시행령 [별표 1] 환경기준(제2조 관련, 2022.12.6. 개정 기준)

(나) 호소 생활 환경 기준

환경정책기본법에서 제시하고 있는 호소의 생활환경 기준(2022.12.6. 개정 기준)은 다음과 같다.

[표 3-9] 호소의 생활환경 기준

등급		상태(캐릭터)	기준								대장균군(군수/100mL)	
			수소이온농도(pH)	화학적산소요구량(COD)(mg/L)	총유기탄소량(TOC)(mg/L)	부유물질량(SS)(mg/L)	용존산소량(DO)(mg/L)	총인(total phosphorus)(mg/L)	총질소(total nitrogen)(mg/L)	클로로필-a(Chl-a)(mg/m³)	총 대장균군	분원성 대장균군
매우 좋음	Ia		6.5~8.5	2 이하	2 이하	1 이하	7.5 이상	0.01 이하	0.2 이하	5 이하	50	10
좋음	Ib		6.5~8.5	3 이하	3 이하	5 이하	5.0 이상	0.02 이하	0.3 이하	9 이하	500	100
약간 좋음	II		6.5~8.5	4 이하	4 이하	5 이하	5.0 이상	0.03 이하	0.4 이하	14 이하	1,000	200
보통	III		6.5~8.5	5 이하	5 이하	15 이하	5.0 이상	0.05 이하	0.6 이하	20 이하	5,000 이하	1,000 이하
약간 나쁨	IV		6.0~8.5	8 이하	6 이하	15 이하	2.0 이상	0.1 이하	1.0 이하	35 이하		
나쁨	V		6.0~8.5	10 이하	8 이하	쓰레기등이 떠있지않을것	2.0 이상	0.15 이하	1.5 이하	70 이하		
매우 나쁨	VI			10 초과	8 초과		2.0 미만	0.15 초과	1.5 초과	70 초과		

※ 비고

1. 총인, 총질소의 경우 총인에 대한 총질소의 농도비율이 7 미만일 경우에는 총인의 기준을 적용하지 않으며, 그 비율이 16 이상일 경우에는 총질소의 기준을 적용하지 않는다.
2. 등급별 수질 및 수생태계 상태는 가목2) 비고 제1호와 같다.
3. 상태(캐릭터) 도안 모형 및 도안 요령은 가목2) 비고 제2호와 같다.
4. 화학적 산소요구량(COD) 기준은 2015년 12월 31일까지 적용한다.

※ 자료출처: 환경정책기본법 시행령 [별표 1] 환경기준(제2조 관련, 2022.12.6. 개정 기준)

한편, 물환경보전법 시행규칙에서는 물놀이형 수경시설의 수질 기준 및 관리 기준(제89조의3 관련)을 마련하고 있다. 여기서 물놀이형 수경시설은 수돗물, 지하수 등을 인위적으로 저장 및 순환하여 이용하는 분수, 연못, 폭포, 실개천 등의 인공시설물 중 일반인에게 개방되어 이용자의 신체와 직접 접촉하여 물놀이를 하도록 설치하는 시설을 말한다(물환경보전법 제2조).

[표 3-10] 측정 항목별 수질 기준

검사항목	수질기준
1) 수소이온농도	5.8~8.6
2) 탁도	4NTU 이하
3) 대장균	200(개체수/100㎖) 미만
4) 유리잔류염소(염소소독을 실시하는 경우만 해당한다)	0.4~4.0㎎/L

※ 자료출처: 물환경보전법 시행규칙 [별표 19의2] (2019.10.17 개정 기준)

참고로 이 시행규칙에 의한 물놀이형 수경시설의 관리 기준(별표 19의2)은 다음과 같다.

가. 운영기간 중 물놀이형 수경시설의 수심을 30㎝ 이하로 유지하고, 부유물 및 침전물 유무를 수시로 점검, 제거하여야 한다.

나. 운영기간 중 다음의 어느 하나에 해당하는 방법으로 관리해야 한다.
  1) 저류조(貯溜槽)의 주 1회 이상 청소
  2) 물놀이형 수경시설에 사용되는 물의 주 1회 이상 교체
  3) 물놀이형 수경시설에 사용되는 물의 1일 1회 이상 여과기 통과

다. 운영기간 중 소독제를 저류조 등에 투입하거나 소독시설을 설치하여 물놀이형 수경시설의 물을 소독하여야 한다. 이 경우 「먹는물관리법」 제36조제1항에 따라 고시된 수처리제의 기준과 규격을 충족하거나, 같은 조 제2항에 따라 기준과 규격을 인정받은 살균·소독제 또는 자외선 소독시설을 이용하여야 한다.

라. 운영기간 중 이용자가 쉽게 볼 수 있는 곳에 물놀이형 수경시설의 운영자 연락처, 수질검사 일자 및 결과, 이용자 주의사항(음용 금지, 애완동물 출입금지 등) 등을 게시하여야 한다.

마. 해당 연도의 운영기간 중 별지 제40호의5서식의 물놀이형 수경시설 관리카드를 작성하여 다음 연도 1월 30일까지 관할 시·도지사등에게 제출하고, 제출한 서류의 사본을 제출한 날부터 2년간 보관하여야 한다.

바. 운영기간 중 물놀이형 수경시설의 수질이 제1호가목에 따른 기준을 초과하는 경우에는 지체 없이 물놀이형 수경시설의 개방을 중지하고, 소독 또는 청소·용수 교체 등의 조치를 완료한 후 수질을 재검사하여 제1호가목에 따른 기준을 충족하는지 여부를 확인한 후 물놀이형 수경시설을 재개방하여야 한다. 이 경우 수질 기준의 초과를 확인한 날부터 14일 이내에 별지 제40호의5서식의 물놀이형 수경시설 관리카드에 수질 검사결과, 초과 원인, 조치 이행 및 재검사 결과를 작성하여 관할 시·도지사 등에게 제출하여야 한다.

4) 토양의 조사 및 분석 방법

토양은 식물의 성장에 필요한 영양분을 공급하고, 지반을 안정화시키며, 토양생물들의 서식처가

되는 등 식생의 발달과 깊은 관련성을 가지고 있는데, 생태복원 계획을 위한 조사 및 분석에서도 토양의 조사·분석은 중요하다. 특히, Bradshaw(1997)는 생태복원에 있어서 토양은 식생 천이와 관련하여 매우 중요한 요소이며, 식생 복원에서 그들의 발달 초기 단계에 있어서 생태계의 결정적인 제한 요소로 작용한다고 언급하였다. 즉, 토양의 발달 없이는 자연적 천이가 이루어질 수 없고, 결과적으로 생태복원에 있어서도 토양의 안정화·발달이 부족하게 되어 식생 정착에도 어려움이 있다는 것이다.

가) 조사 및 분석 항목

토양은 연도별 변화가 미미하기 때문에 연 1회를 주기로 조사하는 것이 바람직하다. 물론 특정 연구를 위한 실험 등에서는 목적에 적합한 적정 주기를 갖고 조사해야 한다. 토양의 조사 및 분석에서는 식생의 서식과 분포에 중요한 영향을 끼치는 토양의 물리·화학성 등을 중심으로 수행하는데, 구체적인 항목들은 조사 혹은 복원의 목적에 따라서 달라진다. 또한, 토양의 단면이나 표층토의 분포 및 상태를 파악하는 것도 중요하다.

[표 3-11] 토양 조사 항목 및 내용

구 분	내 용
토양 물리성	• 기초 항목: 토성(soil texture), 입도, 토양수분함량, 토양입단, 경도, 유효토심 등 • 추가 항목: 가밀도, 진밀도, 보수력, 수분이동, 가소성, 통기성 등
토양 화학성	• 기초 항목: 산도(pH), 전기전도도(염농도: EC), 유기물, 질소, 인산, 치환성칼슘, 치환성 마그네슘, 치환성 칼륨 및 나트륨, 양이온치환용량(CEC) 등 • 추가 항목: 유효규산, 석회소요량, 염기치환용량, 단일침출액에 위한 유효인산, 양이온 등

한편, Michael Hough(1995)는 생태복원을 위한 토양 조사는 토양의 배수성, 깊이, 영양 상태를 주요 조사 항목으로 보았다. 토양의 배수성은 배수가 잘 되는 토양인지 아니면 잘 되지 않는 곳인지를 조사하는 것이다. 이것은 토성 분석과 유사하며, 궁극적인 활용은 습지 조성 가능 지역의 파악, 토양에 적합한 식물의 선정 및 배치와 관련된다. 또한, 토양 깊이는 토양층이 깊은 곳인지 혹은 얕은 곳인지를 판단하는 것으로서 깊은 곳이 비교적 다양한 생물종의 서식이 가능하다. 마지막으로 토양의 영양 상태는 영양물질이 풍부한 곳인지 아닌지를 판단하는 것으로서 위에서 제시한 항목들 중에서는 유기물 등과 연계된다.

여기서 중요하고 기초가 되는 것은 토성으로, 토성은 토양의 물리적 성질들 중에서 가장 기본이 된다. 토성은 토양 입자를 크기별로 모래, 미사, 점토로 나누고 이들의 함유 비율에 따라 토양을 분류하는 것을 말한다. 토양은 입자 크기가 2㎜ 이하인 것을 말하며, 2㎜ 이상인 것은 자갈로 분류한다. 미국의 농무성 기준에 따르면, 점토는 0.002㎜ 이하, 미사는 0.002~0.05㎜, 모래는 0.05~2㎜인 것을 말한다.

토성은 모래와 미사, 점토 함량을 토성 삼각도(soil texture triangle)에 적용시켜서 구분한다. 우리나라에선 미국 농무성법에 의해서 구분하는데, 이는 전통적인 토성 삼각도로 분류한다(김계훈 등,

2006). [그림 3-18]에서 제시한 바와 같이, 토양 입자의 크기별로 함량의 비율에 따라서 삼각도 안에 있는 12개의 구역으로 구분된 명칭을 사용한다. 예를 들어, 입경을 분석한 결과 모래가 30%이면 삼각도에서 왼쪽 방향으로 선을 긋고, 이후 점토가 30%이면 삼각도에서 오른쪽으로 선을 그어 보면, '식양토'란에서 겹치게 된다. 이것은 미사가 40%인 선에서 왼쪽 아래 방향으로 선을 긋는 점과도 만나게 된다. 따라서 조사한 토양의 토성은 식양토로 분류하게 된다.

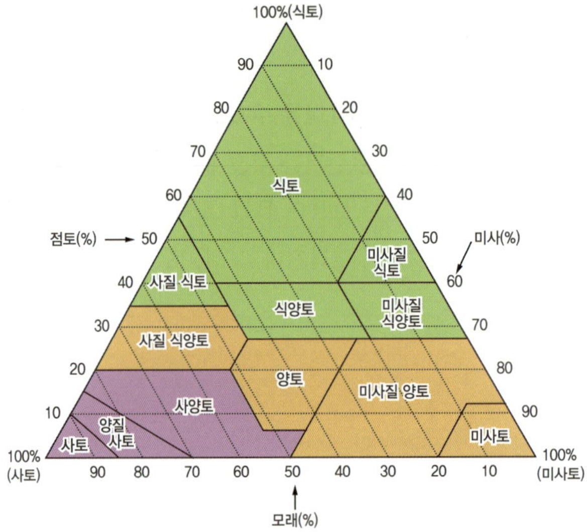

[그림 3-18] 미국 농무성법에 의한 토성 삼각도표

미국 농무성법에 의한 접근 방법은 다소 불편한 점이 있는데, 이를 개선시킨 것이 개량 토성 삼각도이다. 개량 토성 삼각도는 X축에 모래 함량을, Y축에 점토 함량을 기준으로 하여 구분한 것이다. 위에서 예를 들었던 것과 같이 모래가 30%이면 Y축 방향으로 직선으로 긋고, 이후 점토가 30%이면 X축 방향으로 직선을 그으면 식양토에서 겹치게 된다.

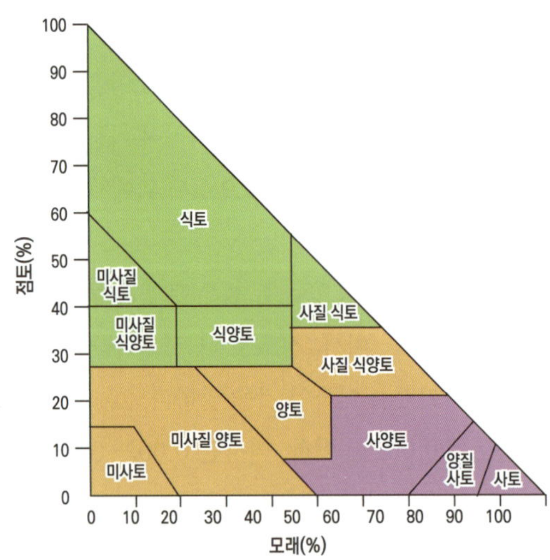

[그림 3-19] 개량 토성 삼각도

※ 자료출처: 김계훈 등, 2006.

토성 분석은 식물의 성장과 관계가 있는데, 모래가 많은 토양은 배수성이나 투수성은 뛰어나지만, 양분 보유 능력이 떨어지게 된다. 반대로 점토가 많은 토양은 수분과 양분을 보유하는 힘이 크지만, 배수성은 나빠지게 된다. 우리가 복원 지역의 토성을 파악하고 그에 적합한 처리를 해 주는 것은 이러한 이유에서이다.

한편, 산림복원사업을 위해서 실시하는 '산림복원사업 타당성 평가 항목별 조사 내용 및 방법(제7조 관련)'에서 토양의 조사 항목은 다음과 같다.

[표 3-12] 산림복원사업 타당성 평가를 위한 토양의 조사 항목 및 방법

구분	항목	조사 방법(개괄만 제시함)	비고
물리적 성질	사전조사	• 산림공간정보서비스 산림입지토양도 등 활용하여 지형, 모암, 토성, 토양형, 토양 배수 등 사전 검토	
	토성	• 토성 구분은 촉감에 의해 현지에서 판단한다. 입도분석을 실시할 경우에는 미국 농무성 토성분류에 따른다.	[표 3-13] 참조
	토양형	• 산림입지토양도(1:5,000) 제작 표준매뉴얼(국립산림과학원, 2011)의 "산림토양형 분류표"에 따라 8개 토양군, 11개 토양아군, 28개 토양형으로 구분	
	유기물층 및 토심	(1) 유기물층: 30㎝×30㎝ 크기의 정방형구 내 모든 유기물(낙엽, 직경 5㎝ 이하 낙지 포함)을 낙엽층(L층)과 분해(F층)/부식층(H층)으로 구분 조사 (2) 토심: 타당성 평가 대상지 내 토양단면 파악이 용이한 곳에서 조사하는 것을 원칙으로 하되, 붕괴지·절개지가 있는 경우에는 붕괴지의 암반노출부분까지의 깊이를 측정하거나, 절개지의 단면을 조사하여 표층토에서 하층토까지의 층위를 구분하고 깊이를 ㎝단위로 기록. 단, 토양단면 파악이 용이하지 않는 경우 산림입지도 활용	
	토양 건습도	• 탁구공 크기 정도의 토양을 2~3회 움켜쥐어 수분의 감촉으로 판단	
	토양 견밀도	• 토양의 단단한 정도로 견밀도 측정기를 이용하여 5반복 이상 측정한 평균값 사용	
화학적 성질	토양분석	• 토양의 정밀한 화학적 성질을 파악하기 위해서는 시료를 채취하여 토양분석 기관에 분석을 의뢰	규정엔 분석 기관 제시됨.
	분석항목	• 유기물, 양이온치환용량, 산도, 전질소, 유효인산 등	
	시료채취 방법	(가) 1ha 당 2~3개의 조사점을 선정하되, 대상지 특성상 분산되어 있거나 지형이 급변하는 곳은 조사점을 추가 (나) 조사점 별로 깊이 30㎝가 되도록 수직으로 토양단면을 만들고 뿌리 등을 제거한 후 10㎝ 깊이로 나누어 채취한다. 단, 깊이가 30㎝ 이하일 경우에는 B층 최하단 깊이까지만 채취 (다) 1ha의 조사점(2~3개)에서 채취한 시료를 골고루 혼합하여 하나의 분석시료를 만든다. 다만, 추가 조사점 등 분리하여 분석이 필요한 경우에는 별도로 분석	
	분석 시료수	• 평가 대상지는 ha당 1개, 참조생태계 1개의 시료를 채취함. (가) 대면적, 소규모 분산, 지형이 급변하는 곳 등은 추가로 채취·분석할 수 있음 (나) 토양층위 및 토심별 분리하여 분석이 필요하다고 판단되는 경우 시료별로 분석	
토양 오염 확인		가) 「토양지하수정보시스템」을 통해 타당성 평가 대상지에 대한 토양오염 유무 및 토양오염관리대상시설과의 관계 등을 확인 나) 타당성 평가 대상지가 채광·채석지 및 토양오염관리대상시설과 연접하는 등 토양오염이 의심되는 경우에는 「토양환경보전법」에 따른 토양정밀조사를 실시	

※ 자료출처: 산림복원사업 타당성 평가 세부기준 고시(산림청고시 제2021-109호, 2021.9.10., 일부 개정)

나) 현지 조사

대상 지역의 답압 상태 또는 토양 내 수분 함량에 따라서도 식물 성장 상태가 달라지므로 필요할 경우에는 토양 경도계와 토양 수분 함량 측정기를 활용하여 현장에서 바로 조사할 수 있다.

토양 경도 측정 모습

토양 수분 함량 측정 모습

[그림 3-20] 토양 경도 및 수분 함량 측정 예시

한편, 앞서 제시하였던 토성의 조사는 토양의 특성과 관련하여 중요한 기초 항목임에도 불구하고 정확한 토성을 알기 위해서는 실험실에서 입도를 분석해야 하는 불편이 있다. 따라서 현장에서 촉감을 이용하여 간편하게 판단하는 방법도 있다.

[표 3-13] 촉감에 의한 토성 구분 방법

구분	기호	촉감
사질양토	SL	1/3 ~ 2/3의 모래성분이 느껴짐
양토	L	모래성분이 1/3 이하로 느껴짐
미사질양토	SiL	모래성분은 거의 없고 끈적임이 없는 고운 모래가 대부분
미사질식양토	SiCL	모래성분이 약간 있고 끈적임이 많이 느껴짐
사질식양토	SCL	모래성분이 많고 끈적임이 느껴짐
식양토	CL	끈적임이 많은 점토로 고운 모래 기운이 느껴짐
양질사토	LS	거의 모래성분만 거칠게 느껴짐
사토	S	

※ 자료출처: 국립산림과학원, 2011(산림입지토양도(1:5,000) 제작 표준매뉴얼).

한편, [표 3-13]에서 제시한 내용은 습지 토양이 나타나는 환경에서는 적용하기 어렵기 때문에 점토가 많은 식토까지 판별할 수 있는 방법을 제시하면 [표 3-14]와 같다. 촉감법을 이용할 때에는 흙을 탁구공만큼 떼어서 손바닥에 올려놓고 물 몇 방울을 더해서 토양입자를 부셔가며 움켜쥔 결과로 판정한다.

[표 3-14] 촉감을 통한 간이토성분석법

구 분		토양의 간이 측정 내용	토성 구분
1		토양이 공모양으로 뭉쳐지지 않고 분리된다.	사토(모래)
2		토양이 공모양을 형성하지만 리본모양은 만들 수 없다.	양질사토
3		토양은 리본모양이 분명하지 않고 그 길이가 2.5㎝ 보다 짧다.	*(양토 계열)*
	a	갈리는 소리가 들리고 껄끄러운 느낌이 강하다.	사양토
	b	밀가루같이 부드러운 느낌이 강하다.	실트질양토
	c	껄끄럽고 부드러운 느낌이 약하고 갈리는 소리가 불분명하다.	양토
4		토양이 중간 정도의 점착성과 견고함을 갖고 길이 2.5~5㎝의 리본을 형성한다.	*(식양토 계열)*
	a	갈리는 소리가 들리고 모래와 같이 껄끄러운 느낌이 강하다.	사질식양토
	b	밀가루같이 부드러운 느낌이 강하다.	실트질식양토
	c	껄끄럽고 부드러운 느낌이 약하고 갈리는 소리가 불분명하다.	식양토
5		토양의 점착성과 견고함이 강하고 5㎝ 이상의 리본을 형성한다.	*(식토 계열)*
	a	갈리는 소리가 들리고 모래와 같이 껄끄러운 느낌이 강하다.	사질식토
	b	밀가루같이 부드러운 느낌이 강하다.	실트질식토
	c	껄끄럽고 부드러운 느낌이 약하고 갈리는 소리가 불분명하다.	점토 *(식토)*

※ 자료출처: 이율경, 백현민, 2023(원저 Brady and Weil(2019)를 수정한 것임).

토양건습도는 탁구공 크기 정도의 토양을 2~3회 움켜쥐어 수분의 감촉으로 판단하는데, 판별 기준은 [표 3-15]와 같다.

[표 3-15] 토양건습도 현장 조사 방법

구분	기준	출현지형(참고)
건조	수분이 거의 느껴지지 않음	산꼭대기, 능선부
약건	손바닥에 습기가 약간 묻을 정도	산비탈, 경사면
적윤	손바닥에 물기 감촉이 뚜렷함	계곡, 평탄지, 산기슭
약습	손가락 사이에 물기가 약간 비침	경사가 완만한 계곡 ·평탄지
습	손가락 사이에 물방울이 맺힘	凹지형, 지하수위 높은 곳

※ 자료출처: 국립산림과학원, 2011(산림입지토양도(1:5,000) 제작 표준매뉴얼).

또한, 토양견밀도는 토양의 단단한 정도를 나타내는데, 견밀도 측정기를 이용하여 5 반복 이상 측정한 평균값을 사용하고, 측정값에 따른 결합력은 [표 3-16]과 같다.

[표 3-16] 토양견밀도 현장 조사 방법

구분	측정값(kg/㎠)	토양입자의 결합력
심송	〈 0.5	• 큰 공극으로 구성되어 있어 결합력 낮음
송	0.5-1	• 매우 연하여 잘 부서짐
연	1-1.5	• 비교적 단단하여 손으로 눌러야 부서짐
견	1.5-2.5	• 단단하여 힘을 가해야 부서짐
강견	〉2.5	• 매우 단단하여 상당한 힘을 가해야 부서짐

※ 자료출처: 국립산림과학원, 2007(산림토양탄소 조사·분석 표준매뉴얼).

다) 토양 시료의 채취

토양의 조사 및 분석 항목의 대부분은 실내에서 이루어진다. 물론, 토양층의 깊이나 육안, 촉감으로 간략하게 조사할 수 있는 사항들은 현지에서도 가능하지만, 구체적인 분석을 위해서는 실내로 이동하여 실험해야 한다. 따라서 토양의 시료를 채취하는 것은 매우 중요한 과정으로 볼 수 있다. 언제, 어디를 어떻게 채취하느냐에 따라서 그 결과가 달라지기 때문이다. 여기서는 토양 시료의 채취 방법을 간략하게 소개하고자 한다.

우선, 토양시료의 채취를 위해서는 토양채취기(sampler), 삽, 채취용 봉투, 펜, 신문지 등을 갖추어야 한다. 그리고 토양 분석을 위한 시료의 채취 방법은 다음과 같은 몇 가지 사항에 유의하여 실시해야 한다.

- 토양 시료를 채취할 때에는 건조할 때 하는 것이 바람직하며, 비가 왔을 경우에는 강우 후 48시간 이상이 경과하여 중력수가 모두 빠져나간 후에 시료를 채취해야 한다.
- 토양은 불균일하므로 [그림 3-21]과 같은 방법으로 토양 시료를 채취한다. (A)보다는 (B)방법으로 시료를 채취하도록 한다.

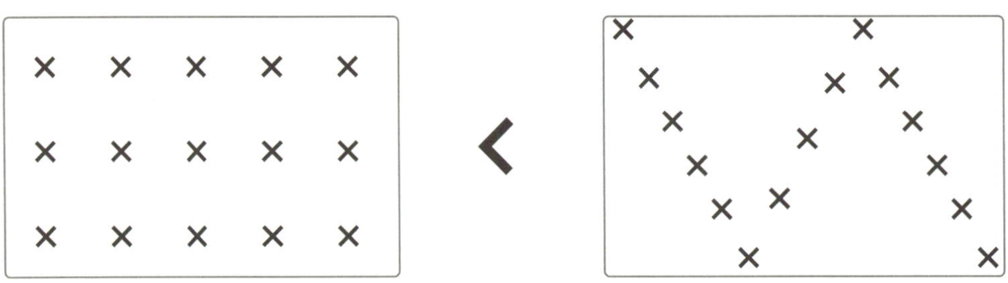

(A) (B)

[그림 3-21] 토양 시료의 채취 방법(채취 지점)

- 토양 채취 시에는 낙엽 및 유기물, 표면의 잡초 등의 이물질을 제거한 후에 토양채취기 및 삽을 이용해 표토와 심토(약 30~40㎝)를 채취하도록 한다. 채취 방법은 [그림 3-22]와 같으며, 가능한 토양채취기(C)를 활용하되, 장비가 없을 경우 삽 등을 활용해 (A)와 같이 흙덩이를 제거한 후 (B)와 같이 삽을 이용해 일정한 깊이로 토양을 채취한다.

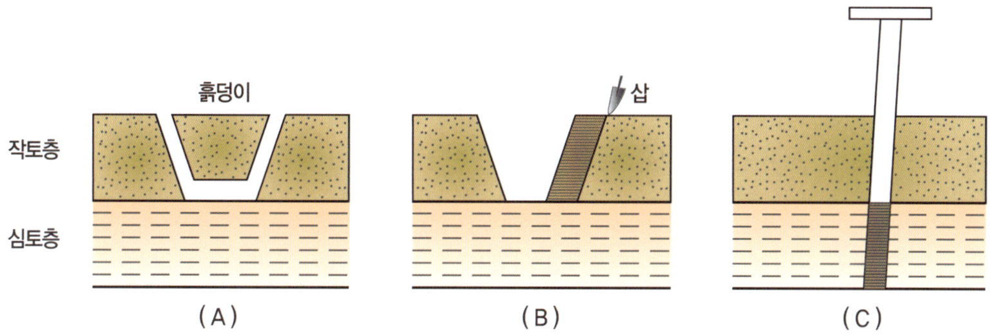

[그림 3-22] 토양 시료의 채취 방법(채취 깊이)

- 시료량은 조사 목적에 따라 다르지만, 0.5~2㎏ 정도면 충분하다.
- 토양 시료 채취에 있어 고려해야 할 사항은 토양 자체가 균질하지 않기 때문에 한 지점에서만 채취하면 한쪽으로 치우친 결과를 얻을 수 있다. 따라서 이를 보완하기 위해 중간 지점과 동서남북의 사방으로 약 5m 거리의 지점에서 시료를 추가로 채취하여 총 5개의 부시료(subsample)를 하나의 혼합 시료(composite sample)로 하는 방법을 이용한다(김재근 등, 2004). 때론 3개 지점을 채취하여 하나의 혼합 시료로 분석하기도 한다.
- 채취한 시료는 비닐봉투에 담고, 다시 질긴 종이봉투에 넣어 채취 날짜, 시료명, 주소, 시료 내역, 토심 등의 깊이를 기재하도록 한다.

[그림 3-23] 토양 시료 채취 예시

라) 토양 분석을 위한 시료의 건조·조제·보관

현장에서 채취한 시료는 우선 건조를 해야 한다. 현장에서 채취한 시료는 그늘에서 깨끗한 비닐이나 종이 위에 얇게 펴서 가능한 빠른 시간 안에 서서히 건조시켜야 한다. 시료를 바람에 말릴 때에는 근처에 휘발성 화학물질이 있는 것은 좋지 않고, 이물질이 바람 등에 의하여 혼입되지 않도록 각별히 주의하여야 한다.

이후 시료를 조제하는데, 시료는 굵은 덩어리가 많고 세토가 아닌 자갈 등이 섞여 있으므로 토양의 화학 분석에 앞서 토괴를 부수어 2㎜ 체눈을 통과시킨 것만을 토양 분석에 사용한다. 시료 분쇄에 사용하는 도구는 불순물에 오염된 것을 사용하지 말고 깨끗한 목재 용기를 쓰고, 체는 녹슬지 않은 것을 사용한다.

시료를 보관할 때는 500g 정도 되도록 청결한 비닐봉투에 넣고, 시료 내역을 기입할 수 있게 만든 봉투에 넣고 습기가 적은 곳에서 보관한다. 시료 보관 장소는 습도가 낮을수록 좋다.

마) 토양 분석

토양 분석은 잘 준비된 토양 시료를 분석용 기기들을 이용하여 시행하고, 나온 결과를 정리하여 조사 및 분석 자료로 활용한다. 그리고 분석 결과값을 이용하여 다음과 같은 토양 특성을 평가한다.

[표 3-17] 토양의 물리적 특성 평가 항목과 평가 기준

평가항목		평가등급			
항목	단위	상급	중급	하급	불량
입도분석 (토성)	-	양토(L) 사질양토(SL)	사질식양토(SCL) 미사질양토(SiL)	양질사토(lS) 식양토(CL) 사질식토(SC) 미사질식양토(SiCL) 마사토(Silt)	사토(S) 식토(C) 미사식토(SiC)
투수성	m/s	10^{-3}이상	10^{-3}~10^{-4}	10^{-4}~10^{-5}	10^{-5} 미만
공극률	㎥/㎥	0.6 이상	0.6~0.5	0.5~0.4	0.4 이하
유효수분량	㎥/㎥	0.12 이상	0.12~0.08	0.08~0.04	0.04 미만
토양경도	㎜	21 미만	21~24	24~27	27 이상

※ 주 1) 유효수분량은 체적함수율을 기준으로 한다.
2) 투수성은 포화투수계수를 기준으로 한다.
3) 토양경도는 산중식(山中式)을 기준으로 한다.

※ 자료출처: 국토교통부, 2019.

[표 3-18] 토양의 화학적 특성 평가 항목과 평가 기준

평가항목		평가등급			
항목	단위	상급	중급	하급	불량
토양산도(pH)	-	6.0~6.5	5.5~6.0 6.5~7.0	4.5~5.5 7.0~8.0	4.5 미만 8.0 이상
전기전도도(E.C.)	dS/m	0.2 미만	0.2~1.0	1.0~1.5	1.5 이상
염기치환용량(C.E.C.)	cmol/kg	20 이상	20~6	6 미만	
전질소량(T-N)	%	0.12 이상	0.12~0.06	0.06 미만	
유효태인산함유량(Avail. P_2O_5)	mg/kg	200 이상	200~100	100 미만	
치환성 칼륨(K^+)	cmol/kg	3.0 이상	3.0~0.6	0.6 미만	
치환성 칼슘(Ca^{++})	cmol/kg	5.0 이상	5.0~2.5	2.5 미만	
치환성 마그네슘(Mg^{++})	cmol/kg	3.0 이상	3.0~0.6	0.6 미만	
염분농도	%	0.05 미만	0.05~0.2	0.2~0.5	0.5 이상
유기물 함량(O.M.)	%	5.0 이상	5.0~3.0	3.0 미만	

※ 자료출처: 국토교통부, 2019.

[표 3-17]과 [표 3-18]에서 제시한 내용은 식물상 복원 계획에서도 활용되는데, 일반적인 식재지에는 "하급" 이상의 토양 평가 등급을 적용하며, 식물 생육 환경이 열악한 매립지나 인공지반의 식재, 답압의 피해가 우려되는 곳은 "중급" 이상의 등급을 적용해야 한다. 한편, 고품질의 식재가 필요하거나 식물의 건전한 생육을 필요로 하는 곳에서는 "상급"의 토양 평가 등급을 적용하는 것이 바람직하다.

지금까지 언급한 토양의 조사·분석 방법을 활용하여 최종적으로 [그림 3-24]와 같이 토양분석도를 지질 내용 등과 함께 작성하는 것이 바람직하다.

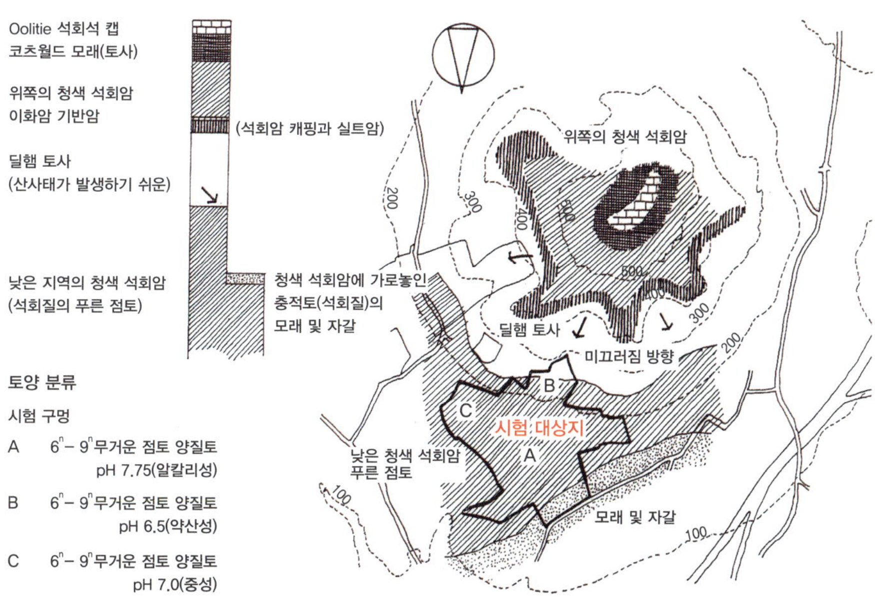

[그림 3-24] 지질 및 토양: 토양 분석 정보를 바탕으로 간단하게 작성한 지질도의 예

한편, 최근에는 우리나라의 토양 정보를 제공하는 누리집을 활용하기도 하는데, 실내에서 대상 지역의 전반적 토양 현황을 파악하고자 할 때에는 국립농업과학원에서 제공하는 토양환경정보시스템(흙토람, https://soil.rda.go.kr/), 국립환경과학원에서 제공하는 토양지하수정보시스템(https://sgis.nier.go.kr/) 등에서 자료를 추출하면 된다.

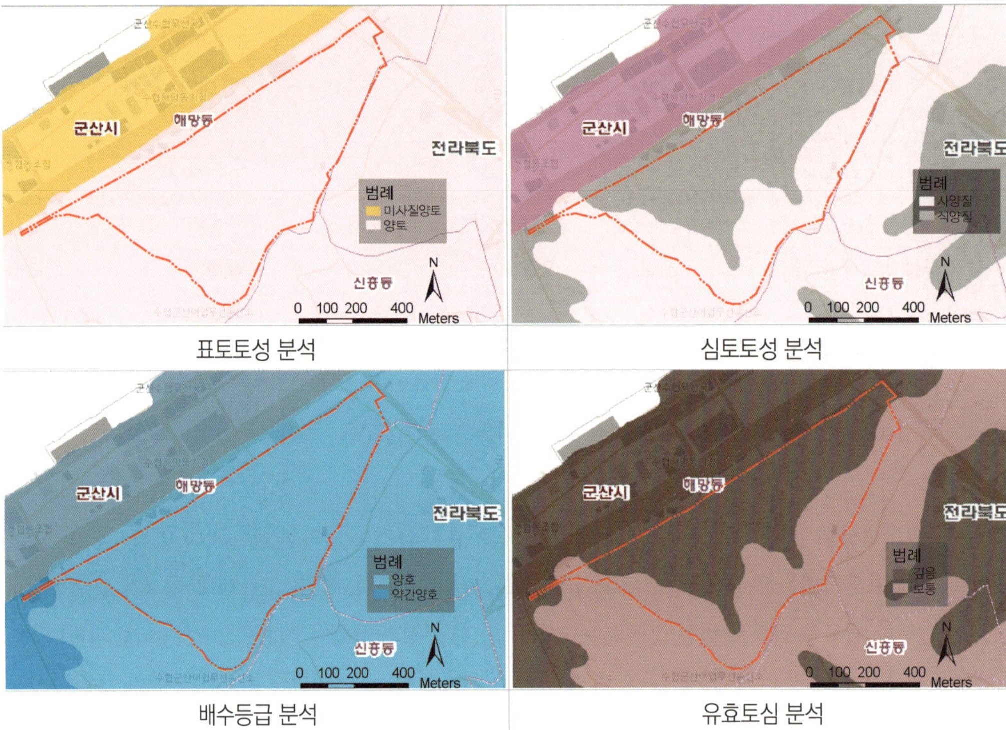

표토토성 분석 | 심토토성 분석
배수등급 분석 | 유효토심 분석

[그림 3-25] 흙토람을 이용한 토양의 물리적 특성 분석(군산 자연마당 사업 지역)

※ 자료출처: 토양환경정보시스템 (http://soil.rda.go.kr/)

마. 생태환경의 조사·분석 방법

1) 서식처 조사 및 분석의 개요

가) 서식처의 개념과 구성요소

서식처는 생물들이 살아갈 수 있도록 먹이, 물, 은신처 등이 있는 곳이며, 성장하고 번식할 수 있는 장소를 말한다(Adams, 1994). 따라서 서식처의 구성 요소는 먹이, 은신처, 물, 공간 등이 되며, 이를 야생동물 서식처의 4대 요구 조건이라고 한다.

James H. Shaw(1985)는 먹이가 서식처의 가장 분명한 구성요소라고 하였다. 특히, 온도, 지역, 그리고 계절에 따라 먹이는 변화하며 육식동물에 있어서 먹이 수용능력이 있어야 한다고 주장하였다. 이러한 먹이 수용능력은 먹이연쇄 관계에 따라 진행되며 가장 기본적으로 식생이 존재해야 한다.

은신처는 위협적인 요소 즉, 날씨와 포식자 등 불합리한 요소를 피할 수 있는 보호막을 제공할 수 있는 것을 말한다. 특히, 많은 종류의 조류들에 있어서는 이러한 요소가 가장 중요하게 작용한다.

물은 모든 생물종에게 필수불가결한 조건이며, 서식처에 변화를 주는 간접적인 요소이다. 즉, 물이 있는 곳에 습지가 형성되고, 이곳에는 많은 생물종에게 중요한 서식처 역할을 한다. 강과 하천을 따라 발생하는 소택형 습지는 야생동물들이 움직일 수 있는 이동로 역할을 하며, 다른 지역과 교류할 수 있는 중요한 연결통로 역할을 한다.

공간은 생물들이 서식하고 몸을 숨길 수 있고, 물이 있으며 짝지을 수 있도록 충분한 공간이 되어야 한다. 동물에 따라 행동 양식과 특성이 다르므로 얼마만큼의 공간이 필요한 지는 정확히 알 수 없다. 하지만, 군집의 크기에 따라 필요로 하는 공간이나 서식처 면적이 있으므로 이에 따라 공간의 크기를 결정하는 것이 바람직하다.

나) 서식처 조사의 의의

지금까지는 일반적으로 생물종 중심으로 조사 및 분석이 많이 이루어져 왔다. 물론 생물종을 조사하다 보면 그들이 살고 있는 공간 즉, 서식처에 대한 기술도 이루어지지만 체계적인 분석이 이루어지지 않고 있다. 이것은 한 대상지역에서 생물종의 단순한 나열에 치중한 조사를 하다 보니 서식처에 대한 것은 다소 소홀히 하였다는 것이다. 따라서 정작 생태학에서 중요한 생물종과 그들의 서식환경에 대한 관계를 기술하지 못하는 경우가 많았다.

하지만, 생태복원에 있어서 주요 대상이 되는 것은 서식처이며, 멸종위기에 있는 생물종이나 희귀종 등의 생물종을 복원하는 것이 주요 목표가 아닌 이상은 궁극적인 복원 목표는 온전한 서식처를 재조성해 주는 것이라고 볼 수 있다. 따라서 생태복원에 있어서 서식처는 큰 의미를 가진다.

같은 맥락에서 서식처의 조사 및 분석에 대한 필요성이나 이것이 갖는 의미는 매우 크다고 하겠다. 환경부와 국립생태원에서는 '멸종위기 야생생물 서식지 평가·개선 지침(2019.11)'을 마련하였고, 멸종위기종의 보호를 위해서 기존의 '개체' 중심에서 '서식지' 중심의 보호·관리 방안을 마련하였다. 이를 위해 서식지 지도화를 포함시켰다. 이 지침에서 '서식지 지도'의 개념을 특정 종의 개체 또는 개체군의 서식공간을 환경생태적 특성과 가치를 반영하여 분석한 정밀공간생태정보지도로 정의하였다. 그리고 서식지 지도는 각 종별 확산·분포를 예측하여 멸종위기 야생생물 보전과 복원을 위한 지속가능한 토지이용 및 환경관리를 위한 기초자료로 활용한다는 것이다. 서식지 지도는 각 종별 서식지의 생태적 특성을 나타내는 기본 주제도를 바탕으로 서식지 평가 과정을 거쳐 각 종별 서식지의 가치를 등급화하여 표현한 지도라고 하겠다(환경부·국립생태원, 2019.11).

참고로 앞으로 제시하는 서식처 조사 및 분석에 대한 방법은 영국의 환경 감사(environmental audit)를 위한 방법론을 제시한 것이다.

다) 서식처 조사 및 분석의 과정

생태복원에 있어서 서식처 조사 및 분석은 [그림 3-26]과 같이 크게 4단계로 볼 수 있다. 즉, 대상지역 선정, 서식처에 대한 유형 분류, 분류된 유형별 조사 및 유형 판정, 그리고 조사 및 분석 결과를 토대로 서식처 유형도를 작성하는 것이다.

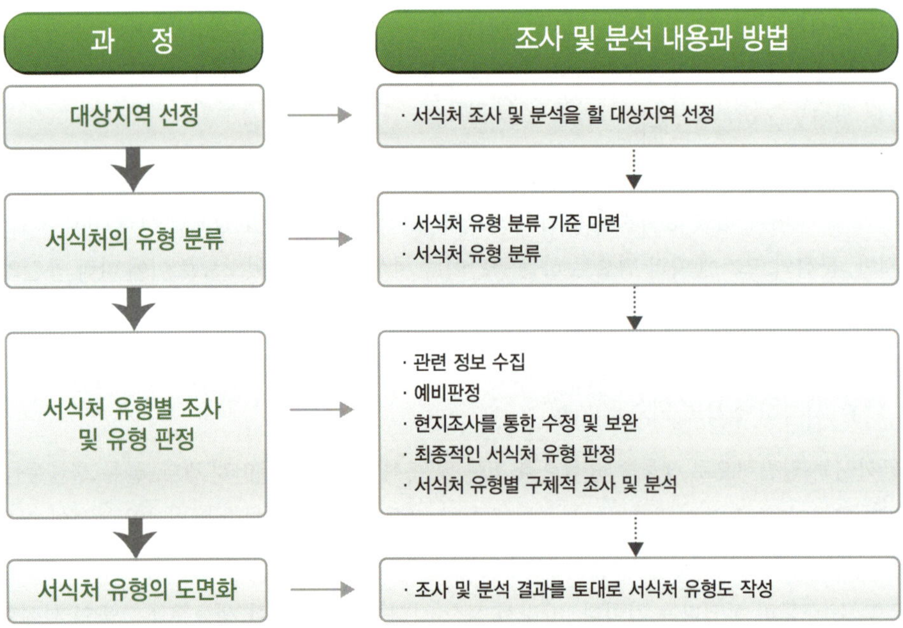

[그림 3-26] 서식처 조사 및 분석 과정

하지만, 일반적으로 대상지역의 선정은 생태복원을 위한 대상지역과 동일하고, 미리 선정되어 있어서 여기서는 따로 다루지 않고자 한다. 다만, 광역적인 계획에 있어서 전체 대상 지역에 대한 서식처 조사가 어려울 경우에 중요 지역을 선정하는 기준을 제시해 보면, (1) 서식처의 중요성이 인식되는 지역, (2) 공공적으로 이슈화되고 있는 지역, (3) 중요한 생물종이 서식하고 있는 지역, (4) 지역적 특성이 존재하는 지역, (5) 개발 계획이 있는 지역 등이 우선순위에 들 수 있다.

라) 서식처의 유형 분류

서식처의 유형은 그 수준을 어디까지 할 것이냐에 따라 매우 다양해 질 수 있다. 특히, 도시지역에서 생물 서식처의 유형 구분은 더욱 더 복잡하다. 하지만, 우리나라의 경우에 도시의 서식처를 표현하는 데에 있어서는 대부분 공원 현황(근린공원, 자연공원 등) 및 하천 등만을 표현하고 있다. 이에 반해서, 외국의 경우에는 체계화된 분류 기준을 가지고 유형을 세분화시켜서 제시해 주고 있는 것을 볼 수 있다.

구체적으로 영국에서는 환경 감사(environmental audit)를 위한 서식처 조사 매뉴얼에서 서식처 유형을 구분하여 도면화 작업을 하고 있는데, 서식처 유형을 구분한 것 중에서 숲과 관목림(A), 초지와 습초지(B)의 유형 구분을 제시해 보면 [그림 3-27]과 같다. 그림에서 알 수 있듯 각 서식처의 유형에 이름과 코드를 붙여주고, 그 서식처 유형을 간단하게 정의하여([그림 3-27]에서는 설명글이 없으며, 해당 매뉴얼의 본문 자료에 있음) 누가 보아도 쉽게 알 수 있게 제시하려고 노력한 것을 볼 수 있다.

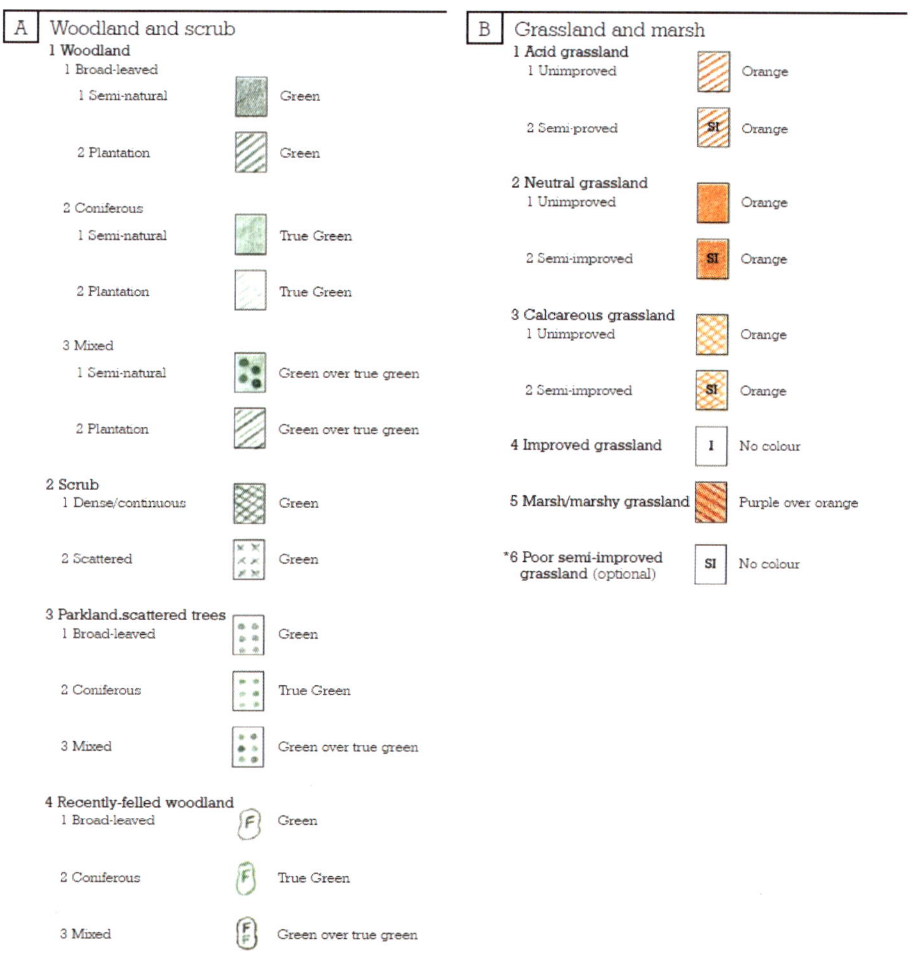

[그림 3-27] 영국의 환경 감사를 위한 서식처 유형 분류 예시

※ 자료출처: JNCC, 2010.

한편, 일반적으로 서식처 유형은 교목림, 관목덤불림, 야생초지, 습지, 수로 등과 같이 생태계의 구조(형태)적 특성과 주요 우점종에 따라 구분하기도 한다.

마) 서식처의 유형별 조사

앞 단계에서 제시한 서식처의 유형 구분이 이루어진 후에는 실제 대상 지역에서 서식처에 대한 조사를 실시하게 되는데, 여기서는 서식처 유형을 조사하는 과정을 중심으로 제시하고자 한다.

(1) 관련 정보 수집

대상지의 서식처 지도를 작성하기 위해서는 이와 관련된 자료를 최대한 수집하여야 한다. 관련된 자료 정보에는 다음과 같은 내용이 포함되어야 한다.

- 서식처 현황, 토양의 구조 및 특성
- 현존 식생 군집과 동물 등의 생태적 기초 자료
- 식물 또는 동물의 희귀종
- 지역적 환경 특성
- 위협 요소, 최근에 발생된 상황, 변화 요인 등

(2) 서식처 예비 판정

궁극적인 결과물이 될 서식처 유형을 지도화하기 이전에 대상지 전체와 서식처의 특성을 이해하기 위해 서식처 지도화를 사전에 수행할 필요가 있다. 이를 위해서 지형도나 항공사진, 인공위성 영상 등이 모두 활용 가능하며, 도면을 그릴 스케일을 1:1,000 이나 1:5,000으로 결정하여 서식처의 코딩에 따라 예비적으로 작성해 볼 필요가 있다.

예비적으로 수행된 서식처 판정에 의하여 뚜렷이 구별되는 서식처에 대한 경계 설정을 미리 하도록 하며, 도시에서 중요한 서식처 및 개발이 덜된 지역에 대한 식별이 가능하다면 이를 판별하도록 한다. 또한, 최근에 도로 및 택지개발에 대한 개발 계획 등을 전체적으로 살펴봄으로써 서식처의 위협 요인을 미리 판별해 볼 수도 있다.

(3) 현장 조사를 통한 확인

예비 판정에 의해 서식처를 지도화한 것은 문헌 및 기존의 지도에 의해 작성한 것이기 때문에 현재 실정과 맞는지를 확인해야 한다. 특히, 문헌 및 기존의 지도가 오래된 자료이거나 출처가 불분명하다면 현장조사를 통해 꼭 확인해야 한다. 그리고 서식처 판별에 있어 어려웠거나 부족한 부분은 현장조사에 의해 보완하며, 누락된 정보나 시간에 따른 서식처 변화를 현장조사를 통해 확인해 보는 것이 중요하다. 구체적으로 현장조사에서는 대상지역의 특성 있는 서식처 유형을 파악해야 하며, 특별히 보호되어야 할 것이나 복원되어야 할 서식처 등에 대한 전반적인 사항을 체크해야 한다.

서식처 조사를 위한 야장을 구성할 때에는 개괄적인 조사 및 결과의 표현 방법으로 서식처의 유형과 위치, 이용 현황 등과 같은 기본적인 사항을 서술하는 것이 좋다. 그리고 위치도, 과거와 현재의 주변 지역 현황도를 작성하여 제시하고, 환경정보(식생, 생물상, 수환경)와 대상 지역의 단면도, 사진을 제시하여 서식처의 종합적인 특징을 나타낼 수 있도록 해야 한다.

영국의 경우에는 조사 대상 지역에 따른 서식처의 유형을 구분한 후에 현장 실사를 나갔을 때 사용할 야장 양식을 정해두고 있는데, 표준 야장을 제시해 보면 [그림 3-28]과 같다.

Survey title			
Map sheet no.	10 km sq	Orig. ref. no	
Surveyor(s)	Survey date(s)		
County (counties)			
L.A. district(s)			
Area (ha) surveyed			
Total area (ha) surveyed			
Notes (include e.g. use of aerial photos, supplementary sources of information, level of detail, habitats and areas omittde)			

Habitat measurements

Habitat name	or Standard Phase 1 alphanumeric code	Area (ha)	Length (m)

[그림 3-28] 영국의 서식처 유형 조사를 위한 야장

※ 자료출처: JNCC, 2010.

이러한 서식처 조사와 분석은 서식처 도면화와 생태네트워크 계획을 수립하는 데 있어서 과학적인 데이터를 제공해 주기 때문에 그 중요성이 크다.

(4) 서식처 유형 판별

서식처 예비 판정에 의해 1차적으로 도면화된 것을 바탕으로 추후 수집된 자료와 현장 조사를 통해 정밀하게 서식처를 판별하여 이를 표시한다.

바) 서식처 유형의 도면화

앞 단계에서 서식처의 유형별로 조사·분석된 결과를 이용하여 실제로 도면상에 정보를 기입해야 한다. 도면화(mapping)는 생태복원계획을 수립하는 데 있어서 정확한 위치를 파악하고, 한눈에 대상지역에 대한 종합적인 정보를 습득할 수 있는 중요한 자료가 되므로, 필히 작성되어야 할 것 중에 하나이다. 이 단계에서는 서식처 경계를 명확히 결정하며 서식처가 불분명한 지역을 확정하여 코딩에 따라 컬러나 모양을 넣어 표시하며, 식생, 자연 서식처, 습지 서식처, 동물 서식처 등으로 상세히 구분하여 작성할 필요가 있다.

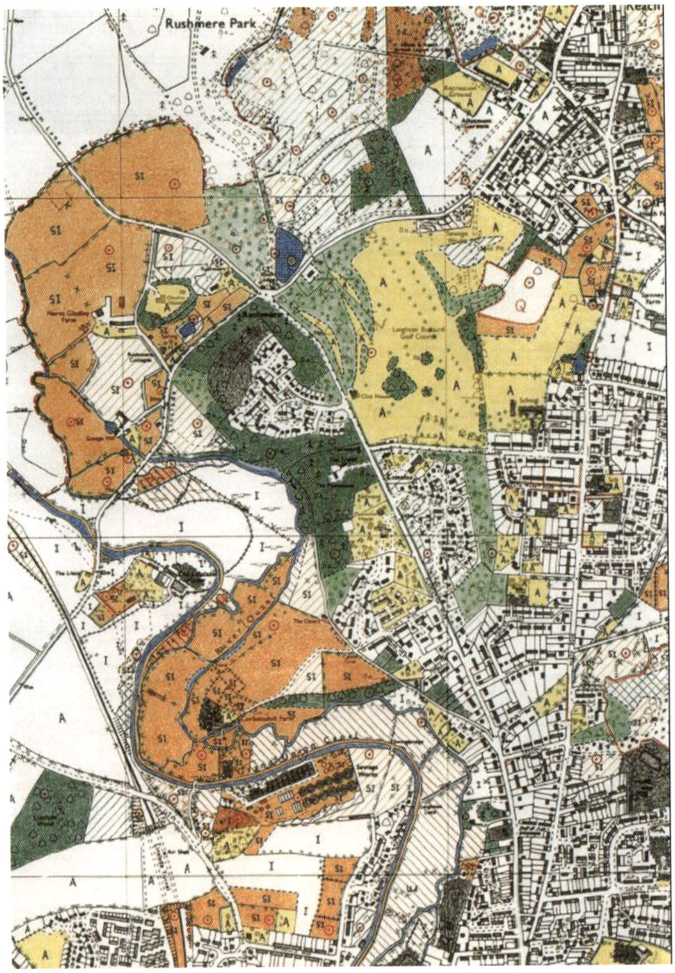

[그림 3-29] 영국의 서식처 유형도의 작성 예

※ 자료출처: JNCC, 2010.

도면화의 방법과 관련하여 영국 런던의 경우에는 더 세분화된 서식처의 분류체계를 바탕으로 하여 도면도 비교적 자세한 내용을 담고 있는데, 이는 [그림 3-29]에서 제시하였다.

서식처 도면화를 실시함에 있어, 비교적 넓은 면적을 대상으로 할 때에는 도면 스케일이 1:5,000~1:25,000이 적당하며, 특히, 농촌지역이나 자연지역에서는 1:25,000이나 1:50,000의 스케일이 적당하다(Eagles P. F., 1984). 참고로 '멸종위기 야생생물 서식지 평가·개선 지침(2019.11)'

에서는 1:25,000을 기본으로 제작하되 목적에 따라 1:5,000까지 소축척으로 제작할 수 있다고 적시하였다.

지금까지 제시한 영국의 서식지 지도는 서식지의 가치 평가 및 개선과 관련한 내용이 없다. 다만, 환경부·국립생태원(2019.11)에서 작성한 서식지 지도 제작 과정에는 이 과정들이 포함되어 있는데, [그림 3-30]은 서식지 지도 제작 과정이다.

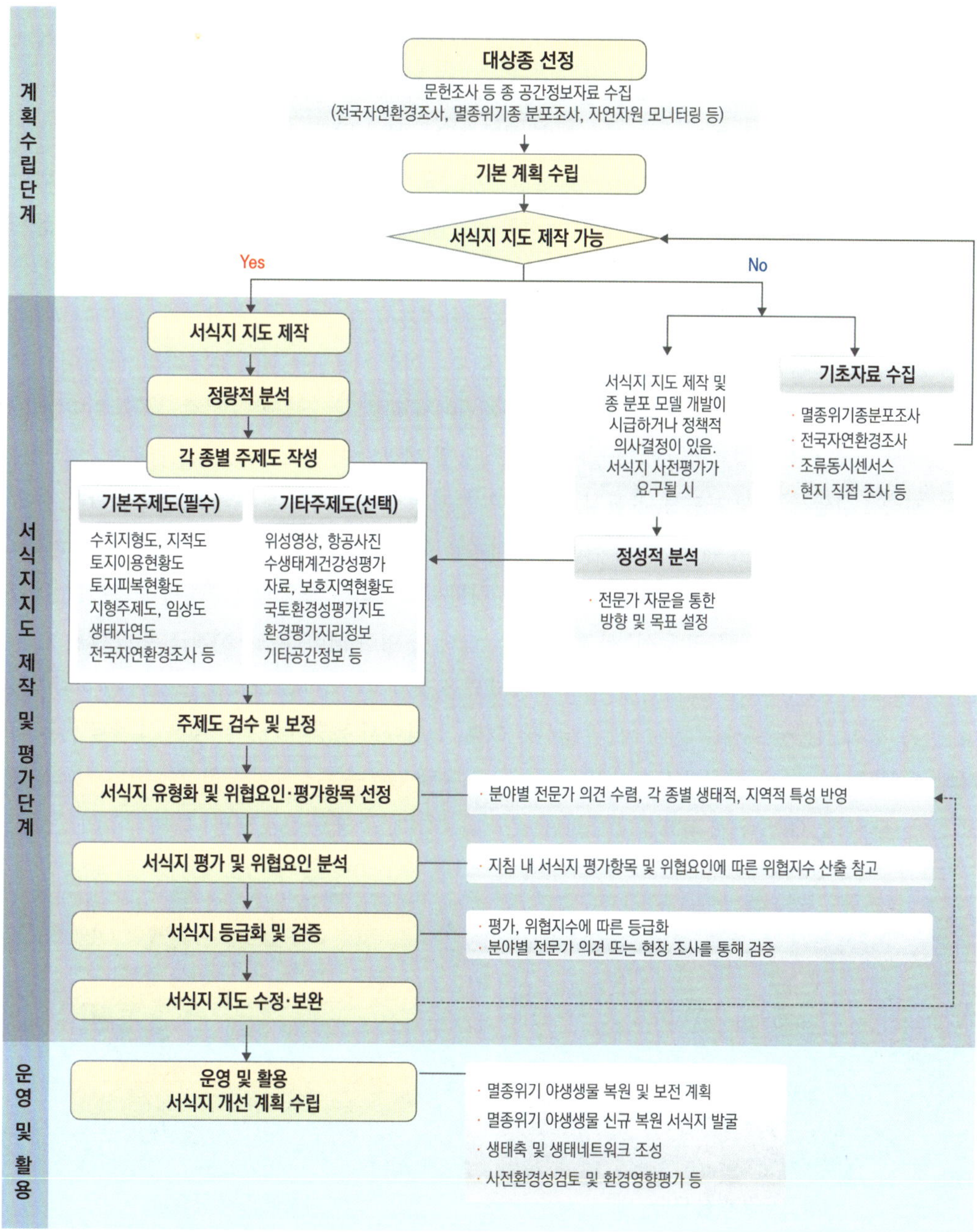

[그림 3-30] 서식지 지도 제작 절차 모식도

※ 자료출처: 환경부·국립생태원(2019.11.)을 다시 그림.

2) 식물상 및 식생 조사

가) 식물상 조사

생물종의 조사 및 분석은 생물종 분류군별로 수행하도록 하며, 특정한 생물종의 서식처를 복원할 경우에는 보다 구체적인 조사를 실시하는 것이 바람직하다. 여기서는 전반적인 생물종의 조사 및 분석 방법 등을 간략하게 소개하고자 하며, 구체적인 내용은 자연환경보전법 제30조 규정에 의해서 국립생태원에서 수행 중에 있는 "전국 자연환경조사 지침(국립생태원, 2019)"을 참고하면 된다.

식생 및 식물상은 생태복원에 있어서 매우 중요한 요소이다. 그리고 생태복원 사업의 성공과 실패 여부를 판단하는 중요한 근거가 되는 것이 식물이기도 하다. 따라서 식물상과 식생에 대한 조사는 복원계획의 기초로서 매우 의미가 크며, 가능한 한 구체적인 조사가 될 수 있도록 해야 한다.

일반적으로 식물상을 조사한다는 것은 대상지역에 분포하는 식물종들을 모두 조사하는 것을 의미한다. 그리고 식생을 조사한다는 것은 어떤 일정한 장소에서 모여 사는 특유한 식물의 집단을 대상으로 조사하는 것으로 현존식생도 작성이 주요 결과물이 된다. 식물상과 식생을 혼용하는 경우가 있는데, 이는 전혀 다른 분야로 보는 것이 바람직하다. 자연환경조사 방법 및 등급분류기준 등에 관한 규정(2012.7.17. 일부 개정)에서 제시한 개념을 보면, 식생(植生)이란 지표면을 덮고 있는 나무, 풀 등이 어우러져 있는 식물사회를 말하고, 식물상(植物狀)은 조사지역에서 관찰되는 식물종의 전체 목록을 의미한다.

식물상 조사는 조사 경로의 선정과 실제 현지 조사 및 채집 등이 중요하다. 조사 경로는 문헌조사 결과, 지리적 상황, 식생의 자연성, 접근성, 특정종의 분포 등을 고려하여 보다 많은 종을 파악할 수 있는 경로를 설정한다. 또한, 대상지역의 식물상을 대표할 수 있다고 생각되는 곳을 설정한다. 특히, 조사 전에 기존의 조사 자료의 분석 및 현지의 지리적 상황을 고려하여 가장 많은 종류들을 채집할 수 있는 조사 경로를 선택하되, 산의 능선, 사면 및 계곡, 습지 등 여러 생태적 생육지가 고루 포함될 수 있는 경로를 선택하는 것이 좋다. 하지만, 범위가 넓지 않은 곳에서는 전수조사를 하는 것이 더 바람직하다. 한편, 실제 식물상 조사는 현지에서 수행하게 되며, 현장에서 동정이 가능한 것은 그 종을 바로 야장에 기입하고 자세한 관찰이나 분류가 필요한 것은 식물체 일부를 채집하여 실험실에서 동정한다. 중요 종에 대해서는 GPS 위치 좌표를 확인하는 것도 필요하다. 종의 동정과 명명, 목록 작성의 순서는

흉고직경 측정 모습 | 식물상 조사 모습

[그림 3-31] 산림 환경 조사

※ 사진제공: 박용수 박사(국립생태원)

관련 도감 등을 참고한다. 그리고 조사된 식물상의 정보는 가급적 지형도 등의 도면에 옮겨서 복원 계획을 수립하는 데 참고할 수 있도록 해야 한다.

조사된 결과는 여러 가지 방법으로 분석할 수 있는데, 식물의 분포 현황, 법적 보호종 등 보호해야 할 식물종 현황, 식물구계학적 특정종이나 한국 특산종 등의 특징 있는 식물종 현황, 생태계교란식물종, 귀화식물종 현황, 식재종, 그리고 생활형 분석 등이 해당한다. 이 중에서도 대상 지역의 인간의 간섭 정도나 자연성을 파악하기 위한 방법으로 귀화식물종 현황을 토대로 귀화율(Naturalized Index, NI)과 도시화 지수(Urbanization Index, UI)를 산정할 필요가 있다(임양재, 전의식, 1980). 귀화율은 조사 지역에서의 전체 귀화 식물 종수를 전체 식물 종수로 나눈 값으로 계산식은 다음과 같다.

$$\text{귀화율(NI, \%)} = \frac{\text{조사지역의 귀화 식물 종 수}}{\text{조사지역의 전체 식물 종 수}} \times 100$$

일반적으로 귀화율은 도시화된 지역이나 교란 받은 지역에서 높게 나타나는데, 특히 도시지역은 귀화식물종의 다양성과 출현 빈도가 높다. 또한, 특정 귀화식물종과 동물종이 우점하며, 신귀화식물종 및 인위 식물종의 구성 비율이 외곽 지역보다 훨씬 높게 나타난다.

도시화 지수는 조사 지역의 귀화식물종의 수를 우리나라 전체 즉, 남한 전체의 귀화식물 종수로 나눈 값으로 계산한다. 박수현(2009)은 우리나라의 전체 귀화식물 종수를 286종으로 보았으며, 환경부(2015)에선 334종을 제시하였다. 또한, 김종원과 이율경(2006)은 국내 귀화식물 종수를 290종으로 제시하였고, 국가표준식물목록(국립수목원 관리)에서는 255종(2024년 7월 검색 기준)을 제시하였다. 따라서 추가적인 귀화식물종이 발견될 때까지는 도시화 지수를 계산할 때 분모 값은 286종, 334종, 290종 또는 255종을 사용하며, 우리나라의 귀화식물이 신규로 발견될 때에는 그에 해당하는 값을 사용하면 된다.

$$\text{도시화 지수(UI, \%)} = \frac{\text{조사 지역의 귀화 식물 종 수}}{\text{국내의 귀화식물 총 종 수}} \times 100$$

참고로 우리나라의 귀화율 및 도시화 지수와 관련하여 유재심(2013)의 연구 결과를 인용하여 설명하면 다음과 같다. 유재심(2013)은 KISS(Koreanstudies Information Service System)를 이용하여 1980년에서 2012년 9월말까지 검색된 귀화식물과 관련된 논문 212건 중에서 155건의 학술논문 및 학술대회 발표 자료를 선별하였다. 이후 연구 대상 공간이 적시된 귀화식물 100편을 분석하여 다음과 같은 결과를 제시하였다. 우선, 도시지역에서의 귀화식물의 평균 도시화 지수는 23.26%였으며, 서울시가 36.4%, 대구시는 31.8%였다. 국립공원인 지리산의 귀화율은 5.7%, 도시화 지수는 8.7%(Park, 2009)였으나, 해발 700~800m 구간부터는 귀화식물이 발견되지 않았다(Yun *et al.*, 2010). 그리고 이 연구에서 분석한 14곳의 국립공원 평균 도시화 지수는 15.41%이고, 평균 귀화율은 7.62%였다. 또한, 우리나라의 일반 산림지역의 평균 도시화 지수는 8.99%이고, 귀화율은 4.72%로 분석되었다(유재심, 2013). 참고로 서울시의 토지이용별 외래식물의 분포 패턴 연구에서 공원의 외래식물 비율이 23.9%였고, 산림지가 19.7%(Seoul Development Institute, 2005)로 나타났다.

한편, 귀화율은 조사 지역에서 산출된 총 식물 종 수 대비 귀화식물 종수의 비율로만 산정한다는 한계가 있다. 즉, 지역 내 식물상 구성에 관한 전체 공급원의 정보(크기)는 배제되어 있다. 해당 지역의 면적과 식생 또는 서식처 다양성에 대한 기본적 고려가 미비하다(김종원·이율경, 2006). 이러한 문제점을 개선시키기 위한 것이 체감 도시화 지수(Actual Urbanized Index : AUI)이다. 체감 도시화 지수란 해당 지역의 귀화식물상을 이용한 도시화 정도에 대해 비교 가능한 상대적 양을 계량적으로 나타낸 지수이다. 도시화 정도는 토지이용의 강도와 종류에 따른 인간 간섭도를 의미하며, 이러한 도시화 지수 평가는 대상 지역의 자연 파괴도 또는 도시화 정도를 추정한다. 체감 도시화 지수는 크게 두 가지 특성이 있는데, 우선 동일한 귀화종수일 경우에는 면적과 체감 도시화 지수는 반비례한다. 동일한 귀화식물 종수는 면적이 좁은 곳이 지수가 높다. 또한, 동일한 면적일 경우에는 귀화종수와 체감 도시화 지수는 비례의 관계를 갖는데, 동일한 면적에 종수가 많으면 지수가 높게 나타난다. 조사 지역(i)에서의 체감 도시화 지수(AUIi)는 다음과 같은 식을 이용한다(김종원·이율경(2006)을 약간 수정).

$$\text{체감 도시화 지수(AUIi)} = \frac{Ei}{Si} \times \frac{Ei}{Et} \times \frac{1}{Ai}$$

$$\text{즉, 체감 도시화 지수(AUIi)} = \frac{(Ei)^2}{Si \times Et} \times \frac{1}{Ai}$$

· 여기서, Si = i 지역의 출현 식물종(귀화식물종 포함)의 총수
Ei = i 지역의 귀화식물 종수
Et = i 지역을 포함한 비교 전체 지역의 출현 귀화식물종의 총수
Ai = 전체 지역 내에서 i 지역(각)의 면적비 또는 면적

위의 식에서 Et의 경우, 우리나라 전체를 대상으로 하면, 286종, 334종, 290종 또는 255종이 되며, 울산광역시를 대상으로 한다면 울산광역시의 귀화식물로 기재된 156종이 된다.

또한, 식생을 이용하여 인간의 간섭 정도를 파악하는 방법으로 식생-헤메로비 등급을 이용할 수 있다. 헤메로비(hemeroby - 영어 표현)란 생태계에 대한 인간의 영향 정도를 파악하는 등급이다. 헤메로비(hemerobie - 독일어 표현) 개념은 핀란드 식물학자인 Jalas(1955)에 의하여 처음으로 도입되었다(HILL *et al.*, 2002; 환경부, 2004.3.). 그리스어로 hemeros는 경작된, 재배되었다는 의미가 있고, bios는 생명, 삶을 의미한다. 헤메로비(인간 간섭, 인위도) 등급은 조사 대상이 되는 단위 식생형 또는 단위 면적 속에서 신귀화종 및 일이년생 초본종의 구성비와 식물 사회를 유지하는 에너지 원동력에 대한 상대적 비율을 토대로 보다 정량적으로 등급화한 입지평가 수단으로(Sukopp, 1976; 김종원과 이율경, 2006), 현존 식생의 다양성과 구조에 따라 식생에 대한 인간 간섭 정도를 파악할 수 있다. 인위적 에너지의 투입과 인간 간섭 정도에 따라 자연, 준자연, 반자연/반인공, 완전 인공으로 구

분하여 식생-헤메로비 등급도를 도출할 수 있다. 인간 간섭도 판정 기준으로 현장에서 직접 평가하고 지도화할 수 있으나, 기존의 현존 식생도를 이용하여 제작하기도 한다. 헤메로비 개념을 고안한 Jalas(1955)는 초기에 토양 교란의 정도를 이용하여 4등급으로 구분하였으며, 이후 10점 척도로 확장하여 현재의 개념으로 발전하였다(HILL *et al.*, 2002). 그리고 Sukopp의 인간 간섭도 판정 기준은 에너지원, 인간 영향, 생태계 구조와 기능, 토양 변화로 구분하여 판정하였다. 헤메로비 등급은 국가나 연구자에 따라서 표현이 다른 경우가 많은데, [표 3-19]에서 제시하고 있는 헤메로비 등급은 오스트리아(1997)에서 사용하고 있는 방식이다. Blume & Sukopp(1976)의 헤메로비 등급 구분도 유사한 패턴을 보인다. 하지만, Hill 등(2002)은 10등급을 설명하는 데 있어서 0등급을 무결점의 상태 또는 완전한 자연상태(ahemerobic 또는 completely natural)로 보았고, 9등급을 개척식물들이 우점하는 가장 인공적인 공간(polyhemerobic)으로 설명하였다.

[표 3-19] 헤메로비 등급 분류

<table>
<tr><th colspan="2" rowspan="2">인간 간섭도</th><th rowspan="2">인간 간섭 분류</th><th rowspan="2">Na, Tb의 분포 비율</th><th colspan="4">적용기준</th><th rowspan="2">해설</th></tr>
<tr><th>에너지원</th><th>인간 영향</th><th>생태계 구조와 기능</th><th>토양 변화</th></tr>
<tr><td>자연</td><td>9</td><td>ahemerob
(natural)</td><td>N-없음
T〈 20%</td><td>태양
광선</td><td>없음</td><td>자연
상태</td><td>없음</td><td>인간의 영향력이 전혀 미치지 않은 생태계</td></tr>
<tr><td rowspan="3">준자연</td><td>8</td><td>γ-oligohemerob
(semi-natural)</td><td rowspan="3">N〈 5%
T〈 20%</td><td rowspan="3">태양
광선</td><td rowspan="3">미약함</td><td rowspan="3">거의
자연</td><td rowspan="3">미약함</td><td rowspan="3">생태계에 약간의 변동이 있음/
인간의 영향력을 약간 받고 있는 생태계</td></tr>
<tr><td>7</td><td>β-oligohemerob
(semi-natural)</td></tr>
<tr><td>6</td><td>α-oligohemerob
(moderately altered)</td></tr>
<tr><td rowspan="3">반자연 반인공</td><td>5</td><td>β-mesohemerob</td><td rowspan="2">N〈 5~12%
T〈 20%</td><td rowspan="2">태양광선〉
보조에너지</td><td rowspan="2">약함</td><td rowspan="2">자연〉
인공</td><td rowspan="2">소규모로
표면적</td><td rowspan="2">임업 등으로 인한 새로운 생태계가 출현하고 있는 공간</td></tr>
<tr><td>4</td><td>α-mesohemerob
(altered)</td></tr>
<tr><td>3</td><td>β-euhemerob
(altered)</td><td>N〈 13~17%
T〈 21~30%</td><td>태양광선〈
보조에너지</td><td>주기적</td><td>자연〈〈
인공</td><td>보통</td><td>전형적인 기존의 농업 경영 형태에서 발생되는 생태계</td></tr>
<tr><td rowspan="3">완전인공</td><td>2</td><td>α-euhemerob
(artificial)</td><td>N〈 18~22%
T〈 31~40%</td><td>태양광선〈〈
보조에너지</td><td>약강</td><td>대부분
인공</td><td>보통
~과도</td><td>인간의 간섭이 다소 많이 미치고 있는 공간/자연발생적 식물류의 출현이 곤란한 공간</td></tr>
<tr><td>1</td><td>polyhemerob
(artificial)</td><td>N〉 22%
T〉 40%</td><td>보조
에너지</td><td>강함</td><td>완전
인공</td><td>과도</td><td>인간의 간섭이 지배적인 공간/건축물 등으로 인해 노출된 토양이 거의 없으며, 자연 발생적인 식물류의 출현이 배척된 공간/부분적으로 개척 식물이 잔류하지만, 생태계의 파괴를 의미하는조류, 박테리아, 곰팡이류의 생육이 왕성한 공간</td></tr>
<tr><td></td><td>(metahemerob)
(fully modified)</td><td>-</td><td>보조
에너지</td><td>강함</td><td>완전
인공</td><td>과도</td><td>인간 간섭이 매우 지배적인 공간/유기체들의 활동이 완전히 정지된 공간/건축물 및 기타 독성물질들로 인해 식생이 완전 파괴된 공간</td></tr>
</table>

※ 주) 1,000㎢당; Na = 신귀화종, Tb = 일이년생 초본식물종

※ 자료출처: 김종원, 이율경, 2006; 환경부, 2004.3.

김종원(2006)은 녹지자연도와 헤메로비 등급을 비교하였는데, 녹지자연도 1등급은 헤메로비 1, 2등급과 같고, 녹지자연도 2, 3등급은 헤메로비 3등급과 유사하다고 보았다. 또한, 녹지자연도 4, 5등급은 헤메로비 4등급, 녹지자연도 6등급은 헤메로비 5등급로 보았다. 녹지자연도 7등급은 헤메로비 6등급, 녹지자연도 8등급은 헤메로비 7, 8등급, 그리고 녹지자연도 9, 10등급은 헤메로비 9등급에 해당한다고 보았다.

나) 식생 조사

식생 조사는 생태계의 기능과 구조를 유지하기 위하여 가장 중요한 기반요소 중 하나인 식생을 대상으로 녹지 피복 현황을 파악하고, 식물사회학적·생태학적 보전가치가 있는 중요 식생자원을 발굴하는데 그 목적이 있다(국립생태원, 2019). 식생 조사를 나가기 전에 준비해야 할 사항들을 열거해 보면, 식생조사표, 지형도, 식물도감, 카메라, 임상도, 고도계, 방위계(클리노미터 이용), 경사계(클리노미터 이용), 줄자, 수고계, 식물채집도구, 필기도구 등이다.

식생 조사는 종조성에 의한 사회학적인 측면을 중요시하는 식물사회학적 방법(Braun-Blanquet, 1964, Z-M학파 방법)을 따른다. 이에 대한 자세한 내용은 식생 조사법(김준민 등, 1987; 김재근 등, 2004; 김종원과 이율경, 2006) 등을 참고하며, 피도 계급은 식물사회학적 방법에 준한다. 국립생태원(2019)에서 전국 자연환경조사를 위해서 사용하는 식생조사표를 예시하면 [표 3-21]과 같다.

[표 3-21]에서 제시한 야장을 이용하여 군락의 종조성 목록을 작성한 후에는, 각 계층별로 조사구 내 피도(coverage)와 개체수를 조합한 우점도(dominance)와 군도(sociability) 계급을 표시한다([표 3-20], [그림 3-32] 참고).

[표 3-20] 우점도 및 군도의 판정 기준

구 분		판정기준
우점도	5	표본구 면적의 3/4 이상을 덮고, 개체수는 임의
	4	표본구 면적의 1/2~3/4을 덮고, 개체수는 임의
	3	표본구 면적의 1/4~1/2을 덮고, 개체수는 임의
	2	표본구 면적의 1/10~1/4을 덮거나, 개체수는 많다.
	1	개체수가 많지만 피도는 낮다. 혹은 산재하지만 피도는 높다(단, 1/10 이하).
	+	피도는 낮고 산재
	r	고립하여 출현, 피도는 극히 낮다.
군도	5	방형구 내에서(혹은 조사 면적에서) 전체적으로 퍼져있어 카페트처럼 말려있는 형태 (거의 피도 80~100% 정도로 차 있다)
	4	조사 면적 내에 조사하고 있는 한 종이 가득 차 있는 형태가 아니다. 드문드문 비어 있는 형태로 마치 카페트에 구멍이 난 것처럼 한 종이 없는 면적이 있다.
	3	조사 면적 내에서 한 종이 몇 군데에서 나타남. 그 면적이 군도 4보다 적으나, 피도 30~40% 정도는 차지한다.
	2	조사 면적 내에서 드문드문 나타난다. 전체적 피도가 군도 3보다는 적으나 고립하여 생육하는 것은 아니다.
	1	우연히 출현하거나 조사 면적 내에서 고립해서 존재한다.

※ 자료출처: Braun-Blanquet, 1964.

[표 3-21] 식생조사를 위한 야장 양식의 예

No : 01

조사일자 : 2019 년 8 월 15 일 **식생조사표**

조사자 : 박식한, 송나무

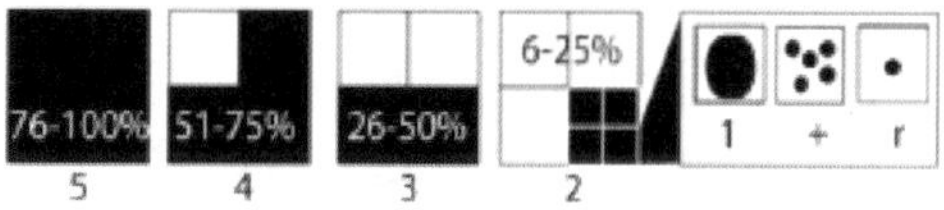

군락명 : 소나무군락	조사지역 : 전남 순천시 희아산		도엽명 : 강릉071(37804071)
식생상관 : 상록침엽수림	면적 : 10×10㎡	위·경도(GPS) : 35° 44′ 22″ N , 128° 34′ 45″E	
해발 : 320 m	지형 : □산정□능선■사면(■상□중□하)□계곡□평지		미세지형: □평면 □돌출 □함몰■요철
방위 : 240	토양 : ■갈색삼림토 □적황색삼림토 □암적색삼림토 □회갈색삼림토 □침식토 □미숙토 □암쇄토		
경사 : 30°	낙엽부식층 : 5 cm	암석노출 : 10 %	암석권 : ■화성암□퇴적암□변성암(화강암)
보전등급 : II	수분조건 : □과습 □약습 □중용 ■약건 □과건		토성 : □사토 ■양토 □식토(사질토)

층위구분	높이(m)	식피율 (%)	우점종
교 목 층(T1)	15	95	소나무
아교목층(T2)	8	10	때죽나무
관 목 층(S)	3	35	철쭉
초 본 층(H)	0.5	20	대사초

우점종 DBH : 최대(33cm), 중간(25cm), 최소(10cm)

특기사항 :

소나무순림으로 보전가치가 높음

보춘화의 생육지로 적합

T1		S		H		H	
종 명	피도	종 명	피도	종 명	피도	종 명	피도
소나무	5	감태나무	1	원추리	+		
		개머루	1	새	1		
		개옻나무	1	참취	1		
		굴참나무	+	대사초	2		
		덜꿩나무	1	들깨풀	+		
		때죽나무	1	맑은대쑥	+		
		비목나무	1	애기나리	+		
		철쭉	2	보춘화	1		
		생강나무	1	큰기름새	1		
		졸참나무	1				
		진달래	1				
		쪽동백나무	+				
		청미래덩굴	+				
		팥배나무	+				
T2							
때죽나무	2						
산벚나무	1						
신갈나무	1						

사업명 : 제5차 전국자연환경조사 조사기관 : 국립생태원

※ 자료출처: 국립생태원, 2019.

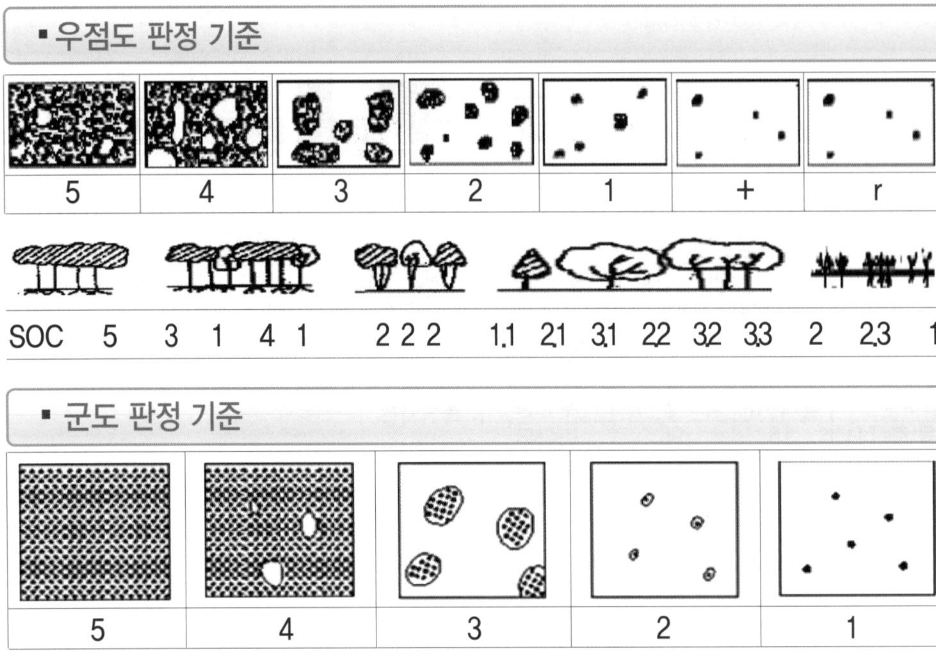

[그림 3-32] 피도 및 군도 판정 기준 모식도
※ 자료출처: 김준민·전의식·임양재, 2000.

식물군락의 명명은 일반적으로 그 군락의 최상층에서 우점하고 상관을 대표하는 우점종을 이용하여 명명하는데, 한 수종이 70% 이상인 경우에는 해당하는 수종의 이름을 붙여 명명한다. 2개 이상의 수종이 비슷한 식피율로 혼생하는 경우에는 그 중에서 2개의 종을 우점도 순서로 연명하여 명명한다. 예를 들어, 신갈나무가 70%이고, 졸참나무가 30%로 존재한다면, 신갈나무 군락으로 명명하고, 신갈나무와 졸참나무, 상수리나무가 각각 60%와 30%, 10%로 혼재한 경우에는 신갈나무-졸참나무 군락이라고 한다. 참고로 우점비율이 50%로 동일할 때에는 특별한 순서 없이 명명한다.

그리고 상관식생유형을 분류하여 현존식생도는 임상도와 상관조사에 의해 선정된 조사범위에서만 작성하며, 기존의 현존식생도를 반드시 참고하여 작성해야 한다. 현존식생도는 먼저 임상도상에 그렸다가 지형도상에 이기하도록 권고하고 있다. 국립생태원(2019)의 전국자연환경조사 지침에 의한 현존식생도 작성 방법은 최상층에 우점하는 식물종(들)이 일정한 양상의 동일상관에 대하여 경계확인 또는 경계부를 결정하고, 전국자연환경조사의 식물군락 명명 방법에 따라 상관명과 식생보전등급을 기재하는 방식으로 한다([그림 3-33] 참조). 하지만 이러한 방법은 전국자연환경조사를 위한 것이기 때문에 소규모로 진행되는 복원 사업의 경우에는 보다 정밀한 현존식생도를 작성해야 한다.

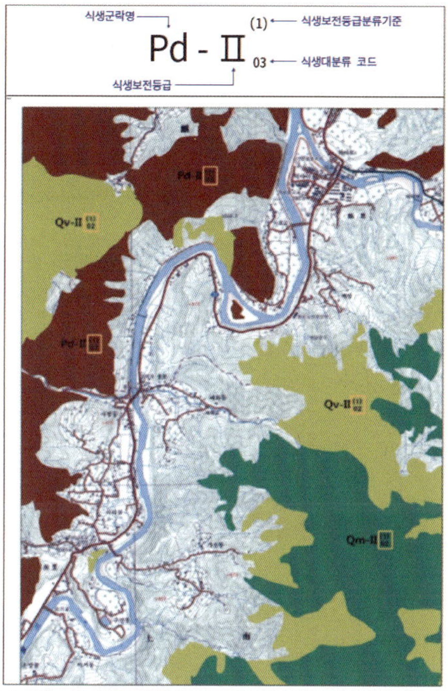

전국자연환경조사를 위한 현존식생도 작성 예시도

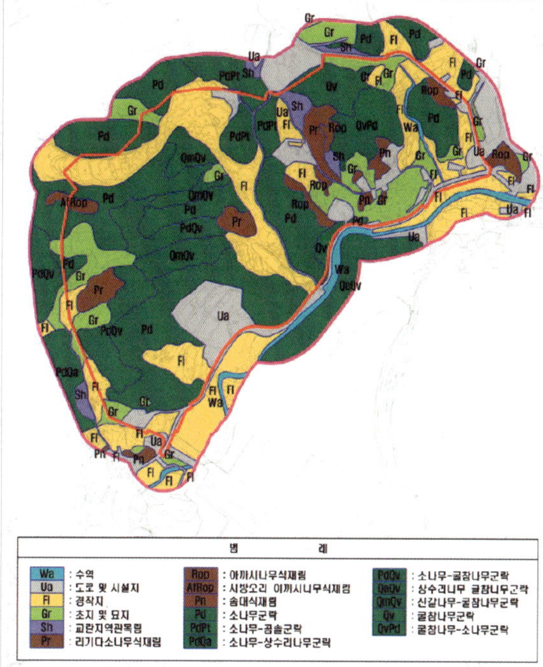

○○환경영향평가지역에서 조사하여 작성한 현존식생도

[그림 3-33] 현존식생도 작성 예시

※ 자료출처: 좌측 - 국립생태원, 2019. 우측 - ㈜새운엔지니어링 외 17개사, 2024.

한편, 식생 조사 결과를 토대로 대상 지역 식생의 종 조성을 파악하게 되는데, 이를 위한 밀도와 빈도, 피도, 중요치 등을 산정하는 방법은 다음과 같다.

• 밀도와 상대밀도

수도(數度, abundance)는 조사 대상 면적에서 나타나는 어떤 종의 개체수를 말하며, 밀도(密度, density)란 단위 면적당 어떤 생물종의 개체수를 표현한 것이다. 하지만, 밀도를 막연하게 단위 면적당 개체수로만 표현하는 데에는 불합리한 경우가 발생할 수도 있기 때문에 생육 가능한 지역에 국한시켜서 단위 면적당 개체수로 표현하기도 한다. 즉, 10ha의 산림을 조사한다고 할 때 그 내부의 서식처가 50%는 호수로 구성되어 있을 경우, 실질적인 산림 식생의 서식가능 지역은 5ha밖에 되지 않게 된다. 결과적으로 10ha 전체를 놓고 그 안에 개체수를 따지는 경우를 절대밀도라고 하며, 생육이 불가능한 5ha를 제외한 지역에서의 개체수를 생태적 밀도라고 한다. 한편, 조사 대상 산림에서 특정 수종의 밀도가 다른 수종들과의 상대적인 관계나 또는 동일 수종이 시간이 지남에 따라 밀도의 변화에 관심이 있을 때에는 상대밀도(relative density)를 산출하여 파악할 수 있다. 상대밀도는 어떤 한 종의 개체수가 다른 종의 총개체수에 대한 비율로 산출한다.

위에서 제시한 개념들을 예를 들어 보면, 조사를 해야 하는 산림 대상 면적이 10ha라고 하고, 그 안에는 5ha의 저수지가 있다. 그리고 조사 대상 전체 지역에서는 신갈나무가 1,000그루 있고, 나머지

9종의 수종들이 총 1,000그루가 있다고 가정하자. 여기서 신갈나무의 수도는 1,000그루가 되고, 밀도는 100그루/1ha가 된다. 생태적 밀도는 200그루/1ha가 되고, 상대밀도는 1,000그루/2,000그루이므로 0.5 또는 50%가 된다.

즉, 상대밀도(상대적 종 밀도라고도 함, relative species density)는 조사지역 내에 있는 모든 식물종의 전체 개체수에 대한 조사 대상 식물종의 개체수의 비율로 산정한다.

$$상대밀도 = RD_i = \frac{n_i}{\sum n_i}$$

· 여기서, n_i : 종 i 의 개체수

- 빈도와 상대빈도

빈도(頻度, Frequency)는 어떤 한 종이 얼마나 넓은 지역에 걸쳐 출현하는가 하는 생육의 분포 정도를 측정하는 기준이 된다. 즉, 조사 지역에서 해당 종을 발견할 수 있는 확률로 표현되므로 표본의 도입이 필요하다.

예를 들어, 산림 식생을 조사하는 데 있어서 총 100개의 표본구를 설치하였을 경우, 이중 신갈나무가 한 그루 이상 출현한 표본구의 수가 70개 이상이면, 조사 대상 산림의 신갈나무 빈도는 0.7 또는 70%가 된다.

한편, 다른 출현 종들과의 상대적인 분포 정도를 파악하고자 할 때에는 상대빈도(relative frequency)를 이용한다. 상대빈도는 조사 대상 종 빈도의 모든 종 빈도의 합에 대한 비율로 계산할 수 있으며, 계산식은 다음과 같다.

$$상대빈도 = Rf_i = \frac{f_i}{\sum f_i}$$

· 여기서, f_i : 종 i 의 빈도

위에서 종 i 의 빈도를 구하는 공식은 다음과 같다.

$$빈도 = f_i = \frac{n_i}{N}$$

· 여기서, n_i : 종 i 가 나타난 표본수

N : 전체 표본수

- 피도와 상대피도

피도(被度, coverage)는 어떤 한 종의 개체들이 차지한 투영 면적의 합계를 단위 면적에 대한 비율로 표시한다. 여기서 투영 면적은 수관 부위가 지상에 투영되는 면을 원 또는 타원으로 간주하여 수관

의 지름을 측정하여 산출한다. 하지만, 큰 교목의 수관 투영 면적은 측정하기가 어렵고 수관 폭과 지름 간에 비례하는 관례가 있기 때문에 지상 1.2m 높이의 흉고직경(DBH)을 측정하여 그 횡단면인 흉고 단면적으로 피도를 산출하기도 한다.

예를 들어, 전체 10ha의 면적에 신갈나무 1,000그루의 총 투영 면적이 10,000㎡라고 하면, 한 그루당 평균 투영 면적은 10㎡가 되고, 조사 산림의 신갈나무 피도는 1,000㎡/ha로 산출된다. 상대피도(relative coverage)는 어떤 한 종의 피도가 모든 종의 총 피도 합계에 대한 비율로 산출되며, 계산식은 다음과 같다.

$$\text{상대피도} = RC_i = \frac{C_i}{\Sigma C_i}$$

· 여기서, C_i : 종 i 의 빈도

위에서 종 i의 피도를 구하는 공식은 다음과 같다.

$$\text{피도} = \mathrm{C}_i = \frac{a_i}{A}$$

· 여기서, a_i종 i에 의하여 피복된 면적

A : 전체 면적

• 중요도

산림에서 구성 식물종들의 밀도, 빈도 및 피도는 아무런 비례 관계가 없기 때문에 3가지 중에서 한 가지만의 지표로서 구성종들의 산림 군집에서의 생태적 우세 정도를 파악할 경우에는 비합리적인 문제가 발생한다. 따라서 구성종들의 생태적 중요도 또는 영향력을 표현하는 방법으로 Curtis와 McIntosh(1951)는 중요도를 고안해 냈다. 어떤 한 종의 군집에서의 상대적인 중요성의 정도를 중요도(importance value) 또는 상대 우점도라고 하는데, 이는 상대밀도, 상대빈도, 상대피도의 값을 합한 방식으로 산출할 수 있으며, 각각의 계산식은 다음과 같다.

$$\text{중요도} = IV_i = RD_i + Rf_i + RC_i$$

· 여기서, RD_i : 종 i 의 상대 밀도

Rf_i : 종 i 의 상대 빈도

RC_i : 종 i 의 상대 피도

중요도의 값은 0~3까지의 범위에 속하게 되며, 이는 다시 3으로 나누어서 0~1로 나타내기도 한다. 또한 이것에 100을 곱한 백분율로 나타낼 경우에는 중요도 백분율(importance percentage)이라고 부른다. 한편, 개체들의 크기 및 층위를 고려하여 수관 층위별로 가중치를 부여하여 평균 상대 우점도

(mean importance percentage, MIP 또는 mean importance value, MIV)를 다음과 같이 산정하기도 한다(오구균·박석곤, 2002).

$$\text{MIP (또는 MIV)} = \frac{(3 \times \text{교목층 I. P}). + (2 \times \text{아교목층 I. P.}) + (1 \times \text{관목층 I. P.})}{6}$$

• 식생 보전 등급 평가

식생 보전 등급은 전체 I~V 등급으로 구분되어 있으며, 보전가치는 I등급이 가장 높다. 환경부의 "자연환경조사 방법 및 등급분류기준 등에 관한 규정(환경부훈령 제1161호, 2015.7.17., 일부 개정 기준)"에서 제시하고 있는 식생 보전 등급 평가를 위한 평가 항목과 방법, 등급 분류 기준은 다음과 같다.

[표 3-22] 식생 보전 등급 평가 항목 및 평가 요령

평가항목	평가요령
가. 분포 희귀성 (rarity)	(1) 평가 대상이 되는 식물군락이 한반도 내에서 분포하는 패턴을 의미 (2) 분포면적이 국지적으로 좁으면 높게, 전국적으로 분포하면 낮게 평가
나. 식생복원 잠재성 (potentiality)	(1) 평가 대상이 되는 식물군락(식분)이 형성되는데 소요되는 기간(잠재 자연 식생의 형성기간)을 의미 (2) 오랜 시간이 요구되면 높게, 짧은 시간에 형성되는 식물군락은 낮게 평가. 다만, 식생 발달기원이 부영화, 식재 등에 의한 것이면 상대적으로 낮은 것으로 평가
다. 구성 식물종 온전성 (integrity)	(1) 평가 대상이 되는 식물군락의 구성식물종(진단종군)이 해당 입지에 잠재적으로 형성되는 식물사회의 구성식물종인가에 대한 평가를 의미 (2) 이는 입지의 자연식생의 구성종을 엄밀히 파악하는 것으로 삼림의 경우, 흔히 천이 후기종(극상종)으로 구성되면 높게, 초기종의 구성비가 높으면 낮게 평가
라. 식생구조 온전성	(1) 평가 대상이 되는 식물군락이 해당입지에 전형적으로 발달하는 식생구조(층위구조)가 얼마나 원형에 가까운가를 가지고 판정 (2) 삼림식생은 4층의 식생구조를 가지며, 각 층위는 고유의 식생고(height)와 식피율(coverage)을 가지고 있으므로 층위구조가 온전하면 보전생태학적으로 높게 평가
마. 중요종 서식	(1) 식물군락은 식물종의 구성으로 이루어지므로 식물종 자체에 대한 보전생태학적 가치를 평가 (2) 그 분포면적이 좁거나, 중요한 식물종(멸종위기야생식물 Ⅰ·Ⅱ급 또는 식물구계학적 중요종)이 포함되면 더욱 높게 평가
바. 식재림 흉고직경	식재림의 경우 가장 큰 개체, 보통 개체의 흉고직경(DBH)을 기록

[표 3-23] 식생 보전 등급 분류 기준

등급구분	분 류 기 준
가. Ⅰ등급	(1) 식생 천이의 종국적인 단계에 이른 극상림 또는 그와 유사한 자연림 ㈎ 아고산대 침엽수림(분비나무군락, 구상나무군락, 주목군락 등) ㈏ 산지 계곡림(고로쇠나무군락, 층층나무군락 등), 하반림(오리나무군락, 비술나무군락 등), 너도밤나무군락 등의 낙엽활엽수림 (2) 삼림식생 이외의 특수한 입지에 형성된 자연성이 우수한 식생이나 특이식생 중 인위적 간섭의 영향을 거의 받지 않아 자연성이 우수한 식생 ㈎ 해안사구, 단애지, 자연호소, 하천습지, 습원, 염습지, 고산황원, 석회암지대, 아고산초원, 자연암벽 등에 형성된 식생. 다만, 이와 같은 식생유형은 조사자에 의해 규모가 크고 절대보전 가치가 있을 경우에만 지형도에 표시하고, 보고서에 기재 사유를 상세히 기술하여야 함
나. Ⅱ등급	(1) 자연식생이 교란된 후 2차 천이에 의해 다시 자연식생에 가까울 정도로 거의 회복된 상태의 삼림식생 ㈎ 군락의 계층구조가 안정되어 있고, 종조성의 대부분이 해당지역의 잠재 자연식생을 반영하고 있음 ㈏ 난·온대 상록활엽수림(동백나무군락, 신갈나무-당단풍군락, 졸참나무군락, 서어나무군락 등의 낙엽활엽수림) (2) 특이식생 중 인위적 간섭의 영향을 약하게 받고 있는 식생
다. Ⅲ등급	(1) 자연식생이 교란된 후 2차 천이의 진행에 의하여 회복단계에 들어섰거나 인간에 의한 교란이 지속되고 있는 삼림식생 ㈎ 군락의 계층구조가 불안정하고, 종조성의 대부분이 해당지역의 잠재자연식생을 충분히 반영하지 못함 ㈏ 조림기원 식생이지만 방치되어 자연림과 구별이 어려울 정도로 회복된 경우 (2) 산지대에 형성된 2차 관목림이나 2차 초원 (3) 특이식생 중 인위적 간섭의 영향을 심하게 받고 있는 식생
라. Ⅳ등급	인위적으로 조림된 식재림
마. Ⅴ등급	(1) 2차적으로 형성된 키가 큰 초원식생(묵밭이나 훼손지 등의 억새군락이나 기타 잡초군락 등) (2) 2차적으로 형성된 키가 낮은 초원식생(골프장, 공원묘지, 목장 등) (3) 과수원이나 유실수 재배지역 및 묘포장 (4) 논·밭 등의 경작지 (5) 주거지 또는 시가지 (6) 강, 호수, 저수지 등에 식생이 없는 수면과 그 하안 및 호안

※ 비고: 식재림은 인위적으로 조림된 수종 또는 자연적(2차림)으로 형성되었다 하더라도 아까시나무 등의 조림기원 도입종이나 개량종에 의해 식피율이 70% 이상인 식물군락으로 한다. 다만, 녹화 목적으로 적지적수(適地適樹)가 식재된 경우에는 식재림으로 보지 않는다.

한편, 구체적인 식생 조사 방법은 대상지역의 주된 서식처 특성에 따라서 달리해야 하는데, 예를 들어 습지 서식처의 조사는 내륙습지 조사 지침(국립생태원, 2020)에 따르는 것이 바람직하다.

• 식생의 조사 결과의 분석과 정리

현지에서 조사된 내용과 실험실에서 동정된 결과를 토대로 이를 분석하고 정리할 때에는 다음의 사항들을 염두에 두어야 한다. 물론, 조사를 나가기 전부터 다음에서 제시하는 사항들이 조사될 수 있도록 준비하는 것이 바람직하다.

- 조사 결과의 도면화

식생도를 작성하는 것은 주요 군락의 분포를 도면화하여 다른 자료(특히, 야생동물종 등)와의 중첩 분석이 가능한 이점을 가지고 있다. 따라서 가능하다면 현장에서의 조사 결과를 토대로 도면을 작성하는 것이 바람직하다.

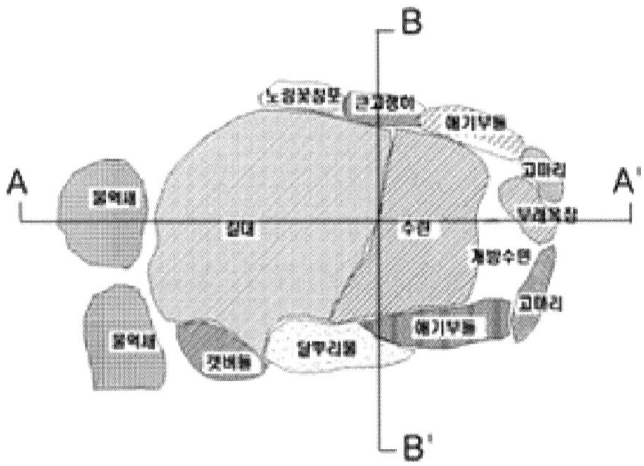

a) 서울공고 생태연못의 식생 평면도 (수평적 분포도)

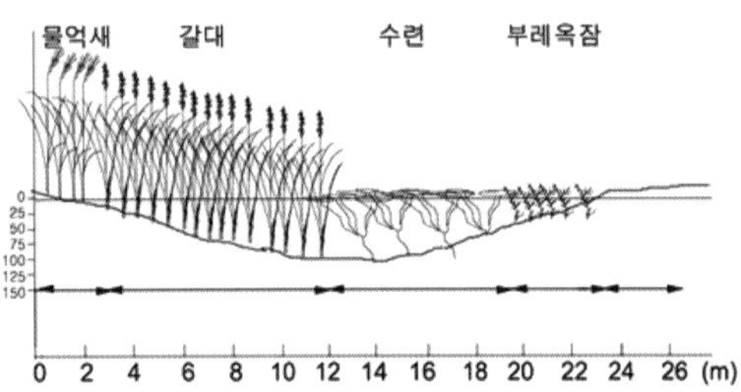

b) A-A' 식생 단면도

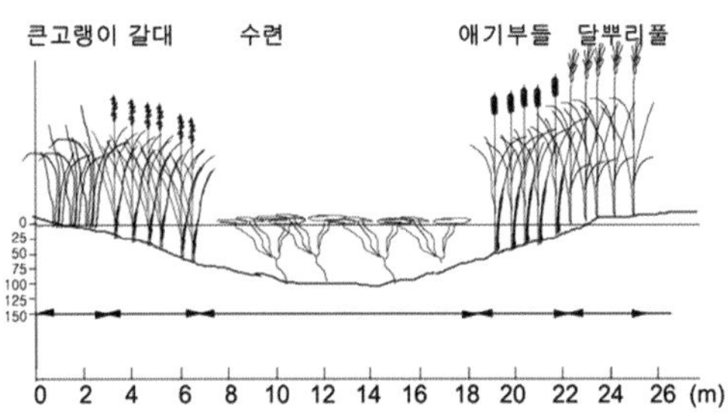

c) B-B' 식생 단면도

[그림 3-34] 서울공고 생태연못에서의 식생 도면 예시

또한, 군락을 이루지는 않지만 보호종이나 특정종이 조사될 경우에는 정확한 위치를 기입하기 위해 위치정보시스템을 이용하는 것도 좋다. 나아가서 작성되는 도면은 현존식생도와 더불어서 잠재자연식생도도 함께 작성하는 것이 생태복원계획의 수립에 큰 도움이 된다.

- **촬영 사진의 정리**

현지에서 촬영된 사진은 식물상의 지리적 정보를 파악하는 데 도움을 준다. 물론 현장에서 중요한 식물종들은 임상도나 지형도 등에 바로 기입하는 것이 중요하지만, 빠진 사항들이나 체크하지 못했던 사항들을 다시 살펴보는 데에는 사진 자료가 유용하다. 또한, 사진 자료는 서식처의 특성 파악이나 자료의 제시에서도 유용하게 활용된다. 중요한 것은 가능하다면 주요 식물은 생활형별로 분류하는 것과 서식처의 특성을 고려하여 사진 촬영을 병행해야 한다는 것이다. 특히, 대상지역의 분석에서 효율적으로 활용하기 위해서는 서식처의 유형, 군집, 식물 개체 등으로 구분하여 촬영하는 것이 바람직하다. 또한, 가능하다면 식생은 산림, 숲, 과수원, 덤불림, 습지 및 논 등으로 구분하여 조사하고, 사진을 촬영하는 것이 좋다.

a) 산림 및 농경 서식처의 전경 (서식처 사진)

b) 산 속의 애기나리 군집 (군집 사진)

c) 애기나리의 근접 촬영 사진 (종 사진)

[그림 3-35] 조사지역에서의 서식처, 군집, 생물종의 촬영 예

- **기반환경과 식생군집 구조의 분석**

기반환경과 식생군집 구조 간의 분석은 대상지역의 환경을 파악하는 데 체계적인 접근으로 그곳 생태계 현황을 파악하는 데 도움을 준다. 조사된 결과를 이용하여 식물군집의 구조를 지형 등을 포함한 여러 가지 환경요소와 접목시켜서 식생 단면도 및 식생 평면도, 식물 군집 구조 등을 기입하는 것이다. 이러한 방법으로 습지를 조사한 결과를 이용하여 정리한 내용을 예시해 보면 [표 3-24]와 [그림 3-34]와 같다.

[표 3-24] 조사 결과를 토대로 정리, 분석한 형태의 예시

<table>
<tr><td>조사지 번호</td><td>I-1</td><td>Subregion</td><td>I</td><td>행정지명</td><td colspan="2">전남 무안군 현경면 평산리</td></tr>
<tr><td>생태계유형</td><td colspan="6">하천 (농수로)</td></tr>
<tr><td rowspan="2">수환경</td><td>수온</td><td colspan="2">pH</td><td colspan="2">용존산소</td><td>전기전도도</td></tr>
<tr><td>17.6℃</td><td colspan="2">7.2</td><td colspan="2">9.8 mg/L</td><td>423 μs/cm</td></tr>
<tr><td rowspan="6">식물종</td><td rowspan="4">수생식물
(1종)</td><td>침수식물</td><td colspan="4"></td></tr>
<tr><td>부유식물</td><td colspan="4"></td></tr>
<tr><td>부엽식물</td><td colspan="4"></td></tr>
<tr><td>정수식물</td><td colspan="4">줄</td></tr>
<tr><td colspan="2">습생식물(3종)</td><td colspan="4">고마리, 소리쟁이, 쇠별꽃</td></tr>
<tr><td colspan="2">특정식물</td><td colspan="4">없음</td></tr>
<tr><td colspan="4">식생단면도</td><td colspan="3">현황사진</td></tr>
<tr><td colspan="4">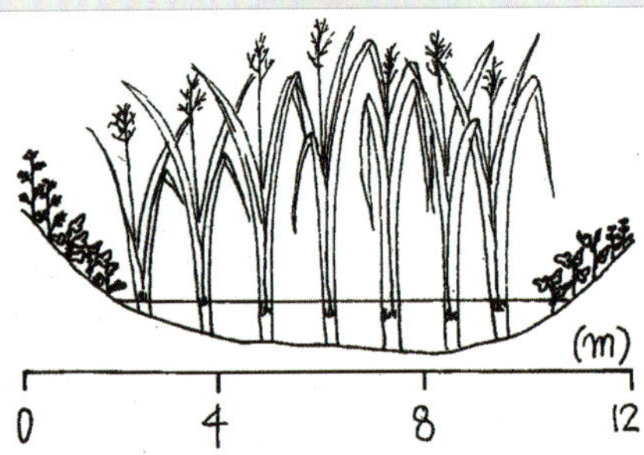
</td><td colspan="3"></td></tr>
<tr><td colspan="2">서식처평가</td><td colspan="5">유속이 느린 농수로, 정수식물인 줄이 번성하고 있음.
식물 종다양성이 낮아서 다양한 식물생육지 조성이 필요.</td></tr>
<tr><td colspan="2">관리 방안</td><td colspan="5">수질개선을 위한 자연형 수질정화기법의 도입.
여울과 소의 형성을 위한 공법 적용.</td></tr>
</table>

<table>
<tr><td colspan="7">※ 서식처 단면에 따른 식물 피도(%)의 변화</td></tr>
<tr><td rowspan="2">지형</td><td>좌안</td><td colspan="4" rowspan="2">물길</td><td>우안</td></tr>
<tr><td>사면</td><td>사면</td></tr>
<tr><td>거리 (m)</td><td>2</td><td>4</td><td>6</td><td>8</td><td>10</td><td>12</td></tr>
<tr><td>고마리</td><td>60</td><td></td><td></td><td></td><td></td><td>60</td></tr>
<tr><td>쑥</td><td>30</td><td></td><td></td><td></td><td></td><td></td></tr>
<tr><td>소리쟁이</td><td>20</td><td></td><td></td><td></td><td></td><td>10</td></tr>
<tr><td>쇠별꽃</td><td>10</td><td></td><td></td><td></td><td></td><td>40</td></tr>
<tr><td>줄</td><td></td><td>60</td><td>60</td><td>70</td><td>60</td><td></td></tr>
<tr><td>키 (cm)</td><td>30</td><td>210</td><td>230</td><td>200</td><td>210</td><td>30</td></tr>
<tr><td>수심 (mm)</td><td></td><td>30</td><td>30</td><td>40</td><td>25</td><td></td></tr>
</table>

3) 부착 조류 조사

부착 조류(藻類, algae)는 환경 조건이 극히 좋지 않은 유기 오탁 수역에서 많이 서식하며, 각 종별 상대빈도치의 신뢰도가 높아 오염 지표로서의 활용 가능성이 높다.

부착 조류는 채집을 통해서 조사하는데, 정량 분석을 위해 우선, 조사 지점의 수심 10~30㎝에 있는 돌 중에서 그 정점의 가장 보편적인 상태를 지니고 있는 것으로 추정되는 지름 10~20㎝의 돌을 여러 개 선정한다. 이 후 돌 표면에 5㎝ × 5㎝의 방형구로 경계선을 그은 후 경계선 밖의 부착 조류는 모두 긁어서 제거하고, 안쪽의 것을 부드러운 솔로 긁어 병에 넣는다. 이후 실험실에서 5% 포르말린 용액으로 고정한 후 현미경을 이용해서 종을 동정하면 된다(김재근 등, 2004).

정성적인 분석을 위해서는 주위 암반과 저질에 서식하고 있는 생물들을 관찰되는 대로 채집하여 분포 생물상을 조사한다. 채집한 시료는 현장에서 10% 중성 포르말린으로 고정한 후, 실험실로 운반하여 동정과 분류 및 계측한다(김재근 등, 2004).

4) 저서성대형무척추동물 조사

가) 저서성대형무척추동물의 개요

저서성대형무척추동물은 물의 바닥에서 생활하는 생물종을 일컫는 말로 육안으로 확인 가능한 크기(size)이다. 선충류, 환형동물, 연체동물, 절지동물 등으로 다슬기류, 논우렁이, 물달팽이 등이 이에 해당한다. 이러한 저서성대형무척추동물은 생태계의 1차 또는 2차 소비자로 고차 소비자의 먹이원이 됨과 동시에 먹이사슬에 있어 중요한 구성원이 된다.

최근 저서성대형무척추동물 등의 지표성에 대한 연구가 활발히 일어나면서, 하천 및 습지의 물리적인 환경 및 수질 변화에 민감하게 반응하는 분류군이 많고, 수질 상태에 따라 출현하는 종이 다르게 나타나기 때문에 생물학적 수환경 평가를 위한 기준이 되고 있다.

[표 3-25] 저서성대형무척추동물의 구분

구분	문(Phylum)	강(Class)	예
비곤충류	편형동물문	와충강	플라나리아 등
	유선형동물문	연가시강	연가시 등
	연체동물문	복족강	논우렁이, 물달팽이, 다슬기 등
		이매패강	민물담치, 말조개, 재첩 등
	환형동물문	빈모강	실지렁이 등
		거머리강	넓적거머리류, 참거머리 등
	절지동물문	갑각강	옆새우, 가재, 새우 등
곤충류		곤충강	하루살이목, 잠자리목, 강도래목, 노린재목, 파리목 등

나) 조사 기간 및 시기

저서성대형무척추동물은 4계절 조사가 원칙이지만, 서식환경의 변화가 적은 봄과 가을에 실시하면 비교적 좋은 결과를 얻을 수 있다. 또한, 생물군집에 직접적인 영향을 주는 폭우 또는 집중호우가 있을 경우 약 10~20일 이후에 현장조사를 실시하는 것이 바람직하다.

다) 조사 방법

복원 대상지와 가장 근접한 연구 자료를 통해 지역에 서식하는 종에 대한 기초 자료를 확보하고 채집, 동정, 사진촬영 등을 통한 현지 조사를 실시한다.

채집은 족대(망목 3×3㎜), 뜰채(망목 0.4×0.4㎜)와 정량채집망(25×25㎝, 망목 0.4×0.4㎜)을 사용하여 각 지점별로 정량채집과 정성채집을 한다. 채집된 저서성대형무척추동물류는 500㎖ 플라스틱 용기에 담아 현지에서 95% 에탄올에 고정하고, 2일 후에 80% 에탄올에 고정한다. 이후 실험실에서 현미경하에서 종류별로 동정하며, 특히 곤충류 중 현재로서 한국산 종의 동정 매뉴얼이 완성되지 않은 분류군의 경우 외부 형태, 특히 체장, 체색 등의 특징을 고려하여 아과 수준에서 동정한다.

Hand Net을 이용한 조사 모습

Hand Net을 이용한 쓸어잡기 조사 모습

[그림 3-36] 저서동물의 조사 모습

출현 종수, 출현 개체 수 및 군집지수 등의 분석에는 정량 채집된 자료만을 사용하고, 각 표준 지소의 현장조사 결과를 종합한 후, 한국곤충명집(1994)과 한국동물명집(1997) 등을 기준으로 그 목록을 작성한다.

5) 곤충 조사

가) 곤충 조사의 개요

곤충류는 서식처가 다양하다. 예를 들어, 나무만 하더라도 땅속, 지표면에서부터 나무 위까지 매우 다양한 곤충들이 서식처를 달리하고 있어 조사가 어려운 점이 많다. 또한, 분류군과 종수가 많아 다른 생물종에 비해 동정하는 데에 많은 시간을 필요로 한다.

나) 조사 범위의 설정

일반적으로 조사 지역의 범위를 조사 구역(조사대상 전 구역), 조사 지구(현지 조사가 수행되는 구간) 및 조사 지점(라이트 트랩, 함정채집 등의 조사 지점)으로 구분할 수 있다. 그리고 실제로 현지 조사가 수행되는 구간은 최대한 많은 곤충류를 관찰할 수 있도록 식생, 지형 등을 고려하여 다양한 환경이 존재하는 범위를 설정하는 것이 바람직하다. 하천지역과 같은 경우, 조사 지역 설정 시 다음 사항을 충분히 고려하여 균형 있게 배치하는 것이 좋다.

- 인위적인 변형이 큰 지구와 작은 지구, 하천 개수에 의한 하천 환경이 변형된 지구
- 하천의 상황(식생, 하원, 하상재료, 하천 폭, 유속 및 제방 안쪽의 형태), 시가지, 농경지, 산지 등을 고려하여 다양한 지점 설정
- 초지, 산림, 모래·자갈지역 등 다양한 환경이 있는 곳을 조사지점으로 설정
- 하구부, 하류부, 중류부, 상류부의 균형

다) 조사 시기 및 회수

곤충은 4계절 조사가 원칙이지만, 보편적으로 봄, 여름, 가을의 3계절을 포함하는 것이 일반적이며, 각 조사 시기마다 3회 이상 실시하는 것이 바람직하다. 구체적인 조사 시기는 성충이 우화(羽化)해 있는 시기가 적당하지만 같은 종류라도 지역에 따라 우화 시기가 다르기 때문에 조사 대상 구간마다 다르게 설정할 필요가 있다. 따라서 그 지역에 대한 전문가의 조언과 과거의 조사 결과 등을 참고로 곤충상이 정확하게 파악될 수 있도록 하는 것이 중요하다.

라) 실내 조사

대상지역에 대한 제반 사항을 파악할 수 있는 1:2,500 평면도, 1:25,000~1:50,000 지형도, 항공사진, 식생도 등을 이용하여 1차적으로 예측되는 곤충상을 파악한다. 그리고 기존의 문헌조사 및 현지 경험이 있는 전문가에게 청문하여 조사지에 대한 정보를 수집하고, 1:25,000~1:50,000 지형도나 항공사진에 조사지구 및 조사지점을 예비로 설정한다. 그 후 문헌 및 청문조사 결과를 바탕으로 조사 대상지를 현지 답사하여 라이트 트랩법, 함정 채집법 등 적용할 조사 방법과 지점을 설정하고 사진을 촬영하여 조사지의 개황을 파악한다.

마) 다양한 곤충류 조사 방법

현지조사는 채어잡기법, 쓸어잡기법, 털어잡기법, 유인등 채집법 및 함정 채집법 등을 조사지구 내의 여러 장소에서 실시하고, 필요에 따라서 적절한 조사 방법을 이용하여 가급적 많은 종이 채집 및 확인되도록 할 필요가 있다. 구체적인 채집 방법은 다음과 같다.

[표 3-26] 곤충류 조사 방법

구분	조사 방법
채어잡기법	직경 30~40㎝ 정도의 포충망으로 채어잡기 하는 방법으로 일반적으로 활용되는 방법
쓸어잡기법	주로 수림, 관목림, 초원에 쓰이는 방법으로 포충망을 이용하여 낚아채는 방식
털어잡기법	나뭇가지나 풀잎을 털어 떨어진 곤충을 채집하는 방법
유인등 채집법	투명한 수은등 등을 이용해 일몰부터 약 4시간을 실시하며 조명이 없는 장소에서 사용
함정 채집법	야행성이나 지표성 곤충을 조사 대상으로 하며 컵이나 빈 통을 묻어 놓고 먹이로 유인
기타	말레이즈 트랩법, 황색수반채집법, 끈끈이 채집법

• 채어잡기법(brandishing)

날아가거나 정지해 있는 곤충을 망사포충망 또는 독병으로 직접 채집하는 방법으로 다양한 환경에서 여러 종류를 대상으로 사용하기 때문에 곤충류의 조사 시 일반적으로 활용된다. 대체로 비행성 곤충이나 수간곤충(樹間昆蟲)을 대상으로 한다. 그 외에도 돌들기 채집, 목격법 등이 포함된다. 각 조사지점에서 조사 인원 수와 시간을 균등하게 배치한다.

• 쓸어잡기법(sweeping)

주로 관목림, 초본식물군집에 쓰는 방법으로 포충망을 이용하여 바닥을 쓸 듯이 식물들을 흔들어 낚아채는 방법으로 10회 정도 휘둘러서 망 속을 점검하는 방법이다. 망 속의 곤충을 비닐 주머니에 옮겨 에틸아세테이트나 암모니아수를 적신 솜을 넣어서 살충한다. 정량채집은 이와 같은 방법으로 포충망을 휘두르는 장소를 바꿔가면서 30회 단위로 3회 정도 반복하는 것이 바람직하다. 주로 미소곤충군을 채집하는 데 효과적이다.

[그림 3-37] 포충망을 활용한 쓸어잡기법(육상곤충) 모습

• 털어잡기법(beating)

나뭇가지나 풀잎을 막대기로 털어서 밑으로 떨어진 곤충을 털어잡기망이나 포충망으로 받아서 채집하며, 털어 잡는 횟수는 10회 정도 한 후 망에 떨어진 곤충을 독병에 넣는다. 가급적이면 다양한 나

무에서 동일한 채집을 3회 정도 반복한다.

• 체털어잡기법(sifting)

낙엽층이나 토양지표층에 서식하는 토양곤충들을 채집하는 방법으로 환경지표성 곤충들의 채집에 효과적이다(국립생태원, 2019). 정량적으로 채집하고자 할 때에는 50×50㎝ 크기의 토양층 표면을 걷어내어 sifter(체망선별기)를 이용하여 조사한다. 일정 크기의 면적에 출현하는 종과 개체수에 따라 등급을 산정하여 토양 환경의 건강지수를 비교할 수 있다(국립생태원, 2019).

• 유인등 채집법(light trap)

투명한 수은등 혹은 'black light'를 이용해 일몰부터 약 4시간 실시한다. 커텐법과 버켓법이 있으며 현지 상황을 고려해 적절한 방법을 사용한다. 조사는 조사지구 내에서 대표 지점을 선택하여 달빛이 밝거나 바람이 심한 날은 가급적 피하고, 부근에 밝은 조명이 없는 장소에서 조사하는 것이 바람직하다. 유인등 채집법은 야간에 활동하는 비행성 곤충들을 대상으로 채집이 가능하며, 넓은 범위의 곤충류가 채집될 수가 있으므로, 목표로 하는 서식처에서 곤충류가 정확히 파악되도록 광원의 강도, 설치 방향 등을 충분히 고려하여야 한다.

• 함정 채집법(pit-fall trap)

주로 야행성이나 지표성 곤충을 조사 대상으로 하며, 컵이나 빈 통을 지면과 같은 높이가 되도록 묻어 놓고 유인 먹이를 넣어두어 지면을 기어 다니는 곤충이 함정 속으로 떨어지게 하는 방법이다. 먹이는 썩은 고기류(어육, 쇠고기), 초당밀 등을 사용한다. 함정채집법은 여러 지점에서 가급적 다양한 환경을 선정해 한 지점에 30개 정도를 설치한 후 다음날 컵을 수거하여 그 속에 모인 곤충을 채집한다. 장기간 회수하지 않고 정기 조사를 실시할 때는 컵이나 통 대신에 1.5리터 PT병의 측면에 적당한 구멍을 뚫어서 안에 자동차 부동액을 넣어두면 쥐, 고양이 등의 동물이 파헤치거나 트랩에 모여든 곤충이 부패되는 것을 방지할 수 있다.

• 끈끈이 채집법(sticky trap)

나무나 널빤지 등에 접착성 용액이나 당밀을 발라서 곤충이 달라붙게 하여 채집하는 방법으로 끈끈이의 접착력보다 힘이 약한 작은 곤충들을 채집하는 데 효과적이다(국립생태원, 2019).

• 황색수반 채집법(yellow-pan trap)

배회성 곤충류인 파리 등을 채집하는 방법으로, 노란색의 물감을 칠한 판이나 간단한 종이로도 대체가 가능하다. 진딧물, 매미충, 노린재, 벌 등 주간에 비행하는 곤충들 중에 황색 파장을 선호하는 곤충들을 채집하는 데 효과적이다(국립생태원, 2019).

• 말레이즈 트랩법(malaise trap)

산림 비율이 높은 지역의 특정 장소(산림 및 산림 임연부, 산림 계곡 및 산림 인근 개활지 등)에 고정하여 설치하면 다양한 비행성 곤충을 채집하는 데 효과적이나, 기타 지역(초지, 경작지 등)에 설치할 경우 사람들에 의한 망실 및 훼손에 주의를 기울여야 한다(국립생태원, 2019).

• 비행 간섭 트랩법(flight intercept trap)

낮게 비행하는 곤충들이 스크린에 부딪치면 바닥으로 떨어지는 특성을 이용하여 채집한다(국립생태원, 2019). 설치 지점에 따라 효과는 다양하다. 1.5m × 2m의 망사스크린을 설치하고 그 바닥에 수거용 도구를 설치한다. 일정 기간 설치한 후 수거하여 종을 동정한다.

바) 식물상 혹은 서식처와 곤충종간의 관련성

곤충 조사 역시 식물상과 서식처 등을 고려한 조사가 이루어져야 한다. [표 3-27]은 식물과 곤충간의 관련성을 제시한 예이다.

[표 3-27] 식물과 곤충간의 관련성을 고려한 분류 체계

항목 구분	기 능	대표적인 곤충
화분매개충 (pollinators)	꽃을 방문하여 꿀과 꽃가루를 먹으며 화분매개활동을 담당함.	나비류, 꿀벌, 꽃등에
흡즙곤충 (juice suckers)	식물의 즙액을 흡즙함.	매미, 노린재, 진딧물, 멸구, 매미충
식엽곤충(leaf feeders)	식물의 잎을 섭식함.	나비·나방 유충, 잎벌레
포식자(predators), 기생포식자(parasitoids)	다른 곤충이나 작은 동물을 직접 잡아먹거나, 기생포식함.	무당벌레, 기생봉
개미(ants)	사회생활을 하며, 식성이 다양함.	일본왕개미, 곰개미
위생곤충	인간의 건강에 해로운 영향을 미치거나, 불쾌감을 유발함.	모기, 독나방, 깔따구
수서곤충	생활사의 전부 또는 일부를 수중이나 수면에서 보냄.	날도래, 하루살이, 잠자리
기타	개미류, 목질부를 파고드는 곤충, 잠엽성 곤충, 토양 곤충, 식균성 곤충, 부식성 곤충 등이 해당됨.	하늘소, 굴파리, 응애, 톡토기, 부식성 총채벌레

곤충을 포함한 조류 등 방문생물과 식물과의 관계는 화분매개뿐만 아니라 먹이사슬에서 다양한 상호작용을 통해 생태계 네트워크의 안정성에 대한 수준을 평가하는 데 필수적으로 고려되고 있다. 하지만 기후변화로 생물의 분포지 및 개화시기 등이 예측 불가능하게 변화함에 따라 파생되는 2차 피해 중에 하나로 식물의 개화기간과 곤충의 휴면타파 기간이 불일치함으로써 생기는 식물과 방문곤충

의 동기화(synchronization)가 붕괴되는 현상이 나타나고 있다. 달리 말해 생태적 엇박자(ecological mismatch)가 발생하고 있는 것이다. 이와 같은 이유로 국립수목원에서는 기후대별로 수목원의 방문 생물 모니터링을 진행 중에 있다.

6) 어류 조사

가) 어류 조사의 개요

어류는 물속에서만 생활하는 전형적인 수생동물로서 수생태계의 건강성과 다양성을 측정하는 데 활용된다. 하천이나 호소 등과 같은 습지생태계에서는 반드시 수행되어야 할 분류군으로 일반적으로 육안 확인이 어렵고 전문적인 도구를 활용하여 조사한다.

나) 조사 기간 및 시기

어류 조사는 4계절 조사가 원칙이지만, 일반적으로 겨울에는 활동량이 적어지며, 여름은 장마와 집중호우로 어류 서식이 자연적 교란을 받는 시기이기 때문에, 주로 산란철인 봄과 하천이 안정화된 가을을 어류의 조사시기로 정하는 것이 좋다. 회유성 어류가 소상하는 유역의 경우에는 소상시기에 맞춰 조사해야 한다(국립생태원, 2019).

다) 조사 방법

어류의 조사는 현지에서의 파악과 채집을 통한 동정 등으로 구분할 수 있는데, 여기서는 채집 방법을 간략히 제시하고자 한다.

어류의 전문적 조사를 위해서는 족대와 투망, 뜰채, 유인망, 일각망, 자망, 삼각망, 낚시, 주낙 등을 이용하여 수행할 수 있지만, 간이로 조사하고자 할 때에는 육안으로 판별하여 서식 여부를 확인하고, 종을 동정한다. 우리나라에서 어류 조사 시 사용할 수 있는 채집 도구는 극히 제한적으로 일반적으로 사용하는 도구는 족대(반두)이며, 투망은 연구 목적 외에는 사용할 수 없게 되어 있다.

주 서식처로 예상되는 곳에 투망 던지기	투망 던져진 모습	투망에 걸린 어류 확인

[그림 3-38] 투망을 활용한 조사 과정 모습(어류)

습지 이용 상황과 오염 실태 및 습지 주변 식생, 토지이용에 대한 조사를 우선 실시한 이후에 조사 지점별(각 조사 지점에서 사방으로 약 25㎝로 선정)로 어류를 채집한다. 수심 1m 이상의 강이나 호소에서는 조사지점별로 삼각망(정치망)을 1개(망 길이 50㎝, 망목 10 × 10㎝), 자망 2개(각 50㎝, 망목 10 × 10㎝)를 설치하여 계절별 1~10일 동안 잡힌 어류를 채집한다. 루어낚시를 이용한 조사도 년 1회 이상 실시하여 외래종이면서 그물에 채집되지 않는 배스의 서식 현황도 조사하도록 한다. 직접 채집이 가능한 지역의 경우 투망(망목 6 × 6㎝), 족대(망목 5 × 5㎝), 유인어망을 이용하여 채집한다.

채집된 모든 어종은 사진 촬영, 체장(몸길이), 채집 지점 등의 사진 설명을 기재하며 출현종 목록, 구성비, 우점종 및 희귀종을 기재하도록 한다. 동정은 현장에서 직접 동정하거나 관련 도감의 검색표를 참고하여 동정하며, 학명은 한국동물명집(한국동물분류학회, 1996)에 따르고, 분류 체계는 Nelson(1994)을 근거로 목록을 정리한다.

7) 양서·파충류 조사

가) 양서·파충류 조사 개요

양서·파충류는 생태계의 건강성이나 다양성을 판단하는 데 자주 활용되는 분류군이다. 특히 양서류는 지표종의 성격이 강하고, 멸종위기종으로 분류된 종들이 자주 출현하여 관심이 높아지고 있다.

나) 조사 기간 및 시기

양서·파충류의 전문적 조사는 월동 기간인 겨울철을 포함하여 4계절 조사를 원칙으로 하나, 일반적으로는 겨울철을 제외한 봄, 여름, 가을철에 조사한다.

특히, 양서류는 보통 이른 봄과 동면에 들어가는 늦가을 등을 고려하여 2월부터 10월까지 현지조사를 실시하는 것이 일반적인데, 봄철 산란기에 유생(올챙이)을 확인하거나 동면기 전 가을에 조사하는 것이 용이하다. 여름철은 하면(夏眠)하는 종이 있는가 하면, 온도가 올라가는 시기는 서늘한 장소로 이동하는 종들이 있어 개체 확인이 쉽지 않기 때문이다. 대상 생물종의 생태학적 특성상 채집 및 관찰이 용이한 번식기, 활동기에 중점 조사를 실시하도록 한다. 겨울철 조사가 많이 이루어지지 않아서 동면 생태에 대한 정보가 부족하기 때문에 이에 대한 연구를 위해서는 겨울철 조사를 실시하는 경우도 있다.

다) 조사 방법

종별 서식환경 특성에 따라 양서류는 습지나 그 주변, 산림지역을 대상으로 하여 조사하고, 파충류는 농경지 및 산림지역을 중점적으로 확인하여 조사한다. 양서류의 손쉬운 확인 방법은 산란철인 이른 봄부터 늦봄까지 습지나 물의 흐름이 느린 수로에서 산란된 알을 확인하는 방법이 있다.

[표 3-28] 양서·파충류 조사 방법

구분	조사 방법
직접 확인	• 무미 양서류 : 바위틈 혹은 하천, 수로, 저습지 주변에서 직접 확인 또는 포충망을 이용하여 채집 : 산란철 물이 고인 웅덩이나 수로 등에서 산란한 알을 통해 확인 • 유미 양서류 : 물의 유속이 완만한 곳을 찾아 작은 바위를 들추어 유생을 확인하거나, 물이 고여 있는 웅덩이에 산란한 알을 확인하는 방법을 이용하고, 성체는 고목을 들추거나, 바위틈에서 확인 • 파충류 : 묵정밭, 초지 주변 등에 쌓여 있는 돌을 들추어 확인
간접 확인	무미 양서류의 경우에는 울음소리(call)를 이용하고, 파충류는 흔적(허물) 등을 이용

매회 관찰 지점의 지형 및 위치의 특성을 기록하여 분석하고, 청문 및 흔적 조사를 병행한다. 양서·파충류의 조사는 직접 확인 방법과 간접 확인 방법으로 구분할 수 있다.

(1) 직접 확인 방법

• 무미 양서류

무미 양서류란, 꼬리가 없는 양서류로 일반적으로 개구리류가 해당된다. 무미목(無尾目, 개구리類)은 조사 대상 지역 주변의 접근 가능한 지역을 따라 좌우 10m 간격으로 이동 중인 개체와 바위틈 혹은 하천, 수로 그리고 저습지 주변에서 포충망을 이용하여 채집한다.

• 유미 양서류

유미 양서류란, 꼬리가 있는 양서류로 일반적으로 도롱뇽류가 해당된다. 유미목(有尾目, 도롱뇽類)의 도롱뇽과 꼬리치레도롱뇽은 물이 흐르는 하천 유속의 흐름이 완만한 곳을 찾아 작은 바위를 들추어 유생을 확인하거나, 물이 고여 있는 작은 웅덩이에 산란한 알을 찾아 종을 확인하는 방법을 이용하고, 성체는 활엽수림이 있는 음지쪽에 쓰러져 있는 고목을 들추거나, 바위틈에서 확인한다.

산란된 알을 확인하는 방법

구조물들을 들춰서 확인하는 방법

[그림 3-39] 양서류의 조사 방법

도롱뇽

고리도롱뇽

꼬리치레도롱뇽

두꺼비

무당개구리

맹꽁이

큰산개구리(舊, 북방산개구리)

한국산개구리

[그림 3-40] 주요 양서류의 난괴

※ 사진제공 : 송재영 박사(국립공원연구원)

한편, 양서류의 포획을 위해서는 일반적으로 피트폴 트랩(pitfall trap)을 설치하는데, 트랩 설치 시에는 [그림 3-41]과 같은 방법에 따른다.

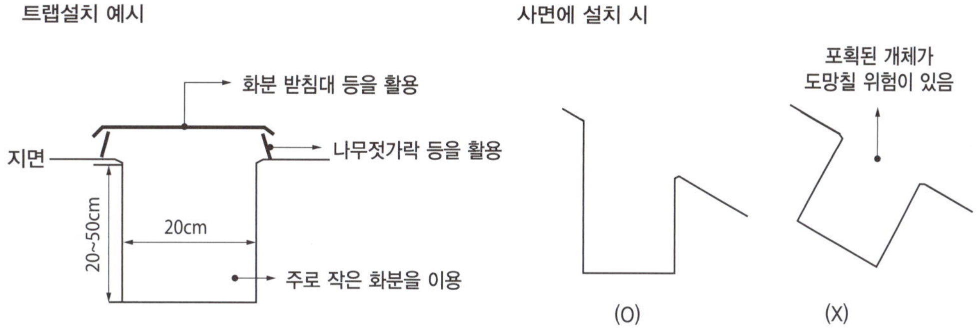

[그림 3-41] 피트폴 트랩 설치 방법

[그림 3-42] 피트폴 트랩을 이용한 맹꽁이 포획

- 파충류: 장지뱀(도마뱀)류

장지뱀류는 도마뱀과 같이 발이 4개 달린 뱀을 말한다. 묵정밭, 초지 주변, 하천변과 햇볕이 잘 드는 곳에 쌓여 있는 돌을 들추어 확인하거나, 도로변에 이동중인 개체는 곤충채집용 포충망을 이용하여 채집한다.

- 파충류: 뱀류

뱀류(蛇類)는 저지대의 임연부 일대, 묵정밭 주변에서 뱀 집게와 포충망을 이용하여 채집하고, 석축, 돌담, 경작지, 돌 밑, 슬레이트 밑을 들추어 확인한다.

• 파충류 : 거북류

호수, 연못, 용수로, 하천 등지에서 활동하는 개체를 쌍안경 등을 사용하여 확인한다.

(2) 간접 확인 방법

• 무미 양서류 울음소리(call)

양서류(개구리類)는 주간보다 야간에 수변부의 논이나 밭 근처, 수로 그리고 웅덩이 등지에 모여 집단으로 울기 때문에 울음소리로 종을 식별한다.

• 파충류 흔적(허물)

흔적조사란 야생동물이 생활하면서 발생시키는 흔적을 이용하여 조사하는 것으로서 파충류의 경우에는 뱀의 허물이 대표적인 예가 된다. 파충류 중에서 뱀류(蛇類)는 성장을 하면서 영양 상태가 양호하면 수시로 허물을 벗는데, 그래서 자연 상태에서 뱀들이 탈피한 허물을 수거하여 종의 서식 유무를 확인할 수 있다.

• 청문조사

청문조사란 조사 지역 주변에 거주하는 주민 등에게 생물종의 관찰 여부를 물어서 파악하는 방법을 말한다. 조사 기간 중에 채집 및 관찰이 불가능하였던 종들에 대해서는 세밀하면서도 쉽게 표현되어 있는 도감 자료 등을 이용하여 인근 주민을 대상으로 청문을 통하여 종의 서식을 확인한다.

8) 조류 조사

가) 조류 조사의 개요

조류는 고차소비자 중에 하나면서 이동성이 강한 생물종이며, 조사 지역에 다양한 조류가 서식한다는 것은 생태계의 다양성과 안정성을 의미한다. 참고로 조류를 분류하는 방법은 다양한데 조류의 서식지와 생활형 등을 기준으로 할 때에는 명금류, 수금류, 섭금류, 맹금류 등으로 구분한다. 명금류(鳴禽類, Oscines, song birds)는 일정 기간 특히 번식기에 소리를 내어 텃세권을 형성하고 번식하는 조류를 통칭하는데, 일반적으로 참새목을 의미한다. 수금류(水禽類, waterfowl)는 물에서 번식하거나 서식하는 오리류, 기러기류, 고니류 등을 통칭하는 것이다. 수금류는 다시 먹이를 잡아먹는 형태에 따라 수면성 오리류와 잠수성 오리류로 분류한다. 섭금류(涉禽類, waders, shore birds)는 우리나라 해안지역의 갯벌을 봄, 가을철에 통과하는 도요새류를 통칭한다. 맹금류(birds of prey)는 육식성 조류를 통칭하는 용어로 수리류, 매류, 조롱이류, 올빼미류 등이 포함된다.

한편, 조류를 우리나라에 도래하는 현황에 따라서도 분류하는데, 텃새는 우리나라에서 번식, 월동하는 새들로 박새류, 딱다구리류 등이 여기에 해당한다. 여름철새는 여름철에 우리나라에 찾아와서 번식하는 새들이다. 제비, 두견새, 해오라기, 왜가리 등이 이에 해당한다. 겨울철새는 러시아 등 북부지역에서 번식하고 생활하다가 추위를 피해 우리나라에서 월동하기 위해 찾아오는 새들로 기러기류, 두루미류 등이 여기에 해당한다. 나그네새는 우리나라에 머물지 않고 일정 기간 우리나라를 경유하여 지나는 새들이며, 도요새류가 대표적이다. 미조(迷鳥, vagrant birds)는 길을 잃은 새라는 의미로 원래의 분포권역이나 이동 경로 이외의 지역에서 나타나는 새를 말한다. 따라서 우리나라에서는 주기적·정기적으로 관찰되지 않는 새들로 우연한 기회에 관찰된다.

나) 조사 기간 및 시기

조류 조사는 철새와 텃새 등으로 인해 4계절 조사가 원칙이며, 계절별로 1~2회를 조사하는 것이 바람직하다.

조사 시기는 번식기 전반에 암컷을 유인하기 위하여 울음소리의 빈도가 많아지는 시기가 적합하며, 시간대는 새벽 또는 아침 일찍 실시하는 것이 바람직하다.

다) 조사 방법

조류 조사는 대상 조류의 생태적 특성과 관찰 가능성, 이동성, 조사 시기, 조사 지역으로의 접근성, 조사 기간 및 소요 시간 등을 고려하여 적절한 조사 방법이 적용되어야 한다. 일반인에 의한 조류 조사는 울음소리를 통해서 확인해야 하는 경우가 많기 때문에 쉽지 않으며, 가능하다면 조류가 휴식을 취하고 있을 때 망원렌즈를 이용하여 사진을 촬영한 후 전문가에게 동정을 의뢰하는 것이 바람직하다. 조류를 직접 촬영할 수 없을 때에는 조류의 깃털이나 배설물을 촬영하는 것도 좋은 방법이 된다.

전문가에 의한 조류 조사는 전수 조사법, 점 조사법(point census)과 선 조사법(line transect census), 세력권 도식법(Territory mapping method) 등이 있으며, 이 중 산림 조사에 가장 많이 쓰이는

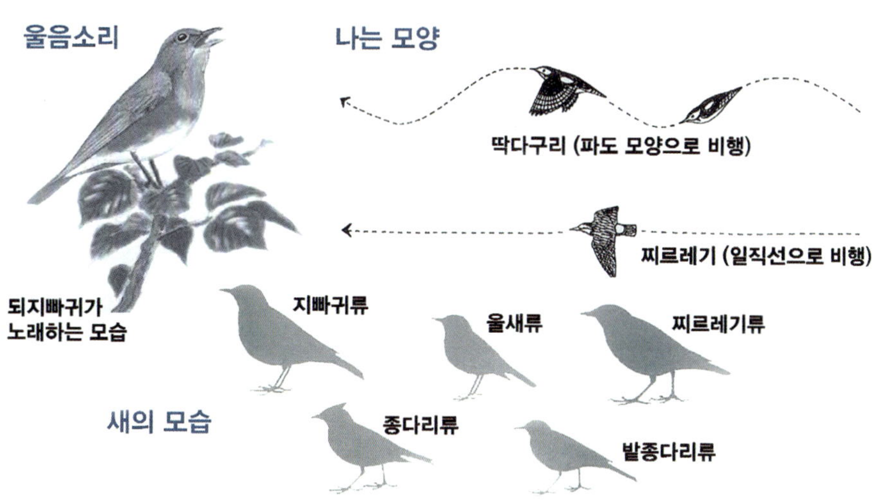

[그림 3-43] 조류 조사 시 참고사항
※ 자료 제공: 박용수 박사(국립생태원)

방법은 선 조사법이다. 제한된 시간에 넓은 지역의 조류상을 파악하기 위해서는 조사 경로를 따르면서 좌우 폭 2㎞ 범위 내에서 쌍안경을 사용하여 모습을 관찰하거나, 울음소리, 나는 모양으로 서식 조류를 확인한다. 일반적으로 조사 경로를 2㎞로 선정한 것은 길이 2㎞의 좌·우 25m에 포함하는 면적이 10ha로서 산림에서 조류 조사 시 가장 많은 종을 관찰할 수 있는 최소 면적이 10ha이기 때문이다(Willson, 1974).

또한, 직접 포획을 하여야 할 경우에는 새그물 등을 이용한 포획 조사 방법을 실시한다.

(1) 정점 조사법(point census)

많은 나라에서 정점 조사법은 육서성(陸捿性) 번식 조류의 개체군 변화를 조사하는 데에 주로 이용된다. 조사 자료를 통해 서식지간 종 구성과 부유도(abundance)의 차이를 파악할 수 있으며, 동일한 조사점이라면 조사된 자료를 통해 연간 변화까지 파악할 수 있다. 이 조사법은 자료의 정리와 분석 등이 용이하다는 장점이 있다.

조사 방법은 일정 지점에서 직접 관찰되거나, 소리 등으로 확인된 모든 종을 기록하는 방법으로 그 지점에서 조사를 여러 번 반복 실시한다. 조사지점의 환경 특성에 따라 관찰이 가능한 일정 거리를 정하여 그 거리 내에서 관찰되는 조류만을 기록할 수도 있으며, 거리에 제한을 두지 않을 수도 있다. 관찰된 종을 기록할 때 관찰자와의 거리를 기입한다. 조사지점의 선정은 조사 목적에 따라 차이가 있을 수 있으나, 가능한 지역의 모든 서식 형태를 포함하여 무작위적으로 선정하는 것이 좋으며, 조사의 목적이 도로와의 거리에 대한 영향을 파악하는 것이라면 조사지점의 선정에 일정 체계가 필요할 것이다.

조류의 활동이 활발한 오전에 선정된 조사지점에서 조사를 마칠 수 있도록 해야 하며, 조사지점 간의 이동 시간을 고려하여 각 조사지점에서의 조사 시간을 정한다. 일반적으로 조사자가 조사지점까지 이동하는 데 있어 조류에 대한 방해를 최소화해야 하며, 조사는 조사지점 도착 즉시 실시해야 한다. 조사지점 간의 이동 시간이 15분 이하이면 조사지점에서의 조사 시간은 5분이 적당하며, 이동 시간이 15분 이상이라면 10분이 적당하다. 만약 조사의 목적이 단순한 서식 종 파악이거나 조사지점이 적다면 조사 시간은 10분이 적당하다. 우리나라의 경우 개방된 습지에 서식하는 물새류의 조사에 적용되는 경우가 많으나, 위에서 설명한 조사 방법에 비해 상당히 변형된 방법이라고 할 수 있다.

(2) 선 조사법(line transect census)

선 조사법은 조사 대상 지역의 조류상을 파악하거나, 조사지역 간 조류의 종수와 개체수의 상대적인 많고 적음을 파악하는 데에 많이 이용되는 방법이다. 조사지역 내에 적절한 조사경로를 선정하고 그 경로를 시속 1.5~2㎞의 속도로 걸어가면서 조사자 좌, 우의 일정 지역 내에 출현하는 조류의 종과 개체수를 기록하는 방법이다. 도보 이외에 운송수단을 이용하는 것도 선 조사법에 포함된다. 대체로 온대 활엽수림 내에서 시야가 확보되는 거리는 25m 정도로 관찰 범위는 좌·우 25m를 설정하는 경우가 많으며, 트인 지역과 같이 더 먼 거리까지 시야 확보가 가능하다면 관찰 범위를 보다 넓게 잡을 수도 있다.

조사 경로는 일정 지역의 조류상 파악이 목적이라면 지역 내의 다양한 환경이 포함될 수 있도록 경로를 선정하는 것이 바람직하며, 예를 들어 활엽수림, 침엽수림과 같은 임상별 비교가 목적이라면 이러한 환경 특성을 나타내는 지역 내에서 경로를 선정할 필요가 있다.

조사 시기 역시 목적에 따라 달라지나 조사 지역의 계절별 조류상을 파악하는 것이 목적이라면 최소한 계절별로 조사를 실시하는 것이 좋다. 조사 횟수는 반복수가 많을수록 좋으나 투입되는 시간과 얻어지는 결과와의 관계를 고려하여 정하는 것이 좋다. 조사 시간은 조류의 활동이 활발해지는 동트기 30분 전부터 실시한다. 비가 오거나 바람이 심하게 부는 날에는 조류의 활동에 영향을 주어 관찰률이 떨어지므로 피하는 것이 좋다.

이 방법을 통해 얻어진 결과를 바탕으로 단위 거리 당 종수와 개체수를 산출할 수 있으며, 동일한 방법으로 조사를 실시한 조사지역 간의 자료를 비교하여 상대적인 종수와 개체수의 많고 적음을 판단할 수 있다. 이와 함께 조사거리와 조사 폭을 곱하여 조사 면적을 산출할 수 있는데, 이를 통해 면적당 종수나 개체수를 산출할 수도 있다. 이 방법은 다른 방법에 비하여 비교적 간단하며, 현재까지 우리나라에서 실시된 많은 조류 조사의 목적이 일정 지역의 서식 종 파악인 경우가 많았기 때문에 우리나라에서 가장 많이 이용되어 왔던 조사 방법이다.

정점 조사법(point census) | 선 조사법(line transect census)

[그림 3-44] 조류 조사 방법 예시

한편, 조류 분포 상황 조사는 조사 지구에 있어서 조류의 분포 상황을 파악하는 조사로서, 조사 방법은 선 조사법(line census)을 기본으로 하지만, 조사지구의 상황에 따라 선 조사법보다 정점 조사법이 유효하다고 판단될 경우에는 정점 조사법도 같이 이용하는 것이 바람직하다. 또한, 조사 시 조류가 출현한 곳의 환경이나 서식 높이, 부위(수관, 지상 등)도 함께 기록하면, 서식처 패턴과 연계시켜서 분석할 수 있다.

선 조사법과 정점 조사법의 특징을 비교해 보면 [표 3-29]와 같다.

[표 3-29] 선 조사법과 정점 조사법의 특징

선 조사법	정점 조사법
• 넓고 개방되어 있으며, 균일한 모양의 서식지에 적합 • 이동성이 크고, 몸집이 크거나 눈에 잘 띄는 종에 적합 • 개체군 및 종의 밀도가 낮은 지역일수록 적합 • 조사자 이동 시에 중복 계수되는 것이 큰 문제가 되지 않음 • 접근성이 좋은 곳에 적합 • 종과 서식지와의 관계에 관한 연구에 이용할 수 있음 • 조사거리 측정에 있어 오차가 밀도 측정에 큰 영향을 미치지 않음	• 산림 및 관목의 밀도가 높은 서식지에 적합 • 몸을 잘 숨기고, 민감하여 조심스레 이동하는 종에 적합 • 개체군 및 종의 밀도가 높은 지역일수록 적합 • 조사 시 중복 계수가 조사 결과에 큰 영향을 미침 • 접근성이 제한된 곳에 적합 • 종과 서식지와의 관계에 대한 연구에 더 적합 • 조사거리 측정에 있어 오차가 밀도 측정에 큰 영향을 미침

※ 자료출처: 이우신 등(2017)의 내용을 약간 수정함(원저: William *et al.*, 2005)

(3) 세력권 도식법

대부분의 조류는 번식기에 일정 면적의 안정적인 세력권을 가지며 이 시기의 조류 군집은 연중 가장 안정적인 상태를 유지하며, 적극적인 세력권 방어 행동을 나타낸다. 일정 지역의 이러한 행동들을 반복적으로 기록하고 중첩시킴으로서 각 종의 세력권을 파악하고 일정 면적 내의 번식 개체수를 산정하는 것이 세력권 도식법의 주요 목적이다.

조사지의 선정은 목적에 따라 차이가 있을 수는 있으나, 가능한 균일하고 전체 지역을 대표할 수 있는 지역을 선택하며, 균일한 지역이라도 임연부 지역은 피하는 것이 원칙이다. 조사지 면적은 10ha 정도가 적당하나, 이보다 면적이 좁으면 제대로 된 개체수 산정이 불가능하며, 너무 넓으면 조사에 어려움이 따르게 된다. 대체로 일본의 경우는 조사지의 면적을 20~30ha 정도로 선정하며, 국지적으로 지형의 굴곡이 많은 우리나라 산림 지역의 경우는 10ha가 무난하다. 최종 자료를 취합하여 각 종의 세력권을 추정하고 개체 수 산정이 용이하도록 조사지의 형태는 네모꼴로 선정하는 것이 좋다.

조사지를 선정한 후에는 조사지 전체를 변의 길이가 25m인 정방형의 격자로 나눈다고 생각하고 그 모서리에 해당하는 지점에 표식을 붙여 위치를 적어놓는 조사지 구획 작업이 필요하다. 조사지 선정 후 구획 작업이 끝나면 조사지 내의 특징을 간략하게 표시한 지도를 작성하여 조사 시에 조류의 관찰 위치를 기록하는 야장으로 이용한다. 그리고 조사지 내에 일정 경로의 조사 경로를 선정한다. 조사 경로는 반복 관찰을 줄이면서 전 조사지를 조사하기 위해 지그재그식으로 이동하는 경로를 선정하고, 가급적 조류의 관찰에 지장이 없고 통행이 용이한 곳을 조사 경로로 선정하는 것이 좋다.

조사 시기는 대부분의 조류가 번식을 시작하는 4월부터 시작하는 것이 좋으며, 조사 시간은 조류의 활동이 활발해 지는 동트기 30분 전부터 실시한다. 비가 오거나 바람이 심하게 부는 날에는 조류의 활동에 영향을 주어 관찰률이 떨어지므로 피하는 것이 좋다. 조사 간격은 3~4일 간격이 좋으며, 적어도 7일에 한 번은 조사해야 하며, 번식기 동안에 7~10회 정도의 반복 조사를 실시한다.

조사 시 관찰된 조류의 위치를 야장에 표시할 때에는 가능한 한 정확하게 표기하고 당시에 관찰된 행동을 자세히 기록한다. 동일종이 동시에 경쟁적으로 울거나 싸우는 행동 등은 두 개체의 세력권이 만나는 지점임을 나타내는 중요한 세력권 행동이다. 번식중인 둥지는 가장 정확한 번식의 흔적이며, 이와 함께 둥지 재료나 먹이를 나르는 것도 번식 중임을 나타내는 행동으로서 이와 같은 각각의 행동에 대해서는 표기의 기준을 세워 정확히 야장에 기입한다.

조사가 완료된 후에는 날짜별로 기록된 야장을 각 종별로 나누어 각각 1장의 야장에 작성한다. 그렇게 함으로써 조사기간 동안의 특정 종에 대한 조사지 내의 기록을 종합하여 각 종의 세력권을 추정하고 조사지 내의 번식 개체수를 산정하게 된다.

이상과 같은 조사와 자료 정리를 통해 일정 지역 내에서 번식한 개체수를 비교적 정확하게 산정할 수 있다. 이 조사법은 보통 1개의 세력권을 암수 한 마리씩이 형성한다고 가정하고 있다. 그러나 다른 조사에 비해 조사의 반복수가 많아 이동 개체와 비번식 개체의 포함을 최소화 할 수 있으며, 일부 종의 특징적인 번식 생태를 미리 숙지하고 있다면, 분석 시 이에 따른 오차를 가능한 줄일 수 있는 가장 신뢰성이 높은 조사 방법이다.

한편, 조류의 개체수는 전문가적 판단에 의해서 결정하는데, [그림 3-45]와 같은 방법을 따른다. [그림 3-45]는 전체 60~70 개체로 산정된 무리인데, 빨간 점선으로 표시된 어두운 원은 정확히 10개체이며, 나머지는 10개체로 추정하여 계상한 것이다.

[그림 3-45] 조류의 개체수 산정 방법
※ 자료출처: 이우신 등, 2010.

9) 포유류 조사

가) 포유류 조사의 개요

포유류는 일반적으로 쉽게 관찰하기 힘든 분류군 중에 하나이지만, 먹이 사슬 관계에서 최상위 포식자에 해당하며, 생태계의 안정성을 판단하는 데 도움을 준다.

나) 조사 기간 및 시기

포유류 조사는 4계절 조사를 원칙으로 하며, 기존 문헌 조사를 충분히 실시한 후 각 생물종의 특성에 따라 구체적인 조사 시기를 정하도록 한다.

다) 조사 방법

포유류의 확인 방법은 직접 및 간접 방법이 있으나, 일반적으로 현장에서 직접 확인하기란 쉽지 않기 때문에 간접 확인 방법을 많이 사용한다. 간접 확인 방법은 포유류의 배설물, 발자국, 털, 식흔, 굴 또는 잠자리 등을 통해서 확인하는 방법으로, 조사 지역에서 주의 깊게 관찰할 경우에 확인되는 경우가 많다.

노루 식흔

노루 배설물

노루 잠자리

산양 배설물

고라니 식흔

멧돼지 발자국

멧토끼 배설물

족제비 발자국

[그림 3-46] 포유류의 흔적 조사 방법 예시
※ 사진제공: 박용수 박사(국립생태원)

전문적인 조사를 위해 직접 포획해야 할 경우, 소형 포유류는 생포트랩을 이용하여 포획한 후 종을 확인하고, 중·대형일 경우에는 직접 관찰, 울음소리 청취, 각종 흔적(족적, 배설물, 식흔(食痕), 굴 또는 잠자리 등)으로 서식 종을 확인한다. 아울러 야간에는 라이트와 쌍안경을 이용하여 도보 또는 차량으로 사방 100㎜ 이내에 출현하는 종을 확인하는 방법도 있다.

(1) 직접 확인 방법

• 목견법

선정된 조사 경로를 이동하면서 현장에서 직접 목견에 의한 종의 유·무를 확인하고, 주변의 서식 환경, 고도, 개체수 등 다양한 생태적인 습성과 서식 정보를 기록하는 방법이다. 하지만, 현장 조사에서 포유류를 만나기란 쉽지 않은 것이 일반적이다.

• 포획법(trap)

포유류를 확인하는 방법 중에서 가장 정확한 방법으로 생포한 후 종류를 확인하는 것으로 트랩을 이용하는 방법이다. 목견법과 Field-sign에 의하여 확인이 곤란한 뒤쥐류, 두더지류 그리고 설치류 등을 대상으로 실시하며, 대상으로 하는 동물에 따라 여러 형태의 트랩이 있다. 트랩은 하룻밤 이상 두어서 매일 아침 회수하고, 확인종의 동정을 하고 개체수를 기록한다.

• Live trap과 Snap trap

소형 포유류인 설치류를 포획하기 위한 트랩은 Sherman live trap이나 Sherman snap trap이 있는데, 트랩의 미끼는 해안가 지역의 하천에는 어류의 사체, 멸치 등을 사용하고, 산림지 내의 하천변에는 생땅콩, 소시지 등을 먹이로 사용한다. 왜냐하면, 서식환경 조건에 따라서 먹이가 다르기 때문이다. 1회에 사용하는 트랩의 개수는 면적에 따라 차이는 있지만, 일반적으로 조사 지구당 20개 정도를 설치하는 것이 적당하다. 설치 장소는 기본적으로 집구멍 가까이의 풀숲, 저목림의 덤불, 쓰러진 나무 밑 등 설치류가 행동할 것 같은 장소를 선정하고, 열려진 장소는 피하는 것이 바람직하다. 또 가능한 한 많은 종류를 확인하기 위해 토양이 잘 발달해서 부드러운 곳과 조금 어두운 수림지 속, 젖은 초지 등도 포함하도록 한다.

생포 트랩(live trap)	Snap 트랩

[그림 3-47] 생포 트랩과 Snap 트랩

※ 사진제공: 故 심재한 박사

• 추락함정(pitfall trap)

주로 뒤쥐류(식충목) 등을 대상으로 하는 방법으로, 뒤쥐류는 점프력이 약하므로 비교적 낮은 플라스틱 컵이나 종이컵으로도 포획 할 수 있다. 추락함정의 설치 방법은 낙엽이 두껍게 쌓인 장소와 토양이 부드러운 장소에 컵을 입구까지 묻고, 비가 오면 물이 컵 내로 들어가는 것을 방지하기 위하여 적당히 공간을 띄워서 뚜껑을 덮어둔다.

• 두더지 트랩

두더지는 동면하는 일이 없이 일 년 내내 활동하고 있지만, 비교적 두더지 터널이 잘 보이는 계절은 번식 시기인 봄 및 터널을 확장하는 늦가을에서 초겨울까지이다. 트랩 설치 장소는 확실히 두더지가 행동하고 있는 환경(두더지 터널이 빽빽하게 분포하고, 또 새로운 두더지 터널이 많이 분포하는 장소)을 골라서 한다.

이외에 직접 확인하는 방법에는 야행성 종의 경우 야간 조명을 사용하여 눈에 반사되는 빛을 이용하는 라이트 센서스법이 있으며, 중·대형 포유류의 경우, 적설기 등 관찰이 용이한 시기에 광범위하게 조사할 수 있는 항공 조사법이 있다. 또한, 박쥐와 같이 특정 종의 경우에는 새그물(mist net)이나 박쥐그물을 이용(주로 36㎜의 그물망 이용)하는 방법도 있다.

(2) 간접 확인 방법

• Field-sign 방법

소로와 도로를 따라 족적, 배설물, 털, 식흔(食痕, 먹은 흔적) 등에 의하여 종을 확인한다. 한편, 포유류는 거의 대부분이 야행성이기 때문에 중형 포유류와 대형 포유류는 field-sign법으로 종의 서식을 확인하고, 조사 기간 중에 확인이 불가능한 종들에 대해서는 인근 주민을 대상으로 청문조사를 실시한다.

• 모래 트랙법(sand track)

포유류 조사에는 조사 당시 직접 관찰된 종과 개체수를 기록함과 동시에 배설물을 비롯한 흔적으로 종을 파악하는 field-sign법을 주로 사용하고 있지만, 정량적인 조사가 이루어지지 못한다는 단점이 있다(국립공원관리공단, 2002). 따라서 조사 대상 지역의 포유류의 상대밀도를 파악하고 다양한 종류의 포유류를 확인하기 위하여 인위적인 방법인 모래 트랙 방법을 사용한다.

모래 트랙을 설치할 장소는 야생동물이 이동할 것으로 예상되는 지역을 대상으로 하는데, 예를 들어 하천변에 숲과 숲이 연결된 지역의 평지 그리고 하중도가 발달한 지역에 [그림 3-48]과 같이 가로 10m × 세로 2m로 직사각형 모양으로 트랙을 설치한다. 설치할 장소가 정해지면 표층 식생은 낫으로 제거하고, 식물이 남아있지 않아야 한다. 이때 남아있는 자갈도 모두 제거한 후 표층을 5㎝ 깊이로 모두 갈아엎고, 그 후 써레질 하듯 표면을 부드럽게 하여 야생동물이 지나가면 발자국이 찍히도록 한다(국립공원관리공단, 2002).

[그림 3-48] 하천변에 모래 트랙 설치 장소 및 방법

야생동물이 모래 트랙을 통과하여 발자국이 찍히면 그 발자국으로 종을 동정하고, 이동 방향과 발자국의 크기도 같이 조사한다. 연속되어 찍힌 발자국은 숫자에 관계없이 동일 개체로 간주하고, 조사가 끝난 모래 트랙은 다시 지워서 다음 날의 조사에서 중복하여 기록하는 사례를 방지한다. 이러한 모래 트랙은 생태통로 조성 후 생물종의 이동 여부를 확인하는 데에도 활용한다. 다만, 최근에는 이러한 번거로운 조사 방법을 무인센서카메라나 CCTV를 이용하여 대체하는 경우가 더 많다.

생태통로 내부에 설치된 모래 트랙 | 모래 족적판 위에 찍힌 야생동물 족적

[그림 3-49] 모래 트랙의 설치 예와 확인된 흔적

이외에 지역 주민 등의 청문을 이용하여 조사하는 방법이 있다.

(3) 기타 방법

야생동물의 서식 및 이동 실태나 생태통로의 조성 후 야생동물 이용 여부 등을 확인하기 위해서 영상을 촬영하는 방법이 있다. 일반적으로 야생동물의 움직임이 있을 때만 촬영하는 스틸센서 카메라나 지속적인 촬영이 가능한 CCTV를 이용한다.

a) 무인 센서 카메라 설치 예 | b) 무인 센서 카메라에 찍힌 고라니

[그림 3-50] 무인 센서 카메라 촬영 예시
※ 사진제공: 박용수 박사(국립생태원)

a) 삵(2012년 1분기 모니터링) | b) 생태통로 주변의 노루(2012년 2분기 모니터링)

[그림 3-51] CCTV 모니터링 예시(2011년 지리산 정령치 생태통로 복원 지역)

10) 동물상의 분석 방법

가) 생물상 및 서식처 유형 분석

매회 채집 시 확인된 곤충, 양서·파충류, 조류, 포유류 등을 과·종별 그리고 개체수를 기록하고, 채집 장소(서식처)의 다양한 생물·물리·화학적인 요소를 평가하여, 확인종의 전형적인 서식처 유형을 분석하고 주변에서 일어날 수 있는 환경교란 요인 등을 분석해야 한다.

나) 생물종 다양도 지수 분석

종다양성은 종의 이질성(species heterogeneity)이라고도 한다. 종다양도는 군집의 안정도에 대한 척도가 되기도 하며, 군집의 성숙도를 나타내는데, 여러 가지 종이 다양하게 나타나는 것은 종간의 상호작용이 다양하기 때문이다. 그 결과 에너지의 이동, 먹이얼개(food web), 포식관계(relationship of predator), 경쟁(competition), 생태적 지위(ecological niche) 분배 등을 포함한 개체군의 상호작용이 이론적으로 복잡하게 나타남을 의미한다. 그래서 종의 목록과 서식처의 상호관계를 규명한 후 개체 수준에서 정량적인 분석을 실시하여 여타의 분류군과의 상호관계를 규명하는 것이 필요하다.

다) 생물학적 표본추출법에 의한 생태 측정

모집단과 군집을 기술하는 중요 측정값으로는 밀도(density), 우점도(dominant), 상대밀도(relative density), 종다양도(biodiversity) 등이 있으며, 이들 측정값으로 다른 중요한 생태 환경을 측정한다.

• 우점도(Dominance Index, D.I)

환경의 변화가 악화될수록 특정종의 우세가 나타나므로, 어떤 우점종이 군집에서 가지는 상대적인 비를 산출한다면 환경의 변화에 대한 명료한 지표로서 이용될 수 있다는 관점에서 도출된 지수이다. 각 조사 지점별로 개체 수 현존량에 의하여 우점도를 산출한다(McNaughton, 1967).

$$DI = \frac{n_i}{N}$$

· 여기서, DI : 우점도 지수, N : 총 개체수, n_i : 제 i 번째 종의 개체수

• 종다양도(Biodiversity Index, D')

Margalef(1968)의 정보이론(information theory)에 의하여 유도된 Shannon-Weaver function(Pielou, 1966)을 사용하여 산출하며, 이는 동물군집의 종 풍부도와 개체수의 상대적 균형성을 뜻하는 것으로 군집의 복잡성을 나타낸다.

$$H' = -\Sigma(P_i \log P_i)$$

· 여기서, $P_i = N_i / N$, N : 총 개체수, N_i = i종의 개체수

- 균등도(Evenness Index, E')

균등도는 각 지수의 최대치에 대한 실제치의 비로서 표현되는데, 각 다양도 지수는 군집 내 모든 종의 개체수가 동일할 때 최대가 된다. 결국 균등도 지수는 군집 내 종구성의 균일한 정도를 나타내는 것으로 Pielou(1975)의 식을 사용하여 산출한다.

$$E' = \frac{H'}{\ln(S)}$$

· 여기서, E' : 균등도, H' : 다양도, S : 전체 종수

- 종 풍부도(Richness Index, R')

종풍부도 지수는 총 개체수와 총 종수만을 가지고 군집의 상태를 표현하는 지수로, 지수값이 높을수록 종의 구성이 풍부하게 되므로 환경의 정도가 양호하다는 것을 전제로 하고 있다. 일반적으로 대표적인 지수인 Margalef(1958)의 지수를 사용하여 산출한다.

$$R' = \frac{S-1}{\ln(n)}$$

· 여기서, R' : 풍부도, S : 전체 종수, n : 총 개체수

라) 행동권 분석

행동권(home range) 분석은 일반적으로 무선 위치 추적 방법을 이용하여 실시한다. 무선 위치 추적은 관찰·연구하고자 하는 대상 동물의 이동 패턴이나 행동 패턴에 대하여 기존의 육안 관측과 같은 일반적인 방법이 불가할 때 사용하는 방법 중의 하나이다.

(1) 원격 무선 추적 기법

원격 무선 추적(radio telemetry) 기법은 연구자가 연구하고자 하는 동물을 포획하여 추적 장치를 부착한 후 방사하여 대상 동물의 위치를 추적하는 방법이다. 전파발신기를 부착한 후 방사한 동물을 수신기(receiver)와 야기 안테나를 이용하여 추적하면서 이 동물의 행동권 및 번식기 세력권의 형성, 계절별 혹은 시기별 공간적인 분포 및 이용 특성, 선호하는 서식환경 등을 파악할 수 있다. 원격무선 추적 방식은 전통적 방식인 VHF 원격무선추적과 근래에 많이 활용되는 GPS를 이용한 원격무선추적 장치로 나눌 수 있다.

(가) VHF 방식의 원격무선추적 장비

2~3곳에서 동시에 발신기로부터의 방위각을 측정한 후 삼각 측량의 원리를 이용하여 추적 동물의 위치를 파악하는 방법이다.

[표 3-30] VHF 방식의 원격무선추적 장비의 장·단점

장점	단점
• 장비의 가격이 비교적 저렴함 • 발신기의 무게를 초경량화 할 수 있음 • 배터리의 크기 및 성능에 따라 5년 이상 장기간 사용 할 수 있음	• 추적하는 인력의 소요가 많아 장기적으로 예산의 소요가 큼 • 수집되는 위치의 정확도가 지형과 연구자의 기량에 따라 기복이 큼 • 야행성 동물의 경우 연구의 어려움이 많아 자료의 신뢰성이 떨어짐

(나) GPS 방식의 원격무선추적 장비

GPS 수신기를 이용하여 3개 이상의 위성으로부터 정확한 시간과 거리를 측정하고, 3개의 각각 다른 거리를 삼각측정법에 의하여 현 위치를 정확히 계산하는 시스템이다. 이는 원래 미국 국방부가 군사적인 목적으로 개발한 것으로, 2만 2천㎞ 상공에 24개의 위성을 쏘아 올려 지상의 어떤 지점에서든 최소 4개의 위성이 24시간 관측 가능하도록 배치해 두었다. 대상물의 위치를 측정하는 원리는 삼각측량법을 응용하고 측정 오차는 약 수십 ㎝ 정도로 알려져 있다. 이 시스템은 지상에서 간단한 장비만 가지고도 연속적으로 정확한 위치를 측정할 수 있고, 컴퓨터와 연결했을 때는 다양한 서비스가 가능하다는 장점을 가진다.

최근에는 군사 목적이 아닌 민간 차원에서 다양한 이용 방법을 연구하고 있으며, 야생동물 분야에서도 기존의 원격무선추적장치의 문제점을 보완할 수 있는 장비로 대상 동물의 서식지 이용 특성이나 공간 분포 특성 등을 파악하기 위해 미국이나 유럽의 선진국 등에서 멸종위기종 복원 및 주요 보호종에 대한 서식지 보전 및 관리 방안을 수립하기 위한 기초 데이터 수집 방법 중의 하나로써 많이 활용되고 있다.

[표 3-31] GPS 시스템의 장·단점

장 점	단 점
• 데이터의 신뢰성이 높음 • 24시간 추적이 가능함 • 발신기의 무게를 경량화 할 수 있음 • 배터리의 크기 및 성능에 따라 장기간 사용 할 수 있음	• 장비의 가격이 중·고가임 • 자연사, 야생동물 교통사고, 밀렵 등의 경우, 안정적인 데이터 공급이 어려움 • 데이터를 획득하기 위해 GPS Collar를 수거하는 추적 인력 및 비용의 소요가 큼

GPS 시스템을 이용한 야생동물 추적용 GPS Collar는 크게 3가지 시스템이 활용된다.

- Stored on board 방식

Stored on board 방식은 일정 기간 동안 동물의 위치 데이터를 수집하는 방식으로, GPS Collar 내 데이터를 저장, 연구자가 그 동안 수집된 위치 데이터가 저장된 GPS Collar를 수거하여 수집된 데이터를 이용하는 방식이다.

- VHF/UHF 방식 GPS Collar

VHF/UHF 방식의 GPS Collar는 기존의 Stored on board 방식의 단점을 개선한 것이다. 연구자가 수신기를 이용하여 GPS Collar의 위치를 파악하고, Hand held-terminal을 이용하여 GPS Collar 내 수집된 데이터를 다운로드 받을 수 있는 방식이다.

- GSM 방식

GSM 방식은 GPS 시스템의 최선의 개선 방식으로서, 연구자가 연구 대상지에 나가는 번거로움을 획기적으로 줄이면서 대상동물의 위치 정보를 핸드폰 문자 메시지를 이용하여 실시간으로 전송 받을 수 있는 방법이다. 연구자가 GPS Collar를 회수하거나 그 안에 저장되어있는 데이터를 전송받기 위해서는 사전에 대상 동물의 이동경로를 파악하여야 하는 번거로움이 없다. GSM 방식은 연구자가 굳이 필드에 나가서 대상 동물의 이동경로를 사전에 파악하거나 위치를 추적하지 않더라도 대상 동물의 위치 정보를 가까운 핸드폰 기지국을 통하여 연구실에서 받아볼 수 있는 방법이다.

(다) CDMA 방식의 원격무선추적 장비(GPS Collar)

유럽에서 제작된 GSM 방식의 GPS Collar는 우리나라의 핸드폰 전송 방식인 CDMA 방식과 달라서 국내에서는 현실적으로 사용이 불가능하다. 한국은 핸드폰 제작 기술 및 IT 부문에 대한 기술력은 세계적 수준으로서, 국내 실정에 맞는 CDMA 방식으로 제작된 GPS Collar는 비교적 적은 예산으로 효율적인 야생동물 추적조사 및 양질의 위치 데이터 수집이 가능하다.

(2) 남생이 서식처 복원을 위한 행동권 분석 예

이러한 무선 위치 추적을 위해서는 행동권을 분석하고자 하는 야생동물을 포획한 후 포획된 개체에 대한 기초 형태 측정을 실시하여 적합한 발신기를 선정하게 된다. 발신기 무게는 통상 대상 동물 체중의 3%를 넘지 않는 것이 일반적이다. 5%를 초과할 경우에는 해당 동물의 행동에 영향을 줄 수 있는 것으로 알려져 있다(Linehan, 2006).

발신기를 부착하고 원래 포획하였던 지역에서 방사한 후 무선 위치 추적을 할 수 있는 수신기를 이용하여 이동 패턴을 측정하게 된다. 정확한 데이터의 수신을 위해서는 방사 지역 주변을 도보로 이동하면서 3개 이상의 최적의 측정 지점을 선정하고 수신음을 확인한 후 방위각을 측정하여 교차점의 좌표를 획득하는 삼각측정법을 사용한다. 삼각 측정에 의한 위치 추적은 야생동물 연구에 보편적으로 이용되는 방법이다(Cochran and Lord, 1963; Springer, 1979; Bertram and Vivion, 2002). 각 지점에서 측정한 방위각의 연장선들이 교차하는 지점이 연구대상 동물의 위치라고 할 수 있다. 조사된 결과에 대한 위치 자료의 분석은 ArcGIS 및 HRT(Home Range Tools for ArcGIS) Extension을 이용하여 분석할 수 있으며, 개체별 행동권(Fixed Kernel 95%, 50%) 및 행동권 중첩, 평균 이동거리 등을 산출할 수 있다.

남생이 포획을 위한 트랩 조립

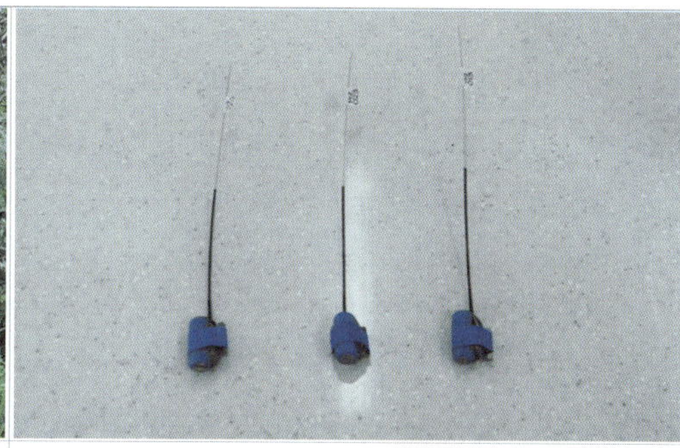

남생이의 위치 추적을 위한 피부발신기 TW-3

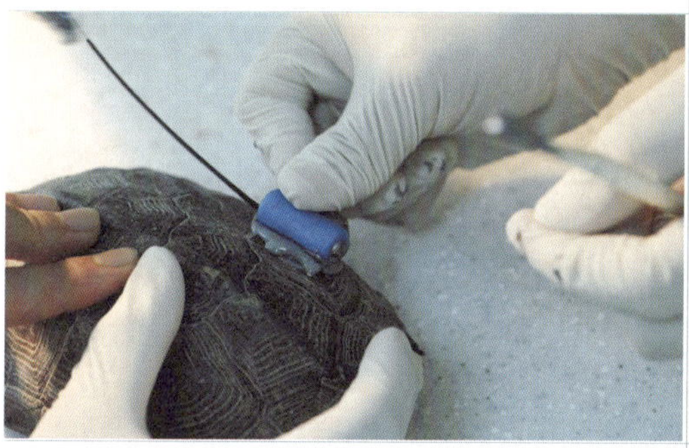

피부 발신기 부착

발신기를 부착한 남생이의 방사

방사 후 무선위치 추적

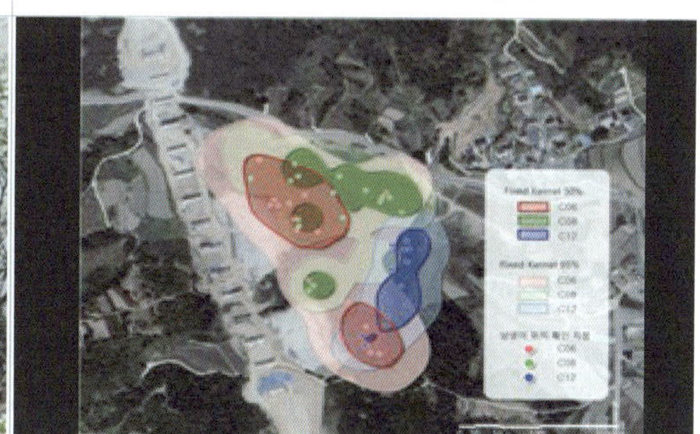

봉서저수지의 남생이 행동권(Kernel 95%, 50%)

[그림 3-52] 남생이의 행동권 분석을 위한 위치 추적

※ 자료출처: 국립공원연구원, 2010.

(3) 고속도로변 로드킬 조사를 위한 행동권 분석 예

고속도로 노선 중 야생동물 교통사고(로드킬, road-kill) 다발 지역을 대상으로 이 지역에 서식하는 중·대형 포유류 중 하나인 고라니와 너구리의 공간적 행동 패턴 및 고속도로 주변 이동 특성을 파악하기 위해 CDMA 방식의 GPS Collar를 이용한 무선 추적 결과는 다음과 같다.

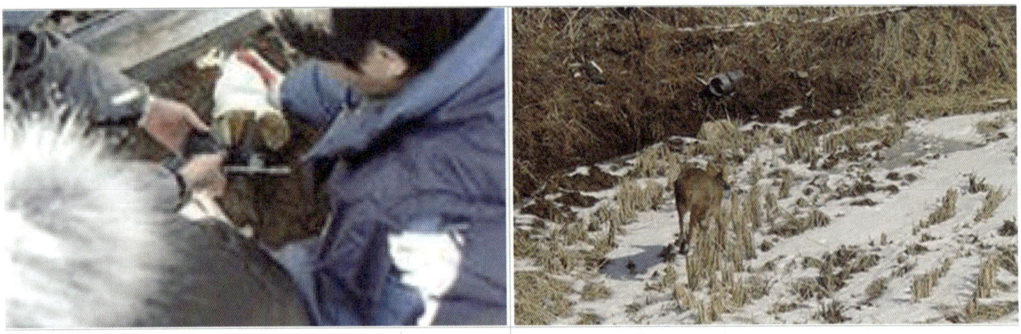

고라니에게 수신기를 부착하는 모습	고라니를 방사하는 모습

[그림 3-53] 고라니 포획 후 수신기를 부착하여 방사한 모습

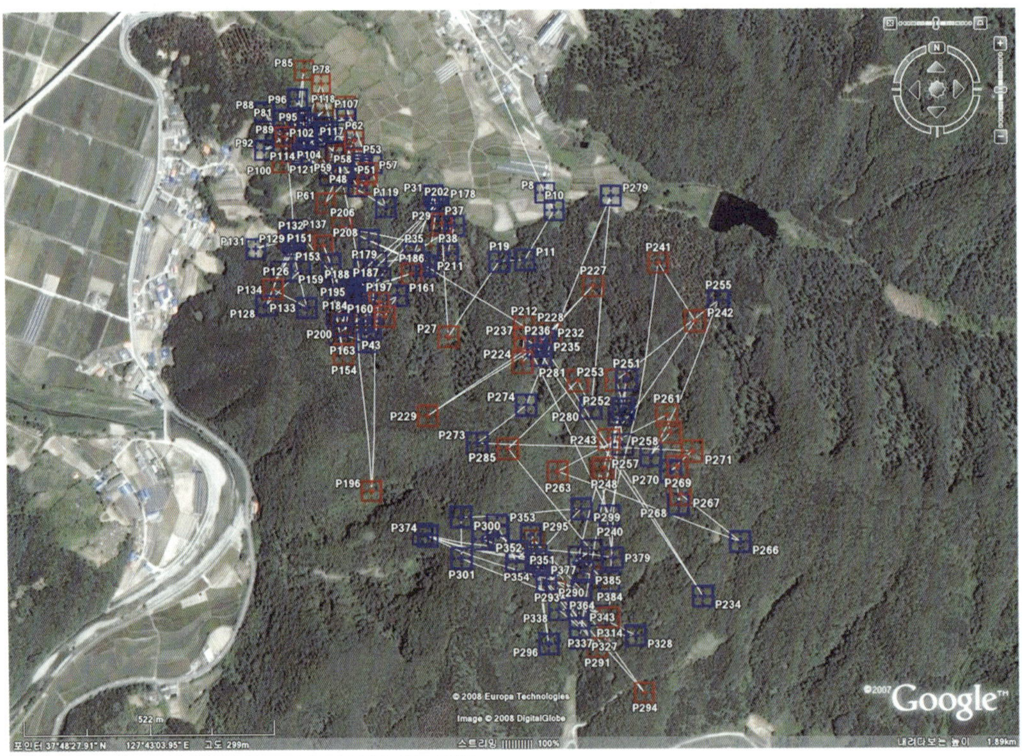

[그림 3-54] 고라니 방사 후 고속도로 주변 이동 패턴

이러한 원격무선 추적 방법은 해당 종의 이동 반경과 패턴을 분석할 수 있는데, 해당 지역에서 고라니의 일일 행동권은 최소 0.1ha에서 최대 28.2ha로 평균 5.3±7.4ha(n=2개체)로 나타났다([그림 3-54] 참고). 또한, 고라니는 한 시간 동안 최소 61.8m/h를 이동하는 것으로 나타났으며, 최대 214.5m/h까지 산림 내에서 이동하는 것으로 나타났다. 표고는 200~300m 사이의 지역에 주로 서식하는 것으로 나타났으며, 서식처는 산림(혼효림)과 인접한 비산림(하천수변구역, 경작지) 등에서 머무르는 시간이 많았으며, 이는 채식 및 휴식 장소와 관련있는 것으로 판단하였다.

한편, 너구리의 일일 행동권은 최소 0.2ha에서 최대 22.8ha로 평균 5.9±7.9ha (n=3개체)를 하루 평균 서식지로 활용하였다([그림 3-55] 참고). 분석 결과 너구리는 한 시간 동안 최소 141.4m/h를 이동하는 것으로 나타났으며, 최대 1.38㎞/h까지 산림 내에서 이동하는 것으로 나타났다. 선호하는 표고는 100~300m 사이의 지역에 서식하는 것으로 나타났으며, 서식처는 혼효림 및 활엽수림에서 주로 체류하고, 수계를 따라 이동하는 양상을 보였다.

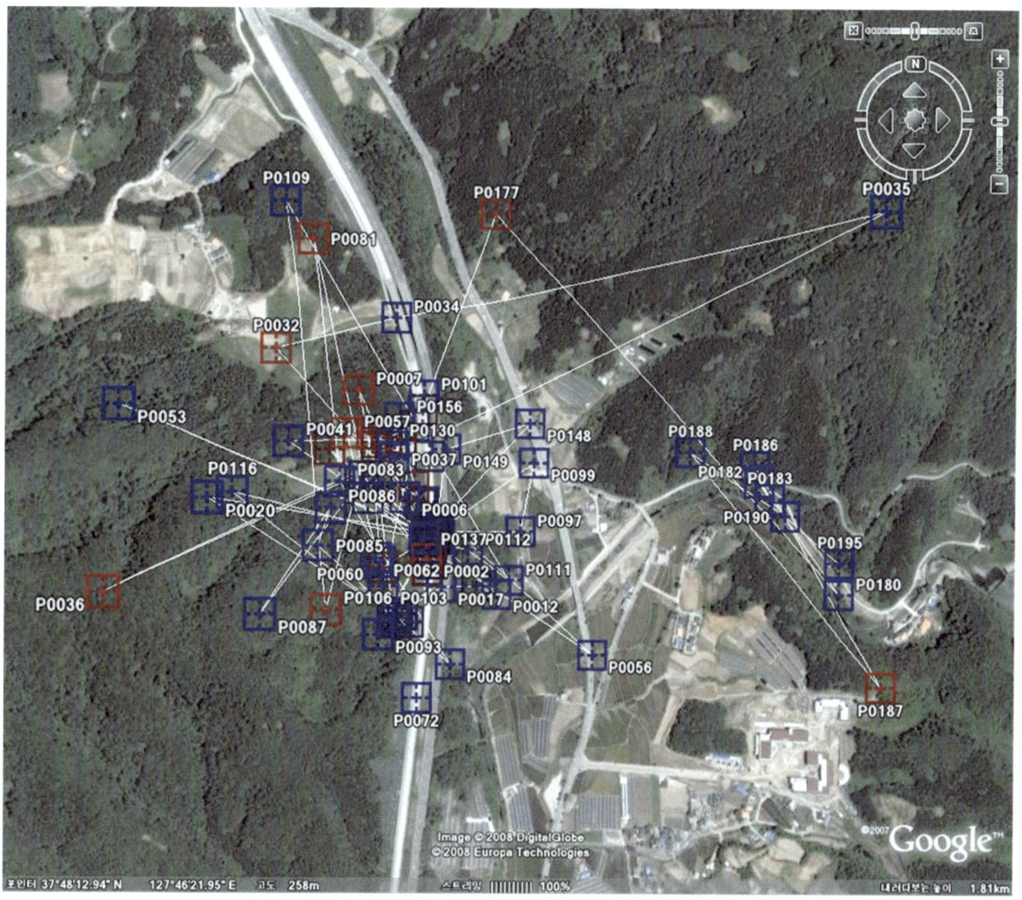

[그림 3-55] 너구리 방사 후 고속도로 주변 이동 패턴

마) 영역성 분석(territory analysis)

영역성(territory)이라 함은 야생동물이 행동반경의 모든 것이나 또는 부분을 말하는 것으로, 이는 다른 동물들의 침입에 대해서 방어하는 기능을 가진다. 영역성 접근이 필요한 이유는 다음과 같다.

첫째, 야생동물은 환경에 적합한 행동과 생리를 가지고 있다. 이것들을 이해하는 것은 야생동물 서식처 요구조건을 파악할 수 있으므로 야생동물 관리를 강화할 수 있다. 영역성 분석은 이러한 것을 알 수 있도록 도와준다.

둘째, 영역성 접근은 어린 개체들을 돌보는 것, 어른 개체들이 서식하는 것, 그리고 방해받지 않게 번식할 수 있도록 보호·관리의 근거를 마련해 준다.

영역성 접근은 개체들의 번식과 생존에 의존하므로 생태적 밀도에 대한 서식처 면적을 알아야 한다. 그러므로 서식처 요구 면적을 알게 되면 종에 대한 영역성 접근에 의한 분석이 가능하게 된다.

구체적으로 러시아의 Sikhote Alin 지역에서 아무르호랑이가 필요한 서식처 요구 면적과 철원에서 두루미 서식처 요구 면적을 비교·분석한 바 있다. [그림 3-56]은 이들 서식처 요구 면적에 대해서 1개체 행동반경과 최소 50개체가 요구하는 서식처 면적을 도면화한 것이다. Sikhote Alin 지역에 사는 아무르호랑이의 1개체 행동반경은 450㎢이며, 이 호랑이들은 물을 좋아하며, 바위가 있는 울창한 숲에서 살고, 후각보다는 청각과 시각에 의존하며 최대 15년 동안 살 수 있다. 그리고 이들 50개체가 요구하는 서식처 면적은 22,500㎢로 꽤 넓은 면적이 필요하다.

반면, 철원에서 두루미의 1개체 행동반경은 2~7㎢이고, 두루미가 서식하는 곳에 다른 새들도 많이 오며 가족군을 이루고 생활하고 있다. 이들 두루미의 서식면적은 행동반경의 1%미만을 사용하므로 최소 50개체가 요구하는 서식처 면적은 8㎢정도 밖에 되지 않는다.

두 종들의 생태적 특징을 살펴보면 많이 다름을 알 수 있으며, 이에 따라 영역적 접근도 이들의 서식처 요구조건에 맞게 다르게 해야 한다. 따라서 Sikhote Alin 지역의 아무르호랑이에 대한 영역적 접근은 물이 있고 바위가 있는 울창한 숲을 가지고 있는 곳에 최소 22,500㎢를 가질 수 있도록 계획하며, 철원지역의 두루미에 대한 영역적 접근은 인간의 간섭이 적은 습지와 농경지가 주변에 있는 최소 8㎢의 서식처 면적을 확보하는 것이 바람직하다.

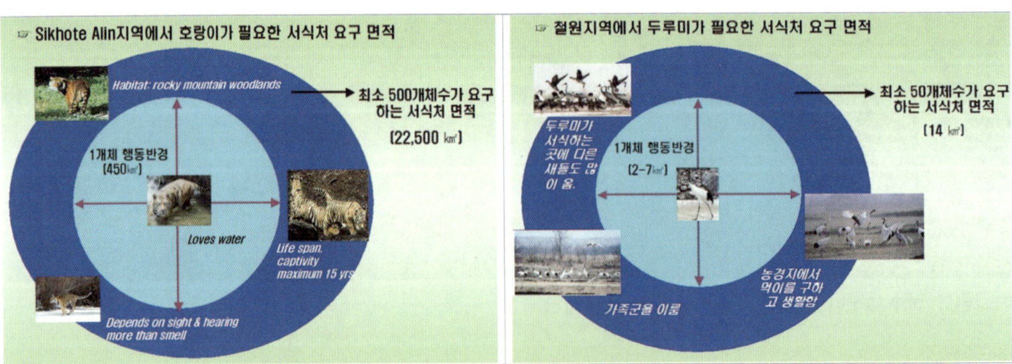

[그림 3-56] Sikhote Alin지역에서 아무르호랑이가 필요한 서식처 요구 면적과 철원에서 두루미 서식처 요구 면적의 비교

조사지역별로 확인된 법적보호종 혹은 희귀종에 대하여 주변 서식 환경을 분석하여 생물종의 서식에 위협을 가하는 요인을 분석하고, 그에 따른 보전 대책을 마련해야 한다.

바) 서식 분포도 및 산란 장소 도면화

자연생태지도는 일정한 지역에 대하여 자연경관 및 생물상의 희귀성, 고유성, 풍부성 및 지역 대표성을 고려하여 각각의 생태계(산림, 하천, 농지, 도시, 호소, 해양)에 대한 가치를 등급화한 지도를 말한다. 한편, 자연생태지도는 1968년 네덜란드에서 제작된 생태 및 환경 지도(ecological and environmental map)로서 25㎢의 국가격자체계(national grid system)에 식물상과 조류상을 지도에 표기한 것이 시작이었다. 이후 일부 유럽 국가들에서는 생태지도 또는 비오톱 지도(Biotope mapping)로 확대 발전시켰고, 일반화되었다. 자연생태지도는 자연생태계에 관한 제반 정보와 지식을 체계적으로 통합하여 파악하고 보존·관리하는 데 유용한 공간적 정보은행으로 활용될 수 있도록 개발되었다.

한편, 양서·파충류를 대상으로 경관생태학적인 수준에서 모델링한 경우는 버지니아 대학의 Row와 Yuill(1997)이 채집 및 확인된 지역과 지리적으로 출현 가능한 지역을 대상으로 예측 분포도를 작성하여 해당 지역을 평가한 사례가 있다. 양서·파충류와 포유류에 대한 분포도는 매회 관찰한 지점을 지도에 표기하는 방법으로 고도와 위치를 표시하고, 관련 도감들을 참고하여 구별하고, 산란장소를 지도상에 표기한다.

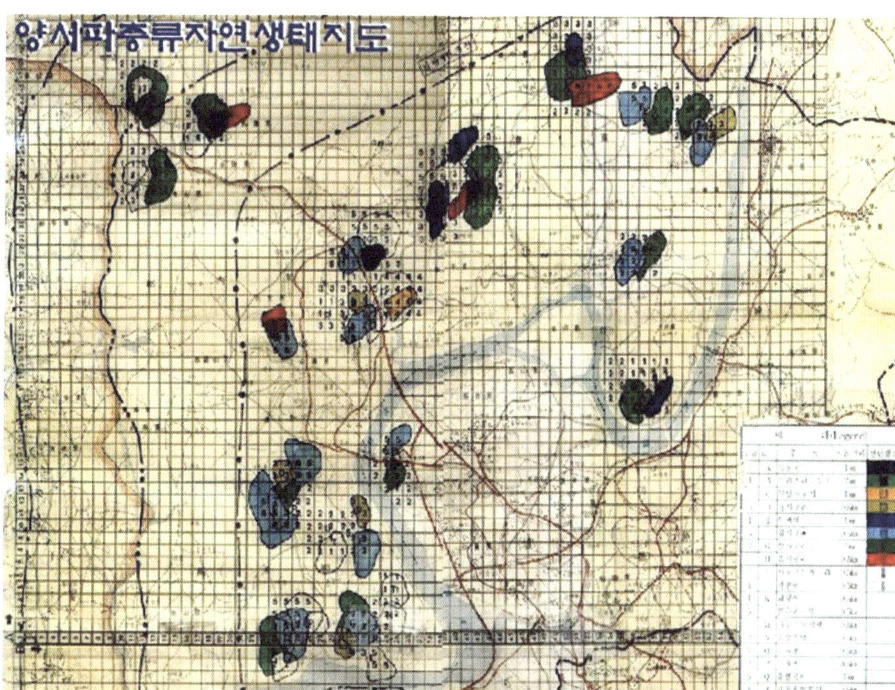

[그림 3-57] 파주 DMZ 및 CCA 지역의 양서·파충류의 서식처 분포도

※ 자료출처: UNDP, 서울대학교, 과학기술부, 한국토지공사, 2000. (도면 작성: 故 심재한 박사)

바. 기타 환경 인자의 조사 및 분석

1) 생활환경의 조사·분석 방법

환경정책기본법에서 정의한 생활환경이라 함은 대기, 물, 폐기물, 소음·진동, 악취, 일조 등 사람의 일상생활과 관계되는 환경을 말한다. 생태복원계획에 영향을 미칠 수 있는 것은 모든 항목들이 관련될 수 있으나, 사람의 활용 측면과 함께 야생동물의 서식이나 식물의 성장 측면에서 살펴보는 것이 바람직하다.

그 중에서도 가장 중요한 것이 물환경인데, 수리·수문은 자연환경 요소이고, 수질은 생활환경으로 보는 것이 바람직하다. 우리나라에서는 환경영향평가가 처음 실시된 이후 생활환경의 수질분야에서 수환경에 미치는 영향을 포괄적으로 다루어오다 1994년 환경영향평가법이 제정된 이후부터 수리·수문 분야가 자연환경의 평가 항목으로 분류되어 영향평가가 독립적으로 이루어지고 있다(박석순, 나은혜, 2000). 수질 관련 조사 및 분석 방법은 앞서 제시한 바 있다.

2) 인문·사회 환경의 조사 및 분석

인문사회 환경은 토지이용과 인구, 교통 등이 해당된다. 토지이용은 일반적으로 서식처 분야에서

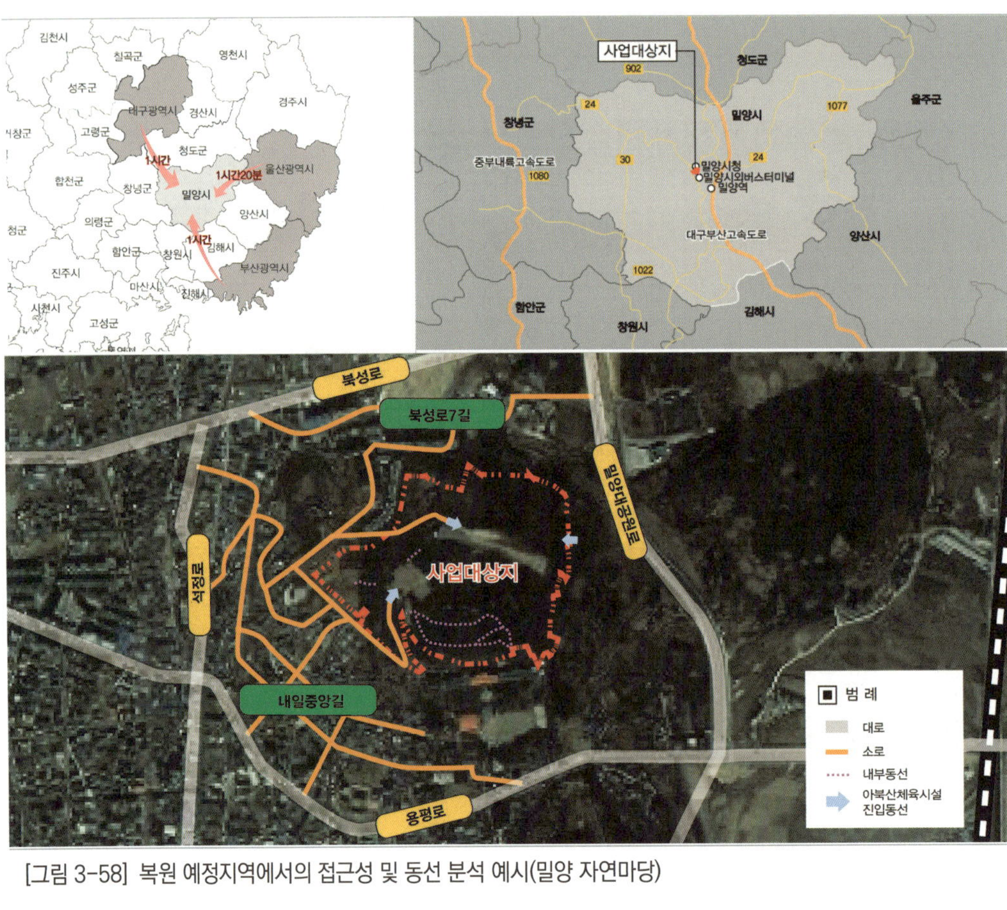

[그림 3-58] 복원 예정지역에서의 접근성 및 동선 분석 예시(밀양 자연마당)

토지 피복과 연계시켜 분석할 수도 있으며, 인구나 교통 등의 문제는 생태복원 지역의 활용 및 접근성 등의 측면에서 분석되기도 한다. 특히, 토지이용은 현재의 토지이용 상태뿐만 아니라 용도지역 지정 현황과 같은 계획 내용을 살펴야 한다. 이는 생태복원 사업을 위한 인·허가 항목과 직접적으로 관련된다. 인·허가와 관련한 사항은 앞서 "제2장. 생태복원 사업 기획"에서 제시한 바 있다.

3) 역사 및 문화, 관광 자원의 조사 및 분석

생태복원 지역은 자연생태계의 보전을 목적으로도 하지만, 현명한 활용이 가능한 지역이기도 하다. 즉, 생태관광이나 환경교육, 자연체험 등이 가능한 공간이다. 자연환경보전 및 이용 시설 사업과 같은 경우에는 입장료를 받을 수 있는 등의 경제적 창출 효과도 있다. 따라서 대상지 내부와 함께 주변 근거리 지역에서의 역사 및 문화, 관광 자원 등을 조사하여 분석하는 것이 좋다.

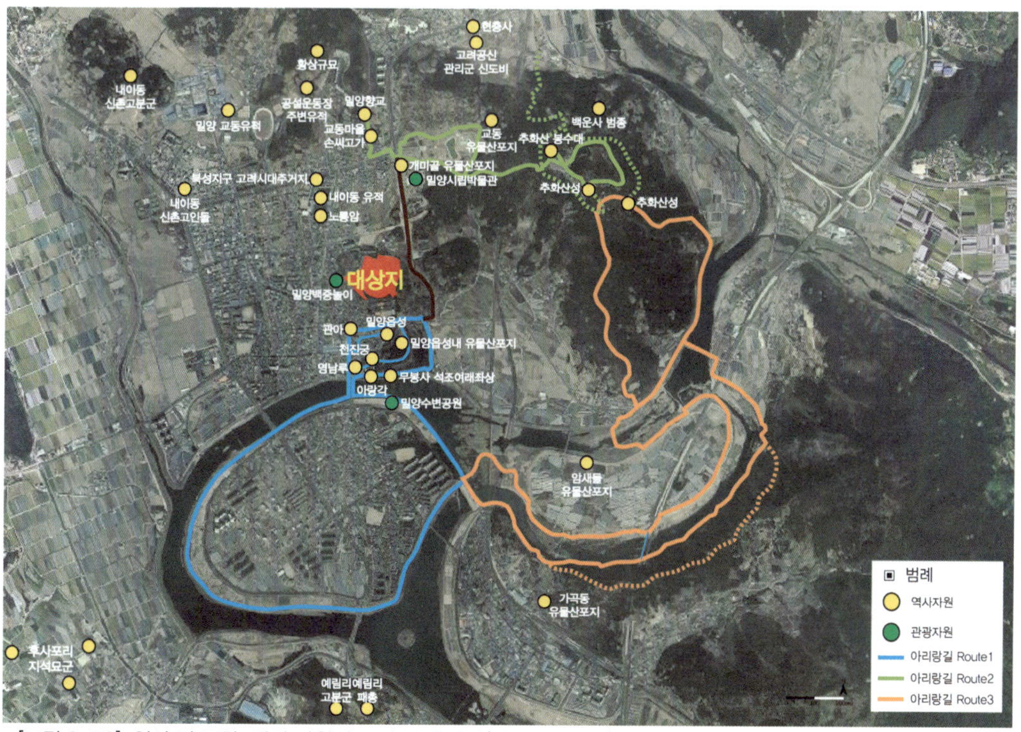

[그림 3-59] 역사 및 문화, 관광 자원의 동선 분석 예시(밀양 자연마당)

4) 경관의 조사 및 분석

경관의 조사 및 분석은 복원 사업 지역의 입지 분석, 복원 사업에 의한 영향 등을 검토할 필요가 있을 때 사용한다.

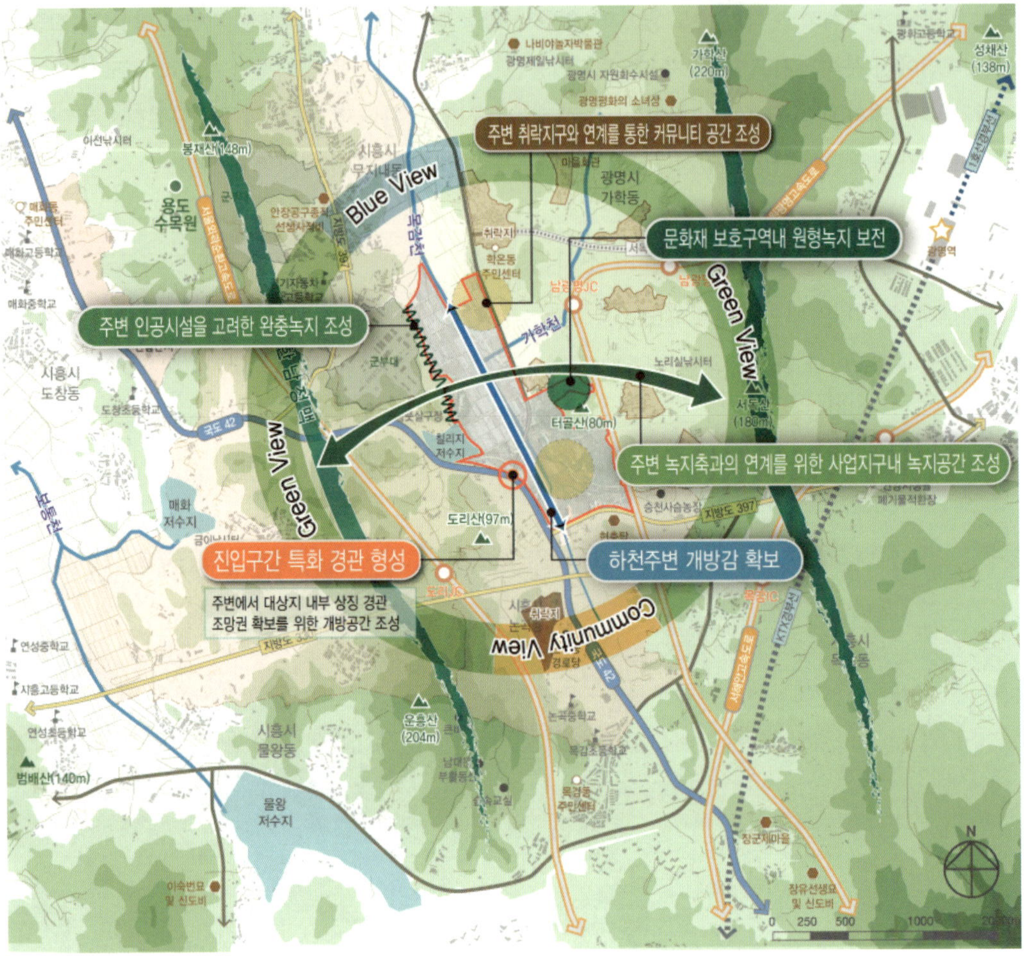

[그림 3-60] 경관자원 분야 예시도

사. 최신 기술을 활용한 조사 및 분석 방법

1) 무인항공기를 활용한 경관 및 생태 조사

무인항공기(Unmanned Aerial Vehicle, UAV) 즉, 드론은 원래 군사용 목적으로 사용하기 위한 것이었으나, 그 활용 범위가 매우 넓어지고 있다. 그리고 생태 조사나 분석, 생태복원을 위한 정보 수집 등에서도 드론은 다양하게 활용되고 있으며, 관련 기술이 지속적으로 발전 중에 있다.

드론을 활용한 방법으로 현재까지 가장 많이 손쉽게 사용하는 것은 복원 대상지역에 대한 경관 정보나 서식지 정보를 얻기 위한 것이다. 대부분 일정 거리의 고도에서 다양한 각도의 사진을 촬영하고, 이것을 경관성이나 접근이 어려운 지역에 대한 정보, 그리고 주변 지역과의 연계성 등을 분석하는 데 활용하고 있다.

대상지 전경 촬영 사진

접근이 쉽지 않은 절벽부와 광산 웅덩이 지역을 촬영한 사진

전반적 식생 분포를 파악하기 위해 촬영한 사진 (짙은 녹색은 침엽수림, 옅은 녹색은 활엽수림)

[그림 3-61] 드론을 이용하여 광범위한 구역을 촬영한 사진(밀양 자연마당 대상지역)

더 발달된 기술로는 드론을 활용하여 식생 조사나 하천 생태계 조사, 야생동물을 조사할 수도 있다. 하지만 아직까지 기술적으로 부족한 부분들이 있기 때문에 관련 기관에서 기술을 지속적으로 발전시키고 있다. [그림 3-62]는 드론을 활용한 서식지 및 식생 등의 전반적인 조사 과정을 예시한 것이다.

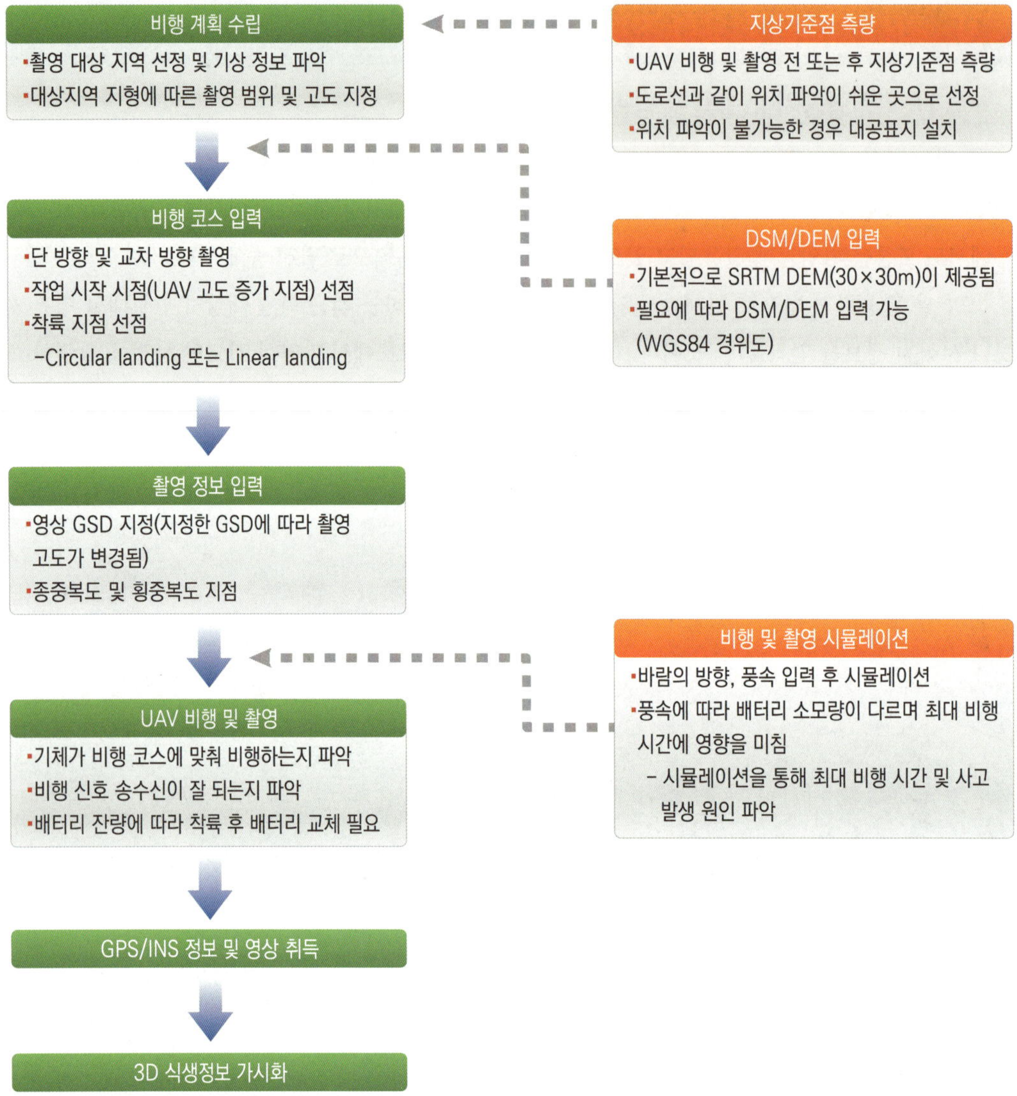

[그림 3-62] 드론을 활용한 서식지 조사 과정 및 방법
※ 자료출처: 이우신 등(2017)의 내용을 다시 그림.

드론은 생태 조사나 분석 분야에서만 활용되는 것은 아니다. 최근 국립공원공단에서는 도서지역에서 염소를 퇴치하기 위한 방법으로 드론을 활용하여 위치 정보를 확인하는 기법을 적용하기도 했다(국립공원 생태계 파괴 '염소'…드론으로 '생포 작전' 나선다, 연합뉴스, 2017년 4월 16일 누리집 버전). 구체적으로 국립공원공단 '드론 해양순찰단'에서는 다도해 해상 진도군 족도·고흥군 대염도 등과 한려해상국립공원 통영시 가왕도 무인도 3곳에 방목된 염소 35마리를 열화상카메라가 장착된 무인기를 이용해 포획하는 것에 성공한 바 있다. 2014년부터 드론을 도입한 국립공원공단에서는 공원 순찰, 자원 조사, 산림병해충 예찰, 생태계 모니터링, 조난자 수색 등 다양한 분야에 활용하고 있다.

산림청의 경우에는 산불지역에서의 진화 작업을 위해서 드론을 활용하기도 한다.

2) 환경 DNA 메타바코딩 기법을 이용한 생물상 조사

환경 DNA(eDNA)의 넓은 의미는 물, 토양, 공기 등 환경 시료로부터 추출된 DNA를 통칭한다. 환경바코드(e-DNA)라고도 하는데, 이 역시 수질, 대기, 토양 등의 환경오염 정도 및 환경 건강성을 생물 DNA에 근거하여 객관적으로 평가하는 최신 바코드 기법을 의미한다(정부부처합동, 2021.03.). 환경 DNA는 자연환경 혹은 서식처 내에서 서식·생육하는 동물과 식물에서 나온 피부, 분비물, 혈액, 탈피한 조직 등이 수중이나 대기 중으로 방출되어 환경 샘플에 포함된 DNA를 의미한다. 당연히 이러한 환경 DNA에는 생물종이나 개체에 대한 정보가 포함되어 있다. 어류, 양서·파충류, 조류, 포유류 등 생물 개체에서 유래한 환경 DNA의 기원은 피부, 털, 배설물, 점액, 생식 세포, 알 등으로 상대적으로 다양하다. 이러한 DNA를 포함하는 물질들은 체외로 배출된 이후에는 일반적으로 박테리아나 자외선에 의해 자연 분해되는 과정을 거치게 된다. 하지만 수중에 남아있는 환경 DNA의 경우에는 일반적으로 1주일까지 남아 있을 수 있다. 따라서 이 기간 이내에 수생태계나 토양 내에서 서식하는 생물상 조사에 이용하는 것이 가능하다.

환경오염, 기후변화 등 급격한 환경변화에 대응하기 위해서는 신속하면서도 정확한 방법의 과학적인 접근과 평가가 필요하게 되었고, 환경변화에 따른 선제 및 후속 조치 방안 마련 시 과학적 근거로써 활용하기 위해서 이런 방법이 고안되었다. 최신 환경평가의 첨단 기법인 '환경바코드 기법 개발'을 통해 수질, 대기, 토양의 환경오염 등급을 평가하고, 변화·관찰하는 모니터링 기법이 필요한 것이다. 다양한 환경변화는 생물의 질적·양적 변화와 밀접한 관련이 있으므로 환경시료 내 생물 변화를 측정해 내는 기법을 개발한 것이다(정부부처합동, 2021.03.).

환경 DNA 메타바코딩 기법에 의한 생물상 조사는 개별 유기체를 직접 채취하지 않고, 해수, 토양 등 환경표본으로부터 유전자 정보를 분석하여 생명자원의 서식 현황 및 생물종 정보 등을 간접적으로 확인하는 방법에 해당한다(해양수산부, 2023.2.). 즉, 생물의 직접적인 관찰이나 종 포획 대신 물과 같은 환경 샘플을 수집해서 그 안에 있는 유전물질을 분석하기 때문에 기존 생물학적 조사보다 더 효율적일 수 있다. 실제로 이러한 방법은 DNA 메타바코딩(Metabarcoding) 방법으로 이루어지는데, DNA 메타바코딩은 새로운 유전자 분석 방법으로 분류한다. 그리고 환경 DNA를 분석하려면, 메타유전자라고 알려진 처리량이 높은 시퀀싱을 이용해야 한다. 메타게놈은 환경 시료 내에 존재하는 모든 DNA를 집합적으로 가리킨다. DNA 바코딩은 미리 결정된 짧은 DNA 서열을 사용해서 특정 생물종을 정확히 식별하는 방법이다. 가장 일반적인 DNA 바코드 영역은 미토콘드리아 유전자 사이토크롬 산화 효소 I(MT-CO1)의 658개 염기쌍 부분이지만 물론 다른 DNA 영역이 사용되기도 한다. 메타바코딩은 단일 DNA 바코딩 표본에서 여러 가지 유기체를 식별하는 방법을 뜻한다(기업과 생물다양성 플랫폼 보도자료, 2018.9.18.).

우리나라에서는 2020년까지 자생생물 중 9,530종의 DNA 바코드 정보를 확보하였다. 정부에서는 산·학·연 및 관계기관에서 종 동정을 의뢰할 경우, DNA 바코드 정보를 제공하고 있는데 동물의 경우, 한국공항공사, 지방·유역환경청, 평택세관, 각 지자체 등에서 항공기 충돌조류, 수입 미꾸라지의 종판별, 수돗물 유입 유충 판별 등의 요청에 따른 종 판별 정보를 제공한 바 있다. 해양수산부의 경우에는 해양생명자원의 조사를 위해서 환경 유전자(DNA) 분석 기법을 이용하여 서식 환경에 따른 종 정보를 확인하는 방법을 이용하고 있다. 이를 위해서 환형동물 등에 대한 유전자 분석 및 DB를 구축하고 있다(해양수산부, 2023.2.).

또한 곤충, 어류 등 수생태계 환경지표종 및 식물 등 기후변화 지표종에 활용되는 생물에 대한 표준 DNA 바코드 정보를 구축하고 있다. 예를 들어, 수생태계 평가 표준화를 위해서 저서성대형무척추동물, 어류 등을 대상으로 e-DNA를 활용하여 수생태계 수질을 평가하는 데 활용할 수도 있다. 또한, 기후변화 모니터링을 위해서 e-DNA를 이용하여 기후변화 등 환경변화에 따른 토양생태계 내 무척추동물의 종다양성 변화 양상을 모니터링 할 수 있는 방법도 체계화시키고 있다. 생물다양성 평가를 위해서도 다양한 환경시료(물, 토양 등)를 대상으로 시료 내 관속식물의 다양성평가를 위한 e-DNA 바코드 연구와 표준화가 진행중이다(정부부처합동, 2021.03.).

[환경 DNA(environmental DNA) 모니터링]

◇ **(개념)** 수중, 대기 등 주변 환경에 존재하는 DNA 성분을 검출하여 종의 서식 정도를 파악
◇ **(적용 분야)** 고생태 환경 파악, 식물 수분 현상, 먹이 분석, 침입종 탐지, 생태 모니터링
◇ **(사례)** 식물 수분 가능 시기 변화 관련 기후변화 모니터링 : (1) 꿀벌류 화분시료 내 식물 DNA 바코드 분석 → (2)시기별/지역별 특정 식물의 개화 시기 변화 관찰 → (3) 개화 시기 관련 기후변화 모니터링 분석 가능

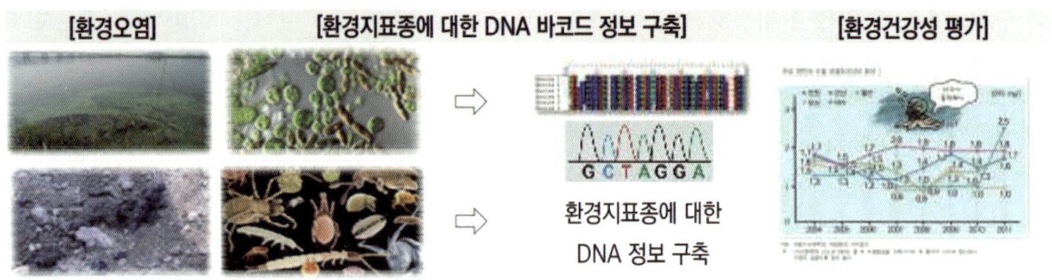

[그림 3-63] 환경 DNA 모니터링

※ 자료출처: 정부부처합동, 2021.03.

아. 종합 분석

1) 생태기반환경과 생태환경의 상호관련성 분석

효율적인 복원을 위해서는 조사 결과를 다양한 차원에서 분석하는 것도 중요하다. 생물종과 서식처 조사 방법에서 강조된 바 있으나, 대상지역에 대한 구체적이고, 생태복원 계획에 활용 가능한 자료로 가공해 내기 위해선 생태기반환경과 생물상간의 상관관계가 제시되어야 한다.

이를 위해서 우선 조사 지점들은 가급적 통일시키고, 조사된 결과를 토대로 하여 기후, 지형, 수리·수문, 토양 등의 생태적 기반 환경에 어떠한 생물상이 분포하는지를 파악하여야 한다.

환경인자간 상관성 분석이나 동·식물과 환경인자간에 상관성을 분석하는 것은 향후 복원 기법을 설정하는 데 매우 유용한 방법이다. 동·식물은 환경조건과 따로 분리해서 생각할 수 없기 때문이다. 구체적인 방법은 [그림 1-7]에서 제시한 비생물적 환경 인자와 생물 환경 인자의 순환 구조의 그림에서 식물과 야생동물을 각각 기준으로 놓고, 나머지 환경요인들과의 관련성을 하나씩 고려하면서 그곳에서 생육·서식하는 생물종과의 관련성을 파악해 나가면 된다.

2) 조사 결과의 도면화 및 중첩

가) 도면화 및 중첩의 기본 방향

조사된 결과의 종합과 전반적인 분석을 위해서는 조사된 결과들에 대한 도면화가 제일 먼저 이루어져야 한다. 일반적으로 계획이나 설계 작업이 도면 위에서 작업되기 때문에 구체적인 계획의 수립을 위해서는 현황 자료에 대한 종합적인 도면이 필요하다. 이를 위해서 우선적으로 작성되어야 하는 분야별 조사 결과의 도면화는 앞서 제시한 바 있다.

각각의 항목별로 지도화가 된 내용들은 중첩의 과정을 거친다. 이 방법은 이안 맥하그(Ian L. McHarg)가 적지 분석(suitability analysis)을 위해 사용하였던 도면 중첩법(overlay method)이 시초라고 할 수 있으며, 최근에는 GIS를 이용하는 방법을 더 많이 사용한다. 도면 중첩에 있어서 중요한 것은 어떠한 정보들을 포함시킬 것인가 하는 것인데, 여기에서는 서식환경과 생물상 간의 상관관계를 파악할 수 있는 내용을 담도록 해야 한다. 또한, 구상이나 계획·설계에서 고려해야 할 중요 분석 이슈들이 충분히 표현되도록 해야 한다. GIS를 활용한 중첩 방법을 개념적으로 제시하면 [그림 3-64]와 같다. 이렇게 조사된 결과의 도면들을 중첩하는 것은 정보의 체계화라고 볼 수 있다.

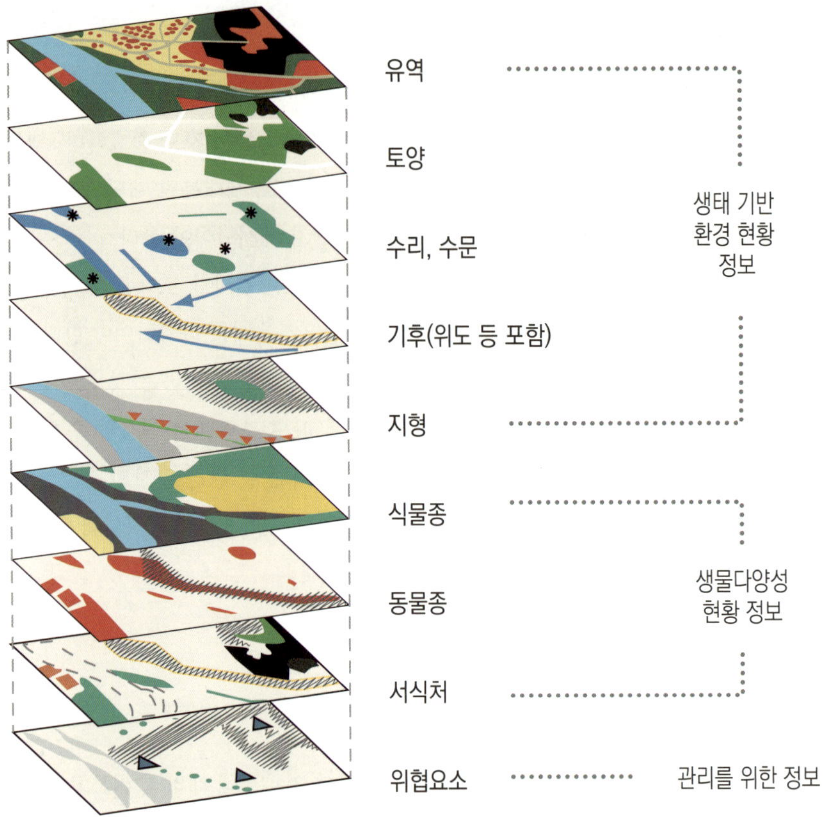

[그림 3-64] GIS를 활용한 도면 중첩 방법

나) 토지 적지 분석

도면 중첩법을 통한 토지 적지(land suitability)의 분석은 생태복원에 도입될 서식처들의 적합성을 파악하는 것이다. 대상지 내에 서식처나 프로그램이 들어갈 수 있는 가능 지역을 도출하고, 대상지 내에서 보전지역, 복원지역 설정을 통한 관리 방안 마련 등의 계획을 수립할 수 있게 된다.

3) 환경적으로 민감한 지역의 분석

환경적으로 민감한 지역의 분석은 경사가 급한 곳, 산사태 지역, 중요 서식처 및 법적 보호종이나 특기할만한 중요 종의 발견지 등 환경적으로 민감한 지역을 중첩 기법으로 분석하여 생태복원 계획 수립 시 중요한 내용을 선정할 때, 각 지역이 들어갈 수 없거나 민감하게 관리해야 하는 지역을 찾아내는 방법이다.

이를 위해서 우선, 철저한 자연환경조사를 거쳐 경사, 고도, 서식처, 군락, 종, 토양, 산사태, 하천 지역, 법정 보호지역 등의 항목에 대해 지형도, 항공사진, 위성사진 등에 표시하고, 지표에 의해 민감한 지역을 구분해 내어 [그림 3-65]와 같은 방법으로 최종 분석 도면을 만들어 낸다.

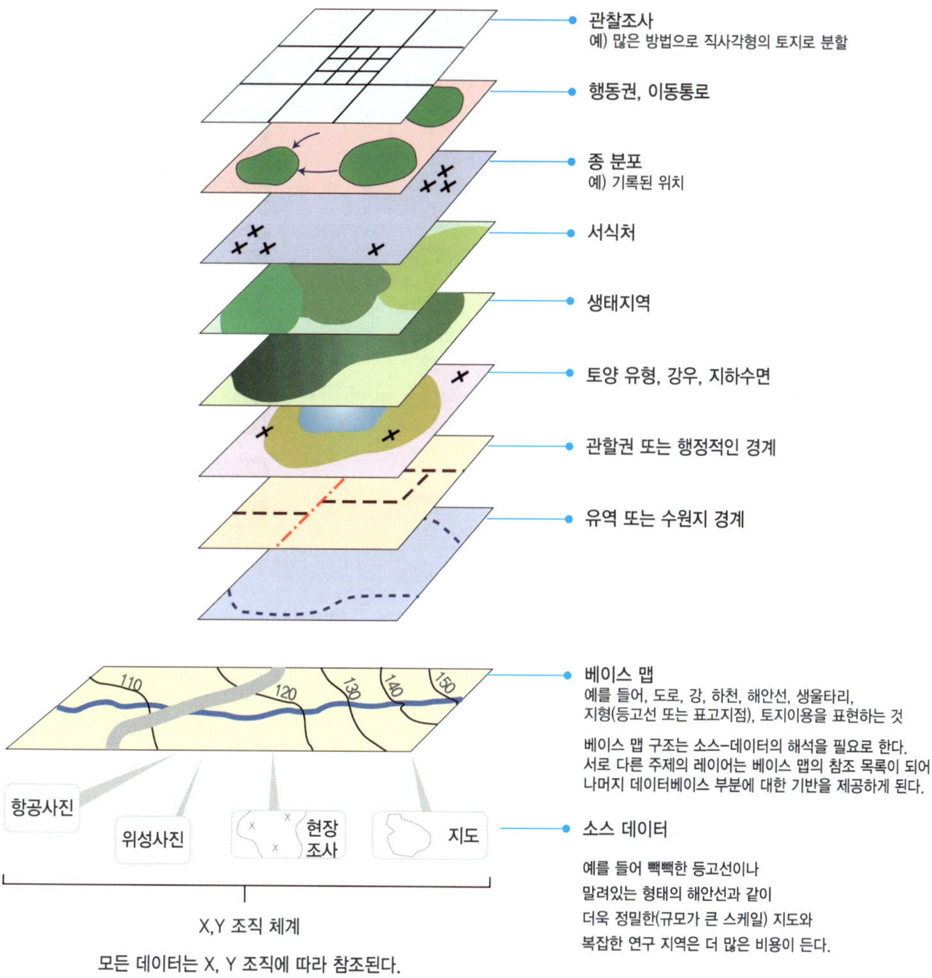

[그림 3-65] 환경적으로 민감한 지역의 분석 방법

또한, 자연환경 조사 항목 중에서 프로그램 공간화를 진행시킬 때, 환경에 영향을 미칠 수 있는 인자를 도출하여 환경적으로 민감한 지역을 선정하는데, 그 인자로는 법정 보호지역, 중요 군락, 법정 보호종, 서식처, 경사, 고도, 하천 지역, 산사태 위험 지역, 임상도, 생태·자연도 등이다. 이러한 인자에 대해 환경적으로 민감한 지역을 선정하고, 그 결과에 따라 프로그램이나 공간구상에 있어 들어갈 수 있는 지역, 들어가지 못하는 지역을 구분해 내어, 대상지의 생태적 용량을 저해함이 없도록 생태복원 계획을 수립해 가는 것이 바람직하다.

생태복원을 위한 종합분석도는 [그림 3-66]에서 예시하였다.

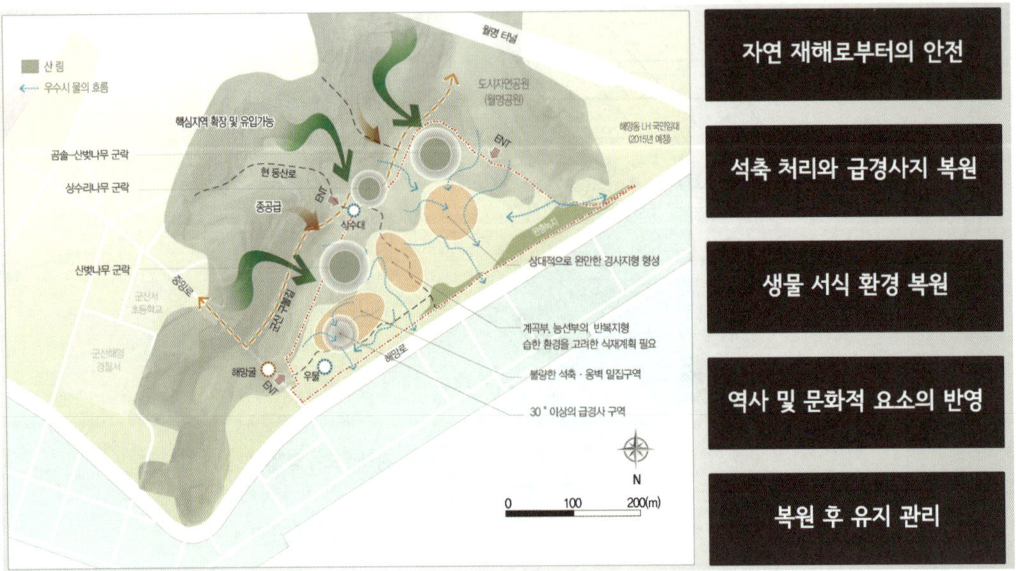

[그림 3-66] 생태복원 지역에서의 종합분석도(군산자연마당 사례)

※ 주) 그림에서 좌측은 계획·설계 시 고려해야 할 중요 분석 내용을 도면에 제시한 것이며, 우측 5개의 박스 처리된 문구는 대상지역의 주요 이슈를 제시한 것임.

Memo

사진설명 : 충남 서천 장항 송림해수욕장(새섬매자기 군락)

4장 생태계 보전 가치 평가 및 환경 변화 예측

4. 생태계 보전 가치 평가 및 환경 변화 예측

가. 생태계 보전 가치 평가

1) 보전 가치 평가 개요

보전 가치 평가는 조사된 결과들을 종합하여 현재의 상태에 대해 진단하고, 그 결과를 토대로 보전할 것인지, 복원할 것인지 등을 결정하는 것으로 복원 대상 지역에 대한 잠재성을 도출하는 데 중요하게 활용된다.

보전가치 평가는 궁극적으로 생태계의 건강성을 평가해 그 생태계를 보전할 것인지 복원할 것인지 또는 향상시킬 것인지를 결정하게 된다. 생태계 건강성(ecosystem health)은 스트레스 생태학(stress ecology)에서 유래되었으며, 자신의 고유한 구성을 유지하고 외부의 시간이 지나면 자발적으로 회복되는 안정적이고 지속적인 상태를 의미한다(Rapport *et al.,* 1998). 생태계의 건강성을 결정하는 방법에는 여러 가지가 있을 수 있는데, 그 중에서 넓은 규모의 지역을 평가하는 데 가장 보편적이고 널리 사용되는 방식으로는 그 생태계가 지니는 생물종 또는 서식처를 인자로 다양성, 자연성, 희귀성, 면적 등을 항목으로 하여 평가하는 것이다(Usher, 1980; Anonymous, 1997~98).

생태계 측면에서의 보전 가치 평가는 그 지역의 서식처와 생물종의 관점에서 이루어질 수 있다(Spellerberg, 1992). 보전 가치 평가에 있어 평가 항목과 기준은 과거에는 오염의 정도와 지표종을 바탕으로 보전 가치를 평가했으나, 최근에는 그 지역의 생물종이나 서식처의 중요성, 경제학적 측면, 경관적 측면, 이용적 측면 등 다양한 항목과 기준들이 고려되고 있다.

2) 보전 가치 평가를 위한 항목 및 기준

보전 가치 평가에 있어서 고려해야 하는 위계에 따라 다른 인자가 적용되고 기준이 달라지기 때문에, 서식처가 보다 다양하고 넓은 자연지역에서의 보전 가치 평가보다는 도시지역을 중심으로 한 좁은 면적에서 서식처의 가치 평가(Witiig *et al.*, 1983; Freeman, 1999; Sisinni *et al.*, 1993; 서울시, 2000; 나정화 등, 2001)가 많이 이루어졌다. 이는 도시지역의 자연환경 파괴가 자연지역보다 더 심각했으며, 자연 보전의 필요성이 더욱 절실했기 때문이라고도 할 수 있다. 그러나 이러한 연구들은 비교적 생물 서식처가 적은 도시지역에 국한되어 있어 생태계가 다양하고 보다 복잡하게 나타나는 농촌이나 자연지역에 적용하는 데는 어려움이 있다.

자연지역에 대한 평가는 주로 서식처 단위의 좁은 규모에서 이루어졌는데, 이는 자연지역에서 복잡하고 다양한 서식처 유형이 나타나 평가에 있어 보다 많은 인자들이 고려되어야 했기 때문이다. 강이나 하천을 중심으로 한 평가는 초기에 주로 경관적인 요소를 기준으로 이루어졌다(National Rivers Authority, 1993). 그러나 점차 생태계에 대한 비시각적인 요소도 계획의 대상이 되어야 한다는 필요성이 부각됨에 따라 경관적인 요소와 더불어 시각적 기준과 생태계의 연결성이나 수질과 관련된 인자를 추가해 생태계에 대한 이해에 더욱 중점을 둔 연구를 시행하였다(Baschak *et al*., 1994; Fry *et al*., 1994).

대개 보전지역에서의 평가는 Rattcliff(1997)가 제시한 면적, 다양성, 자연성, 희귀성, 허약성, 전형성, 기록된 역사, 생태적/지리학적 위치, 잠재적 가치, 본질적 매력 등 10가지 항목을 바탕으로, 해당 지역에서 가장 효과적으로 평가할 수 있는 기준을 사용해 보전 가치 평가를 수행한 사례가 대부분이었다(Usher, 1980; Eagles 1984; Millard, 1993; London Ecology Unit, 1994; Klijin(ed.), 1994; Sutherland(ed.), 1995; English Nature, 1997; 박소현, 2000; Collins, 2001). 이 외에도 Kellher *et al*.(1991)과 UNESCO MAB은 Rattcliff(1977)가 제시한 인자에 경제적·사회적 중요성 등을 추가해 평가를 수행하였다. 한편, DAVEY Resource Group(2001)의 유역 평가에서는 현재의 평가 이외에도 미래에 있을 수 있는 영향을 평가하였는데, 이는 오늘날 인간의 영향 없이 자연 상태로 남아있을 수 있는 곳이 없는 만큼 무시할 수 없는 사항이라 할 수 있다.

생태계 보전 가치를 평가하는 항목은 매우 다양하게 나타나는데, 그 중에서도 현재까지 가장 많이 사용되고 있는 희귀성(희소성), 다양성, 자연성, 고유성, 전형성 등은 매우 널리 사용되는 기준들이다(Spellerberg, 1992). 이들에 대한 개략적인 설명은 다음과 같다.

- 희소성

희소성은 생물종의 생육 개체수가 적거나 생육지 면적이 작을수록, 군락은 현존하는 식분의 수가 적거나 면적이 작을수록 높게 평가하는 것이다. 일반적으로 가장 많이 사용되는 보전 가치 평가 항목이면서 가장 절대적인 항목이기도 하다. 즉, 다른 평가인자들이 낮게 평가되어도 희소성이 높은 중요 생물종이 서식하면 보전지역으로 설정된다.

이들은 국제적 차원의 희소성, 국가적 차원의 희소성, 지역적 차원의 희소성 등으로 구분하여 사용할 수 있다. 우선 국제적 차원의 희소성은 일반적으로 국제적 멸종위기종인 IUCN의 적색 자료서(Red Data Book)에 수록된 종이나 CITES 협약에 포함된 생물종들이 그 대상이 된다. 국가적 차원의 희소성은 국내의 관련법에 의한 법적 보호종 등이 포함된다. 즉, 야생생물 보호 및 관리에 관한 법률에 의한 멸종위기 야생생물종이 대표적이며, 자연유산의 보존 및 활용에 관한 법률에 의한 천연기념물도 포함된다. 수목원·정원의 조성 및 진흥에 관한 법률에 의해서 농림축산식품부령으로 정하는 희귀식물이나 특산식물도 가치 평가에 활용될 수 있다. 지역적 차원의 희소성은 지방자치단체 차원에서 조례 등으로 규정하고 있는 보호종으로서, 서울시의 경우 제비나 남산제비꽃 등이 해당한다.

• 다양성

다양성은 생물종의 많고 적음과 그 분포의 균질성을 통계학적으로 표현한 것을 말한다. 식물에서는 군락 내의 종다양성(알파 다양성), 지역의 군락다양성(베타 다양성), 지역의 종다양성(감마 다양성)으로 구분하기도 한다. 일반적으로 다양성이 높을수록 보전가치가 높아진다.

• 자연성

자연성은 일반적으로 천이의 과정에서 극상에 가까울수록 높게 평가하는 것을 말한다. 자연성을 평가하기 위해 사용하는 자료는 녹지자연도, 생태자연도, 국토환경성 평가 지도, 그리고 비오톱 평가 지도 등이 있다.

녹지자연도(Degree of Green Naturality, DGN)는 일정 토지의 자연성을 나타내는 지표로서, 식생과 토지이용 현황에 따라 녹지 공간의 상태를 등급화 한 것이다. 또한, 개념적으로는 식생이 천이의 극상단계까지 이르는 데에 걸리는 시간을 표현하는 것으로도 이해할 수 있다. 녹지자연도는 1등급부터 10등급, 그리고 수역을 나타내는 0등급으로 구분되며, 등급이 높을수록 보전가치가 높다. 개념적으로는 1등급에 해당하는 시가지 조성지는 7등급에 해당하는 2차림보다도 극상의 단계까지 도달하는 데에 더 많은 시간을 요구하는 것으로 해석할 수 있다. 구체적인 녹지자연도 등급 산정 기준은 [표 4-1]과 같다.

[표 4-1] 녹지자연도 등급 산정 기준

권역	지역	등급	명 칭	내 용
육지권	개발지역	1	시가지 조성지	녹지 식생이 거의 존재하지 않는 지구(해안, 염전, 암석나출지 및 해안사구)
		2	경 작 지	논 또는 밭 등의 경작지구
		3	과 수 원	경작지나 과수원, 묘포장과 같이 비교적 녹지 식생 분량이 우세한 지구
	완충지역(반자연지역)	4	이차초원(A)	잔디군락이나 인공초지(목장) 등과 같이 비교적 식생의 키가 낮은 1차적으로 형성된 초원지구
		5	이차초원(B)	갈대, 조릿대군락 등과 같이 비교적 식생의 키가 높은 이차적으로 형성된 초원지구
		6	조 림 지	각종 활엽수 또는 침엽수의 식재림 지구(조림지구)는 수원사시나무, 낙엽송, 잣나무 등
		7	이 차 림(A)	일반적으로 이차림이라 불리는 대상 식생지구(자연군락이 인간의 영향에 의해 성립되었거나 유지되고 있는 군락), 즉 천이 과정의 서어나무, 상수리나무, 졸참나무 군락 등 유령림 약 20년생까지
	보존지역(자연지역)	8	이 차 림(B)	원시림 또는 자연식생에 가까운 이차림 지구, 신갈나무, 물참나무, 가시나무 맹아림(벌채 후 줄기아랫부분에 싹이 터 시간이 경과함에 따라 형성된 숲) 등: 소위 장령림, 약 20~50년생
		9	자 연 림	다층의 식생사회를 형성하는 천이의 마지막에 이르는 극상림지구, 가문비나무, 잣나무, 분비나무 등의 고령림. 약 50년생 이상
		10	고산자연 초원	자연식생으로서 고산성 단층의 식생사회를 형성하는 지구, 지리산 세석평전 등 고산지대의 초원지구
수권	수역	0	수 역	저수지, 하천유역지구(하중 사구 포함)

※ 자료출처: 환경부, 2010.

과거 환경부(2010)의 사전환경성 검토 업무 매뉴얼에 의하면, 녹지자연도에 따른 관리의 기본 방향은 8~10등급은 보전지역, 4~7등급은 완충지역, 그리고 1~3등급은 개발 가능한 지역으로 설정하였다. 하지만 이러한 기준은 우리나라 전국을 대상으로 한 것이며, 지역별로 적용할 때 차이가 있다. 즉, 상대적으로 우수한 산림·녹지가 부족한 경기도나 서울시 등의 수도권의 경우에는 6등급 지역일지라도 상대 보전 지역으로, 7등급 지역은 절대 보전 지역으로 설정하기도 한다. 참고로 관련 법 개정에 의해 사전환경성 검토 업무 매뉴얼이 전략환경영향평가 업무 매뉴얼(2016.12.)로 개편되었으며, 녹지자연도에 대한 내용은 거의 사라진 상태이다.

[표 4-2] 녹지자연도 관리 기본 방향

구분	등급	대표 지역	관리 방침	비고 (면적 비율)
보전지역	8~10등급	자연림, 원시림, 고산 초원	보전 위주 관리	13.3%
완충지역	4~7등급	잔디, 갈대조림 등의 초원 조림지, 유령림	개발과 보전 조화	53.0%
개발지역	1~3등급	시가지, 농경지	개발 및 이용	33.7%

※ 자료출처: 환경부, 2010.

녹지자연도는 법적 근거가 없다. 또한, 이 지도는 녹지자연도의 공간적인 분포 패턴을 보여주는 주제도로서는 효과적으로 사용될 수 있으나, 각 등급의 정확한 위치 및 구역을 구체적으로 표현하기에는 1㎞ × 1㎞로 단위 면적이 너무 넓다는 문제점이 있었다. 또한, 하나의 격자 면적에 실질적으로 여러 종류의 녹지자연도 등급이 혼재되어 있는 경우가 흔하기 때문에 실질적으로 현장에서 적용하기는 어려움이 있었다(환경부, 1998). 따라서 현재 공식적으로 녹지자연도는 사용하지 않고, 참고용으로만 활용하는 경우가 있다.

자연환경보전법 제34조에 근거하여 작성하는 생태·자연도는 기존의 녹지자연도가 식생만을 대상으로 한 평가라는 점을 보완한 것이다. 생태·자연도는 국토의 효율적인 관리를 위하여 자연환경의 기초적 특징을 체계적으로 조사하고, 지형과 생태계의 유기적인 관계를 파악하여 자연생태계의 상호 관련성을 이해하기 위한 국가사업(제2차 전국 자연환경조사)의 일환으로 제작되었으며, 국토 환경의 종합적인 관리를 위해 구축하였다. 법에 의한 정의는 산·하천·내륙습지·호소(湖沼)·농지·도시 등에 대하여 자연환경을 생태적 가치, 자연성, 경관적 가치 등에 따라 등급화하여 제34조에 따라 작성된 지도를 의미한다(자연환경보전법 제2조).

생태·자연도는 일정 지역에 대하여 자연경관 및 생물상의 희귀성, 고유성, 풍부성 및 지역 대표성을 고려하여 각각의 생태계(산림, 하천, 도시, 농지, 호소, 해양)에 대한 가치를 등급화 하였으며, 자연환경보전법에 따라 실시한 자연환경조사를 기초로 한 가치를 등급화 하였다.

생태·자연도에서의 보전가치 평가는 "식생, 멸종위기 야생생물, 습지, 지형" 등 4개 항목을 기준으로 평가하였으며, 각 항목을 평가할 때에는 다음의 자료들을 활용하였다(환경부 예규 제547호, 2015.7.17., 일부 개정 기준, 생태자연도 작성 지침).

- 식생: 현존식생도 및 식생보전등급, 임상도 등 식생의 현황을 파악할 수 있는 자료
- 멸종위기 야생생물: 자연환경조사보고서(무인도서 및 습지조사보고서 포함), 철새동시센서스 보고서, 조수실태조사보고서, 멸종위기 야생생물 전국분포조사보고서, 철새 도래지, 국제협약보호지역 관련 자료 등 야생생물의 현황을 파악할 수 있는 자료
- 습지: 전국자연환경조사보고서, 철새동시센서스보고서, 조수실태조사보고서, 습지조사보고서 등 습지의 생태적 상태를 파악할 수 있는 자료
- 지형: 전국자연환경조사보고서, 관련 조사연구보고서 등 지형보전등급을 파악할 수 있는 자료

자연환경보전법에 따라 실시한 자연환경조사를 기초로 국토의 생태학적인 가치를 종합하여 보호 가치가 높아 보전 및 복원이 필요한 권역(1등급), 완충지역 및 보호 가치가 있는 지역으로 자연환경의 보전 및 개발·이용에 따른 훼손의 최소화 권역(2등급), 체계적인 개발 및 이용이 가능한 권역(3등급) 및 각 개별 법에서 관리하는 별도관리지역으로 구분하여 1:25,000 축척의 지도에 그 분포 상황을 주제도로 나타내었다(환경부 예규 제205호). 즉, 등급이 낮을수록 보전가치가 높다. 법조문에 기초한 해당 권역 및 주요 내용, 관리 및 활용 방법은 [표 4-3]과 같다. 우리나라 전체의 생태·자연도는 [그림 4-1]과 같으며(2020년 기준), 경기도 의정부 지역의 일부를 확대한 생태·자연도를 예시해 보면 [그림 4-2]와 같다.

한편, 자연환경보전법 시행규칙(2022.1.5., 일부 개정 기준) 제16조에 따라서 생태·자연도의 세부 등급을 다음과 같이 구분하고 있다.

1. 생태·자연도 2등급 권역의 세부 등급
   가. 완충보전지역 : 법 제34조제1항제1호 각 목에 준하는 지역으로 장차 보전의 가치가 있는 지역 또는 1등급 권역의 외부지역으로서 1등급 권역 보호를 위하여 필요한 지역
   나. 완충관리지역 : 2등급 권역 중 가목의 지역을 제외한 지역
2. 생태·자연도 3등급 권역의 세부 등급
   가. 개발관리지역 : 개발 또는 이용의 대상이 되는 지역이나 부분적으로 관리가 필요한 지역
   나. 개발허용지역 : 3등급 권역 중 가목의 지역을 제외한 지역

[표 4-3] 생태자연도 등급 기준

등급 권역 (면적 및 비율)	내 용	관리 및 활용
1등급 권역 (7,687.7㎢, 7.7%)	• 다음에 해당하는 지역 가. 「야생생물 보호 및 관리에 관한 법률」 제2조제2호에 따른 멸종위기 야생생물(이하 "멸종위기야생생물"이라 한다)의 주된 서식지·도래지 및 주요 생태축 또는 주요 생태통로가 되는 지역 나. 생태계가 특히 우수하거나 경관이 특히 수려한 지역 다. 생물의 지리적 분포한계에 위치하는 생태계 지역 또는 주요 식생의 유형을 대표하는 지역 라. 생물다양성이 특히 풍부하고 보전가치가 큰 생물자원이 존재·분포하고 있는 지역 마. 그 밖에 가목부터 라목까지의 지역에 준하는 생태적 가치가 있는 지역으로서 대통령령으로 정하는 기준에 해당하는 지역 1. 자연원시림이나 이에 가까운 산림 또는 고산초원 2. 자연상태나 이에 가까운 하천·호소 또는 강하구	자연환경의 보전 및 복원
2등급 권역 (43,136.0㎢, 43.1%)	제1호 각목에 준하는 지역으로서 장차 보전의 가치가 있는 지역 또는 1등급 권역의 외부지역으로서 1등급 권역의 보호를 위하여 필요한 지역	자연환경의 보전 및 개발·이용에 따른 훼손의 최소화
3등급 권역 (40,866.7㎢, 40.8%)	1등급 권역, 2등급 권역 및 별도관리지역으로 분류된 지역 외의 지역으로서 개발 또는 이용의 대상이 되는 지역	체계적인 개발 및 이용
별도관리 지역 (8,452.6㎢, 8.4%)	• 다른 법률에 따라 보전되는 지역 중 역사적·문화적·경관적 가치가 있는 지역이거나 도시의 녹지보전 등을 위하여 관리되고 있는 지역으로서 대통령령으로 정하는 지역 1. 「산림보호법」 제7조제1항에 따른 산림보호구역 2. 「자연공원법」 제2조제1호의 규정에 따른 자연공원 3. 「자연유산의 보존 및 활용에 관한 법률」 제11조에 따라 천연기념물로 지정된 구역(그 보호구역을 포함한다) 4. 「야생생물 보호 및 관리에 관한 법률」 제27조제1항에 따른 야생생물 특별보호구역 또는 같은 법 제33조제1항에 따른 야생생물 보호구역 5. 「국토의 계획 및 이용에 관한 법률」 제40조의 규정에 따른 수산자원보호구역(해양에 포함되는 지역은 제외한다) 6. 「습지보전법」 제8조제1항의 규정에 따른 습지보호지역(연안습지보호지역을 제외한다) 7. 「백두대간보호에 관한 법률」 제6조의 규정에 따른 백두대간보호지역 8. 법 제12조의 규정에 따른 생태·경관보전지역 9. 법 제24조의 규정에 따른 시·도 생태·경관보전지역	해당 법률에 따른 행위 규제 적용

※ 자료출처: 자연환경보전법 제34조 및 동법 시행령 제24조 및 제25조, 제28조(2024.7.9. 일부 개정 기준)

※ 자료출처: 전 국토 면적 중 등급별 해당 면적 비율은 환경부(2014) 자료를 인용(면적 및 비율 기준은 2013년 말 기준임)

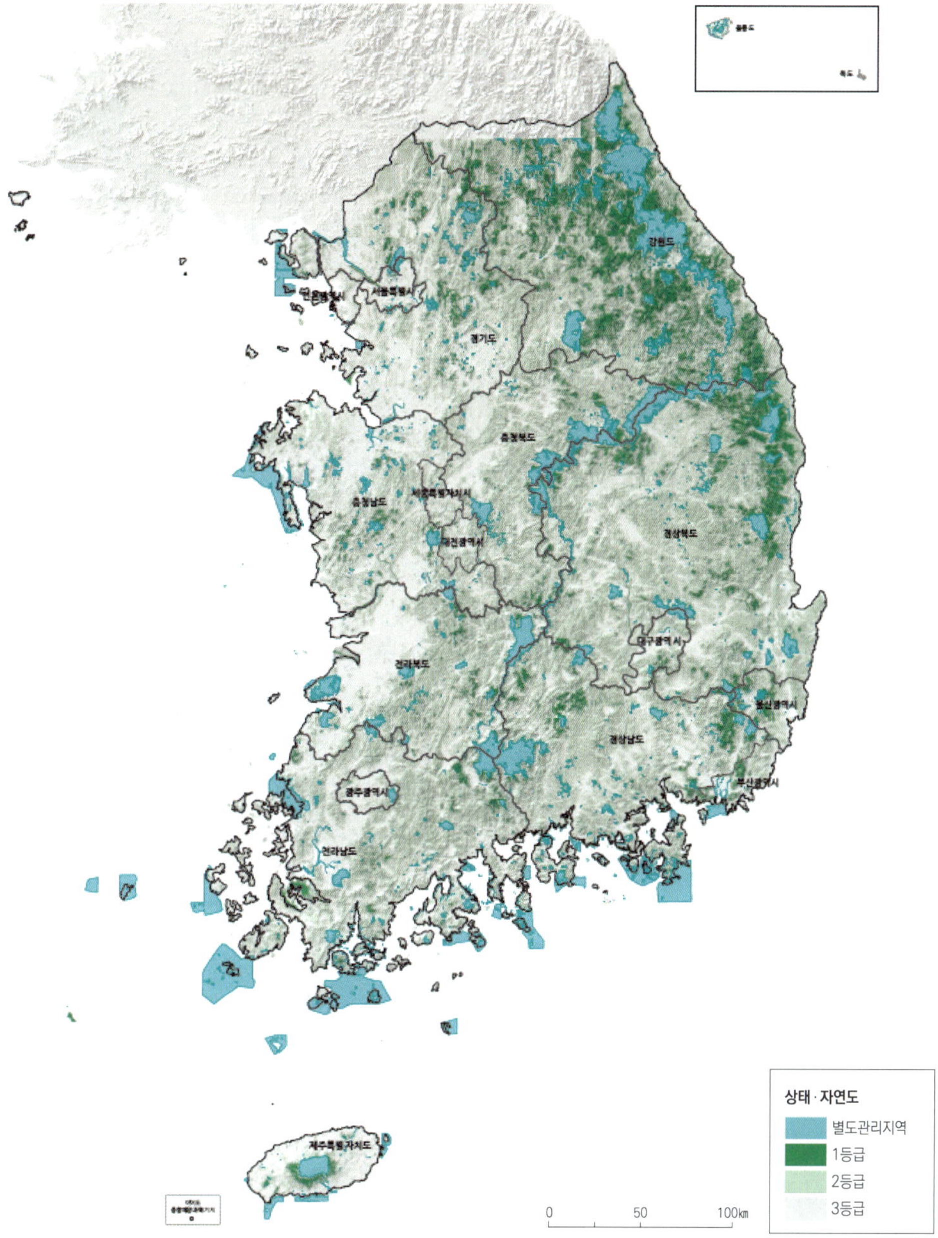

[그림 4-1] 우리나라의 생태·자연도

※ 자료출처: 국토교통부 국토지리정보원(2020) - 생태·자연도 작성 기준은 2020년(국립생태원)

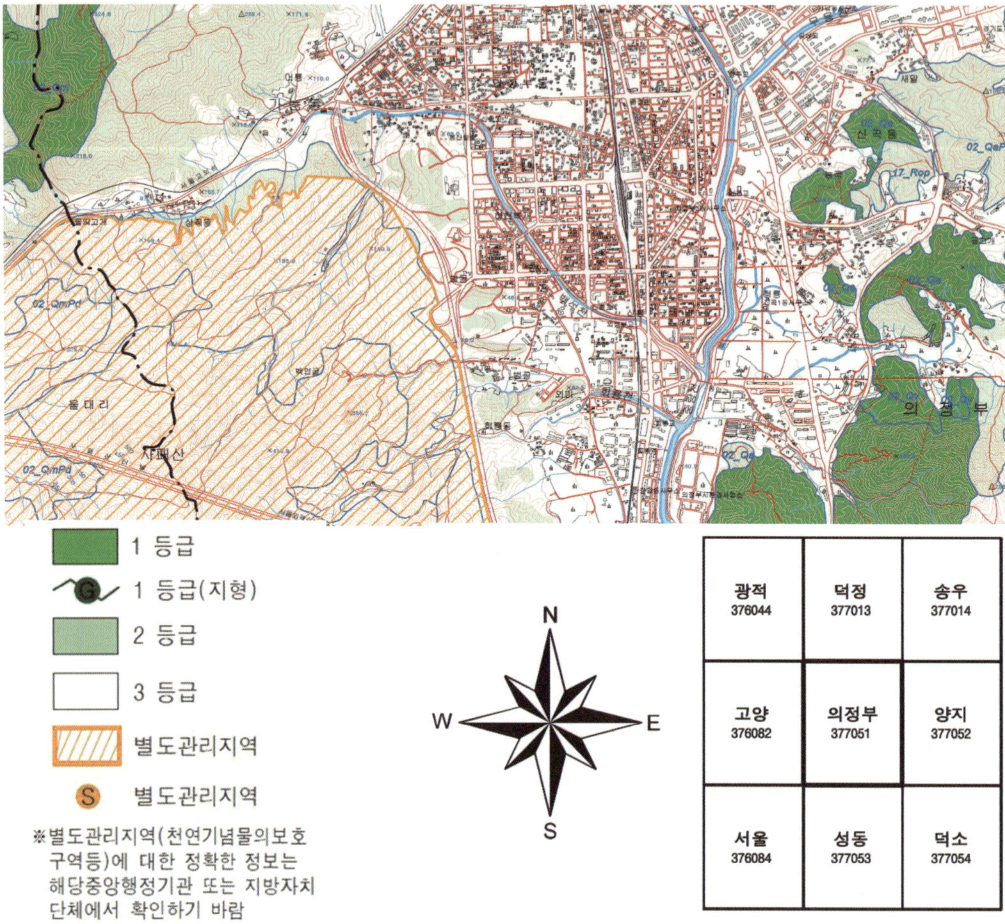

[그림 4-2] 경기 의정부 지역 생태·자연도 예시

국토 환경성 평가 지도는 환경정책기본법 제23조(환경친화적 계획기법 등의 작성·보급)의 제2항에 근거를 두고 있다(2022.12.31., 타법 개정 기준). 이 조항에서 환경부장관은 국토환경을 효율적으로 보전하고 국토를 환경친화적으로 이용하기 위하여 국토에 대한 환경적 가치를 평가하여 등급으로 표시한 환경성 평가지도를 작성·보급할 수 있다고 적시하고 있다. 그리고 환경정책기본법 시행령(2023.6.27., 일부 개정 기준) 제11조의2(환경성 평가지도의 작성), 제12조(환경정보망의 구축·운영 등) 등에 근거하여 작성하고 있다.

국토 환경성 평가 지도는 국토의 다양한 환경 정보(70개의 주제도)를 종합적으로 평가하되 최소지표법을 통해서 환경적 가치에 따라 전국을 5개 등급으로 구분하고, 색채를 달리 표시하여 누구나 알기 쉽게 작성한 지도이다. 이 지도는 국토 환경성 평가에 의해서 이루어진다. 국토 환경성 평가는 환경자원의 지속가능한 보전을 통해 국토 환경을 효율적으로 이용·관리하기 위하여 토지가 지닌 물리적, 환경적 가치를 과학적으로 평가하여 보전 적성의 등급을 구획하는 과정을 말한다(환경부, 2014). 좀 더 구체적으로 국토 환경성 평가는 (1)토지에 현재 잠재되어 있거나, 특정 조건에서 장래에 드러날 환경적 민감도를 평가하는 일련의 과정이며, (2)토지에 잠재되어 있는 가치 평가는 절대적으로 높은 환경적 가치를 가지고 있는 지역으로서 사회적으로도 높은 관심을 모으는 지역을 구획하는 것이다. 또한, (3)장래에 드러날 환경적 민감도를 평가하는 것은 특정 지역이 환경적으로 높은 가치를 갖지 아니하더라도 개발로 인해 상대적으로 높은 환경적·사회적 민감 또는 관심을 촉발하는 지역을 구획하는 것을 말한다(환경부, 2009).

구체적으로 환경의 가치 평가는 법제적 평가 항목(62개)과 환경·생태적 평가 항목(8개)으로 구분하였다. 법제적 평가 기준은 2004년 국토환경보전계획 수립 시 보전, 보호와 관련된 각종 법·제도상 지정 지역을 추출한 후 중장기적 관점으로 향후 지정할 계획이 있는 것을 포함하여 5개 부문 62개 항목으로 설정하였다. 법제적 평가 항목은 자연환경보전법, 습지보전법, 토양환경보전법, 자연공원법 등 23가지 법률에 의한 62개의 보전지역(생태경관보전지역, 자연유보지역, 습지보호지역, 자연공원 등)으로 구성되어 있다(환경부 국토환경성평가지도(https://ecvam.neins.go.kr/), 2024년 2월 검색 기준).

그리고 환경·생태적 평가 기준은 보전, 보호와 관련된 각종 정보를 추출하여 국토환경성평가와의 연계성 및 가용성을 감안하여 다양성, 자연성, 풍부도, 희귀성, 허약성, 군집구조의 안정성, 연계성, 잠재적 가치 등 8개 항목으로 구성하였는데, 구체적인 내용은 [그림 4-3]과 같다.

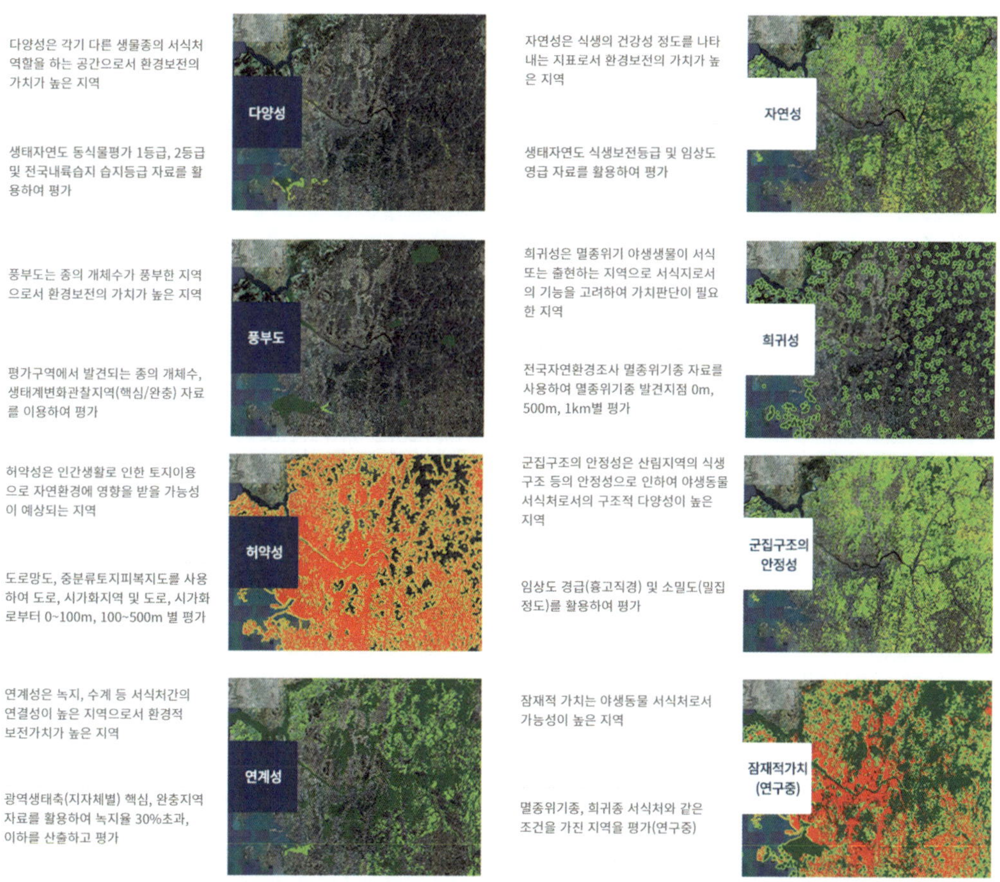

[그림 4-3] 국토환경성 평가지도 작성을 위한 환경·생태적 평가 항목

※ 자료출처: 환경부 국토환경성평가지도(https://ecvam.neins.go.kr/), 2024년 2월 검색 기준

국토 환경성 평가 지도는 국토 환경 관리를 위한 구체적인 수단 혹은 도구로서의 기본 틀이 미비하기 때문에 국토의 효율적인 보전과 관리를 위해 종합적인 환경 정보를 바탕으로 환경성을 객관적으로 평가하기 위해 제작되었다. 이를 바탕으로 국토의 효율적인 이용 및 관리는 물론, 보전과 개발, 환경과 경제를 동시에 고려하는 환경 정책의 추진 기반을 구축하는 것을 목적으로 한다. 또한, 국토 환경성 평가 지도는 각종 환경영향평가의 기본 자료로 활용되며, 도시 계획 등 각종 계획 수립 시 기초 자료로 활용가능하다.

국토 환경성 평가 지도는 전체 5등급으로 구분되어 있으며, 1, 2등급은 보전지역으로, 3등급은 완충지역으로, 4, 5등급은 친환경적 관리 지역으로 관리하도록 하고 있다. 각 등급별 구체적인 관리 원칙은 [표 4-4]와 같으며, 2018년에 갱신된 우리나라의 국토 환경성 평가 결과는 [그림 4-4]에서 제시하였다.

[표 4-4] 국토환경성 평가 지도의 등급별 관리 원칙

등급 (보전 가치)	관리 원칙	비 고 (면적 및 비율)
1등급 (매우 높음)	• 최우선 보전지역으로서 원칙적으로 일체의 개발을 불허 • 환경·생태적인 측면에서 핵심 보전 지역이며, 녹지 거점 지역으로 환경을 영속적으로 보전해야 할 지역	절대보전지역 (45,072㎢, 44.6%)
2등급 (높음)	• 우선 보전 지역으로서 개발을 불허하는 것을 원칙으로 하지만, 예외적인 경우에 소규모의 개발을 부분 허용 • 개발 계획 지구에 포함시에는 보전 용도 지역으로 우선 지정하거나 원형 녹지로 존치	우선보전지역 (25,300㎢, 25.0%)
3등급 (보통)	• 보전에 중점을 두는 지역이지만 개발의 행위, 규모, 내용 등을 환경성 평가를 통하여 조건부 개발을 허용 • 개발 행위를 완충하는 지역으로 개발이 생태계의 기능을 저하시키지 않아야 함 • 개발 계획 수립 이전에 환경 계획을 반드시 수립	완충관리지역 (17,564㎢, 17.4%)
4등급 (낮음)	• 이미 개발이 진행되었거나 진행중인 지역으로 개발을 허용하지만 보전의 필요성이 있으면 부분적으로 보전지역으로 지정하여 관리 • 개발 수요 관리를 전제로 친환경적 개발 추진(가능한 환경 계획 수립 후 개발 계획 진행)	친환경적 관리 지역 (3,762㎢, 3.7%)
5등급 (매우 낮음)	• 개발을 허용하는 지역으로 체계적이고 종합적으로 환경을 충분히 배려하면서 개발을 수용 • 계획적 이용을 추진	친환경적 관리 지역 (9,447㎢, 9.3%)

※ 자료출처: 환경부(2009), 환경부 공간정보서비스 누리집의 내용을 수정·보완함.

※ 주) 면적 및 비율은 2012년 기준이며(자료: 환경부, 2014), 최근 면적과 비율은 국토환경성평가지도 누리집(https://ecvam.neins.go.kr/)에서 확인할 수 있음.

[그림 4-4] 국토 환경성 평가 결과 도면

※ 국토교통부 국토지리정보원(2020) - 국토환경성평가지도 작성 기준은 2018년(환경부)

한편, 국토 환경성 평가 지도는 매년 2회씩 수정 작업이 이루어지고 있다. 따라서 계획 대상지역에서의 국토 환경성 평가 결과는 최신 정보를 사용해야 한다.

비오톱 지도는 도시나 지역 내 공간을 경계를 가진 비오톱으로 구분하고, 각 비오톱의 생태적 특성을 분류한 비오톱 유형과 비오톱의 보전 가치 등급을 나타낸 지도를 말한다. 비오톱 지도는 자연환경보전법 제6조 자연환경보전 기본 방침과 제8조 자연환경 보전 기본 계획에 근거한 생태축(생태네트워크) 구축을 실현하기 위한 프로그램이다(환경부, 2009). 특히, 자연환경보전법 제34조의2에 의거 도시생태현황지도를 작성하도록 요구하고 있는데, 도시생태현황지도가 곧 비오톱 지도라고 할 수 있다.

이는 각 지방자치단체에서 비오톱 지도 작성 계획을 포함하여 비오톱 지도 작성을 추진하는 데 법적 근거를 두고 있다. 2017년 법 개정을 통해서 법정 계획으로 상향되었다.

비오톱 지도는 자연 및 환경생태적 특성과 가치를 반영한 정밀공간생태정보지도로서 각 지역의 자연환경 보전 및 복원, 생태적 네트워크의 형성뿐만 아니라 생태적인 토지이용 및 환경관리를 통해 환경친화적이고 지속가능한 도시 관리의 기초자료로 활용할 수 있다(도시생태현황지도의 작성 방법에 관한 지침, 2021.6.21. 일부 개정 기준). 더불어서, 비오톱 지도는 비오톱 유형과 보전 가치 평가를 담고 있어 계획하고자 하는 지역의 보전 가치에 대한 자료로도 활용 가능하다. 또한, 비오톱 지도는 도시기본계획이나 도시관리계획 등의 도시계획 부문에 활용 가능하며, 각종 환경영향평가, 생태네트워크 구축 등의 기초 자료로서도 활용 가능하다.

비오톱 지도의 구성은 비오톱 지도를 작성하기 위한 기본 주제도로서 (1) 토지이용현황도, (2) 토지피복현황도, (3) 지형 주제도(경사분석도, 표고분석도, 향분석도 등), (4) 현존 식생도, (5) 동·식물상 주제도 등이 있으며, 기본 주제도 이외에 지역의 특성과 필요에 따라 추가적으로 기타 주제도를 작성할 수 있다. 또한, 기본 주제도 및 기타 주제도를 바탕으로 비오톱 지도를 작성하며, 비오톱 지도의 속성으로 비오톱 유형도와 비오톱 보전 등급 도면을 포함하고 있다.

우리나라에서 처음으로 비오톱 지도를 작성한 사례로 서울특별시에서는 토지이용, 토양피복, 현존식생의 현장 조사 자료를 1차적으로 하여 비오톱 유형을 구분한 후, 그 가치를 평가하는 방법을 이용하였다. 구체적으로 1:1,000 수치 지형도와 IKONOS 영상을 이용하여 현장조사 자료에 대한 상세한 검수 작업과 일부 산림지역, 구(區) 경계 지역 등에 대해 보완 자료가 이루어졌다. 보완 조사 자료와 검수 후 수정 보완된 내용을 기초로 도시생태현황도가 일부 수정되어, 1:25,000 축척의 도면으로 비오톱 지도를 제작하였다(서울시정개발연구원, 2001). 한편, 서울시 이외에도 성남시, 고양시, 광양시, 시흥시 등 다양한 지자체에서 비오톱 지도를 선도적으로 작성하였는데, 2017년 법제화가 되면서 지방자치법 제2조1항제2호에 따른 지자체 이상은 모두 작성하게 되어 있다. 비오톱 지도는 5년마다 다시 작성하게 되어 있으며, 기본축적은 5천분의 1 이상의 지도에 표시하게 규정하고 있다. 비오톱 지도 작성은 "도시생태현황지도의 작성 방법에 관한 지침(환경부고시 제2021-110호, 2021.6.21., 일부 개정 기준)"에 따르게 되어 있다. 이 지침 제3조에서 규정하고 있는 용어 정의는 다음과 같다.

1. "비오톱"이라 함은 인간의 토지이용에 직간접적인 영향을 받아 특징지어진 지표면의 공간적 경계로서 생물군집이 서식하고 있거나 서식할 수 있는 잠재력을 가지고 있는 공간단위를 말한다.
2. "주제도"라 함은 각 비오톱(공간)의 유형화와 평가를 위해 생태적·구조적 정보를 분석하고 다양한 도시생태계 정보의 표현과 도시생태현황지도의 효과적인 활용을 위해 조사 및 작성되는 지도를 말하며 비오톱 유형화에 사용되는 토지이용현황도, 토지피복현황도, 지형주제도, 식생도, 동·식물상주제도를 "기본 주제도"라 한다.
3. "비오톱 유형"이라 함은 기본 주제도를 통해 분석된 비오톱 공간의 구조적·생태적 특성을 체계적으로 분류한 것을 말하며 이를 지도화 한 것을 "비오톱유형도"라 한다.

4. “비오톱 평가”라 함은 비오톱 유형화를 통해 구분된 개별공간을 다양한 평가항목을 적용하여 그 가치를 등급화하는 과정을 말하며 등급을 지도화 한 것을 “비오톱평가도”라 한다.
5. “도시생태현황지도”라 함은 각 비오톱의 생태적 특성을 나타내는 “기본 주제도”와 비오톱 유형화와 비오톱 평가 과정을 거쳐 각 비오톱(공간)의 생태적 특성과 등급화된 평가가치를 표현한 “비오톱유형도” 및 “비오톱평가도” 등을 말한다.
6. “대표비오톱”이란 도시생태현황지도 작성 과정에서 도출된 도시 전체의 비오톱 유형별 대표성을 갖는 비오톱을 말한다.
7. “우수비오톱”이란 도시생태현황지도 평가를 통해 우수 등급으로 평가된 유형 중에서 희소성, 생물다양성 등 생태적 가치가 특히 우수한 비오톱을 말한다.
8. “검토위원”이라 함은 도시생태현황지도의 원활한 작성을 위하여 해당 지자체가 구성한 검토위원회의 구성원을 말한다.
9. “비오톱 최소면적”이란 도시생태현황지도에 표현되는 비오톱 폴리곤 면적의 최소 기준을 말하는 것으로 도시생태현황지도의 해상도와 자세함을 표현하는 단위이다. 이 경우 최소면적이 작을수록 자세한 지도이며, 최소면적은 100㎡(10m × 10m)~2,500㎡(50m × 50m)의 범위 내에서 지자체 현황에 맞게 사용한다.

[그림 4-5] 서울시 비오톱 유형 평가도

※ 자료출처: 국토교통부 국토지리정보원, 2020(원자료: 서울특별시, 2020)

한편, 지금까지 제시한 생태자연도, 도시생태현황지도(비오톱 지도), 국토환경성 평가지도를 종합하여 비교해 보면 [표 4-5]와 같다.

[표 4-5] 자연성 평가를 위한 법적 지도의 비교

구분	생태·자연도	도시생태현황지도 (비오톱 지도)	국토환경성 평가지도
정의	자연환경의 생태·경관적 가치, 자연성을 등급화한 지도	생태·자연도를 기초로 한 도시지역의 상세 지도	친환경 국토이용을 위해 국토의 환경가치를 평가·등급화한 지도
범위	전국	해당 지자체(시)	전국
근거법	자연환경보전법 제34조	자연환경보전법 제34조의2	환경정책기본법 제23조
작성주체	환경부장관(국립생태원)	특별시, 광역시, 특별자치시·도, 시	환경부장관(KEI)
작성주기	5년	5년	연 2회 갱신
축적	1:25,000	1:5,000	1:25,000, 1:5,000
구성	생태·자연도	기본주제도(5개), 비오톱유형도, 비오톱평가도	평가항목별 주제도(70개), 국토환경성평가지도
작성방법	자연환경조사를 기반으로 식생, 멸종위기 야생생물, 습지, 지형 등의 항목을 평가하여 등급화	생태·자연도를 기반으로 토지이용 현황, 토지피복, 지형, 식생, 동·식물상 등을 평가하여 등급화	평가항목별 주제도를 중첩하여 가장 높은 등급을 해당 지역 등급으로 결정
등급	1~3등급, 별도관리지역	1~5등급	1~5등급
활용	환경영향평가 및 국가환경종합계획, 시·도환경보전계획 등에 활용	지자체 자율 활용 (도시계획상 규제로 활용하는 지자체가 있음)	환경영향평가 참고자료 (환경입지 컨설팅, 환경성 평가)로 활용

※ 자료출처: 차진열(2024) 발표자료를 일부 수정함.

• 고유성

고유성은 국가, 지역 차원의 고유종이나 특산종이 그 대상이 되고, 군락에 대해서는 지역성이 높고 분포가 국한되어 있는 것이 그 대상이 되며, 이것들이 많을수록 높게 평가된다.

한편, 그 지역의 고유성은 귀화생물종의 수로도 판단할 수 있다. 즉, 귀화생물의 수가 많을수록 고유성은 낮아지며, 귀화생물이 적을수록 고유성은 높아진다고 할 수 있다. 반대로 자생식물종의 수가 많을수록 고유성은 높아진다.

• 전형성

전형성은 군락의 계층 구조나 종조성이 충분히 발달하여 그 군락의 전형적인 상태를 나타낸 것일수록 높게 평가하는 항목이다.

3) 보전가치 평가 방법

생태적 분석을 통해 생태계를 평가하는 노력은 매우 오래 전부터 행해져 왔다(Bain *et al.*, 2000;

Costanza *et al*.(ed.), 1992; English Nature, 1997). 생태계의 건강성을 평가하는 방법은 1800년대에는 오염의 정도에 따라 평가하였고, 이후 지표종에 의한 평가에 의존하였으나, 1970년대에 들어서는 단일 지표종에 의한 평가의 대안으로 군락 차원의 분석이 제안되었다. 오늘날에는 군락이나 집단, 나아가 생태계의 구조, 기능 등의 다양한 차원에서 접근하는 평가 방법이 제안되고 있다(Bain *et al*., 2000; Costanza *et al*.(ed.), 1992).

생태계 또는 서식처의 보전가치 평가는 매우 복잡한 단계를 거치며, 많은 인자가 고려되어야 한다(Anonymous, 1997-98). 생태계는 단일 요소가 아닌 복합적인 물리적, 생태적 요소들 간의 상호작용으로 이루어지기 때문에 생태계의 평가에 있어서는 생태계 전체에서부터 개별 종 차원에까지 위계별로 평가가 이루어져야 하며(Costanza *et al*.(ed.), 2000), 평가 시에는 각 위계별로 고려하는 인자가 달라진다. 미국에서는 Superior 호수 유역 내의 중요한 서식처 파악 및 평가를 위해 생태계, 군집, 종 등 3가지 차원에서 접근하고, 이 3가지 차원에서는 각각 다른 평가 기준들을 적용하였다(http://www.d.umn.edu).

넓은 지역에서의 중요한 보전지역을 파악하기 위해서는 여러 인자가 고려되어야 하며(Costanza *et al*.(ed.), 1992; Spellerberg, 1992; Cox, 1993; Bain *et al*., 2000), 이는 각 인자간의 도면 중첩에 의해 실현될 수 있다(Ortolano, 1984; Mcharg, 1992). 성격이 유사한 다양한 지점들에 대해 상대적으로 보전가치가 높은 지점을 선정하기 위해서는 비교하는 지역들에 대해 동일한 기준과 인자를 적용해 평가하여야 하며, 이때 평가에 쓰이는 기준들은 정량화 하는 것이 보전 가치를 결정하는 데 유용하면서도 쉽게 이용될 수 있다(Spellerberg, 1992).

생태환경을 평가하기 위한 기준은 매우 다양하게 나타나며, 일반적으로 생태적 개념인 회복성, 저항성, 연결성, 우세권 등이 생태계 차원에서는 주요한 인자로 제안되고 있다(Costanza *et al*., 1992).

한편, 보전가치를 평가하기 위한 방법은 최소지표법과 등가중치법으로 구분하는 데, 최소지표법은 보전등급 설정에서 여러 등급이 상존할 경우 보전가치가 가장 높은 등급으로 지정하는 방법으로 보전가치에 대한 자의성을 방지할 수 있다. 보전가치에 최고 가중치를 부여함으로써 대상지가 가진 환경적 가치를 최우선적으로 반영할 수 있는 특징이 있다(이종수 외, 2006). 반면, 등가중치법은 평가 항목별로 중요도를 구분하지 않고 동일 값을 부여하여 평가하는 방법이다. 보전가치를 평가하는 데 있어서 항목에 대한 가치를 부여할 때 객관성이 유지될 수 있다.

[표 4-6] 최소지표법과 등가중치법

구 분	내 용
최소지표법	• 절대평가법이라고도 하며, 보전 등급 설정 시 여러 등급이 상존할 경우 가장 높은 등급으로 지정함. • 보전가치에 대한 자의성을 방지할 수 있으며, 보전가치에 최고 가중치를 부여함으로써 토지가 가진 환경적 가치를 최우선적으로 반영할 수 있음.
등가중치법	• 평가항목별 중요도를 구분하지 않고 동일 값을 부여하여 평가하는 방법으로 같은 점수 척도를 사용함. • 항목에 대한 가치 부여 시 객관성을 유지할 수 있으며, 토지이용계획과의 연계에 유리함.

보전가치의 평가항목 및 기준을 "광역생태축 구축을 위한 연구"에서 제시한 항목과 기준으로 예시해 보면 다음과 같다(환경부, 2007).

[표 4-7] 핵심지역 선정을 위한 보전가치 평가 항목 및 기준

<table>
<tr><th>구분</th><th>항목</th><th colspan="2">보전가치평가 기준</th><th>비고</th></tr>
<tr><td rowspan="9">환경
·
생태적
기준</td><td rowspan="3">생태자연도</td><td colspan="2">1등급</td><td>절대기준</td></tr>
<tr><td rowspan="2">2등급</td><td>1등급과 인접한 2등급 지역</td><td rowspan="2">상대기준</td></tr>
<tr><td>그 외 2등급 지역</td></tr>
<tr><td rowspan="2">임상도</td><td colspan="2">5, 6 영급</td><td rowspan="2">상대기준</td></tr>
<tr><td colspan="2">3, 4 영급</td></tr>
<tr><td rowspan="2">하천</td><td colspan="2">국가하천, 지방하천</td><td rowspan="2">절대기준</td></tr>
<tr><td colspan="2">국가하천: 수변 좌우 500m
지방하천: 수변 좌우 250m</td></tr>
<tr><td>습지</td><td colspan="2">토지피복도의 습지, 갯벌</td><td>절대기준</td></tr>
<tr><td>주요 종
발견지점</td><td colspan="2">포유류: 중대형 포유류, 희귀종 및 멸종위기종 발견지점 반경 500m
조 류: 희귀종 및 멸종위기종 발견지점 반경 500m</td><td>절대기준</td></tr>
<tr><td rowspan="3">지형적
기준</td><td>정맥</td><td colspan="2">1차 계류 유역</td><td>절대기준</td></tr>
<tr><td>표고도</td><td colspan="2">200m 이상</td><td>상대기준</td></tr>
<tr><td>경사도</td><td colspan="2">15° 이상</td><td>상대기준</td></tr>
<tr><td>법제적
기준</td><td>법정보호
지역</td><td colspan="2">백두대간보호지역, 생태경관보호지역, 자연공원(국립·도립·군립공원),
야생생물보호구역, 야생생물특별보호구역, 산림유전자보호림,
천연기념물보호구역, 보전임지(공익용 산지), 습지보호지역, 수변구역 등</td><td>절대기준</td></tr>
<tr><td>제척기준</td><td>기개발지</td><td colspan="2">시가화건조지역(토지피복도), 산업단지, 택지개발예정지구 등</td><td>-</td></tr>
</table>

※ 자료출처: 환경부(2007)를 수정함.

4) 종합

넓은 지역에서 보전가치를 평가하는 데 있어 가장 많이 사용되는 방법은 평가 항목과 기준을 선정해 정량적인 방법으로 평가를 수행하는 방법이다. 정량적인 평가를 위해서는 가치를 점수화 하는 것이 필요하며, 이때 항목의 중요도에 따라 가중치를 부여하기도 한다.

보전가치 평가를 수행함에 있어 기준을 선정할 때에는 종, 군락, 서식처 등의 위계를 고려해야 하고, 습지생태계와 산림생태계 등의 개별적인 서식처의 특성에 따라 동일한 항목이라 하더라도 서로 다른 기준이 적용되어야 한다.

5) 보전가치 평가 결과의 도면화

보전가치 평가 결과를 종합하여 각각의 공간별로 합산하게 되면 최고점에서부터 최저점까지 구분

된다. 그 결과를 격자 셀이나 공간별로 도면으로 표현하게 되면, [그림 4-6]과 같고, 점수를 그룹핑하여 보전할 지역과 친환경적으로 개발할 지역으로 구분할 수 있다. 더불어 각각의 셀이나 공간별로 토지 이용을 어떻게 할 것인지에 대한 방향을 설정할 수 있다.

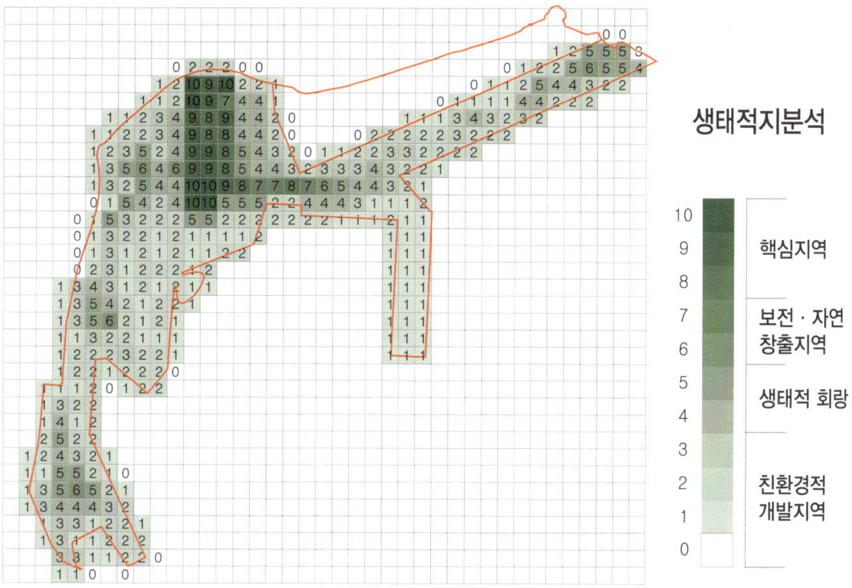

[그림 4-6] 보전가치 평가 결과 도면 예

6) 여과법

앞서 제시한 바 있는 GIS 기법과 그에 따른 보전가치 평가 등의 방법은 복원할 지역을 전체적인 맥락에서 보고 접근하는 것이다. 하지만, 이러한 경우에는 중요한 생물종 특히, 법적으로 보호되어야 할 종이나 복원의 목표로 삼아야 할 종에 대한 고려사항들이 무시되는 경우가 있다. 따라서 희귀종이나 복원의 목표종을 최우선적으로 고려할 경우에는 이들 종과 무관한 다른 환경요인들을 배제시키는 여과법(filtering method)이 사용된다.

여과법에는 '거친 여과법'과 '세밀한 여과법'이 있다. '거친 여과법'은 종을 대량으로 포함하는 대표적인 생태계를 우선 보호하는 방법으로 '세밀한 여과법'에 의해 보호받지 못한 위협종들을 감독하는 특별한 방법이다. 이것은 국가나 지방자치단체의 관리구획계획 시 적용하며, 일정 영역과 독특한 요구조건을 가진 종에 적용한다. 그러나 이 여과법은 소곤충이나 미생물은 무시되는 경우가 많다. '세밀한 여과법'의 경우 세밀한 요소까지 고려하여 평가하는 것으로 대표되는 생태계를 보호하는 데 있어 많은 사항들을 고려하기 때문에 정확성은 있으나 복잡하고 까다로워 실행하기가 쉽지 않다는 문제점이 있다.

실제 철원지역의 두루미를 보전하기 위해서 여과법을 사용한 사례가 있는데, 우선, 철원지역에 대한 종합 평가를 위한 과정은 [그림 4-7]과 같다.

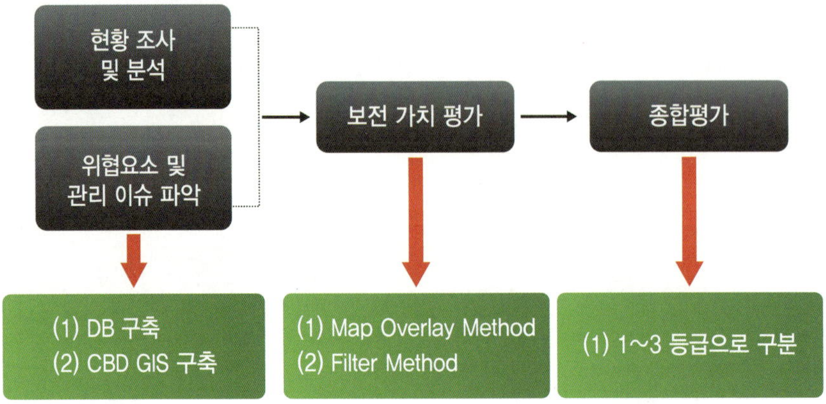

[그림 4-7] 철원지역에서의 보전가치의 평가 과정 및 방법

한편, [그림 4-7]에서 제시된 여과법을 적용하기 위하여 두루미를 대상으로 한 평가 항목과 기준은 [표 4-8]과 같다.

[표 4-8] 여과법의 평가항목 및 기준

평가항목		평가기준	점수
두루미 분포현황	두루미류의 월동 혹은 번식 증감 정도	두루미류의 개체수가 증가 추세	3
		두루미류의 개체수가 변화 없음	2
		두루미류의 개체수가 감소 추세	1
	두루미 서식처의 월동 개체수	총 개체수의 1% 이상 오는 지역	3
		총 개체수의 0.5~1% 오는 지역	2
		총 개체수의 0.5% 이하 오는 지역	1
두루미 서식환경	서식처의 면적	서식처의 면적 7㎢ 이상	3
		서식처의 면적 2~7㎢	2
		서식처의 면적 2㎢ 이하	1
	두루미류의 먹이자원	두루미류의 먹이자원이 풍부	3
		두루미류의 먹이자원이 일반	2
		두루미류의 먹이자원이 부족	1
	서식처의 위협정도	도로와의 거리 700m 이상	3
		도로와의 거리 500~700m	2
		도로와의 거리 500m 이하	1
	잠자리에서의 거리	3㎞ 이상	1
		1~3㎞	2
		1㎞ 이하	3

[표 4-8]에서 제시된 항목과 기준에 따라서 평가된 점수의 합계가 15점 이상일 때 1등급, 7~15점 수일 때 2등급, 7미만일 때 3등급으로 구분하였는데, 실제 철원 지역에 적용해 본 결과는 [그림 4-8]과 같다.

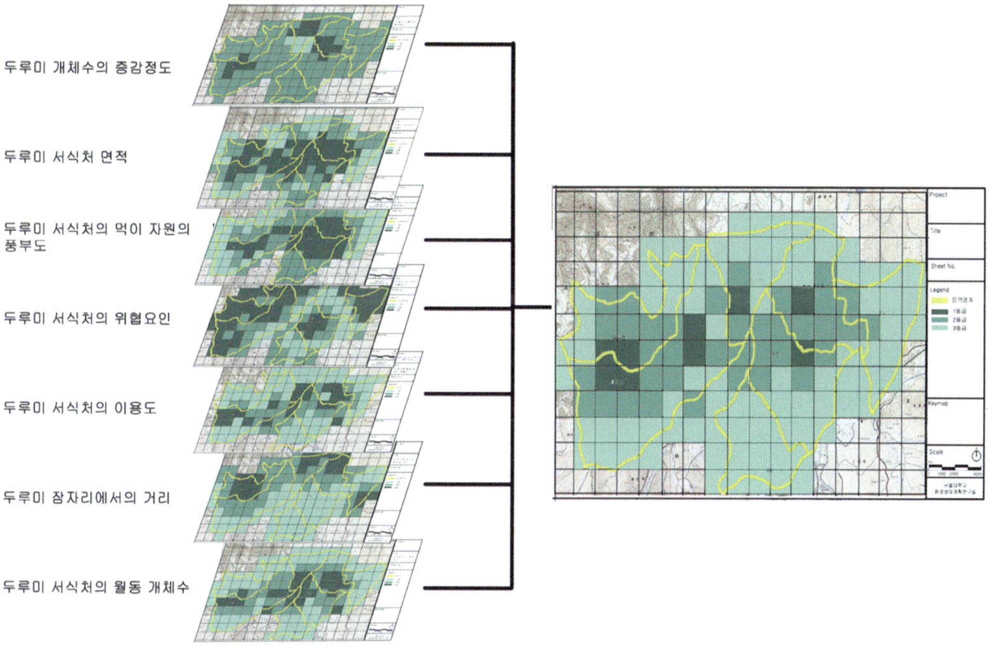

[그림 4-8] 철원지역의 두루미를 대상으로 한 여과법의 적용 결과

나. 환경 변화 예측

1) 환경 변화 예측 개요

환경 변화 예측은 복원할 지역에서의 향후 환경 변화에 따라서 어떠한 환경으로 변해갈 것인지에 대한 예측으로서, 이는 대상지역에서의 복원 방향을 설정하는 데 도움을 준다.

생태복원은 훼손되기 이전의 상태 즉, 과거로의 되돌림이지만, 환경은 지속적으로 변화하기 마련이다. 그래서 정말로 생태복원이 과거를 고려하여 접근해야 할 것인지에 대한 논란이 발생할 수 있다. 즉, 환경은 기후변화 등에 의해서 지속적으로 변해갈 것이기 때문에 미래의 환경을 고려한 접근이 더 나을 수 있다는 것이다. 우리가 생태복원을 할 때 천이를 고려한 식재 방법을 채택하는 것 역시 과거의 식생대를 찾아가는 것이기도 하겠지만, 복원한 식생이 빠르게 천이의 극상 단계에 이를 수 있도록 도와주기 위한 것이다. 따라서 생태복원에 있어서 미래 환경 변화를 고려한 접근은 매우 중요하다.

환경변화 예측은 다음과 같이 기후변화에 따른 입지 변화 분석, 환경의 잠재성(환경포텐셜) 분석 방법 등을 이용하되, 전문가적 평가가 중요하므로 가급적 해당 분야 전문가의 도움을 받아 함께 검토할 필요가 있다.

2) 기후변화에 따른 입지 변화 분석

기후변화에 따른 입지 변화 분석은 지구온난화 등에 의해서 향후 대상지역이 어떠한 미세 기후 권역에 해당할 것인지를 검토하고, 이에 적합한 수종을 도입하는 데 활용할 수 있다. 특히, 지난 2010년에 발표된 "기후변화 생물 지표종"은 이러한 접근에 유용할 수 있다.

"기후변화 생물 지표종(CBIS, Climate-sensitive Biological Indicator Species)"이란, 기후변화로 인해 계절 활동, 분포역 및 개체군 크기 변화가 뚜렷하거나 뚜렷할 것으로 예상되어, 지표화하여 정부에서 지속적인 조사·관리가 필요한 생물종이라고 할 수 있다. 이는 국가 차원에서 기후변화가 한반도 생물종 분포에 미치는 영향 및 취약성에 대한 효율적인 감시와 예측 방법을 마련한 것으로 우리나라에서는 100종을 선정하였다(환경부, 2010). 이후 2017년 12월 국민이 관찰·구별하기가 쉽고, 기후변화 예측에 유리한 이동성이 큰 곤충과 생물계절이 뚜렷한 종을 반영하여 「국가 기후변화 생물지표종」 100종과 30개의 후보종으로 개정하였다.

국가 기후변화 생물 지표 100종은 균류 7종, 해조류 7종, 식물 39종, 무척추동물 7종, 곤충 15종, 척추동물 25종이다. 식물에는 속새, 개비자나무, 굴거리나무, 꽝꽝나무, 노각나무, 다정큼나무, 돈나무, 동백나무, 멀구슬나무, 사스레피나무, 상산, 송악, 식나무, 자금우, 참식나무, 후박나무 등이 포함되어 있다. 특히 '후박나무'는 기후변화로 인해 분포지의 북방한계선이 지난 60년간 전라북도 어청도(36° 07′)에서 인천광역시 덕적군도(37° 03′)로 북상한 것으로 나타나고 있다(국립생물자원관, 2009). 또한, 후보종 30종에서 식물로 지정된 것은 13종인데, 꾸지뽕나무, 꿩의바람꽃, 낚시제비꽃, 노랑하늘타리, 왕모시풀, 이팝나무, 정금나무, 층꽃나무 등이 포함되어 있다.

국가 기후변화 생물 지표종은 '다른 환경 요소보다 기후 요인에 민감하게 반응하는 종'이면서 '서식 또는 생육 상황 관찰과 동정이 용이한 종'을 대상으로 한 것이기 때문에 생태복원에 있어서 이러한 생물종들을 도입하고자 할 때에는 주의해야 한다.

3) 환경 잠재성 평가

환경 잠재성(environmental potential)은 현재에는 존재하고 있지 않지만, 앞으로 나타날 가능성이 있는 것(힘 또는 물체 등)을 의미하며, 입지 잠재성, 종 공급 잠재성, 종간 관계 잠재성, 천이 잠재성 등으로 구분된다(문석기 등 譯, 2004). 이것은 다시 서식처 측면에서 보면, 입지 잠재성은 "비생물적 환경 잠재성"으로, 종 공급·종간 관계·천이 잠재성은 "생물적 환경 잠재성"으로 구분할 수 있다.

여기서 입지 잠재성은 기후, 지형, 수환경, 토양 등의 토지적 조건이 특정 생태계의 성립에 영향을 미칠 가능성을 말하며, 종의 공급 잠재성은 식물의 종자나 동물의 개체 등이 다른 곳으로부터 공급될 가능성을 말한다. 또한, 종간 관계의 잠재성은 포식 관계나 경쟁 관계 등 생물간 상호작용을 형성하는 종간 관계가 성립할 가능성을 나타낸다. 그리고 천이 잠재성은 생태계의 시간적 변화가 어떠한 변화 과정, 변화 속도, 변화 결과를 나타낼 것인가에 대한 가능성으로 입지 잠재성, 종의 공급 잠재성, 그리고 종간 관계 잠재성에 의해 결정된다.

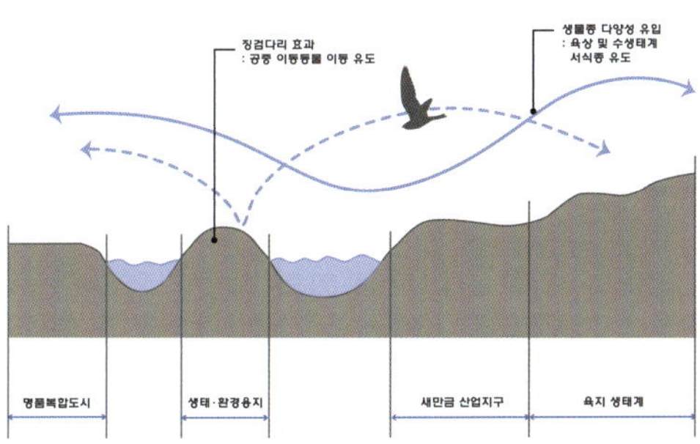

종 공급 잠재성 개념도

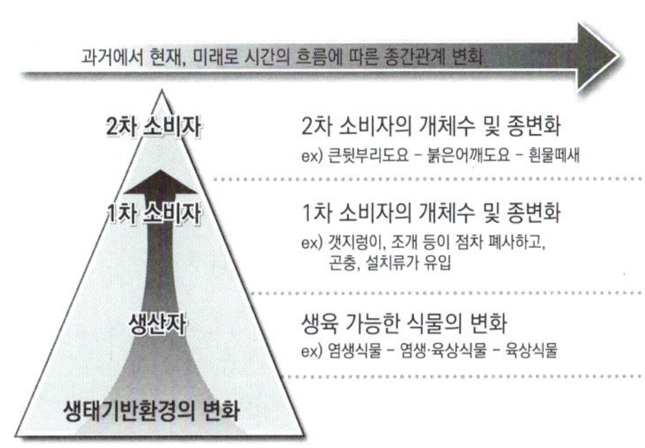

종간관계 잠재성 개념도

[그림 4-9] 종 공급 및 종간관계 잠재성 개념도

환경 잠재성 평가는 종의 서식이나 생태계의 성립 가능성을 진단하고 예측하는 행위라고 할 수 있다. 이러한 잠재성 평가는 종의 서식지나 생태계를 복원할 때 적절한 후보지의 선정이나 목표, 목표종의 설정이 가능하도록 도와준다.

• 입지 잠재성 평가

입지의 잠재성 평가는 지형, 물환경, 토양 등의 조사·분석 결과를 토대로 종의 서식이나 식생 또는 생태계의 성립 가능성을 진단하는 것이다. 예를 들어, 습지를 복원·조성하려고 한다면 수원의 확보 및 방수, 그리고 향후 저렴한 관리 비용 등을 고려하여 물을 얻기 쉬운 곳을 찾아야 한다. 특히, 외부에서 물을 끌어오는 것과 같은 고비용은 바람직하지 않기 때문에 가급적 지형 등 입지 조건을 최대한 활용해야 한다. 따라서 습지의 경우에는 지하수위가 높은 지역, 토양 조건이 점질토에 가까워 물을 방수하기 용이한 지역, 그리고 지형적으로 움푹 패여 있어 지표수를 모으기 용이한 지역 등을 선정하여 복원하면 효율적이게 된다. 특히, 지하수위가 높은 지역은 습지 서식처의 입지 잠재성이 높다고 할 수 있다.

• 종의 공급 잠재성 평가

종의 공급력은 공급원(source)과 수용처(sink)의 공간적 관계, 종의 이동력에 의해서 결정된다. 종의 공급 잠재성 역시 이러한 관련성을 검토하여 판단할 수 있다. 주변에 생물종의 공급원이 될 수 있는 서식처가 어떤 곳에 얼마만한 크기로 존재하며, 복원하고자 하는 수용처와 얼마나 이격됐는지를 파악하고, 복원하고자 하는 목표종이나 이동하여 공급될 수 있는 생물종이 어떤 것들인지를 파악해야 한다.

한편, 좀 더 정량적이고 구체적인 판단을 위해서는 실험적인 서식처를 조성한 후에 그 곳에 출현하는 종의 조성을 조사하여 진단하는 경우도 있다(문석기 등 譯, 2004). 예를 들어, 나비류의 서식처를 복원한다고 가정하면, 나비류의 먹이식물이 되는 식물종들을 선정하여 복원 후보지역마다 일부만 식재한 후 그곳에 출현하는 나비류의 종과 개체수를 확인하여 가장 많이 출현하는 지역을 최적지로 판단할 수 있다.

매토종자도 종의 공급 잠재성을 평가하는 데 활용된다. 매토종자는 토양 속에 휴면 상태로 생존하는 종자로서 그 수명은 식물의 생활형에 따라 결정된다. 수명이 1년 미만인 것을 계절적 매토종자라 하고, 1년 이상인 것을 영속적 매토종자라 한다. 매토종자 집단은 식물 군락의 성립 가능성을 예측하는 데에 중요한 방향을 제시할 수 있다.

이러한 환경 잠재성 분석은 복원할 지역에 대한 평가와 예측, 그리고 복원의 방향을 결정하는 데 도움을 준다. 앞서 제시된 잠재성들을 비생물적 환경 잠재성과 생물적 환경 잠재성의 높고 낮음으로 구분해서 조합해 보면 [표 4-9]와 같이 네 가지의 유형이 만들어진다.

[표 4-9] 비생물적 환경 잠재성과 생물적 환경 잠재성 조합

생물적 환경 잠재성 / 비생물적 환경 잠재성	높다	낮다
높다	[유형 1] • 공간 조성·유지 – 용이 • 종 도입 – 용이	[유형 2] • 공간 조성·유지 – 용이 • 종 도입 – 곤란
낮다	[유형 3] • 공간 조성·유지 – 곤란 • 종 도입 – 용이	[유형 4] • 공간 조성·유지 – 곤란 • 종 도입 – 곤란

※ 자료출처: 이명균 등 역(2004)의 내용을 수정함.

[유형 1]의 경우에는 비생물적 환경과 생물적 환경이 모두 우수하기 때문에 어떠한 형태의 복원 사업이더라도 성공하기 쉬운 유형에 해당한다. 하지만 [유형 2]는 종 도입 측면에서 어려움이 있기 때문에 목표종의 서식까지 시간이 걸릴 수 있으며, 때론 서식하지 못할 수도 있다. 이런 경우에는 생물

종의 인위적인 도입을 검토할 필요가 있다. [유형 3]의 경우에는 주변 환경이 우수한 경우이므로, 공간의 조성과 유지 방법을 잘 고안하면 성공적인 사업이 될 수 있다. [유형 4]의 경우에는 도시지역의 인공지반에 녹화하는 경우와 같이 조성·유지도 어렵고 종의 도입도 쉽지 않은 곳이다. [표 4-9]에서 제시한 매트릭스를 토대로 대상지역에 대한 현황 평가를 하여 어떠한 방향으로 복원을 해 나가야 바람직한 것인지를 잘 판단해야 한다.

4) 잠재자연식생 분석

잠재자연식생이란 현존 식생에서 이루어지고 있는 경작이나 관리 등의 인위성을 제거했을 경우, 그 곳에 성립될 것이라고 예상되는 자연식생이다. 즉, 현재 시점에서 그 토지에 대한 잠재적인 능력을 추정한 것으로 앞으로의 환경 변화 및 자연 식생 발달 과정을 예측하는 것이라고 할 수 있다. 이러한 잠재자연식생은 해당 지역의 매토종자나 생태적 기반환경의 특성, 주변 생태계와의 관계, 자연적 천이의 과정 등 다양한 인자에 의해서 분석할 수 있다.

[그림 4-10]은 간척 매립지에서 탈염과 배수에 따른 염생식물의 천이 과정을 예시한 것으로 간척지에서 염분이 빠져나가면서 식생이 발달해 갈 것으로 예측되는 것이다. 이것은 기존의 다른 간척지역에서 나타난 결과를 토대로 하여 일반적으로 나타날 것이라고 예측한 것이다. 따라서 해당 간척지역의 환경 조건에 따라서 차이는 발생할 수 있다. 다만, 간척 매립지역을 복원할 때, 시간에 따라서 어떠한 식물종을 도입할 것인지를 판단하는 데 큰 도움을 줄 수 있다.

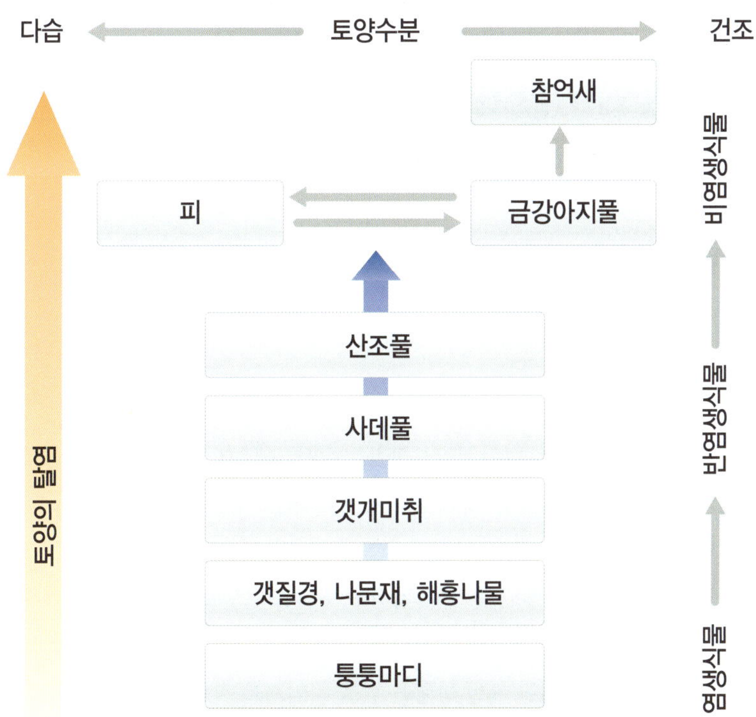

[그림 4-10] 간척 매립지에서 탈염과 배수에 따른 염생식물의 천이 예시

5) 시계열 분석

시계열 분석이란 주기적인 시간의 흐름에 따라 환경이 변화하는 과정을 분석하는 방법으로서 [그림 4-11]과 같이 특정 지역에서 환경이 변화해 가는 과정을 파악하는 데 유용하다. 구체적으로 시계열 분석(Time series analysis)은 시간 순서대로 정렬된 데이터에서 의미 있는 요약과 통계 정보를 추출하기 위한 노력이라고 할 수 있다. 과거 행동을 진단할 뿐만 아니라 미래 행동을 예측하기 위해 시계열 분석을 수행한다(박찬성 역, 2021). 이러한 시계열 분석은 현재의 환경이 형성되기까지의 과거 정보를 파악하는 것이지만, 그 분석 결과를 토대로 앞으로의 환경 변화도 예측 가능하다. 물론, 앞으로의 환경 변화는 각종 인자들이 관여하게 된다. 개발이나 관리 행위, 기후변화 등과 같은 여러 가지 변수에 의해서 미래의 환경이 어떻게 될 것인지를 파악할 수 있다.

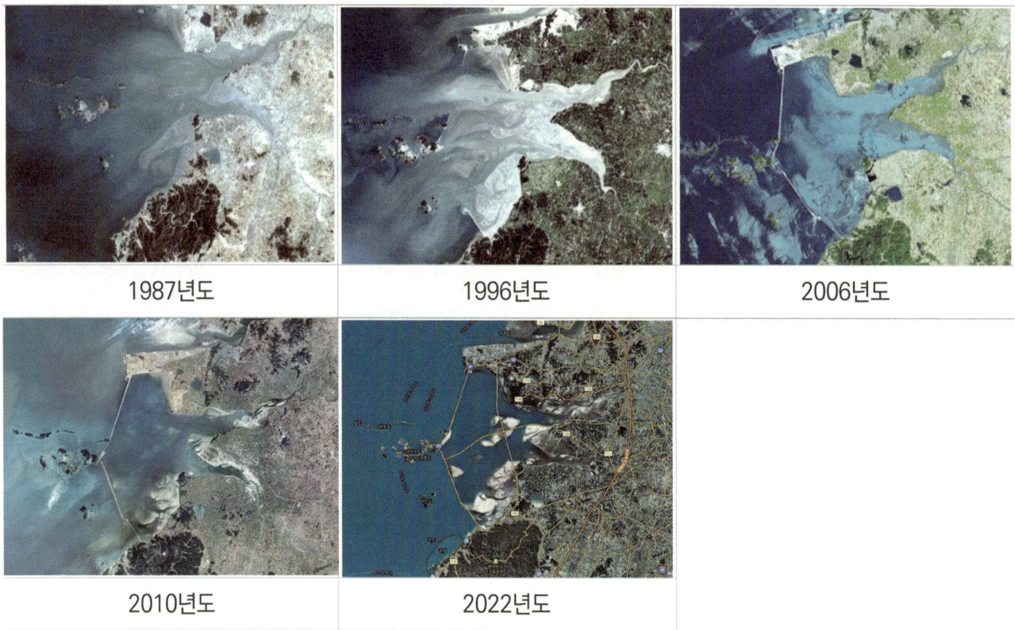

[그림 4-11] 시계열 분석의 예

※ 자료출처: 2022년 사진 - 카카오지도

6) 참조 서식처 분석

참조 서식처의 개념과 중요성은 “생태복원 계획·설계론 제1권”의 “제4장. 복원생태학 이론” 부분에서도 제시하였지만, 여기서는 복원 계획을 수립하는 데 있어서 어떤 곳을 참고할 것인지에 대한 내용을 예시하려고 한다.

지난 2010년 방조제가 완성된 새만금 지역의 경우, 8개 부처별로 다양한 개발 계획들이 수립되어 조성되고 있는데, 어떠한 공간이든 공원이나 생태적 기능, 수질 정화 기능을 담당할 녹지대가 만들어진다. 대규모의 간척지 내부에 어떠한 개발 방향을 잡을 것인지를 판단하려면 기존에 만들어진 간척지를 참고하면 좋다. 거기다가 8개 부처별로 조성하려고 하는 도시지역, 산업지역, 농업지역 등의 특성을 갖춘 기존 간척지를 참고해 보면 더욱더 좋을 것이다. 즉, 복원하고자 하는 곳과 지리적, 공간적, 토지이용 등의 특성이 유사한 성격을 갖춘 지역에 대해서 조사하면 좋은데, 새만금의 경우에는 시화호, 대호 간척지 등이 주요한 참조서식처가 될 수 있다. 이때 기존 간척지들을 간척 시기별로 구분하여 접근하면, 간척 후에 따른 식생대나 생물상 변화를 예측하는 데에도 참고가 될 수 있다.

[그림 4-12] 새만금 간척지 복원을 위한 참조 서식처

사진설명 : 창녕 우포늪

5장 생태복원 기본구상

5. 생태복원 기본구상

가. 복원 기본 방향 설정

복원의 기본 방향은 조사 및 분석, 그리고 보전가치 평가와 환경 변화 예측 결과를 토대로 진행하는 것이 바람직하다.

현황 조사 및 분석 결과에 따라서 대상 지역에서 나타난 생태적 특성을 종합해 보고, 복원에 있어서 강점과 기회요소, 약점과 위협요소를 도출하여 그에 따른 각각의 조성 방향을 설정하는 것이 바람직하다. 무엇보다도 대상 지역의 훼손 원인에 대한 정확한 진단이 중요하다.

아울러서 보전가치 평가 결과는 대상지역에서 공간을 구획하는 데 활용할 수 있다. 당연히 보전가치가 높은 공간은 보전지역으로 설정하고, 보전가치가 낮은 지역은 협력(전이)지역으로 설정한다. 그리고 보전지역과 협력(전이)지역을 완충시킬 수 있는 완충지역을 설정하면 된다.

환경 변화에 대한 예측 결과는 대상지역에서 어떤 식물상과 식생을 도입할 것인지를 선정하는 데 도움을 준다. 기후변화에 따른 온도 상승 문제는 도입할 식생의 결정에 영향을 줄 수 있으며, 정확하게 예측된 잠재자연식생도 마찬가지다.

이외에도 복원의 기본 방향을 설정하는 데 있어서는 다양한 환경적 변수를 고려해 주어야 한다. 또한, 복원하고자 하는 큰 방향과 관련하여 기술적으로 실현 가능한 것인지, 보다 더 친환경적인 신기술은 없는지 등을 고려해서 방향을 결정해 나가도록 한다. 물론 경제성도 복원 방향을 설정하는 데 영향을 미친다. 제한된 시공비용에 맞춰서 경제적으로도 효율적이면서 생태적으로도 바람직한 기법들을 선정하고 시행해 나가야 한다.

무엇보다도 복원을 함으로써 이해관계에 있는 당사자들이 어떠한 경제적 이득을 얻을 수 있는지를 명확히 파악하고 진행해야 한다. "생태복원 계획·설계론 제1권"의 "4장. 복원생태학 이론"에서도 언급한 바와 같이 최근에는 생태적인 요소뿐만 아니라 사회적, 경제적 특성을 충분히 함께 고려해서 접근해야 함을 강조하고 있다.

나. 복원 아이디어 및 전략 설정

생태복원의 기본 방향을 숙지하고 있다면, 실제 복원할 대상 지역에서 어떠한 방향과 방법으로 복원을 실행하면 좋을 것인지를 제시해야 한다. 그리고 이를 위한 구체적인 전략과 기법들도 염두에 두어야 한다. 구체적인 기법들은 구상 이후의 단계인 복원 계획 및 설계 단계에서 이루어지지만, 미리서부터 아이디어나 큰 방향과 방법들은 설정해 두어야 함을 의미한다. 이와 관련하여 생태복원과 관련된 지식이나 지혜를 얻는 방법과 구체적인 전략 도출 방법들을 제시하고자 한다.

- 생태복원 지식의 근원

여러 가지 문제로 산적해 있을 훼손지역을 대상으로 하여 어떻게 생태복원을 실행할 것인지에 대한 지혜를 얻는 것은 매우 중요하다. 이에 대한 방법들은 여러 가지가 있겠지만, 크게 두 가지로 나눌 수 있다. 하나는 직관력에 의한 방법이고, 다른 하나는 지식에 기반한 방법이다. 우선 직관력에 의한 방법은 조경이나 건축 등과 같이 공간을 다루거나 디자인을 해야 하는 여러 분야에서 사용하는 방법과 유사하다. 복원해야 할 대상지를 답사하면서 오랜 경험 등을 통해서 직감적으로 어떤 방향을 떠올리는 것이다. 특정 공간에 대해서 가장 적합한 복원 방법이 어떤 것인지를 오랜 경험과 노하우 등에 기반하여 직감적으로 설정하는 것이다. 물론 이 방법으로만 대상 지역에서 실제 복원으로 실행되지는 않는다. 대상 지역에 대한 충분한 조사 및 분석을 통해서 세부적인 기법이나 구체적 기술이 제시되어야 하기 때문이다.

두 번째 방법은 지식에 기반한 복원(knowledge-based restoration) 방법이다. 이것은 대상지를 보고 처음 느끼는 직관이 아니라 매우 체계화된 조사 및 분석 방법 등을 기초로 하여 과학적인 복원 방법을 제시하는 것이다. 여기에는 전통적인 생태 지식(TEK), 과학적인 생태 지식(SEK), 지역적인 생태 지식(LEK)과 같은 세 가지 생태적 지식에 기반한 접근 방법이 있다.

우선, 전통적인 생태 지식(Traditional Ecological Knowledge, TEK)은 오랜 기간을 거쳐 내려오는 기법들 중에서 현재까지 사용하고 있는 방법이라고 할 수 있다. 즉, 전통 사회에서 자연 및 천연 자원과의 상호 작용을 통해 축적한 사회적 경험과 인식에서 유래한 생태 지식이다. 전통적인 생태 지식 접근 방법의 기본 전제는 전통적인 생활 방식으로 살았던 조상들은 생존을 위한 가장 합리적인 토지 관리 방법을 터득했다고 가정하는 것이다. 그리고 그 관리 방법이 유용하여 현대까지 전해 내려와서 사용되고 있는 것을 말한다. TEK는 보통 시행착오를 통해 만들어지며, 구두로 후세에 전승되며, 정성적인 특성을 갖는다. 우리나라의 예를 들어 보면, 다랑이 논이나 고랭지 채소밭에서 고랑을 내는 방법 등이 대표적이다. 다랑이 논은 급경사지에 농사를 짓기 위해 사용한 기법이다. 그리고 고랭지 채소밭이나 다른 유형의 전통적인 밭에서도 고랑을 등고선 방향으로 내거나 동서 방향으로 내는 것을 선호했다. 이러한 방법은 추운 북서계절풍을 막고, 침식을 억제하고 빗물을 가두어 농작물에 물을 공급하기 위한 지혜였다.

과학적인 생태 지식(Scientific Ecological Knowledge, SEK)에 기초한 접근 방법은 현대적인 접근 방법으로서 최근의 과학적 기법들을 망라하여 해결책을 모색하는 방법이다. 이는 현대 과학이 발달하면서 과학을 지향하는 많은 실무자들이 실험 설계와 전략을 바탕으로 생태복원 프로젝트를 설계·실행해 오면서 적용하였다. 과거에 성공했던 직관력이나 지적 사고에 근거한 지식 기반의 접근 방법은 실증적 자료를 통해 검증되기도 했다. 예를 들자면, 저영향개발(Low Impact Development, LID) 기법은 과학적인 생태 지식에 근거한 접근 방법의 좋은 예가 된다. 또한, 과학적 방법을 동원한 지질 조사나 인공위성 영상을 활용한 기법 등도 이 범주에 들 수 있다.

지역의 생태학적 지식(Local Ecological Knowledge, LEK)에 기초한 접근 방법은 TEK 방법과 유사해 보이지만, 이것은 지속가능한 방식으로 농촌의 경관 속에서 살고 있는 사람들에 의해 수집된 종과 생태계에 관한 유용한 지식에 기반하는 것이다. 쉽게 표현하자면, 그 지역에서 오랫동안 전해 내려오고 있는 생태적 지식이라고 할 수 있다. 각각의 생물지역(bioregion)이나 전통 마을 단위별로는 그 지역만의 고유한 생활 방식과 자연을 보전하면서 활용하는 방식이 존재해 왔다. 우리나라를 예로 들면, 물이 귀한 섬 지역에서 물을 많이 필요로 하는 논농사를 짓기 위해서 구들장 논을 만들어 사용한 것은 지역의 생태학적 지식에 해당한다. 참고로 전남 완도군 청산도의 구들장 논은 2013년 국가중요농업유산 1호로 지정된 다랑논의 일종으로 우리나라에서는 청산도에서만 발견되는 기법이다.

TEK 방법으로서 다랑이, 산 지형을 이용한 농경지로서 우리나라 어느 곳에서나 볼 수 있는 전통적인 방식이다.

[그림 5-1] 남해 다랭이마을의 다랑이

[그림 5-2] 군산 자연마당 사업에서의 TEK, SEK 활용 접근 방법 예시

• 접근 전략: 시스템 다이내믹스 및 시스템 사고

시스템 다이내믹스(System Dynamics) 및 시스템 사고(System Thinking)는 원래 행정 및 사회과학 분야에서 사용하는 의사결정 지원 시스템이라고 할 수 있다. 1961년 제이 포레스터(Jay W. Forrester) 교수의 '산업동태론(Industrial Dynamics)'이라는 저서에서 시작하여 초기에 산업동태론으로 불리다가 사회과학의 전 분야와 자연과학 및 공학에도 적용되면서 시스템 다이내믹스(System Dynamics)로 불리게 되었다. 시스템 다이내믹스는 시스템 동태성의 원인인 시간, 구성요소들 간의 피드백, 그리고 정보 및 물질 흐름의 시간 지연을 모델화하는 데에 적합한 프로그래밍 도구이다(곽상만, 유재국, 2016).

이것은 어떠한 시스템이 시간 경과에 따른 변화를 컴퓨터 시뮬레이션을 통해서 구현하는 것이다(김도훈 외, 1999). 따라서 복잡한 자연 및 사회 현상의 인과구조를 체계화하여 시계열적인 예측 및 전망이 가능하다는 특징이 있다.

시스템 다이내믹스를 구성하는 시스템 모형은 행위의 결과가 저장되는 수준 변수(stock), stock을 변화시키는 변화율 변수(flow), flow의 계산식을 단순화하는 보조변수 등의 변수를 갖고 있다. 피드백 루프에 의한 순환적 인과관계(circular process as feedback loop) 내에서 시간의 흐름에 따라 발생한 원인과 문제 요인을 함께 파악할 수 있는 접근 방법이다(김도훈 외, 1999). 즉, 시스템 사고는 전체적인 관점에서 종속 변수와 독립 변수의 구분 없이 피드백 루프에 의한 순환적 인과관계로 표현하여(김도훈 외, 1999), 변수의 연쇄적인 영향을 파악하고, 미래지향적·체계적·구조지향적인 분석을 가능하게 한다(문태훈, 2007).

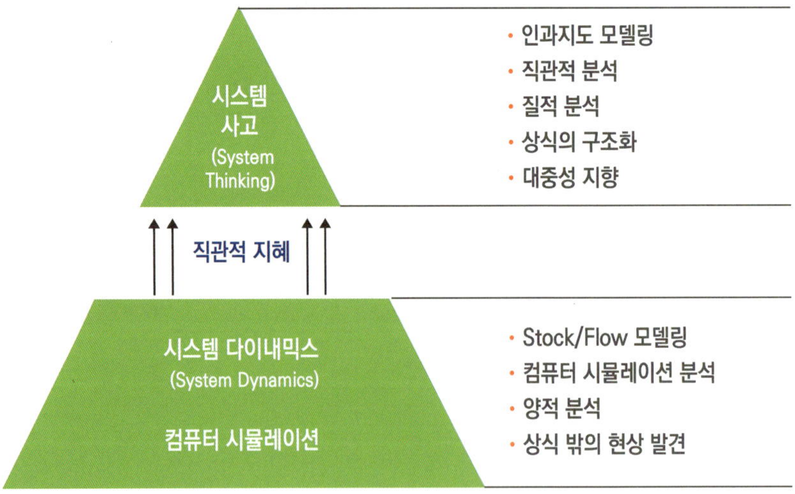

[그림 5-3] 시스템 다이내믹스(System Dynamics)와 시스템 사고(System Thinking)의 구분
※ 자료출처: 김동환(2004), 전진형(2015 강의자료)

시스템 사고(System Thinking)는 사실적 요소에 근거를 두어 전체 시스템의 인과관계를 파악하여 시스템이 어떻게 작동하는지 이해하기 위한 것으로, 특정 시스템에 대한 관련 지식의 체계화가 가능하

다(김동환, 2004). 달리 표현하자면, 시스템 사고는 시스템 다이내믹스의 직관적인 지혜를 뽑아 낸 것이라고 할 수 있다. 시스템 사고에서는 전체적인 시스템 흐름 속에서 연결된 변수의 의미를 파악하기 위해 인과 지도 작성이 필요하다(김동환, 2004). 인과 지도(Causal Loop Diagram)는 양(+)과 음(−)의 부호와 화살표를 이용하여 변수 간의 인과관계를 도식화한 것이다. 이 인과 지도에서는 두 가지의 피드백 루프가 있다. 우선, 양의 피드백 루프는 전체 극성이 양(+)일 경우 시간 흐름에 따라 시스템의 기하급수적인 증가나 감소를 하는 경우에 표현한다. 반대로 음의 피드백 루프는 전체 극성이 음(−)일 경우 목표점으로 수렴되며 안정화 되는 것을 말한다(문태훈, 2007). 이러한 관계를 인구 출산과 사망 간의 관계에 따라 작성해 보면 [그림 5-4]와 같다.

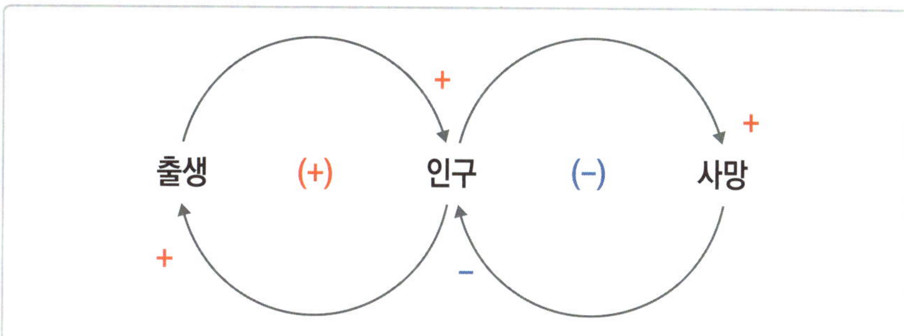

[그림 5-4] 인구를 둘러싼 피드백 시스템: 인과 지도의 예시

※ 자료출처: 김도훈, 문태훈, 김동환, 1999.

시스템 다이내믹스의 전반적인 연구 과정은 [그림 5-5]와 같다. 우선, (1)분석의 목적에 합당한 모델 작성을 위해 목적에 맞는 문제를 인식·정의한다. 다음으로는 (2)문제를 피드백 시각에서 개념화시키는데, 문제를 야기하는 여러 원인들이 어떻게 연결되어 있는가에 대한 인과 지도를 작성한다. 이후 (3)정책 분석에 이용될 컴퓨터 모델을 작성(Model Formulation)하고, (4)작성된 모델에서 보여 지는 주요 변수들의 행태를 중심으로 시뮬레이션 및 모델 행태를 분석한다. 이후에 (5)모델에 대한 타당성을 분석하고, (6)모델을 이용하여 정책 대안을 분석(Policy Analysis)하는 과정을 거친다.

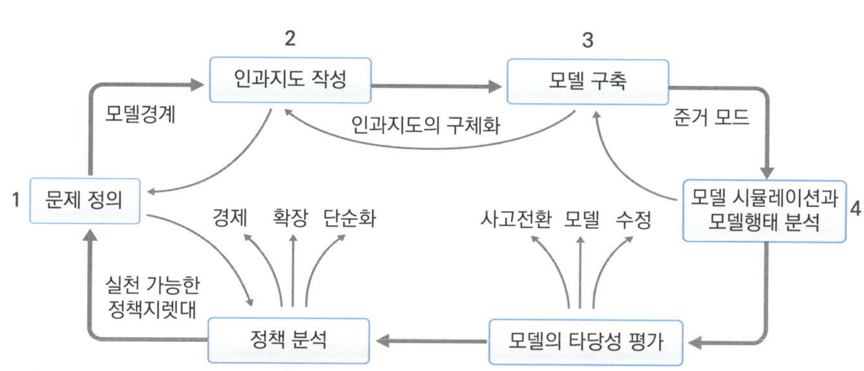

[그림 5-5] 시스템 다이내믹스의 연구 절차

※ 자료출처: 김도훈, 문태훈, 김동환, 1999.

이러한 접근 방법은 생태복원이나 자연환경 관리 등 다양한 분야에서 활용되고 있다. 실제로 밀양 자연마당 사업에서는 계획 단계에서 시스템 사고의 접근 방식을 적용한 바 있다. 밀양 자연마당 지역은 복원과 관련한 몇 가지 이슈가 있었는데, 그 중 하나가 바로 과거 광산 개발 후 방치한 웅덩이를 어떻게 처리할 것인가였다. 이를 위해 시스템적 사고의 접근 과정을 적용해 보았다. 우선, 현재 상태에서의 광산 웅덩이의 상태를 파악할 필요가 있어서 [그림 5-7]과 같은 현황에 대한 인과 지도가 작성되었다.

a) 산 정상부에서 바라 본 웅덩이 (사진 중앙에 식생이 자라고 있는 부분이 웅덩이다)	b) 국궁장에서 바라 본 웅덩이와 산림 절개지 (과거 광산 개발로 절개된 산림이다)

[그림 5-6] 밀양 자연마당 사업 지역의 광산 웅덩이 현황

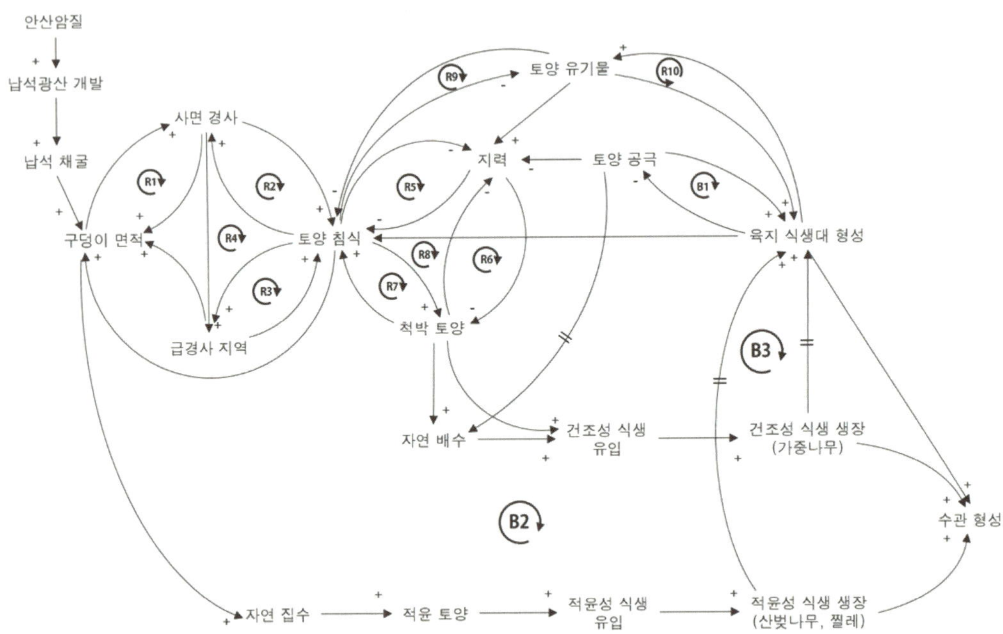

[그림 5-7] 밀양 자연마당 지역의 광산 개발 후 웅덩이 현황에 대한 분석

[그림 5-7]과 같은 지역을 대상으로 복원을 생각할 때 크게 3가지 대안을 생각해 볼 수 있다. 첫 번째 대안은 현상 유지이며, 두 번째 대안은 호수형 습지로 만드는 방안, 그리고 세 번째 대안은 웅덩이 부분을 성토한 뒤 식재하는 것이다. 물론 엄격한 의미에서의 복원이라고 한다면, 대상지역의 웅덩이를 온전하게 흙으로 채우고, 과거 산림 지형을 추적하여 원지형으로 바꾸어야 한다. 하지만, 이렇게 엄격한 의미에서 복원을 시행하려고 하면, 상당량의 흙을 외부로부터 유입시켜야 한다는 문제가 발생한다. 따라서 이 사업에서의 효율적인 복원 방향에 대한 전략(대안)들은 앞서 제시한 3가지로 압축되었다. 이 3가지 대안들에 대한 시스템적 사고를 적용한 결과는 다음과 같다.

우선 대안 1이라고 할 수 있는 현상 유지 방안은 일부 개선형 복원으로 웅덩이 내부에 자라고 있는 수종 중 외래종을 제거하고, 일부 구간은 소택습지화하는 안이다.

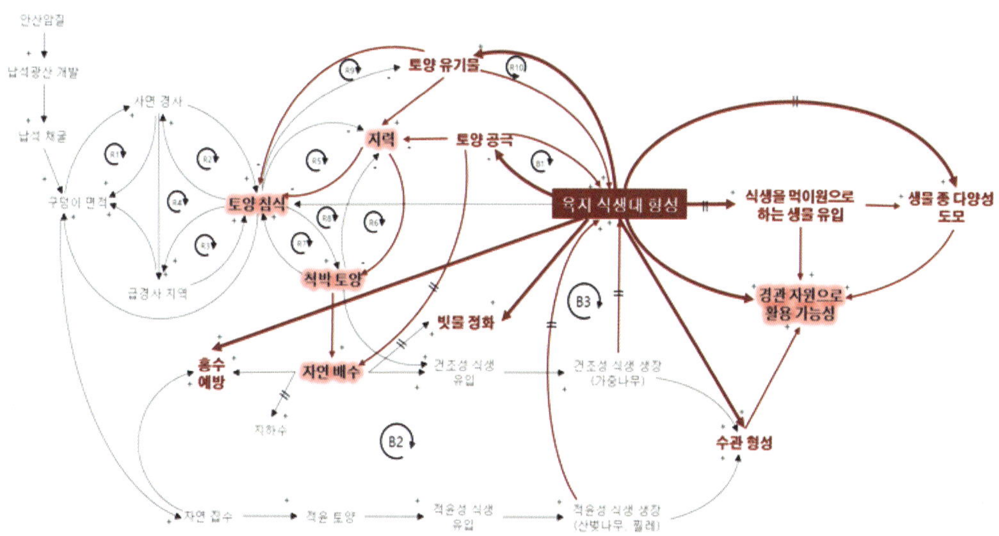

[그림 5-8] 현상 유지 방안에 대한 인과 지도

두 번째 대안은 호수형 습지로 복원하는 안으로서 현재 상태에 수목을 제거한 후 물을 가두는 방안이다. 그리고 세 번째 안은 성토한 후 복원하는 것으로서 현지 국궁장에 있는 흙으로 웅덩이를 되메우기한 후 식재하는 방법이다. 외부에서 흙을 가져오거나 연접한 국궁장에서 흙을 깎아서 넣어주어야 한다.

[그림 5-8], [그림 5-9] 그리고 [그림 5-10]을 통해서 제시한 각각의 전략별 인과 지도로 확인할 수 있는 것은, 생물다양성의 증진 등 다각적인 측면에서 봤을 때 현재의 상태를 유지하고 일부 지역만 개선하는 것이 가장 합리적인 것으로 나타났다.

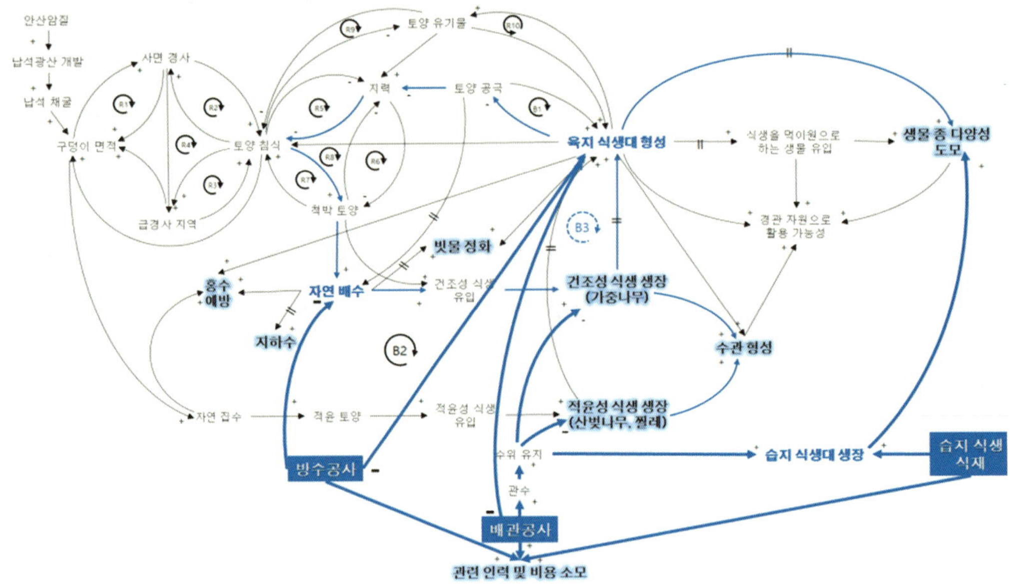

[그림 5-9] 호수형 습지로 복원하는 안의 인과 지도

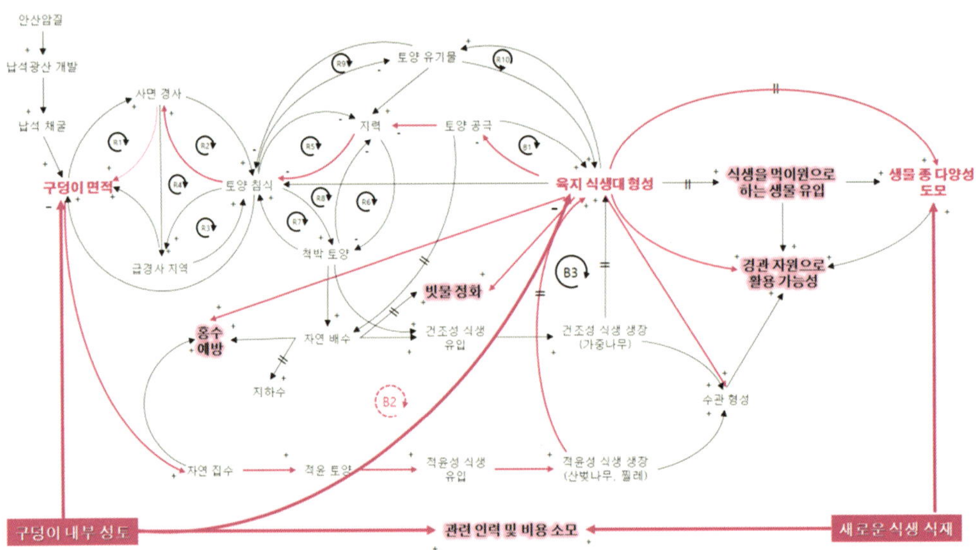

[그림 5-10] 성토한 후 복원(되메우기)하는 안의 인과 지도

한편, 앞서 제시한 3가지의 전략(혹은 대안)에 대해서 각각 실행력 향상을 위한 타당성 검토(Feasibility Analysis)를 실시해 보았다. 여기서 실행 타당성 검토는 계획이나 설계, 관리 등에 있어서 생태적으로 가능한 것인지, 사회적으로 수용 가능한 것인지, 기술적으로 실행 가능한 것인지 등의 관점에서 검토하는 것을 말한다. 밀양 자연마당의 경우, 실행 타당성 검토를 기술적, 생태적, 시간적, 정치·정책적, 경제적인 측면에서 수행했다.

[표 5-1] 밀양 자연마당에서의 대안별 타당성 검토

구 분	Alt. 1 현 상태 개선 (일부 습지화 / 외래종 제거)	Alt. 2 호수 습지화 (물 채우기)	Alt. 3 원지형 복원 (되메우기)
기술적 타당성	특별한 기법 불필요	수원 확보 및 유지, 방수 기법	과다한 토량 요구
생태적 타당성	다양성 높음, 숲 천이 촉진	다양성 낮음	다양성 중간
시간적 타당성	단기적 접근	중기적 접근	장기적 접근
정치·정책적 타당성	안전사고 중간	안전사고 높음	안전사고 낮음
경제적 타당성	저렴함	높은 비용 (수량 유지 등)	높은 비용
사회적 타당성	-	-	-
최종 선정 기법	1st.	3rd.	2nd.

전략적 사고와 실행 타당성 검토 결과 모두 현 상태를 유지하면서 생태적으로 개선시키는 것이 가장 합리적인 것으로 나타났다. 위와 같은 과정을 거쳐서 밀양 자연마당 사업에서 웅덩이 지역의 복원 전략은 대안 1로 확정되었다. 대안이라는 표현을 썼지만, 복원을 위한 아이디어 혹은 전략으로 봐도 무방하다. 여러 가지 가능한 복원 방법들 중에서 가장 합리적이고 실행력이 높은 방법이라는 결론을 도출한 것이다.

다. 복원 목표 설정

1) 기본 방향

어떤 사람들은 왜 복원의 목표를 설정해야 하는 지에 대한 의구심을 갖는 경우가 있다. 하지만, 어떤 사업이 되었든 지향하는 목표점이 없다면 사업의 방향도 설정할 수 없을 뿐 아니라 사업 후 성패를 결정하는 기준을 갖지 못하게 된다. 따라서 생태복원 사업의 경우에도 명확한 사업 목표를 설정해야 한다. 더욱이 생태복원이 실험적 학문임과 동시에 실패와 성공을 거듭하면서 진보해 나가는 학문이라고 한다면, 더욱더 필요한 것이 목표가 된다. 구체적인 목표를 갖고 있어야 사업 후 성공과 실패를 판단할 수 있고, 부족한 것들이나 실패한 요인들을 찾아내는 데 참고할 수 있기 때문이다.

흔히, 우리는 성공과 실패를 판가름할 때 목표의 달성 정도를 중요한 잣대로 한다. 생태복원의 경우도 마찬가지로 생태복원 사업이 성공했는지 아니면 실패했는지에 대한 평가는 복원의 목표가 무엇이었느냐에 따라서 결정된다.

하지만, 2010년까지만 해도 우리나라의 경우에는 서식처를 복원하거나 새롭게 조성하고자 할 때 이러한 목표를 제시하지 않는 경우가 많았다. 물론, 어떠한 목적을 가지고 그에 따른 조성 기법을 적용하긴 하지만, 서식처를 복원하거나 조성할 때 어떤 생물종을 얼마만큼 서식하게 할 것인지에 대한 구체적인 목표는 제시되지 않는 경우가 많았다는 것이다. 다행히 최근에는 관련 지침들이 마련되면서 목표 설정이나 구체적 목표종을 설정하도록 요구하고 있다.

복원 계획의 목표를 설정할 때에는 무엇보다도 과거의 기록에 바탕을 두면서 현재 대상지역의 조건을 명확히 파악한 후에 설정되어야 하는데, 구체적으로 4가지 단계를 거친다. 이것은 일반적 고려사항, 현재 조건의 시사성, 복원의 기회 요소와 장점 수립, 현실성 있는 복원 목표의 수립 등으로 구분할 수 있다(Michael Hough, 1995). 여기서 일반적 고려 사항에서는 복원의 목표를 설정하는 데 있어서 기본적으로 고려되어야 할 사항들을 의미한다. 예를 들어 복원의 목표는 가급적 하나의 우선순위를 두도록 하되, 다양한 우선순위를 둘 경우에는 목표들 간의 상충 문제가 발생하지 않도록 해야 한다. 현재 조건의 시사성이라고 하는 것은 현재의 조건에 따른 목표가 수립되어야 함을 의미한데, 여기에는 식생, 육상의 동물, 수생태계, 문화 등의 지표별로 조사해야 할 사항들을 제시한 후에 바람직한 목표를 수립하도록 하고 있다. 또한 복원의 기회 요소와 장점 수립은 습지, 식생, 교육, 레크리에이션 등과 관련된 기회 요소를 살핀 후에 이에 적합한 목표를 수립토록 하는 것이다. 마지막으로 현실성에 대한 것은 일종의 체크리스트를 만들어서 얼마만큼 현실성이 있는지를 파악하게 하고 있는데, 야생동물의 경우 중요한 동물이 제안된 복원 계획 지역에서 생존해 남을 수 있는지, 야생동물은 주변 지역으로부터 이주해 들어올 수 있는지, 그리고 인간의 활동과 야생동물의 서식 간에 충돌은 없는지 등에 대한 것들을 체크해서 현실성을 판단하게 된다.

한편, 복원 목표는 구체적일수록 좋다. 그래야만 복원 사업 후 성공과 실패를 명확하게 판가름할 수 있기 때문이다. 그럼에도 불구하고 복원의 목표 설정이 명확하지 못한 것은 자연 생태계를 대상으로 하고 있다는 데 있을 것이다. 혹자는 생태계, 생물종을 대상으로 한 복원 계획에서 구체적인 목표를 제시한다는 것은 매우 어려운 일이라고 말한다. 즉, 어떤 생물종의 복원을 위한 서식처를 조성한다고 해서 그 생물종이 서식할지는 장담할 수 없다는 것이다. 여러 가지 원인으로 나빠진 수질을 1등급수로 향상시키기 위한 공학적 접근에서 구체적인 수치나 목표를 제시하는 것과는 상당한 차이가 있다는 말이다.

그럼에도 불구하고 우리가 알고 있는 생태적 지식을 최대한 활용하여 복원하고자 하는 목표를 구체적으로 그리고 가급적 정량적으로 정할 필요가 있다. 더불어서 복원 목표는 달성할 수 있고, 측정 가능한 것이어야 한다.

2) SMART 목표 설정

국제생태복원학회의 출판물 시리즈 중에 하나인 "생태복원 사업의 계획과 관리(박소현 등 역, 2016)"에서는 생태복원의 목적확인서 및 목표 설정 등에 있어서 "SMART 접근"을 강조하였다. 여기서 S(specific)는 특이적인 것으로서 복원 대상 지역에 특정화된 내용을 목표로 해야 함을 의미한다. 다른 지역에서도 통용 가능한 목표가 아니라 그 대상지만의 특색 있는 목표를 설정하는 것이다. 예로 적시된 것은 식물종 및 위치 확인(식물종 수는 설계 단계에서 정하면 되므로 목표 설정 단계에서는 확정하지 않아도 됨)과 같은 것이다.

M(measurable)은 목표가 측정 가능해야 한다는 의미다. 복원 사업을 실행한 이후에 이 사업의 목표가 달성되었는지를 확인하려면 정량적인 방법으로 측정할 수 있어야 한다. 이를 위해서 어떠한 식물이 어디에 복원되는지 위치가 확인되어야 하며, 누구나 계획을 보면 종, 크기, 수를 알 수 있어야 함을 예시로 들었다.

A(attainable)는 복원 목표가 얻어질 수 있어야 함을 의미한다. 달리 이야기하면 합리적인 작업이 되어야 하며, 실행력이 담보되어야 함을 의미하기도 한다. 여기서 A가 Attainable로 되어 있으나, 대체로 Achievable을 사용한다. 즉, 달성 가능해야 함을 의미한다. 설정된 복원 목표와 관련해서, 식재지역을 조절할 수 있는지? 이용 가능한 자원이 있는지? 확보 가능한 식생의 수는? 등과 같은 질문을 통해서 재차 복원 목표를 구체화시키는 것이 좋다. 더불어서 실제 복원 현장에서 실행할 때 예상치 못한 문제들 때문에 사업 실행에 차질이 생기거나 취소되지 않도록 해야 한다.

R(results-oriented)은 결과 지향적이어야 함을 의미한다. 생태복원 목표는 분명히 결과 지향적일 수밖에 없다. 훼손된 지역을 대상으로 하여 목표로 하는 바가 있고, 이 목표점을 달성하기 위한 기법들이 적용되도록 해야 한다. 또한 R을 Realistic의 약자로도 사용하는데, 이것은 현실적이어야 함을 의미한다. 추상적인 목표 설정이 아닌 대상 지역에서 달성할 수 있는 현실적인 목표여야 함을 의미한다.

마지막으로 T(time-specified)는 시간 특이적임을 의미한다. 목표로 하는 날짜가 분명히 언급되어야 한다. 어떤 경우는 종료일이 이전 작업에 따라 달라지기도 하지만, 그런 경우 이전 작업 일수를 제시하는 것으로도 충분하다. 이것은 복원 사업의 준공 목표 시간만을 의미하는 것이 아니라 준공 이후 안정화 단계까지의 시간, 그리고 가급적 목표로 하는 생물종의 안정적인 서식이 언제쯤 가능할 것인지도 방향을 설정하고 있는 것이 바람직하다. 또한, T는 Time-bound의 약자로도 사용하는데, 이것은 기한이 있어야 함을 의미한다. 앞서 설명한 Time-specified와 유사한 의미이다.

3) 보전형 접근과 복원형 접근

일반적으로 복원 목표를 설정하는 데에는 보전형 접근과 복원형 접근으로 구분하여 접근할 수 있다. 이 두 방법은 현존하는 생태계를 대상으로 하는지 아니면 없어진 생태계를 대상으로 하는지에 따라서 결정된다.

보전형 접근 방법은 현존하는 생태계의 유지에 역점을 둔 접근 방법으로 보전가치 평가 결과에서 비교적 양호한 생태계라고 판단되었을 때 사용할 수 있다. 반대로 복원형 접근 방법은 없어진 생태계를 회복시키는 접근 방법으로 과거 중요한 생물종이나 서식처가 있었던 것을 다시 재현시키는 것이라고 할 수 있다. 예를 들어, 과거에 금개구리가 서식하였던 기록이 있지만, 현재는 없을 경우 금개구리가 서식할 수 있는 환경으로 재조성해 주는 것이다. 또는 과거에는 습지 서식처였던 것이 지형의 변화, 퇴적물의 증가로 육화되었다면 그 공간을 대상으로 하여 습지로 되돌리는 것이다. 이러한 복원형 접근 방법은 다시 모범형 접근과 잠재형(포텐셜형) 접근으로 세분화된다.

모범형 접근은 서식처 원형(prototype)에 의한 접근 방법 및 참조 서식처에 의한 접근 방법과 유사한 것으로, 복원하고자 하는 대상지역의 인근 지역에서 자연환경이 잘 보전된 장소를 조사하고 이것을 복원의 모범(혹은 모델)으로 설정하는 것이다. 이러한 접근은 공간적 접근 방법이라고 한다. 또한, 교란 전의 생태계와 현재의 생태계를 비교하여 될 수 있는 한 교란 전의 상태에 가깝게 하는 방법도 모범형에 해당하는데 이것은 시간적인 접근 방법이라 한다.

잠재형(포텐셜형) 접근은 환경포텐셜 평가에 기초하여 잠재적으로 성립 가능한 생태계 속에서 목표를 선택하는 방법으로 인근에 모범이 될만한 자연생태계가 없거나 완전히 새롭게 생태계를 창출할 경우에 적용한다.

4) 기능과 구조를 고려한 접근

복원하고자 하는 생태계의 대상이 있다면, 그 생태계가 갖고 있는 전반적인 기능과 구조를 고려하여 복원의 목표를 설정하는 방법이다. 예를 들어, 우리가 습지를 만들어주고자 한다면, 습지의 기능은 매우 다양한 만큼 그 기능 중에서 어떠한 것을 강조하여 복원할 것인지를 판단하는 것이다. 앞서 언급했지만, 습지는 생물다양성 증진을 위한 서식처뿐만 아니라 수질을 정화하거나 홍수를 방지한다. 또한, 경관적인 기능과 환경 개선, 그리고 환경교육이나 체험의 장소를 제공한다. 우리가 생태적 복원을 할 때에는 일반적으로 생물종 서식처나 수질정화를 고려하여 접근하는데, 이러한 경우는 습지의 형태나 구조, 도입되는 식생 등이 달라진다. 어떤 기능을 강조할 것이냐에 따라서 조성 방법이 달라진다. 즉, 생물종 서식처가 주된 목적일 경우에는 개방수면이 전체 수면적의 50% 내외로 설계되지만, 수질정화의 기능을 강조할 경우에는 개방수면이 15%까지 줄어들고 식생 면적은 85% 내외가 되도록 조성하게 된다.

따라서 우리가 복원하고자 하는 생태계가 어떠한 기능을 갖도록 할 것인지를 염두에 둔다면, 그에 맞는 기능이 잘 작동될 수 있도록 서식처의 형태와 규모를 결정해 나가야 한다. 때론, 다양한 기능이 동시에 발생할 수 있도록 하는 다기능형 생태계를 조성하는 경우도 있다. 즉, 수질정화도 되면서 생물종도 함께 서식할 수 있는 습지를 만들고자 하면, 이러한 공간은 다기능형 습지 또는 복합형 습지라고 말할 수 있다. 이런 공간에서는 여러 가지 기능들이 함께 나타날 수 있도록 최적의 설계가 되어야 한다.

5) 목표종 및 목표 서식처 선정

가) 목표종 선정

목표종은 복원 지역에서 서식하기를 기대하는 생물종으로서, 생태복원의 목표를 달성시키기 위한 중요한 수단이다. 우리가 복원하고자 하는 생태계에 어떤 생물종이 서식하게 할 것인지를 정하여 그에 적합한 환경을 만들어야 하기 때문이다.

때론 목표종 자체가 사업의 목표가 되는 경우도 있는데, 반달가슴곰 복원 사업과 같은 경우는 목표종이 먼저 설정되고 그에 따른 구체적인 방법들을 만들어 가는 경우이다.

이러한 목표종의 설정은 역사적 기록의 분석이나 조사 및 분석 결과 또는 환경잠재력 평가나 적합성 분석 등을 통해서 설정할 수 있으며, 가급적 정량적이고 구체적이어야 한다. 일반적으로 생태복원 사업에서 사용하는 목표종의 범주는 [표 5-2]에서 제시하였다.

[표 5-2] 생태계 보전 및 복원을 위한 목표종군

유 형	내 용
생태적 지표종 (ecological indicators)	• 유사한 서식지나 환경조건에 발생하는 군락을 대표하는 종 • 특정한 토지이용 행위에 민감하다고 알려지고 영향을 받는 야생생물 군집의 초기 경보나 지표종
핵심종; 중추종 (keystone species)	• 생물군집에 있어서 생물간 상호작용의 필요가 있고, 그 종이 사라지면 생태계가 변질된다고 생각되는 종 • 군집에 중요한 역할을 수행하는 종
우산종 (umbrella species)	• 영양단계의 최상위에 위치하는 대형 포유류나 맹금류 등 서식에 넓은 면적을 필요로 하며, 지키면 많은 종의 생존이 확보된다고 생각되는 종
깃대종; 상징종 (flagship species)	• 종의 아름다움이나 매력에 의해 일반 사람들에게 서식지의 보호를 호소하는 데에 효과적인 종 • 특정 지역의 생태계를 대표할 수 있는 중요 동·식물로 '깃대'라는 단어는 해당 지역 생태계 회복의 개척자적인 이미지를 부여한 상징적 표현 • 홍천의 열목어, 거제도의 고란초, 덕유산의 반딧불이, 태화강의 각시붕어, 광릉숲의 크낙새 등
희소종(희귀종) (threatened species)	• 서식지의 축소, 생물학적 침입, 남획 등으로 절멸의 우려가 있는 종으로 국제적 차원의 희소종, 국가적 차원의 희소종, 그리고 지역적 차원의 희소종 등으로 구분 가능

※ 자료출처: 문석기 등 譯(2004)을 수정·보완함.

한편, 최태영 등(2016)은 광역생태축 보전 및 복원을 위한 연구를 수행하면서 대리종의 개념을 도입한 바 있다. 대리종에 대한 개념과 정의에 대해서는 아직 우리나라에서는 명확하게 정리된 바는 없다. 다만, 미국의 경우 어류와 야생동물국(US FWS, 2014)에서는 대리종(surrogate species)을 다양한 종 또는 환경을 대표하는 종으로서 환경보전계획에 일반적으로 사용하는 과학 용어로 정의하고 있다. 이 대리종에는 우산종, 초점종, 핵심종, 지표종, 깃대종 등의 개념을 포괄하는 것으로 보았다.

유사 개념으로서 대표종(representative)과 우선종(priority species)이 있는데, 이들은 대리종의 개념과 일부 공통적인 개념을 가지고 있거나 하위 개념에 포함 가능한 용어로 보았다. 대표종은 US FWS(2015)의 개념에 따르면, 서식지 이용, 생태계 기능 또는 관리 요구, 생활사와 서식지의 요구 사항이 다른 그룹의 종을 대표하는 생물종이며, 대리종의 개념에 포함 가능하다. 또한, 우선종은 먹이사슬의 중요한 요소를 형성하는 종, 서식지의 안정성 또는 회복을 도와주는 종, 광범위한 보존이 필요한 종을 기준으로 선정하는 종으로 정의하였다. 우선종은 깃대종과 연약종(footprint-impacted species)으로 분류하며, 우선종은 대리종의 개념과 일부 공통적인 개념을 가지고 있다(WWF 누리집). 여기서 연약종은 남획이나 벌채 등에 있어서 취약한 종을 일컫는다.

이외에도 카리스마종(charismatic species)과 신데렐라종(Cinderella species)도 소개하고 있는데, 깃대종과 더불어 대중적 인지도 측면에서 중요한 목표종 군으로 볼 수 있다. 반대로 핵심종이나 우산종, 지표종 등은 생태적인 기능 측면에서 중요한 목표종 군으로 분류한다. 카리스마종은 본질적으로 보존을 논의하는 일부 대형 조류나 포유류로 정의하며(Ducarme *et al.*, 2013), 호랑이와 맹금류가 대표적인 예가 된다. 신데렐라종은 우산종과 깃대종의 기준을 수행하며, 미학적으로 매력적이지만, 현재는 간과되고 있는 생물종을 의미한다(Nekaris *et al.,* 2015). 신데렐라종의 예로는 아프리카의 야생 당나귀, 타마러우, 피그미 라쿤 등이 있다(최태영 등(2016)의 내용을 요약함).

생태복원의 목표종을 설정할 때에는 지금까지 설명한 범주에서 설정하는 것이 일반적이며, 그 중에서도 희소종(희귀종)이나 우산종, 깃대종 등을 우선 검토하는 것이 좋다. 한편, 핵심종은 복원하고자 하는 현지 생태계의 구조와 기능에 대한 충분한 조사·분석이 이루어져야 판단할 수 있기 때문에 목표종 설정에 있어서 쉽지 않은 종군에 해당한다.

연안 갯벌 지역에서 훼손된 생태계를 복원할 때 작성하였던 우산종에 대한 개념적 모식도를 제시해 보면 [그림 5-11]과 같다.

[그림 5-11] 목표종으로서 우산종 선정 개념도

또한, 목표종 설정 시 목표로 하는 생물종들과 기존에 서식하고 있는 생물종들 간에 먹이그물 관계를 고려하여 접근할 필요가 있다. 즉, 목표로 하는 생물종과 다른 생물종, 식생 등이 함께 갖추어져 생산자-소비자-분해자의 먹이 관계가 형성될 수 있도록 해야 한다.

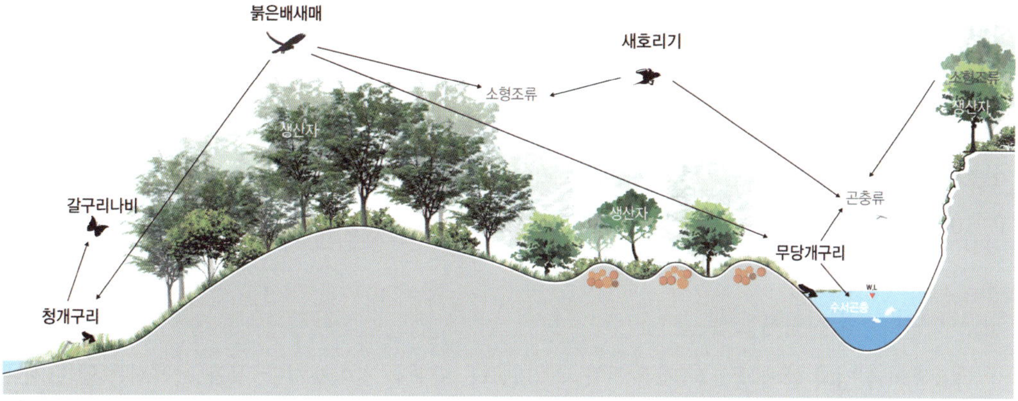

[그림 5-12] 복원 대상지역 내 목표종(굵은 글씨체)과 먹이그물망 관계도(밀양 자연마당)

한편, 서식처 적합성 평가(HEP)에서 제시한 목표종군으로는 앞서 제시한 생태적 지표종과 핵심종 이외에도 길드, 그리고 높은 공공 이익이나 경제적 가치를 지닌 종 등이 포함되기도 한다.

목표종을 선정하는 데 있어서 시간의 흐름에 따른 목표종 설정도 중요하다. 일본의 가스미가우라호의 복원 사업에서는 생태계 회복 및 서식처 안정화에 따른 환경 조건 변화를 고려하여 접근하였다. 복원 사업 10년 후에는 개개비, 20년 후에는 백조, 30년 후에는 큰기러기, 40년 후에는 두루미류, 그리고 100년 후에는 따오기가 서식할 수 있도록 하겠다는 것이다. 이는 상대적으로 규모 있는 복원 사업에서 환경이 안정화되면서 예측 가능한 목표종들을 시간적으로 배분한 것으로 의미가 있다. 새만금 간척지에서 이루어지고 있는 생태복원 사업의 경우에도 이렇게 시간의 흐름에 따른 목표종의 설정이 필요할 것이다.

• 목표종은 한 종만을 선택하는 게 좋을까 아니면, 다양한 종을 선정하는 것이 좋을까.

물론 사업 특성별로 다르겠지만, 일반적으로 목표종은 다양할수록 좋다. 하지만, 너무 다양하면 목표종으로써 의미를 상실하기 때문에 가급적 3종 내외의 범주에서 고르는 것이 무난하다고 본다. 산양이나 여우와 같은 생물종 복원 사업이나 특정 사업에 의한 대체 서식지 조성 등은 한 종을 목표종으로 설정한 것이다. 반면, 서식처를 복원할 때에는 일반적으로 3종 내외에서 목표종을 설정하는 것이 지금까지의 추이라고 본다.

• 왜 목표종은 구체적이고 정량화될수록 좋을까.

생태복원에 있어서 목표종은 복원의 내용을 구체화시키기 위한 중요한 수단임과 동시에 복원 후 사업 평가를 위한 기준이 된다. 따라서 목표종은 가능한 한 구체화시키고 정량화시켜야 한다. 구체화시켜야 한다는 것은 목표종을 양서류라고 막연하게 이야기하는 것이 아니라 금개구리 또는 맹꽁이 등과 같이 구체적인 종명을 선정해야 한다는 것이다. 이러한 구체적 목표종은 서식처의 복원 방향을 전혀 다르게 만든다. 금개구리가 선호하는 서식처와 맹꽁이가 선호하는 서식처는 매우 다르기 때문이다.

목표종을 정량화시켜야 한다는 것은 목표종이 단순히 금개구리로 끝나는 것이 아니라 그 개체수가 몇 마리까지 서식하게 할 것인지를 정해야 한다는 것이다. 이것은 복원된 생태계가 자립성을 갖도록 하기 위한 것으로 새로운 개체의 이입이 없이 자기 유지가 가능하도록 하기 위함이다. 다시 말하면, 존속 가능한 최소 개체수(MVP) 이상을 목표 개체수로 잡는 것이 좋다. 특정 생물종을 목표종으로 한 반달가슴곰의 경우 목표 개체수는 50마리이다. 지리산 일대에서 서식 가능한 최소 개체수를 설정한 것이고, 100년 이후에도 지리산에서 반달가슴곰을 볼 수 있도록 하기 위한 것이다.

나) 목표 서식처 선정

목표종의 설정과 함께 중요한 것은 목표 서식처이다. 당연한 것이겠지만, 목표 서식처는 앞 단계에서 선정한 목표종의 서식처 요구 조건에 따라서 설정해야 한다. 구체적으로 야생동물을 목표종으로 설정하였다면, 목표종이 서식하기 위해서 필요로 하는 요구 조건들을 충족시킬 수 있는 서식처를 제시해 주어야 한다. 구체적으로 목표종이 서식하기 위해 필요한 공간의 특성, 물 조건, 먹이 조건, 은신처 조건, 그리고 그 목표종에게 필요한 고유한 요구 조건들을 고려해서 서식처를 세분화시키고 구체화시켜 조성해야 한다.

여기서 중요한 것은 단순한 목표종과 서식처만을 제시하는 것이 아니라 서식처 기능을 제시해 주어야 한다는 것이다. 우리가 복원하고자 하는 서식처가 어떤 기능을 해야 할 것인지를 제시해 주어야 한다. 먹이터, 산란터, 휴식처, 은신처 그리고 동면을 위한 곳 등으로 구분해서 접근해야 한다.

마지막으로 중요한 것은 참조 서식처(reference site)를 제시할 필요가 있다. 참조 서식처는 말 그대로 복원할 때 참고가 되는 서식처이다. 복원 목표 설정에 있어서 모범형과 유사한 것으로 구체적인 내용은 “생태복원 계획·설계론, 제I권, 제4장. 복원생태학 이론” 부분에서 설명하였다. 또한, 참조 서식처는 복원 후 효과를 평가하는 데에도 활용된다. 따라서 복원 계획을 수립할 때 참조한 서식처가 어떤 공간인지를 구체적으로 제시하여야 하고, 복원 사업 과정에서 참조 서식처를 최대한 활용하여야 함은 물론이거니와 복원 후 그 효과를 평가하는 데에도 활용해야 한다. 환경부에서 추진 중인 생태하천 복원사업의 경우, 참조 서식처 즉, 참조하천을 의무적으로 제시하도록 지침화되어 있다.

라. 대안 설정 및 프로그램 작성

생태복원을 위한 대안은 2~3개 정도 작성하여 각 대안들에 대한 생태적, 기술적, 경제적 측면 등 다양한 시각에서 분석해야 한다. 한편, 구체적인 물리적 계획을 입안하기 위한 분석 방법에는 틈(GAP) 분석과 시나리오 분석이 있으며, 이들은 평가·분석 단계에서 구축된 모델을 이용하여 시행하게 된다.

우선 틈 분석은 생물의 종, 식생, 생태계 등의 실제 분포와 그것이 보호되고 있는 상황과의 차이를 도출하여 보호 계획에 도입하기 위한 방법을 말한다. 중요한 종이 분포하고 있음에도 불구하고 보호지역이 설정되어 있지 않은 공간이 있으면 이것이 GIS에 의한 중첩에서 검출되어 그 차이를 보완하도록 보호지역 설정에 대한 재평가를 실시하는 것이다.

시나리오 분석은 계획의 장래 효과가 생물다양성을 훼손시키는지 여부를 예측하여 복수의 대안을 비교, 분석하는 방법이다. 분석에 이용되는 시나리오는 지형 변화와 식생 천이와 같이 자연적인 요인으로 작성된 것과 개발과 규제와 같이 사회적인 요인으로 작성된 것이 있다. 일반적으로 생태계의 보전이나 복원을 적극적으로 하는 시나리오, 개발을 인정하는 시나리오, 이 두 가지의 중간 시나리오, 그리고 아무런 조치를 하지 않는 No Action 시나리오 등으로 준비하여 각각의 시나리오에서 대상종이나 생태계의 변화를 예측한다.

대안들에 대한 평가가 이루어져 최종안이 선정되면, 공간 및 시설, 활동 프로그램을 작성해야 한다. 기본적으로 공간은 보전 가치 평가 결과와 최종안의 내용을 토대로 핵심지역과 완충지역, 협력(전이)지역 등으로 구분하고, 각 공간별로 포함시킬 세부 공간들을 마련한다. 주의할 것은 핵심지역은 그 성격을 고려하여 사람의 출입을 제한할 수 있으며, 생물종 서식에 집중되는 세부 공간과 시설 및 활동 프로그램을 작성하는 것이다. 완충지역이나 협력(전이)지역에 대해서도 동일한 방법으로 프로그램을 작성하고, 각 공간별로 기본적인 조성 방향을 제시해 주면 좋다.

[표 5-3] 공간, 시설, 활동 프로그램 구분 예시 (산양 증식 및 복원 사업)

공간 프로그램		시설 프로그램	활동 프로그램	기본 조성 방향
공간	세부 공간			
핵심 지역	증식 및 적응 개체 공간	-	인공증식 사육, 적응환경 모니터링	• 기존 임지와 초지를 최대한 보전하여 야생복귀를 위한 산양의 적응공간을 마련함 • 외곽 펜스를 설치하여 인간의 간섭을 최소화함
완충 지역	계류장	계류시설	인공증식 사육, 적응환경 모니터링	• 기존 웅덩이를 습지공간으로 조성하기 위해 습지식물 등을 도입하여 자연속의 물먹이 공간이 조성되도록 함
	습지공간	습지		
	암석지대	암석무더기		
협력 (전이) 지역	수의 / 사육동	관리동	관찰, 학습, 홍보	• 수의/사육동 옥상부에 친환경 자재를 도입한 관찰데크를 설치하여 산양 관찰학습, 생태 및 자연교육을 할 수 있는 공간으로 활용함
	관찰공간	옥상부 관찰데크		
	휴게공간	휴게시설		

사진설명 : 대암산 큰용늪

6장 생태복원 계획 및 설계

6. 생태복원 계획 및 설계

가. 생태복원 계획 및 설계의 기본 방법

생물다양성 증진이 생태복원의 가장 큰 목표라고 한다면, 생태복원 계획 및 설계에 있어서 항상 고려해야 하는 것들이 있다.

그 첫 번째는 다양한 생물이 서식하게 하려면 다양한 공간 구조를 만들어야 한다. 습지의 경우 전체 호안을 원형이나 사각형에 가깝게 만드는 것보다는 구불구불하고 굴곡이 많게 조성하는 것이나 수심을 다양하게 만들어 주는 것은 구조적 다양성을 높이는 방법 중에 하나이다.

두 번째는 생물종의 관점에서 계획·설계하고, 생물종을 이해하려고 노력해야 한다. 생태학적 기본 이론들과 함께 목표로 하는 생물종에 대한 생태적 특성을 이해해야 한다. 특히, 생물종마다 이용하는 공간 구조가 다르므로 목표로 하는 생물종의 생활사에 따른 공간 이용 특성을 파악해야 한다.

셋째는 사용하는 재료와 관련해서 식물 재료는 가능한 현장과 인근에서 채취한 자생종을 사용하여야 하고, 무생물 재료는 최대한 친환경적인 것들을 사용해야 한다. 아울러 설계 시점에서 현지 조달과 시공의 가능성을 충분히 검토하여 재료를 선택하여야 한다. 무엇보다도 시설물의 경우, 설치하는 이유를 명확히 알고 도입해야 한다. 또한, 식물 재료도 생육지의 기본 특성을 알고 식재 계획·설계를 해야 한다.

넷째, 과거의 기록들에 충실하고 미래의 환경을 예측하면서 접근해야 한다. 시간의 경과와 더불어 지형의 변화나 식생의 천이에 따라 구조와 기능이 모두 변하므로 장래를 예측하여 설계할 필요가 있다.

마지막으로 생태복원은 자연으로부터 지혜를 배워야 한다. 복원하고자 하는 지역의 자연환경에 대해 최대한 학습하고, 그 모습을 복원하고자 하는 곳에 도입하도록 해야 한다. 그리고 현존하는 것은 그대로 남겨두고 복원이 필요할 경우에는 현존하는 것의 형태나 구조를 참고로 하여 적절하게 활용하는 것이 좋다.

나. 공간 구획 및 동선 계획

생태복원을 위한 첫 단계는 사업 대상 지역의 전체 공간을 어떻게 구분할 것인지를 결정하는 것이다. 이를 위해서는 생태계 보전 가치의 평가 결과에 따라서 UNESCO MAB 프로그램에서의 공간 구획 방법을 활용하는 것이 기본이다. 즉, 보전가치가 높은 지역은 핵심지역 또는 절대 보전 공간으로 설정하고, 보전가치가 낮은 지역은 전이(협력) 지역으로 배치하는 것이다. 그리고 핵심지역과 전이(협력)지역 사이에 완충지역을 도입한다. 환경부의 도시생태축 복원사업의 경우 [표 6-1]과 같은 방법을 권고하고 있다.

[표 6-1] 생태복원을 위한 공간 구분

구분	주요 내용	면적 비율
핵심구역	• 목표종의 서식지 및 보전 필요성이 높은 지역	
	• 생물다양성을 보전하고 간섭을 최소화하여 생태계 모니터링과 생태계에 악영향을 주지 않는 조사 연구 활동 등이 가능한 지역	
완충구역	• 핵심지역을 둘러싸고 있거나 이에 인접한 지역으로 환경교육, 레크리에이션, 생태관광, 기초연구 및 응용연구 등의 건전한 생태적 활동 지역	
	• 방해 요소가 발생될 수 있는 동선과 근접한 지역	
협력구역 (전이구역)	• 지역의 자원을 함께 관리하고 지속가능한 방식으로 이용하기 위해 이해 당사자들이 함께 활용하는 지역	사업면적의 5% 이하
	• 생태학습 및 체험 등이 이루어지는 친환경 공간	
	• 생태교육과 복원에 대한 인식 증진을 기대할 수 있는 홍보공간	

※ 자료출처: 환경부, 2023.07.

또한, 공간을 구분할 때에는 도서생물지리 모델을 기반으로 한 보호지역 설계 원리를 이용하는 것이 좋다. [그림 6-1]의 좌측 그림은 생태통로의 중앙으로 산책로를 조성하여 야생동물이 이동할 공간을 분리시킨 반면, 우측 그림은 산책로를 한쪽으로 집중시켜서 야생동물이 이동할 공간을 극대화시켰다.

녹지연결로 중앙의 산책로는 공간을 양분시켰다	생태통로의 등산로를 한쪽으로 집중시켜 야생동물 이동 공간을 극대화시켰다

[그림 6-1] 작은 공간에서의 공간 구획 차이

※ 사진제공: 홍태식 박사

생태적 접근은 자연적인 공간(자연생태계)과 인공적인 공간(인공계) 즉, 복원할 곳과 이용하면서 시설을 도입할 곳의 공간적인 배치를 하는 것인데, 이러한 공간 조정 방법은 격리형 조정과 융합형 조정으로 구분할 수 있다.

격리형 조정은 자연생태계와 인공계를 구분함에 있어서 양자를 격리시키는 것이다. 이를 위해서 자연적인 공간과 인공적인 공간 사이에 완충 공간을 도입하거나 습지를 보호하기 위해 데크를 설치하는 것들이 이러한 방법에 해당한다.

한편, 융합형 조정은 반자연생태계와 인공계를 조정하는 경우에 해당하는 기법으로서 기능을 중합시키고 양자를 융합하는 조정이다. 농수로를 예로 들면, 농경지에 물을 공급하고 배수시키기 위한 용배수로의 기능을 담당함과 동시에 수로 자체가 수생생물의 서식처로서 기능할 수 있도록 하는 것이다([그림 6-2] 참조).

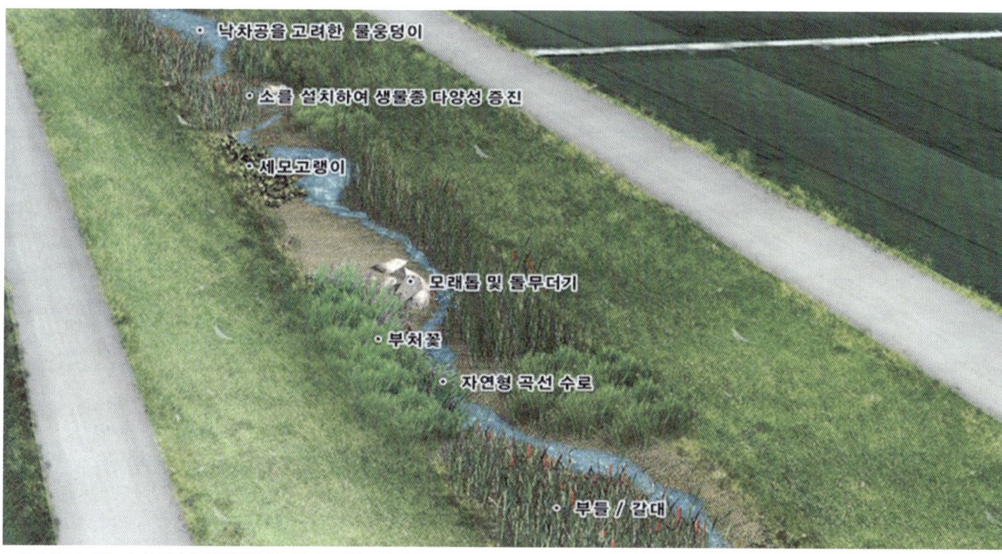

[그림 6-2] 승수로를 이용한 비오톱 조성 개념도

문제는 보전을 위한 공간과 이용을 위한 공간을 어느 정도의 비율로 배치하는 것이 바람직할 것인가이다. 일반적으로 생태계의 유형 및 사업 목적에 따라서 달라지지만, 일본의 자연형 하천 조성 사업의 경우에는 보전과 이용의 공간을 70:30의 비율로 설정한다. 또한, 훼손된 생태계 복원을 목적으로 하는 생태계보전부담금 반환사업의 경우에는 복원 및 이용(시설 도입)의 공간을 85:15로 설정하여, 이용을 위한 공간을 최소화시키고 있다(환경부, 2010). 도시생태축 복원사업의 경우에는 협력(전이) 지역은 전체 면적의 5% 이하로 설정토록 하고 있다(환경부, 2023.07). 참고로 생물서식지를 복원할 때 인공습지, 소택지, 둠벙 등 생물서식에 필요한 인위적이지 않은 시설은 협력(전이)지역의 면적률에 포함하지 않는다(환경부, 2023.07).

생태복원 사업 지역에서 동선은 최소한으로 조성하는 것이 바람직하다. 특히, 공간 구획에서 핵심지역으로 설정된 곳은 동선을 도입하지 않는 것이 바람직하다. 그리고 완충지역이나 전이지역일지라도 서식처 및 생물종 관찰, 학습, 체험 등을 위한 최소한의 동선만을 도입하는 것이 좋다([그림 6-3] 참고).

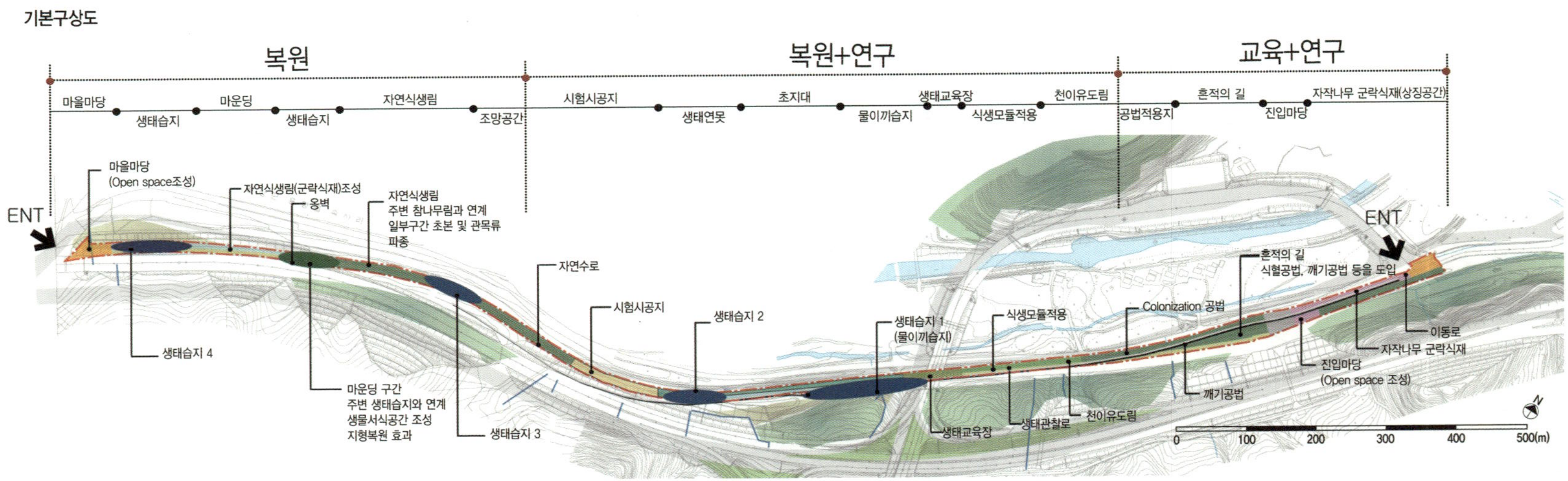

폐도 복원 지역으로 우측 주진입부로부터 전이지역(교육+연구), 완충지역(복원+연구), 핵심지역(복원)으로 구성되어 있다.
핵심지역은 생태숲 천이를 연구하기 위한 공간으로 별도의 동선은 도입하지 않았다.

[그림 6-3] 선형 형태의 생태복원 지역에서 공간 구획과 동선 도입 방법

또한, 동선을 도입하더라도 사람이 이용하는 동선과 야생동물이 이용하는 동선은 분리할 필요가 있다. [그림 6-4]는 생태통로에서의 사례로 생태통로의 내부에서는 동선 분리가 잘 되어 있으나, 생태통로가 끝난 우측 하단 부분에서 사람의 동선(빨간색 실선)과 야생동물의 동선(노란색 점선)이 겹치는 것을 볼 수 있다. 이러한 경우에는 야생동물이 원활하게 이동하는 데에 어려움을 줄 수도 있다. 참고로 노란 점선으로 표시된 야생동물의 길은 차폐된 구조의 밀식·다층 형태가 아니라 어느 정도 개방감을 유지하도록 식재 밀도가 낮추어져 있다. 야생동물들도 이동할 때에는 수풀이 우거져서 어둡고 답답한 곳보다는 어느 정도 개방감이 있는 곳을 선호하는 경향이 있다.

생태통로의 가장자리에 조성한 보행로, 우측 경계선 건너편이 야생동물이 이동하는 구간임.	생태통로 내부 모습, 야생동물의 이동 및 서식을 위한 공간임.

[그림 6-4] 사람과 야생동물의 동선 분리

※ 자료출처: 카카오지도(바탕 그림)

다. 생태기반환경의 복원

1) 기후 특성을 반영한 생태복원

강수나 바람 등과 같은 기후인자들은 지형의 형성에 기여한다. 생태복원은 기후적 특성에 의한 지형 형성 과정을 고려하여 접근할 필요가 있다. 또한, 기후는 지구상의 생물상 분포에 결정적인 영향을 미치는 인자이다. 특히, 기온과 강수량은 식물상 분포에 큰 영향을 미치는 것으로서 생태복원을 할 때 가장 우선적으로 고려해야 할 요소이다. 생물상 분포에 영향을 미치는 기후적 수준은 크게 대기후, 중기후, 소기후로 구분하기도 한다. 우리나라를 기준으로만 보면, 대기후적 자연환경 요소는 남과 북으로 길게 뻗은 반도적 형상, 백두대간에 의한 기후 변화, 그리고 쿠로시오난류의 영향 등으로 구분된다(김종원·이율경, 2006). 중기후적 수준은 지역적 차원에서의 기후를 의미하며, 소기후(혹은 미기후)는 복원할 지역과 같은 소규모 지역에서 나타나는 수준을 말한다.

기후 특성을 반영한 생태복원계획에서 가장 중요한 것은 복원하고자 하는 대상지역의 기후 특성을 고려하여 해당 지역에 적합한 식생을 도입하는 것이다. 이를 위한 접근 방법으로서 온량지수(warmth index)나 한랭지수(coldness index) 등을 고려하여 생물상을 도입하는 방법이 있다. 구체적인 내용은 "생태복원 계획·설계론, 제I권, 제3장. 생태계 유형별 이론" 중 "산림생태계" 부분을 참조하면 된다.

우리나라의 식생대는 식생의 분포, 구조, 식물구계학적(식물의 분포에 따라 지역을 구분한 것) 한계 등은 여러 환경 인자 중에서 기온과 강수량 등에 의해 일차적으로 제한 요인이 된다. 같은 기후권내에서는 국소적인 지형과 토양 조건이 중요한 역할을 한다.

우리나라의 식생대는 온대 몬순(Monsoon) 기후 지역으로 식생 생태학적인 측면에서 낙엽활엽수림대 또는 침·활엽혼합림대에 속한다. 우리나라는 지형적으로 남북으로 대산맥이 뻗어 있어 기후 차이가 심하여 분포하는 수종도 다양한데, 크게 난대림, 온대림(남부, 중부, 북부), 한대림 등으로 구분한다.

[표 6-2] 우리나라의 산림 식생 분포

산림대	위도(북위)	연평균기온	임상	특정 수종
난대림	35° 이남 (해안: 35°30′)	14℃ 이상	고유 상록활엽수 임상은 거의 파괴되고 낙엽활엽수, 침활혼합림, 소나무림화 된 곳이 많음	붉가시나무, 동백나무, 구실잣밤나무
온대림	35°~ 43° 내 고산지대를 제외한 지역	5~14℃	고유의 낙엽활엽수 임상은 거의 파괴되고 소나무림화 된 곳이 많음	참나무류, 느티나무, 소나무
한대림 (침엽수)	평안북도, 함경남북도의 고원 및 고산지대	5℃ 미만	고유의 침엽수림이 파괴되고 자작나무, 사시나무, 황철나무, 느릅나무 등의 활엽수 또는 침활혼합림이나 잎갈나무 순림	가문비나무, 분비나무, 잎갈나무

※ 자료출처: 산림청 누리집

산림 식생의 수직적 분포는 해발 고도가 높은 산악 지역에서 산록에서 산정으로 올라갈수록 기온이 떨어져서 식생이 변화하는 것을 나타낸 것으로 한라산은 우리나라의 산 중 식생의 수직적 분포가 가장 잘 나타나는 산으로 평가받고 있다(산림청). 일반적으로 난대(남사면 600m 이하, 북사면 400m 이하), 온대(남사면 600~1,500m, 북사면 400~1,500m), 한대(1,500m 이상)가 나타나며, 1,800m 이상은 강한 바람 및 토양 수분의 부족으로 작은 교목이나 관목이 분포한다.

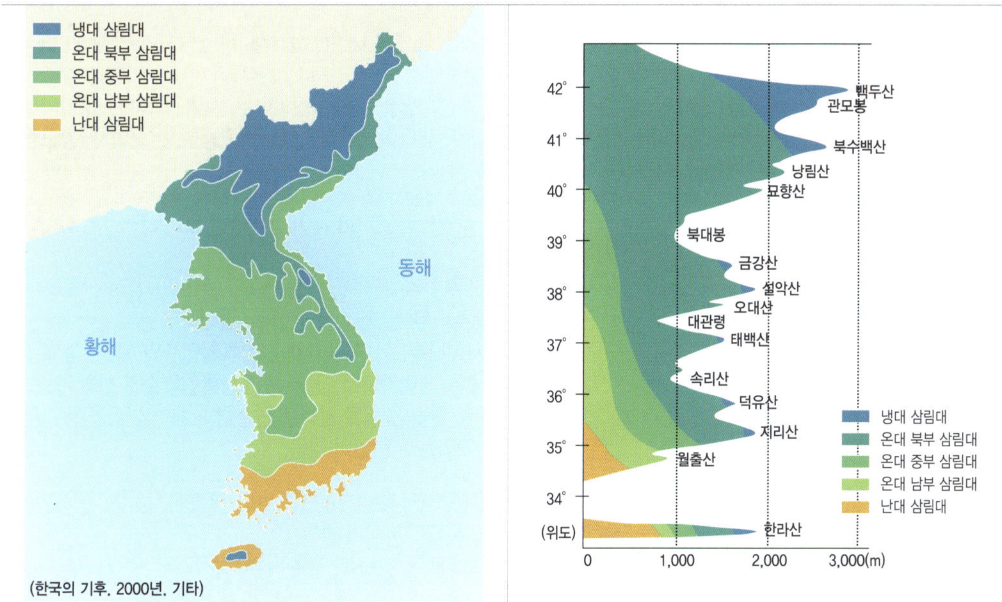

a) 우리나라의 수평적 식생 분포도 b) 우리나라의 수직적 식생 분포도

[그림 6-5] 우리나라의 식생 분포도

특히, 식생이나 식물상을 복원·도입하고자 할 때에는 식재 수종 선정에 주의해야 한다. 흔히 자주 일으키는 오류가 중부 지역의 복원 지역에서 남부 지역 수종을 도입하거나 그 반대의 경우이다. 지구 온난화, 도심 열섬 현상 등으로 남부 수종을 중부 지역에 도입하여 생존하는 사례가 늘고 있다고 하여 지속적으로 도입하는 것은 문제가 있다. 기후는 불규칙하기 때문에 수십 년간 따뜻한 겨울이 지속되다가도 한번이라도 추운 겨울이 오면 중부지역에 식재한 난대수종이 한꺼번에 죽을 수 있기 때문이다(이경준, 2021). 이것은 수목의 내성범위와도 관련된다. 급작스런 기온 변화로 내성범위를 벗어나게 되면 수목은 순응하지 못하고 고사할 가능성이 높아진다. 결과적으로 생태복원에 있어서 식생 복원을 할 때에는 주변의 훼손되지 않은 자연지역의 식생대를 참고하여 복원 지역에 적용하는 것이 가장 바람직하다. 따라서 특정 목적의 조경을 위한 식재가 아닌 이상 복원할 지역의 주변 자연 식생대 현황에 맞추어 수종을 선정하는 것이 중요하다.

[표 6-3]은 우리나라의 전형적인 수종 분포를 나타낸 것이며, 식물상이나 식생을 복원하고자 하는 지역을 파악하고, 해당 지역의 수종을 우선적으로 도입해야 한다.

[표 6-3] 우리나라 수림대의 주요 수종 분포

<table>
<tr><th>구 분</th><th>조 건</th><th>주요 수종</th></tr>
<tr><td rowspan="2">상록
활엽
수림대</td><td>• 내륙지역 북위 35°까지, 해안지역은 35°30′까지 분포
• 연평균 기온 14℃ 이상인 남부 해안 및 도서 지역</td><td>• 교목층: 붉가시나무, 후박나무, 구실잣밤나무 등
-기타: 녹나무, 종가시나무, 생달나무, 가시나무 등
• 아교목층: 동백나무, 감탕나무, 참식나무 등
• 관목층: 사철나무 등
• 초본층: 보춘화, 맥문동, 마삭줄, 송악, 남오미자 등
• 덩굴: 바람등칡, 마삭줄, 남오미자, 왕모람, 멀꿀 등</td></tr>
<tr><td colspan="2">※ 상록활엽수 분포의 북한계선: 함평 붉가시나무 자생북한지, 정읍 내장산 굴거리나무 군락지, 부안 변산반도의 후박나무 자생북한지, 옹진 대청도 동백나무 자생북한지 등
※ 전형적인 상록활엽수림대인 제주도 서귀포 지역 식생: 담팔수, 구실잣밤나무, 까마귀쪽나무, 후박나무, 동백나무, 조록나무, 참식나무, 가시나무, 감탕나무, 새덕이, 산유자나무, 바람등칡, 남오미자, 왕모람, 자금우, 돈나무, 백량금, 사스레피나무 등</td></tr>
<tr><td rowspan="3">낙엽
활엽
수림대</td><td rowspan="3">• 북위 35~43° 사이 (고산지대 제외)
• 연평균 기온 5~14℃, 지리적 위치와 식생 구성에 따라 남부, 중부, 북부로 구분</td><td>• 낙엽활엽수림대 남부(북위 35~36°사이, 동해안은 38°, 서해안은 37°30′까지의 범위)
- 개서어나무, 비목나무(보얀목), 나도밤나무, 윤노리나무, 산초나무, 단풍나무, 사람주나무, 굴피나무, 팽나무, 감태나무 등
- 사철나무, 줄사철나무, 굴거리나무 등 상록활엽수와 왕대, 솜대 등 대나무류, 소나무, 개비자나무, 곰솔 등의 상록침엽수가 섞여 자람.
※ 최근에는 소나무, 곰솔이 주로 자라는 단순림과 서어나무, 단풍나무, 굴피나무 등이 자라는 혼합림이 많음.</td></tr>
<tr><td>• 낙엽활엽수림대 중부(내륙은 38°30′보다 남쪽까지이며, 동해안은 북위 40°, 서해안은 39°까지의 범위)
- 느티나무, 때죽나무, 신갈나무, 졸참나무, 갈참나무, 감태나무, 생강나무, 물박달나무 등의 낙엽활엽수와 향나무, 전나무, 소나무 등의 상록침엽수가 같이 자람.
※ 최근에는 소나무만 자라는 숲과 신갈나무, 때죽나무 등이 섞여 자라는 혼합림이 많음.</td></tr>
<tr><td>• 낙엽활엽수림대 북부(중부 이북에서 중국과 러시아 국경까지의 범위)
- 피나무, 웅기피나무, 개벚지나무, 산겨릅나무, 시닥나무, 부게꽃나무, 산괴불나무, 참피나무, 박달나무, 신갈나무, 개암나무, 거제수나무, 정향나무 등의 낙엽활엽수와 전나무, 잣나무 등의 상록침엽수, 잎갈나무 등 낙엽침엽수가 섞여 자람.
※ 최근에는 피나무, 박달나무, 신갈나무, 잣나무, 전나무가 섞인 혼합림과 소나무만 자라는 숲이 많음.</td></tr>
</table>

※ 자료출처: 공우석(2007)의 내용을 토대로 재작성함.

• 기후변화 대응 계획

기후변화에 대응하기 위한 계획은 크게 기후변화 완화(mitigation) 계획과 적응(adaptation) 계획으로 구분한다. 기후변화 완화 계획은 기후변화를 일으키는 온실가스의 발생원을 억제하거나 줄이고, 온실가스의 흡수원을 확충하기 위한 인위적인 개입이 반영된 계획을 의미한다. 반면, 기후변화 적응 계획은 기후변화의 영향으로 인한 다양한 위협을 줄이기 위해 자연시스템과 인류시스템에 적용하는 모든 조치 계획을 의미한다. 후자의 경우 에너지, 교통, 산업, 쓰레기 등 모든 부문에 장기간에 걸쳐 적용하여야 하며, 그 효과는 오랜 시간에 걸쳐 서서히 나타나는 특성을 갖는다.

이 책에서는 기후변화 완화 계획과 관련된 것을 중심으로 제시하였는데, 우선 탄소흡수원(Carbon Sink)인 토양, 식생, 습지 등을 복원하여 탄소 저감 효과를 높일 수 있다. 여기서 토양은 탄소의 흡수원으로 토양의 입단화된 구조와 토양 유기물을 통하여 탄소를 저감한다. 특히 표토는 대기의 탄산가스 농도에 대한 영향을 변화시킬 정도로 많은 탄소를 격리시키는 역할을 한다.

한편, 식생은 온실가스인 이산화탄소를 흡수하고 저장하여 이산화탄소 배출을 줄이는 즉, 탄소 배출을 억제하는 효과가 있다. 따라서 복원지역에 식생을 도입할 때 탄소저감 효율이 높은 수종을 활용하면 좋다.

습지는 대기의 이산화탄소를 흡수함으로써 탄소를 포획하여 식물 성장에 활용한다. 또한 습지의 물은 진흙에서 산소가 방출되는 것을 억제함으로써 식물의 분해를 더디게 하기 때문에 이산화탄소 방출을 억제하는 역할도 한다.

복원 재료의 사용에 있어서는 친환경적인 재료를 이용할수록 기후변화 완화에 기여할 수 있는데, 예를 들어 시공 재료 중 하나인 시멘트는 1ton을 생산할 때 0.9ton의 이산화탄소가 발생하는 것으로 알려져 있다. 따라서 복원 지역에서 도입 시설물의 기초 시공 시 사용하는 콘크리트 대신 친환경 기초 공법을 통해 시멘트 사용을 저감하면 탄소 배출 저감 효과를 가져올 수 있다. 더불어서 가급적이면 콘크리트와 같은 인위적인 시설물이나 포장재는 생태복원 사업지역에서는 사용하지 않는 것이 더 바람직하다.

2) 지형 복원

지형은 생태복원을 위한 기반환경 요소로서 생태복원 계획에 있어서 중요한 비중을 차지하고 있다. 일반적으로 지형을 훼손하지 않고 복원하는 방법과 함께 식물이 온전히 성장해 갈 수 있도록 식재 기반을 형성하는 데 있어서 중요한 역할을 담당한다. 따라서 생태기반환경으로서 지형의 계획 및 설계에서는 기존의 자연 지형을 최대한 보전하는 것을 우선적으로 고려해야 하며, 불가피한 경우에는 지형의 훼손을 최소화시키면서 개발하는 방법, 그리고 개발 후 지형을 복원하기 위한 방법 등을 고려하여 이루어져야 한다. 또한, 지형과 함께 토양의 보전과 활용에 대한 것도 동시에 고려해야 한다.

가) 지형의 조작

지형의 조작은 훼손된 지형을 대상으로 기복을 형성하여 물의 흐름과 고임의 조절, 식재에 적합한 환경 조성 등 생태복원을 위한 기초라고 할 수 있다.

지형의 계획 및 설계에서는 우선 대상지역의 지형이 원래의 것이었는지를 파악하는 것이 중요하다. 원래의 지형이었다면 복원 시 원형 보전을 우선적으로 고려해야 한다. 반면, 개발 등으로 지형이 훼손된 것이라면 원래의 지형으로 복원하는 것이 바람직하다. 물론 원 지형으로 복원을 위해 과도한 토량 공사가 발생한다면 외부 유입이 바람직한 것인지 아니면 원형은 아니더라도 원형에 가깝게 해 주는 것이 바람직한 것인지 등에 대해 많은 고민을 해야 한다. 외부에서 다량의 흙을 가져오거나 내보내는 것은 경제적 효율성뿐만 아니라 생태적 효율성도 떨어뜨릴 수 있다. 가장 이상적인 것은 대상지역에서의 토공량 균형을 유지하는 것이다. 예를 들어, 습지를 조성하기 위해 웅덩이를 팠다면 그때 발생한 토양을 이용하여 주변지역으로 후글컬쳐(hugelkultur, 언덕)를 만들거나 지형의 기복을 형성해 주어 다양한 지형을 만들어 주는 것이 좋다. 후글컬쳐는 복원 과정에서 나오는 부산물(목재, 잡목 등)을 이용하여 조성하는 생물서식처이다. 또한, 복원 대상지에서 발생한 나무토막은 토양 및 주변의 물을 천천히 흡수하고 저장하여 수분이 부족하거나 필요한 수목에 전달하는 기능을 하여 물의 순환을 원활히 할 수 있다. 환경부에서는 자연환경복원 사업에 후글컬쳐를 적극적으로 도입할 계획을 갖고 있다. 이러한 공간은 기후변화에 따른 토양수분 및 지하수 유지 함양 기능을 갖는다. 특히, 통나무를 바탕에 두고, 건조한 잎, 짚더미 등의 유기물과 토양을 적극적으로 이용하는 기법으로서 토양 환경 개선과 토양생물의 서식처를 제공할 수 있다. 다만, 후글컬쳐를 조성할 때 통나무는 활엽수를 중심으로 이용하는 것이 좋다. 침엽수류는 피톤치드 계열의 물질들이 나와서 곤충의 유인 및 서식에 불리하기 때문이다. 이렇게 활엽수를 이용한 접근 방법은 곤충 서식처를 만드는 곤충호텔이나 통나무 더미 쌓기 기법에도 적용된다.

연구용 습지를 조성하기 위해 굴착 시 발생한 흙을 이용하여 후글컬쳐를 조성

[그림 6-6] 대상지역 내 토공량의 균형을 유지한 사례

[그림 6-7] 후글컬쳐 조성 방법 및 사례

※ 자료출처: Gardening Class Facebook

복원할 지역의 지형에 대한 원형이 파악되고 훼손 지역을 원래 형태로 복원할 계획을 수립했다면,

그 다음엔 주변 생태계(또는 지형)와의 자연스러운 연결이 가능하도록 복원 방향을 설정하면 좋다.

[그림 6-8]은 고속국도의 폐도 복원을 위한 지형 조작 방법을 다르게 접근한 사례들이다. 영동선 지역의 경우에는 기존 지형을 최대한 유지한 상태로 복원 공사를 진행한 것이다. 경부선 지역의 경우에는 고속국도 건설을 위해 단절시켰던 산림을 연결하기 위한 사례다. 이를 위해 대상지역 내에서 확보 가능한 토량을 단절된 산림지역으로 이동시키는 방안을 마련하였다. 마지막으로 남해선의 경우에는 고속국도를 개발하면서 성토한 곳으로서, 폐도로가 된 이후에 개발 전의 상태로 되돌리기 위해 절토를 통해서 원지형을 확보하고, 기존의 하천을 자연스럽게 연결시키는 접근 방법을 적용하였다.

구 분	기본 개념	복원방향	
영동선 192.4K 폐도 복원	• 기존의 지형을 최대한 보존하고 이용하여 환경 잠재성을 유지	 복원 전	 복원 후
경부선 260.2K 폐도 복원	• 두개의 산림 단절지에 성토화 하여 산림의 연결 • 지형의 조작을 통한 다양한 서식처 조성	 복원 전	 복원 후
남해선 77.6K 폐도 복원	• 절토에 의한 원지형 복원 • 주변 하천 및 산림과 연계	 복원 전	 복원 후

[그림 6-8] 폐도 복원에 있어 각기 다른 지형 조작을 통한 복원 예시

지형을 복원할 때 중요한 것은 지질 조사를 함께 하는 것이다. 특히, 폐도로 복원과 같은 경우에는 현재의 폐도로 하부에 또 다른 폐도로가 존재하는 경우도 있다. 그리고 폐도로 하부에 바로 암석이 존재할 수도 있기 때문에 지질 상태를 충분히 조사하고 복원하는 것이 좋다.

무등산국립공원 내 중봉의 군부대 이전 지역의 복원 사업에서는 [그림 6-9]와 같이 기존의 군부대 조성을 위해서 절토하였던 산림의 능선을 연결하기 위한 지형 복원 사업을 우선 추진한 좋은 사례이다. 지형을 복원한 이후에 해당 지역의 자생수종과 원식생을 고려하여 복원하였다(1999년 복원 사업 진행).

[그림 6-9] 훼손된 원지형을 복원한 후 식생을 복원한 사례(무등산 군부대 이전 지역)

※ 사진제공 : 오구균 교수(호남대)

만약 복원할 지역의 지형이 훼손되지 않은 평탄지라면 대상지 내에 지형 조작을 통해 저습지와 구릉지 등을 조성하여 다양한 환경을 제공해 주는 것이 좋다. 또한, 야생동물의 눈높이를 고려하여 마운딩을 함으로써 사람과 야생동물의 거리를 확보해 줌과 동시에 야생동물에게 시각적 안정감을 주는 것도 좋은 방법이다([그림 6-10] 참고).

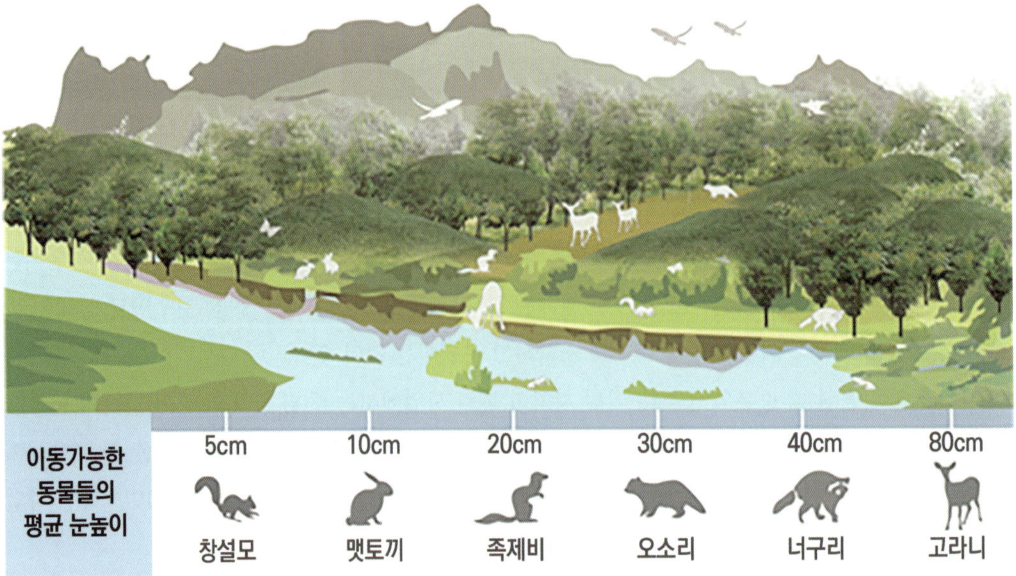

[그림 6-10] 야생동물의 눈높이를 고려한 지형 계획(밀양 자연마당)

한편, 건축물의 배치에 있어서는 지형의 경사도나 방향, 바람의 방향 등을 고려하여 에너지 소비를 줄이는 방향으로 건물을 배치하며, 비탈을 이용한 테라스하우스 조성으로 지형에 순응하는 것이 바람직하다.

나) 식재를 위한 지형 복원

지형의 복원 시 함께 고려해야 할 것은 복원 목표종이나 목표 서식처를 고려하여 어떻게 지형을 다양하게 조성해 줄 것인가에 대한 것이다. 즉, 목표종의 생육 및 서식에 적합하거나 도움을 줄 수 있도록 지형을 형성해 나가면 좋다. 동일한 경사 지형이더라도 주변 경관 및 산림 생태계와의 연결성을 확보하기 위해서 리듬감 있는 비정형화된 식재 방식을 채택하는 것이 좋다.

[그림 6-11] 주변 경관 및 산림 생태계와의 리듬감 있는 연결 방법

특히 식물들은 생존 및 생육에 적합한 방향과 경사도를 요구하기 때문에, 수종의 배치와 위치 선정 시 지형의 구조를 고려해야 하는데, 구체적인 내용은 다음과 같다.

[표 6-4] 식재 비탈면의 기울기

기울기			식재 가능 식물
1:1.5	66.6%	33°40′	초화류
1:1.8	55.0%	29° 3′	지피류, 관목
1:3	33.3%	18°30′	지피류, 관목, 아교목
1:4	25.0%	14°	지피류, 관목, 아교목, 교목

※ 자료출처: 한국조경학회(2007)의 내용을 수정·보완함.

또한, 비탈면 기울기의 식물 생육 적합도의 판정 기준은 다음과 같다.

[표 6-5] 비탈면 기울기의 식물 생육 적합도 판정 기준

판정 기준	식물 생육 특성
30° 이하	• 키가 큰 수목 위주의 식물 군락 복원과 주위 자생종의 침입 가능 • 식물 생육이 양호하고, 피복이 완성되면 표면 침식은 거의 없음
30~35°	• 그대로 방치했을 경우 주변으로부터의 자연 침입으로 식물 군락이 성립되는 한계 각도이며, 식물의 생육은 왕성
35~40°	• 식물의 생육은 양호한 편이나 키가 낮거나 중간 정도인 수목이 많고, 초본류가 지표면을 덮는 군락의 조성이 바람직함
45~60°	• 식물 생육은 다소 불량하고 자연 침입종이 감소 • 키가 낮은 수목이나 초본류로 형성되는 키 작은 식물 군락 조성이 바람직함
60° 이상	• 생육이 현저하게 불량해지고 수목의 키가 낮게 성장 • 초본류의 쇠퇴가 빨리 일어남 • 바위의 틈 사이 뿌리 신장을 기대하여 키 낮은 수목 도입도 바람직함

※ 자료출처: 한국조경학회(2007)의 내용을 수정·보완함.

생태복원에 있어서 식재기반의 조성은 식물이 살 수 있는 기반을 조성하는 것이기 때문에 지형과 토양을 동시에 고려해야 하며, 식재기반에 적합한 지형과 토양이 유지될 수 있도록 계획해야 한다. 또한, 피해 받고 압축된 토양을 복구하고, 표토의 보전 혹은 재사용을 통해 표토의 손실을 최소화시키도록 해야 한다.

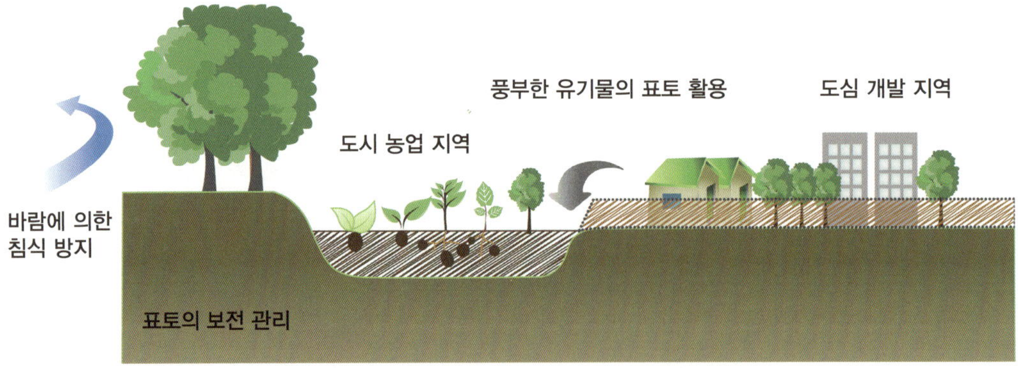

[그림 6-12] 표토의 보전과 양질의 토양 확보

식재지반 조성을 위해 토양오염 우려 지역에서는 토양 분석을 실시해야 하며, 불량 지역에 식재층을 조성할 경우, 배수층 조성, 환경친화적 개량, 안정적 생장을 위한 배수 체계, 식재층 조성 순으로 구상한다.

식재지반이 열악한 곳은 성토법과 객토법을 활용해 식재층을 조성하도록 해야 한다. 일반적으로

성토법과 관련하여, 성토 지반을 잘 정비하기 위해서는 배수구를 파서 모래 또는 쇄석을 집어넣고 이것이 막히지 않도록 모래를 피복하여 암거배수로 하는 것이 바람직하다. 배수구의 크기는 침수의 규모에 따라 다르지만, 폭과 깊이는 60~100㎝ 정도, 간격은 5~10m 내외가 일반적이다.

객토법은 악조건의 식재지반을 토양 교체에 의해 부분적으로 수목 생장에 좋은 환경을 조성함에 있으며, 이로써 환경 변화나 이식으로 인해 쇠약해진 수목을 회복, 생장시키는 방법이다. 객토량은 수종별, 식재 내용별로 결정하되 일반적으로 수관 범위의 면적을 기준으로 산정하며 [표 6-6]을 기준으로 하는 것이 좋다.

[표 6-6] 객토량 산정 기준

구분	교목	아교목	관목	지피·초화류
객토량	1.0m 깊이	0.7m 깊이	0.5m 깊이	0.2~0.3m 깊이

※ 자료출처: 국토교통부, 2019.

3) 수리·수문의 복원

물은 지구상의 생물종들에게 있어 중요한 서식처 요구조건이다. 그리고 습지는 생물다양성의 증진이나 수질정화 등을 목적으로 생태복원 사업에 있어서 빠지지 않는 요소이기도 하다. 습지의 가장 큰 특징은 물을 담고 있는 곳이라고 할 수 있다. 일반적으로 자연습지에서는 물의 침수 빈도, 깊이, 그리고 유입 기간에 따라 습지식물의 출현과 습지가 제공하는 기능을 확대하는 데 중요한 영향을 주고 있는 것으로 조사되고 있다(서울대학교, 1997). 습지식물의 출현에 영향을 주는 요소와 함께 습지를 조성하기 위해서 고려되어야 할 것은 물의 공급원 확보이다. 특히, 습지나 실개울의 조성을 위해서 필요한 물을 어디서 어떻게 확보할 것인지를 우선적으로 해결해야 한다. 이후에 수심이나 유속은 어떻게 할 것인지도 고려해야 한다.

가) 수원 확보

일반적으로 수원은 빗물(우수), 주변 하천이나 계곡수, 용출수, 지표수, 지하수, 상수, 하수의 재처리수 등으로 구분하여 접근할 수 있다. 습지나 하천을 조성하는 데 있어서 단독 수원을 확보하기 보다는 다양한 수원을 함께 이용하는 것이 효율적이다.

빗물은 최근 들어 많이 사용하는 수원으로서 여름철에 집중 호우가 발생하는 우리나라의 강우 패턴에는 부적합하다는 의견도 많으나, 빗물 저류조와 같이 우수를 저장할 수 있는 시설을 확보함으로써 극복해 가고 있다. 또한, 수면적 100㎡, 수심 20㎝ 이하의 소규모 습지를 만드는 곳에서는 빗물만을 활용해서도 충분히 서식처의 효과를 볼 수 있다.

빗물 저류 연못	빗물 침투 연못

[그림 6-13] 빗물로 운영하는 생태습지

주변 하천수나 계곡수를 활용하는 것은 천변이나 계곡 주변에 습지를 조성할 때 활용하는 것으로 하천이나 계곡에서 별도의 수로를 확보하여 습지 내로 공급하는 시스템을 갖추도록 한다.

용출수가 나는 지역은 그 자체가 습지가 된다. 용출되는 물의 양에 따라서 습지나 수로의 규모·길이를 결정하여 접근하면 좋다.

지표수는 유입 과정에서 습지에 필요한 영양물질을 가져온다는 장점과 함께 오염물질도 가져온다는 단점을 모두 가지고 있다. 따라서 지표수의 사용은 주변의 토지이용을 고려하여 신중하게 결정해야 한다. 특히, 도시지역에서는 불투수성 포장 면적이 많아서, 투수성 공간을 가진 곳에 온갖 오염물질을 함께 가져와 습지나 하천 등의 오염원이 될 수 있다. 또한, 주변의 토지이용이 공원과 같은 투수성 공간이더라도 공원 관리를 위한 비료 및 농약 등의 사용으로 인한 오염원이 강우 시 함께 습지로 유입되어 부영양화를 촉진시킬 수 있는 위험 요소를 가지고 있으므로 이를 고려해야 한다. 이러한 경우에는 지표수의 수질을 측정하여 생물의 서식에 적합한지를 측정한 후에 도입 여부를 결정하는 것이 바람직하다.

지하수는 지나치게 수온이 낮지 않은지 혹은 빈영양 상태인지를 검토해야 한다. 일반적으로 지하수는 지표수와는 반대로 오염되지 않았다는 특징도 있지만, 생물종이 서식하는 데 필요한 영양분이 부족할 수 있다는 단점을 갖고 있다. 또한, 지하수는 지표수보다 온도가 낮아서 여름철에 수온을 낮게 해주는 장점을 가지고 있다. 일반적으로 높은 수온은 수생생물의 생장이나 서식을 제한하는 요소로 작용하고, 부영양화를 초래하기도 한다. 물론 지나치게 낮은 수온도 생물 서식을 어렵게 한다.

외국의 경우에는 가능하면 지표수를 사용하도록 권고하고 있는데, 이것은 영양물질을 습지 내로 유입한다는 점을 강조한 것이며, 지하수의 고갈을 방지하기 위한 것이라고 할 수 있다. 그러나 도시지역이나 주변이 오염된 지역에서 복원을 할 때에 지표수를 사용할 경우, 주변에 쌓여 있는 오염물질을 가져올 확률이 높을 것이므로 신중한 고려가 필요할 것이다.

상수는 습지에 직접 유입시키기 보다는 물에 포함된 여러 약품들을 정화한 후에 공급될 수 있도록 하는 것이 바람직하다. 또한, 상수도 비용의 지불에 따른 유지·관리비의 상승도 고려해야 한다.

하수의 재처리수 혹은 고도처리 후 발생된 물은 일반적으로 택지개발사업 지역에서 사용하고 있다.

생물서식공간이나 친수 공간에 활용하기 위해서는 적정 수준 이상의 수질을 확보해야 하며, 정화된 하수를 생물서식공간까지 압송해야 하는 경제적 부담이 있다. 또한, 고도처리된 물이더라도 악취가 발생할 우려가 있으며, 생물서식에 제한적일 수 있음을 고려해야 한다.

나) 유입구와 유출구 조성

지표수를 이용하는 습지의 경우, 유입구와 출수구의 조성 시 공학적인 측면에서 고려해야 할 요소는 유입수와 유출수의 흐름이다. 유입구의 경우에는 유입하는 과정에서 주변의 흙을 습지 내로 끌어들여와 습지의 수심을 얕게 하는 등의 문제점을 일으킬 수 있으며, 유출 시에는 유속에 의한 유출구 주변을 침식시킬 수도 있다. 이러한 문제점의 해결 방법은 조성하고자 하는 지역의 특성에 따라 달라지지만, 전문적인 조사가 수행된 후에 처리하는 것이 바람직하다.

유출구는 가능하면 유입구보다 좁게 만들거나, 만들지 않는 방법으로 조성하는 것이 좋다. 유출구가 없거나 좁게 조성되면 침전, 흡수, 생물학적 과정, 그리고 영양물질을 보유하는 데 효과적이다. 따라서 유출구는 최고 수위의 평균 수면적의 폭보다 1/3 이하로 유지하거나, 유입구 폭의 1/3 이하로 유지하는 것이 바람직하다.

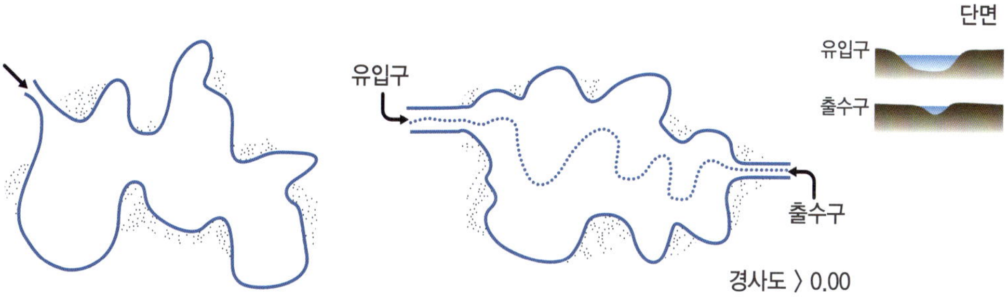

[그림 6-14] 습지의 유입구와 출수구
※ 자료출처: Anne D. Marble, 1992.

또한, 유입구를 조성할 때에는 수질을 고려해야 한다. 앞서 언급한 것처럼 지하수가 아닌 지표수를 사용할 경우 주변 지역으로부터의 오염물질을 제거해야 하며, 도시지역에서 쉽게 활용할 수 있는 상수의 경우에는 상수 내의 염소 성분 등을 제거하기 위한 처리 과정이 필요하기 때문이다.

이러한 문제점을 해결해 줄 수 있는 방법으로 우선, 유입구의 거리를 길게 확보해 주는 방법과 다단의 습지를 조성해 주는 방법이 있다. 특히, 유입구를 길게 조성할 때에는 수질 정화력이 높은 수생식물을 식재해 주면 더 큰 성과를 가질 수 있다. 이와 같은 다양한 방법을 이용하여 생물이 서식할 공간의 수질은 pH 6.0~8.5 사이로 조성해 주는 것이 바람직하다. 일반적으로 수생식물의 생산성은 pH가 중성일 때 가장 높게 나타난 것으로 보고되고 있으며(Anne D. Marble, 1992), 지나치게 산성일 경우에는 양서류의 산란 등에 영향을 미친다.

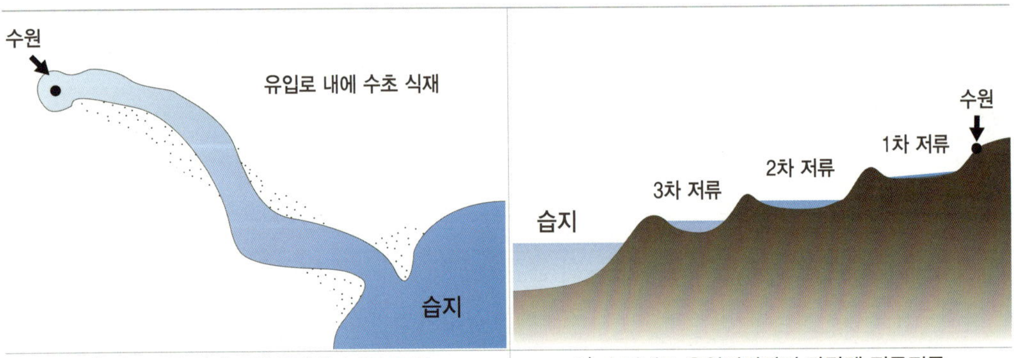

a) 입수구를 길게 조성하면서 수생식물을 도입함으로써 수질정화를 꾀함.	b) 습지내로 유입되기까지 다단계 저류지를 조성하기 위한 단면의 예시

[그림 6-15] 습지의 유입구 조성 기법

다) 습지의 규모

복원하고자 하는 습지나 하천의 규모는 복원 목적 및 확보할 수 있는 수원의 양에 따라서 달라진다. 그리고 일반적으로 습지의 복원 효과는 습지의 규모에 따라 증가한다. 습지의 경우, 초기 우수 처리를 목적으로 할 경우에는 전체 유역 면적의 2~4%의 규모로 조성하는 것이 바람직하다. 이때 전처리를 위한 침전지나 하천변 완충 녹지를 조성할 경우는 1~2%로 줄일 수 있다.

오염물질 제거를 위한 습지는 오염물질에 관한 정보 등 다양한 자료를 확보한 후 분석하여 결정하는 것이 바람직하다. 일반적으로 미국의 경우, 오염물질 제거를 위한 습지는 평균 10,000㎡ ~1,000,000㎡로 조성하고 있다. France(2003)는 수질 정화용 습지 52개소를 대상으로 분석한 결과, 질소와 인, 세균, BOD, 부유물질 등의 오염물질 대부분을 효과적으로 제거하기 위해서는 습지를 흘러 통과하는데 10~15일이 걸리는 것이 바람직하다고 제안하였다. 또한, 동일한 오염물질의 제거를 위한 적정 거리는 20~40m 정도면 제거 효율의 정점에 도달할 수 있다고 분석하였다. 습지 형태는 이론적으로 길이:너비 비율이 2:1 (3:1~4:1이 바람직) 이상이면 오염물질 제거에 효율적이다(France, 2003).

다양한 야생동물의 유인 및 서식을 목적으로 하는 습지는 5,000㎡~40,000㎡가 바람직하다. 최소한 200㎡ 이상은 확보해야 하며, 40,000㎡가 넘는 경우에는 일반적으로 생물다양성 증진 효과가 감소한다. 반면, 특정종의 서식을 위한 습지일 경우에는 해당 생물종의 행동권을 고려하여 그 크기를 결정하는 것이 바람직하다. 예를 들어, 이동거리가 짧은 맹꽁이 등의 서식지를 위해서는 50㎡ 이상의 수면적만 확보해 주어도 된다. 참고로 맹꽁이는 주로 흙속에서 생활하는 특성이 있으며, 하루 최대 이동거리는 167m(번식기)~103m(동면 준비기) 내외로 보고 있다(국립생태원, 2022.8.). 또한, 도시지역에서 산림과 같은 종급원이 풍부한 지역에서는 작은 크기의 연못만으로도 다양한 생물종을 유인할 수 있다. 실제로 경기도 안산시청 뒤편 담장에서 가까운 야산에 야트막한 물웅덩이를 파놓고 조류의 생태를 관찰한 기록이 있다. 원래 이것은 물의 소중함을 알리기 위해서였지만 천연기념물 323호인 붉은배새매와 황조롱이 등이 찾아왔다. 2006년 9월부터 그 해 12월까지의 관찰에서 청딱다구리, 오색딱다구리, 상모솔새 등 56종이 이 물웅덩이를 찾았다(연합뉴스, 2006.12.31.).

[그림 6-16] 안산시청의 위치

※ 자료출처: 카카오맵 2018년 촬영영상

민감한 서식지의 보호를 위해서는 하나의 큰 습지보다는 여러 개의 습지로 분리하여 접근할 수 있다. 이것은 하나의 습지만을 조성할 경우에 주변 오염물질에 의한 수질 악화와 같은 문제점이 발생할 가능성을 염두에 둔 것이다. 이러한 접근 방법은 점이대(ecotone)의 면적 확보에 유리하여 좋다. 하지만, 목표종이나 목표 개체수를 고려하여 접근해야 하며, 지나치게 작은 여러 습지를 만들 경우에는 습지의 내부에서 서식하는 생물종들에게 위협을 줄 수 있다.

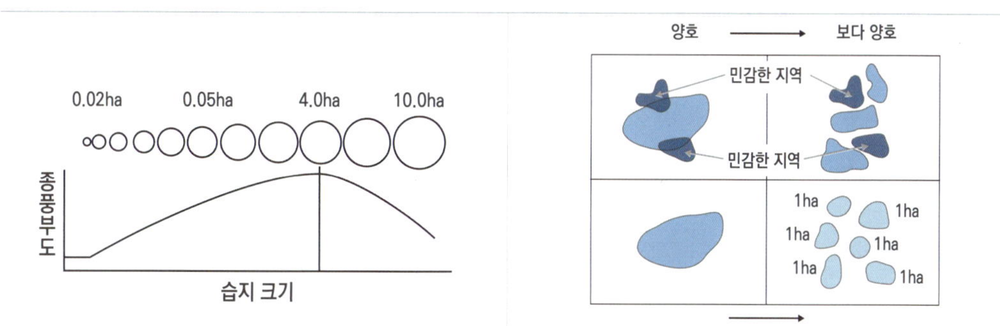

[그림 6-17] 습지에 있어서 면적 결정 시 고려 사항

※ 자료출처: Robert L. France, 2003.

한편, 습지의 규모를 결정하는 데 있어서 정량적으로 접근하기 위해서는 대상지역의 수리·수문 분석, 홍수량 산정, 저류지 용량 계산 등의 방법을 따라야 한다. 특히, 홍수나 집중 호우에 대비한 저류

공간을 확보하고자 할 때에는 정량적으로 접근할 필요가 있다. 이를 위한 전체 과정은 [그림 6-18]과 같으며, 여기서는 밀양 자연마당 지역에서 실시한 내용을 예시로 소개했다.

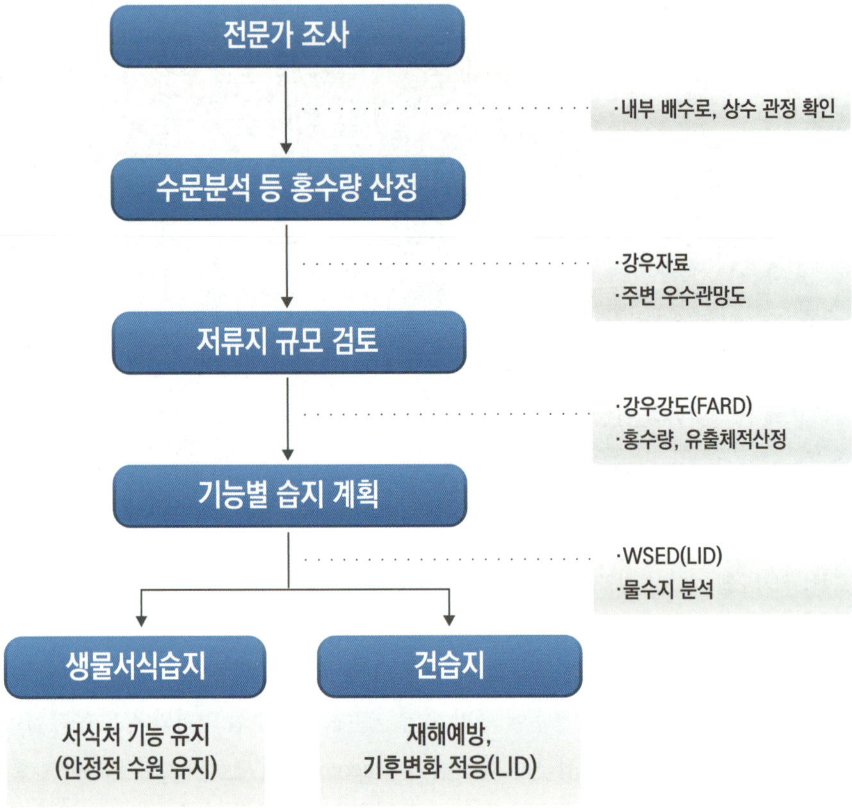

[그림 6-18] 습지 조성을 위한 계획 과정(밀양 자연마당)

우선, 저류지 용량 산정과 관련해서는 토지이용계획에 따라 조성할 저류지 2개소에 대한 수문 분석을 시행하여 적정 용량을 산정하였다. 복원 대상지 인근 강우관측소의 자료를 활용하여 강우 분석을 시행하였고, 조성할 저류지 별로 50년 빈도의 홍수량을 산정하였다. 또한, 홍수 시 계획 유량이 안전하게 방류될 수 있도록 방류구의 규격 및 저류지 규모를 결정하였다.

• 강우 분석

검토 대상 유역에는 강우관측소가 없어서 인접 지역에 기상청 산하 밀양관측소의 자료를 활용하였다. 밀양관측소의 42개년 강우 자료를 분석하여 확률 강우량을 산정하였는데, 이는 [표 6-7]에서 제시하였다.

[표 6-7] 밀양관측소 현황 및 확률강우량 산정 결과

티센티망도	확률 강우량 분석 결과											
	재현기간	지 속 기 간(분)										
		10	60	120	180	240	300	360	420	480	540	600
	10년	25.7	59.4	79.5	95.4	108.7	119.4	128.3	136.2	144.8	152	157.4
	20년	32.6	69	90.5	109.3	124.7	138	148.5	156.9	166.6	175.9	182.1
	30년	37.6	75.1	97.1	117.8	134.6	149.7	161.4	170	180.2	191	197.7
	50년	45.1	83.4	105.7	129.1	147.7	165.6	179	187.8	198.7	211.6	219
	80년	53.5	91.7	114.1	140	160.6	181.5	196.7	205.5	217.1	232.3	240.4
	100년	58.1	95.9	118.1	145.4	166.9	189.5	205.7	214.5	226.4	242.7	251.2
	200년	75.5	110	131.5	163.3	188.1	216.4	236.3	244.7	257.6	278.2	287.9

• 홍수량 산정

저류지별로 소유역을 분석하여 유역 특성 인자를 도출하고, 복원 계획에 따른 유출 계수를 산정하였다. 홍수량 산정 방법으로는 CLARK 유역 추적법, SCS 무차원단위도법, Snyder를 비교하였고, 첨두홍수량이 가장 많은 SCS 무차원단위도법을 채택하여 저류지의 여유고까지 고려하였다.

산정지점	유역면적(㎢)	확률강우량	강우량(ton)	유출체적(ton)
A	0.0077	83.4	642.18	440.0
E	0.0138	83.4	208.50	640.0

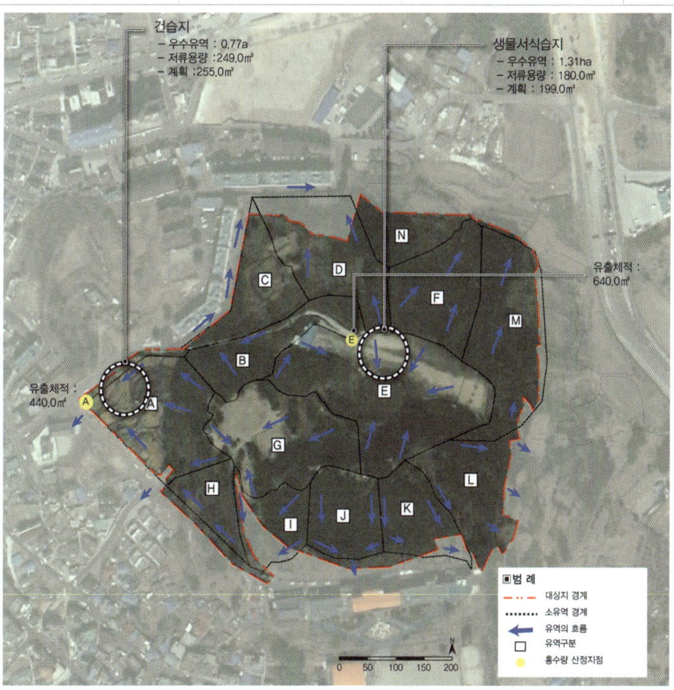

[그림 6-19] 저류지별 유역 분석도

• 홍수량 산정 결과

복원 계획에 따른 홍수량 산정 결과, 복원 후 녹지율 증가에 따라 30년~100년 빈도까지는 복원 전에 비해 5~10%가량 홍수량이 감소하지만, 200년 빈도에서는 0~2% 정도 증가할 것으로 예상되었다.

[표 6-8] 개발 전과 후의 홍수량

구분	산정지점	유역면적 A(㎢)	재현기간별 홍수량(㎥/sec)				
			30년	50년	80년	100년	200년
개발 전	A	0.0077	0.31	0.35	0.41	0.44	0.58
	E	0.0138	0.25	0.30	0.35	0.38	0.60
	증감		-0.06	-0.05	-0.06	-0.06	0.02
개발 후	A	0.0077	0.33	0.37	0.42	0.44	0.54
	E	0.0138	0.30	0.35	0.40	0.43	0.54
	증감		-0.03	-0.02	-0.02	-0.01	0.00

• 저류지 용량 검토

계획 저류지는 영구 시설물로 치수 안정성 확보를 위해 계획 빈도 50년을 적용하였다. 그리고 복원 후 녹지 조성으로 토사 유출량은 감소하지만, 200년 빈도의 홍수 및 안정성을 고려하여 토사 조절부를 포함한 계획을 수립하도록 했다.

[표 6-9] 저류지의 용량 검토

구분			내용	저류지별 홍수 수문 곡선
A	복원전 방류구	용량(㎥)	249	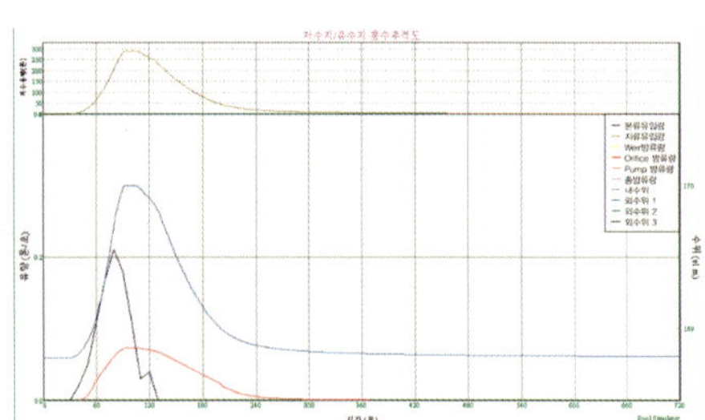
		규격(㎜)	D200 × 1EA	
	첨두유입량(㎥/s)		0.35	
	최대순간방류량(㎥/s)		0.19	
	최대구간방류량(㎥/s)		0.09	
	저류용량(ton)		249.0	
B	복원전 방류구	용량(㎥)	180	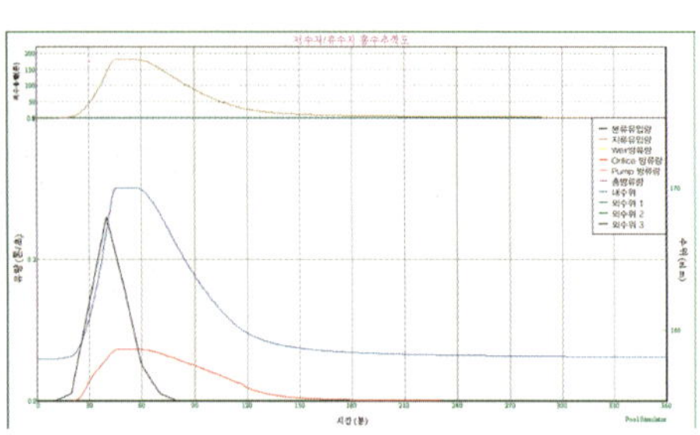
		규격(㎜)	D200× 1EA	
	첨두유입량(㎥/s)		0.37	
	최대순간방류량(㎥/s)		0.30	
	최대구간방류량(㎥/s)		0.13	
	저류용량(ton)		180.0	

지금까지 분석한 내용을 토대로 저류 기능을 갖는 습지 규모 계획을 예시하였다. 저류 기능의 향상을 위해서 자연형 계류습지, 생물서식습지, 건습지를 포함시켰다. 자연형 계류습지는 빗물을 주 수원으로 하고, 생태학습 및 교육공간으로 계획하였다. 생물서식습지는 핵심지역의 확대 공간으로 목표종의 서식 환경이 될 수 있도록 계획하였다. 그리고 건습지는 강우 시 우수를 집수하여 수원을 확보하고, 평상시에는 자연형 초지로 활용함으로써 다양한 야생동물의 채이, 은신, 산란(맹꽁이의 경우, 여름철에 일시적으로 생기는 물웅덩이에 산란하기도 함) 등의 활동을 유도할 수 있도록 계획하였다.

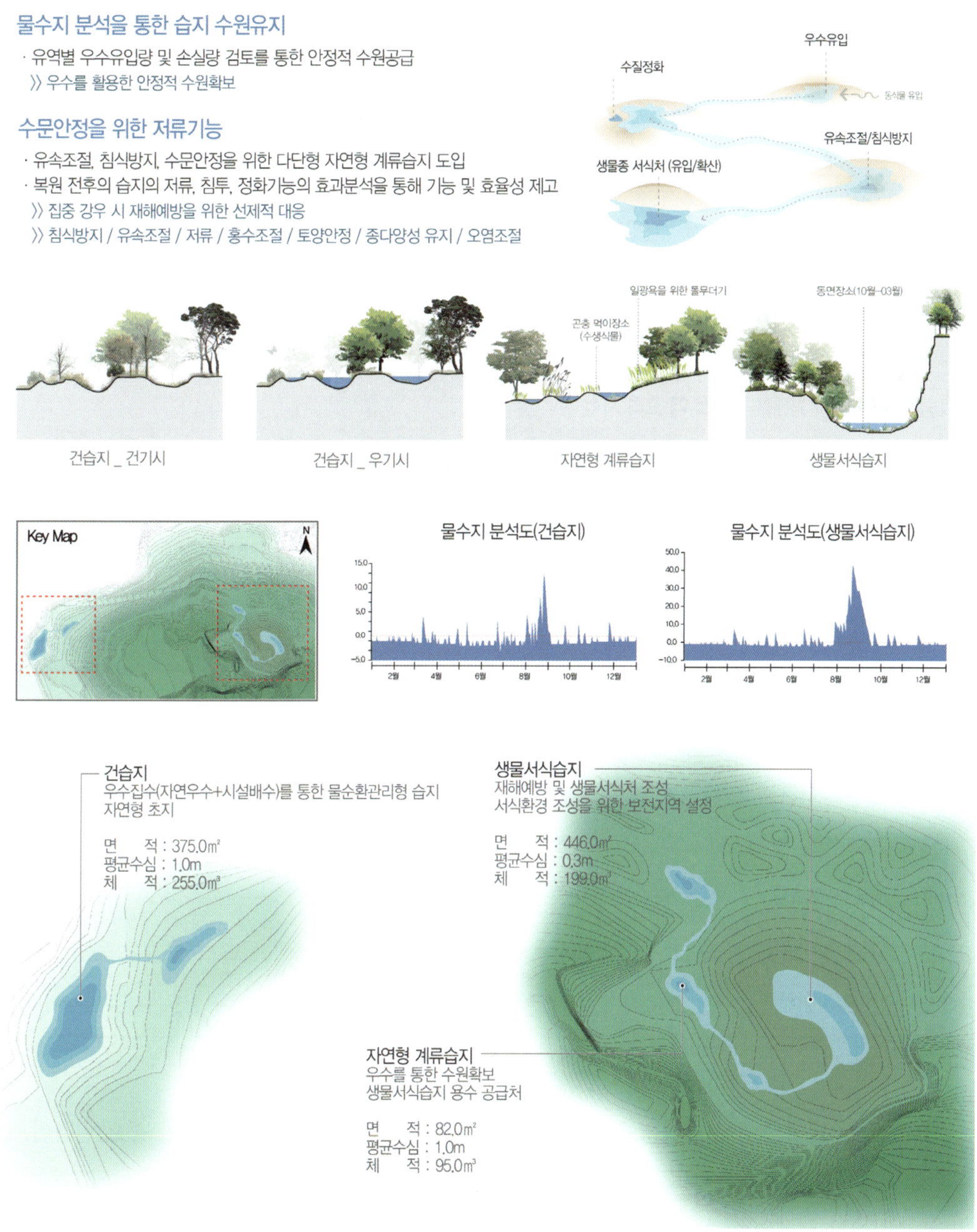

[그림 6-20] 습지 기능 복원 계획도

라) 습지의 형태

습지의 형태는 다양할수록 좋다. 이는 점이대를 다양한 유형으로 형성할 수 있게 해 주며, 은신처 확보에도 유리하다. 또한, 습지의 형태를 결정할 때 물의 흐름 방향을 고려하여 흐름이 없는 공간이 생기지 않도록 해야 한다.

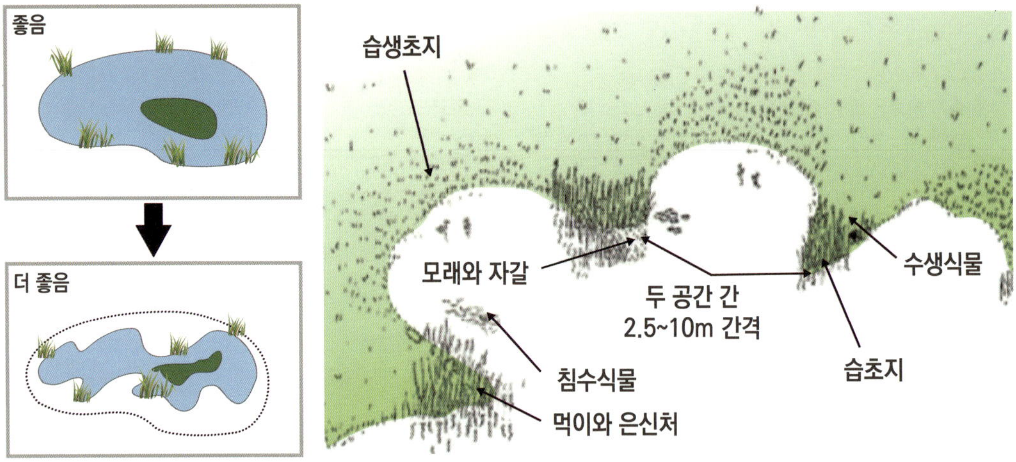

[그림 6-21] 습지 형태를 결정할 때 고려 사항

마) 수심과 수위 변동, 유속

수심은 토심과 함께 수생식물의 생육에 매우 중요한 환경조건이며 다양한 수심은 수생식물의 도입 기회성을 높여줌과 동시에 수서곤충과 어류의 서식에 중요하다.

[표 6-10] 수심과 종의 특성 간의 관계성

여름철의 수심	습한 토양(개펄)	15㎝	30㎝ 이상
식물종의 다양성	보통	뛰어남	보통
야생동물의 이용도 및 다양성	보통	뛰어남	양호함
어류의 풍부도	없음	양호함	뛰어남
통과새의 이용도	뛰어남	양호함	보통
외래종의 침입도	높음	낮음	낮음

※ 자료출처: Mitssch and Gosselink, 1993.

특히, 수심 및 수위변동 조건은 습지에서의 식물 분포에 결정적인 영향을 미치는 중요 인자이므로 신중하게 접근할 필요가 있다. 일반적으로 정수식물은 성장한계선이 수심 2m가 기준이 되므로, 생물의 서식을 위한 개방수면을 확보하고자 할 때에는 2m가 넘는 곳을 조성하는 것도 좋은 방법이다. 다만, 생물서식공간이 입지하는 곳이 어린이가 접근할 수 있는 곳일 경우에는 안전사고를 유의하여 수심을 적정하게 조성해 주어야 한다.

수생동물의 경우에는 생물종마다 생태적 특성에 따라 선호하는 수심이 다르겠지만, 일반적으로 곤충의 유충이 생활하기에 적합한 깊이는 50㎝ 이상이 되어야 한다. 또한, 작은 물고기가 서식할 수 있는 정도의 깊이는 45㎝ 정도이며, 겨울철의 동결 심도 및 여름철의 증발량을 고려하여 최대 수심을 1m 이상 유지해 주는 것이 바람직하다(한국수자원공사, 1997).

수위의 변동에 있어서 부분적인 수위의 저하는 수생생물의 다양성에 긍정적인 영향을 주지만, 수위 변동이 심하게 되면 부정적인 영향을 줄 수도 있다. 수위의 변동(fluctuation)은 물고기의 산란처를 노출시키며, 식재 지역이 줄어들게 하여 일반적으로 수생생물의 다양성을 줄이게 된다. 한 예로, 수생생물 군집의 다양성에 영향을 주는 것은 수고의 변동차가 약 30㎝/1일일 경우에는 영향을 주지 않으나, 90㎝/1일일 경우에는 좋지 않은 영향을 주는 것으로 보고 있다.

유속의 경우에는 빠른 유속보다는 느린 유속이 수생생물의 다양성을 유지해 주는 데 기여한다. 그러나 빠른 유속을 가진 곳을 일부 조성해 주면 생물다양성에 기여하는 것으로도 보고 있다. 즉, 하천이나 실개울의 경우에는 여울과 소를 적절하게 조성해 주어야 다양성을 높일 수 있다. 습지의 경우에는 대부분 정수역으로서 그 흐름이 거의 없는 상태이지만, 인공적으로 조성되는 습지의 경우에는 유입구와 출수구를 조성하게 되는데, 이때 어느 정도의 유속을 유지시켜주기 위해서 최소한의 경사를 제공해 주는 것이 바람직하다.

바) 호안의 경사 및 재료

호안은 습지나 하천 등에 있어서 여러 가지 기능을 하는데 생물의 서식 관점에서 살펴보면 다음과 같다.

첫째로, 호안은 습지나 하천에 있어서 점이대(ecotone)의 역할을 하게 된다. 점이대는 단순한 경계나 가장자리가 아니라 둘 이상의 생태계가 능동적으로 상호작용 함으로써 인접한 생태계에는 없는 독특한 특성을 가진 지역을 말한다. 이러한 곳에서는 대부분 가장자리 효과(edge effect)가 나타나는데, 동물의 종수가 다른 지역보다 훨씬 많이 서식한다.

둘째로, 이러한 호안 지역은 수변식생 통로(riparian corridor)나 수질 정화 식생대(Vegetation Filtering System/Strips, VFS)로서의 역할도 강조되고 있다. 즉, 호안 지역의 식생은 양서류 등을 포함한 야생생물의 은신처나 이동 경로가 되기도 하면서, 외부로부터 유입하는 오염물질을 수생식물이 정화하는 기능을 하기 때문이다. 이러한 다양한 기능 때문에 한강수계 상수원수질개선 및 주민지원 등에 관한 법률(한강수계법의 경우, 제4조의3) 등에서는 수변생태벨트 시행계획을 수립하여 시행토록 하고 있다.

종합적으로 습지나 하천에 있어서 호안은 생물다양성을 증진시킬 수 있는 가장 중요한 역할을 한다고 볼 수 있다. 즉, 호안의 처리에 따라 도입 가능한 수생식물과 수생생물의 서식처를 다양하게 제공할 수 있으며, 최고 수심을 이루는 표고부터 지상까지의 경사를 조성하는 데 중요한 역할을 한다. 그러나 기존의 연못을 조성하는 데 있어서 호안은 대부분 자연석이나 콘크리트에 의한 처리가 대부분이었다. 이러한 공간은 호안이 대부분 수직 구조를 이룸으로써 수심의 다양한 변화를 줄 수 없었으며, 호안 식재를 기대하기 힘들어서 생물다양성을 증진시킬 수 있는 수생식물의 식재 및 수생생물의 서식처를 제공하는 데 많은 단점을 가지고 있었다. 따라서 생물다양성 증진을 위한 습지나 하천 등에서의 호안은 다양한 경사와 재료를 활용하여 접근하는 것이 바람직하다. 아울러 수변부의 경계나 바닥의 형태 및 수심 등을 다양하게 조성하면, 야생 동·식물 군집을 풍부하게 유치시키는 데도 크게 기여할 수 있다.

습지의 경사와 관련해서는 1:20 이하의 완경사 제방에서는 주변 식생이 넓게 확장하지만, 1:3 이상의 급경사 제방에서는 식생 발달이 지연된다. 하천설계기준에서도 자연형 하천의 호안 경사는 1:3을 기준으로 하고 있다. 보통 습지도 1:7~1:20의 호안 경사가 생물다양성에 유리하다. 다만, 물총새와 같이 특정 생물종을 목표종으로 하였을 경우에는 절벽에 가까운 호안 구조가 적합할 수도 있다.

호안의 재료는 수초나 관목덤불림, 습생교목림 이외에도 모래, 자갈, 작은 바위 등 다양한 재료를 이용하면 좋다. 각각의 재료는 선호하는 생물종들을 다양하게 하여 종다양성 증진에 도움을 준다. 또한, 호안변으로 식물군락을 조성하면, 식물에 의한 오염물질의 흡수, 분해 기능을 추가적으로 확보할 수 있으며, 모래톱의 경우에도 여과 역할을 할 수 있다. 하천이나 습지의 완만한 경사에 적용 가능한 버드나무 가지법이나 섶나무 가지법 등은 버드나무류를 이용함으로써 어느 정도 그늘을 조성해 주어 수온 상승을 막을 수 있고, 물고기 서식처로서의 기능도 기대할 수 있다.

[그림 6-22] 호안의 다양한 식생 형성 방법

사) 토양환경 및 방수 조성 기법

토양 환경은 수심과 함께 수생식물의 생육에 매우 중요한 인자라고 할 수 있다. 더욱이 토양환경은 수생식물뿐만 아니라 육상식물의 서식기반이 되는 것으로 습지 내에 식물을 도입하는 데 있어서 큰 역할을 수행한다. 또한, 유역(watershed)의 토양은 지표수의 침투와 직접적인 관련성을 가지고 있으며, 이것은 지하수의 충전에 기여하는 역할을 한다. 그러나 토양의 침투력이 낮으면 강우에 의해서 지표수가 일시적으로 복원하고자 하는 서식처 내로 유입되기 때문에 침식이나 토양입자 등이 이동하여 퇴적되는 것과 같은 부정적 영향을 줄 수도 있다. 따라서 대상 지역별로 토양 조사를 실시한 후에 적합한 침투력을 가진 토양 환경을 제공해 주어야 한다. 침투력과 관련한 토양의 분류는 침투 깊이/시간으로 구분하는데 [표 6-11]과 같다.

[표 6-11] 침투력에 따른 토양 분류

구분(침투력)	기 준	토 양 구 조
매 우 낮 음	0.25㎝이하 /1hr	점토질 성분이 매우 많이 함유된 토양구조
낮 음	0.25~1.25㎝/1hr	대부분의 토양구조가 이 분류에 해당하며, 높은 점토질의 토양구조
보 통	1.25~2.5㎝/1hr	양토나 실트질의 토양구조
높 음	2.5㎝이상/1hr	두꺼운 사질이거나 잘 배합된 실트·양토의 토양구조

※ 자료출처: Anne D. Marble(1992)의 내용을 표로 작성

우리나라의 도시지역은 여름철에 집중되는 강우 조건으로 우수의 활용이나 지표수에만 의존하는 것은 쉽지 않다. 또한, 충분한 수원을 확보하기 어려운 경우가 많기 때문에 방수를 실시하는 경우가 많다. 방수를 위해서는 확보 가능한 물의 양과 지하수층 위치 등에 대한 조사 및 분석 결과를 토대로 실시하는 것이 바람직하다. 각종 조사 결과로 방수가 필요하다고 판단될 경우에는 가급적 자연소재나 친환경 소재를 이용하는 것이 좋다. 따라서 진흙 다짐 방수를 최우선적으로 고려하고, 불가피한 경우에는 벤토나이트 계열을 이용한 방수를 사용하는 것이 바람직하다. 이외에 벤토나이트와 방수시트, 부직포, 방수 시트, 콘크리트 방수를 혼용하는 기법으로 구분할 수 있다. 방수 기법 중 벤토나이트 기법은 물을 흡수하면 입자가 13~16배가 팽창하면서 물이 침투하지 못하여 수량이 확보되고, 주변 토사나 지하수의 오염을 예방할 수 있다. 또한, 물과 반응 시 발생하는 자체 고팽창 성능에 의하여 균열이 발생한 곳에서도 자체적으로 팽창하여 방수 능력이 유지될 수 있는 특징이 있다.

아) 육화 및 건조화 방지를 위한 기법

일반적으로 자연습지는 자연적인 천이를 거치면 육상생태계로 변하게 된다. 하지만 그 진행 속도가 비정상적이거나, 주변 개발 사업의 영향을 받았거나, 기후변화 등 특정 요인에 의해서 급작스럽게 변화가 이루어진다면 이를 개선시키기 위한 노력이 필요하다. 흔히 육화 혹은 육지화 현상이라고 하는 것은 습지 생태계가 자연적·인위적 요인에 의한 교란을 받게 됨으로써 물이 부족해지고, 육상생태계의 징후를 나타내는 식생이 자리 잡기 시작하게 되는 것을 의미한다. 즉, 습지식물이 우점하던 지역에 육상형 초본식물이나 목본식물이 우점하는 것이다.

일반적으로 많은 연구자들이 육지화(Raised bog), 육화(landed wetland), 건조화(dried wetland) 현상을 동일한 천이 과정으로 오인하는 경우가 많지만, 천이 과정에 나타난 수문 현상은 전혀 다르다(원주지방환경청, 2013). 따라서 육화, 육지화, 건조화를 수문학적 관점에서 정의해 보면 다음과 같다.

우선 육지화 혹은 이탄지화(raised wetland or raised bog)는 한랭한 고산지역에서 식물의 "생육 → 고사 → 퇴적 → 생육 → 고사 → 퇴적"과 같은 일련의 반복적인 식물 생육 과정을 통해 습지 토양(peat)이 지면보다 높아지는 현상으로 강우에 의존하는 고층습원의 발달 과정으로 정의할 수 있다(원주지방환경청, 2013).

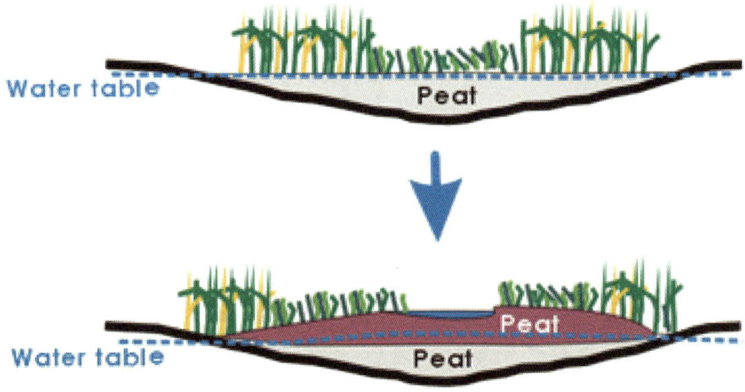

[그림 6-23] 육지화 혹은 이탄지화(raised wetland, raised bog) 과정
※ 그림 출처: 원주지방환경청, 2013.

육화(landed wetland)는 외부로부터 유입된 토사가 퇴적되어 침수 빈도가 감소하거나 지하수면이 낮아져 습생식물들이 매몰 혹은 쇠퇴하여 육상식물들로 대체되는 이른바 소택지로 변해가는 현상으로 육지화 혹은 이탄지화와 차이가 있다(원주지방환경청, 2013).

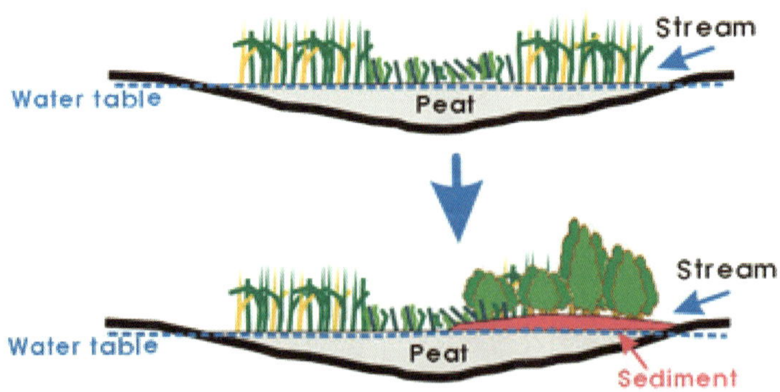

[그림 6-24] 육화(landed wetland) 과정
※ 그림 출처: 원주지방환경청, 2013.

건조화(dried wetland)는 육지화나 육화처럼 지표면 상승에 기인한 습지 천이가 아니라 습지 내 지하수 고갈 혹은 유입·유출량의 변화로 습지 토양의 수분이 감소하여 지표면이 말라가는 현상으로 점차 습지식물에서 육상식물들로 대체되는 천이 현상을 말한다(원주지방환경청, 2013).

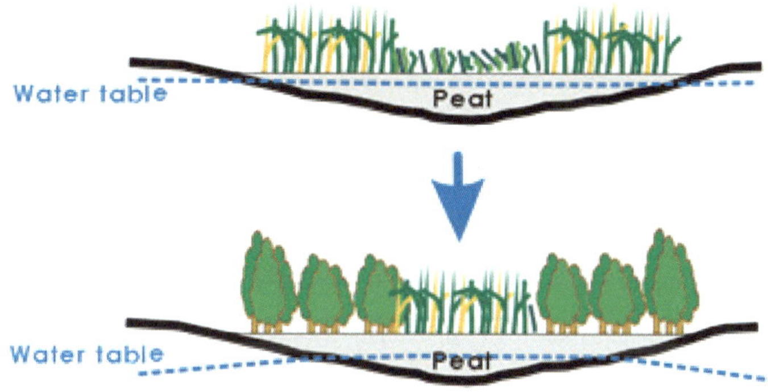

[그림 6-25] 건조화(dried wetland) 과정
※ 그림 출처: 원주지방환경청, 2013.

우리나라에는 밀양 재약산 사자평 습지와 대암산 용늪, 정읍 월영습지 등 습지보호지역에서도 육화 및 건조화 등의 현상이 발생하고 있는 것으로 보고되어 육화 방지 대책을 수립하여 시행 중에 있다. 이 중에서도 밀양 재약산 사자평 습지와 정읍 월영습지는 생태복원 사업이 진행되었으며, 대암산 용늪은 지속적인 모니터링 후 생태복원 사업을 진행하기로 했다.

밀양 재약산 사자평 습지의 경우에는 [그림 6-26]에서 보는 바와 같이 군사 작전도로를 설치하면서 그 주변으로 우곡이 형성되어 지속적인 침식이 발생하게 되었다. 이에 사방 공사 형태로 배수로를 만들었는데, 이는 사자평 습지로의 물 유입에 큰 변화를 주게 되었다.

a) 군사 작전 도로를 따라 형성된 우곡 (2009.10 : 사진 원출처-밀양시)	b) 사방 공사 후 배수로 (2012.07 : 사진-넥서스환경디자인연구원)

[그림 6-26] 밀양 재약산 사자평 습지변의 수로 훼손과 복구 후 모습
※ 자료출처(사진 a)) : 원주지방환경청, 2013.

참고로 [그림 6-26]에서 보는 바와 같은 침식은 우곡 침식이라고 하는데, 이는 빗물에 의한 침식 유형이다. 빗물침식(우수침식, 雨水浸蝕, rainfall erosion)은 강우로 인한 빗물이 지표면을 흐르면서 토양입자를 분산시키고 운반, 이동시키는 침식 형태이며, 침식의 진행 과정 및 침식 작용의 형태 등에 따라 우적침식, 면상침식, 누구침식, 구곡침식 등으로 구분한다. 이 밖에 야계침식을 빗물침식에 포함시키는 경우도 있고, 때로는 하천침식에서 다루기도 한다(마호섭, 2023). 아래에 설명하는 구체적인 침식 유형에 대한 설명은 마호섭(2023)의 자료를 토대로 인용한 것이며, 보다 폭넓고 구체적인 내용은 "사방공학 개정판(마호섭, 2023, 넥서스환경디자인연구원 출판부)" 자료를 참고하면 된다.

우선, 우적침식(雨滴浸蝕, raindrop erosion)은 지표면의 토양입자와 아주 얕은 수면을 빗방울이 직접 타격하여 흙의 입자를 분산 및 비산시키는 분산작용과 운반작용에 의하여 일어나는 침식현상의 초기과정이다. 우적침식에 영향을 미치는 요인은 빗방울의 크기와 낙하속도이며, 유실률은 빗방울의 낙하속도에 비례한다. 이러한 빗방울의 침식작용은 평지에서는 중요하지 않지만, 산지에 임목이나 지피식생이 없는 황폐지에서 더욱 심하게 흙의 입자를 분산시키는 역할을 한다.

면상침식(面狀浸蝕, sheet erosion)은 빗방울의 튀김과 표면유출수에 의하여 비탈면의 표층이나 토양의 얕은 층이 유실되는 침식 형태이다. 면상침식은 토양의 표면에 한정되지만 비교적 면적이 넓으므로 생산되는 토사량이 많고, 지표에서 가벼운 흙 입자와 유기물 및 양료(養料)가 함께 유실되기 때문에 토양의 비옥도와 임목의 생산력 손실을 가져오기 때문에 국토보전상 가장 중요시해야 한다.

누구침식(淚溝浸蝕, rill erosion, shoe-string erosion)은 면상침식이 구곡침식으로 진행되는 과정에서 나타나는 침식단계로서 비탈면 상하 방향의 작은 물길 또는 자연적인 비탈면 요부에 표면유출수가 모여 유하하는 힘이 점차 증대됨에 따라 하나의 분명한 작은 물길인 누구를 형성하면서 진행되는 침식 형태이다. 누로침식(淚路浸蝕, rill erosion), 우열침식(雨裂浸蝕, rill washing), 우곡침식(雨谷浸蝕, trickle erosion) 또는 세류침식(細流浸蝕, stream-let erosion, incipient erosion)이라고도 한다. 누구침식은 표면 유실이 심하게 발생하기 쉬운 지표면에 비교적 큰 빗방울이 강하게 충돌할 때 발생하고, 표면류가 작은 물길에 집중되면 수심과 유속이 증가하여 소류력이 커지므로 면상침식에 비하여 유송되는 토사량도 많다.

구곡침식(溝谷浸蝕, gully erosion, gullying)은 누구침식이 점점 더 진행되어 그 규모가 커져서 보다 깊고 넓은 침식구인 구곡(溝谷)을 형성하는 침식 형태이다. 비탈면이나 부근의 누구(淚溝)에서 모여드는 물이 점점 많아지면 소류력(掃流力 : tractive force)이 커져 구곡의 바닥과 양 기슭을 침식하게 되며, 침식된 토사가 하류에 퇴적하게 되면 유로의 방향이 변경되어 새로운 침식 작용이 시작되고 점차 확대된다. 구곡침식은 걸리침식(가리침식), 협곡침식 또는 계곡침식(계류침식)이라고도 한다.

야계는 황폐계류로서 침식성이 높은 산지계류이며, 야계사방의 대상이 된다. 야계침식(野溪浸蝕, torrent erosion)은 계천침식 또는 계간침식이라고도 하며, 구곡침식 또는 하천침식에 포함시키기도 한다.

다시 사자평 습지로 돌아가서 설명하면, 사자평의 군사작전도로 주변이 우곡침식의 영향으로 물이동 환경이 변경되었다.결과적으로 사자평 습지에서는 산림에서의 목본 식물 침입 등 건조화 현상이 두드러지게 발생하는 것이 육안으로 확인되었고, 이에 복원 사업을 진행하기로 결정하였다. 수리·수문 등에 대한 조사 및 분석 결과, 과거 우곡지 복구를 위한 배수로 조성 때문에 지표수와 지중수의 흐름이 변경된 것을 건조화의 주된 요인으로 꼽았다. 따라서 훼손 원인에 따른 대응책으로 적용할 복원 기법은 [그림 6-27]의 'b)'에서 보는 바와 같이 배수로를 다시 흙으로 채우는 것이다. 다만, 지중수의 원활한 흐름을 위해서 아래쪽은 점토를 이용하여 매립하고 그 위로 차수 시트를 설치한 후, 자갈층을 두고 그 위에 다시 사질토를 매립하는 방식이다.

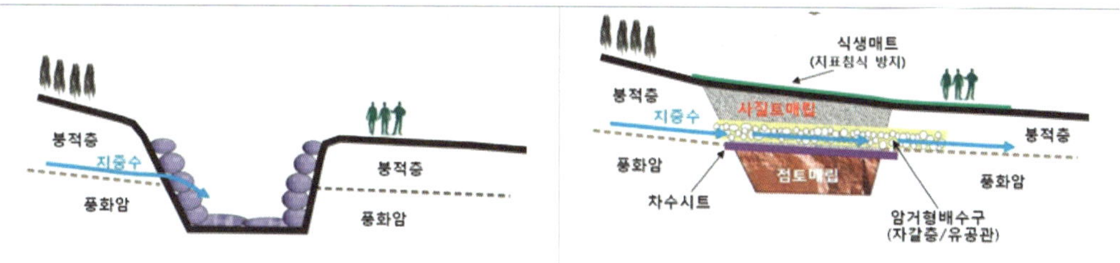

a) 배수로 상태에서의 지중수 흐름 | b) 지표수 및 지중수 흐름을 복원하기 위한 개념도

[그림 6-27] 밀양 재약산 사자평 수로의 훼손 현상과 복원 기법

※ 자료출처: 낙동강유역환경청, 2012.

이에 따른 복원 사업이 시행된 이후의 현황은 다음과 같다.

a) 사면 및 탐방로 복원 지역 | b) 나무를 이용한 보 조성 및 하천 복원

[그림 6-28] 밀양 재약산 사자평 수로의 복원 후 모습(2017년 5월)

자) 기능에 따른 조성 방법

습지는 조성하는 목적에 따라서 규모나 형태, 기법이 달라진다. 습지의 중요한 기능 중에서 침전 기능과 수질정화 기능, 그리고 생물다양성 증진 기능은 습초지로 된 저습지와 개방수면, 모래나 개펄의 면적비를 달리하여 기능을 최적화시킬 수 있다. 수질정화의 기능을 위해서는 습초지의 면적을 85%까지 극대화하고, 생물다양성을 위한 공간에서는 개방수면을 50% 내외로 유지하는 것이 좋다. 개방수면은 비행하는 생물종들에게 물이 있음을 알리는 중요한 기능을 하므로 생물다양성을 목적으로 한 습지에서는 주의를 기울여야 한다.

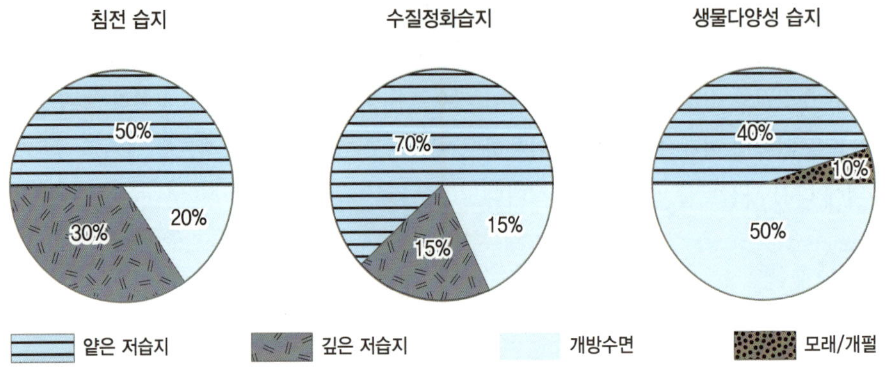

[그림 6-29] 습지 조성 목적별 공간 구성 방법
※ 자료출처: Robert L. France, 2003.

- 개방수면(Open Water) 중요성과 유지 방안

개방수면(open water)은 습지에서 정수식물이나 부유, 부엽식물이 점유하고 있지 않고, 수면이 노출된 곳을 의미한다. 개방수면은 비행하는 생물종들에게는 물을 인식하는 곳으로 활용되며, 생물의 휴식 및 서식처 공간 등의 다양한 역할을 하기 때문에 중요하다. 따라서 개방수면의 감소는 생물다양성에도 부정적인 영향을 미친다. 또한, [그림 6-29]에서 제시한 바와 같이 개방수면과 식생의 면적 비율에 따라 습지의 기능 역시 달라질 수 있기 때문에 개방수면의 감소는 초기 조성 목적과는 다른 결과를 발생시킬 수도 있다. 개방수면이 줄어들게 되면 육지화 등을 가속화시킬 수 있기 때문에 습지생태계에 큰 영향을 줄 수 있다.

인위적으로 조성한 습지 내 개방수면의 면적 비율이 감소하는 이유는 조성 이후 우점군락이 확산해 나가기 때문이다. 특히, 갈대, 부들류, 연 등은 다른 수생식물에 비해서 그 확산 속도가 더욱 빠르다. 습지생태계 복원 후 주요 우점 군락 구성의 변화를 살펴보면 조성 이후 주요 우점군락의 수는 증가하는 경향을 보인다(서울대학교 산학협력단, 2021). 또한 다양하게 식재하였던 식물종 중 일부는 우점군락에 의해 피압됨으로써 종의 수는 단순해진다(조동길, 2004). 복원된 환경에 가장 적합한 식물종이거나 확산 세력이 왕성한 식물이 점유하는 면적을 늘리기 때문이다. 육상 환경에 비유하자면 식재한 초화류 지역에서 잡초에 의한 피압 현상이 발생하는 것과 유사하다. 그리고 정수식물은 습지 주변부를 따라 띠 형태의 대상 분포를 하게 된다. 또한, 수생식물은 지하경을 통해 주로 번식하기 때문에 확산 속도가 빠르고, 부엽식물과 침수식물은 서식 가능한 수심 혹은 수위 범위에 따라 분포 가능한 면적이 달라지므로 생태기반환경 조건에 따라 변동성을 가지게 된다.

결과적으로 생물다양성 습지에서 개방수면은 매우 중요한 역할을 한다. 그렇기 때문에 복원 후 지속적인 개방수면 유지가 중요하다. 개방수면을 유지하기 위한 가장 좋은 방법 중 하나는 정수식물의 생육한계 수심인 2m 이상인 구간을 조성하는 것이다. 하지만 도시지역에서는 안전사고 등의 이유로 수심을 깊게 조성하지 못하는 경우가 많다. 또한, 초기에는 2m 이상의 수심을 확보하였더라도 습지 조성 후 지속적으로 토사나 식물 고사체가 쌓이면서 수심이 낮아지는 경우도 많다. 수심 확보가 어려울 경우에는 왕모래와 자갈을 바닥 재료로 포설해 주는 것이다. 이러한 자갈들은 식물의 확산을 방해하여 개방수면을 확보할 수 있지만, 과도하게 사용하면 식물이 양분 섭취를 하기 어려워 성장이 빈약해지기도 한다(조동길, 2006). 또한, 확산이 빠른 정수 및 부엽식물을 따로 화분에 식재하는 방법도 있다. 주로 뿌리로 번식하는 식물들에는 유용할 수 있다. 근계 성장을 하는 식물들의 확산을 방지하기 위해 나무말뚝을 이용한 확산 방지책도 유용할 수 있으나, 종자를 이용한 번식 식물은 효과를 보기 어려울 수도 있다. 그 외의 방법으로는 적정 수준 이상의 유속을 만들거나 분수 시설을 이용하여 수면에 파동을 만들어 주면 정수식물 확산을 방지할 수도 있다(강세림, 2023). 부산 을숙도 습지복원지역의 경우에는 갈대의 확산을 막기 위해서 수생식물이 생육하는 시기에 수심을 높게 만들어서 관리하기도 한다. 즉, 식물 발아 및 생육기에 수심을 높여서 발생하지 못하도록 하는 것이다. 기타 다양한 방법들은 [그림 6-30]에서 제시하였다.

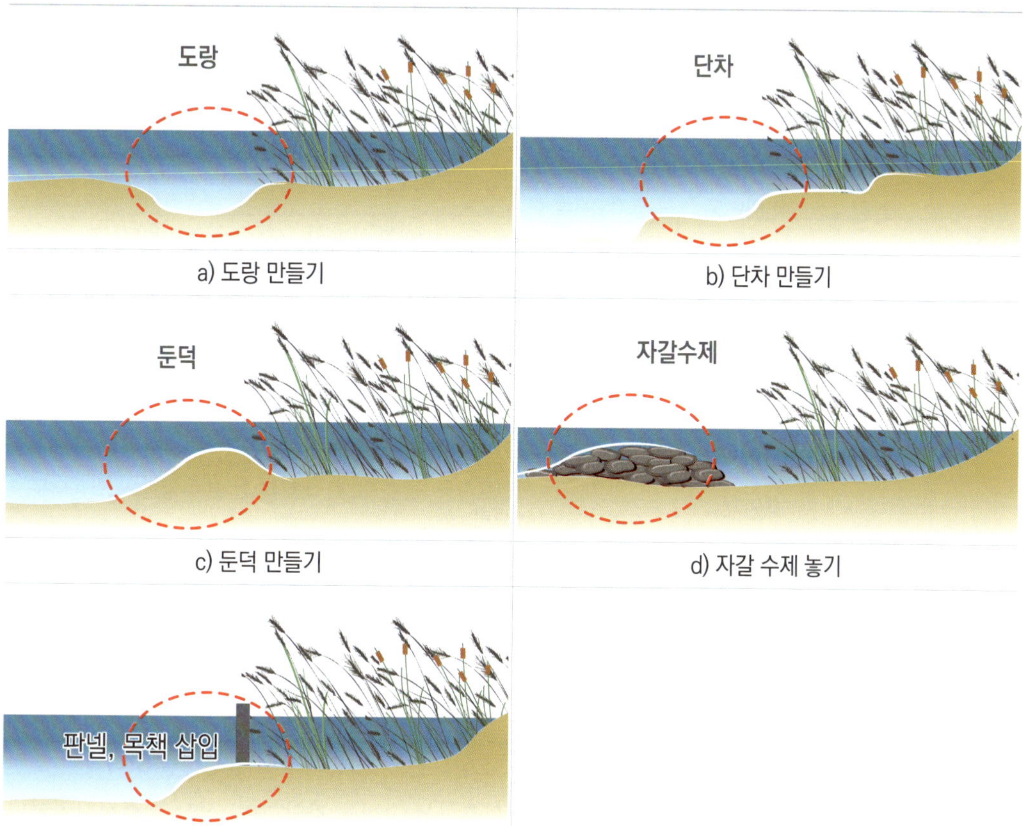

a) 도랑 만들기

b) 단차 만들기

c) 둔덕 만들기

d) 자갈 수제 놓기

e) 확산방지 말뚝 놓기

[그림 6-30] 정수식물 확산 방지 방법

※ 자료출처: 함종화 등(2014)을 보완하여 다시 그림.

중요한 것은 개방수면 확보를 위한 방법 중에서 지속적이고 영구적인 방법은 없다는 것이다. 따라서 복원 이후 지속적인 관리를 해주는 것이 가장 바람직하다.

(1) 생물다양성 및 경관 형성을 목적으로 하는 습지

• 생물다양성 증진을 위한 습지 모델

필자가 학위논문으로 제시한 생물다양성 증진을 목적으로 하는 소택형 습지 복원을 위한 식재설계 모델에서는 총 3개의 모델을 제시한 바 있다. 그 중 첫 번째 모델은 다양한 생물종의 서식을 목적으로 하기 때문에 토양 환경과 호안 환경, 그리고 개방수면에 의해서 큰 영향을 받게 된다. 따라서 토양 환경은 가급적 사질양토, 양토, 점토 등과 같은 습윤 토양이 될 수 있도록 제공해야 하며, 호안의 경사는 완경사를 중심으로 하고, 조성 후 안정화 단계에 이른 후에도 식생군집과 개방수면이 50:50의 비율을 유지해야 한다. 구체적으로 다양한 생물종의 서식을 위한 생태적 식재 설계를 위해서는 [표 6-12]와 같은 기본적인 조건을 갖추도록 해야 한다.

[표 6-12] 다양한 식물종의 서식을 위한 식재 기반환경 조건

구 분		모델구성요소	설 명
식재 기반환경	수리· 수문 환경	수 심	• 습지의 최대 수심 제한은 없음. • 식재지역의 수심은 안전사고를 고려하여 최대 1.5m로 함.
		수위변동	• 수위 변동은 자연습지와 같이 계절적 강수량의 차이에 따라서 자연스럽게 유지되도록 함. • 특정 생물종의 확산을 방지하기 위해서는 적정 수심으로 변동시킴.
		유입·유출	• 유입구와 유출구를 모두 조성하며, 유입 과정은 2단계 습지를 포함함.
	토양환경	토 성	• 사질양토, 양토, 점토 등 습지 토양 내 조건을 충족하는 토양을 이용함.
	호안환경	호안경사	• 호안 경사의 범위는 1:5~1:20으로 함. • 완경사로만 조성하고, 1:3 이하의 급경사는 배제함.
		호안재료	• 호안 재료는 자연토사를 중심으로 하되, 가능한 한 다양한 재료(통나무, 자연석 등)를 이용함.
식생과 개방수면		식 물 종	• 모든 자생 습지 식물의 도입이 가능함.
		개방수면	• 식생군집과 개방수면은 50:50의 비율을 유지함.

※ 자료출처: 조동길, 2004.

[표 6-12]에서 제시된 수심 조건은 초등학교 등 조성되는 장소에 따라서 안정성을 고려하여 조절이 가능하며, 수위 변동의 경우에는 수생식물별로 선호하는 수심을 파악하여, 성장을 증진시키거나 쇠퇴시킬 때 조절해 주도록 한다.

이 모델의 적용을 위해서는 초기 식재 단계에서 식생군집과 개방수면의 비율을 50:50이 되도록 하지 않고, 식재 비율을 목표 식생 군집 크기의 50% 내외로 하여 복원 및 창출 후 자연적인 확산을 유도하는 것이 바람직하다. 이는 생태적 식재 설계 방법 중에 하나로서 식재된 식물종들이 기 조성된 기반환경에 적합하게 확산할 수 있도록 유도하기 위함이다(Shuwen *et al.*, 2001).

한편, 특정한 야생동물의 서식을 목적으로 할 경우에는 목표로 하는 야생동물이 선호하는 식물종

을 도입할 필요가 있다. 우선, 잠자리의 경우에는 우화를 위해서 수직적인 구조가 필요하므로, 정수식물을 일정 면적 이상 조성해 주어야 한다. 갈대, 애기부들, 고랭이, 창포, 줄 등이 대표적인 식물이 될 수 있다. 비록 습지식물은 아니지만, 나비류 등의 도입을 위해서는 민들레, 제비꽃, 기린초, 엉겅퀴, 까치수영, 쑥부쟁이, 족도리풀, 현호색, 낭아초 등의 흡밀식물을 습생식물 주변에 도입해 주는 것이 바람직하다. 나비를 포함한 곤충류의 서식처는 식재 면적이 가급적 100m × 100m 이상을 요구하며, 초기에 식재할 개체수는 가급적 20포기 이상씩 도입해야 한다.

양서류의 경우에는 개방수면의 확보가 중요한데 수생식물이 너무 무성하지 않도록 관리해 주어야 한다. 양서류의 서식처가 중심이 될 경우에는 수생식물이 있는 면적을 전체 수면적의 10~20%가 되게 하는 것이 바람직하다(서울대학교, 2001). 물론 목표로 하는 종에 따라서 습지식물이 무성한 곳도 필요하다. 식생의 도입 측면에서는 갈대, 부들, 매자기 종류가 바람직하며, 검정말, 나사말 등 침수식물을 식재하여 물속의 용존산소량을 증가시킬 필요도 있다. 그리고 수련, 어리연꽃 등과 같은 광엽성 부엽식물은 도롱뇽의 중요한 서식처가 된다. 더불어서, 양서류의 도입을 위해서는 수질 환경의 제공도 중요한데, 특히 pH는 양서류의 산란에 영향을 미치므로 가급적 중성 이상이 되도록 하며, pH 5.0 이하가 되지 않도록 해야 한다.

조류의 경우에는 개개비의 유인 및 서식을 위해서는 연속적인 갈대밭이 유리하며, 쇠물닭 등은 줄과 부들 군집을 필요로 한다. 또한, 식물이 없는 경사지나 모래나 자갈만 있는 공간, 섬(dune, river bars, island) 등은 청호반새, 흰물떼새 등의 서식처로서 유용하다. 한편, 조류의 서식처 제공을 위해서는 섬, 다층구조화된 식생, 횃대, 인공식물섬 등도 함께 도입해 주는 것이 바람직하다.

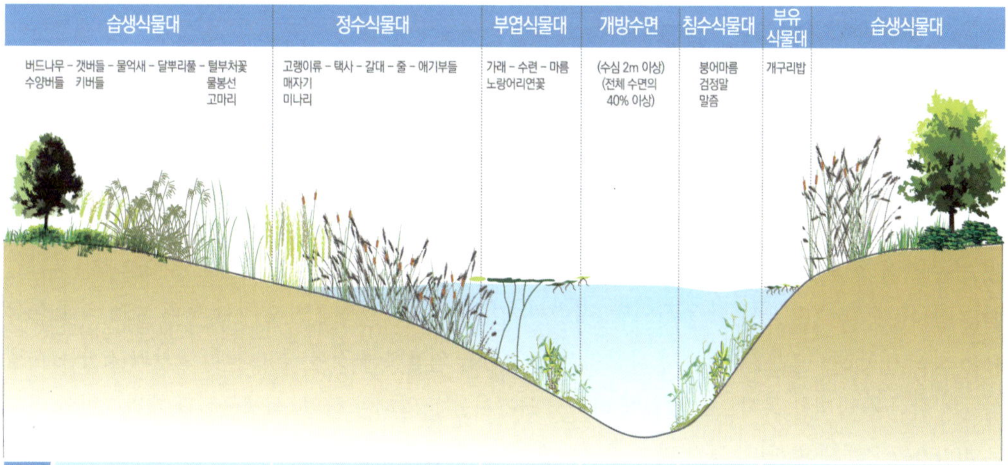

	습생식물대	정수식물대	부엽식물대	개방수면	침수식물대	부유식물대	습생식물대
수문	주기적 범람	수위변동 - 상시침수	상시침수		상시침수	상시침수	주기적 범람
수심	육상부 5 ~ 10cm	5 ~ 50cm	51 ~ 200cm		61 ~ 190cm	30 ~ 60cm	육상부 5 ~ 10cm
경사	1:5 ~ 1:20	1:5 ~ 1:20	1:5 ~ 1:20		1:5 ~ 1:20	영향 없음	1:5 ~ 1:20
토양	사질양토 - 양토	사질양토 - 점토	사질양토 - 점토		점토	영향 없음	사질양토 - 점토

[그림 6-31] 다양한 생물종 서식을 목적으로 하는 습지 모델

※ 자료출처: 조동길, 2004.

• 경관 향상 및 저관리를 위한 생태적 식재 설계 모델

경관 향상 및 저관리를 위한 생태적 식재 설계 모델은 다양한 생물종의 서식도 배제하지는 않으나, 사람의 이용이 많은 공간에서 경관적인 측면을 더욱 강조해야 할 곳에 도입할 수 있는 모델이다. 이 모델은 시각적인 측면을 강조함과 더불어서 조성 후 관리를 줄이기 위한 방법에 해당한다. 즉, 앞서 다양한 생물종의 서식을 위한 모델에서는 개방수면 확보, 수위 조절, 수생식물 군집의 제어 등을 해 주어야 하지만, 이 모델은 수생식물의 확산을 방지하는 기법을 초기에 도입하여 저관리형이 될 수 있도록 하는 것을 목적으로 한다.

기존의 선행 연구나 실제 조성된 사례들을 살펴보면, 왕모래와 작은 자갈 등으로 이루어진 습지에서는 식물의 발달이나 확산이 활발하지 않다. 따라서 초기에 식재된 패턴이 그대로 유지되는 경향이 있으며, 식물이 확산되더라도 일정 범위를 넘지 않는 경우가 많다. 결과적으로 이러한 식재 설계 기법은 경관적으로 중요한 곳에서 다양한 식물들의 감상을 목적으로 하는 경우와 조성 이후 식물의 확산에 따른 깎기나 뽑기, 식물체의 제거, 수위 조절 등과 같이 관리를 적게 하면서도 초기의 식재 패턴을 유지할 수 있는 방법이다.

아파트 단지에 생태연못 및 수로를 조성한 사례임.
바닥 및 호안 마감을 굵은 자갈이나 자연석으로 조성한 것이 특징임.

[그림 6-32] 경관 향상 및 저관리를 위한 습지 조성 사례

이 모델을 위한 식재 기반 환경도 앞서 다양한 생물의 서식을 위한 모델과 같이 토양환경, 호안환경, 그리고 개방수면이 주요한 인자이다. 따라서 토양환경은 수생식물이 종자나 뿌리 등에 의해 성장하는 것을 제한할 수 있는 왕모래나 자갈이 많은 토양을 이용하는 것이 중요하다. 호안의 경사는 수생식물의 확산을 방지할 목적으로 필요에 따라서 급경사를 도입해야 하며, 식생군집과 개방수면의 비율은 40:60을 유지해야 한다. 경관 및 저관리를 위한 생태적 식재 설계를 위해서는 [표 6-13]과 같은 기본적인 조건을 갖추도록 해야 한다.

[표 6-13] 경관 및 저관리를 위한 식재 기반환경 조건

구 분		모델 구성 요소	설 명
식재기반환경	수리·수문환경	수 심	• 습지의 최대 수심 제한은 없으나 가급적 3m 이하로 제한함. • 식재지역의 수심은 최대 1.5m로 함.
		수위변동	• 년중 일정 수위(계획 수위)를 유지하도록 함.
		유입·유출	• 계획 수위를 유지시킬 수 있는 유입량의 공급과 유출구의 높이를 설정함.
	토양환경	토 성	• 모래, 왕모래, 작은 자갈이 함유된 사질토
	호안환경	호안경사	• 1:1~1:20 이상으로 하되, 식생 성장이 제한되는 급경사의 조성이 가능함.
		호안재료	• 왕모래와 작은 자갈을 중심으로 하되, 작은 자연석, 통나무 등 다양한 재료를 사용함.
식생과 개방수면		식 물 종	• 경관성이 뛰어난 자생 습지 식물로 구성
		개방수면	• 식생군집과 개방수면의 비율은 40:60 으로 유지함.

※ 자료출처: 조동길, 2004.

한편, 이 모델은 식물의 확산을 최대한 방지하여 초기에 조성된 식재 패턴을 유지시키기 위한 것이므로, 초기 식재 단계에서 완성된 식재패턴이 나타나도록 해야 한다. 따라서 식생군집과 개방수면의 비율이 40:60이므로 초기 식재 시 전체 수면적의 40%를 식재하는 것이 바람직하다.

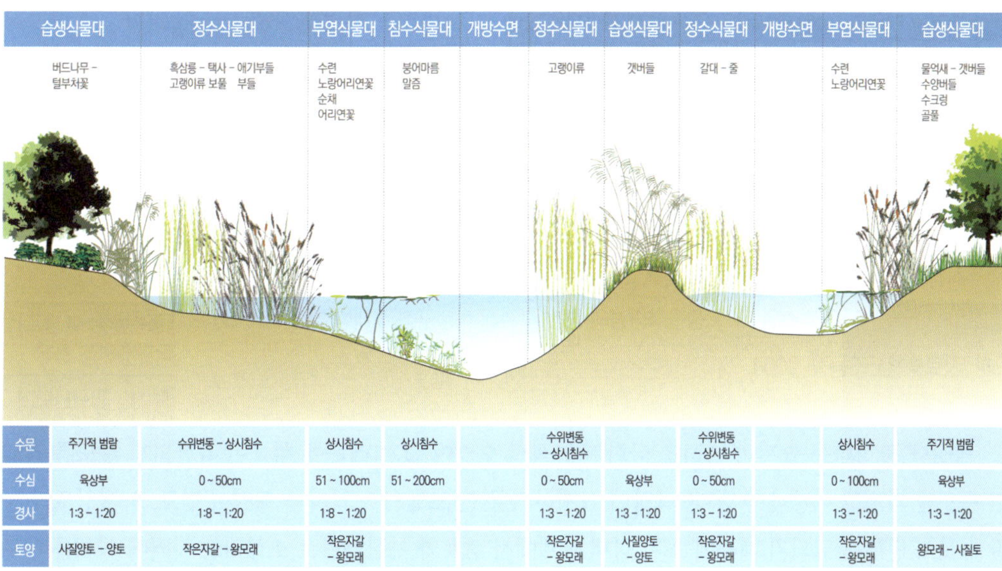

[그림 6-33] 경관 기능 향상 및 저관리형 습지 모델

※ 자료출처: 조동길, 2004.

- 옥상에서의 생태적 식재 설계 모델

옥상에서의 생태적 식재 설계 모델은 매우 얕은 수심이라는 제한적인 조건을 가진 지역에서 습지를 창출하는 경우이다. 이 경우에는 어떠한 식물종을 식재하더라도 얕은 수심으로 인해 도입된 식물종

들이 빠르게 확산하는 경향을 가진다.

이 모델은 옥상 등과 같이 인공지반이라는 특수한 환경 조건을 가진 지역에 적용하기 위한 것인데, 하중 문제로 인해 지상과는 달리 깊은 수심을 조성하기 힘들다. 결과적으로 식재 기반 환경도 앞의 두 모델과는 전혀 다른 조건을 갖추도록 해야 하는데, 중요한 결정인자는 토양환경, 식물종, 그리고 개방수면이다.

우선, 토양환경은 생물다양성의 증진이 가능하면서 식물의 확산을 방지할 수 있도록 하기 위해서 점토와 사질양토 등을 도입하는 구간과 왕모래나 작은 자갈을 도입하는 구간을 모두 조성해 줄 필요가 있다. 또한, 식물종은 성장력이 낮으면서 쉽게 확산하지 않는 식물들을 이용해야 하며, 개방수면은 생물다양성 증진을 위한 목적과 동일하게 식생군집과 개방수면을 50:50의 비율로 조성해 주어야 한다. 옥상에서의 생태적 식재 설계를 위해서는 [표 6-14]와 같은 기본적인 조건을 갖추도록 해야 한다.

[표 6-14] 옥상에서의 식재 기반환경 조건

<table>
<tr><th colspan="2">구 분</th><th>모델 구성 요소</th><th>설 명</th></tr>
<tr><td rowspan="7">식재기반환경</td><td rowspan="3">수리·수문환경</td><td>수 심</td><td>• 최대 수심: 50㎝로 한정함(물고기, 곤충의 유충 서식 고려).
• 평균 수심: 20㎝</td></tr>
<tr><td>수위변동</td><td>• 일년 내내 일정 수위를 유지하거나, 여름철에만 수위를 높게 하고 나머지 시기에는 최소 수심만 유지하도록 함.
• 특정 생물종의 확산을 방지할 필요가 있는 경우 적정 수심으로 변동시키고, 필요할 경우에는 습지의 건조 기간(dry period)을 형성해 줌.</td></tr>
<tr><td>유입·유출</td><td>• 수위를 유지시킬 수 있는 유입량의 공급과 수위조절이 용이한 유출구를 조성함.</td></tr>
<tr><td>토양환경</td><td>토 성</td><td>• 점토, 사질양토, 왕모래, 작은 자갈</td></tr>
<tr><td rowspan="2">호안환경</td><td>호안경사</td><td>• 90°~ 1:20</td></tr>
<tr><td>호안재료</td><td>• 식생 마대, 수생식물 뗏장 등으로 처리</td></tr>
<tr><td colspan="2" rowspan="2">식생과 개방수면</td><td>식 물 종</td><td>• 번식력이 낮은 수종을 중심으로 도입</td></tr>
<tr><td>개방수면</td><td>• 생물다양성의 증진을 위해 식생군집과 개방수면을 50:50 으로 유지함.</td></tr>
</table>

※ 자료출처: 조동길, 2004.

옥상에 조성하는 습지의 면적은 극히 제한적일 수밖에 없기 때문에 식물이 확산되지 않도록 각별한 주의를 가지고 식재해야 한다. 옥상에 식재하기 위한 모델은 도입되는 토양이 점토, 사질양토와 자갈 성분이 함께 도입되기 때문에 초기 식재 단계에서 점토와 사질양토로 조성되는 지역에 식재를 하도록 한다. 다만, 여기서는 면적이 좁은 특성을 고려하여 도입하는 식물종의 수를 최소한으로 해야 한다.

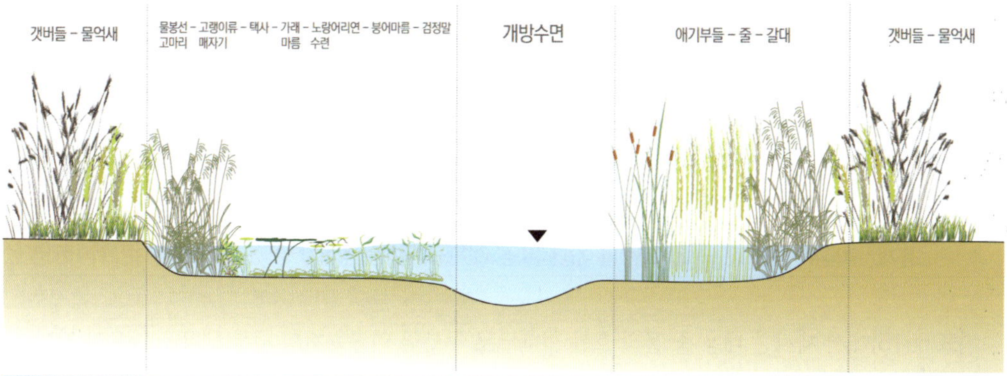

수문	상시침수	상시침수	상시침수	
수심	5 ~ 20cm	5 ~ 50cm	5 ~ 20cm	
경사	호안 90˚ ~ 물속 1:10 이상	1:10 이상	호안 90˚ ~ 물속 1:10 이상	
토양	점토 - 사질양토 - 모래	왕모래 - 작은자갈	모래 - 사질양토 - 점토	

[그림 6-34] 옥상 등 인공지반 환경의 습지 모델
※ 자료출처: 조동길, 2004.

(2) 수질 정화를 목적으로 하는 습지

일반적으로 인공습지(constructed wetland)는 수질 정화 기능을 목적으로 하는 습지를 말할 때 사용한다. 수질 정화 기능을 극대화시키기 위한 인공습지는 물의 흐름 형태와 적용하는 식물 종류, 처리 목적에 따라서 [표 6-15]와 같이 분류할 수 있다.

[표 6-15] 수질정화를 위한 인공습지의 분류

구 분	유 형	개 요
흐름 형태	지표 흐름형	• 유입수의 대부분을 토양 표층 위로 흐르게 하여 물리·화학·생물학적 처리를 유도하는 방식임. • 광산배수, 농업배수, 도시 강우 유출수, 산업폐수, 오염하천 등에 광범위하게 적용되고 있음.
	지하 흐름형	• 습지의 원지반을 굴착하고 여기에 입자가 큰 토양 또는 자갈 등의 여재를 채운 습지를 말함. • 유입수가 전후 하부층으로 흘러들어 표면에는 흐름을 볼 수 없으며, 습지 위로 사람의 접근이 가능하고 모기 등의 병해충 피해가 적음.
	지하 침투형	• 지표 흐름과 지하 흐름 형태의 습지를 혼합한 형태임.
적용 식물 종류	정수식물 시스템	• 정수식물을 이용한 습지로서 물 밖에 나와 있는 줄기·잎으로부터 운반된 산소가 뿌리 부근에도 공급되어 저질 중의 유기물의 분해를 촉진하여 정화효과가 우수한 시스템임. • 비교적 오염농도가 낮은 호소수 또는 비점오염원을 처리할 경우에 주로 이용
	부유식물 시스템	• 부유식물을 이용한 습지로서 부유식물이 영양염류를 흡수하여 정화하며, 부유식물의 뿌리와 잎에 형성된 미생물막이 오염물질을 분해하는 역할을 함. • 부유식물습지는 1차나 2차 처리 후 남아있는 영양염류를 흡수하는 데 이용하고, 시스템에서 영양염류를 제거하기 위해서 식생을 수확함.
	부엽식물 시스템	• 부엽식물을 이용한 습지로서 땅속과 수중의 영양염류를 흡수하여 정화하며, 식물의 뿌리와 잎에 형성된 미생물막이 오염물질을 분해하는 역할을 함. • 이 시스템은 영양염류를 제거하기 위해 부유물질을 수확할 필요가 있음. • 인공식물섬이라고 불리는 구조물을 이용하여 수질정화 능력을 갖춘 식물을 식재하는 방식도 이 방식에 해당함.

[표 계속]

구 분	유 형	개 요
처 리 목 적	점오염원 처리 습지	• 생활하수, 공장폐수, 축산폐수 등을 대상으로 처리하는 습지
	비점오염원 처리 습지	• 농경지 배수, 유입 하천, 저수지 또는 호소 등을 대상으로 처리하는 습지
	2차 처리 습지	• 하수처리장의 방류수를 대상으로 처리하는 습지

※ 자료출처: 농림부·농업기반공사(2004)의 내용을 수정·보완, 요약하여 정리함.

[표 6-15]에서 제시한 내용 중 물의 흐름 형태별로 구분한 인공습지의 세부 내용은 다음과 같다.

• 지표 흐름형 인공습지

지표 흐름형 인공습지(free water surface flow system, FWS, 자유 흐름형 인공습지 또는 자유수면습지라고도 함)는 얕은 유역이나 유속이 완만한 하천을 따라 식생 뿌리를 지지하는 토양이나 다른 매체를 통과하면서 흐르는 비교적 얕은 물로 구성한다. 습지의 수심은 처리 목적에 따라서 수 ㎝로부터 1m 이상의 경우도 있으며, 가장 많이 이용되고 있는 수심은 0.3m 이다. 설계 유량은 4㎥/d 이하로부터 75,000㎥/d 이상의 범위까지 존재한다(농림부·농업기반공사, 2004). 수면은 대기 중에 노출되어 있으며 그 형태는 자연습지와 유사하다. 따라서 수처리 효과는 물론 야생동물의 서식처와 미적인 경관 향상을 제공한다. 일반적으로 도시 표면의 비점오염원 처리, 자연학습장 조성 등을 위한 습지 형태로 이용되고 있다.

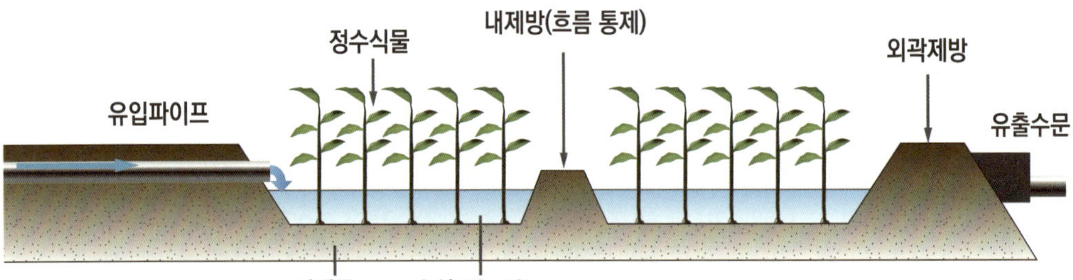

[그림 6-35] 지표 흐름형 수질정화 습지 모식도

• 지하 흐름형 인공습지

지하 흐름형 인공습지(subsurface flow system, SFS, 여과습지라고도 함)는 건식 형태로서 지면이 물에 잠기지 않으며 땅 속에 트렌치를 설치하고, 자갈과 모래를 넣어 유입수가 흐르면서 정화되는 습지를 말한다. 여재의 두께는 보통 0.3~0.6m 이다. 하부층은 여러 가지 크기의 자갈, 쇄석 또는 입자가 큰 토양으로 이루어지며, 식물 식재층(<표층 15㎝)에는 모래를 적용한다. 표토에 심은 정수식물이 자갈이나 모래 사이에 축적되는 유기물을 흡수, 분해하여 오염물질을 제거하며, 오수를 처리하거나 특

정 물질을 걸러내기 위한 방식이다. 지하 흐름형 습지는 많은 운영 결과 심각한 폐쇄 현상을 경험하였기 때문에 개별 생활하수 처리 시스템과 같은 소규모 시설의 유출수를 처리하는 경우를 제외하고는 대부분 지표 흐름형 습지가 추천된다(농림부·농업기반공사, 2004).

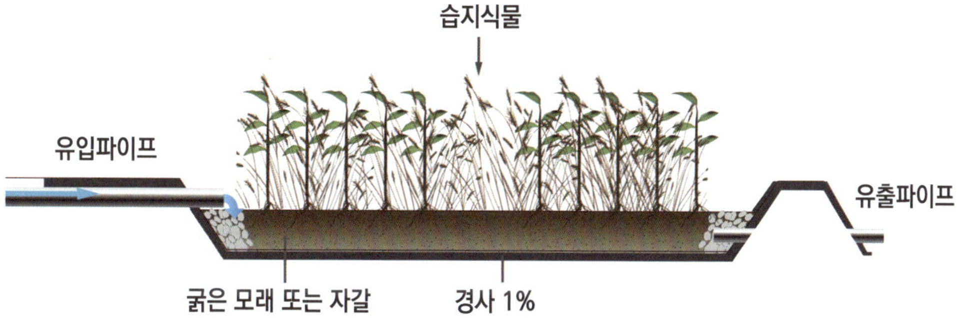

[그림 6-36] 지하흐름형 수질정화 습지 모식도

- 지하 침투형 인공습지

지표 흐름과 지하 흐름 형태의 습지를 혼합한 형태로, 오염물질의 처리가 두 방향으로 이루어진다. 즉, 유입된 처리수의 일부는 지하로 바로 침투하여 지하 흐름 습지의 방식대로 처리되며, 또 일부는 지표 흐름 습지와 같이 지표면 위로 흘러가면서 침전, 분해 과정을 거치면서 지표에서 지하로 수직 방향으로 침투, 습지 바닥층의 처리수 차집관을 통해 최종 방류되는 형태로서 바닥층 차집관 매설이 다른 습지시스템과의 차이점이다.

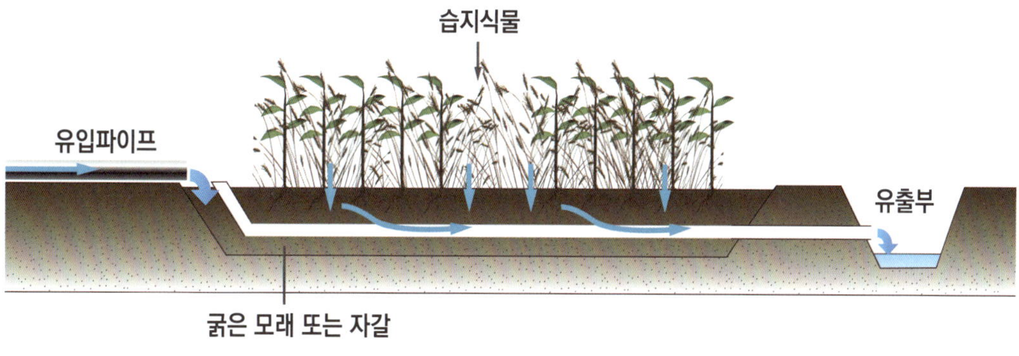

[그림 6-37] 지하침투형 습지 모식도

(3) 다기능형 습지

앞서 제시한 바와 같이 습지는 매우 다양한 기능을 수행하는 만큼 각각의 기능들이 최대한으로 구현될 수 있도록 하는 것이 중요하다. [그림 6-38]은 다기능형 습지의 개념도를 제시한 것으로서 비점오염물질 정화, 생물서식처 제공, 탄소 저감, 토양 복원, 경관 향상 등의 기능을 제시한 것이다.

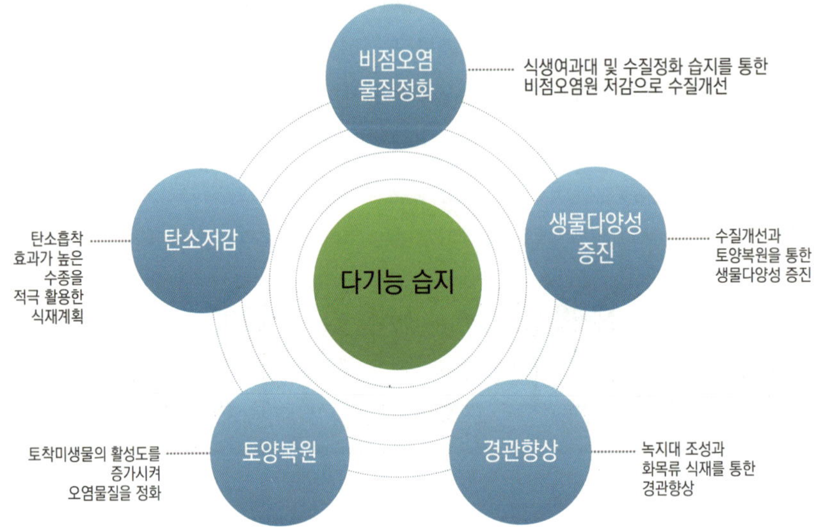

[그림 6-38] 다기능형 습지 조성 개념도

수질정화의 방법 중 비점오염원 저감 시설은 자연형 시설과 장치형 시설로 구분한다. 과거에는 장치형 시설이 주를 이루었다면 최근에서는 자연형 시설을 선호하는 경향을 보인다.

[표 6-16] 비점오염원 저감 시설의 유형

구 분	종 류
자연형 시설	저류시설, 인공습지, 침투시설, 식생형 시설
장치형 시설	여과형 시설, 와류형 시설, 스크린형 시설, 응집·침전 처리형 시설, 생물학적 처리형 시설

자연형 시설에서 저류 시설은 강우 유출수를 저류하여 침전 등에 의하여 비점오염원을 줄이는 시설로서 저류지나 생태연못 등이 해당한다. 인공습지(constructed wetland)는 침전, 여과, 흡착, 미생물 분해, 식물에 의한 정화 등 자연 상태의 습지가 보유하고 있는 정화 능력을 인위적으로 향상시켜 비점오염물질을 줄이는 시설을 말한다. 앞에서 제시한 자유흐름형 습지, 지하흐름형 습지, 부유식물 인공습지 등이 여기에 해당한다. 침투 시설은 배수구역 내 강우 유출수를 차집한 후 불포화 지층을 통해 지하로 침투시켜 여과·흡착 작용에 따라 비점오염원을 저감시키는 시설로서 침투 도랑, 침투조, 침투 저류지, 유공 포장 등이 대표적이다. 식생형 시설은 토양의 여과·흡착 및 식물의 흡착 작용으로 비점오염원 물질을 줄임과 동시에 동·식물 서식공간을 제공하고, 녹지 경관으로 기능하는 시설로서 식생여과대, 식생수로 등이 대표적이다.

한편, 물환경보전법 시행규칙 제7조(수질오염방지시설)와 제8조(비점오염저감시설)에 따른 수질오염방지 및 비점오염저감 시설은 [표 6-17], [표 6-18]과 같다.

[표 6-17] 물환경보전법 시행규칙 제7조에 따른 수질오염방지시설

1. 물리적 처리시설
   가. 스크린
   나. 분쇄기
   다. 침사(沈砂)시설
   라. 유수분리시설
   마. 유량조정시설(집수조)
   바. 혼합시설
   사. 응집시설
   아. 침전시설
   자. 부상시설
   차. 여과시설
   카. 탈수시설
   타. 건조시설
   파. 증류시설
   하. 농축시설

2. 화학적 처리시설
   가. 화학적 침강시설
   나. 중화시설
   다. 흡착시설
   라. 살균시설
   마. 이온교환시설
   바. 소각시설
   사. 산화시설
   아. 환원시설
   자. 침전물 개량시설

3. 생물화학적 처리시설
   가. 살수여과상
   나. 폭기(瀑氣)시설
   다. 산화시설(산화조(酸化槽) 또는 산화지(酸化池)를 말한다)
   라. 혐기성·호기성 소화시설
   마. 접촉조(接觸槽 : 폐수를 염소 등의 약품과 접촉시키기 위한 탱크)
   바. 안정조
   사. 돈사톱밥발효시설

4. 제1호부터 제3호까지의 시설과 같거나 그 이상의 방지효율을 가진 시설로서 환경부장관이 인정하는 시설

5. 별표 6에 따른 비점오염저감시설

※ 비고 : 제1호다목부터 마목까지의 시설은 해당 시설에 유입되는 수질오염물질을 더 이상 처리하지 아니하고 직접 최종방류구에 유입시키거나 최종방류구를 거치지 아니하고 배출하는 경우에는 이를 수질오염방지시설로 보지 아니한다. 다만, 그 시설이 최종처리시설인 경우에는 수질오염방지시설로 본다.

※ 자료출처 : 물환경보전법 시행규칙 [별표 5] (개정 2019.12.20. 기준)

[표 6-18] 물환경보전법 시행규칙 제8조에 따른 비점오염저감시설

1. 다음 각 목의 구분에 따른 시설
   가. 자연형 시설
      1) 저류시설: 강우유출수를 저류(貯留)하여 침전 등에 의하여 비점오염물질을 줄이는 시설로 저류지·연못 등을 포함한다.
      2) 인공습지: 침전, 여과, 흡착, 미생물 분해, 식생 식물에 의한 정화 등 자연상태의 습지가 보유하고 있는 정화능력을 인위적으로 향상시켜 비점오염물질을 줄이는 시설을 말한다.
      3) 침투시설: 강우유출수를 지하로 침투시켜 토양의 여과·흡착 작용에 따라 비점오염물질을 줄이는 시설로서 투수성(透水性)포장, 침투조, 침투저류지, 침투도랑 등을 포함한다.
      4) 식생형 시설: 토양의 여과·흡착 및 식물의 흡착(吸着)작용으로 비점오염물질을 줄임과 동시에, 동·식물 서식공간을 제공하면서 녹지경관으로 기능하는 시설로서 식생여과대와 식생수로 등을 포함한다.

   나. 장치형 시설
      1) 여과형 시설: 강우유출수를 집수조 등에서 모은 후 모래·토양 등의 여과재(濾過材)를 통하여 걸러 비점오염물질을 줄이는 시설을 말한다.
      2) 소용돌이형 시설: 중앙회전로의 움직임으로 소용돌이가 형성되어 기름·그리스(grease) 등 부유성(浮游性) 물질은 상부로 부상시키고, 침전가능한 토사, 협잡물(挾雜物)은 하부로 침전·분리시켜 비점오염물질을 줄이는 시설을 말한다.
      3) 스크린형 시설: 망의 여과·분리 작용으로 비교적 큰 부유물이나 쓰레기 등을 제거하는 시설로서 주로 전(前) 처리에 사용하는 시설을 말한다.
      4) 응집·침전 처리형 시설: 응집제(應集劑)를 사용하여 비점오염물질을 응집한 후, 침강시설에서 고형물질을 침전·분리시키는 방법으로 부유물질을 제거하는 시설을 말한다.
      5) 생물학적 처리형 시설: 전처리시설에서 토사 및 협잡물 등을 제거한 후 미생물에 의하여 콜로이드(colloid)성, 용존성(溶存性) 유기물질을 제거하는 시설을 말한다.

2. 위 제1호의 시설과 같거나 그 이상의 저감효율을 갖는 시설로서 환경부장관이 인정하여 고시하는 시설

※ 자료출처: 물환경보전법 시행규칙 [별표 6] (개정 2019.12.20. 기준)

이러한 다양한 자연형 시설들은 한 가지 요소로만 접근할 수도 있으나, 다양한 기법들을 한 공간에서 체계적으로 접근할 때 그 효과가 더 좋을 것이다. [그림 6-39]는 고속국도의 노면에서 발생하는 비점오염원을 처리하기 위한 다기능형 수로 및 습지를 나들목 내부 공간에 조성한 개념도를 예시한 것이다.

과정	여 과	침전/정화	정화 /서식
효과	▪ SS, N, P, TOC 정화	▪ N, P, Pb, Cu 정화	▪ N, P 정화 및 생물서식
개념	▪ 초기 부유물질 제거	▪ 여과대를 통과한 오염물질의 2차 정화	▪ 마지막 단계의 정화 및 습지생물 서식공간 제공
기법	▪ 토착 미생물(지렁이 등)을 이용하여 여과로 인한 토양오염을 정화	▪ 수생식물(정수, 부엽,침수, 부유)을 85% 정도로 조성	▪ 개방수면의 비율 50% ▪ 정수식물 및 습지식물 40% ▪ 모래와 진흙 10%

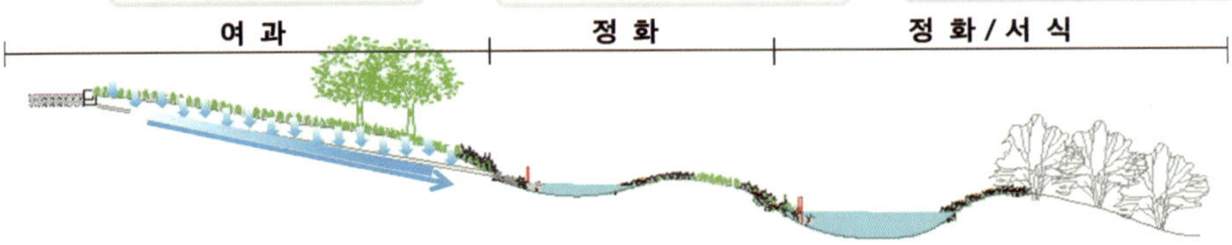

[그림 6-39] 고속국도 나들목에서의 수질정화 등 다기능형 습지 조성 개념

나들목 내부의 전경(중앙 부분에 습지가 입지하고 있으며, 수질정화 기능을 위한 수로가 함께 조성되었다)

영동선 여주 분기점(강릉 방향) 주변의 다기능형 습지는 비점오염원 정화뿐만 아니라 생물서식처로서도 기능을 하고 있다.

[그림 6-40] 고속국도 나들목과 주변 지역을 이용한 다기능형 습지

한편, 습지는 대기의 이산화탄소를 흡수함으로써 탄소를 포획하여 식물 성장에 활용하며, 이를 위해 탄소 저감 식물을 도입하는 것도 고려할 수 있다. 또한, 습지 주변 식재 시 목본류를 활용하여 그늘 식재를 함으로써 습지의 수온을 조절하게 되며, 수온의 상승을 방지하여 메탄가스의 발생을 저감시키도록 해야 한다.

[표 6-19] 기능별 수종

구분	기능	수종
수질 정화	비점오염물질 중 중금속을 정화	고마리, 애기부들, 꽃창포, 미나리, 노랑어리연 등
토양 복원	토양의 중금속 오염 정화	한국잔디, 겨이삭속 등
탄소 저감	탄소 정화 수종(에너지 수종)	물억새, 목백합나무 등
	탄소 포집 및 저장 수종	골풀, 부들 등
생물다양성	잠자리 우화 등 생물 서식장소	갯버들, 줄 등
경관	수질정화 식물 중 미적인 가치가 우수	노랑꽃창포, 부들 등

- **수질 정화 식물**

수질 정화용 식물들 중에서 수생식물을 중심으로 제시해 보면 [표 6-20]과 같다.

[표 6-20] 수질 정화 식물

식물명	특징
줄 (*Zizania latifolia*)	정수식물, 다년생
부들 (*Typha orientalis*) 애기부들 (*T. angustifolia*) 꼬마부들 (*T. laximania*)	정수식물, 다년생
큰고랭이 (*Scirpus lacustris var. creber*)	정수식물, 다년생
물옥잠 (*Monochoria korsakowii*)	정수식물, 1년생
세모고랭이 (*Scirpus triqueter*)	정수식물, 다년생

[표 계속]

식물명	특징
도루박이 (*Scirpus radicans*) 검은도루박이 (*S. sylvaticus* var. *maximowiczii*)	정수식물, 다년생
연꽃 (*Nelumbo nucifera*)	정수식물, 다년생
수련 (*Nymphaea teragona*)	부엽식물, 다년생
자라풀 (*Hydrocharis dubia*)	부엽식물, 다년생
어리연꽃 (*Nymphoides indica*) 노랑어리연꽃 (*N. peltata*)	부엽식물, 다년생
마름 (*Trapa japonica*)	부엽식물, 1년생
검정말 (*Hydrilla verticillata*)	침수식물, 1년생
말즘 (*Potamogeton crispus*)	침수식물, 1년생
개구리밥 (*Spirodela polyrhiza*) 좀개구리밥 (*Lemna minor*)	부유식물, 1년생
붕어마름 (*Ceratophyllum demersum*)	침수식물, 1년생
물수세미 (*Myriophyllum verticillatum*) 이삭물수세미 (*M. spicatum*)	침수식물, 1년생

※ 자료출처: 국토해양부, 2010.

※ 주) 연꽃의 경우 환경부 국가생물종목록에서는 “연”으로 되어 있으며, 산림청 국가표준식물목록에는 “연꽃”으로 되어 있음(2024년 5월 검색 기준).

• 갈수기 식생 유지 방안

여름철에 가뭄으로 인해 수원(水源)의 물이 고갈되는 시기와 겨울철에 적설(積雪)·결빙(結氷) 등으로 물이 흐르지 않는 시기에는 식물의 생장이 저하될 수 있다. 이럴 경우에는 내건성이 강하고 수질정화 효과가 뛰어난 달뿌리풀 등을 도입하여 갈수기에도 식생이 유지될 수 있도록 해야 한다.

• 탄소 수종 식재(에너지 수종)

탄소 분해 능력이 우수한 물억새, 목백합나무 등을 식재하여 주변에서 발생하는 탄소 발생에 대한 저감 대책을 마련하는 것도 좋은 방법이다. 하지만, 목백합나무는 국내 자생수종으로 보기 어려워 주의해야 한다.

• 탄소 포집 및 저장 수종 식재

탄소의 포집 및 저장 능력이 우수한 골풀, 부들 등을 습지 주변에 도입하여 탄소 저감 능력을 극대화 할 수 있도록 한다.

(4) 건습지

건습지(dry pond 또는 dry wetland)는 자연 강수에 의해서 습지가 유지될 수 있도록 조성한 친환경적 습지를 의미한다. 지금까지는 도시나 물이 부족한 지역에서 습지를 조성할 때 수원을 확보하기 위해서 에너지를 이용하여 물을 끌어들이거나 관정을 파거나, 방수 기법을 적용하였었다. 하지만 이러한 기법들은 많은 에너지를 쓰게 하거나 방수 기법이 친환경적이지 못한 경우가 많다. 또한, 물이 지하로 침입하지 못하고 고이는 경우가 많아 부영양화가 되는 경우도 많다.

이러한 전통적 방식을 탈피하여 자연적인 강수에 의해서만 유지되도록 하는 습지를 건습지라고 한다. 충분한 비가 내린 경우에는 습지가 물로 채워지고, 그렇지 않고 건기 때에는 자연스럽게 물이 지하로 침투하거나 증발 등으로 마르게 된다. 우리나라와 같이 여름철에 집중되는 강우 패턴을 보이는 지역에서는 습지이지만 물이 없는 경우가 더 많을 수도 있다. 따라서 이 기법을 적용하고자 할 때에는 복원 목표나 서식을 목표로 하는 종이 무엇이냐에 따라서 신중하게 결정해야 한다. 어류나 물을 상당 기간 필요로 하는 생물종의 서식처를 복원하고자 할 때에는 적합하지 않다. 반면, 맹꽁이와 같이 우기 때만 습지가 필요한 생물종이거나 특정 생물종을 목표로 하지 않을 경우, 주변에 습지의 수원을 확보하기 어려운 경우에는 적극적으로 도입할 수 있는 방법이다.

a) 폐도 복원지에서 건습지 개념을 적용한 사례
(웅덩이 형태로만 지형을 조작하고, 방수 처리를 하지 않았으며, 별도의 식물을 도입하지 않았다. 2011년 10월)

b) 복원 후 1년이 경과한 후의 모습
(건습지에 물이 고여 있으며, 선구식물들로 가득하다. 2012년 11월)

c) 복원 후 5년이 경과한 후의 모습
(절대습지식물인 부들류와 일부 습생식물들이 서식하고 있다. 2016년 6월)

[그림 6-41] 폐도 복원지역에서의 건습지 조성 모습과 복원 후 모습

(5) LID 기법

최근 저영향개발(Low Impact Development, LID) 기법은 별도의 제도 및 사업 분야로 발전해 가고 있다. 물순환 도시를 구축하기 위한 일환으로서 LID 기법이나 그린인프라(Green Infrastructure, GI) 기법을 적극적으로 활용하고 있으며, 관련 R&D와 기술 개발도 한창 이루어지고 있다.

이러한 기법들은 모두 각종 개발 사업에서 불투수 포장 면적이 증가하면서 빗물의 지하수 유입을 방해하는 것을 해결하기 위한 것들이다. 도시지역에서는 불투수 포장 면적이 많고, 지하 개발 사업까지 이루어지면서 도시에서의 물관리 기법은 매우 중요해지고 있다. 특히, 2024년 3월부터 시행된 "도시하천유역 침수피해방지대책법"이 시행되면서 법·제도적 뒷받침을 받게 되었다.

도시에서의 물관리 기법은 1985년 최적관리기법(Best Management Practices, BMP's)을 시작으로 하여 1995년에는 지속가능한 도시 배수시스템(Sustainable Urban Drainage System, SUDS), 저영향개발 기법(LID)과 물순응 도시 설계(Water Sensitive Urban Design, WSUD) 등으로 발전하였다. 지속가능한 도시 배수시스템(SUDS)은 영국에서 시작된 기법으로, 빗물에 대한 근원적인 관리, 투수 포장 및 투수 블록 조성, 강우 유출수의 지체와 침투 및 증발산 향상 등의 기법을 사용한다. 이후 그린인프라가 2000년대에 그리고 2016년에는 물순환 도시 개념이 적용되고 있다. 이러한 도시 물관리 기법의 변화는 [그림 6-42]와 같다.

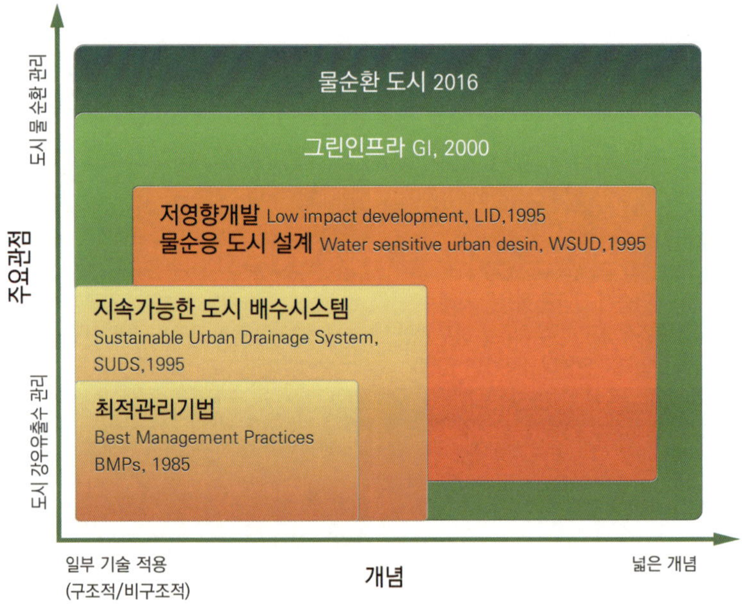

[그림 6-42] 도시 물관리 기법의 변화

※ 자료출처: 우효섭 등 編, 2017 (원전: Kim, LH, 2016)

LID 기법은 강우 유출 발생지부터 침투, 저류를 유도하여 도시화에 따른 수생태계 훼손 및 수질 악화를 최소화함으로써 개발 이전의 상태와 가깝게 만들기 위한 토지이용 계획 및 도시 개발 기법을 말한다(우효섭 등, 2017). 미국 환경청에서는 도시화로 인해 변화하는 수문 특성 때문에 발생되는 문제점에 대해 지역 내의 자연 시설과 수문학적 기능을 도시화 이전의 수문 특성과 유사하게 보존하는 계획 및 설계 기법으로 정의하고 있다. 도시나 지역의 개발 전과 개발 후의 물수지 균형(water balance)을 맞추기 위한 기법이라고 할 수 있다. 이러한 LID 기법은 우리나라의 환경영향평가 과정에서도 적용하도록 매뉴얼(환경부, 2013)이 마련되어 있다.

[표 6-21] 전통적 빗물 관리 기법과 LID 기법

구분	전통적 빗물 관리	새로운 빗물 관리(LID 기법)
명칭	중앙집중식 빗물관리	분산형 빗물관리
기본방향	빗물을 빠르게 집수하고 배제	빗물을 발생원에서 머금고 가두기
계획목표	개발 후 첨두유출량 증가의 감소	개발 후 총 유출량 증가의 감소
주요시설	빗물펌프장, 저류지	소규모 침투 및 저류시설
한계	물순환 장애 및 건천화	집중 호우 시 효과의 한계

※ 자료출처: 환경부, 2013.

LID를 포함한 그린인프라 기술은 저류시설, 인공습지, 침투시설, 식생형 시설 등으로 구분할 수 있다. 저류시설에는 저류지와 지하저류조가 있으며, 침투시설에는 유공포장(투수성포장), 침투저류지, 침투도랑 등이 있다. 그리고 식생형 시설은 식생여과대, 식생수로, 식생체류지, 식물재배화분, 나무여과상자 등이 있다. 이러한 저영향 개발 기법의 세부 기술들에 대한 개괄적인 설명은 [표 6-22]에서 제시하였다.

[표 6-22] 저영향 개발 기법의 세부 기술 예시

명칭	기술 개요	모식도
식생체류지 (Bioretention)	토양에 의한 여과, 생화학적 반응, 침투 및 저류 등의 방법으로 강우유출수를 조절하는 식생으로 덮인 소규모의 저류 시설	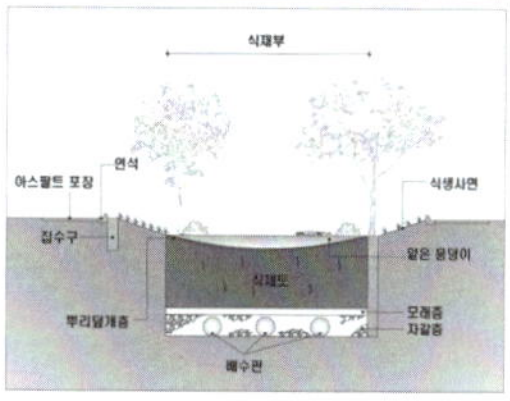
옥상녹화 (Green roof)	강우유출수를 옥상에서 차집하여 여과, 증발, 저류함으로써 도시화된 지역의 유출을 저감하는 기술요소. 도심 내 열섬해소 효과, 휴게 공간 제공 등 부가적인 편익 창출	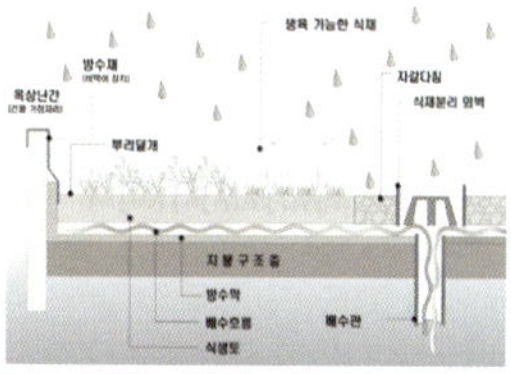
나무여과장치 (Treebox filter)	가로수 하부에 여과부가 포함된 구조물(콘크리트 박스)을 매립하여 강우 시 유출되는 우수를 유입시킨 후 여과, 침투 유도	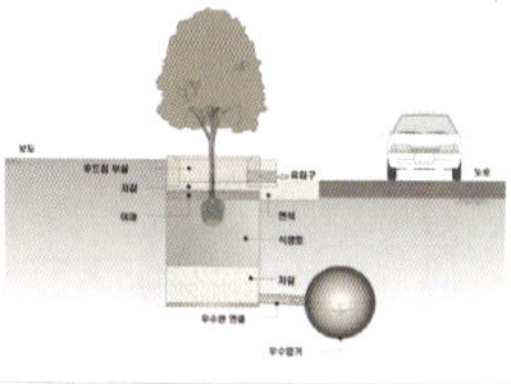
식물재배화분 (Planter box)	도심 녹지 공간이나 기존 수목이 식재된 화분 등의 공간을 활용하여 우수를 저류, 체류할 수 있는 시설물로 지피식물, 관목류 등의 식재를 통해 녹지 기능과 우수 관리 기능을 확보	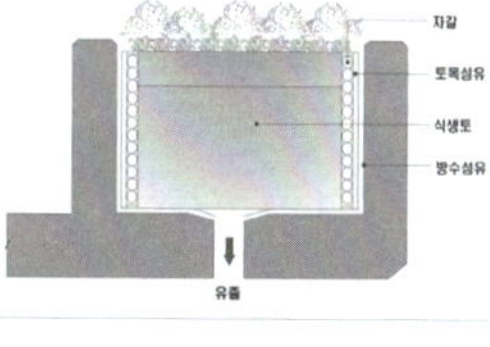

[표 계속]

명칭	기술 개요	모식도
식생수로 (Bioswale)	배수 구조물로서 토양에 의한 여과, 생화학적 반응, 침투 및 저류 등의 방법으로 강우유출수를 조절하는 식생으로 덮인 수로	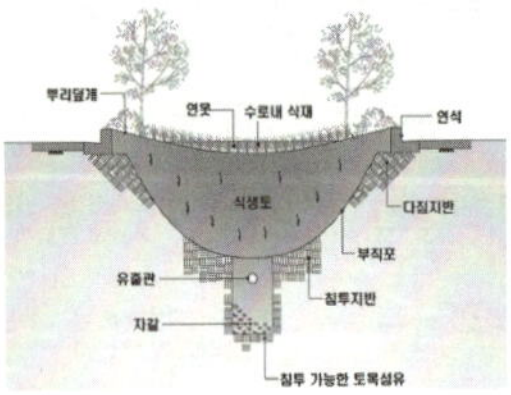
식생여과대 (Bioslope)	자갈 및 식생 활착이 유리한 토양으로 구성되며 강우유출수를 감소시키고 사면안정과 함께 여과기능을 수행, 수질개선 및 도심 내 녹지 공간 기능	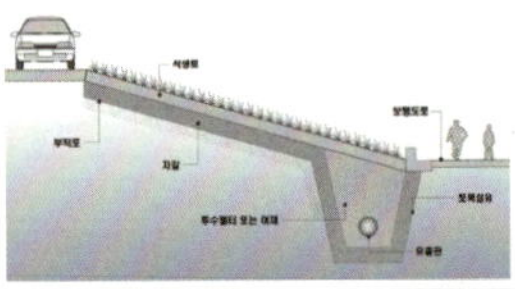
침투도랑 (Infiltration trench)	자갈, 쇄석 등 공극이 많은 재료로 채워진 형태의 도랑으로 강우 시 유출수를 담아두고 토양으로 침투시키는 기술요소	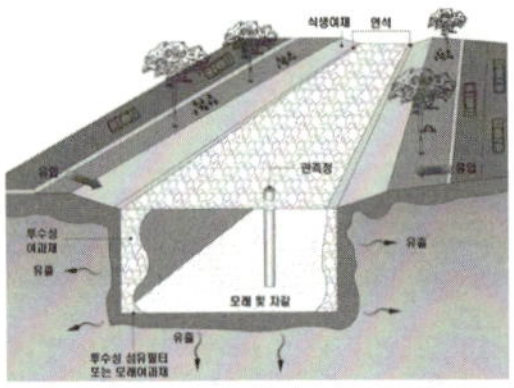
침투통 (Dry well)	자갈 또는 돌 등으로 채워져 있고 건축물의 홈통과 연결되어 있거나 불투수면의 유출수가 유입될 수 있도록 설치되어 토양으로 침투시키는 기술요소	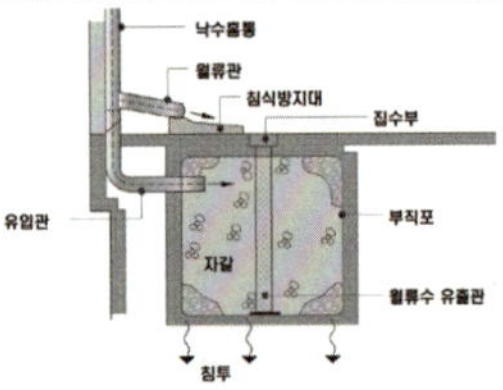
투수성 포장 (Porous pavement)	강우유출수와 오염물질 저감을 위해 다공성 아스팔트·콘크리트·투수블록 등과 쇄석의 공극을 통과하여 강우유출수를 토양에 침투시키고 오염물질을 저감하는 기술 요소	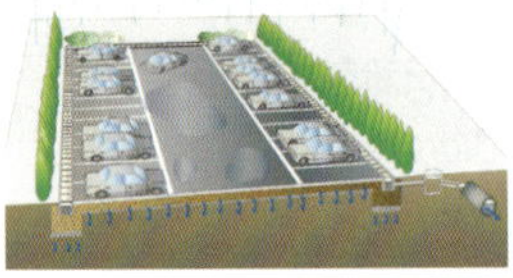

※ 자료출처: 환경부, 2016, 물순환 선도도시 보도자료(2016.2.15)

이러한 LID 요소들간의 연계성은 [그림 6-43]에서 제시하였다.

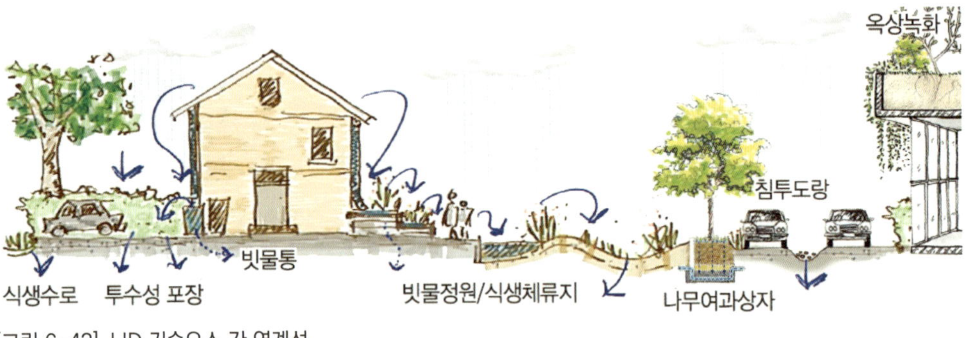

[그림 6-43] LID 기술요소 간 연계성

※ 자료출처: 환경부 등, 2018.12.

한편, 실제 현장에서 저영향 개발 기법(LID)이 적용될 때에는 생태적 측면에서의 접근이 매우 중요하다. LID 등 관련 기법이나 기술 개발들이 대부분 토목 분야에서 주도권을 갖고 있는 현실에서 생태·경관적인 측면 특히, 식생의 도입이나 생물다양성 증진 등의 측면에서 부족한 점이 많다. 그 중에서도 식생 도입은 매우 중요한 기술이지만 관련 전문가의 참여나 연구는 상대적으로 부족한 실정이다. 생태 및 복원 전문가들이 관심을 갖고 참여해야 할 중요한 이유이다.

a) 잔디도랑은 가장 흔한 LID 기법의 한 예이다. 하지만, 잔디는 장기간의 침수에 약하기 때문에 이를 대체할 수 있는 다양한 습생형 수종을 적용해야 한다. (2013년 07월)

b) 나무여과장치가 적용된 지역

[그림 6-44] LID 기법이 적용된 현황

넥서스환경디자인연구원(2016)에서 한국도로공사의 의뢰로 경부선 옥천나들목을 대상으로 실시한 LID 시설 조성 계획을 예시해 보면 다음과 같다.

[그림 6-45] 경부선 옥천 나들목의 현황 분석도

이 지역에서의 LID 계획 및 설계는 자연환경 보전, 불투수 지역의 최소화, 우수 유출 경로를 자연 토양 시스템으로 유도, 시설물의 전략적 배치, 유지 관리성 등을 주된 방향으로 설정하였다. 적용할 기법은 식생체류지와 식생수로이다([표 6-22] 참고). 수질 처리 용량(Water Quality Volume, WAV)을 산정한 결과 수처리 용량은 12.54㎥로 나타났다. LID 적용을 위한 단계는 아래 그림과 같다.

[그림 6-46] 경부선 옥천 나들목에서의 LID 적용 과정

대안은 기존 측구를 철거한 후 수로와 습지를 조성하는 것(대안 1)과 구거를 유입시켜 수질정화습지를 조성하는 것(대안 2)으로 구분하였고, 이에 대한 내용은 다음과 같다.

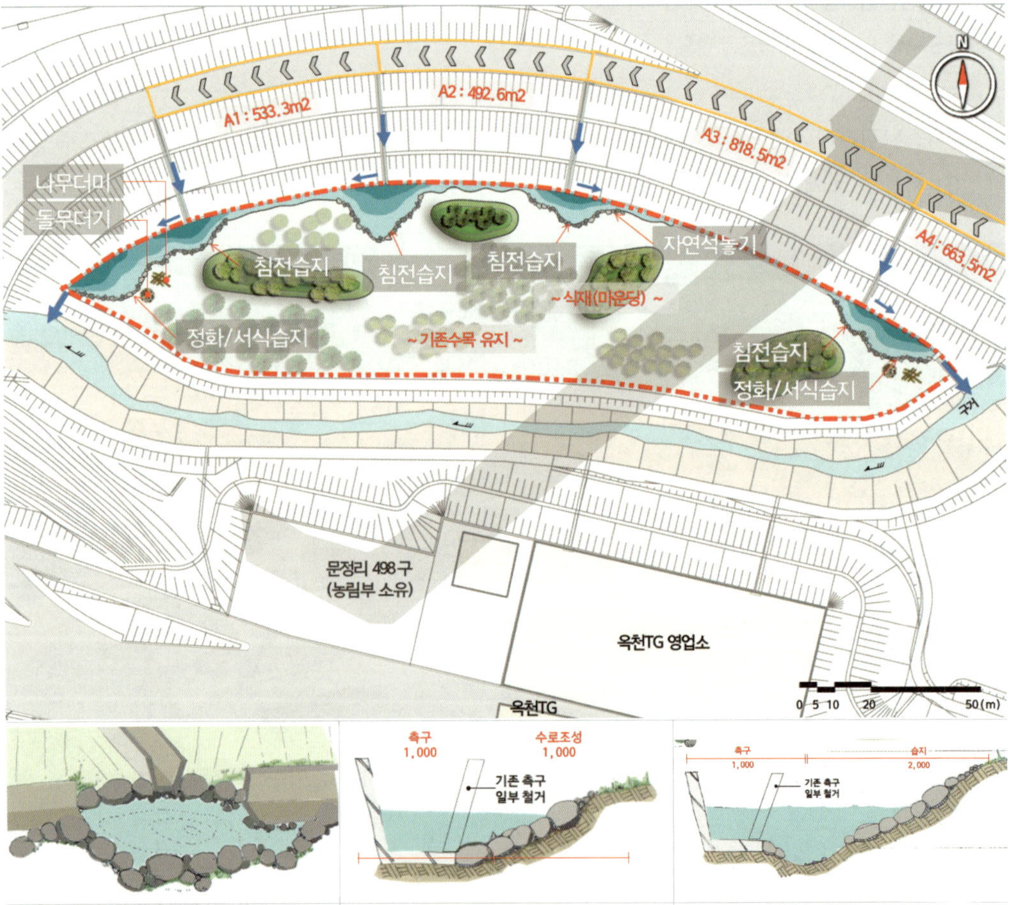

침전습지 상세 이미지	수로 상세 이미지	습지 상세 이미지

[그림 6-47] 대안 1: 기존 측구의 철거 후 수로와 습지 조성

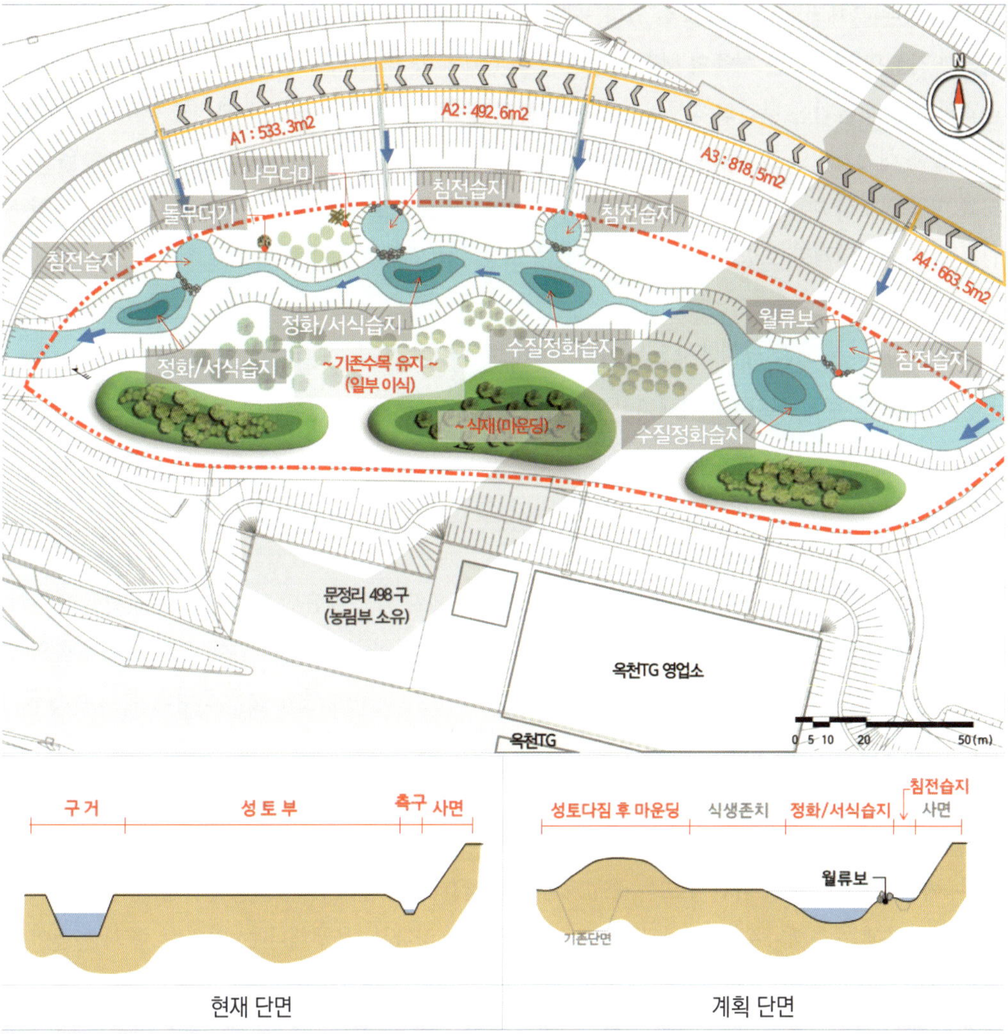

[그림 6-48] 대안 2: 구거를 유입하여 수질정화습지를 조성

4) 토양 복원 계획

토양이란 모재가 되는 각종 암석이 여러 가지 자연 작용에 의해서 제자리에서 또는 옮겨져 쌓인 뒤, 표면에 유기물질들이 혼합되면서 여러 가지 토양 생성 인자의 영향을 받아 생긴 지표면의 얇고 부드러운 층으로서, 토양 생성 인자인 환경과 평형을 이루려고 끊임없이 변화하는 자연체이다(김계훈 등, 2006). 토양은 식물의 성장에 필요한 기반환경으로 유기물의 공급 등 다양한 기능을 수행한다. 구체적으로 Needelman(2013)이 언급한 토양의 6대 기능은 (1) 식물 생장을 지원하는 배지, (2) 양분 및 유기성 폐자원의 재순환, (3) 물 공급 및 정수 기능, (4) 대기환경 조정자, (5) 토양생물 서식처, 그리고 (6) 공학적 매체이다. 여기서 공학적 매체는 건축자재의 재료와 도로, 건축 등의 구조물의 기초를 제공하는 역할을 의미한다.

토양은 문제가 있더라도 육안으로만 봤을 때에는 피해를 받은 것으로 느껴지기가 쉽지 않기 때문에 숨어 있는 문제점으로 나타날 수 있다. 생태계에 있어서 토양은 양분을 순환시키는 기능을 하는데, 이러한 작용의 대부분은 식물의 뿌리나 동물을 비롯해 토양 내 미생물에 의해 이루어진다. 토양 층리 파괴와 토양의 답압은 뿌리의 침투와 토양 미생물의 생육을 제한하며, 물의 투과성과 산소나 이산화탄소와 같은 대기가스의 교환을 막는다. 지속가능한 설계는 조성하는 동안 토양 양분 결핍을 막을 수 있도록 미량 원소나 미생물을 공급하거나, 폐기물로부터 새로운 토양을 제공하는 것과 같은 혁신적인 복원뿐만 아니라 엄격한 토양 보전 등 토양 자원을 보전하는 노력을 많이 해야 한다.

가) 식물 도입 관점에서 토양환경

일반적으로 도시지역에서 식재기반을 위한 토양은 인위적으로 변형되어 있으며, 여러 가지 협잡물이 혼입되어 자연 토양과는 다른 복잡한 양상을 띠고 있다. 따라서 가능한 한 자연지역의 토양과 유사한 조건을 제공해 주는 것이 가장 바람직한데, 식물의 생육과 관련된 토양 조건은 토양의 물리적 특성과 토양 pH, 부식질로 나누어 볼 수 있다.

토양의 물리적 특성 중에서 식재와 관련하여 가장 문제가 되는 것은 토양의 경도와 관련된 것이다. 이것은 식재 후 수목의 생육 불량 또는 고사 현상 등을 일으키며, 조성 후 답압에 의한 표토 경화의 문제도 발생한다. 이런 경화 현상은 토양의 삼상분포, 통기성, 투수성 등과 같은 토양의 물리적 성질에 악영향을 미친다.

토양 pH와 관련해서 일반적으로 약산성 또는 중성 토양에서 식물의 생육이 가장 좋게 나타난다. 우리나라의 강산성 토양에서는 곰솔, 소나무, 가문비나무, 분비나무, 전나무, 잣나무, 밤나무, 상수리나무, 싸리 등이 자란다. 약산성 또는 중성토양에는 잎갈나무, 참나무류, 느티나무 등이 생육한다. 알칼리성 토양에는 측백나무, 느릅나무, 팽나무, 회양목, 오리나무, 물푸레나무, 바위손, 부처손 등이 분포한다(공우석, 2007). 우리나라의 토양 산도별 주요 생육 수종은 [표 6-23]과 같다.

[표 6-23] 토양 산도별 우리나라의 주요 생육 수종

산 도	주요 생육 수종
3.9 이하	지의류, 선태류
4.0~4.7	소나무, 리기다소나무, 낙엽송 등
4.8~5.5	잣나무, 참나무류, 가문비나무류 등
5.6~6.5	대부분의 침엽수 및 참나무류, 단풍나무류, 피나무류
6.6~7.3	호두나무, 양버즘나무, 측백나무 등
7.4~8.0	오리나무, 네군도단풍, 물푸레나무, 측백나무 등
8.1~8.5	포플러 등

※ 자료출처: 산림청 누리집; 공우석, 2007.

부식질은 토양의 물리성, 화학성, 생물성에 크게 관여하는 것으로 다음과 같은 역할을 한다.

- 부식질은 식물체에 직접 양분으로 이용되지는 않지만 분해되어 질소 또는 그 밖의 양분 원소를 다량 방출한다(양분의 공급원).
- CEC(양이온 교환용량)가 크기 때문에 양분의 흡수를 비롯하여 저장 능력이 크며 각종 토양반응에 대한 완충 능력이 뛰어나다.
- 토양의 단립화를 촉진한다.
- 유익한 토양동물을 비롯하여 미생물의 활동을 활발하게 한다.

식물의 성장을 위한 최적의 토양 조건은 식물의 종류에 따라 다르지만, 통상적으로 식물의 생육에 적합한 토양의 상태는 다음과 같은 요건을 갖추는 것이 바람직하다.

- 부식질이 많고, 부드러울 것
- 투수성, 통기성, 배수성이 좋을 것
- 토양 pH가 가능한 한 약산성 또는 중성에 가까울 것
- 질소, 인산, 칼리 등의 필요 성분을 포함하고, 유해물질을 함유하고 있지 않을 것

나) 식물 서식 능력 향상을 위한 복원

복원하고자 하는 곳의 토양이 지나치게 단단해져 있거나 유기물질이 부족한 것과 같은 문제가 있을 경우에는 자연토양에서 볼 수 있는 자연 표층토의 토양 환경 및 입단 구조로 복원해 주는 것이 선결되어야 한다. 특히, 각종 개발에 의해서 유기물층(O층)과 A층이 다량 소실되는 경우가 많으므로 표토를 적절하게 활용하는 것도 매우 중요하다. 표토는 다량의 유기물을 함유하고 있으며, 다양한 토양 미생물·동물이 서식하고 있기 때문에 매우 중요하다. 더불어 매토종자와 같은 해당 지역의 자생식물종들을 보유하고 있는 경우도 많다. 특히, 우리나라의 경우에는 A층이 잘 발달되지 않은 특성을 갖는데, A층은 유기물이 많이 집적된 광물질의 층으로서 세근 발달에 매우 중요한 역할을 하므로 복원 시 많은 고려가 있어야 한다. 특히, 수목의 뿌리는 굵은 뿌리와 가는 뿌리로 구분하는데, 가는 뿌리는 잔뿌리 또는 세근이라고도 한다. 가는 뿌리는 수명이 1년 내외로 짧기 때문에 쉬지 않고 새로 만들어진다. 이때 산소가 많이 필요한데, 토양 속의 산소는 공기중으로부터 공급되기 때문에 땅속 깊이 들어가면 산소가 부족하여 잔뿌리가 자라지 못하게 된다(이경준, 2021). 따라서 잔뿌리는 토심 30㎝ 이내에서 80% 이상이 분포하며, 소나무의 경우에는 지표 10㎝ 깊이에 90% 이상의 세근이 발달해 있다(강전유 등, 2015). 결과적으로 토양은 지표면부터 30㎝까지의 건강성을 충분히 확보해 주어야 뿌리의 안정적 생육에 유리하다.

표토를 재활용하고자 할 때에는 보통 토심 15~20㎝ 정도의 표토층을 활용하며, 재활용을 위해 임시로 쌓는 가적장(假積場)에서는 3m 이하의 높이로 쌓아 보관한 후, 복원 사업에 활용해야 한다.

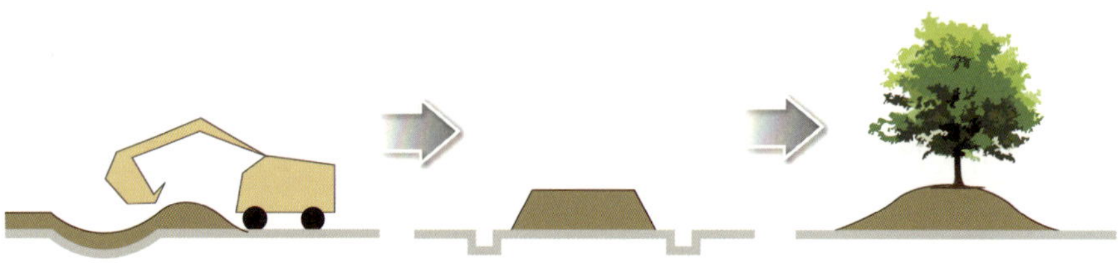

[그림 6-49] 표토의 재활용 방법

참고로 토층(soil horizon)은 토양 생성 과정을 통해 생성 인자의 작용에 의하여 분화·발달한 층위를 말한다. 토양 단면의 골격을 이루는 기본적인 토층은 O층, A층, E층, B층, C층 등으로 구분한다. 여기서, O층, A층, E층, B층을 합하여 진토층이라 하며, O층, A층, E층, B층, C층을 모두 합하여 전토층이라 한다. 각 층위별 토층의 명칭과 주요 특징은 [그림 6-50]과 [표 6-24]에서 제시하였다. 이 표에서 전이층이나 혼합층은 두 가지 토층의 특성을 동시에 지닌 토층을 말하며, 두 가지의 특성 중에서 우세한 쪽의 토층명을 먼저 쓴다. 예를 들어, BC층은 C층에서 B층으로 전환되고 있는 토층으로 B층의 특징을 더 많이 지니고 있을 때 붙인다(김계훈 등, 2006).

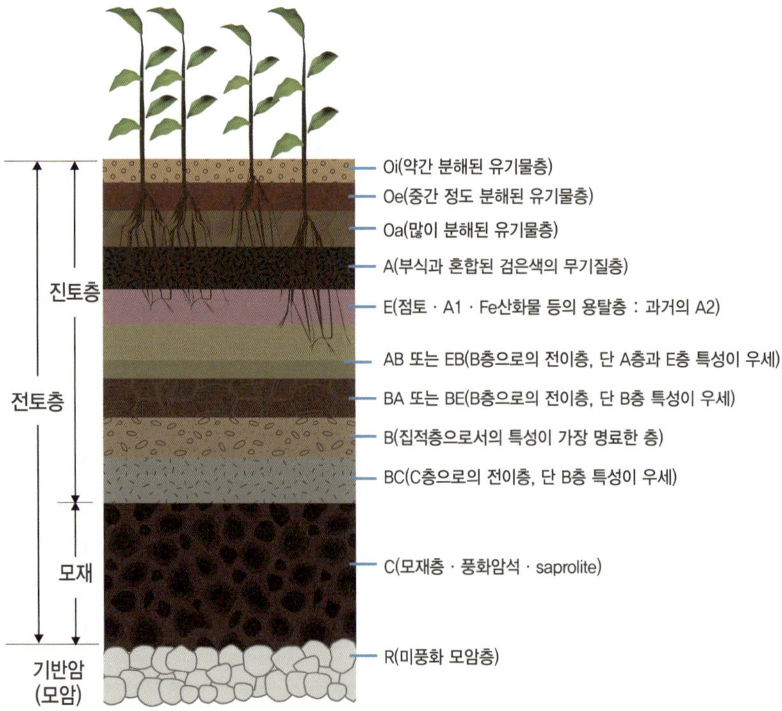

[그림 6-50] 자연 토양의 단면 구조

[표 6-24] 토양 층위의 명칭과 특징

구분(층위 명칭)				기본 특징	세부 특징
H				물로 포화된 유기물층	
전토층	진토층	O층	Oi	미부숙 유기물층	• 고사목, 나뭇가지, 낙엽 및 기타 동식물의 유체 등으로 구성된 층 • 고산악 또는 고위도 산림지역에서 흔하며, 초지에서는 쉽게 분해되어 무기물층과 혼합되므로 존재하지 않음. • 식생이 풍부한 중위도 지대나 분해가 느린 고위도의 습윤 냉대에서 여러 가지 형태의 유기물층을 볼 수 있음.
			Oe	중간 정도 부숙된 유기물층	
			Oa	잘 부숙된 유기물층	
		A층	A	무기물 토층(부식 혼합), 어두운 색	• 부식화된 유기물과 섞여있어 아래 층위보다는 암색을 띠고 물리성이 좋음. • 대부분 입단 구조가 발달되어 있어 식물의 잔뿌리가 많음.
		E층	E	용탈 흔적이 가장 명료한 층	• 최대 용탈층으로 위·아래층보다 조립질이거나 내풍화성 입자의 함량이 많고 담색을 띰. • 부식산이 많이 생성될 수 있고, 강수량이 많은 지역일수록 발달함.
			AB·EB	전이층(A→B, E→B), 단 특성: A>B, E>B	
			BA·BE	전이층(A→B, E→B), 단 특성: A<B, E<B	
			E/B	혼합층(단, E층의 분포비가 우세), 우세층 먼저 표기	
		B층	B	무기물 집적층	• 위·아래층보다 색깔이 더 진하고 토괴의 표면에는 점토 피막이 형성되어 있어 구조의 발달을 볼 수 있음.
			BA·BC	전이층(B→A, B→C), 단 특성: A, E<B(B층 우세)	
			B/E	혼합층(B층 분포비가 우세)	
			BC·CB	전이층(우세 토층 먼저 표기)	
	모재	C층	C	모재층(잔적토: 풍화층, 운적토: 원퇴적 사력층)	• 무기물층으로 아직 토양 생성 작용을 받지 않은 층
기반암(모암)			R	모암층(수직적으로 연속 분포, 수작업 굴취 불가)	• C층 또는 C층이 없을 때 B층 아래에 있는 모암층

※ 자료출처: 김계훈 등(2006)의 내용을 수정·요약함.

한편, 식재기반을 조성할 때에는 식물이 서식 가능한 범주의 토양 환경으로 복원하는 것이 중요한데 여기에는 토심, 유기물 함량, 토성 등이 주요 요소가 된다. 우선 토심은 생존을 위해 필요한 최소 토심과 생육을 위한 최소 토심으로 구분할 수 있다. [그림 6-51]에서 제시하고 있는 기준은 국토교통부(2019.7.26.)의 조경공사 표준시방서에서 제시하고 있는 식물이 생존 혹은 생육하기 위한 최소한의 토심이다(자연토양 기준임). 따라서 생태적인 복원 사업을 위한 토양 환경을 제공하기 위해서는 이보다 더 깊은 토심을 안정적으로 확보할 필요가 있다. 특히, 토양이 오염되었거나 폐도로나 폐선로의 복원과 같이 특수한 경우에는 필요한 토심 이상을 안정적으로 확보하여야 한다.

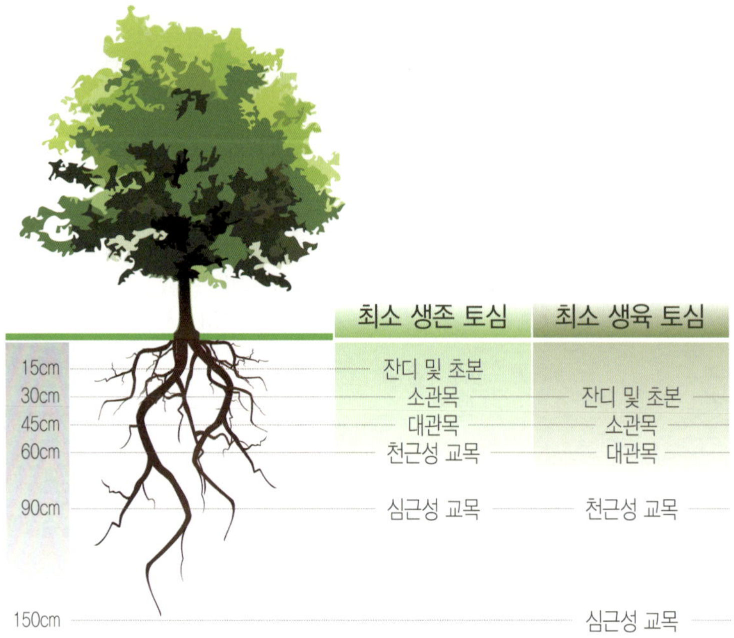

[그림 6-51] 최소 생존 토심과 최소 생육 토심

※ 자료출처: 국토교통부(2019.7.26., 식재기반 조성(KCS 34 30 10:2019)의 표를 그림으로 그림.

위 그림에서 제시한 생존 및 생육 토심과 관련하여 조경설계기준(국토교통부, 2019)에서는 토양 종류에 따라서 보다 구체적으로 세분화하였는데, [표 6-25]에서 제시하였다.

[표 6-25] 식물의 생육 토심

식물의 종류	생존 최소 토심 (㎝)			생육 최소 토심 (㎝)		배수층의 두께
	인공토	자연토	혼합토 (인공토 50% 기준)	토양등급 중급이상	토양등급 상급이상	
잔디, 초화류	10	15	13	30	25	10
소관목	20	30	25	45	40	15
대관목	30	45	38	60	50	20
천근성 교목	40	60	50	90	70	30
심근성 교목	60	90	75	150	100	30

※ 자료출처: 국토교통부, 2019.7.26., 일반식재기반(KDS 34 30 10:2019)

식재기반을 위한 토양환경은 최소한 '하급' 이상의 토양평가 등급(토양평가 등급은 이 책의 제3장. 생태복원을 위한 조사 및 분석 중 '다. 생태기반환경의 조사 및 분석 방법'에서 토양 분야를 참조)을 적용해야 한다. 특히, 식물의 생육환경이 열악한 매립지나 인공지반 위에 조성하는 식재기반이나 답압의 피해가 우려되는 곳의 토양은 '중급' 이상의 토양평가 등급을 적용한다.

한편, 수림대를 포함한 산림 식생의 복원은 생육 기반 정비 방안을 도입하도록 해야 하며, 그 방법으로 우리나라 평균 산림 식생의 유기물 함량인 약 3% 수준의 토양을 도입하여 도입종들의 활착에 가장 효과적인 토양 조건을 만들어 주어야 한다(이수욱, 1981; 문석기 등, 1998). 참고로 [표 6-26]은 과거 우리나라의 산림 토양 환경의 평균값을 나타낸 것이다.

[표 6-26] 우리나라의 산림 토양 환경

토심 (㎝)	표토 깊이 (㎝)	유효 수분 (%)	pH	유기물 (%)	유효 인산 (ppm)	CEC (me/100g)	치환성 양이온 함량 (me/100g)				염기 포화도 (%)
							Ca	Mg	Na	K	
102.8	14.8	15.6	5.5	3.2	26.65	11.34	3.51	1.56	0.23	0.21	43.08

※ 자료출처: 이수욱, 1981.

표토층을 재활용할 경우에는 표토에 있는 매토종자의 활용 가능성을 염두에 두어야 하는데, 표토에 잔존하고 있는 매토종자를 잘 활용하는 것이 중요하다. 하지만, 매토종자를 사용하기 전에 원하는 식물종이 발생할 것이라고 확신이 될 경우에만 사용하는 것이 바람직하다. 토양 속에는 외래종이나 생태계교란종들의 종자도 함께 포함되어 있기 때문이다. 따라서 매토종자를 포함한 표토를 대상으로 한 시험시공을 실시한 이후에 원하는 식물종의 발아율이 높게 나타날 경우에만 매토종자에 의한 복원 방법을 사용해야 한다. 반대로 토양 속에 외래종이나 생태계교란종들이 많을 경우에는 표토를 30㎝ 이상 걷어낼 필요가 있다. 실제로 고덕 수변생태복원지역에서는 표토를 30㎝ 걷어 낸 후 시공하였다. 외국에서는 표토를 90㎝까지도 걷어낸 후 식재할 것을 권고하고 있다.

한편, 토양을 외부에서 들여와야 하는 경우에도 주의할 필요가 있다. 과거 ○○산의 아고산지역 정상부를 복원할 때 저지대에서 토양을 확보하여 침식지역 등의 복원을 위해 포설하였다. 이후 식생복원 사업을 실시하였는데, 복원 후 저지대에서 출현하는 식물종들이 아고산지역에서 발아하는 일이 발생하였다. 즉, 복원 현장에서 나타날 수 없는 식물종들이 출현하여 제거해야 하는 어려움을 겪기도 하였다. 이러한 사례를 반복하지 않기 위해서는 토양을 이동시킬 경우에도 동일한 지역, 위도, 고도 등을 종합적으로 고려해야 하며, 그것이 불가능할 경우에는 토양을 소독한 후에 도입하는 것이 더 바람직할 수도 있다.

기타 생태복원에 있어서 토양에서 발생하는 문제를 처리하기 위한 방법들은 [표 6-27]과 같이 요약할 수 있다.

[표 6-27] 생태복원에 있어서 토양 문제의 처리 방법

제한요소		문제점	단기 처리	장기 처리
물리적 특성	토성	엉성함	유기물 도입 또는 미세질 토양의 도입	식생 도입
	구조	단단함	경운	식생 도입
		엉성함	다지기	식생 도입
	안정성	불안정	안정제 처리, 멀칭, 보모종(nurse species) 도입	경사 조절 또는 식생 도입
	수분	습함	배수 처리	배수 처리
		건조	관수 또는 멀칭	내성 식물 사용
영양소	다량 영양소	질소	시비	콩과 식물 도입
		기타	시비와 석회 도입	시비 및 석회 시비
	미량 영양소	부족	시비	-
독성	pH	낮음	석회 도입	석회 또는 내성 식물 도입
		높음	철광 폐기물 또는 유기물 도입	자연적 세탈
	중금속	높음	유기물 또는 내성 식물 도입	고정제 또는 내성식물 도입
	염도	높음	세척 또는 관개	내성 식물 도입

※ 자료출처: Bradshaw(1983), Vicky M. Temperton(2004)의 내용을 수정·보완함.

한편, 복원 후 답압(trampling)에 대한 관리도 필요하다. 식물을 도입한 곳뿐만 아니라 습지 주변으로도 사람들은 물을 가까이서 보려는 습성 때문에 호안부가 답압이 되는 경우도 많다. 복원 이후의 이용 단계뿐만 아니라 복원 공사 중에 공사장비가 드나들었던 곳들이나 기계다짐이 심하게 된 곳도 복원 후 식물 성장을 어렵게 하는 경우도 있다. 어떠한 경우든 답압은 토양을 고결(固結)화 시키는 결과를 가져온다. 적정 수준의 답압은 토양 밀도를 적절히 높여 식물체를 튼튼히 하며, 분지를 촉진시키는 등 생리적으로 식물의 성장을 촉진하기도 한다(우보명, 2003). 과거 겨울철에 보리밭을 밟아주거나

a) 호수변 답압으로 토양이 고결화된 상태(사진 아랫부분)

b) 물가는 사람들이 가까이서 보기 위해 자주 이용하다 보면 답압로가 발생하는 경우가 많다.

[그림 6-52] 호숫가에서의 답압 형태

수목을 이식할 때 다짐해 주는 것을 생각해 보면 된다. 하지만 대부분의 경우에는 답압의 과잉으로 식물 성장이 좋지 않게 되는 경우가 많다. 답압의 피해는 식물체에 직접 힘이 가해져서 파손되는 경우와 토양을 고결시켜서 간접적으로 식물의 성장을 억제하는 두 가지 형태로 발생한다(우보명, 2003). 대체로 답압에 의한 토양 압착의 피해 범위는 지표로부터 약 10㎝ 정도까지가 많은 것으로 알려져 있기 때문에 이 부분의 토양을 개선하는 것이 중요하다(우보명, 2003).

답압지 토양의 개선은 에어레이션(aeration)을 하거나 토양을 개량하는 것이 좋다. 답압지의 토양 개량제로는 발포 스티렌이나 피트모스, 다공질 토양개량자재, 모래 등이 사용된다. 또한, 수목 보호를 위한 다양한 기재를 이용하는 것도 방법이 되는데, 이러한 경우엔 대부분 가로수나 이용이 집중되는 공원 등에 적합하다. 가장 좋은 방법은 식물을 도입한 복원지역에 출입을 제한시키는 것이다.

국립공원의 경우에도 샛길(비법정 탐방로)이 발생하는 경우가 많은데, 국립공원의 훼손 유형 중 가장 높은 빈도로 나타난다. 이러한 지역을 복원할 때에는 법정 탐방로에서 비법정 탐방로가 발생한 시작 부분부터 가시거리까지만 식물로 복원해주어 시각적 차폐를 해 주거나 사람의 이동을 차단하는 시설물을 설치하는 방법을 사용하기도 한다. 비법정 탐방로 전체를 복원하기에는 비용이 많이 소요되기 때문인데, 이런 방식으로 사람의 출입을 차단하게 되면 식재를 하지 않은 지역들도 자연스럽게 식생이 이입하는 경우도 많다.

a) 국립공원 내 샛길

b) 샛길 복원 지역

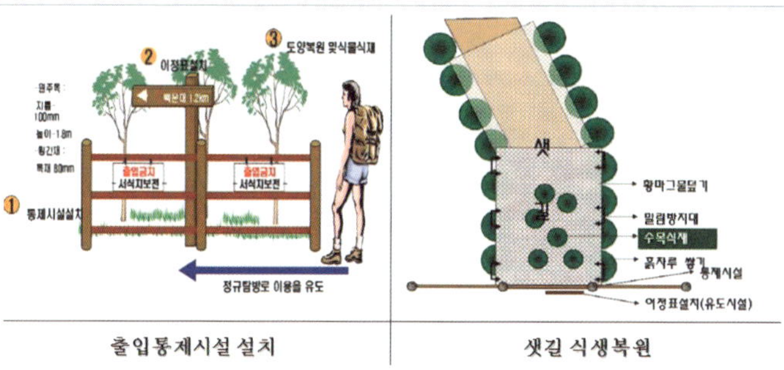

c) 복원 모식도

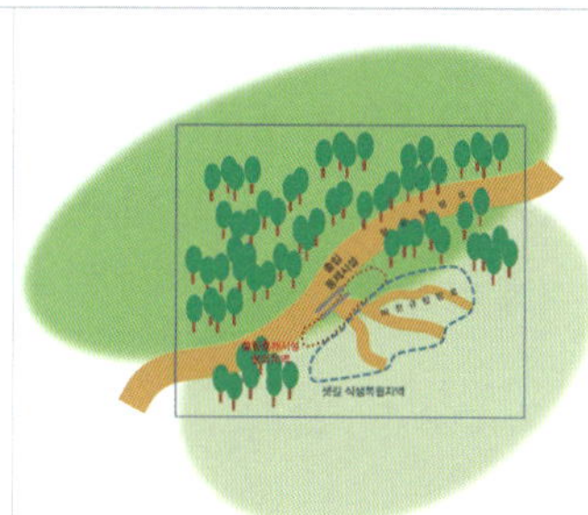

d) 복원 방안

[그림 6-53] 국립공원에서의 비법정 탐방로(샛길)와 복원 방법

※ 자료출처: 국립공원공단 제공

다) 토양 동물 서식처 복원

토양은 식물의 종자뿐만 아니라 수많은 토양 동물과 토양 미생물이 서식하는 공간이다. 토양 동물·미생물은 분해자로서의 역할과 함께 토양을 윤택하게 하여 나무의 성장에 영향을 미친다. [그림 6-54]에서 나타나듯 1㎡의 공간에 척추동물은 1개체 정도가 서식하지만, 동일 면적의 토양 내에는 수천 종의 무척추동물과 100억 개에 달하는 원생동물들이 서식할 수 있다.

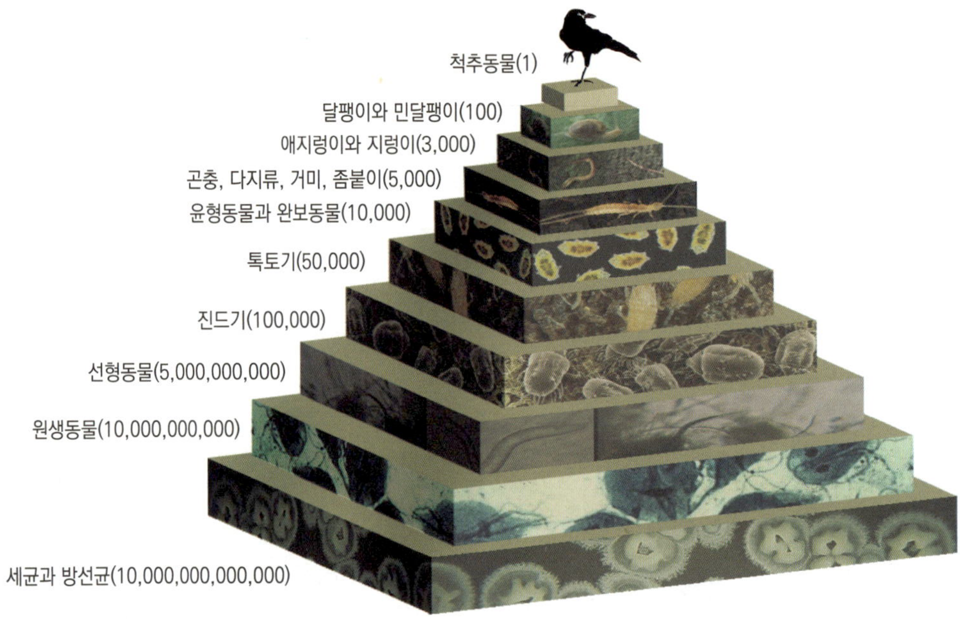

[그림 6-54] 땅 1㎡에 살고 있는 동물과 원생동물
※ 자료출처: 제임스 B. 나르디, 2009.

또한, 토양에 서식하는 생물들은 탄소 순환, 질소 순환, 황 순환, 인 순환 및 낙엽 분해에 직접적으로 관여한다. 토양 내에서 이루어지는 대부분의 물질 순환은 [그림 6-55]에서 보는 바와 같이 토양 동물과 토양 미생물에 의해서 이루어지며, 각 단계는 독특한 미생물들이 담당하고 있다. 따라서 토양 내에 서식하고 있는 생물들을 온전하게 보전하고 복원하는 것 역시 매우 중요하다고 볼 수 있다. 특히, 수목의 생장은 토양 내의 미생물들이 어떻게 적절하게 유기적으로 협동하여 나무에 양료를 공급해 주는가에 따라 달라진다.

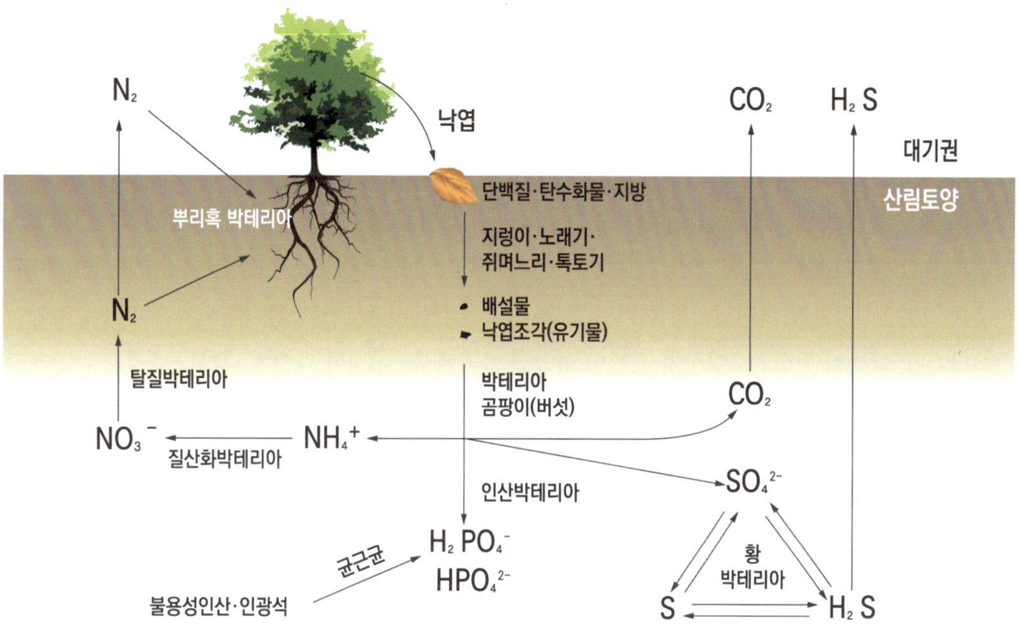

[그림 6-55] 토양의 물질 순환에서 토양 소동물과 미생물의 역할

※ 자료출처: 이경준 등, 1996.

토양 미생물에 영향을 미치는 주요 환경 인자로는 빛, 토양 수분, 토성, 토양산화환원전위(soil redox potential, Eh) 등을 들 수 있다(정승우 등, 2009). 따라서 토양 동물 및 미생물들의 서식처를 복원할 때에는 이들에 대한 고려가 필요하다. 토양 동물과 토양 미생물의 서식처를 복원하는 것은 복원할 생태계의 건강성 증진 측면에서도 중요하다. 또한, 자연 상태에서 토양 1㎝가 형성되는데 소요되는 시간이 수백 년(짧게는 200년)이 소요됨을 고려하여 각종 개발에 있어서도 신중을 기해야 할 환경 요소이다. 참고로 산불 후 산림생태계의 토양층이 회복하는 데에는 100년이 걸려야 하는 것으로 보고 있다(국립산림과학원, 2016).

• 좌측의 검은색 표토와 우측의 교란된 토양층의 색이 확연히 다르다. 우측은 산림내 출입 및 이용을 위해 인위적으로 작은 자갈을 포설한 것이다.

[그림 6-56] 토양 표토층의 훼손

한편, 토양동물은 자연환경 파괴나 환경오염에 민감하게 반응하기 때문에 자연도를 판단하는 지표생물로도 이용가능하다. 이러한 특성을 활용하여 토양동물군을 환경 변화에 민감하게 반응하는 정도에 따라 분류하는 토양동물에 의한 자연도 판정법(Aoki, 1994)이 있다. 환경의 조건에 따라 출현하는 토양동물 32종을 A, B, C 3그룹으로 구분할 수 있다([표 6-28] 참조). A그룹의 토양동물은 비교적 환경이 양호한 곳에서 주로 발견되는 것으로 환경저항성이 매우 낮아서 소멸되기 쉽다. B그룹의 토양동물은 환경저항성이 중간 정도이며, C그룹의 토양동물은 환경저항성이 강해 어느 곳에서도 잘 견디는 종들이다(강현미 등, 2017; 한용희, 2022). 실제 이러한 토양동물들을 이용하여 토양동물자연도를 산출할 때에는 각 그룹별 가산점을 부여하여 각 그룹군의 평점을 합산[(A그룹 군집수(10종) × 5 + B그룹 군집수(14종) × 3 + C그룹 군집수(8종) × 1)]하여 100점을 기준으로 산출한다(강현미 등, 2017; 한용희, 2022). 양호한 천연림이나 이차림 등의 환경 조건에서는 토양동물자연도가 100점에 가깝게 나타나지만, 훼손지역이나 자연환경 조건이 열악한 환경에서는 0점에 가깝게 나타나는 것으로 알려져 있다(박석곤 등, 2010; 한용희, 2022).

[표 6-28] 토양동물군에 의한 자연도 판정법

A 그룹	B 그룹	C 그룹
1. 장님거미목(Opilones) 2. 왕지네목 (Scolopendromorpha) 3. 육패류(Gastropoda) 4. 노래기강(Diplopoda) 5. 땅지네목(Geopilomorpha) 6. 개미사돈아과(Pselaphidae) 7. 애지네강(Symphyla) 8. 옆새우아목(Amphipoda) 9. 돌좀목(Thysanura) 10. 육산갯강구(Lygiidae)	11. 앉은뱅이목(Pseudoscorpiones) 12. 지렁이강(Oligochaeta) 13. 좀붙이목(Dipulura) 14. 총채벌레목(Thysanoptera) 15. 돌지네목(Lithobiomorpha) 16. 흰개미목(Isoptera) 17. 집게벌레목(Dermaptera) 18. 나비목-유충 (Lepidoptera-Larvae) 19. 도롱이벌레과(Porcellionidae) 20. 딱정벌레목-성충 (Coleoptera-Adults) 21. 바구미과(Curculionidae) 22. 딱정벌레목-유충 (Coleoptera-Larvae) 23. 노린재목(Hemiptera) 24. 먼지벌레과(Harpalidae)	25. 톡토기목(Collembola) 26. 응애목(Acari) 27. 거미목(Araneae) 28. 쥐며느리 (Armadillidium vulgare) 29. 파리목-유충(Diptera-Larvae) 30. 애지렁이과(Enchytraeidae) 31. 개미과(Formididae) 32. 딱정벌레목 반날개과 (Staphylinidae)

※ 자료출처: 강현미 등, 2017; 한용희, 2022.

라) 토양 안정화 적용 기술

비탈면 녹화나 경사지역에서는 식생 복원을 위하여 녹화를 위한 기초 공사와 함께 토양 안정화 방법을 적용해 주어야 한다. 이것은 원지반을 안정화시키는 것이며, 식생 복원 계획과 함께 연계시켜서 접근하는 것이 더 바람직하다. 토양 안정화를 위해서 적용할 수 있는 기술들을 요약해서 제시하면 [표 6-29]와 같다.

[표 6-29] 토양 안정화 적용 기술

분류	공법	개요	세부 공법 및 재료
비탈면 안정	비탈 다듬기	• 불규칙한 비탈면에 불안정한 토석층이 있어 그대로 줄떼공 또는 파종공을 실시할 수 없는 지역에 안정된 비탈면을 조성할 목적으로 시공하는 공종	• 콘크리트 블록, 현장 타설 콘크리트 격자틀, 격자틀과 앵커의 조합 등
	격자틀	• 흙으로 된 비탈면의 침식을 막기 위해 사각형 모양의 틀을 땅속에 고정시키고 틀 속을 흙으로 채운 후 식물을 심는 공종	
	블록 쌓기	• 지표면이 노출되어 호우나 풍식 등에 의해 침식이 발생한 지역에 비탈면을 블록이나 격자틀로 덮어 안정을 도모하는 공종	
	바자 얽기	• 비탈면 토사의 흘러내림을 방지하기 위해 말뚝을 박고 유연성과 내구성 있는 나뭇가지를 엮어 만든 울타리를 조성하는 공종	• 바자얽기, 통나무울(짱)얽기 등
토양 안정	흙막이	• 산지 비탈에서 흙이 무너지거나 흘러내림을 방지하고, 비탈면 기울기를 완화시키며, 표면 유하수를 분산시키기 위한 목적으로 시공하는 공종	• 바자, 통나무, 돌(산비탈 돌쌓기 포함), 돌망태, 콘크리트, 콘크리트 블록, 콘크리트 판, 콘크리트 기둥, 폐타이어, 앵글크리브망, 흙포대 흙막이 등
	땅속 흙막이	• 비탈다듬기 및 단끊기 과정에서 발생하는 잉여 토사를 산복의 깊은 곳에 넣어 유지·고정하는 공종	• 돌, 돌망태, 바자, 콘크리트, 콘크리트블록, 땅속흙막이 등
	누구 막이	• 누구의 침식 발달을 방지하기 위해 시공하거나 수로의 기울기 완화, 수로공 지지, 부토고정 등을 목적으로 하는 공종	• 떼, 통나무, 앵글크리브, 돌망태, 돌, 흙포대, 콘크리트, 콘크리트 블록 누구막이 등
	골막이	• 황폐한 산복에 발생한 골(구곡)이나 계류의 상류부에 쌓는 소규모 공작물	• 돌, 돌망태, 콘크리트, 콘크리트 블록, 통나무, 바자, 떼, 흙자루 골막이 등
	축대벽	• 땅밀림 지역이나 붕괴우려 지역에 토압 지반을 고정하여 붕괴를 방지하기 위해 시공하는 공작물	• 돌, 콘크리트, 콘크리트 블록, 지오웨브, 돌망태 축대벽 등
	기슭 막이	• 황폐계천에서 유수에 의한 계안의 횡침식을 방지하고 산각의 안정을 도모하기 위해 계류의 흐름 방향을 따라 축설하는 계간사방 공종	• 돌, 콘크리트, 블록, 돌망태, 통나무, 바자 기슭 막이 등
	바닥 막이	• 황폐화된 계천 바닥의 종침식 방지 및 바닥에 퇴적된 불안정한 토사석의 유실을 방지하기 위해 계천을 횡단하여 설치하는 계류보전 공종	• 콘크리트, 돌, 콘크리트 블록, 돌망태, 통나무, PNC판, 삽다발 바닥막이 등
표층 안정	비탈 덮기	• 단끊기를 한 소단과 소단 사이의 비탈면과 기울기가 급한 비탈면을 피복하여 강우에 의한 표토의 침식 및 유출을 방지하고 토양수분을 보전하여 파식한 식물의 발아·활착을 도와 식생을 조성·녹화할 목적으로 시공하는 공종	• 짚, 섶, 거적, 망(코이어네트, 쥬트네트 등), 매트, 시트 등
	마대 쌓기	• 비탈면이 붕괴위험성이 있거나 비탈다듬기 및 단끊기로 생기는 토사가 유치되는 곳에 토사를 담은 자루를 비탈면에 쌓는 공종	

※ 자료출처: 김경훈 등, 2018.

마) 오염 토양의 복원

토양환경보전법에는 오염된 토양을 복원하도록 규정하고 있다. 구체적으로 토양환경보전법에서 "토양오염"이란 사업 활동이나 그 밖의 사람의 활동에 의하여 토양이 오염되는 것으로서 사람의 건강·재산이나 환경에 피해를 주는 상태를 말한다(토양환경보전법 제2조, 2022.12.13., 일부 개정 기준). 또한, 법에서 정의한 "토양오염물질"이란 토양오염의 원인이 되는 물질로서 환경부령으로 정하는 것을 말한다. "토양오염관리대상시설"이란 토양오염물질의 생산·운반·저장·취급·가공 또는 처리 등으로 토양을 오염시킬 우려가 있는 시설·장치·건물·구축물(構築物) 및 그 밖에 환경부령으로 정하는 것을 말한다. 그리고 "토양정화"란 생물학적 또는 물리적·화학적 처리 등의 방법으로 토양 중의 오염물질을 감소·제거하거나 토양 중의 오염물질에 의한 위해를 완화하는 것을 말한다(토양환경보전법 제2조).

특히, 토양환경보전법 제15조의5(위해성평가)에서는 환경부장관, 시·도지사, 시장·군수·구청장 또는 정화책임자는 제23조의2제2항제1호에 따라 지정을 받은 위해성평가기관으로 하여금 오염물질의 종류 및 오염도, 주변 환경, 장래의 토지이용계획과 그 밖에 필요한 사항을 고려하여 해당 부지의 토양오염물질이 인체와 환경에 미치는 위해의 정도를 평가(위해성평가)하게 한 후 그 결과를 토양정화의 범위, 시기 및 수준 등에 반영할 수 있도록 하고 있다.

(1) 오염 토양의 복원 기술의 분류

- 처리 방법에 따른 구분

오염 토양의 복원은 처리 방법에 따라서 생물학적, 물리·화학적, 열적 및 기타 등으로 구분할 수 있다. 토양 오염 처리 기술은 토양 중의 오염물질 처리 방법에 따라 (1)토양 중의 오염물질을 분해·무해화시키는 기술, (2)토양으로부터 오염물질을 분리·추출하는 기술, 그리고 (3)오염물질을 고정화하는 처리 기술로 구분한다(김계훈 등, 2006).

분해·무해화 처리 기술은 오염물질의 화학 구조를 분해하여 무해화시키는 것으로 여기에는 열처리, 생물학적 처리 및 화학적 처리가 있다. 분리·추출 처리 기술은 추출과 분리에 의해 오염물질을 제거하여 오염물질을 함유하지 않은 토양을 얻는 것이다. 여기에는 열탈착, 용매 추출, 토양 세정, 토양 가스의 흡인 등이 있다. 그리고 오염물질의 고정화 처리 기술은 오염된 토양을 고형화시키고 안정화시켜 봉입하는 기술이지만, 이는 영구적인 것은 아니며, 처리 후에도 일정 기간 유지·관리를 해야 한다.

- 처리 위치에 따른 구분

한편, 처리 위치에 따라 분류하기도 하는데, 처리 지역의 위치에 따라서 *in-situ*와 *ex-situ*로 구분한다. *in-situ*는 오염된 토양이 있는 지역에서 처리하는 경우이고, 현장 상태를 유지하지 않고 외부에서 처리하면 *ex-situ*라 한다. 또한, 현장과 가까운 곳에서 처리한 후 다시 토양을 복원시키는 경우에는 on-site 기술이라 하고, 멀리 떨어진 곳에서 기술을 적용한 후 다시 토양을 원상 복원시키면 off-site 기술이라고 한다.

• 처리 매체에 의한 구분

처리 매체에 의한 구분은 복원하고자 하는 대상으로 구분하므로 토양 복원 기술, 지하수 복원 기술, 그리고 배출 가스 복원 기술 등으로 분류한다.

(2) 오염 토양 복원 기술의 종류

오염 토양을 복원하기 위한 기술은 열적, 물리 및 화학적, 생물학적 처리와 자연 정화로 구분할 수 있다.

우선 열적 처리 기술은 토양 소각이나 열분해를 통해 토양층에 함유되어 있는 유해물질을 분해시키는 기술로서 유류 토양 오염 시 많이 이용된다. 소각에 비해 장치가 복잡하고, 다른 정화 기술에 비하여 에너지 처리 비용이 많이 든다. 정화 효율은 가장 높은 편이지만, 원래 토양이 가지고 있는 성질을 잃게 되는 문제점도 있다.

물리·화학적 처리 기술에는 토양 증기 추출 기술, 안정화 및 고형화 처리 기술 등을 포함하고 있다. 토양 증기 추출 기술은 가솔린, 휘발성 및 반휘발성 유기 오염 물질을 처리하는데 경제적인 방법으로 오염된 토양 내 공극을 통해 오염 공기를 뽑아내어 처리하는 기술이다. 안정화 및 고형화 처리 기술은 시멘트화에 의한 안정화 기술, 고형 물질을 형성하면서 오염 물질 이동을 방지하는 목적을 달성하고자 할 때 사용된다. 포틀랜트 시멘트, 석회 및 petrifix 등 접합제를 첨가하여 고상 형태를 만드는 것을 말한다. 이외에 물리적인 방법으로는 경운 담수법, 수세법, 전기 교정 방법 등이 있으며, 화학적인 방법으로는 석회나 화산석 등의 토양개량제를 투입하는 방법이나 유기 퇴비 등을 시비하거나 염, 산 등을 이용하여 pH를 조절하는 세척법 등이 있다.

생물학적 처리 기술은 토양 세균을 활성화 또는 생육 조건을 적정화시키거나 특별히 개발된 세균의 균주를 첨가하여 유기화합물의 생분해를 촉진하는 데 그 목표를 두고 있다(김계훈 등, 2006). 여기에는 토착 미생물의 활성을 증진하여 유기 오염 물질의 분해 능력을 증진시키는 biodegradation 기법이 있다. 또한, 오염된 불포화 토양에 공기를 주입하여 휘발성 오염물질을 기화하여 이동시키는 한편, 토양 내 산소의 농도를 증가시킴으로써 미생물의 생분해 능력을 촉진시켜 처리하는 bioventing 기술이 포함된다. 또한, 식물생태학적 복원(phytoremediation) 방법으로 수목이나 초본 식물, 수생식물 등을 이용하여 환경오염물질을 제거, 분해, 안정화시키는 것을 말한다. 이 기법은 고사리, 갈대 등 정수식물, 콩과식물 등이 많이 이용되며, 최근에 각광받고 있는 것으로서 경제적인 처리 기법이다. 이외에 경운기법(land farming)으로 오염된 토양을 굴착하여 깔아놓고 정기적으로 뒤집어줌으로써 공기를 공급해 주는 호기성 생분해 공정으로 오염물질의 분해율을 최적화시키기 위하여 수분 함량, 산소 함량, 양분, pH, 토양의 부피 등을 조절하는 방법이 있다.

자연정화 방법은 토양 또는 지중에서 자연적으로 일어나는 희석, 휘발, 생분해, 흡착 및 지중 물질과의 화학 반응에 의하여 오염물질의 농도가 허용 가능한 수준으로 저감되도록 유도하는 방법이다.

[표 6-30] 생물학적 토양 복원 기술 비교

바이오 스파징	자연저감법	식물정화공법
포화 토양층(대수층)에 산소 및 영양분을 공급하여 토착미생물의 활성도를 증가시켜 오염물질을 생분해 하는 원위치 정화 기술	토양 및 지하수 내 존재하는 오염물질의 양 및 농도를 감소시키는 자연저감 프로세스를 정량화, 평가 및 모니터링 하는 방법으로서 관측자연저감법 이라고도 함	식물조직이 중금속 등을 체내에 흡수, 축적함으로써 오염물질을 제거하여 토양오염 및 지하수를 포함한 수질을 정화시키는 환경복원기술

※ 자료출처: 이재영, 2009; 정승우 등, 2009.

바이오 스파징(Bio-sparging)은 포화 토양층(대수층)에 산소 및 영양분을 공급하여 토착 미생물의 활성도를 증가시켜 오염물질을 생분해하는 원위치 정화 기술이다. 또한, 식물 정화 공법은 지렁이 배설물로 토양의 비옥화를 유도하고, 식물 생장을 활성화하여 중금속 흡수를 통해 오염 물질을 제거하는 방법이다.

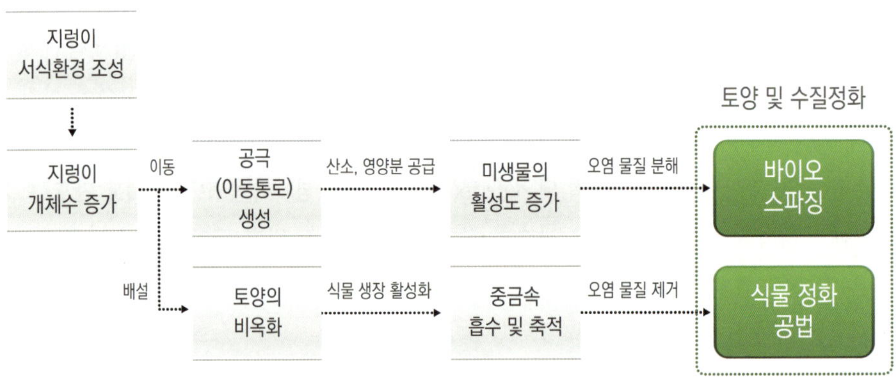

[그림 6-57] 바이오스파징 및 식물정화 공법 체계 모식도

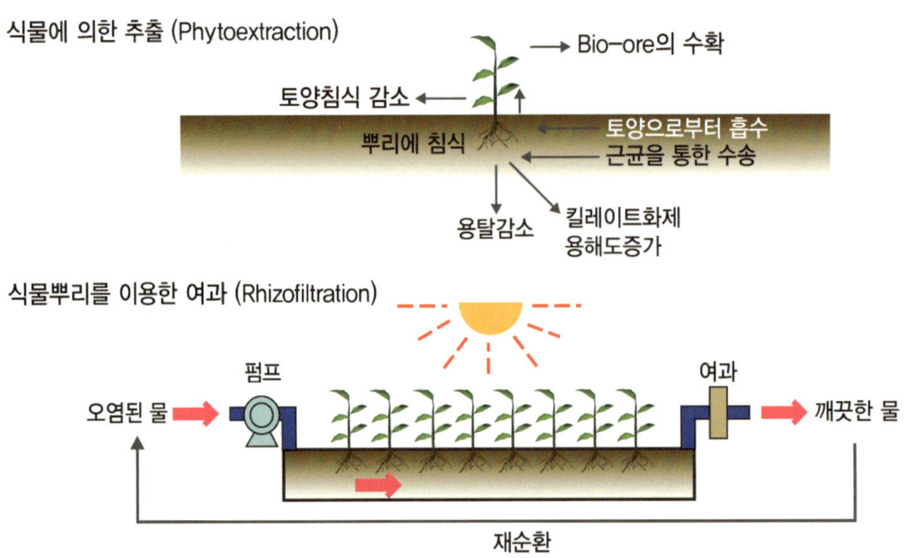

[그림 6-58] 식물 정화 공법 모식도

식물 정화에 사용되는 식물들은 오염물질의 종류에 따라 다르지만, 비소(As) 정화 및 중금속 고정에 도움이 되는 식물들을 경관 요인을 고려한 지피식물에 한정하여 제시해 보면 [표 6-31]과 같다.

[표 6-31] 비소(As) 정화 및 중금속 고정 식물

식물명	특징	비고
Pteris vittata (Chinese Brake Ferns) 원예식물명: 사다리봉의꼬리	표층(30㎝ 이내) 비소 제거용, 봉의꼬리과의 중국 원산 양지식물이며 봉의꼬리(*P. multifida*)보다 다소 내한성이 떨어짐	국내 *Pteris*속(봉의꼬리속)은 6종 2변종이 있으며, 음지성 또는 반음지성이며 비소 축적 보고 없음
Pityrogramma calomelanos (Dixie Silverback Fern)	표층(30㎝ 이내) 비소 제거용, 봉의꼬리과의 멕시코, 중남미 원산으로 비소 정화용으로 사용, 일본에서는 귀화종으로 기록	국내에는 존재하지 않는 Genus이며 유사종 없음
Bent grass (*Agrostis tenerrima* 등)	표층 비소 제거용, 벼과 귀리속 (*Agrostis*)에 속하며 유럽, 서남아프리카, 북·중·남미에 100여종이 생육함. 주로 골프장 등 스포츠용 식재	Creeping bentgrass, Colonial bentgrass, Velvet bentgrass, Redtop 등 다양한 종이 국내에 유통되고 있음
코스모스(*Cosmos bipinnatus*) 노랑코스모스(*C. sulphureus*)	표층 비소 제거용, 국화과 1년생	
유채(*Brassica napus*)	표층 비소 제거용, 십자화과 1년생, 배추와 교잡하여 신품종이 개발되어 있으며 겨울철 개화종도 있음	
해바라기(*Helianthus annuus*) 애기해바라기(*H. debilis*)	표층 비소 제거용, 국화과 1년생	
포플러류 (버드나무과 *Populus* 속 식물) 현사시나무(*P. alba* × *P. glandulosa*) 이태리포플러(*P. euramericana*)	심토층의 중금속 제거용, 현사시나무는 점질토가 많이 섞인 미사질 토양으로 토심이 30㎝ 이상 깊은 곳이 좋고, 이태리포플러는 배수가 양호하고, 비옥한 사질양토, 충적토가 적당	침출수의 이동성을 막아주고 속성수로서 빠르게 자라 가시적인 효과 큼.
양황철나무(*Populus nigra* × *P. maximowiczii*)	중금속 제거용, 토양의 카드뮴, 구리, 비소, 납 제거 능력 탁월	
회양목(*Buxus koreana*)	토양 비소 제거용	뿌리 비소 축적 능력이 뛰어남

※ 자료출처: 국토해양부(2010)의 내용을 수정함.

라. 식물상 및 식생 복원

1) 기본 접근 방법

생태복원을 위한 식물상 및 식생 복원은 생태적 기반환경에 적합한 다양한 자생 초본류 및 목본류를 이용하여 식물들이 지속적으로 건강하게 생육하게 함으로써, 천이 과정을 통하여 생물다양성이 높고 자연 친화적인 다층구조의 식물군락을 조성하는 데 있다.

여기서 중요한 특징은 크게 네 가지로 볼 수 있는데, 우선 생태적 기반환경에 적합한 수종을 이용한다는 것, 두 번째는 자생종을 이용한다는 것, 세 번째는 다층구조 및 군집형으로 식재한다는 것, 그리고 마지막으로 생태적 천이를 활용하는 것이다.

여기서 첫 번째와 두 번째는 식물종 선정과 관련된 것이며, 세 번째는 식재설계를 하는 방법, 그리고 마지막은 자연에 맡겨 천이가 빠르게 이루어지게 하는 것이다.

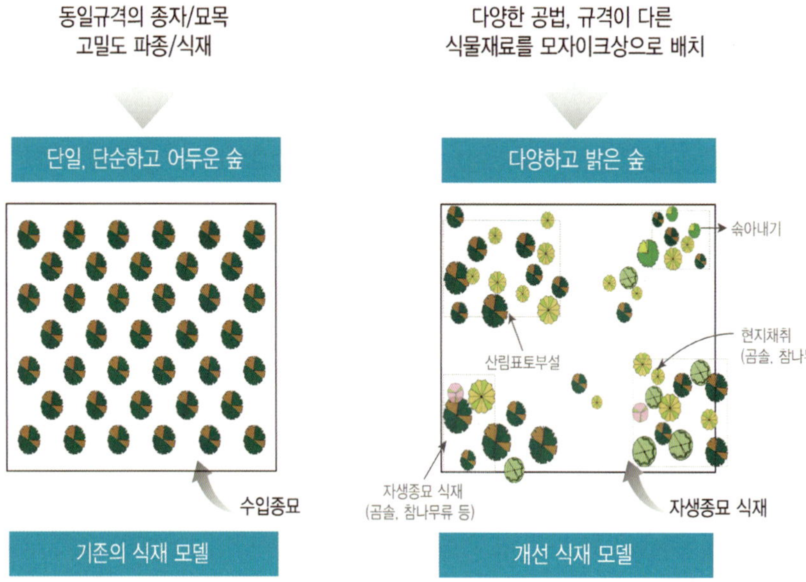

[그림 6-59] 기존의 식재 모델과 생태적 특성을 고려한 식재 모델 예

2) 식물종 선정

생태적 식재에서 첫 번째라고 이야기할 정도로 중요한 사항은 자생식물종을 선정하는 것이다. 외래종이 아닌 자생종을 이용하는 이유는 지역 고유 생태계의 보전, 생물학적 침입의 제어 등을 위해서 필요하다. 따라서 식물상 및 식생 계획·설계를 하는 데 있어서 어떤 것이 자생종이고 귀화종인지를 잘 파악하는 것이 중요하다. 또한, 외래종은 타감작용을 일으켜 국내 자생종의 생육을 저해하거나, 기존 식생을 교란시키며, 사람에게는 알레르기를 유발하는 등 다양한 위해(危害) 작용이 있다.

환경부의 도시생태축 복원사업 가이드라인(2023.07.)에서는 자생종 식재 방안과 관련하여, 원산지가 한국인 수종을 식재하는 것을 원칙으로 하고 있으며, 분포지가 식재지 주변인 자생 수종을 적용하도록 하고 있다. 또한 외래종이지만 우리나라에서 과거부터 많이 식재하는 종은 제한적으로 허용하고 있으며, 이 경우에는 도시생태축복원위원회 검토를 한 후에 가능한 것으로 적시되어 있다. 보다 구체적으로 도시생태축 복원사업에 적용하는 식물종 중 70% 이상이 자생종으로 구성되어야 하는데, 70%를 달성하지 못하는 경우에는 타당한 사유가 있어야 한다. 여기서 타당한 사유라는 것은 탄소저감, 특정 생물종 서식 등 복원에 필요한 기능을 달성하기 위하여 자생종 외 식물을 사용해야 하는 경우를 말한다(환경부, 2023.07). 참고로 2014년부터 2020년까지 시행한 58개의 생태계보전부담금 반환사업에서 도입한 식물종을 분석한 결과, 자생식물과 재배식물의 선정 비율이 76%:24%로 나타난 바 있다(조동길, 2021).

한편, 산림청의 산림복원사업에서는 산림복원용 자생식물 및 자연재료의 공급 등에 관한 고시(산림청고시 제2020-55호, 2020.9.7., 제정 기준)에서 산림복원사업 시행자는 산림복원사업에 국내에서 채집한 산림복원용 종자와 자생식물을 사용하여야 한다고 규정하고 있다. 또한, 산림청장은 자생식물의 원활한 수급을 위하여 [표 6-32]와 같이 산림복원용 자생식물 종을 선정하여 우선 공급할 수 있다고 규정하고 있다.

[표 6-32] 산림복원용 자생식물 공급 목록

성상	과명	종 명
목본류	소나무과	구상나무, 분비나무, 소나무, 잣나무, 곰솔
	측백나무과	노간주나무
	가래나무과	굴피나무
	버드나무과	버드나무
	자작나무과	거제수나무, 박달나무, 서어나무, 개서어나무, 소사나무, 난티잎개암나무
	참나무과	구실잣밤나무, 너도밤나무, 붉가시나무, 상수리나무, 떡갈나무, 신갈나무, 졸참나무, 굴참나무, 종가시나무, 참가시나무
	느릅나무과	팽나무, 느티나무
	목련과	함박꽃나무
	녹나무과	생달나무, 비목나무, 생강나무, 후박나무, 참식나무
	차나무과	동백나무, 사스레피나무
	수국과	말발도리, 고광나무
	돈나무과	돈나무
	장미과	윤노리나무, 다정큼나무, 병아리꽃나무, 찔레꽃, 팥배나무, 국수나무
	콩과	싸리, 참싸리, 조록싸리
	대극과	예덕나무
	굴거리나무과	굴거리나무
	옻나무과	붉나무, 개옻나무
	단풍나무과	고로쇠나무, 당단풍나무
	무환자나무과	모감주나무

[표 계속]

성상	과명	종 명
목본류 *(이어서)*	나도밤나무과	합다리나무
	감탕나무과	먼나무
	노박덩굴과	사철나무
	고추나무과	말오줌때
	피나무과	장구밥나무, 피나무
	층층나무과	층층나무, 산딸나무
	두릅나무과	음나무
	진달래과	진달래, 산철쭉, 정금나무
	때죽나무과	때죽나무, 쪽동백나무
	노린재나무과	노린재나무
	물푸레나무과	물푸레나무, 광나무
	마편초과	순비기나무
	인동과	덜꿩나무, 아왜나무, 병꽃나무
초본류	장미과	산오이풀
	콩과	비수리
	메꽃과	갯메꽃
	꿀풀과	산박하
	국화과	단풍취, 해국, 쑥부쟁이, 산국, 구절초, 엉겅퀴
	백합과	애기나리
	벼과	새, 개솔새, 갯보리, 띠, 억새, 잔디
	사초과	가는잎그늘사초, 통보리사초, 대사초

※ 자료출처: 산림복원용 자생식물 및 자연재료의 공급 등에 관한 고시 별표1(산림청고시 제2020-55호, 2020.9.7., 제정)의 내용에서 학명을 제외하고 재편집함.

또한, 산림복원 사업에서는 체계적인 기후대, 습도, 토양 상태 등 지형과 환경적 특징을 기준으로 복원용 종자 서식지 구역을 규정하는 '시드 트랜스퍼 존(Seed Transfer Zone)' 개념을 통해 과학적으로 진행할 계획을 갖고 있다. '시드 트랜스퍼 존'은 '잠정종자이동구역'으로 번역하여 학술지에 게재된 바 있는데(김채영 등, 2021), 산림복원지의 생태적 건강성을 확보하기 위한 복원용 자생식물 종자의 이동 제한 구역을 지정하는 것이다. 이러한 접근 방법은 미국, 일본, 유럽 등지에서 이미 시행하고 있다. 복원용 식물 종의 환경조건, 발아생태, 유전다양성 등을 종합적으로 고려해 종자 이동 구역을 설정하며, 이를 시드 트랜스퍼 존으로 명시하고 있다. 특히 훼손지 복구 및 복원을 위해 수입되는 식물을 대체하기 위해 산림복원용 자생식물을 대상으로 시드 트랜스퍼 존을 설정함으로써 산림생태계의 구조와 기능을 되살리는 복원의 기반 구축과 종자 산업의 새로운 방향이 될 것으로 기대하고 있다(한국조경신문, 2020). 이후 산림청에서는 기후대 등을 고려하여 "종자이동구역(Seed zone)"을 구축하고, 자생식물 종자수집구역을 선정하여 유전적 다양성을 확보한다는 계획을 발표하였다. 더불어서 종자

수집부터 유통까지 자생식물의 이력을 추적할 수 있는 이력관리 시스템을 구축하고, 고품질의 자생식물 보급을 위한 품질인증제도를 운영할 계획이다(산림청, 2021.12.22. 보도자료). 그리고 자생식물 인증 및 공급센터 운영과 자생식물 소재 산업 육성기반을 구축할 계획도 발표하였다.

식물종을 선정하는 데 있어서 중요한 다른 요소는 복원할 지역의 생태적 기반환경 즉, 환경 조건을 충분히 고려하여야 한다는 것이다. 과거 조경 식재 설계에서도 자주 이야기된 것 중에 하나는 그늘이 자주 생기는 음지 지역에 호양성 식물을 식재하는 것이었다. 생태복원을 위한 식물상 및 식생의 계획·설계에서도 이러한 사항을 포함하여 수생식물, 습생식물, 육상식물 등의 생태적 특성을 충분히 이해하고 선정해야 한다.

금불초는 습지에서 자생하는 수종이지만, 대상지역의 환경은 습지라 하기 어려운 건조지역이다.

부들류는 정수식물로 분류하는데, 물 밖의 습생 지역에 식재되어 있다.

[그림 6-60] 도입 식물의 생태적 특성 이해의 중요성

또한, 식물상 및 식생 복원 시 식물종은 목적에 적합한 종을 선정해야 한다. 즉, 공간 특성과 복원한 이후의 생태적 기능, 사람의 이용 정도 등을 고려해야 한다. 그리고 복원하고자 하는 서식처별로 서식 가능한 생물종을 고려해서 선정해야 한다. 예를 들어, 잠자리류의 서식을 목적으로 한다면, 잠자리가 우화할 수 있는 정수식물을 필수적으로 선정, 도입해야 한다. 참고로 생물다양성 증진을 위해서는 "10-20-30 (식재) 원칙"을 준수하도록 도시생태축 복원 사업에서는 요구하고 있다. 이것은 하나의 사업지역에서 동일한 종(species)이 10% 이하여야 하고, 동일 속(genus)은 20% 이하, 같은 과(family)는 30% 이하가 되도록 식물종을 선정해야 함을 의미한다. 원래 우리나라에서는 가로수의 획일화된 수종 선정 때문에 이슈가 되면서 10-20-30 원칙이 대두되었는데, 이것을 도시생태축 복원 사업에도 적용하고 있다. 10-20-30 원칙은 복원력 있는 도시숲을 만들기 위한 방법으로 미국 국립수목원의 연구유전학자인 Frank Santamour(1990)가 제안한 방법이며, 호주, 스페인, 홍콩, 캐나다, 영국 등에서 수목관리지침, 수목 마스터플랜, 전략 등 도시 수목 관리에 널리 사용되고 있다. 종, 속, 과 차원에서의 식물다양성은 질병 및 해충 저항력 향상, 복원력 향상, 건강한 도시숲 조성 및 거주자에게 다양한 생태계 서비스를 제공할 수 있다는 장점을 갖고 있다. 이러한 원칙들이 생태복원 사업에서도 적용되고 있는 것이다.

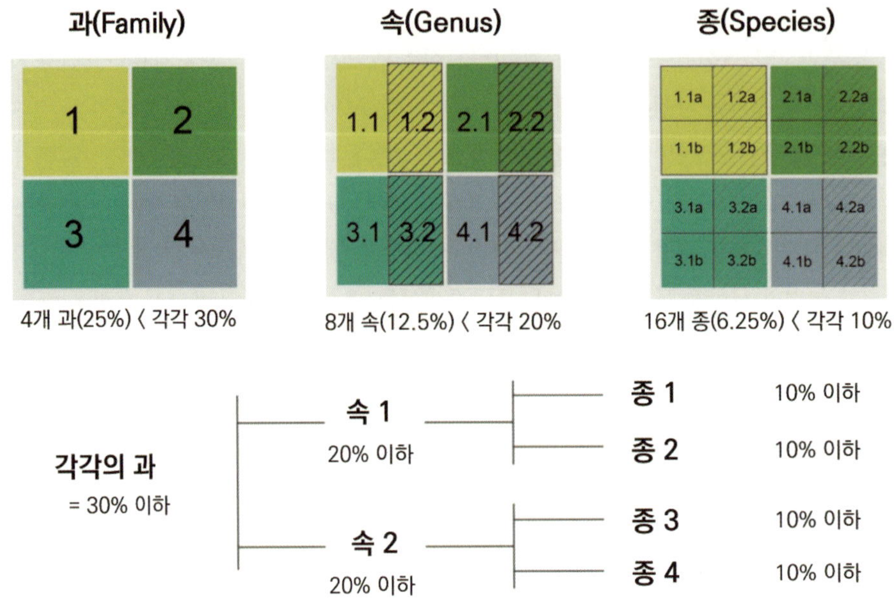

[그림 6-61] 식재 다양성 확보를 위한 10-20-30 원칙

※ 자료출처: Development Bureau(홍콩 발전국), 2023.09.

식물종을 선정할 때 탄소의 흡수 능력이 높은 수종을 함께 고려할 필요가 있다. 일반적으로 탄소 흡수 능력은 침엽수보다는 활엽수가, 큰 나무보다는 어린 나무가 더 효과가 있는 것으로 알려져 있다. [표 6-33]과 [표 6-34]에서 제시하는 것과 같이 탄소 흡수 능력이 높은 수종들을 잘 선별하는 것도 중요하지만, 근본적으로 탄소 흡수능이 높다는 것은 식물의 성장이 활발하다는 것을 의미한다. 따라서 성장 중에 있는 어린 유묵을 활용하여 식재하는 것도 좋은 방법이 될 수 있다. [표 6-33]과 [표 3-34]에서 제시한 값들은 같은 수종, 같은 수령일지라도 수종의 상태에 따라 흡수량에 차이가 있음을 고려해야 한다.

[표 6-33] 탄소 흡수 능력이 높은 수종

수 종	연간 CO_2 흡수량 (kg CO_2/tree/y)	생장 속도	적용가능지역	특 성			
				내공해성	내음성	내한성	내건성
느티나무	33.7	+	공원수, 가로수, 경관수, 녹음수	중	중	강	중
은행나무	35.4	+	가로수, 녹음수	강	약	강	강
벚나무류	26.9	+	정원수, 가로수	강	약	강	중
메타세콰이아	69.6	++	가로수, 공원수	중	약	약	약
양버즘나무	55.6	++	가로수, 녹음수, 경관수	강	중	강	중
회화나무	32.5	++	정원수, 공원수, 가로수, 녹음수, 경관수	강	중	강	중
튤립나무 (목백합나무)	101.9	++	공원수, 가로수, 녹음수	강	중	강	중

※ 자료출처: 박은진(2009)을 약간 수정함.

[표 6-34] 단위면적 당(ha당) 연간 이산화탄소 흡수량

(단위: 이산화탄소 톤/ha/년)

수종 \ 임령	10	20	30	40	50	60
강원지방소나무	7.35	9.92	9.40	8.08	6.61	5.25
중부지방소나무	3.40	6.76	12.14	6.29	3.22	1.77
소나무(평균)	5.38	8.34	10.77	7.19	4.92	3.51
잣나무	5.31	11.55	10.61	8.90	7.45	6.37
낙엽송	8.96	10.31	9.27	8.33	7.70	7.31
리기다소나무	4.42	13.60	12.16	8.49	5.70	4.02
편백	5.10	8.67	8.03	6.47	5.06	4.04
상수리나무	11.72	16.53	14.55	12.83	11.43	10.22
신갈나무	9.00	15.62	9.73	8.79	7.80	7.08
참나무(평균)	10.36	16.08	12.14	10.81	9.62	8.65

※ 자료출처: 산림청 누리집(국립산림과학원, 2015, 산림에서의 탄소순흡수량 국가표준)

참고로 탄소의 순흡수량을 계산하는 식은 아래와 같은데, 이 계산 방법은 기후변화협약에서 국가 온실가스 인벤토리 작성 시 사용을 결정한 국제표준 방법에 근거한 것이다(IPCC GPG for LULUCF, 2003).

$$\text{탄소순흡수량}(tCO_2) = \triangle V \times D \times BEF \times (1+R) \times CF \times 44/12$$

· 여기서, $\triangle V$ = 임목 순생장량 (㎥)

D = 목재기본밀도 (t d. m/㎥)

BEF = 바이오매스 확장 계수

R = 뿌리 함량비

CF = 탄소전환계수 : 바이오매스 ⇒ 탄소 (IPCC 기본값 = 0. 5)

44/12 = 이산화탄소 전환계수 : 탄소(C) ⇒ 이산화탄소(CO_2) : 탄소-이산화탄소 분율

[표 6-35] 탄소배출계수

수종 \ 임령	목재기본밀도 (D)	바이오매스 확장계수 (BEF)	뿌리함량비 (R)	탄소전환계수 (CF)
소나무(강원지방소나무)	0.42	1.48	0.26	0.50
소나무(중부지방소나무)	0.47	1.41	0.25	
잣나무	0.41	1.74	0.28	
낙엽송	0.45	1.34	0.29	
리기다소나무	0.51	1.33	0.36	
편백	0.42	1.35	0.20	
상수리나무	0.72	1.45	0.31	
신갈나무	0.66	1.60	0.39	

※ 자료출처: 산림청 누리집(국립산림과학원, 2015, 산림에서의 탄소순흡수량 국가표준)

마지막으로 중요한 것은 생물종의 동정 능력이다. 물론 이것은 시공 현장에서 더 요구되는 것이지만, 설계 도면엔 신갈나무라고 표현되어 있으나, 시공 후 현장에서 확인하면 떡갈나무가 식재되어 있는 문제가 비일비재하게 발생하기도 한다. 결과적으로 시공 현장에서 식물종의 정확한 동정을 거친 후 식재될 수 있도록 노력해야 한다.

3) 생물 군집 형성

생태복원에서 식물상 및 식생 복원을 위해 중요하게 고려해야 할 것은 생물 군집을 형성하는 것이다. 식물상 및 식생만을 고려하더라도 우선 군집 형태로 도입해야 한다. 이때 중요한 것은 도입할 식물들의 조합이다. 식물들 간에 타감작용이 있거나 경쟁이 심한 관계에 있는 종들을 한 장소에 도입하는 것은 바람직하지 않다. 예를 들어, 소나무는 타감작용을 일으킬 수 있으므로, 참나무류와 함께 도입하지 않는 것이 좋다. 물론 소나무류를 비롯한 침엽수는 생태복원을 위해서 가급적 도입하지 않는 것이 바람직한데, 이는 우리나라의 고유 식생대가 온대 낙엽 수림대에 해당하여 원식생에 가깝지 않기 때문이며, 침엽수는 상대적으로 피톤치드 성분이 많이 나오기 때문이다. 물론, 복원해야 할 지역의 원식생이 침엽수림대인 지역은 예외가 된다. 불가피하게 소나무를 도입해야 할 장소라면, 진달래나 싸리나무와 같은 수종을 함께 도입하는 것이 좋다. 자연 산림지역의 소나무림에서 나타나는 조합을 그대로 활용해야 함을 의미한다. 참나무류와 같이 혼식할 경우에는 천이 과정에서 참나무류가 우세하게 되어 소나무의 성장에 영향을 미친다.

한편, 군집을 형성하기 위한 식재를 할 때 도입할 식물종들은 다른 생물종의 서식이나 유인에 효과적인 수종들을 선정하는 것이 좋다. 복원 계획에서 동물상의 목표종이 있을 경우에는 그 목표종에 적합한 식물종들을 이용하여 식재하는 것이 바람직하다.

군집을 형성할 때 그 크기는 복원 지역의 면적에 따라서 다르겠지만, 보통 50m × 50m 정도로 하면 좋으며, 적어도 20m × 20m는 확보할 수 있어야 한다. 이는 군집의 자기 방어 능력을 향상시키기 위한 것이며, 생물종의 서식이나 유인에 효과적이기 때문이다. 참고로 FAO(2010)는 5m 이상의 수고를 가진 나무가 10% 이상 덮고 있고 면적이 0.5ha 이상인 땅을 숲으로 정의한다.

4) 생태적 식재 설계 개념과 접근 방법

가) 개념

생태적 식재 설계는 자연에 맡기는 설계라고 할 수 있다. 따라서 인위적인 식재보다는 자체적인 유지 능력과 활력을 갖는데 장기간의 시간이 소요되기 마련이지만, 가급적 빠른 시간에 원하는 수림대가 형성되도록 해야 한다. 하지만 자연에 맡긴다고 하여 그냥 방치하는 것이 아니라 바람직한 방향으로 천이(정상천이)가 될 수 있도록 계속적인 관리가 필요하다. 다만, 기존의 공원·녹지 관리보다는 상대적으로 낮은 관리 비용으로 유지할 수 있어야 한다. 자연에 맡기고 지속적인 관리를 통해서 바람직한 방향으로 유도해 나가기 때문에 생태적 식재 설계는 목표로 하는 군집까지 다양한 변화를 거치기도 한다. 한편, 조경설계기준(2007)에서 생태적 식재는 대상지 주위의 환경에 적합한 자생식물을 사용하되 생태계 천이 계열 등 생태학적 원리를 응용한 배식이라고 정의하고 있다.

나) 접근 방법

(1) 다층림 및 이령림 식재

생태적 식재 설계에서 가장 흔하게 언급되고 있는 것은 다층식재이지만, 실제로 잘 이행되지 않는 분야이기도 하다. 다층림은 수관의 층위가 4개 이상으로 나타나는 형태를 갖추고 있으며, 층위를 갖는 수종들의 나이도 다르다. 따라서 이령림(異齡林)의 특성을 나타낸다. 주지하다시피 다층식재는 다양한 수림대의 층위를 형성하여 선호하는 생물종들을 다양하게 도입·유인하기 위한 것이다. 즉, 생태·환경 기능을 주된 목적으로 하고 있으며, 단층 식재는 경관 기능을 목적으로 하는 경우가 많다.

[그림 6-62] 다층구조와 단층구조 개념도

자연 산림 지역에서 수직적 구조를 결정하는 요인은 다양하지만, 그 중에서도 나무의 생육형과 광선의 강도와 밀도가 큰 영향을 미치는 것으로 알려져 있다. 따라서 다층의 이령림을 조성할 때에는 이에 대한 고려가 필요하다.

한편, 실질적인 다층식재를 위해서는 식재 도면을 개별적으로 작성할 필요가 있다. 즉, 생태적 기반환경을 고려하여 지피 식생을 도입하는 도면, 관목층을 도입하는 도면, 그리고 아교목층 및 교목층을 도입하는 도면 등으로 구분하여야 한다. 각각의 도면을 중첩시켜서 하나의 공간에 4층 이상의 다층이 형성될 수 있도록 해야 진정한 다층 식재 도면을 확보할 수 있다. 즉, 교목층, 아교목층, 관목층, 초본·지피층은 기본적으로 형성하고, 필요할 경우에는 그 이상의 층을 형성하는 것이 바람직하다.

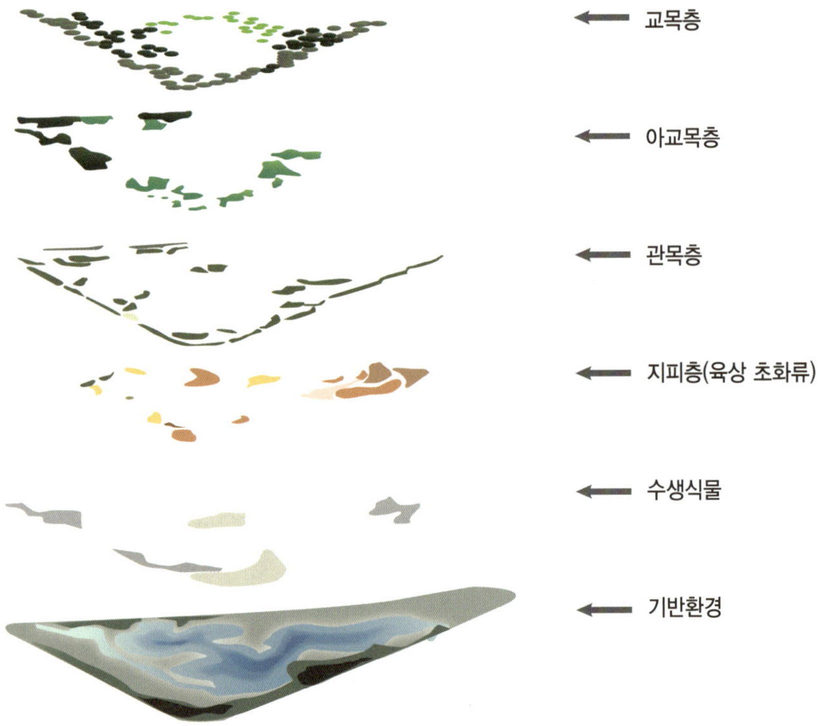

[그림 6-63] 다층식재를 위한 층위별 도면 작성 예시

(2) 종자를 이용한 복원

종자를 이용한 복원은 가장 경제적이고 효율적이며 안정적인 복원 방법 중에 하나이지만, 복원까지의 시간이 오래 걸린다는 단점을 갖고 있다. 특히, 비탈면 녹화에 있어서 많이 이용되고 있는 종자를 이용한 복원은 식재하기 어려운 곳을 대상으로 한 복원에 효과적이기도 하다.

하지만, 문제는 종자의 출처로서 아직까지는 경제적이고 수급하기 쉬운 수입산에 의존하는 경우가 더 많다. 물론, 국내에서 인건비 등의 문제로 대량으로 종자 생산이 되지 않는다는 원천적 문제가 있지만, 국토의 복원에 있어서 외래종을 사용한다는 것은 깊이 고민해봐야 할 문제이다. 따라서 진정한 자생종에 의한 복원을 위해서는 복원에 필요한 수종을 미리 선정하고, 자생 종자를 사전에 채취하여 복원 공사 시 이용될 수 있도록 해야 한다. 이는 가장 바람직한 방법이지만 장기간의 시간이 필요하다는 문제점이 있다. 이와 관련해서 산림청에서는 산림복원용 자생식물 및 자연재료의 공급 등에 관한 고시(산림청고시 제2020-55호, 2020.9.7., 제정.)를 통해서 자생식물 종의 선정(제4조), 종자의 채집 및 이력관리(제5조), 종자의 검사(제6조), 종자의 저장·관리(제7조), 종자의 표시(제8조), 자생식물의 생산·사용(제9조)과 같이 체계적으로 규정하고 있다. 그리고 앞서 제시한 "종자이동구역(Seed zone)" 구축이나 자생식물 종자수집구역을 선정하는 등의 법제화 노력은 산림복원에 있어서 수입산 종자의 사용 문제나 종자의 무분별한 이동 문제 등을 해결할 수 있는 바람직한 접근 방법이라고 할 수 있다.

한편, 비탈면 녹화의 경우, 파종량을 산정하기 위한 식은 다음과 같다(한국조경학회 편, 2007).

$$W = \frac{A}{B \cdot C \cdot D} \times E \times F \times G$$

· 여기서, W : 사용 식물별 종자 파종량 (g/㎡)

A : 발생 기대 본수 (본/㎡)

B : 사용 종자의 발아율

C : 사용 종자의 순도

D : 사용 종자의 1g 당 단위립수(립수/g)

E : 식생기반재 뿜어붙이기 두께에 따른 공법별 보정 계수

F : 비탈면 입지 조건에 따른 공법별 보정 계수

G : 시공 시기의 보정률

위의 식은 다시 간단하게 다음과 같이 나타낼 수도 있다(우보명, 2003).

$$W = \frac{G}{S \times P \times B}$$

· 여기서, W : 파종 중량 (g/㎡)

G : 발생 기대 본수 (본/㎡)

S : 평균 입수(입/g)

P : 순량률(%)

B : 발아율(%)

종자 분사 파종

조파공 시행

종자환 투입

목표종 종자 혼파

파종 후 현황(2009년, 파종 후 2년 경과)

파종 후 현황(2009년, 파종 후 2년 경과)

[그림 6-64] 종자를 활용한 식물상 도입 방법

※ 사진제공 : 김경훈 박사(일송환경복원)

한편, 외래종의 사용과 관련해서 많은 논란이 있어 왔다. 특히 비탈면 녹화에 있어서 침식 가능성이 높은 지역을 방치한다는 것은 제2차 피해를 발생시킬 수 있기 때문에 조기 녹화를 위해서 불가피하게 발아 및 생육이 빠른 외래초종을 사용해야 한다는 사고가 우세하며, 현장에서도 이런 방법이 적용되고 있는 것이 현실이다. 따라서 장기적인 관점에서 이러한 문제점을 해결해 내기 위한 방안을 모색해야 한다. 물론 선진외국의 경우에도 외래종 사용을 허용하는 경우가 있는데, 침식 방지 등 2차 피해를 저감할 필요성이 높거나 목표로 하는 생물군집을 발달시키는 데 도움을 줄 수 있는 경우에 한정하고 있다. 이러한 경우라 하더라도 사용하는 외래종은 다년생이 아닌 1년생이나 2년생 초본에 한정하여 복원 지역에서 지속적으로 나타나지 않도록 하고 있다.

(3) 준공형과 완성형을 고려한 접근

식물상 및 식생을 도입하기 위한 계획·설계는 준공 시점에서의 모습과 목표를 완성하는 단계에서의 모습을 고려하여 접근하여야 한다. 즉, 준공형과 완성형을 고려한 접근이라고 할 수 있는데, 준공 시점에서 생태적으로 완성된 시점까지는 사업마다 다르다. 하지만 일반적으로 생태적으로 잘 조성될 경우 수십 년 이내에 숲을 완성할 수 있다. 물론 훼손된 상태가 적을 경우에는 수년 이내에 복원할 수도 있다. 참고로 국립생태원(2015.12.)에서 발간한 '자연환경보전사업 설계 가이드라인'에서는 복원 목표 연도를 완성형, 반완성형, 장래완성형 등으로 구분하고, 그에 따라 식재 수종 및 규격, 밀도를 결정토록 하고 있다. 구체적인 식재 밀도는 이 책의 "5) 식생 복원 기법" 중 "가) 식재 밀도 및 규격"에서 제시하였다. 여기서 완성형은 식재 직후 수림대에 가까운 형태가 바로 나타나는 것이며, 반완성형은 5년 정도 경과한 후에 완성형의 모습을 보이도록 하는 것이며, 장래완성형은 10~20년 정도 경과한 후에 완성된 수림대를 만드는 것을 의미한다. 참고로 산불피해지역이 온전한 산림대로 회복되는 데에는 약 20년이 소요되는 것으로 알려져 있다. 산불피해지역의 복원과 관련된 구체적인 내용은 "생태복원 계획·설계론 제I권", 제4장 복원생태학 이론 중 "라. 자기설계적 복원과 설계복원"에서 제시하였다.

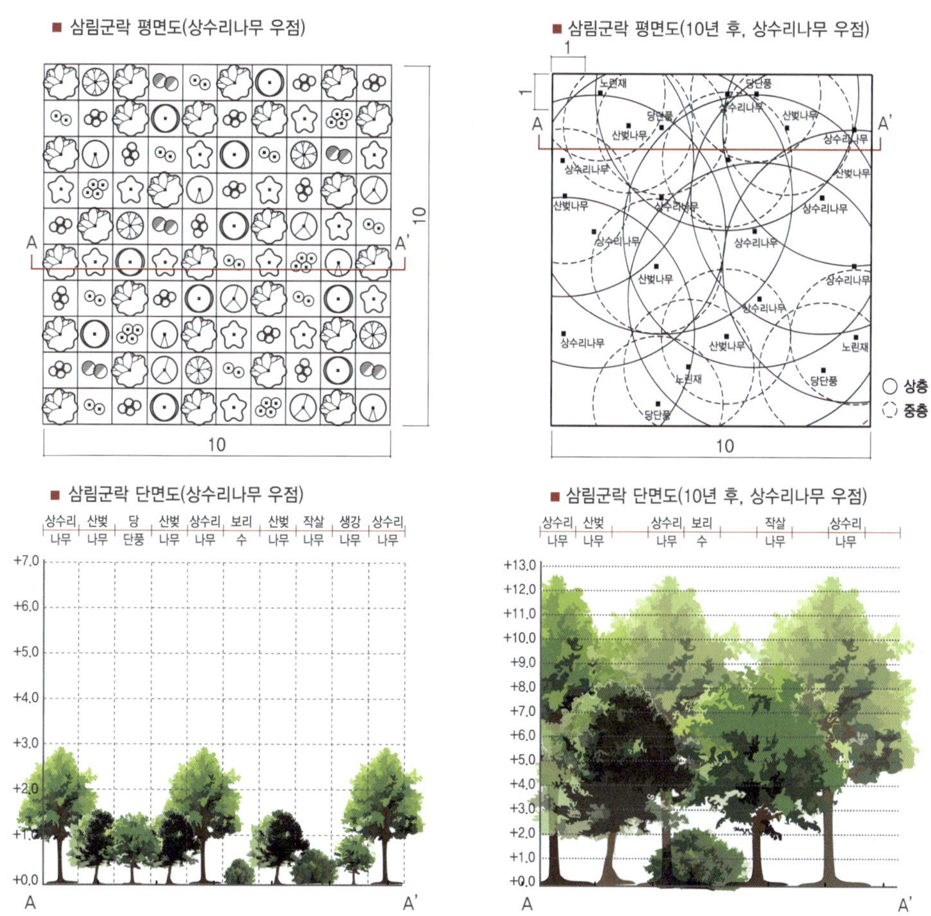

[그림 6-65] 준공형과 완성형을 고려한 식재 방법

주의할 것은 목표점을 빠르게 도달하기 위해서 다 자란 성목을 이용하지 않아야 한다는 것이다. 생태적 안정화는 성장 중인 작은 수목을 활용해야 복원할 지역에 적응해 가면서 숲을 이룰 수 있으며, 수목이 활발한 성장 중에 있어야 탄소 저감률도 향상시킬 수 있다.

(4) 조성 후 관리를 고려한 접근

앞서 제시한 바와 같이 생태복원을 위한 생태적 식재 설계일지라도 지속적인 관리가 필요하다. 바람직한 방향으로의 천이 유도를 위해서는 조성 후 예측할 수 있는 식생 변화 내용을 사전에 숙지하여 더 경제적인 방법으로 관리하기 위한 방안을 고려해 두어야 한다.

습지 생태계의 경우에는 습지 안정화가 진행될수록 개방 수면이 줄어들고, 복원지역의 기반 환경에 적합한 수종만 우점하는 현상이 발생하게 된다(조동길, 2004). 이러한 식생 단순화 및 개방수면의 축소를 예방하기 위해서는 식물상 및 식생 도입 계획·설계 단계에서부터 개방수면의 축소 및 특정종의 우세를 방지하기 위한 방법이 필요하다. 구체적인 방법들은 앞서 "개방수면(Open Water) 중요성과 유지 방안"에서 제시한 바 있다.

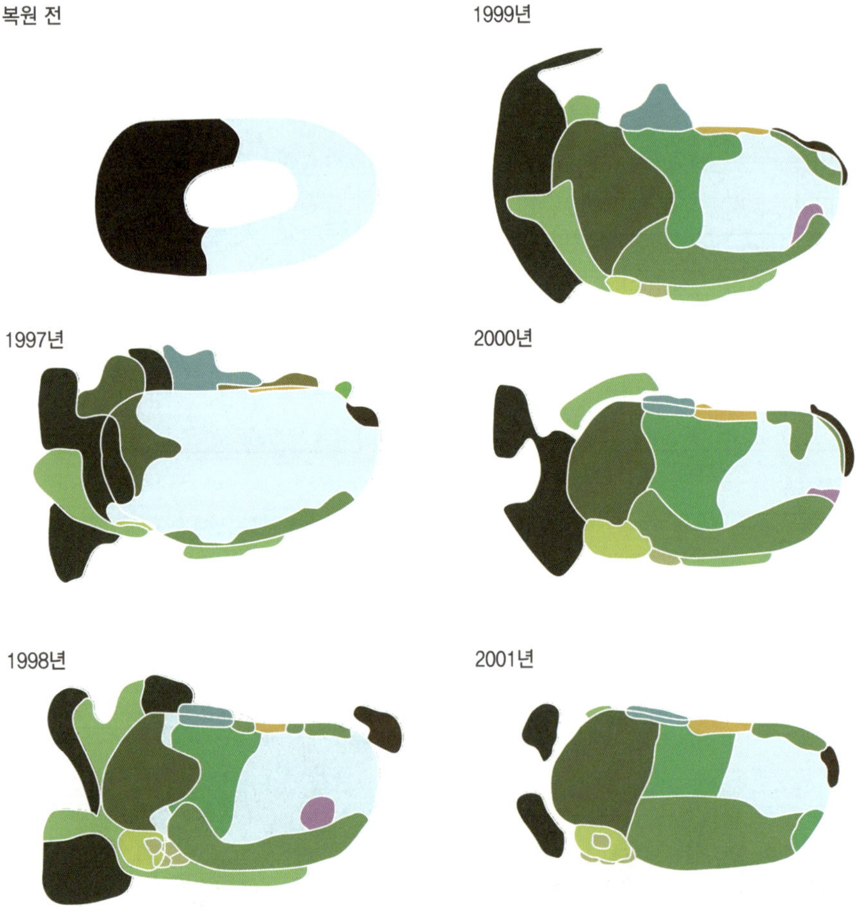

[그림 6-66] 비오톱 복원 후 식물종의 단순화와 개방수면 축소 과정 (서울공고 생태연못 사례)
※ 자료출처: 조동길, 2004.

숲의 경우에는 성장 중인 작은 수목들을 밀식하여 식재하였을 경우, 각 개체들의 성장력에 따라 자연도태를 유도하거나 더 빠른 성장으로 유도할 필요가 있다. 또한, 식생의 발달 과정에서 퇴행천이를 유도하는 아까시나무나 칡, 환삼덩굴, 외래종 등이 출현할 경우에는 모니터링 후 적절한 관리를 해 줄 필요가 있다. 한편, 매토종자를 활용하였을 때 바람직하지 않은 식물종이 확산하거나, 복원지역에서 생태계교란종이 발생하면 즉시 제거해야 한다.

(5) 원형(prototype)을 활용한 생태적 식재

원형(prototype)을 활용한 생태적 식재는 자연 설계 언어(natural pattern language)에 의한 방법, 참조 서식처(reference site) 또는 참조 생태계(reference ecosystem)를 활용한 방법이라고 할 수 있다. 우리가 복원하고자 하는 생태계를 훼손되지 않은 지역에서 생태기반환경과 식생의 구조·기능을 파악하여 복원할 지역에 그대로 적용하는 것이다. 예를 들어, 한강 지천의 콘크리트 호안을 자연적으로 복원한다고 할 때 우선 자연 하천의 원형이 될 수 있는 훼손되지 않은 하천에서 물의 흐름, 수심 등의 기반환경과 종·횡단면상의 식생 분포 도면을 작성한다. 그리고 작성된 원형 지역의 도면을 토대로 복원하고자 하는 하천에 그대로 적용하는 것이다. 이러한 접근 방법은 자연에서 나타나는 패턴을 활용하기 때문에 자연이 알려주는 설계 언어라고 할 수 있으며, 복원할 지역을 참조하였기 때문에 참조 서식처 방법에 해당한다. 참고로 환경부에서 추진 중인 '생태하천복원 사업'에서는 수생태 복원을 위한 기초자료 조사에서 참조하천을 선정하여 조사·분석·평가한 후 설계에 반영하도록 규정하고 있는데, 이것도 서식처의 원형 또는 참조생태계를 활용하는 방법이다.

원형(prototype)을 활용한 생태적 식재와 관련하여 예를 들어 설명해 보면, [그림 6-67]은 경기도 남양주시에 위치한 하천형 습지의 하나이다. 한강으로 유입되는 하천의 하류부에 해당하며 지속적인 물의 흐름이 존재하지만, 하천 측면부의 경우 낮은 수심과 심한 굴곡 등 지형적 요인으로 물의 흐름이 정체되어 있기도 하다. 이러한 환경에서는 수심 등의 여러 가지 조건에 의해서 하천 중심부로부터 개방 수면(open water), 줄, 애기부들 군집이 넓게 분포하고 있는 것을 알 수 있다.

물론, 이곳의 습지가 전혀 훼손되지 않는 자연 본래의 모습을 가지고 있는 것은 아닐 것이나, 비교적 양호한 습지의 모습을 보여주고 있는 것으로 판단할 수 있다. 결과적으로 앞서 언급한 서식환경에서 자라는 식물상의 패턴은 복원하고자 하는 곳이나 새롭게 서식처를 조성해 주어야 할 곳에도 그대로 옮겨주면 된다. 즉, 수심과 유속 등의 조건을 동일하게 하고, 식물이 분포하는 패턴을 그대로 옮기는 것이다. 이러한 접근 방법이 서식처의 원형을 파악하고 적용하는 것이다.

중요한 것은 참조하고자 하는 원형 지역은 복원하고자 하는 지역과 환경·생태적으로 유사한 인근 지역을 대상으로 해야 한다는 것이다. '생태하천복원사업 업무추진 지침(환경부 수생태보전과, 2021.10.)'에서는 사업 대상 하천과 동일 수계 내에 위치한 하천을 참조하천으로 선정하도록 하고 있으며, 동일 수계에서 찾을 수 없는 경우는 인접 지역의 하천에서 선정하도록 규정하고 있다. 자연지역에서의 식생 분포는 해당 지역의 기후 환경에 기초하고 있기 때문이며, 지리적으로 많이 이격된 경우에는 동일종일지라도 유전자 구조가 달라서 생물학적 침입을 발생시킬 수 있기 때문이다.

▶현황사진

▶개념도

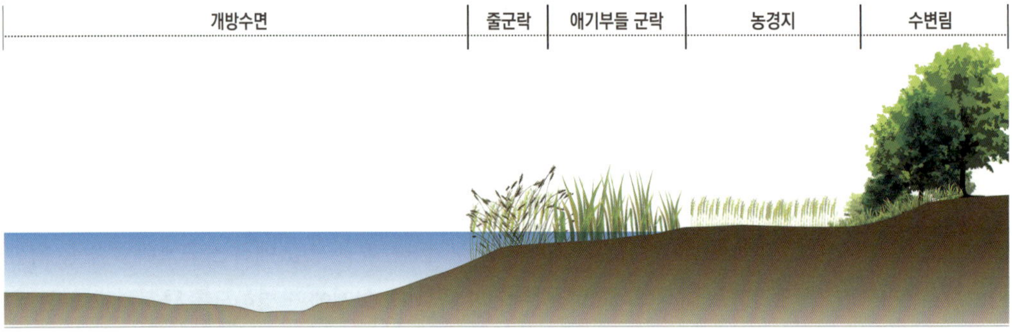

[그림 6-67] 서식처 원형의 파악 방법 예시

5) 식생 복원 기법

가) 식재 규격 및 밀도

이 분야의 내용은 생태복원 사업에서의 식재 설계에 관한 인식 조사(조동길, 2022)의 연구 내용을 토대로 보완하여 기술하였다. 식재 규격과 식재 밀도는 자연적인 수림대를 조성하거나 건강한 숲을 만들 때 중요한 식재 설계 요소이다(조동길, 2022). 식재 규격과 관련하여 생태복원 사업에서는 묘목의 사용을 권장하는데(Clewell *et al.*, 2005; 국립생태원, 2015; 조동길, 2021), 어린 나무를 이용하는 것은 복원할 지역에서 식물의 환경 적응력을 높일 수 있다는 장점이 있다. 어린 나무 즉, 묘목을 이용한 식재 방법과 관련해서 이경준(2020)은 옮겨심기에 알맞은 크기의 나무로 흉고직경이 4㎝ 이하 혹은 수고가 3~4m 이하라고 하였고, Miyawaki(1999)는 그보다 훨씬 작은 규격의 용기 묘목을 밀식하는 것을 권고하였다. 묘목의 규격을 정확하게 언급한 연구는 그리 많지 않지만, 국제생태복원학회(SER)에서도 가급적 어린 나무를 식재하는 것이 바람직하다는 것이 일반적인 견해이다(Society for Ecological Restoration International Science & Policy Working Group, 2004). 그러함에도 불구하고 아직까지 우리나라의 경우, 생태계보전부담금 반환사업 58개 사례 지역에서 준공도면을 이용하여 식재 규격을 조사했을 때 근원직경 8㎝를 가장 많이 사용하고 있었다(조동길, 2021). 그 이유로는 묘목을 식재하고 싶어도 사회적인 인식 문제가 작용했을 수도 있으며, 법정 조경기준(국토교통부,

2022)에서 식재해야 할 교목은 흉고직경 5㎝ 이상이거나 근원직경 6㎝ 이상이어야 한다고 규정하고 있어 이를 따르는 것일 수도 있다.

식재 밀도는 식재 수량과 관련되는데, 국토교통부 고시 조경기준(2022)에서는 녹지지역을 기준으로 1㎡ 당 교목은 0.2주 이상, 관목은 1.0주 이상을 식재하도록 되어 있다. 또한, 수목 식재와 관련한 설계기준(국토교통부, 2019)에서는 녹지의 경우, 완성형의 식재 기준은 100㎡당 교목 13주(3.5~5m 간격), 소교목 16주(화목 포함), 관목 66주(2~3주/m) 및 묘목(식재지의 환경 조건에 따라 필요한 양)으로 하고, 설계자가 대상 지역의 조건에 따라 적절히 조정한다고 제시하고 있다. 특히, 자연림 및 도시숲의 식재 밀도 기준에서는 이용하는 자연림 및 도시숲은 조성 녹지 면적을 기준으로 교목 3.5주/100㎡를 적용하는 것으로 제시하며, 출입을 금지하는 경우의 자연림 및 도시숲의 식재밀도는 교목 5주/100㎡, 소교목 2주/100㎡를 적용하는 것으로 제시하고 있다. 또한, 복층림으로 교목층과 중목층의 수관이 서로 겹쳐 폐쇄적인 수림을 구성하며 교목류 하부에 관목류가 빽빽이 들어차는 밀생림의 밀도는 20~40주/100㎡, 울폐도는 70%로 구체적으로 제시하고 있다.

이에 비해서 생태복원 사업을 위한 식재 설계의 접근 방법은 관련 법규나 지침 혹은 기준이 상대적으로 부족한 실정이다. 국립생태원(2015.12)에서 발간한 '자연환경보전사업 설계 가이드라인'에서는 식재 규격과 밀도를 핵심지역, 완충지역, 전이지역으로 구분하여 제시하였다. 핵심지역의 경우, 장래 완성형(10~20년 정도 경과 후 완성을 목표로 하는 것)이 복층림으로 교목층과 중목층의 수관이 서로 겹쳐 패쇄적인 수림을 구성할 수 있도록 해야 하며, 그 밀도는 20~40주/100㎡로 제시하였다. 특히, 복원지역의 목본류는 종자 파종 및 묘목 식재가 가능하다고 적시하고 있다. 완충지역은 교목 위주의 복층림으로 교목류 하부에 관목이 부분적으로 점유하는 수림을 구성할 수 있도록 하면서, 밀도는 10~20주/100㎡로 하였고, 상층목 규격은 중경목 이상을 식재하도록 제시하였다. 전이지역은 밀도를 10주/100㎡로 제시하였으며, 교목위주의 단층림으로 규격은 중경목 이상으로 설계하도록 제시하였다.

산림청(2017)의 지속가능한 산림자원 관리 지침에서도 자연환경보전림의 조성 및 관리를 위해서는 동일 지역에서 천연적으로 발생한 어린나무나 종자를 묘목으로 생산하여 조림할 것을 훈령으로 규정하고 있다. 또한, 식재조림을 할 경우 5,000주/㏊의 밀도로 1.4m 간격으로 식재하거나 3,000주/㏊의 밀도로 식재 시 1.8m 간격으로 식재하는 것으로 제시하고 있다. 참고로 이 지침은 일반적인 조림 시 사용하는 밀도이며, 산림복원 사업에서의 밀도는 아직 제시되지 않았다.

한편, 일본 미야와키(Miyawaki)가 고안한 생태적 식재기법은 묘목 수준의 규격을 다량으로 밀식하여 숲을 빠르게 만들어 내는 방법이다(Miyawaki, 1999). 이 기법은 식재 시 밀도를 2~7개체/㎡로 설정하고, 자연적 선택 방법에 의해 식재 후 생존율은 15~90%까지 허용하였다. 온대지역의 경우에는 1m/년의 성장률을 목표로 하고, 성장이 안정화되는 시기를 15~20년으로 보았다. 최종적인 숲의 구조는 상층이 20m, 하층이 4m 크기로 만드는 것이며, 최종 안정화 후의 식물 개체 밀도는 0.5~2.5개체/㎡가 되도록 하는 것이다. 일반적으로 이렇게 접근할 경우 동물상의 생물다양성은 18배 이상 높은 것으로 나타났다(Clara Manuel for URBAN FORESTS, 2020).

요코하마 캠퍼스에 미야와키의 생태적 식재기법을 적용한 지역으로,
1979년 40㎝ 규격의 묘목을 밀식하였는데 20년이 경과한 시점에는 15m의 수림대가 형성됨

[그림 6-68] 미야와키의 생태적 식재 기법 적용 사례

※ 자료출처: Clara Manuel for URBAN FORESTS, 2020.

나) 복사 이식

복사 이식 역시 앞서 언급한 원형을 활용한 식재 방법과 유사하다고 할 수 있다. 하지만, 우리나라에서 복사 이식은 산림생태계를 주로 대상으로 하여 연구하고 적용되고 있다는 특징이 있다. 어떤 상황이든지 복사 이식에 의한 식생 복원 방법도 복사하고자 하는 수림대에서 모든 나무를 전수 조사하여 식생의 수평·수직적 구조를 도면화한 이후에 이를 복원하고자 하는 지역에 적용해 주는 방법을 따른다.

이때 단순히 관목 및 교목 등의 나무만을 그대로 채취하여 복사하는 것이 아니라 표토를 포함한 토양과 낙엽, 낙지까지 채취하여 이식할 지역에 옮겨준다. 또한, 지형 환경 조건을 포함한 기반 환경도 함께 조사하여 이식할 지역에 반영해 준다.

① 개발할 지역의 식생 조사 계획 수립

② 개발 예정 지역 매목의 전수 조사

③ 복원할 지역에서의 복사이식 배치 계획

④ 복사 이식후 모습

[그림 6-69] 복사 이식에 의한 복원 과정 (김포 장기 지구)

※ 자료출처: ①, ③ - 한국토지공사, 2006. 사진제공: ②, ④ - 박상규 소장(수풀리안)

다) 군집(모델) 식재

군집 식재는 모델 식재라고도 하는데, 복사이식이나 원형을 활용한 방법과 달리 자연성이 우수한 지역을 대상으로 식생 조사를 한 이후에 그 지역에 대한 상대우점도 등을 분석하여 새로운 군집 도면을 만들어 내는 것이다. 상대우점도는 상대밀도와 상대빈도, 상대피도의 값으로 구하며, 그 값의 결과에 따라서 자연성이 우수한 지역에서 상대적으로 우점하고 있는 종들을 도출한다. 또한, 자연 식생 지역의 생태적 특성을 평가하기 위해서 천이의 진행 단계, 자연성, 다층적 식생 구조, 종다양성, 토양환경 등을 조사·분석하면 더욱 좋다.

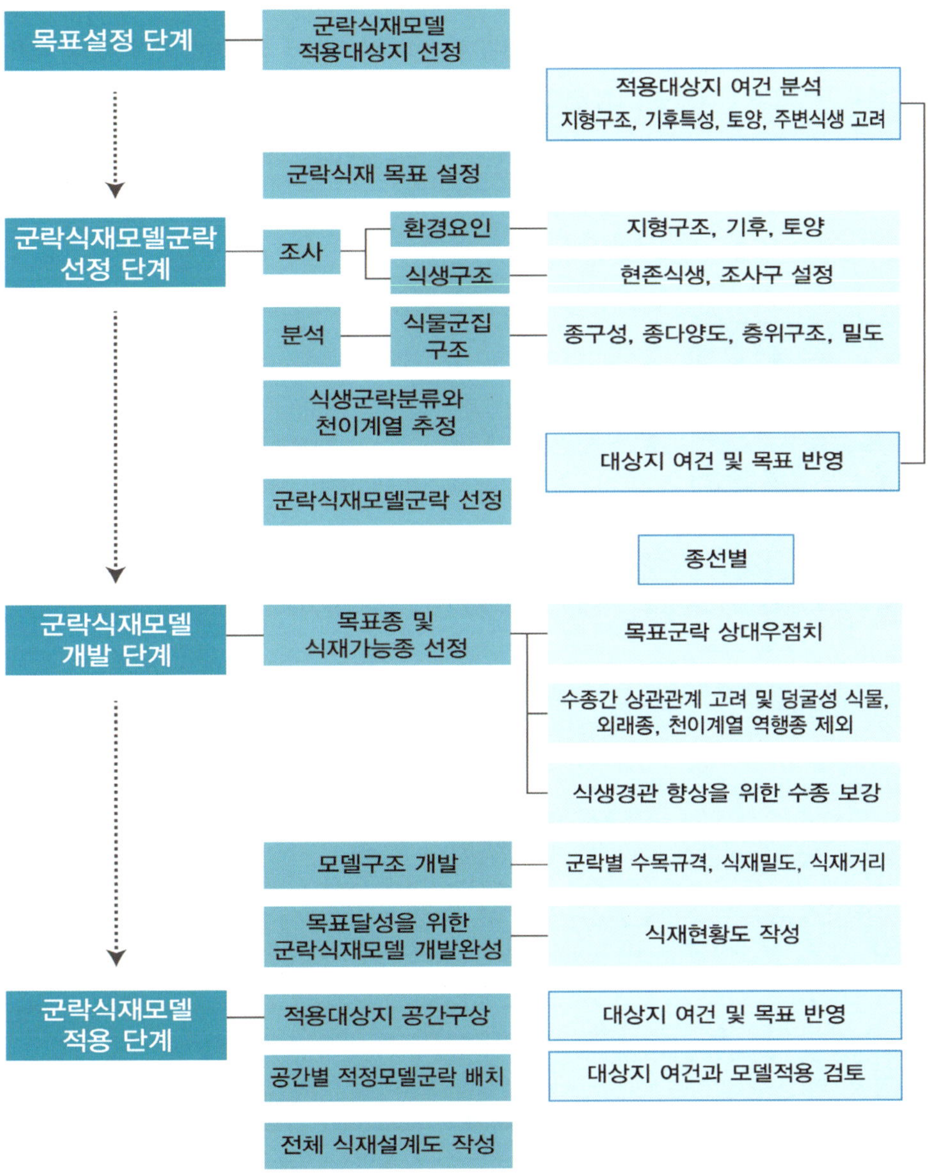

[그림 6-70] 군집식재 모델의 개발 및 적용 과정

이후에 이들을 적절하게 배치하는 방법을 채택한다. 즉, 복원하고자 하는 식생모델을 작성하는데, 이때에는 식물 군집 구조, 적정 식물 선정, 개체수 및 흉고단면적, 수목 간 최단 거리를 고려한 적정 밀도, 그리고 토양환경의 특성 등을 고려한다(강현경, 2001). 이때 주의해야 할 것은 빠른 활착을 위해 성장 중에 있는 작은 수목을 식재하는 것, 그리고 자생식물을 이용해야 한다는 것이다. 또한, 식생 구조 분석에 따라 식물종과 구체적 수량을 설정하고 목적에 따라서 추가 유입종을 선정하는 것이 좋다. 후자의 경우 조류 서식처를 복원하기 위한 모델이라면 조류의 먹이 식물(식이식물)을 도입하고, 척박한 지역을 복원하는 것이라면 비료 역할을 하는 비료목도 충분하게 도입해 주어야 한다. 그리고 우리나라의 경우 자연성이 우수한 산림식생대가 참나무류 군집임을 감안하면 이들을 도입할 때 어떻게 수목을 공급할 것인지에 대한 보급 루트를 사전에 확보해 두어야 한다. 필요할 경우에는 복원 사업 전에 필요한 물량 이상을 재배해 둘 필요가 있다. 지금까지 제시한 방법을 종합하여 군집식재를 위한 모델 개발 및 적용 과정을 도식화하면 [그림 6-70]과 같다.

[표 6-36]은 졸참나무-갈참나무 군집의 모델을 예시한 것이다.

[표 6-36] 졸참나무-갈참나무 군락 모델

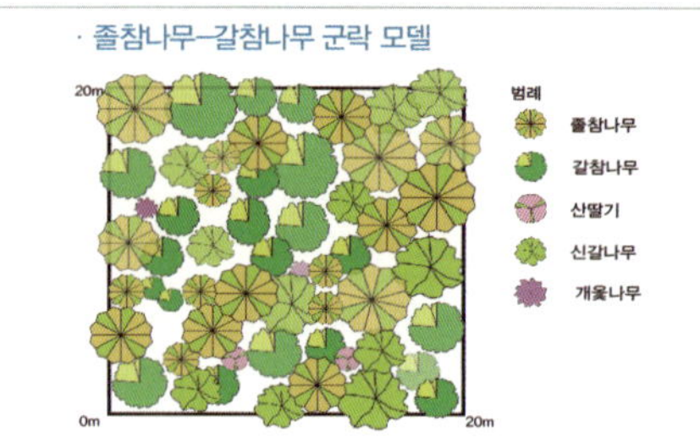

구 분	교목	아교목	관목
종 수	4	4	4
수목 규격*(㎝)	24±1.8	5±2.6	50±5.9
식재 주수(주)	30	42	110
식재 간격(m)	4.3±0.3	3.3±0.8	1.0±0.1

* 수목 규격: 교목·아교목 – 흉고직경,
관목 – 수관폭

층 위	목표종	동반종	
		주식재종	보조식재종
교목층	상수리나무	신갈나무, 졸참나무	갈참나무
아교목층	졸참나무	졸참나무	상수리나무, 갈참나무, 신갈나무
관목층	졸참나무	졸참나무	상수리나무, 졸참나무, 신갈나무, 산딸기

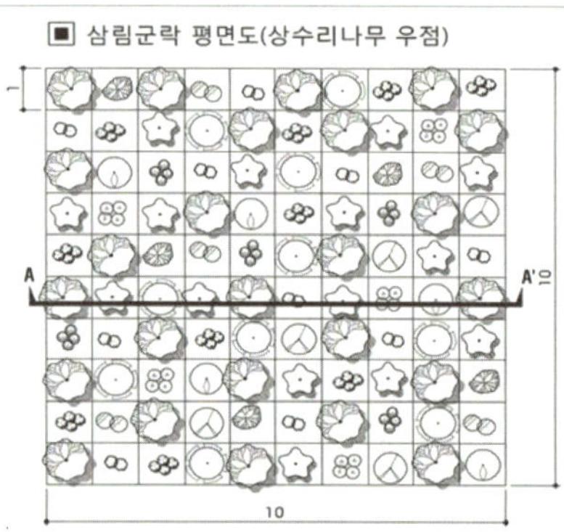

군집 식재를 위한 식재 설계 모델 도면 예시

군집 식재를 실시한 직후의 모습(수원 광교산 훼손지 복원 지역)

[그림 6-71] 군집(모델) 식재를 위한 도면과 적용 사례

• 식생 생장 영향 인자

식생 복원 후 군락의 생장은 비생물적 환경과 생물적 환경의 특성, 적용된 식생 복원 기법 그리고 군락 발달의 고유한 특성 등 매우 다양한 요인에 의해 결정된다. 이처럼 식생의 발달은 매우 다양한 환경 인자들이 영향을 미치는데, 이러한 모든 요소를 고려하여 모델을 만들거나 복원하는 데에 고려하기에는 현실적으로 어려움이 있다. 따라서 각종 선행 연구 및 문헌 조사와 전문가 조사를 토대로 대표적인 항목들을 추출하였는데, 이는 [표 6-37]과 같다(김미진, 2024). 이 항목들은 식생 복원을 위한 군락식재모델의 주요 구성 요소로 활용할 수 있으며, 식생 복원 시 고려해야 할 중요한 인자라고 봐도 무방할 것이다.

[표 6-37] 식재 후 식물 생장에 영향을 미치는 주요 인자

구분	환경요소		내용
기반환경	기후	식생기후	• 온대북부/중부/남부지역에 따른 식생분포로 기후변화에 따라 조정되는 항목
		기온	• 식물이 생육하는 생리적 온도로 분포 범위 감소와 소멸 등 식생기후, 토양 환경과 밀접한 항목
		강수량	• 계절별 강수량 증감에 따라 식물군락의 교란 발생으로 종다양성 감소와 연계되는 항목
	입지	멀칭	• 토양의 보호와 고사·이입종 발생 저감으로 수목의 생존율 및 관리의 효율성 향상과 연계되는 항목
		토양	• 토성, 토심, 수분, 공극, pH, 유기물 등 물리성, 화학성에 의해 식생의 생장, 발달 등과 연계되는 항목
		지형	• 경사, 고도, 향, 굴곡 등에 따라 토양 조건들을 변화시키고 식생의 분포, 계절별 생장과 연계되는 항목
식물상 및 식생	규격	수고	• 시간 경과에 따른 수고생장의 주요 항목
		수관(폭, 수형)	• 시각화를 위한 수고-수관폭 상관관계를 군집별 수형의 특성 및 수종으로 구분
		흉고·근원직경	• 일반적인 직경생장은 흉고직경을 의미하며 근원직경은 환산기준을 적용하여 흉고직경으로 변환
		수령	• 나무의 나이이며 임령, 경과연수, 연륜정보 등을 포함
	군집구조	층위	• 숲의 활력도를 나타내며 식물이 자생하는 높이에 따른 빛의 세기의 영향으로 천이와 연계되는 항목
		종구성	• 우점종, 지표종, 희소종, 핵심종 등 산림 군집을 묘사하고 분석하는 데 중요한 항목
		종다양성	• 군집의 안정도에 대한 척도로 군집의 성숙도를 나타내며 종간의 다양한 상호관계와 연계되는 항목
	식재방법	간격(밀도)	• 수목 간 거리이며 동일 규격의 수목이라도 특성, 성장 속도 등이 상이하므로 단위 면적당 개체수 적용
		기법	• 훼손 유형, 입지조건, 복사 이식, 군집 모델, 목표종을 고려한 식재 등의 생태적 기법과 밀접한 항목
		도입유형	• 자생, 조림, 재배지 등 원 서식지나 복원 대상지에 따라 생육 상태, 속도 등과 연계되는 항목
유지·관리	생육증감여부	고사	• 계절에 따른 생육장해, 수분 및 양분 부족, 생육공간 협소 등 환경적 요인에 의한 생육 감소 항목
		이입	• 외래식물의 이입으로 생태계 교란을 야기하며 종다양성 감소, 토양 및 수분환경과 연계되는 항목
		병해충	• 환경조건에 따른 기주 수목의 상호작용에 영향을 미치며 생태계 교란, 기후변화와 밀접한 항목
	사후관리	보수	• 식생, 기반 시설에 대한 유지·하자보수로 자연재해, 관리 미흡으로 인한 보수는 고려하지 않는 항목
		관리유무	• 수환경, 생물상, 이용자, 시설물 관리 등으로 구분되며 자연적 힘에 의한 천이와 발달에 중요한 항목

※ 자료출처: 김미진, 2024.

• 식생기후대를 고려한 온대지역의 신갈나무군락 형성 기법

여기에서 제시하는 내용은 산림청 스마트 산림경영 혁신성장 기술개발 R&D 사업의 과제 중 "딥러닝 기법을 활용한 산림복원 대상 후보지 자동 추출기법 및 자생식물 기반 복원 시뮬레이션 프로그램 개발(2021.04.01. ~ 2023.12.31.)" 과제에 기초하고 있다. 이 과제의 성과물 중에 하나인 "온대지역의 생태적 식재를 위한 신갈나무군락 구축 방법(조동길 등, 2023)" 특허(제10-2572566호) 내용과 이를 발전시킨 김미진(2024)의 내용을 토대로 제시하였다.

이 특허는 식생기후대의 특성을 고려하여 온대지역의 생태적 식재를 위한 신갈나무군락 식재모델을 구축하는 것을 목적으로 한다. 신갈나무군락의 완성 시기는 식재 후 30년간을 목표로 한 것이다. 다양한 산림형 중에서 신갈나무림은 한반도 낙엽활엽수림대의 대표적인 산림형에 해당하며, 종다양성이 가장 높은 천이 중간단계에 속한다.

식재 모델 개발을 위해서 문헌 및 현지조사를 통해 식재할 수종의 구성과 종수, 식재 간격과 규격 등을 도출하는 과정을 거쳤다. 우선 식재할 수종의 구성, 종수와 관련하여 "Ecology 녹화기법"(龜山, 1989)에 따르면 2~3종을 주요 수종으로 식재하고 2~5종을 보조 수종으로 식재하였는데, 이 모델에서도 식재할 수종은 최대 8종으로 구성하였다.

또한, 식재 수종의 선정은 온대지역에 나타나는 수종 구성을 참고로 하였다. 즉, 온대북부, 온대중부, 온대남부에서 식생기후대에 따라 나타나는 수목이 다르기에 각 기후대에서 주로 나타나는 8종을 선정하였다. 식생대 구분은 국립수목원(2020)에서 새롭게 조정한 기후대를 기준으로 한 것이다. [표 6-38]은 온대기후 신갈나무림의 수종 구성을 나타낸 것으로, 생태적 식재는 일반적으로 교목층(상층), 아교목층(중층), 관목층(하층) 등으로 다층식재를 하는 것이 주된 원칙이므로 이에 따라 선정된 수목들을 교목층, 아교목층, 관목층에 맞게 구분한 것이다.

[표 6-38] 온대기후 신갈나무림의 상층, 중층, 하층의 수종 구성

군집유형	기후권	수종 구성		
		상층	중층	하층
신갈나무림	온대북부	신갈나무, 굴참나무, 졸참나무	물푸레나무, 피나무, 박달나무	당단풍나무, 쪽동백나무
	온대중부	신갈나무, 굴참나무, 졸참나무	잔털벚나무, 물푸레나무, 박달나무	당단풍나무, 쪽동백나무
	온대남부	신갈나무, 굴참나무, 졸참나무	잔털벚나무, 쇠물푸레나무	당단풍나무, 팥배나무, 때죽나무

[표 6-39]는 온대기후 신갈나무림의 우점종과 우세종, 동반종으로 구분하여 수종 구성을 나타낸 것으로, 자연림을 참조하여 유사한 종조성으로 식재하는 것은 훼손된 산림 생태계를 복원하는 대표적인 방법이다. 이를 위해서 제7차 국가산림자원조사(산림청, 2016~2020년) 자료, 문헌조사와 함께 R&D를 수행하면서 실시한 현장조사를 토대로 우점종과 우세종, 동반종을 조사·분석한 후 구분하였다. Braun-Blanquet 우점도 계급에 따라 우점종(●)은 상층 수목의 상대우점치가 25% 이상인 수종

이며, 우세종(■)은 평균상대우점치가 10% 이상인 수종으로, 동반종(▲)은 평균상대우점치가 1% 이상인 수종이 되도록 설정하였다.

[표 6-39] 온대기후 신갈나무림의 우점종, 우세종, 동반종의 수종 구성

군집유형	기후권	수종 구성		
		우점종	우세종	동반종
신갈나무림	온대북부	신갈나무	굴참나무, 졸참나무	물푸레나무, 피나무, 박달나무, 당단풍나무, 쪽동백나무
	온대중부	신갈나무	굴참나무, 졸참나무	잔털벚나무, 물푸레나무, 박달나무, 당단풍나무, 쪽동백나무
	온대남부	신갈나무	굴참나무, 졸참나무	잔털벚나무, 쇠물푸레나무, 당단풍나무, 팥배나무, 때죽나무

식재의 간격 및 묘목 규격 등의 기준은 100㎡당 약 50그루(45~55그루)를 기준으로 [그림 6-72]와 같이 설정하였다. 효과적인 생태적 식재 기법과 관련하여 Miyawaki(Miyawaki, 1999) 방법은 식재 시 밀도를 2~7개체/㎡로 제시하였고, 독일의 군집식재(Gockel, H., 1995)에서는 1개체를 식재하는데 최소한 1.3㎡의 초기 성장 공간을 제시하였는데, 이를 참고하여 모델의 식재 간격은 '약 1m(최소 0.2m, 최대 2m)' 정도로 하였다. 그리고 식재할 규격은 묘목으로 약 R2~6 이내로 하였다.

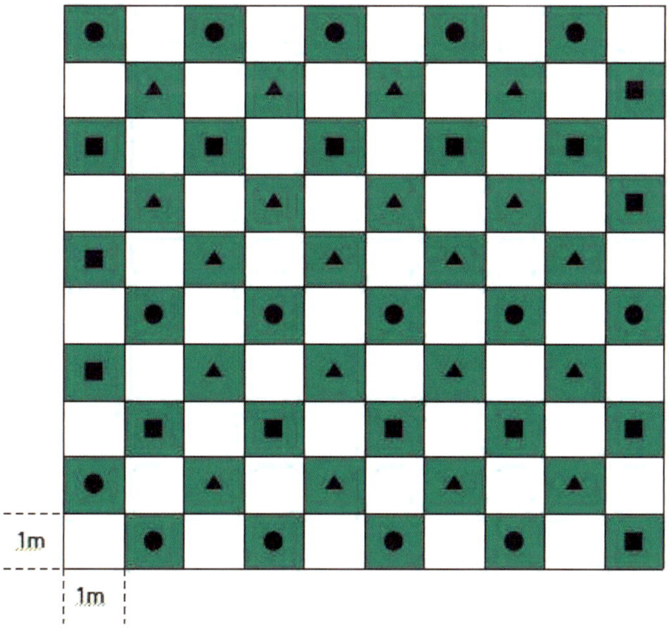

식재지	우점종	우세종	동반종
	●	■	▲

[그림 6-72] 신갈나무군락 형성을 위한 식생 복원 기본 식재 모델

– 신갈나무군락모델 중 온대북부에서 적용가능한 군락식재모델

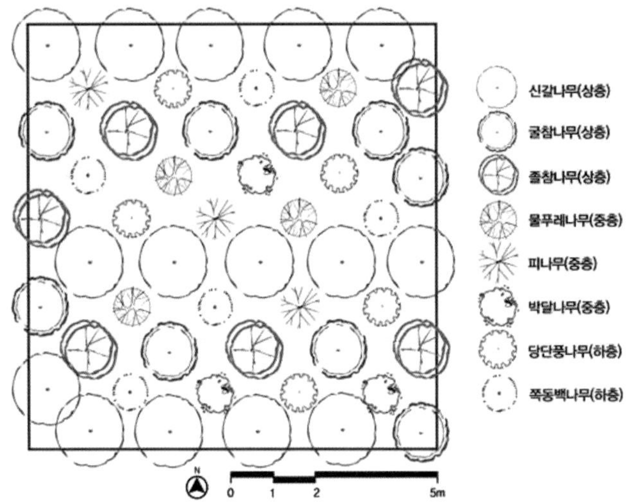

[그림 6-73] 신갈나무군락모델 중 온대북부에서 적용가능한 군락식재모델

온대북부지역에서 생태적 식재를 위한 신갈나무군락은 식재구역 100㎡ 당 목표수종으로 신갈나무 15주(상층), 굴참나무 8주(상층), 졸참나무 7주(상층), 물푸레나무 4주(중층), 피나무 3주(중층), 박달나무 3주(중층), 당단풍나무 5주(하층), 쪽동백나무 5주(하층)를 식재하는 것이다([그림 6-73]). 여기서 신갈나무는 상층을 형성하는 우점종이고, 굴참나무, 졸참나무는 상층을 형성하는 우세종이며, 물푸레나무, 피나무, 박달나무는 중층을 형성하는 동반종이고, 당단풍나무, 쪽동백나무는 하층을 형성하는 동반종이다.

이 군락식재모델에서 식재구역 100㎡ 당 45~55그루를 기준으로 식재하는 것이 좋고, 더욱 바람직하게는 100㎡ 당 50그루를 기준으로 식재하는 것이 좋다. 다른 식생기후대에서도 이를 동일하게 적용하였다. 식재 간격은 0.2~2m로 하여 식재하는 것이 좋고, 더욱 바람직하게는 1m로 하여 식재하는 것이 좋다. 또한, 묘목은 R2~6 이내로 하여 식재하는 것이 좋다.

한편, 이 모델의 적용이 가능한 지역의 기반환경과 관련된 내용은 다음과 같다.

[표 6-40] 온대북부 신갈나무군락 모델의 기반환경 요소

구분	환경요소		내용
기반 환경	기후	식생기후	• 낙엽활엽수림
		기온	• WI 45~85 • 연평균 7~15℃(여름 19.7℃~26.7℃, 겨울 -6.9℃~3.6℃)
		강수량	• 연평균 1,000~1,900㎜
	입지	멀칭	• 5~10㎝ 우드칩 포설
		토양	• 우리나라 산림 전반 토양 조건

		지형	• 북사면
			• 경사 1:4 이상(30% 이하)
			  – 1:3 이하의 급경사는 배제함
			• 고위도~중위도, 중해발~고해발 산지
			  – 남사면 600m, 북사면 400~1,500m 범위

※ 자료출처: 김미진(2024)의 내용을 수정하여 제시함.

- **신갈나무군락모델 중 온대중부에서 적용가능한 군락식재모델**

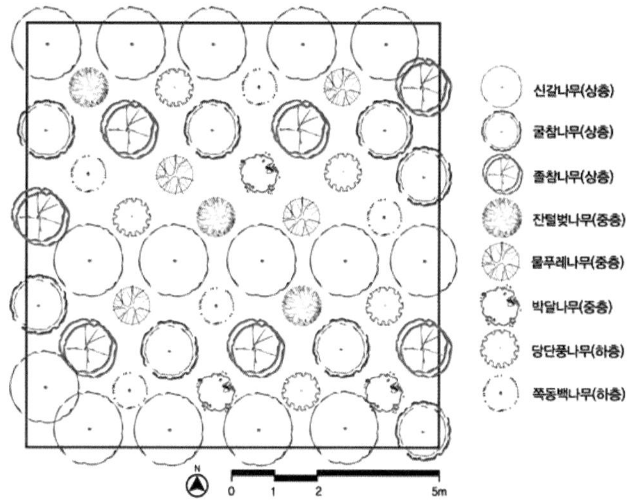

[그림 6-74] 신갈나무군락모델 중 온대중부에서 적용가능한 군락식재모델

온대중부지역에서 생태적 식재를 위한 신갈나무군락은 식재구역 100㎡ 당 목표수종으로 신갈나무 15주(상층), 굴참나무 8주(상층), 졸참나무 7주(상층), 잔털벚나무 3주(중층), 물푸레나무 4주(중층), 박달나무 3주(중층), 당단풍나무 5주(하층), 쪽동백나무 5주(하층)를 식재하는 것이다([그림 6-74]). 여기서 신갈나무는 상층을 형성하는 우점종이고, 굴참나무, 졸참나무는 상층을 형성하는 우세종이며, 잔털벚나무, 물푸레나무, 박달나무는 중층을 형성하는 동반종이고, 당단풍나무, 쪽동백나무는 하층을 형성하는 동반종이다.

한편, 이 모델의 적용이 가능한 지역의 기반환경과 관련된 내용은 다음과 같다.

[표 6-41] 온대중부 신갈나무군락 모델의 기반환경 요소

구분	환경요소		내용
기반 환경	기후	식생기후	• 낙엽활엽수림
		기온	• WI 85~100 • 연평균 7~15℃(여름 19.7℃~26.7℃, 겨울 -6.9℃~3.6℃)
		강수량	• 연평균 1,000~1,900㎜
	입지	멀칭	• 5~10㎝ 우드칩 포설
		토양	• 우리나라 산림 전반 토양 조건

		지형	• 북사면
			• 경사 1:4 이상(30% 이하)
			  - 1:3 이하의 급경사는 배제함
			• 중위도~저위도, 중해발~저해발 산지
			  - 남사면 600m, 북사면 400~1,500m 범위

※ 자료출처: 김미진(2024)의 내용을 수정하여 제시함.

- 신갈나무군락모델 중 온대남부에서 적용가능한 군락식재모델

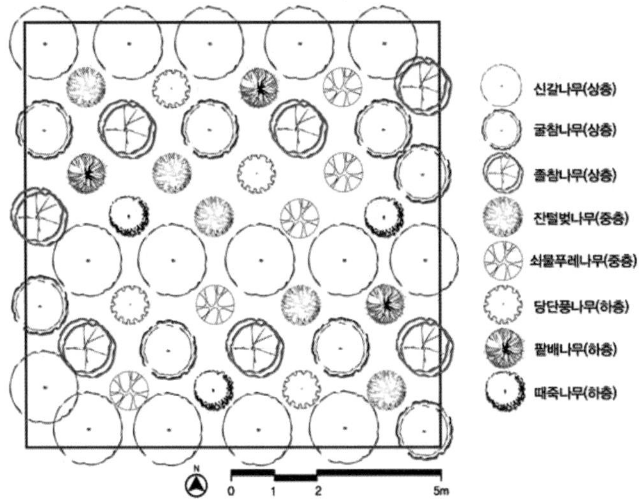

[그림 6-75] 신갈나무군락모델 중 온대남부에서 적용가능한 군락식재모델

온대남부지역에서 생태적 식재를 위한 신갈나무군락은 식재구역 100㎡ 당 목표수종으로 신갈나무 15주(상층), 굴참나무 8주(상층), 졸참나무 7주(상층), 잔털벚나무 5주(중층), 쇠물푸레나무 5주(중층), 당단풍나무 4주(하층), 팥배나무 3주(하층), 때죽나무 3주(하층)를 식재하는 것이다([그림 6-75]). 여기서 신갈나무는 상층을 형성하는 우점종이고, 굴참나무, 졸참나무는 상층을 형성하는 우세종이며, 잔털벚나무, 쇠물푸레나무는 중층을 형성하는 동반종이고, 당단풍나무, 팥배나무, 때죽나무는 하층을 형성하는 동반종이다.

한편, 이 모델의 적용이 가능한 지역의 기반환경과 관련된 내용은 다음과 같다.

[표 6-42] 온대남부 신갈나무군락 모델의 기반환경 요소

구분	환경요소		내용
기반환경	기후	식생기후	• 낙엽활엽수림, 상록·낙엽활엽수 혼합림
		기온	• WI 〉100, CI 〉-10 • 연평균 7~15℃(여름 19.7℃~26.7℃, 겨울 -6.9℃~3.6℃)
		강수량	• 연평균 1,000~1,900㎜
	입지	멀칭	• 5~10㎝ 우드칩 포설
		토양	• 우리나라 산림 전반 토양 조건
		지형	• 북사면 • 경사 1:4 이상(30% 이하) - 1:3 이하의 급경사는 배제함 • 중위도~저위도, 저해발 산지 및 구릉지 - 남사면 600m, 북사면 400~1,500m 범위

※ 자료출처: 김미진(2024)의 내용을 수정하여 제시함.

지금까지 제시한 모델들을 적용한 이후에는 [표 6-43]에서 제시한 유지 및 관리 요소들을 고려하는 것이 바람직하다.

[표 6-43] 온대지역 모델의 유지·관리 요소

구분	환경요소		내용
유지·관리	생육 증감 여부	고사	• 불필요한 출입 제한 • 풀베기 작업 - 복원 후 2년 간(연 2회) 집중 관리 - 다년생-2년생-1년생 잡초 순으로 우선 관리 - 위협이 되지 않거나 일시적으로 이롭다고 생각되는 잡초는 교란 없이 방치 • 귀화식물이 확산되어 우점종이 된 경우 인위적 제거
		이입	
		병해충	• 지속적 예찰 및 방제 시행
	사후 관리	보수	• 펜스, 안내판 등 설치된 시설물은 주기적으로 교체
		관리유무	• 순응적 관리

※ 자료출처: 김미진, 2024.

한편, 지금까지 제시한 다양한 군집(모델) 식재는 우리나라에서 최근에 비교적 다양하게 만들어지고 있으나, 이에 대한 구체적인 효과 검증은 아직까지 부족한 실정이다. 다만, 2003년 준공한 서울시 고덕수변생태복원지역의 경우, 억새, 비수리, 조팝나무, 국수나무 등을 이용한 모델 식재지역은 2023년 갯버들, 버드나무, 수양버들, 찔레꽃, 조팝나무 등의 모습으로 발달한 것을 확인하였다(지용주, 2024). 모델 식재에 포함되었던 수종들 중에서 조팝나무를 제외하고는 종구성이 전혀 다른 식생대로 발달한 것이다.

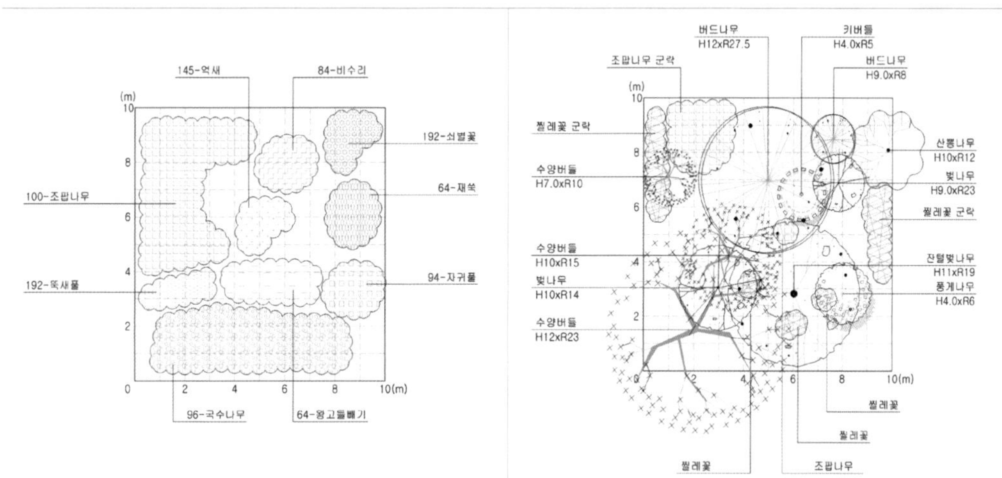

나대지-24(식재 당시 2003년) 나대지-24(식재 20년 경과 후 2023년)

[그림 6-76] 고덕수변생태복원지역에서의 식생 복원 모델과 복원 후 20년 경과 후 변화

※ 자료출처: 지용주, 2024(미발표자료).

따라서 향후 이러한 군집(모델) 식재를 적용한 복원 지역에서의 장기적인 식생 변화 모니터링 등을 통해서 지속적으로 수정·보완하는 과정이 필요하다.

라) 자연화 기법

자연화(naturalization) 기법을 이용한 식재 설계는 자연적 천이를 존중하는 기법으로서 식재 후 자연적인 경쟁 및 천이 등에 의해서 극상으로 발달할 수 있도록 유도하는 기법이다. 이 방법은 자기 영속성(self-perpetuating)과 생산성 있는 군집을 창출하는 것을 목적으로 한다(Hough and Michalski, 1982). 구체적으로 대상지역에서 특정한 식물종을 선정하여 식재하지 않고, 여러 종을 혼식하는 방법을 이용하는데, 이것은 추후 식물이 자라는 환경에 다양한 식물종들이 스스로 자리를 잡아서 성장해 갈 수 있도록 해 주는 방법이다.

지난 2번째 개정판에서 별도로 제시하였던 무작위 식재법과도 유사한 개념이다. 따라서 이번 3번째 개정판에서는 무작위 식재법을 자연화 기법에 포함시켜서 제시하였다. 무작위 식재법은 복원할 대상 지역에 적합할 것이라고 추정되는 식물종들의 후보군을 선정하고, 이 후보군에 들어선 모든 종들을 특정 간격이나 규칙 없이 무작위적으로 식재하는 방법이다. 복원할 지역이 광범위하거나 최적의 수종을 선정하기 어렵거나, 다양한 변수가 존재하는 경우에 적용 가능하다. 이 기법을 적용한 후에는 지속적인 모니터링을 통해서 유지, 관리하는 것이 중요하다. 복원할 대상 지역에 적합한 수종은 지속적으로 성장하는 반면, 그렇지 않은 수종은 생육이 저하되거나 고사되는 등의 하자가 발생한다. 그렇게 되면 하자 수종을 따로 보식하지 않고, 그대로 방치하거나 주변에서 생육이 잘되는 수종을 추가로 보식하는 방법을 따르는 기법이다.

마) 개척화 기법

"colonization"은 식민(植民), 이주(移住), 집락 형성(集落形成) 등의 개념으로 해석될 수 있는데(한국생물과학협회 편, 1998), 여기서는 "개척화"로 해석하였다.

[그림 6-77] 영동선 속사나들목 주변 폐도 복원지역의 개척화 공법 실험 지역

개척화 기법에 의한 식재 설계는 식물종을 직접 이용하지 않고 식생이 정착할 수 있는 환경만 제공하는 기법이다(Hough and Michalski, 1982). 즉, 나지 형태로 조성한 후 향후 식물이 자연스럽게 이입하여 극상림으로 발달해 갈 수 있도록 유도하는 기법으로서 가장 소극적인 식재 설계 기법으로 볼 수 있다. 이러한 기법은 생태적인 천이에 의해서 생태계가 형성되도록 하는 방법인데, Shuwen 등(2001)은 습지의 복원 및 창출에 있어서 자기설계적인 복원(self-design) 지역을 더 많이 제공할 것을 제안하였다. 이러한 공간들은 인간에 의해서 의도적으로 설계되는 것보다도 희귀한 생물종의 서식에 크게 기여한 것으로 보고 있다.

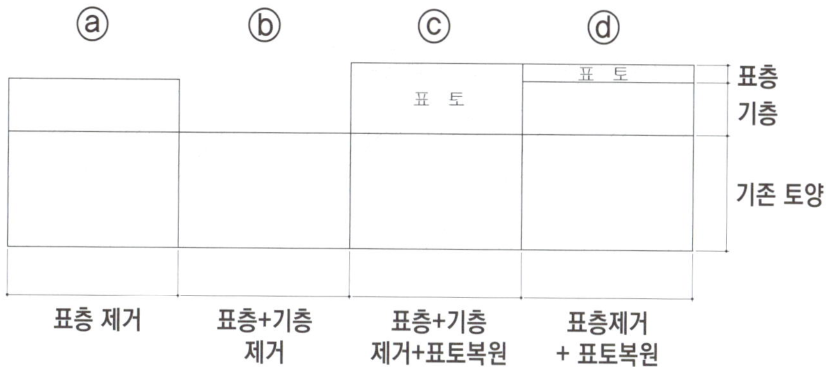

[그림 6-78] 개척화 공법 실험을 위한 모식도 (폐도로 복원 지역 예시)

습지 가장자리는 특별히 식재하지 않아도 시간이 흐르면 식물들이 침입해 들어올 수 있다.

[그림 6-79] 습지에서의 개척화 공법 사례

바) 자연 재생 기법

자연 재생(natural regeneration) 기법은 산림의 종자원(seed source)이 있는 곳에서 가지치기나 솎아주기 등과 같은 다른 교란을 배제시키는 방법으로서, 식재 설계보다는 관리의 방법에 해당하는 것이다. 이것은 교란이 없는 상태를 유지시켜서 자연적으로 식생이 발달해 갈 수 있도록 유도하는 것으로서 비용은 저렴하지만 복원되는데 시간이 오래 걸리는 단점을 가지고 있다. 이러한 식재 설계를 위한 접근 방법은 기존에 습지나 산림과 같은 공급원(source area)이 있는 곳에서 가장 효율적인 방법이다(Hough and Michalski, 1982).

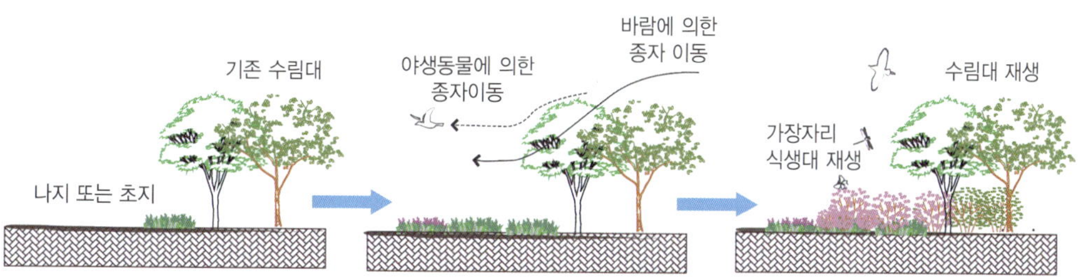

[그림 6-80] 자연재생 기법 모식도

사) 핵화 기법

핵을 형성하는 식재 기법인 핵화(nucleation) 기법은 식물을 패치 형태로 식재하는 방법으로서, 우선 핵심종이 자리 잡고 난 후에 자연적 재생을 가속화되게 하는 방법이다. 이러한 기법은 광범위한 지역에서 저렴한 비용으로 복원이 가능하다는 장점이 있으며, 생물다양성이 적은 지역에서 바람직한 생물종이 서식하게 하는 데 있어 유용한 방법이다(Hough and Michalski, 1982).

이러한 핵화 기법에 사용할 수 있는 바람직한 종은 매년 많은 종자를 생산하는 종이거나 뿌리를 이용한 포기 이식이 가능한 종이다. 이 방법은 궁극적으로 자연적 재생 방법에 의해서 복원되기 때문에 종자는 초지 군락에서 경쟁적이고 생존해 남을 수 있어야 하며, 종자는 바람이나 물, 새 등에 의해서 이동하기 때문에 넓은 지역에 고루 분포할 수 있다는 특징이 있다.

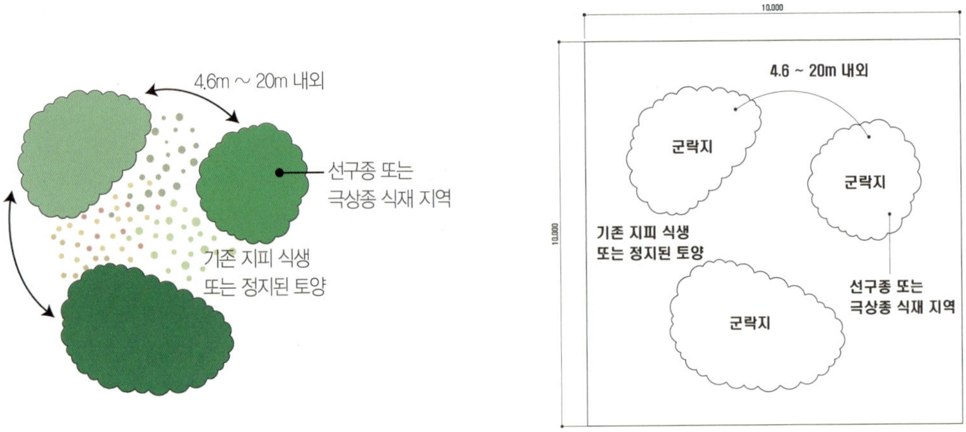

[그림 6-81] 핵화 공법 모식도

아) 관리된 천이 기법

관리된 천이(managed succession) 기법은 식재에서는 선구 수종과 속성수, 보호목(어린 수종을 보호하기 위한 것, nurse plant, 보모종) 등을 혼식하여 식재하는 것이며, 식재 후 인위적 관리를 통한 자연적 천이를 유도하는 방법이다(Hough and Michalski, 1982). 여기서 식재 방법은 선구수종만 식재하는 경우, 선구수종과 극상수종을 함께 식재하는 경우, 극상수종만 식재하는 경우, 한 종만 식재하는 경우 등과 같이 다양하게 접근할 수 있다. 일반적으로 생태적 복원을 위해서는 선구수종과 극상수종을 혼식하는 경우가 바람직하다.

자) 최적의 식생 복원 기법 도출

지금까지 제시한 다양한 식생 복원 기법을 이용하여 생태복원 대상지역에서 어떤 기법이 생태적·경제적으로 효율적인 것인지를 밝히기 위한 연구들이 추진되고 있다. 가장 확실한 방법 중에 하나는 대상지역에서 본 사업 전에 실험시공을 미리 실시하여서 최적의 기법을 찾아내는 것이다. 하지만 이 방법은 부지 면적에 여유도 있고 실제 복원 사업을 추진하기까지 충분한 시간적 여유를 확보하고 있어야 한다. 참고로 비탈면 녹화사업에서는 최적의 녹화기법을 선정하기 위해서 시험시공을 하도록 지침에서 규정하고 있다. 구체적으로 비탈면 녹화공법의 적용을 위해 토질별로 복원 목표에 부합하는 녹화공법을 정하기 전에 시험시공을 통하여 녹화 품질 및 시공성을 정량적·정성적으로 분석함으로써, 해당 비탈면의 자연환경 여건에 부합하고 지속성 있는 최적 녹화공법을 선정하기 위한 것이다(국토해양부, 2009.06.).

또한, 강원도 강릉시에 위치한 ○○광산 개발 사업지역에서도 향후 최적의 복원 기법을 도출하기 위해서 다양한 시험시공이 진행 중에 있다([그림 6-83] 참고). 이와 관련한 구체적인 내용은 『석회석광산의 생태적 복원-백두대간에 인접한 광산의 생태복원을 시작하는 20년간의 기록(김경훈 등, 2019)』을 참고하면 된다.

한편, 열대우림 지역의 식생 복원을 위한 다양한 기법들에 대한 연구들도 진행 중인데, 식재기법과 적용 후 예상되는 모습은 [그림 6-82]에서 제시하였다.

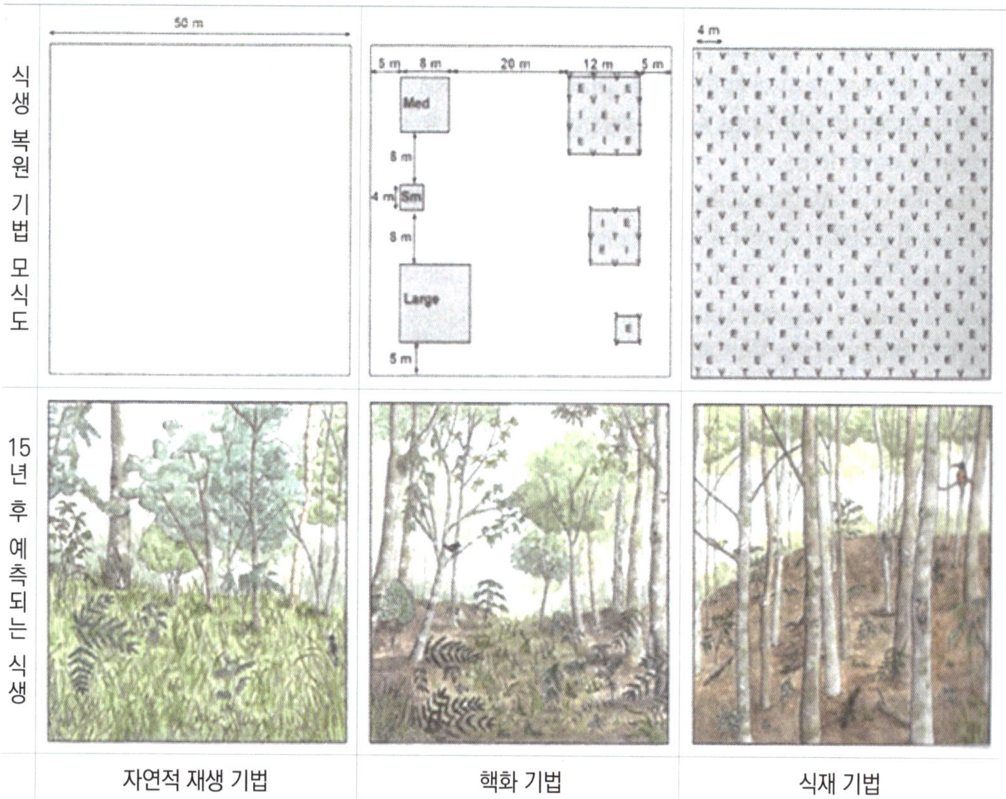

위쪽 가운데 그림에서 Med는 중간 규격을 Sm은 작은 규격을 의미하고, 영어 E, V 등의 약자는 식재한 식물종을 의미한다.

[그림 6-82] 식생 복원 기법에 따라 15년 후의 식생 변화 모습(열대림)

※ 자료출처: Nigel I. J. Tucker *et al.*, 2023.

[그림 6-83] 석회석 광산의 복원을 위한 시험시공지역의 식생 복원 과정

※ 자료출처: 김경훈 등, 2019.

어떠한 대상지가 되었든지 생태복원의 핵심 중에 하나인 식생의 효과적인 복원 기법을 도출하고 실행하기 위해서는 대상지역에 대한 충분한 조사, 분석, 평가에 기초하여 대상지역의 환경 여건에 적합한 식재 기법을 사전에 실험할 필요가 있다.

6) 식물종 조달

식재 설계를 진행할 때에는 해당 식물종을 어떻게 조달할 것인지를 미리 염두에 두고 진행시켜야 한다. 일반적인 식물종의 조달 방법은 [표 6-44]에서 제시하였다. 생태적인 측면에서 식물종을 도입·복원하는 데에는 자생 수종을 우선적으로 이용하고 있어, 시공 단계에서 조달하기 어려운 경우가 많다. 예를 들어, 우리나라의 고유 수종이면서 천이 단계에서 중요한 신갈나무 등의 참나무림을 목표로 하는 곳이라면, 조경 수목 생산 현장에서 쉽게 조달하지 못할 수도 있다. 따라서 생태적인 복원 계획이나 설계를 수행하기 전부터 식물종의 조달을 위한 구체적인 방법을 검토해 두어야 하며, 필요할 경우에는 사전에 재배를 해 두는 것이 바람직하다.

[표 6-44] 식물종의 조달 방법

구 분	내 용
표토채취	매토종자를 포함한 표토를 채취하여 녹화할 장소에 뿌리는 방법으로 주로 습지, 2차림 등의 복원에 이용
매트이식	매토종자나 근경을 포함한 표토를 매트 모양으로 벗기고 녹화할 장소에 붙이는 방법으로 원래의 장소와 아주 비슷한 식생을 복원할 수 있고, 주로 초원의 복원에 이용
종자파종	대량의 종자를 채취하여 녹화할 장소에 파종 또는 내뿜는 방법으로 주로 비탈면 녹화에 이용
묘목재배	목본종자를 채취하여 대량으로 묘목을 육성해 이를 녹화장소에 이식하는 방법으로 주로 공장외주부, 도로식수대 등 대상의 녹지대 조성에 이용
근주이식	수목을 근원 가까이에서 벌채하여 그 근주를 이식하는 방법으로 맹아성이 있는 수목을 이식할 때 주로 이용
소스이식	종자가 붙은 식물 개체를 녹화할 장소에 이식하여 그 곳으로부터 종자를 자연스럽게 파종하는 것으로서 주위에 그 종의 개체를 늘리는 방법인데, 주로 군락 내에서 개체수가 적은 수종의 이식에 이용

※ 자료출처: 문석기 등 譯, 2004.

7) 식재 수종의 생육 보조 기법

가) 바람막이 설치

바람이 강한 해안이나 강가 지역, 표고가 높은 산림 지역 등에서는 식재 후 바람에 의한 피해를 받기 쉽다. 해안 지역에서는 바람 피해와 함께 염의 피해를 받아서 생육이 불량해진다. 강가나 산림지역의 경우에도 바람은 풍해와 함께 수목 성장을 저하시킨다. 특히 강한 바람은 온도를 낮춤으로써 식물 생육을 더욱 불량하게 한다. 따라서 바람이 강한 지역은 가급적 어린 묘목을 식재하는 것이 좋으며, 식재 이후에는 방풍책 등 다양한 바람막이 시설을 설치하는 것이 좋다. [그림 6-84]의 b)에서는 방풍책을 사이에 두고 바람을 직접 맞는 곳과 그렇지 않은 곳의 수목 크기가 다름을 쉽게 인지할 수 있다. 이로써 방풍 시설이 수목 생육에 미치는 효과를 가늠해 볼 수 있다.

a) 해안지역의 식재 후 방풍책 설치 모습 (인천 강화 서도 주문도)

b) 산림지역의 식재 후 방풍책 설치 모습 (대관령 폐군사 시설 복원지역)

[그림 6-84] 복원 지역에서의 바람막이 설치 사례
※ 사진제공(a): 정다움(인천광역시청)

나) 복원 후 교란 및 외래종 유입을 줄이기 위한 방법

생태복원 지역 대상지가 과거 농경지였거나 목장 등 농·축산 목적으로 사용된 경우에는 과거의 활동 때문에 토양에 여러 가지 유기물과 질소, 인 등이 매토종자와 함께 풍부한 상태가 많다. 따라서 복원 후 식재된 수종 이외에 매토종자에 의한 발아나 주변 인접 지역에서의 외래종 등이 침입하여 복원이 제대로 되지 않는 경우가 많다. 생태계 교란식물이나 외래종들이 식재된 자생종이나 어린 묘목보다도 훨씬 빠르고 광범위하게 성장하기 때문이다. 결과적으로 생태복원 사업은 제 목적을 달성하지 못하고 실패로 끝날 가능성이 높게 된다. 따라서 이러한 상황을 미리 예측하여 적절한 기법들을 식재 단계에서부터 적용하는 것이 바람직하다. 이런 경우에는 토양은 깊게 경운하는 것이 좋은데, Clewell과 Aronson(2013)은 최소 90㎝ 이상을 경운할 것을 권고하고 있다. 즉, 매토종자가 거의 없는 깊은 땅속의 흙과 표토부의 흙을 교환하는 것이라고 이해하면 좋을 것이다. 우리나라의 경우, 토심이 얕아서 충분한 경운이 어려울 때에는 매토종자를 다량 함유하고 있는 표토층을 제거한 후 식재하는 것도 방법이다. 앞서 소개하였던 서울시 고덕수변생태복원지역의 경우, 복원 전 표토를 30㎝ 걷어 낸 후 식재하였다. 표토를 제거하는 경우 토양 속의 영양분 및 유기물의 소실과 복원 후 잡초 발생 간의 장·단점을 면밀히 검토하여 강점을 살릴 수 있는 방향으로 적용하는 것이 바람직하다.

두 번째 방법은 우드칩 등 토양 피복제를 사용하는 멀칭이다. 최근 몇몇 지역들에서 이 방법은 많이 적용되고 있는 편이다. 우드칩 등의 토양 피복제를 어느 정도 포설해야 가장 합리적인지에 대한 실험 연구는 부족한 상태지만, 현장 경험자들은 대략 5~10㎝ 내외가 가장 바람직하다고 한다. 너무 많은 양의 우드칩을 두껍게 포설하면 우드칩이 부숙(腐熟)하면서 발생하는 열 때문에 식물체 근원부에 피해를 줄 수 있다. 반대로 너무 적게 포설한 경우에는 잡초 제어의 효과를 거의 보지 못하는 경우가 많다. 필자가 현재 실험중인 내용에 따르면 농업용으로 사용하였던 부지에서는 5㎝ 우드칩도 잡초 제어 측면에서는 크게 기능하지 못하는 것으로 나타났다. 다만, 상수리나무의 경우 5㎝를 포설한 곳에서 생장이 가장 빠른 것으로 나타났으며, 고사율은 10㎝를 포설한 곳에서 가장 낮게 나타났다(주쩐, 2024).

a) 우드칩 10㎝ 포설 실험구	b) 우드칩 5㎝ 포설 실험구	c) 볏집 10㎝ 포설 실험구

실험구에서 우드칩 두께에 따른 잡초 침입 정도를 확인할 수 있다(빨간색 박스 안). 볏짚의 경우에도 첫 해에는 효과를 보이지만, 해가 지날수록 효과는 크게 떨어지는 것으로 나타나고 있다. 참고로 사진은 조성 후 1년 이내의 모습이다.

[그림 6-85] 생태복원 지역에서의 우드칩 포설 두께 실험 연구

식생 복원 지역에서의 멀칭은 잡초 발생의 제어 이외에도 건조 시 수분 증발을 막고, 겨울에는 지온을 유지할 수 있어 식물 생육에도 도움이 된다. 이외에도 토양의 답압을 막기 때문에 토양 고결화를 방지하고, 미적으로도 좋으며, 장기적으로는 부식질로 환원되어 토양의 유기물을 공급하는 등 다양한 효과가 있다.

세 번째 방법은 복원 대상지 주변 지역의 생태교란 식물 및 외래종을 관리하는 것이다. 복원 후 외래종이나 생태교란식물이 많이 발생하는 것은 대상지 내부에서의 원인으로 발생하기도 하지만, 복원지역 주변부의 교란식물이 유입하는 경우도 있다. 따라서 생태복원 대상지역 주변의 식생 조사 등을 통해서 생태계 교란식물이 분포할 경우에는 주변 지역에서의 생태계 교란식물을 함께 제거하고 지속적으로 관리해 줄 필요가 있다. 특히, 하천에서의 가시박 같은 경우에는 흐르는 물을 따라서 종자가 유입하기 때문에 유역 차원에서 접근할 필요가 있다.

과거 외래 목초지로 이용되었고, 복원 당시에도 초본류 등이 많아서 복원 식재 수종의 안정적 생육을 위해서 외부 식생의 침범을 방지하기 위한 울타리를 조성해 주었다. 이러한 울타리는 초식동물의 초식 피해로부터 보호할 수도 있다.

[그림 6-86] 외래 목초지 복원 지역에서의 식물 생육을 위한 보조 기법 적용 사례
(평창군 대관령면, 2017년 산림복원 사업지역)

8) 식생 복원에 대한 인식 증진

올바른 생태복원을 위해서는 지형 복원과 함께 식생이 잘 복원되도록 해야 한다. 식생의 도입과 관련해서는 (1)훼손지 주변 지역에서 서식하고 있는 자생종의 종자를 우선적으로 도입하는 것이 가장 좋다. 하지만 종자 도입이 불가능할 때에는 차선책으로 (2)어린 묘목을 이용하여 식생을 복원하는 것이 바람직하다. 이러한 접근이 불가능하고 시급하다고 판단될 때에는 (3)성목(다 자란 나무)을 이용하여 식생을 복원하게 된다.

올바른 식생 복원을 위해서는 종자를 도입하는 것이 가장 바람직하다는 뜻이다. 그러함에도 불구하고 훼손지에서의 침식 등 2차 피해가 발생할 수 있는 곳에서는 빠른 토양 피복을 위해서 식생을 도입하는데, 묘목이나 지피식물을 우선적으로 도입하는 것이 바람직하다. 묘목 도입은 현장 적응성을 높이고, 성장하는 과정에서 다른 식물종들과의 상호작용을 이롭게 하며, 탄소의 흡수량을 증대시키는 등 많은 이점이 있다.

하지만 아직까지 묘목을 식재하여 훼손지역을 복원하면 곱지 않은 시선으로 바라보는 경향이 많다. 일반인들은 공원에 심겨진 나무와 같이 성목들에 익숙해져 있기 때문일 것이다. 실제로 여러 복원 사례지역에서 어린 묘목을 심었다는 이유로 민원을 받거나, 여론의 뭇매를 맞기도 하면서 성목으로 대체되는 사례들이 왕왕 발생하고 있다([그림 6-87] 참고). 이는 생태적인 측면에서는 바람직하지 않은 것이다.

a) 백두대간 생태축 복원 지역에 원래 설계되었던 묘목들만 식재한 것이 아니라 성목을 보식하여 이령림을 만들었다. (*사진출처: 조경신문 제공)

b) 작은 나무들로만 식재하여 복원 사업이 종료되는 단계에서 시민들의 민원이 발생하였던 곳이다.

[그림 6-87] 이령림 식재지와 묘목을 집중적으로 식재한 지역

그러함에도 불구하고 생태복원 전문가나 의사결정자 등은 여론이나 주요 이용자라 할 수 있는 시민들의 시선을 의식하여 묘목으로만 식재하는 것에 부담을 느끼기 마련이다. 결과적으로 성목과 묘목을 함께 식재하는 경우도 있다. 물론 생태복원을 위한 식재 기법 중에서 이령림(異齡林)을 도입하는 것도 하나의 중요한 기법이다. 어떤 사례지역에서는 시민들이 주로 이용하는 산책로 주변에는 성목을 이용하고, 사람의 눈에 띄지 않는 곳은 묘목이나 종자를 도입하는 경우도 있다. 어떠한 경우가 되었든 간에 가급적 묘목을 이용한 식생 복원이 우선적으로 적용되도록 해야 한다.

따라서 올바른 식생 복원에 관한 인식 증진을 위해서 다각적인 노력들이 시급하게 이루어져야 한다. 그 중에 하나가 묘목을 식재한 곳은 친절한 안내 해설판을 설치해서 시민들이 쉽게 이해할 수 있도록 돕는 것이다. 이러한 사례들이 늘어날수록 일반 국민들의 인식은 서서히 증진될 것으로 생각된다.

9) 생태복원 지역의 관리효율성 향상을 위한 식재 및 관리 개선 기법 연구

이 부분은 필자가 한국연구재단(교육부)의 지원으로 수행 중(2021년 6월~2031년 5월)인 "생태복원 지역의 관리효율성 향상을 위한 식재 및 관리 개선 기법 연구"와 관련된 내용을 일부 발췌하여 제시하였다. 아직까지 연구 초기 단계에 있고, Test-bed를 조성한 지 2년밖에 경과하지 않은 상태이지만(2024년 6월말 기준), 초기 식생 발달 및 잡초 관리 등을 위한 몇 가지 시사점이 있어 소개하고자 한다.

이 연구는 극상으로의 빠른 천이를 유도하기 위한 생태복원 사업이 적절한 식재기법 부족과 사후관리 비용 미확보, 최적의 사후관리 방법의 부재 등으로 복원 목적을 달성하지 못하는 경우가 많은 문제점을 개선하기 위한 것이다. 생태복원 후 잡초 발생 및 외부 침입종의 유입을 최소화할 수 있는 생태복원 식재 및 관리기법이 확보된다고 하면, 생태복원 후 관리 비용의 최소화를 통한 경제성 확보와 극상으로의 빠른 천이 유도를 통해 식생 안정화를 꾀할 수 있을 것이다. 이 연구는 경제적 효율성을 고려한 식재기법 및 복원 후 식생 발달의 조합 방식을 발굴하고, 유목(묘목) 규격의 식재종의 안정적인 생장과 빠른 천이를 보장받을 수 있는 수준의 잡초 및 외부 침입종 제어 기법 개발을 목표로 한 것이다.

이 연구 목표를 위해서 문헌 및 현장조사를 통해 실험 요인을 4가지로 도출하였다. 식재기법으로는 사용하는 수목의 규격, 식재 밀도를 선정하였으며, 관리기법으로는 멀칭 두께, 제초의 유무로 선정하였다([표 6-45] 참고).

식재 기법과 관련한 실험 인자로 식재 수목의 규격은 작은 규격의 수목일수록 환경 적응력이 높아 이식지에서 원활히 생육하는 것으로 알려져 있으며, 식재 밀도는 높을수록 수고 생장량이 많아 조기에 수관을 울폐하여 환경압을 완화시키는 것이 가능하다. 다만, 고밀도의 식재는 개체 간 경쟁으로 인해 고사체가 다량 발생하는 것으로 나타나기도 한다. 따라서 실험을 통해 생태복원 시 적정한 수목 규격과 식재 밀도를 도출하여 효율적인 식재기법을 도출하고자 하였다.

관리 기법과 관련한 실험 인자로 제초 작업은 유지관리 시 가장 보편적인 방법이지만, 인력 및 비용의 소요가 큰 단점이 있다. 멀칭 방식은 제초 방식과 비교하여 부수적인 관리 방식으로 취급하지만, 설치 이후 인력이 적게 소요되는 장점이 있다. 따라서 실험을 통해 제초 유무와 멀칭 설치 수준에 따른 수목의 생존, 생장, 잡초 제어 수준을 도출하여 효율적인 관리기법을 도출하고자 하였다. 이들의 내용을 종합한 Test-bed 실험 변수는 다음과 같다.

[표 6-45] Test-bed 실험 요인

구 분		실험 변수	주요 실험 내용
식재 기법	수목의 규격	종자	• 일반적으로 가장 많이 사용하는 R8 이상의 규격과 유목의 차이점 등을 비교할 수 있도록 함 • 생육상태, 고사율, 성장률 등 주기적인 조사·분석 • 수종: 상수리나무
		R2	
		R4	
		R6	
		R8	
	수목의 밀도	저밀도(1주/4㎡)	• Miyawaki 방법(10㎡ 당 20~70주), Miyawaki 방법의 절반 수준(10㎡ 당 10~35주), 조경설계기준(10㎡ 당 2주) 등 3가지 식재밀도 변수에 따른 식생 발달 실험
		중밀도(3~4주/4㎡)	
		고밀도(4~8주/4㎡)	
관리 기법	관리	관리 지역(제초)	• 관리지역은 2년 간 집중 관리(연 2회) • 관리방식에 따른 식생 발달 실험 • 적정 관리 기간과 횟수 등 파악
		무관리 지역(방치)	
	우드칩 멀칭 높이	멀칭 無(우드칩 0㎝)	• 멀칭은 인공재료나 기법을 배제하고 자연소재 및 경계성을 고려하여 실험 • 멀칭 두께에 따른 식생 발달 실험
		우드칩 5㎝	
		우드칩 10㎝	

실험 연구 진행을 위한 Test-bed는 동아대학교 퇴래농장(경남 김해)이며, 이곳은 10년 이상 흑보리를 재배한 곳이었다. Test-bed 조성 전인 2021년 11월 중 농약(마세트)을 2말 반(45리터) 가량 1회 살포한 이력이 있으며, 이입식물인 쥐보리가 우점하고 있었다. Test-bed 실험 부지의 면적은 길이 50.8m × 폭 12m로 전체 811.26㎡이다.

식재 수목의 규격(R2, R4, R6, R8), 수목의 밀도(고밀도- Miyawaki의 생태적 식재 방법: 4~8주/4㎡, 중밀도- Miyawaki 밀도의 절반 수준의 방법: 3~4주/4㎡, 저밀도- 조경설계기준: 1주/4㎡), 멀칭(우드칩 0㎝, 우드칩 5㎝, 우드칩 10㎝), 관리(관리 즉, 제초 시행 / 무관리)의 4개의 변수를 종합하여 총

a) Test-bed 설계 도면

b) Test-bed 조성 직후 (2022.05.02)

[그림 6-88] Test-bed 조성

72개의 방형구에 264주를 식재하였다. 수종은 참나무과 상수리나무로 통일하였다. 상수리나무 종자를 이용한 실험구는 각 방형구 당 1개, 4개, 16개, 32개, 64개를 관리/무관리로 구분하여 총 10개의 방형구에 종자를 파종하였다. 조사 편의 및 효율적인 모니터링을 위해 모든 수목마다 라벨링하였고, 관리를 실시하는 지역은 수작업으로 뿌리를 완전히 제거하는 제초 방법을 연 2회(7월과 9월) 실시하였다.

Test-bed 조성 18개월이 경과한 시점에서의 식재·관리기법에 따른 모니터링 결과는 다음과 같다. 조성 후 2년이 경과하지 않은 시점이라서 최종 결과를 낸 것은 아니기 때문에 유의해야 한다. 다만, 조성 후 초기 관리의 중요성을 파악하는 데에는 도움이 될 것이다.

우선, 식재 규격이 클수록 밀도, 제초 관리, 우드칩 두께와 관계없이 식재한 수목의 생존율과 생장률이 낮은 것으로 나타났다. 이는 성목일수록 이식 스트레스, 환경압에 대한 적응력이 낮아 생태복원을 위한 식재 규격으로 부적합한 것으로 판단된다. 또한 식재 규격이 작을수록, 밀도가 높을수록, 제초 관리를 시행할수록 수목의 생존율과 생장률이 높았고, 잡초 피복율은 낮은 경향을 보였다. 그러나 위 결과는 우드칩 멀칭을 시행한 실험구에서 유효했으며, 멀칭을 하지 않은 방형구에서는 잡초로 인한 피압 등의 원인으로 대부분 고사하였다([그림 6-89]의 a) 참고). 따라서 식재 규격 R2와 고밀도의 생태적 식재 기법을 도입하더라도, 우드칩을 포설하지 않은 방형구에서는 수목 생장이 더디고, 잡초 제어 효과가 미비한 것으로 나타났다([그림 6-89]의 b) 참조).

관리 기법의 세부 기준에 따른 분석 결과, 고사율은 '무관리 × 멀칭 0㎝' 조합에서 가장 높게 나타났고, 생존율은 '관리(제초) 시행 × 멀칭 10㎝' 조합에서 가장 높게 나타났다. 따라서 10㎝ 멀칭 두께와 초기 관리 등이 복원 이후 생존율에 긍정적인 영향을 미치는 것으로 나타났다.

a) 고밀 유목 식재/ 저밀 성목 식재 비교 | b) 우드칩 포설 높이에 따른 수목 생장, 잡초 발생 차이

[그림 6-89] Test-bed에서의 초기 성장 결과

한편, 식재 후 24개월간의 모니터링 자료를 토대로 분석한 주쩐(2024)의 박사학위논문에서는 다음과 같은 결론을 도출하였다. 상수리나무 식재 후 2년간의 모니터링 결과, 식재규격이 증가함에 따라 고사율도 현저히 증가하였다. 즉, 규격별 고사율은 R2 규격은 0%, R4 규격은 33%, R6 규격은 39%, 그리고 R8 규격은 56%에 달하였다. 더 큰 식재규격은 물, 영양소 그리고 빛에 대한 경쟁을 증가시켜 더 높은 고사율을 초래한다(Widyati *et al.*, 2022). 더불어서 성목을 식재하는 경우에는 새로운 장소에 적응하는 능력도 떨어져서 고사율이 높아지기도 한다. 또한, 식재밀도에 따른 고사율은 고

밀도(4~8주/4㎡)에서는 25%, 중밀도 식재(3~4주/4㎡)는 21%, 저밀도 식재(1주/4㎡)는 50%로 나타났다. 저밀도 식재에서는 묘목들이 서로의 햇빛을 가리는 정도가 낮아 식물 간 경쟁이 심하지 않지만, 잎이 충분한 햇빛과 고온에 노출되어 광(光)과잉 때문에 광합성이 억제될 수 있어 생장과 발달에 불리할 수도 있다(Dai *et al*., 2009; Tang *et al*., 2015). 식물의 음지-회피 반응(shade-avoidance response)은 산림 같은 데서 식물이 다른 식물의 그늘에서만 자란다면 그 식물은 그늘 속에서 나와 경쟁 대상의 식물보다 더 높게 자라려고 하는데, 이를 지칭하는 개념이다(김명원 역, 2012). 이러한 식물은 절간의 길이가 길고 잎이 많이 나지 않아 신속하게 크게 자랄 수 있도록 능력을 극대화시킨다(김명원 역, 2012). 또한, 이러한 반응은 이웃 식물의 존재를 감지하여 발생하는 것으로서 식재 밀도가 증가할 때 잘 나타난다. 결과적으로 식물이 잎 면적을 확대하고 최대한의 햇빛을 흡수하여 묘목의 성장을 위해 자원을 재배치함으로써 이웃 식물보다 더 잘 자랄 수 있도록 도와주기도 한다(Granata *et al*., 2020). 또한, 더 높은 식재 밀도는 습도와 온도와 같은 미세 환경을 변화시켜 식물의 건강에 부정적인 영향을 미치기도 한다(Zhang, 2017). 그리고 밀집된 식재는 식물 주위의 공기 흐름을 줄여 곰팡이 감염 및 기타 질병의 가능성을 증가시키기도 한다(Bradford *et al*., 2022). 이러한 현상은 고밀도 식재 시 햇빛을 확보하기 위한 경쟁으로 생장률이 높아지는 긍정적인 영향과 대비시켜서 함께 고려할 필요가 있다.

멀칭 두께와 관련한 결과에서는 멀칭을 하지 않았을 때(0㎝) 고사율이 가장 높아서 63%에 달하였으며, 5㎝일 때는 고사율이 25%로 감소하였다. 반면, 멀칭 두께가 10㎝일 때 고사율은 8%로 더욱 감소하였다. 관련 연구에 따르면, 식재 시 멀칭한 경우 나무의 생존율이 약 4배 증가한 것으로 나타났다(Martínez-Herrera, 2023). 반면, 멀칭 깊이가 나무의 생장율에 유의미한 영향을 미치는 것으로 나타났는데, 5㎝ 깊이로 멀칭할 때 생장률이 가장 좋았다. 구체적으로 이 실험 연구에서 0㎝ 멀칭 깊이의 평균 생장률은 61.68%, 5㎝ 멀칭 깊이의 평균 생장률은 72.65%, 10㎝ 멀칭 깊이의 평균 생장률은 59.39%로 나타났다. 5㎝ 깊이의 멀칭은 효과적인 토양 덮개층을 형성하여 햇빛을 차단하고, 잡초 종자의 발아와 생장을 억제함으로써 나무와 잡초 간의 자원 경쟁을 줄이는 효과를 보여주었다. 반면, 10㎝ 깊이의 멀칭도 잡초를 억제할 수 있지만, 너무 깊은 멀칭은 토양이 과습해질 수도 있기 때문에 뿌리 호흡과 생장을 저해할 수도 있는 것으로 잠정적인 결론을 냈다. 종합적으로 보면, 고사율과 생장률을 동시에 고려할 경우에는 우드칩 멀칭을 5~10㎝ 범주 이내에서 하는 것이 가장 바람직할 것으로 판단된다. 참고로 이경준(2021)은 유기질 재료를 이용한 멀칭은 5~7㎝ 깊이 이내로 덮어서 공기 유통을 방해하지 않아야 한다고 제시하였다.

관리 유무가 고사율에 미치는 영향은 제초 관리를 한 경우 고사율은 25%였으나, 관리가 없는 경우 고사율은 39%로 증가하였다. 이러한 결과는 잡초 관리를 하지 않은 인공림에 비해, 잡초 관리를 하는 인공림은 일반적으로 식물 생존율이 높아지고 성장이 촉진된다는(Olivera, 2011) 선행 연구와도 일치한다. 잡초는 한정된 공간에서 식재한 수목과 함께 양분 등의 자원을 공유해야 하기 때문에 생장률을 낮추기도 한다.

식재 초기, 식재종의 안정적인 생장과 빠른 천이를 보장받을 수 있는 식재 및 관리 기법에 영향을 미치는 인자를 종합적으로 고려하였을 때 우선순위는 규격 > 멀칭 > 밀도 > 제초관리 순으로 나타났다(조은지, 2023). 또한, 경제적 효율성을 고려할 경우에는 유목(R2)을 중밀도(3~4/4㎡)로 식재하고 멀칭을 5㎝ 깊이로 설치하는 조합이 가장 비용 효율적인 것으로 나타났다. 또한, 이러한 조합일 경우에 가장 높은 생장률을 보이기도 하였다(주쩐, 2024). 이러한 식재 및 관리 방법은 기존에 관행적으로 이루어졌던 식재 및 관리 기법과 비교하였을 때, 4㎡당 19.25% 정도의 비용을 절감할 수 있는 것으로 나타났다(조은지, 2023). 또한 식재 수목의 생육과 생존에도 효과가 높았는데, 이는 실제 생태복원 사업에 적용하였을 때, 하자보수를 위한 재보식 등의 추가적인 비용까지 절감할 수 있을 것으로 판단되었다.

앞서서도 언급하였지만 지금까지 제시한 연구 결과는 상수리나무 식재 후 2년까지의 모니터링(2022.05~2024.05) 결과이기 때문에 향후 지속적 모니터링에 따라서 그 결과는 달라질 수 있음을 유념할 필요가 있다.

10) 멸종위기 식물종 이식 사례: 매화마름

매화마름은 한해 또는 두해살이풀로서 물이 채워진 논과 물이 채워지지 않은 논에서 모두 생육하는 것으로 알려져 있는데, 과거 겨울철에 물을 담아두었던 무논이 주된 서식지로 알려져 있다.

매화마름은 해발고가 4~8m의 저지대에 입지하는 것으로 알려져 있으며, 육상부에서는 뚝새풀, 개구리자리, 소리쟁이가 함께 분포하며, 수중에서는 물별이끼, 솔잎까래, 말즘 등이 매화마름과 혼생하여 분포하는 것으로 조사된 바 있다. 또한, 매화마름은 주로 서해안을 따라 자생하며(백인환, 김호준, 2008), 가을에 벼 베기가 끝난 논에서 물을 대기 시작하는 11월쯤 발아를 시작하여 이듬해 3월부터는 빠르게 성장한다(박정호, 2009). 그리고 4월 중순에 개화하기 시작하여 5월 중순에서 모내기 전인 5월 말까지 열매를 맺어 씨앗을 퍼트리는 생활사를 갖고 있다. 0℃에서 20℃ 이하의 수중에서 발아하

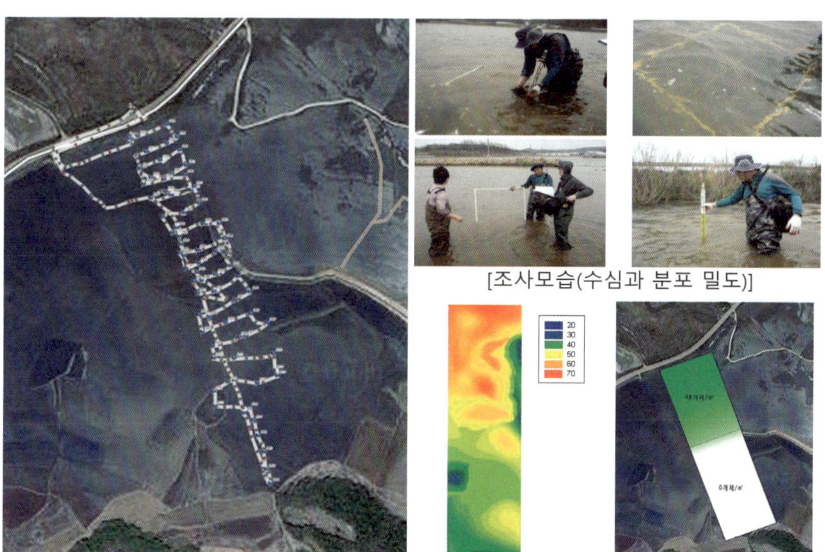

[조사모습(수심과 분포 밀도)]

[조사 대상 지역] [수심 분포 결과] [분포 현황 및 밀도 결과]

[그림 6-90] 개발 예정지에서의 매화마름 조사

고 생장하며, 수온이 20℃ 이상 상승하면 잘 발아하지 못하는 특성을 보인다(조인수, 2009). 토양 환경 조건으로 토양 수분량은 20%~50%가 적당하고, 토양 pH는 5~8, 수분 pH는 6.8~8.0 정도가 적당하며, 수심 60㎝까지 생육이 가능한 것으로 알려져 있다(국립환경연구원, 2002).

송산 그린시티를 조성하는 과정에서 진입 도로의 개설을 위한 공사 노선에 환경부 지정 멸종위기 야생생물 II급인 매화마름의 집단 서식지가 있었다. 이 매화마름 서식지를 불가피하게 개발하게 됨으로써 환경영향평가 및 관련법에 의해서 이식해야 했다. 이를 위해서 대상지역에 대한 현황 조사를 [그림 6-90]과 같이 실시하였다.

대상지역에 대한 조사와 앞서 제시한 매화마름의 생태적 특성 등에 대해서 조사·분석한 후, 수심 환경 등을 고려하여 가장 바람직한 이식 방법을 3가지 방식으로 선정하였다([표 6-46] 및 [그림 6-91] 참고).

[표 6-46] 매화마름의 이식 유형

이식 유형	주요 내용
개체별 채취 이식	• 이식할 개체수가 적은 경우, 식물체의 뿌리, 줄기를 포함한 각각의 개체를 이식하는 방법으로 가장 일반적인 이식 방법임
표토를 포함한 이식	• 생육기반의 토양과 식물체를 함께 이식하는 방법임 • 식물은 물론 지피층, 표토, 토양미생물과 동시에 옮길 수 있는 장점이 있으나, 매토종자를 눈으로 확인하기 어렵고, 토양 속에 다른 종자들이 섞일 수 있음.
줄기 및 종자 이식	• 매화마름과 같은 특수한 경우에 적용할 수 있는 이식 방법으로 뿌리, 줄기의 발아력이 우수할 경우에 적용할 수 있는 방법임 • 식물체가 손상되고 생육이 불투명한 단점이 있는 반면에 이식이 간편하고, 경제적임

[개체별 이식을 위한 채취 모습]

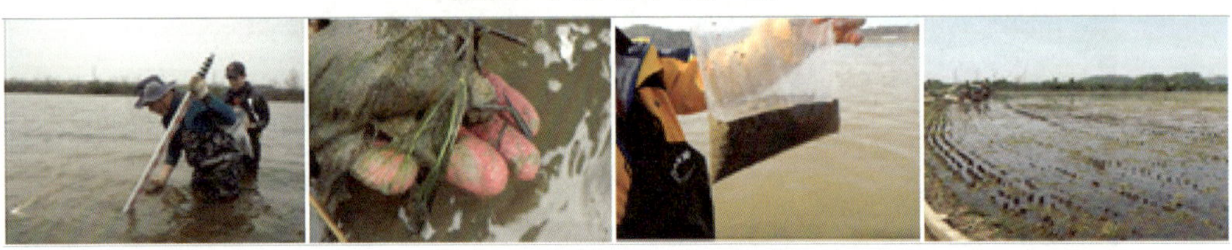

[표토를 포함한 이식을 위한 채취 모습]

[줄기 및 종자 이식을 위한 채취 모습]

[그림 6-91] 이식을 위한 매화마름 채취 모습

이후 개발 사업자가 작성한 이식 계획서에 대해서, 관할 유역환경청에서 승인한 개체 수와 이식할 장소로 냉장 차량을 이용하여 이동시켰다. 구체적으로 서식지외 보전기관인 천리포수목원으로 12,160주를 이식하였고, 원 서식지 인근 논으로 약 240,000본을 이식하였다.

인근 농경지로 이식하는 매화마름은 뿌리가 접히거나 위를 향하지 않도록 하고, 물에 뜨지 않도록 적당한 깊이로 심었다. 식재 깊이는 기존 생육 여건을 고려하여 5㎝ 내외로 하였다. 이식 이후 대체 이식지에 물을 공급하여 10~30㎝ 이내로 수심을 유지하는 방식이었다.

[그림 6-92] 인근 농경지로의 매화마름 이식 모습

서식지외 보전기관에 이식할 매화마름은 채취한 후 비닐 지퍼백(50 × 70㎝)에 보관(200본 내외)하였고, 매화마름의 적정 생육 온도 및 수분을 유지할 수 있도록 지퍼백 내부에 물을 함께 넣어 주었다. 매화마름을 서식지외 보전기관으로 운반할 때는 냉장 차량을 이용하여 매화마름에 생육 적온(10℃ 내외)을 유지하였다. 또한, 당일 채취한 매화마름의 신선도를 유지하기 위해서 신속하게 운반하고, 당일 이식 물량 외에는 서식지외 보전기관의 저온저장고에 저장하는 방식을 택했다. 서식지외 보전기관에서의 이식 방법은 앞서 제시한 방법과 동일하게 식재하였다.

1) 매화마름 비닐 지퍼백 포장

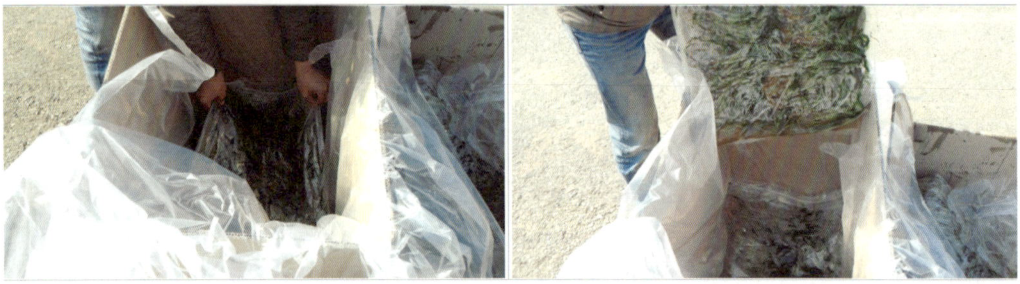

2) 매화마름 비닐 종이박스 포장

3) 냉장차 운반

4) 매화마름 이식 대상지에서의 이식 작업

5) 매화마름 이식 후 모습

[그림 6-93] 서식지외 보전기관에의 매화마름 이식 과정 및 이식 모습

마. 야생동물 서식처 복원

1) 동물의 서식환경 조성 원리 및 접근 방법

가) 야생동물의 긍정적 가치와 부정적 가치

생태복원의 최대 목표 중의 하나는 생물다양성의 증진이다. 그중에서도 야생동물은 생태기반환경과 식물에 기초하여 서식하는 분류군으로서 생태계의 안정성을 대표해 준다. 즉, 고차 소비자의 동물종이 서식할수록 생태계가 안정화되고 다양하다고 판단할 수 있다.

이러한 야생동물은 긍정적인 가치와 부정적 가치를 함께 갖고 있다. 우선, 긍정적 가치로는 생태적, 미적, 휴양적, 교육 및 과학적, 이용적 가치 등으로 구분할 수 있다. 생태적 가치는 생태계의 안정과 건전한 기능을 유지하기 위한 가치를 말하며, 미적 가치는 문학, 미술, 음악 등의 소재로서 사람들의 미적 욕구를 충족시키거나 환경 보전에 대한 중요성을 강조하는 것을 말한다. 휴양적 가치는 사냥, 낚시, 조류 관찰 등 여가 활동에 의해 창출되는 가치를 말한다. 야생동물의 교육 및 과학적 가치는 동물의 생태 탐구를 통한 인간의 생활양식, 윤리, 사회구조에 대한 반성을 유도하고, 인간 환경의 문제를 해결할 수 있는 방안의 개발에 활용되는 것을 말한다. 마지막으로 이용적 가치는 식품이나 의료용으로 이용하여 인간의 생존에 실질적으로 이용할 수 있는 가치를 말한다.

한편, 야생동물의 부정적 가치는 야생동물이 서식함으로써 발생하는 사고, 손실, 질병 등이다. 우선, 사고는 야생동물에 의한 인간의 피해를 말하며, 맹수에 의한 인간의 신체적 피해, 로드킬 발생 등에 의한 것이다. 손실은 야생동물에 의한 경제적 피해를 말하며, 유해야생동물에 의해서 농경지, 양어장 등에서 일어나는 문제다. 질병은 질병을 전파하는 매개체로서 야생동물이 기여하는데 발생하는 문제점으로 광견병, 구제역, 조류 인플루엔자 등이 대표적인 예가 된다.

나) 생물종 복원 방법

앞서 언급한 야생동물의 부정적 가치에도 불구하고, 우리가 야생동물을 복원하는 주된 이유는 긍정적 가치가 훨씬 많기 때문이다. 야생동물을 복원하는 방법은 재도입, 재확립, 이입, 재강화와 보충, 그리고 보전적/온화한 도입으로 구분하여 볼 수 있다.

우선 재도입(re-introduction)은 멸절되었거나 멸종된 종을 그 종의 역사적인 서식 범위 내에서 다시 정착시키려는 시도로서 지리산 반달가슴곰 복원 사업이 대표적인 예가 된다. 과거 우리나라의 지리산 등에서 서식하였던 종을 다시 그 지역에서 복원하는 것이다. 재확립(re-establishment)은 재도입과 동의어이지만 재도입이 성공적이었다는 의미를 내포하고 있다. 이입(translocation)은 야생 개체나 개체군을 그 서식 범위 내의 한 부분에서 다른 부분으로 의도적이고 인위적으로 이동시키려는 시도를 말한다. 현재 월악산과 설악산 등지에서 이루어지고 있는 산양 복원 사업이 대표적인 예가 된다. 월악산이나 설악산은 현재도 산양이 서식하고 있으나, 그 개체수의 증진 및 유전적 교류 등을 목적으로 한 지역에서 다른 지역으로 인위적으로 이동시켜서 복원하고 있는 것이다. 재강화/보충(re-inforcement/supplementation)은 기존의 동종 개체군에 개체수를 보완하려는 시도이다. 보전적/온화한 도입(conservation/benign introduction)은 특정 종의 기록된 분포 지역은 아니지만 서식지와 생태지리적 조건을 갖춘 지역 내에 그 종을 정착시키려는 노력이라고 할 수 있다. 이는 해당 종의 보전을 목적으로 하며, 그 종의 역사적 분포 지역 내에 서식지가 전혀 남아 있지 않을 때만 보전 방법으로 타당성을 가질 수 있다.

다) 야생생물 서식처 관리의 기본 이론과 관리 방법

인공적으로 조성되는 동물의 서식처는 자연적인 곳과는 달리 서식환경과 생물종, 그리고 생물종들 사이에서 직접적인 상호관계성이 이루어지지 않기 때문에 인위적으로 이러한 환경을 제공해 주어야 한다. 이를 위해서 먹이, 은신처, 물, 육상 그리고 각각의 종별로 특별한 요구조건을 필요로 한다(John Tillman Lyle, 1985). 이러한 요구조건을 충족시키면서, 도입하고자 하는 동물의 서식환경을 제공해 주어야 하는데, 동물의 서식환경 구성 원리는 다양성, 연속성, 패치, 크기, 섬, 주연부, 이동로, 은신처, 먹이, 완충지, 물 등으로 구분해 볼 수 있다.

다양성은 생태계 개념의 근간이 되는 것으로 다양한 구조적 환경이나 생물종의 다양성을 말한다. 서식처 연속성은 야생동물의 밀도와 분포를 결정짓는 기본 원리에 속하는 것으로 다음과 같은 점들을 고려해야 한다. 우선, 야생동물의 서식환경이 될 수 있는 소생물권과 패치가 연속성 없이 단절되어 있는 경우는 바람직하지 못하다. 각 공간 간에 연결되는 고리와 축이 필요하며, 물리적 연속성을 유지하는 것은 야생동물 자원을 보호하고, 유치·유인하는 데 중요하다. 야생동물 서식처 회랑, 코리더의 개념에 패치, 매트릭스 개념이 연속성의 개념을 응용한 것이라고 할 수 있다. 패치(patch)는 야생동물의 적정 수용력을 파악하여 먹이를 먹거나 은신처로 이용되는 식생 군집의 규모와 형태를 결정해서 개체군 수준에서 하나의 기본 단위로 한 것을 말한다. 패치를 고려할 때는 개별 개체가 아닌 개체군 수준에서 다루어지는 것이 바람직하다. 또한, 동일한 면적을 하나의 패치로 나누어 구성하는 것이 유리하며, 지나치게 작은 규모의 패치로 나누게 되면 은신처로서 기능을 상실하게 된다.

서식처 크기(size)는 지형, 기후, 토양, 배수 등이 야생동물의 수를 결정하는 생태적 수용 능력의 지표이므로 서식처를 획일적인 크기로 조성하지 않도록 해야 한다. 서식처의 크기를 정할 때는 가능한 한 규모를 크게 하며, 정착해 사는 종의 서식처와 크기에 차이를 둔다. 섬(island)은 도서생물지리이론에 기초하여 보호지역의 설계를 위한 원칙들을 말하는 것으로서 면적 효과, 형상 효과, 격리 효과, 거리 효과, 연결 효과, 대체 효과 등이다. 우선, 면적 효과는 섬의 단위 면적이 넓을수록 생물다양성이 높다는 것이며, 형상 효과는 같은 면적의 서식처라면 원형에 가까운 형태의 섬이 주변으로부터의 영향이 적다는 것이다. 즉, 사각 형태나 다른 형태보다도 원형의 서식처가 생물종 서식에 유리하다는 것이다. 격리 효과는 같은 면적일 때 분할된 것보다 하나로 된 것이 좋다는 것이며, 거리 효과는 섬과 섬은 서로 가까울수록 종 이동, 종 보존이 쉬움을 말한다. 연결 효과는 섬과 섬이 녹지로 연결되는 것에 의해 네트워크 효과가 발휘됨을 말하며, 대체 효과는 한 섬에서 종이 멸종될 때 다른 종으로 대체되는 것을 의미한다.

주연부(ecotone, 점이태, 추이대)는 2개 이상의 서식처 유형이 만나는 지형이나 다른 식물군집이나 천이단계상의 이질적 이행기에 있는 식물군집이 서로 만나는 경우, 또는 한 식물군집 내부에서 토양 등의 식생 조건의 차이로 인해 이질성을 나타내게 되는 선형의 이행부를 의미한다. 주연부의 영향권 내에 있는 지역을 점이대라 하고 그 특성은 다음과 같다.

- 다양한 식생으로 야생동물의 개체수가 풍부하다.
- 쉽게 이동할 수 있는 여건과 다양한 서식환경을 마련해 준다.
- 주연부는 식생다양성이 높고, 풍부한 먹이자원, 다양한 유형의 은신처가 존재한다.
- 동물들에게 다양한 서식환경을 제공해 주므로, 다른 인근 지역에 비해 생물다양성과 개체군 밀도가 증가하게 된다.
- 총연장 길이가 길수록 동물들에게 좋은 서식환경이 된다.
- 단위면적당 총연장 길이가 긴 주연부가 조성되도록 한다. 주연부의 총량은 주연부의 길이와 폭, 형태에 의해 결정되므로 길이가 길고 폭이 클수록 넓은 면적의 점이대를 가지며 다양한 서식처가 조성된다.
- 주거단지 내부나 주변의 선형 공간에서 조수의 유인·유치를 목적으로 주연부의 총연장 길이를 늘려주기 위해서는 비정형적 또는 불규칙적 형태로 조성하는 것이 바람직하다.
- 주변 산림에 있어서는 초본, 관목, 교목의 순으로 주연부를 처리해서 산림으로의 연결성을 높인다.

한편, 일반적으로 주연부 효과가 나타나는 거리는 다양하나 명금류의 종다양성으로 판단한 거리는 10~13m(Mcwethy *et al.*, 2009), 흉고직경급과 밀도의 증감을 비교한 결과 20m 내에서는 늘어났으며(Murica, 1995), 또한 Hennenberg 등(2006)은 경계부에서의 영향 깊이를 모델화한 결과 27.4 ± 15.5m 정도의 주연부가 형성된다는 것을 밝힌 바 있다(이수동 등, 2012). 다른 연구들에서는 주연부 효과는 보통 100m 이상 미치는 것으로 알려져 있으며, 강풍에 노출되는 면적이 증가하고 쓰러지는 나무에 의한 피해, 바람에 의한 조류 보금자리의 파손, 내부서식처의 건조를 가져온다. 이러한 환경변화가 식생패턴을 바꾸고 이것은 동물 종의 서식에 영향을 줄 수 있다(김명수, 2001).

이동로(corridor)는 평면적 연결성 유지, 안전 이동, 자원 제공의 기능을 수행하는 선형적 통로로서 폭의 변화에 따라 선, 대상과 수자원을 따라 형성된 하천 등으로 구분할 수 있다. 은신처(cover)는 열악한 기후 조건과 적 또는 기타 위험으로부터 동물을 보호해 주고, 동물의 서식 활동을 보조해 주는 안식처를 말한다. 야생동물이 생존 기간 동안 번식과 생육을 할 수 있는 장소로도 해석할 수 있으며, 그 기능에 따라 겨울은신처, 피난은신처, 휴식은신처, 수면은신처, 번식은신처, 체온유지은신처 등으로 구분한다.

- 겨울 은신처: 겨울의 혹심한 기후와 노출 위험으로부터 보호해 주며, 잎과 가지가 밀생되어 있는 식생이 다층 구조를 이루어 눈과 바람을 막을 수 있어야 한다.
- 피난 은신처: 인간의 수렵 행위나 포식자로부터 도피할 때 숨는 장소로 먹이가 있는 지역과 인접해야 효과적이다.
- 휴식 은신처: 야생동물은 먹이 섭취 후 대부분의 시간을 바람과 천적을 피할 수 있는 장소에서 시간을 보낸다. 따라서 쉴 수 있는 장소로 여름에는 그늘을 제공하고 겨울에는 찬바람을 막아 줄 수 있도록 적절한 크기를 가져야 한다.
- 수면 은신처: 수면과 휴식을 위한 장소로, 야생동물에 따라서는 약간씩 이동하면서 잠을 자는 경우도 있고 어느 장소를 지정하여 잠을 자는 종류도 있다. 따라서 이러한 은신처는 특수한 환경 여건이 갖추어져야 하며 기존의 잠을 자는 장소의 환경이 변하여 휴식이나 잠을 자는 조건에 부적합하게 되면 동물은 다른 장소로 이동하게 된다.
- 번식 은신처: 포유동물이 새끼를 낳아 기를 수 있는 장소로 출산 직후의 어미가 이동하기 쉽게 완경사지이고, 물을 구할 수 있는 장소로 관목과 교목의 다층 구조를 이루고 있는 곳이 적합하다.
- 체온 유지 은신처: 항온동물은 일정한 체온을 유지해야 하며, 동물은 체온과 온도 차이가 최소가 되는 장소에서 휴식을 취함으로써 신진대사율을 줄일 수 있고, 최소한의 활동만으로 체온을 유지할 수 있기 때문에 지형과 식생이 적절히 조화를 이루어 동물의 체온과 온도차가 최소인 장소를 선정한다.

먹이(food)는 자연생태계의 원리에 부합하는 환경을 조성하고, 각 생물종의 섭식 상태 및 먹이 선호도를 고려하여 풍부하고 다양한 먹이가 제공되도록 한다. 식생 천이를 조절하여 다양한 식생이 성립되게 하여 먹이 연쇄를 복잡하게 유도할 수 있다.

애반딧불이 유충

애반딧불이 유충의 먹이가 된 다슬기의 속이 비어있다.

[그림 6-94] 애반딧불이 유충의 먹이로서 다슬기

완충지(buffer)는 생태적으로 민감한 지역의 훼손 및 간섭을 줄이기 위한 것으로, 활발한 활동 및 시설이 개발되는 지역과 인접한 하천 주변, 야생동물 서식처 주변, 자연 식생 군락의 주변 등에 조성하는 것을 말한다. 물(water)은 모든 생물에게 직·간접적으로 필수적인 요소로, 음수용의 제공 및 먹이, 번식지를 제공하며, 도피, 피난처, 휴식처 등을 제공한다. 또한, 하천, 소하천, 연못, 저수지, 습지의 요소를 지닌 곳에 야생동물을 유치·유인하기 위한 환경 조성에 비중을 두도록 한다. 저습지와 같은 환경은 빈영양 상태가 부영양화 되면서 생산력이 증대되고, 야생동물의 종 및 개체수가 증가하게 되어 조류 및 야생동물에게 가장 적합한 서식환경이 된다.

라) 생물종 서식처 복원의 기본 방법

야생동물종의 서식처를 복원하는 기본 방법은 야생동물을 이해하는 데에서 출발한다. 서식처를 만드는 데 있어서 사람의 관점이 아닌 야생동물의 관점에서 모든 것을 바라보고 이해해야 한다.

그 첫 번째에 해당하는 것은 목표 생물종의 서식처 요구조건을 파악하는 것이다. 일반적으로 야생동물의 4대 요구 조건은 공간, 먹이, 물, 은신처 등으로 구분하는데, 공간은 사람으로 보면 살기 위한 집이나 사무실에 해당한다. 그리고 먹이나 물, 적들로부터 자신을 피신시키기 위한 은신처 등 각각의 요구조건들이 어떤 특성을 가져야 하는지를 잘 알고 조성해 줘야 한다. 그리고 이러한 4대 요구조건 이외에 각각의 목표종마다 고유하게 요구하는 특성을 파악하여 복원해 주는 것이 필요하다.

두 번째는 목표종의 생태적 특성을 올바르게 이해하고, 생활사를 고려하여 접근해야 한다. 만약 맹꽁이를 목표종으로 하였다면 양서류가 갖는 기본적인 특징인 변온동물의 특성, 동면(冬眠)이나 춘면(春眠), 혹은 하면(夏眠)을 하는 특성을 이해해야 한다. 이러한 잠자리와 산란지, 먹이를 먹는 공간 등이 어떤 특성이 있는지를 알아야 한다. 조류가 목표종이라면 조류가 선호하는 공간적 입지 특성, 산란은 어떤 공간을 선호하는지, 먹이 자원은 무엇이 필요한지를 알아야 한다.

세 번째는 다양한 서식 공간을 도입해 주는 것이다. 돌무더기, 나무더미, 곤충호텔 등이 대표적인 예가 된다. 더불어서 다양한 구조를 만들어 주는 것이 좋다. 다양한 서식처 구조를 만들어 주는 것은 다양한 생물종의 서식을 위한 기본 조건이다.

2) 서식처 모델링

서식지 평가 기법(HEP, Habitat Evaluation Procedures)은 생물종에 대한 서식지 적합성을 서식처 적합성 지수(HSI, Habitat Suitability Index)라 불리는 지수로 평가하는 종-서식지 중심의 접근 방법이며, 서식지 변수와 수용능력 사이에 관계가 제대로 규명되어야 HSI 모델을 제대로 사용할 수 있다.

HSI는 야생생물종이 서식할 수 있는 서식지의 능력을 나타내는 수적인 지표로 동일한 목표종에 대하여 '최적의 서식지 조건' 대 '연구대상지역의 서식지 조건'의 비율로 나타낸다.

$$HSI = \frac{\text{연구 대상 지역의 서식지 조건}}{\text{최적의 서식지 조건}}$$

HSI는 서식지로 적합하지 않은 0의 값에서 최적의 서식지를 나타내는 1까지의 값을 가지고 있으며, HSI를 얻기 위해서는 종의 생활사 특성(life-history characteristics)과 서식을 위한 생태기반환경에 대한 데이터를 바탕으로 모델링을 해야 한다. 목표종의 요구에 응할 수 있는 지역의 능력은 서식지 평가 기법(HEP)에서 필수적이며, 서식지 평가 기법은 서식지 손실의 종합적인 영향을 계산하는 데 객관적인 방법, 연구 대상 지역의 수용 능력에 대한 서식지 변수들의 변화를 제공한다. 즉, 서식지에 대한 서식 정보를 종합 분석하여 서식지 모델을 작성하는 것이며, 향후 이 모델을 활용하여 서식처 복원이나 적합성 평가 등에 활용할 수 있다. 서식처 모델링을 위한 과정은 다음과 같은 방법에 따른다.

우선, 목표종에 대한 생태 정보를 파악한다. 목표종은 전국적으로 어떻게 분포하고 있는지 조사하고, 분포 지역에 대한 현지 조사를 통해서 서식처의 현황에 대한 종합 정보들을 수집하고 수치화시킨다. 그리고 각각의 개체들에 대한 행동권을 파악하고, 서식처의 이용 패턴을 분석해 낸다. 행동권은 개체에 GPS를 이식하거나 무선 추적 등의 방법을 이용하여 파악할 수 있다. 구체적으로 중요한 것은 각각의 서식지에 대한 조사 및 분석 결과를 토대로 서식처에 대한 정보를 수치화시키고, 이들은 서식처 요구 조건의 관점에서 주의 깊게 살펴야 한다. 예를 들어 서식처 분석에서는 산란지, 서식지, 동면지 등 기능적 서식처에 대한 정보와 함께 식생 피복 상태의 물리적 서식처, 그리고 주변 연계 지역의 서식 환경 등에 대한 정보를 종합한다. 그리고 서식 요구 조건 관점에서는 충분한 먹이원 확보 방안을 포함한 먹이 요소, 위협종의 관리 방안을 포함한 은신처 요소, 수심 및 수질, 유속 등의 수환경 요소, 그리고 기타 목표종의 필요 공간이나 조건들을 분석한다. 행동권에서는 동면장소, 번식장소, 활동장소 등 계절별 서식처 요건 등을 포함하여 분석해야 한다.

두 번째는 목표종의 서식처 적합성 지수 및 평가 방법을 강구해야 한다. 목표종의 자생지 등 다양한 서식처에 대한 정보를 종합하여 서식처 적합성 지수(HSI)를 구성할 수 있는 요소들을 도출하여 적정 기준을 설정한다. 이를 위해 목표 서식처 조성을 위한 일반 기준과 목표종의 서식처 정보를 종합하여 적정 항목과 기준을 도출한다. 남생이의 서식처 적합성 지수에 대한 구성요소와 변수와의 관계를 예시해 보면 다음과 같다.

[그림 6-95] 남생이의 HSI 구성 요소

[표 6-47] 남생이 서식지 적합성 지수 항목 및 기준

구성요소	변수	범위	평균	비고
먹이	수초의 피도(%)	0~49.81*	22	평균값(n=100) 오차범위=27.81
	먹이량(kg/개체)	-	99	1개체당 필요량
일광욕 및 은신처, 산란지	바위의 수(EA)	0~5	1	평균값(n=10)
	통나무 개수(EA)	0~18	8	평균값(n=10)
	토질	진흙(mud) 혹은 세사(silt)	세사(silt)	세사 허용 비율: 0~100%
	모래톱 면적(㎡)	3~13	8	-
	산란지 면적(㎡)	6~25	15.5	-
수환경	DO(ppm)	7.81~11.57	9.78	평균값(n=10)
	pH	6.85~9.71	8.28	평균값(n=10)
	탁도(NTU)	0.1~8.7	4.29	평균값(n=10)
	유속(㎝/s)	0~60	30	남생이의 생태적 특성상 최대값을 80에서 60으로 수정 (적정값=0)
	수온(℃)	3~28	15.5	현장조사 결과를 우선으로 적용
	수심(m)	0~3.0	1.5	-
	영구성	유	유	영구적인 수환경 필수
공간적인 관계	저수지 면적(ha)	0.0072~42.95	1.09	평균값(n=100)
	고도(m)	43.97~146.83	95.4	평균값(n=100)
	저수지 제방(%)	19.14~57.36	38.5	평균값(n=100)
	주변 산과의 거리(m)	0~47	4.7	평균값(n=10)
	주변 주거지와의 거리(m)	20.16~324.44	174.3	평균값(n=10)
	주변 강(수계)과의 거리(m)	244.7~1,242.9	743.8	주변에 영구적인 수환경 필요
	녹지(녹피율): 초지(%)	0~35.58*	17.0	평균값(n=10) 오차범위=20.58
	녹지(녹피율): 경작지(%)	0~41.06*	17	평균값(n=10) 오차범위=24.06
	녹지(녹피율): 숲(%)	5.99~50.01	28	평균값(n=10)

※ 주) *: 범위 값의 산출은 오차범위의 평균값으로 산출하였으나, 표준편차 값이 평균값보다 클 경우 범위의 최소값은 0으로 처리함

※ 자료출처: 국립생물자원관, 2011.

세 번째는 목표종의 복원을 위한 서식처 모델링을 실시한다. 이 단계에서는 목표종의 서식처 관련 서식 정보와 서식처 적합성 지수 등을 활용하여 서식처를 유형화한다. 예를 들어, 남생이는 저수지와 같은 호소 생태계와 함께 하천 지역에서도 나타나므로 각각의 서식처를 유형화시킨다. 서식처 모델링에서는 조사 및 분석 단계에서 나타난 종합 수치와 HSI 지수값 등을 이용하여 서식처 유형별로 표준 평면도 및 단면도를 작성하는 것이다. 이렇게 구축된 목표종의 서식처 모델링 자료는 추후 서식지 보전, 향상, 복원, 대체 서식지 조성 등에 활용 가능하다.

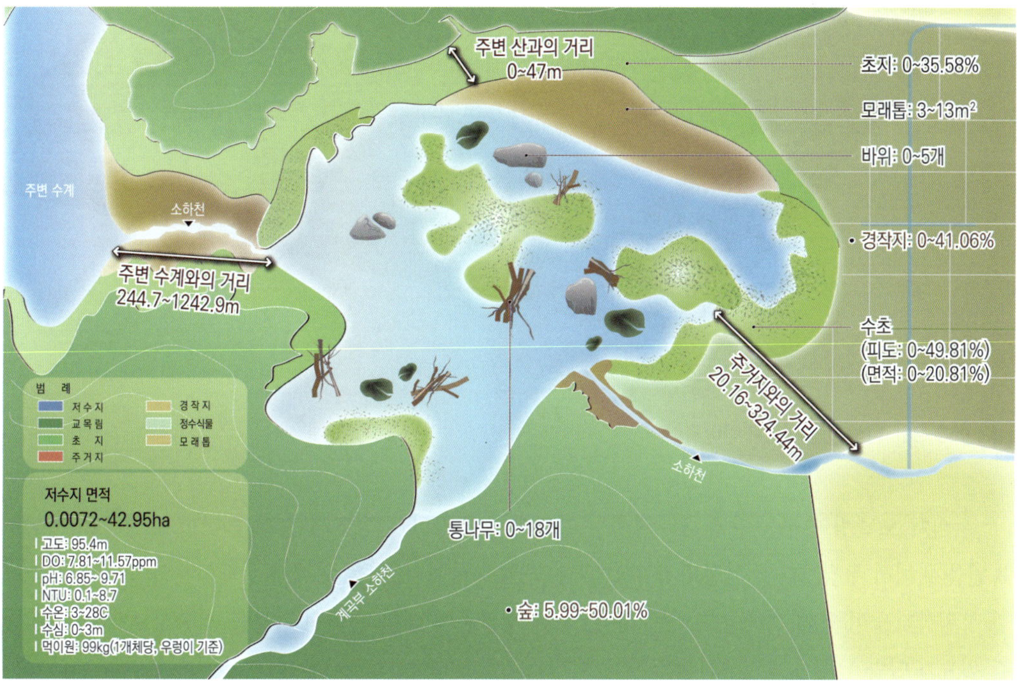

[그림 6-96] 남생이의 서식처 모델링 결과(표준 평면도)

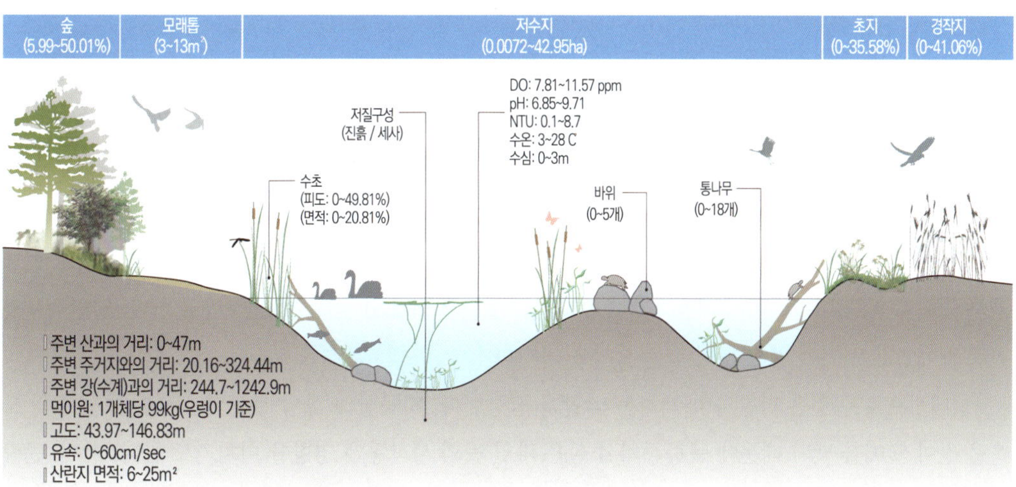

[그림 6-97] 남생이의 서식처 모델링 결과(표준 단면도)

[그림 6-98] 남생이의 서식처 이미지

서식처 모델링 연구는 우리나라에서는 아직까지 부족한 실정이지만, 바람직한 야생동물 서식처 복원을 위해서 무엇보다도 선결되어야 할 과제 중의 하나이다. 이를 위해서 생태학자와 모델링이 가능한 복원학자들이 함께 지혜를 모아야 하며, 중요 생물종에 대한 생태적 정보를 지속적으로 축적해 나갈 필요가 있다.

3) 곤충류 서식처 복원

가) 곤충의 생태적 특징

분류학적으로 곤충은 절지동물에 속한다. 절지동물은 몸과 다리가 마디로 이루어져있는 동물이란 뜻으로 머리, 가슴, 배로 뚜렷이 나누어지기 마련이다. 이러한 곤충은 서식 환경, 먹이 습성, 행동 특성 등에 의해서 제각각의 모습을 갖추고 있다. 곤충의 한살이는 알에서 시작해서 애벌레와 번데기를 거쳐서 성충의 과정을 거친다. 이렇게 4가지 단계를 거치는 것을 "완전 변태(갖춘 탈바꿈)"라 하고, 번데기를 거치지 않고 애벌레에서 바로 성충으로 되면 "불완전 변태(안 갖춘 탈바꿈)"라고 한다. 일반적으로 곤충은 애벌레 시기에 가장 많이 먹는 습성을 가진다.

생태적으로 곤충은 화분을 매개하는 역할을 담당한다. 지구상의 상당 부분의 식물들은 곤충의 도움을 받아 열매를 맺기 때문에 곤충종의 소실은 과일 등의 생산량에 영향을 미치기도 한다. 한편, 곤충은 산업적으로도 자주 이용되는 분야다. 명주실을 얻기 위해 누에를 기르고, 꿀을 얻기 위해 꿀벌을 키우기도 한다. 또한, 진딧물을 잡아먹는 천적으로 칠성무당벌레를 이용하기도 하고, 친환경적 농업을 위해서도 다각적으로 이용한다. 이외에도 곤충은 식용, 약용, 그리고 애완용으로 이용되기도 하여 다양한 산업적 이용이 증가하고 있다. 무엇보다도 나비와 잠자리, 애반딧불이 등은 우리에게 너무나도 친숙한 곤충이다. 어떤 곤충들은 우리들 주변에서 서서히 자취를 감추어가기도 하지만, 항상 흥미와 관심을 이끌어 내는 데 있어서 더없이 좋은 소재가 아닐 수 없다. 그래서 곤충류의 서식처를 복원하고 새롭게 조성하는 것은 중요한 복원 사업 중의 하나가 될 것이다.

나) 곤충 서식처의 입지 조건 및 주변 환경

곤충이 서식하기 위한 기본적인 입지 조건을 제시해 보면 다음과 같다.

- 산림이나 숲 가장자리 점이대 지역의 햇볕이 잘 드는 곳이 최적의 입지이다.
- 적당한 크기의 연못과 상당히 넓은 면적의 초지, 그리고 덤불이나 조그만 숲을 조성할 수 있는 충분한 공간이 확보되어야 한다. 면적은 10,000㎡ 이상이 바람직하다.
- 관목과 교목 식재가 가능해야 하며, 적당한 마운딩을 할 수 있어야 한다.
- 연못의 크기는 50㎡ 이상이면 좋고, 가까운 곳에 다른 연못이나 수변 공간이 있으면 더욱 좋다.
- 연못은 깨끗한 수원이 확보되어야 하며, 대기오염이 심하지 않아야 한다.

한편, 곤충 서식처가 자리 잡게 되는 주변 지역의 환경은 다음과 같은 특성을 가질수록 바람직하다고 볼 수 있다.

- 주변에 산림이나 대규모 녹지 공간 등이 존재할 경우, 그러한 지역이 종공급원으로 기능함으로써 다양한 곤충류를 유인할 수 있다.
- 잠자리의 비상거리는 평균 1㎞ 정도로, 그 이내에 숲이나 다른 연못이 존재하면 다양한 잠자리의 서식을 유도할 수 있다.
- 큰 도로변 지역은 소음과 대기오염이 심각해서 곤충류의 서식을 저해하는 요인으로 작용할 수 있으므로 적절한 대비책을 마련해야 한다.

한편, 도시지역의 생태적 특성을 반영하고, 도입하고자 하는 종의 생태적 지위나 특성 등을 고려하여 도시지역에서 도입 가능한 곤충종을 제시하면 [표 6-48]과 같다.

[표 6-48] 도시지역에서 도입 가능한 곤충

분 류 군		목 표 종
나비목	호랑나비과	호랑나비, 제비나비
	흰나비과	노랑나비
	네발나비과	네발나비, 큰표범나비, 흰줄표범나비
잠자리목	실잠자리과	등줄실잠자리, 방울실잠자리
	부채장수잠자리과	어리장수잠자리, 부채장수잠자리
	왕잠자리과	왕잠자리
	잠자리과	고추잠자리, 노란잠자리, 좀잠자리류
딱정벌레목	풍뎅이과	풍뎅이, 참콩풍뎅이
	무당벌레과	남생이무당벌레, 무당벌레, 큰이십팔점박이무당벌레

다) 곤충류 서식처 조성 기법

(1) 곤충 서식처 조성 원칙 및 고려 사항

곤충류의 서식처를 조성 혹은 복원하고자 할 때에는 [표 6-49]에서 제시하는 원칙과 고려 사항들을 염두에 둘 필요가 있다.

(2) 식재 기법

(가) 습지 식재 계획

습지는 곤충 중에서 물에 알을 낳는 곤충들, 유충시기를 물에서 보내야 하는 곤충들, 물을 먹어야 하는 곤충들에게 있어서는 매우 중요한 요소이다. 특히, 개방수면과 같이 비행성 곤충들이 물의 요소를 쉽게 파악하게 하기 위해서는 주의 깊은 식재 계획과 관리가 요구된다. 구체적으로 대형 정수식물은 생장이 빠르기 때문에 분포 면적이 급속히 확장하여 개방수면을 뒤덮지 않도록 할 수 있는 식재 계획이 필요하다. 이를 위해서 경계 말뚝을 설치하거나 포트를 이용한 식재가 필요한 경우가 많다. 또한, 대부분의 잠자리는 우화를 위해서 수직적인 받침대가 필요하므로(성체가 되어 물 밖으로 나가는데 이용), 수심이 얕은 지역에 키 작은 정수식물들을 식재하여 일부 잠자리의 산란지를 제공해야 한다.

곤충의 서식을 목적으로 조성되는 습지에 적합한 수종들은 다음과 같다.

- 정수식물(수심 20㎝ 이상): 갈대, 애기부들, 큰고랭이, 창포, 줄 등
- 정수식물(수심 20㎝ 미만): 택사, 물옥잠, 미나리 등
- 부엽식물: 마름, 어리연꽃, 가래 등
- 부유식물: 생이가래, 개구리밥 등
- 침수식물: 검정말, 말즘, 물수세미 등

[표 6-49] 곤충 서식처 조성 원칙 및 고려사항

구 분			조성 원칙 및 고려 사항
전체 시스템			• 곤충 서식처의 전체 시스템은 크게 나누어, 나비류의 먹이식물과 수액식물로 이루어진 나비원과 잠자리연못으로 이루어진다. 여기에 딱정벌레류의 서식을 유도할 수 있는 식생과 다공질 공간 등을 적극적으로 도입한 생물서식공간이라 할 수 있다.
조성원칙	서식환경	토양	• 토양 중에는 많은 식물의 뿌리와 종자가 포함되어 있으므로, 곤충 서식처 조성을 위해서는 재래종 곤충류 먹이식물이 번성한 지역의 토양을 대상지에 복토하여 자연식생으로의 회복을 유도해야 한다. • 일부 곤충은 낙엽층이나 부식층을 산란장소나 월동장소로 이용하므로, 적절하게 성토된 일부 지역에는 부식층과 낙엽층이 형성될 수 있는 조건을 만들어 주어야 한다. • 일부 곤충은 모래나 자갈로 된 곳에서 생활하므로 모래나 자갈로 구성된 장소를 마련해 준다.
		공간구성	• 완만하게 성토된 양지바른 지역에 나비류의 먹이식물들을 중심으로 한 넓은 초지를 조성한다. • 주변 녹지공간이나 산림과 연결되거나 가까운 지역에 나비와 딱정벌레의 먹이식물이나 수액식물, 산란장소 등으로 기능하는 교목림을 조성한다.
		식생	• 나비 유충의 먹이식물과 성충의 흡밀식물 및 먹이식물, 나비와 일부 딱정벌레의 수액식물 등을 적절히 잘 조화시켜 식재하여야 한다. • 나비의 산란과 우화, 월동 등에 이용되는 관목과 교목들을 적절히 성토된 지역에 식재하고, 다공질 공간과 관목으로 구성된 덤불도 조성한다. • 도입하는 식물들은 주변의 자생지로부터 이식하는 것이 좋다. • 습지 조성에 있어 수생식물은 잠자리의 산란장소이며, 유충들이 생활하고 우화하는 장소(직립형)로 매우 중요하며, 연못에 햇볕이 충분히 들 수 있도록 연못 호안에는 가급적 교목을 심지 않아야 한다.
	수환경	수질	• 잠자리 유충의 생육을 위하여 생물화학적 산소요구량(BOD)은 10ppm 이하의 수질을 유지할 수 있어야 한다.
		수심	• 습지의 수심은 30cm 이상이면 가능하고, 완만한 경사를 유지해야 한다. • 수심의 경우 깊은 곳은 1m 정도(겨울철에 연못바닥이 얼지 않을 정도의 깊이)로 조성하고, 얕은 곳은 10~30cm로 조성하고 수초를 도입하여 잠자리의 산란장소를 제공해야 한다.
		습지모양	• 습지는 타원형이나 표주막 모양 등 변화가 있는 형태가 좋다. • 습지의 호안 구성은 수변경사와 호안처리 재료를 다양화하는 것이 좋다. • 습지 수면적의 60% 이상은 개방수면으로 조성하여, 잠자리가 비행 중 개방수면을 인식하고 유인될 수 있도록 해야 한다.
		공급용수	• 지하에서 용수가 솟아 나오는 장소가 습지 조성의 최적지다. • 수원은 깨끗한 우수나 강물을 이용하지만, 가뭄으로 연못 밑바닥이 드러나지 않도록 갈수기를 대비한 보조 수원(수돗물, 지하수)을 준비한다. • 수질 확보를 위해 필요할 경우 수질정화 효과를 올릴 수 있는 다양한 요소를 도입한다(호박돌을 이용한 수직 낙수, 수질정화용 갈대 수로를 통과한 유입수 등).
	수변환경	호안주변	• 습지 내부와 호안 주변에는 말뚝과 통나무를 배치하여 잠자리와 나비의 휴식장소를 제공하고, 상부가 평평한 바위(거석)를 배치하여 잠자리가 우화장소로 활용할 수 있도록 한다.

(나) 야생화 초지 식재 계획

꿀을 필요로 하는 벌과 나비들을 위해서는 야생화 초지를 조성해 주는 것도 중요하다. 곤충의 서식처로서 야생화 초지의 식재 계획을 제시해 보면 다음과 같다.

- 조성 면적은 가급적 100m × 100m 이상이 되면 바람직하다.
- 다양한 곤충류 서식을 유도하기 위하여 곤충류의 먹이식물을 중심으로 초지를 조성한다.
- 봄에서 가을까지 계속 꽃이 필 수 있도록 개화시기를 잘 고려한 식재로 꽃에 모여드는 곤충들이 연중 유인될 수 있도록 한다.
- 나비 먹이식물의 경우, 얼레지, 민들레, 제비꽃, 기린초, 엉겅퀴, 까치수영, 쑥부쟁이, 구절초, 족도리풀, 현호색, 쥐방울덩굴, 토끼풀, 자운영, 나리, 낭아초, 오이풀, 제비쑥 등을 개화 시기와 화색을 고려하여 적절하게 식재하되, 가급적 20포기 이상씩 식재한다. 다만, 토끼풀 등과 같이 일반적으로 토양을 개변시켰을 때 흔하게 발생하는 종들은 별도로 식재하지 않아도 된다.
- 습지 주변에서부터 덤불이나 숲 쪽에 이르기까지 지형, 토양의 성질, 향, 그늘이 만들어지는 정도, 낙엽이 쌓이는 지역 등을 잘 고려하여 식재하여야 한다.
- 초지 군데군데 수관이 넓지 않은 관목이나 교목을 식재하여 잠자리나 나비의 휴식처를 제공하여야 한다.

(다) 관·교목 식재 계획

나무나 고목을 이용하는 곤충들을 위해서는 관목림과 교목림을 조성해 주는 것도 필요하다. 일반적으로 고려해야 할 사항들은 다음과 같다.

- 조성 면적은 가급적 100m × 100m 이상이 되면 바람직하다.
- 나비의 먹이식물인 진달래, 수수꽃다리, 신나무, 얇은잎고광나무, 고추나무, 자귀나무, 싸리나무, 참나무류, 팽나무, 풍게나무, 버드나무류, 청가시덩굴, 청미래덩굴 등을 개화시기와 화색을 고려하여 식재하되, 가급적 10그루 이상씩 식재한다.
- 특히, 황벽나무, 산초나무, 탱자나무, 머귀나무, 누리장나무, 초피나무, 황경피나무 등의 운향과 식물들은 호랑나비과(제비나비, 호랑나비)의 대표적인 먹이식물로 나비 서식 공간 조성에 있어서 매우 중요하다.
- 상수리나무를 비롯한 참나무류와 버드나무류는 수액식물로 일부 나비류와 딱정벌레류에게 먹이를 제공하는 중요한 수목이다.
- 대상지가 소음이나 대기오염이 비교적 심한 경우, 상록활엽수 등을 이용한 차폐 식재를 통해, 소음과 대기오염으로 인하여 곤충 서식이 저해되지 않도록 하여야 한다.

한편, 김지석(2009)은 서울 지역에서 자주 출현하는 나비류를 대상으로 하여 목표종에 따른 먹이식물과 먹이식물 분포 지역의 특성을 제시한 바 있는데, 구체적인 내용은 [표 6-50]과 같다.

[표 6-50] 서울의 나비 목표종에 따른 먹이식물과 먹이식물 분포 지역 특성

종명	먹이식물	먹이식물 분포 지역
각시멧노랑나비	갈매나무, 참갈매나무, 털갈매나무	산림
갈구리나비	장대나물, 는쟁이냉이, 황새냉이, 냉이	초지 및 산림, 가장자리
풀흰나비	꽃장대, 콩다닥냉이	초지, 가장자리
귤빛부전나비	떡갈나무, 상수리나무, 굴참나무, 졸참나무	산림
담색긴꼬리부전나비	떡갈나무, 갈참나무, 신갈나무, 상수리나무	산림
작은주홍부전나비	애기수영, 수영, 참소리쟁이, 소리쟁이	초지 및 물가
먹부전나비	바위채송화, 땅채송화, 둥근바위솔, 돌나물	-
부전나비	갈퀴나물, 낭아초, 벌노랑이, 사철쑥	초지
은줄표범나비	졸방제비꽃, 흰털제비꽃	초지 및 산림, 가장자리
은점표범나비	제비꽃류	초지 및 산림, 가장자리
제이줄나비	괴불나무, 올괴불나무, 작살나무, 인동	산림 및 가장자리
참세줄나비	까치박달, 서어나무, 참개암나무, 개암나무	산림
황오색나비	수양버들, 갯버들, 호랑버들	물가
굴뚝나비	참억새, 새포아풀	초지
멧팔랑나비	떡갈나무, 신갈나무, 상수리나무, 졸참나무	산림
유리창떠들썩팔랑나비	벼과	전 지역
산팔랑나비	참억새, 강아지풀	초지
쌍꼬리부전나비	소나무, 벚나무 주변 개미와 공생	산림 및 가장자리
범부전나비	고삼, 조록싸리, 아까시나무, 갈매나무, 등, 등갈퀴나물, 족제비싸리, 싸리	산림 및 가장자리
큰줄흰나비	미나리냉이, 속속이풀, 배추, 무, 냉이, 갯장대, 바위장대	초지 및 산림, 가장자리
남방부전나비	괭이밥	초지
푸른부전나비	싸리, 좀싸리, 고삼, 아까시나무, 등, 칡, 벌노랑이, 토끼풀, 매듭풀, 땅비싸리	초지 및 산림, 가장자리
큰흰줄표범나비	제비꽃류	초지 및 산림, 가장자리
줄점팔랑나비	벼, 갈풀, 참억새, 띠, 강아지풀	초지, 물가, 가장자리

※ 자료출처: 김지석, 2009.

(라) 호안 처리

습지 주위에 밀집된 식생대는 잠자리 등의 산란지로서 유용하다. 따라서 사람이 접근하지 못하도록

수변 식재를 신경 써야 하며, 전반적인 호안 경사는 완경사로 하는 것이 바람직하다. 사람이 접근할 수 있는 호안의 경우, 통나무나 돌 등을 이용하여 기슭이 무너지지 않도록 해야 한다. 또한, 일부 호안은 나비가 앉아서 물을 먹을 수 있도록 식재하지 않고 모래나 자갈 등으로 구성된 호안을 조성하면 더욱 좋다.

(마) 다공질 공간 제공 기법

다공질 공간의 제공은 곤충 서식처 조성에 있어서 핵심적인 부분이다. 다공질(多孔質) 공간은 작고 미세한 구멍이 많이 있는 공간을 의미하며, 이러한 공간은 돌이나 나무, 낙엽과 같은 자연 재료에서 흔히 볼 수 있다. 이러한 작은 공간을 이용하여 서식하는 생물들을 위한 것으로 생태적으로 의의가 있다.

① 돌무더기 놓기

돌무더기는 먹이식물과 서식 공간이 근처에 있을 경우 다양한 곤충들의 산란 및 월동 장소로 이용된다.

[그림 6-99] 돌무더기 쌓기

② 통나무 쌓기

곤충들이 선호하는 활엽수를 이용하여, 통나무를 쌓아 곤충류의 서식처 및 피난처, 월동 장소 등으로 이용될 수 있도록 조성하는 것이 바람직하다. 침엽수 수종은 바람직하지 않은 물질들이 나와서 곤충의 서식처로서 적합하지 않는 경우가 많다. 통나무를 쌓을 때는 직경과 길이가 일정하지 않은 다양한 모양의 통나무를 활용하여 다공질 공간으로 활용될 수 있도록 해야 한다.

[그림 6-100] 통나무 쌓기 모습

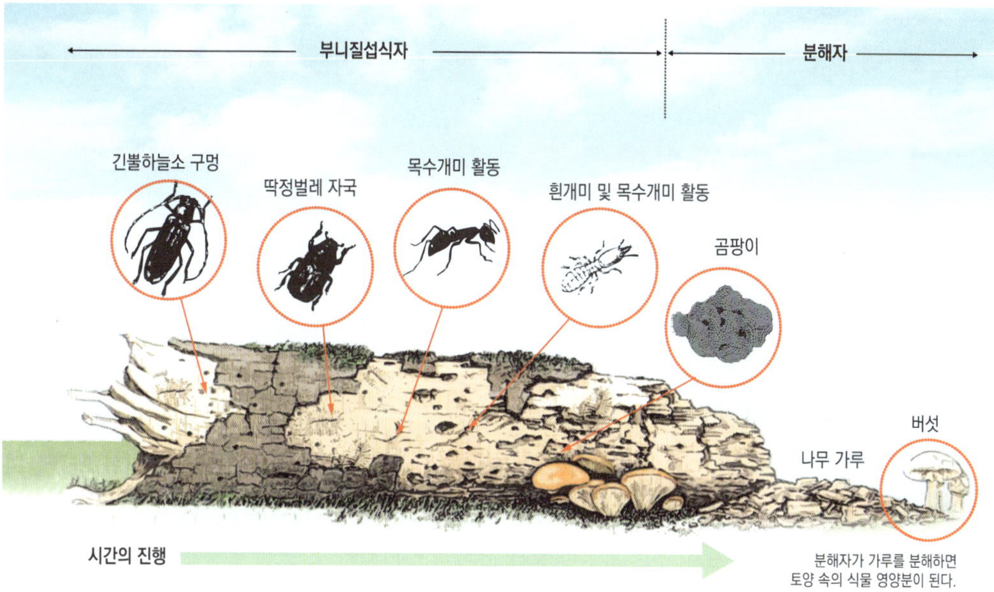

[그림 6-101] 통나무 및 고목 등의 생태적 기능

③ 고목 배치

고목은 통나무 쌓기와 유사한 것으로서 썩은 공간을 선호하는 곤충에게 유용하다. 참나무류 등의 고목은 딱정벌레 유충들의 좋은 먹이가 된다. 그리고 일부 고목은 습하거나 그늘진 곳에 배치하여, 빠른 시간에 부식이 이루어지고 이끼류가 피복하도록 하여, 곤충들의 산란 및 월동 장소로 이용될 수 있도록 한다.

④ 나뭇가지 더미 놓기

나뭇가지 더미는 다공질 공간의 일종으로, 곤충의 서식처 및 먹이식물 주변에 배치할 경우 산란장소와 월동장소로 이용될 수 있다.

[그림 6-102] 나뭇가지더미 쌓기

⑤ 낙엽층 및 부엽토 쌓기

낙엽층이나 부엽토는 일부 곤충들의 산란 및 월동 장소로 이용되는 곤충류의 서식처 구성 요소 중 하나이다.

지금까지 제시한 다공질 공간은 '곤충호텔' 등의 이름으로 현장에서 조성하고 있다. 그리고 이 책의 "지형 복원" 부문에서 제시한 바 있는 '후글컬쳐'를 조성하기도 한다.

4) 어류 서식처 복원

가) 어류의 생태적 특성

어류의 생활 주기를 살펴보면, 주로 봄과 여름 사이에 많이 산란하며, 성장은 계절 변화와 관련이 많은데 일반적으로 4~6월에 활발하며, 10~3월에 저조하다. 이러한 어류가 생활 장소로 이용하는 공간 분포는 구역, 지질, 수질, 수온, 용존산소량 등에 따라서 달라진다. 어류의 활동은 대체로 먹이를 먹는 것과 휴식으로 구분할 수 있는데, 이것은 수온과 낮과 밤에 따른 시간적 변화에 따라 달라진다. 대체로, 저온이 되면 활동이 둔화되어, 겨울에는 웅덩이나 강변의 풀 사이, 강의 바닥 등에서 가만히 있기도 하며, 모래나 돌 밑에 잠겨 겨울을 지내기도 한다. 또한, 낮에는 보통 먹이를 먹으면서 생활하며, 밤에는 웅덩이에서 휴식한다.

나) 서식처 조성 기법

어류의 서식처 조성 기법 중 주요한 것들을 제시해 보면 다음과 같다.

- 어류의 서식에 지장을 주지 않도록 수질 관리가 가능한 형태로 조성한다.
- 휴식 및 은신처로서 웅덩이나 연안의 가장자리 부근에 수초나 돌틈을 조성한다.
- 여름철의 수온 상승과 겨울철의 동결 심도를 고려하여 1m 내외의 깊은 수심을 일부 조성해 준다.
- 모래, 자갈, 진흙 등의 다양한 재료를 이용하여 다양한 저서 환경을 제공한다.
- 어종과 산란지와의 관계를 파악해서 필요로 하는 공간을 제공한다.

습지 내 돌무더기를 놓아 조성한 어소	여름철 어류의 피난처를 제공하는 그늘

[그림 6-103] 어류 서식처 조성 기법

한편, 산란 장소별로 어종을 구분해 보면 [표 6-51]과 같다.

[표 6-51] 산란 장소별 어종(魚種)

산 란 장 소	어 종
모 래 자 갈	피라미, 갈겨니, 버들치
물 풀 부 착	붕어, 미꾸라지, 송사리
돌 밑 부 착	붕어, 밀어

※ 자료출처: 서울특별시, 1997.

다) 어류 도입

도심 내 생태연못과 같은 장소에 어류를 도입하고자 할 때에는 서식처가 조성되고 부유물질 등이 가라앉아 수환경이 어느 정도 안정성에 도달할 때 어류를 도입해야 한다. 도입하는 어류는 자생 어종이어야 하며, 조성 대상 지역의 인근 유역에서 채집하여 방사하는 것이 좋다. 조성된 어류 서식처의 조건에 따라서 [표 6-52]와 같은 내용을 참고하여 어종을 선정하는 것이 좋다.

[표 6-52] 도입 가능 어종별 서식처 조건

종명	하상구조	수심(㎝)	수온(℃)	DO	pH	산란장소
납자루類	모래, 자갈	50~100	25	2~5	7~8	조개류
참붕어	모래	50	30	2~5	6~7	돌
버들치	자갈	50~100	20	9	7	자갈
종개類	모래, 자갈	50	25	5~9	7	자갈, 모래

※ 자료출처: 서울특별시, 1997.

라) 서식처 복원 방법: 미호종개 예시

미호종개(*Iksookimia choii*)는 미꾸리과(Cobitidae) 참종개속(*Iksookimiai*)에 속하는 종으로, 천연기념물 제454호, 멸종위기 야생생물 I 급으로 지정받고 있는 보호종이다. 일반적으로 하천 구배가 완만한 평여울로 수심이 얕고, 하상은 모래질을 형성하며, 모래 속을 파고 들어가며 생활하는 것으로 알려져 있다. 산란기는 5~6월로 추정된다.

이러한 미호종개는 수질오염과 서식처 소실로 멸종위기에 처해 있다. 이들의 서식처는 과거 이루어졌던 저수지의 둑 높이기 사업 등에 의해서도 지속적인 위협을 받기도 하였다. 실제 ○○저수지의 둑 높이기 사업에 의해서 미호종개 서식처를 대체할 계획을 수립하기도 하였는데, 해당 지역의 서식처 특성은 유폭은 7~15m, 수심은 20~40㎝, 유속은 0.1~0.2m/s(평여울)로 나타났다. 또한, 하상은 모래층으로 두께가 30㎝ 이상이었으며, 모래 직경은 0.15~0.60㎜로 나타났다(한국농어촌공사, 2010).

대상지의 유로 형태와 미소 서식처로는 급여울, 평여울, 소 형태의 웅덩이가 함께 분포하고 있었다.

미호종개 서식지 유로 형태

미호종개 서식지의 퇴적물

[그림 6-104] ○○저수지 인근 미호종개 서식처

※ 자료출처: 한국농어촌공사, 2010.

일반적으로 낮은 수심의 모래 바닥을 이용하는 미호종개의 서식처가 둑 높이기 사업으로 수위가 상승하게 됨에 따라 대체서식처를 조성하고자 하였는데, 이들의 적정 서식처 조성 조건은 다음과 같다.

- 하상 표면의 모래에는 부착조류인 규조류 번식
- 유기물과 점토가 퇴적되지 않아야 함
- 부착조류 중 사상체를 형성하는 녹조류와 남조류의 번식이 없어야 함

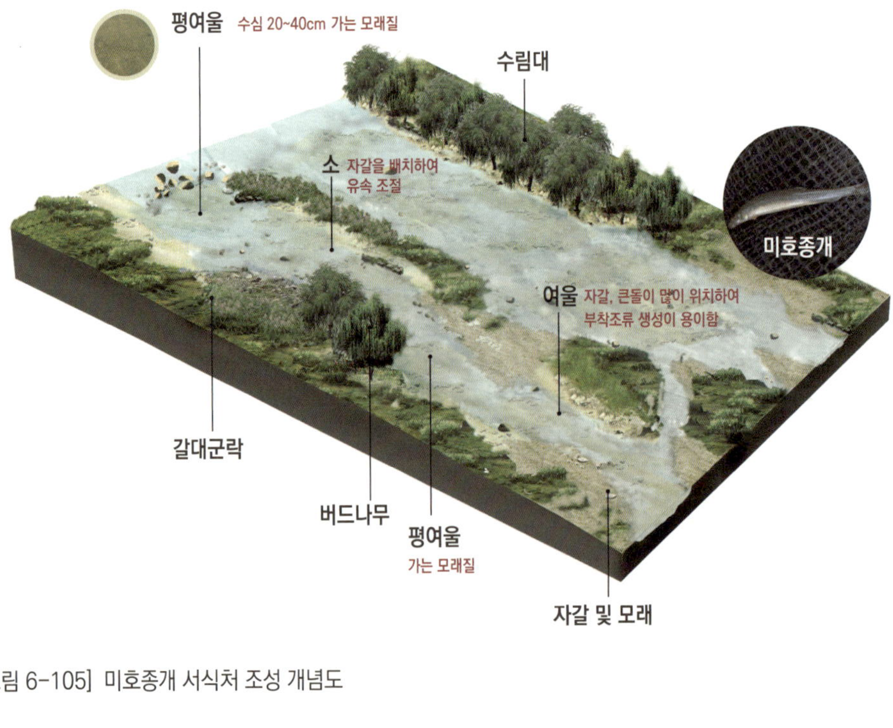

[그림 6-105] 미호종개 서식처 조성 개념도

5) 양서류 서식처 복원

가) 양서류의 생태적 특성

양서류는 비교적 넓은 면적의 수환경과 그 주변에 습초지 등이 형성된 습지에서 서식하는 생물로서 파충류나 대형 조류(백로, 왜가리, 황조롱이 등)의 먹이원이다. 따라서 개구리류의 개체 수 증가나 서식처 복원은 먹이사슬을 다양하게 만든다. 양서류는 꼬리의 유무에 따라 유미류(有尾類)와 무미류(無尾類)로 구분한다.

[표 6-53] 유미류와 무미류별 대표종

구분	대 표 종	비 고
유미류	도롱뇽, 꼬리치레도롱뇽, 고리도롱뇽 등	꼬리가 있는 종
무미류	무당개구리, 참개구리, 큰산개구리, 한국산개구리, 맹꽁이 등	꼬리가 없는 종

한편, 개구리와 두꺼비의 차이로 개구리는 일반적으로 부드러운 피부를 가졌으며, 도약을 위해 긴 뒷다리를 가지고 주로 물에서 산다. 반면, 두꺼비는 피부가 건조하고 융기를 가지며, 엉금엉금 걸어가는 짧은 뒷자리를 가지고 육지에서 산다.

개구리류의 1년살이를 보면, 1년을 기준으로 봄에는 번식하기 위하여 산란장소인 수역으로 이동하고, 여름에는 먹이를 찾거나 은신하기 위하여 그늘진 곳이나 먹이가 풍부한 장소로 옮기게 된다. 또한, 가을에는 동면을 위해 적당한 동면 장소로 이동하므로, 핵심지역과 완충지역의 서식공간이 필요하다. 우리가 흔히 개구리류는 동면(冬眠)만을 하는 것으로 알고 있으나, 종에 따라서는 춘면(春眠)이나 하면(夏眠)을 하는 것들도 있으므로 주의해야 한다.

참고로 두꺼비(*Bufo gargarizans*)의 경우, 번식이 끝나면 한 달 정도 휴식을 취하는 춘면이라는 특징을 가진다. 이에 대한 구체적인 특성을 파악하기 위해 동면과 춘면 지점의 특성을 파악한 연구가 있었다. 연구 결과, 동면지점은 초지의 비율이 높으며 바위의 비율이 낮은 경우를 많이 선호하는 것으로 나타났으며, 춘면지점은 초지의 비율이 낮고 바위의 비율이 높은 지점을 선호하는 것으로 나타났다(박승민 등, 2019).

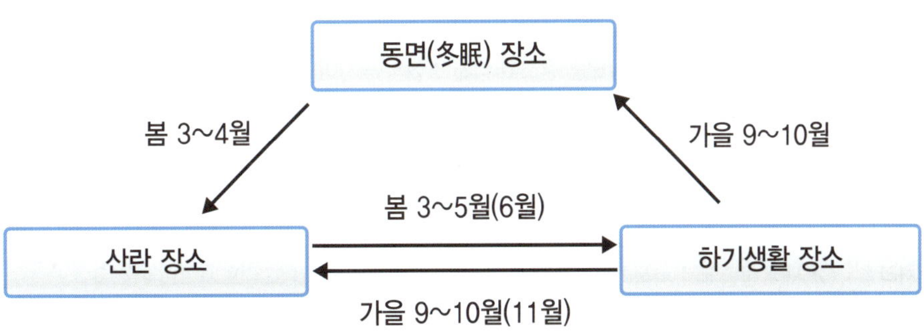

[그림 6-106] 양서류의 생활사에 따른 장소 구분

한편, 우리나라 양서류의 서식 공간과 산란 장소를 살펴보면 [표 6-54]와 같다.

[표 6-54] 한국산 양서류의 서식 공간과 산란 장소

종 명	서식장소	산란장소	동면장소
한국산개구리	습원, 습지, 논주변	논, 저습지	논둑, 습지
옴개구리	풀숲, 물가, 도랑	하천	하천, 개울
금개구리	물가, 논, 밭도랑 웅덩이	논, 저습지	논둑, 습원
참개구리	물가, 논, 밭고랑	논, 웅덩이	논둑, 수변
두꺼비	숲 속의 평지, 산림	논, 저습지, 호수	야산 임연부, 계곡 돌틈
물두꺼비	계곡, 산정상부위	개천, 하천변	하천돌밑
청개구리	관목림, 논, 습원	논, 저습지	나무밑둥
수원청개구리	관목림, 논, 습원	논, 저습지	나무밑둥
맹꽁이	초지, 습원의 평지	웅덩이	웅덩이, 흙밑
무당개구리	계곡, 웅덩이	계곡 주변 웅덩이	돌밑

나) 서식처 조성 기법

(1) 양서류 서식처 조성 시 고려사항

양서류의 서식처 조성 시 고려해야 할 사항은 [표 6-55]와 같다.

[표 6-55] 양서류 서식처 조성 시 고려사항

구 분	조성 시 고려사항	비 고
대상지와 습지의 크기	• 햇볕이 잘 드는 곳으로 물이 너무 차갑지 않아야 올챙이의 성장에 적합하며, 습지 주변의 수목에 의해 그늘이 생기지 않도록 해야 함. • 습지의 크기는 크면 클수록 좋지만, 100㎡ 정도 이상이면 적당함. 가까운 곳에 다른 습지나 개울이 있는 것이 바람직함.	
습지의 모양과 수심	• 습지 모양은 변화가 있는 불규칙적인 형태가 바람직함. • 습지의 수심은 다양하게 조성해 주어야 하며, 습지 바닥에서 개구리가 동면하므로, 습지 바닥이 얼지 않을 정도의 깊이가 확보되어야 함. • 특히, 산란기(봄철)에는 개구리가 수심 10㎝ 정도 되는 곳에 산란을 하기 때문에 해당 수심의 서식처를 넓게 확보해 주어야 함	• 50㎝에서 75㎝ 정도가 적당함. • 수위 관리에 신경 써야 함.
공급 수원	• 지하에서 용수가 솟아 나오는 장소가 습지 조성의 적지이며, 수원은 우수나 강물을 이용 • 동절기에는 습지에 두꺼운 얼음이 얼어 바닥으로 산소 공급이 장기간 차단되어, 동면 중인 개구리가 죽을 수 있으므로 유지 관리가 필요	• 얼음에 구멍 뚫어 주기 등
호안 처리	• 습지 주변의 숲이나 초지와 연결되는 지역은 사람들이 접근하지 못하도록 식재와 호안 처리에 유의하여야 함(올챙이 때는 연못에서 생활하고, 성체가 되어서는 호안이 초지나 산림에서 서식하는 양서류들의 이동통로로 이용되기 때문에 사람의 간섭을 피할 수 있도록 해 주어야 하며, 호안 경사도 완경사로 조성). • 사람이 접근할 수 있는 호안의 경우, 통나무나 돌을 이용하여 무너지지 않도록 함.	

[표 계속]

구 분	조성 시 고려사항	비 고
식재 계획	• 올챙이를 위한 적당한 차폐의 제공도 필요 • 대상지 인근 지역에서 자생하는 식물들을 도입하는 것이 바람직하며, 양서류의 먹이가 되는 곤충들을 유인하기 위하여 색깔이 화려한 자생 초화류들을 도입하는 것도 필요 • 광엽성 식생들은 도롱뇽 등의 서식처로 적합함. • 포트를 이용한 식재는 관리상 편리하며, 개방수면을 일정하게 유지하는데 용이함. • 자생종 위주로 식재하고, 수생식물이 너무 무성하지 않게 관리(전체 수면적의 10~20%가 적당) • 습지 주변에 교목을 식재하여 습지에 햇볕이 드는 것을 차단하거나, 습지 바닥에 낙엽이 쌓이도록 해서는 안 됨.	
주변 환경	• 양서류의 이동거리는 대략 150m 정도로, 반경 내에 다른 습지나 개울이 존재하는 것이 바람직함. • 올챙이 시기는 습지에서 서식하고, 성체가 되어서는 초지나 산림에서 서식하는 종도 있으므로 주변에 초지와 산림이 존재하는 것이 바람직함.	

(2) 도시지역에서 도입가능한 양서류

우리나라의 도시지역에서 서식 가능한 종의 서식환경은 [표 6-56]과 같다.

[표 6-56] 도시지역에 도입가능한 양서류의 서식 환경

종 류	서식지	산란지	동면지	기 타
참개구리	밭고랑	웅덩이	수변	저습지와 웅덩이, 100㎡의 서식공간
청개구리	관목림, 습지	저습지	나무 밑둥	저습지와 주간 은신처가 되는 활엽관목림, 사지의 저토와 100㎡의 서식공간
맹꽁이	초지, 습초지	웅덩이	웅덩이 흙 밑	저습지와 사질의 저토와 웅덩이, 100㎡의 서식공간
한국산개구리	습지	저습지	습지	최소한의 저습지와 50㎡의 서식공간
무당개구리	웅덩이	웅덩이	돌 밑	
옴개구리	풀숲	하천	하천, 개울	

다) 양서류 서식처로서 저습지 조성 방안

(1) 비오톱 조성

소생물권 조성과 관련한 구체적인 내용은 다음과 같다.

- 저습지는 2개의 습지(two wetland system)로 구성되며, 하천변에 조성할 경우에는 하천이 직강화로 흐르는 곳보다는 굴곡이 형성되는 만곡부에 조성하여 상류에서는 물이 흘러 들어오고, 하류부에서는 물이 자연스럽게 빠져나가게 한다.
- 저습지의 규모는 크게는 50㎡에서 작게는 30㎡ 정도로 한다.
- 저습지의 중간에는 양서류가 낮에 휴식을 취할 수 있는 구릉을 초지와 함께 만든다.

- 두 개의 습지 중에서 하나의 작은 습지의 가장 깊은 수심은 100~150㎝ 정도로 하고, 가장 수심이 낮은 가장자리의 수심은 0~30㎝ 정도로 조성한다.
- 저습지 주변의 초지 일대는 경사각을 10°의 낮은 경사로 하고, 가장자리 둘레의 면적은 최소한 2m를 유지한다(항상 물이 차 있어서 양서류나, 어린 치어가 은신할 수 있는 공간을 조성해야 한다).
- 수심이 최고 1m에서 수변 부위는 35㎝ 내외로 만들어 주어야 하며, 중앙 부분에는 턱을 만들어 가끔 개구리가 휴식(일광욕 : 포식 후 먹이의 소화를 돕기 위함)할 수 있는 공간을 만들어 준다.
- 수변부에 다양한 수생식물을 식재하여 산란할 수 있는 공간을 조성한다. 반면, 개구리 산란의 제한 요인은 수질 상태에 의해 영향을 받는데, pH의 경우 pH 4.0 이하로 산성화되면 산란에 장애가 발생한다.
- 소생물권의 요소들을 다양하게 조성함으로써 기능적으로 다양한 식물종과 식생 군집의 형성이 가능해지며 연쇄적인 생태계의 먹이사슬 구조가 형성된다.
- 환경에 적응력이 뛰어난 목본식물 및 초본식물을 도입하여 생물의 수직적 서식공간과 먹이를 제공하도록 한다.

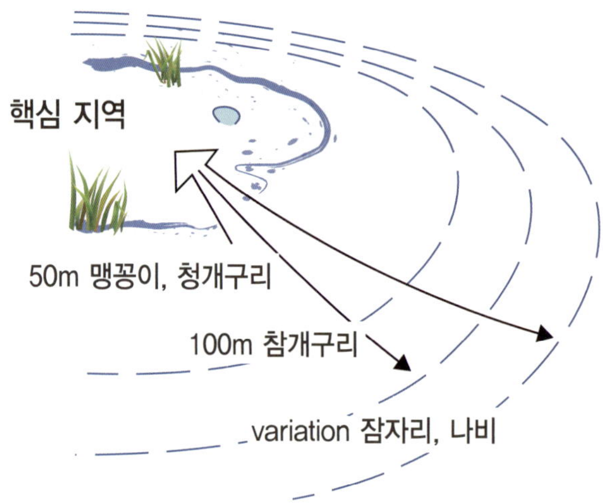

[그림 6-107] 양서류의 서식반경

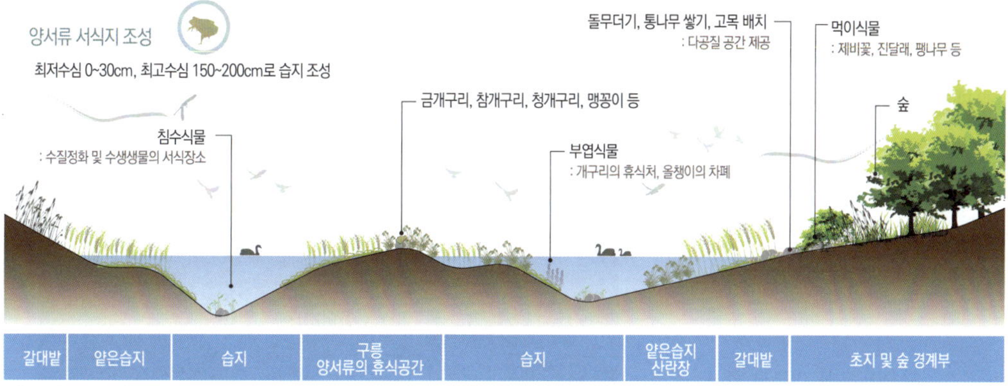

[그림 6-108] 양서류 서식처 단면도

(2) 식생 도입

식생 도입에 관한 내용은 다음과 같다.

- 자생식물인 갈대, 부들, 매자기 등 습지성 식물을 활용한다.
- 식생 도입은 생물의 서식처인 동시에 먹이 자원인 장소와 관련되어 있다.
- 습생식물과 수생식물의 유형을 구분하여 배치한다.
- 습지성 초본식물은 경관적으로 아름다우며, 다양한 곤충을 유인할 수 있는 종을 도입한다.
- 검정말, 나사말 등 물에 잠겨서 생활하는 식물을 식재하면 물 속 용존산소량의 증가를 가져오게 되고, 수서곤충의 다양성을 회복하게 되어 먹이원이 풍부하게 되므로 개구리의 생존율과 개체수의 증가를 가져온다.
- 양서류의 활동 범위를 고려한 서식 환경이 제공되어야 한다.

(3) 양서류의 이주

최근 각종 개발 사업에 의해서 양서류의 서식처가 영향을 받게 됨으로써 서식처를 보전하지 못한 경우에는 대체 서식처를 조성하고, 기존 서식처 내 생물종을 대체 서식처로 이주시키는 방법이 자주 사용되고 있다.

법적 보호종의 서식처 이주를 할 경우에는 다음과 같은 과정을 따른다. 우선, 이주 지역에 대한 서식처 적합성 등을 분석하여 이주 지역을 선정하여야 한다. 그리고 현재 서식처에서의 보호종의 서식 실태를 파악하여 “야생생물 보호 및 관리에 관한 법률”에 의거한 “멸종위기 종 포획 및 이주 계획서”를 작성하여 해당 유역(지방)환경청장에게 멸종위기 종 포획 및 방사 허가 신청을 하여야 한다. 이후 보호종의 서식 실태를 분석하여 주요 예상 이동 루트 및 활동 지점에 트랩을 설치한 후 보호종을 포획한다. 이때 해당 종의 생태적 특성을 고려하여 은신처, 산란처, 먹이터 등을 포함하여 보호 펜스를 설치하여 외부의 침입을 방지토록 조치해 두어야 한다. 확인한 개체는 현장에서 사진으로 기록하고, 지점을 표시한 후 보관 용기에 보관 후 이송하여 연구실 등에서 개체별 표식을 한 후 이주 지역에 방사한다. 보호종의 방사 후 보호종 포획 신고 내역을 해당 유역(지방)환경청장에게 제출하고, 이주 지역에 대한 지속적인 모니터링을 실시하여 서식처의 안정화, 생존율 등을 확인해야 한다. 그리고 이주 지역에 대한 모니터링 결과에 따라 유지·관리 방안을 제시해야 한다.

1 단계

맹꽁이 포획·이주를 위한
이주 예정지 분석 및 선정

자연 상태의 서식지 프로토타입과 유사한 포인트 설정

2 단계

맹꽁이 서식 실태 조사
맹꽁이 포획 및 이주

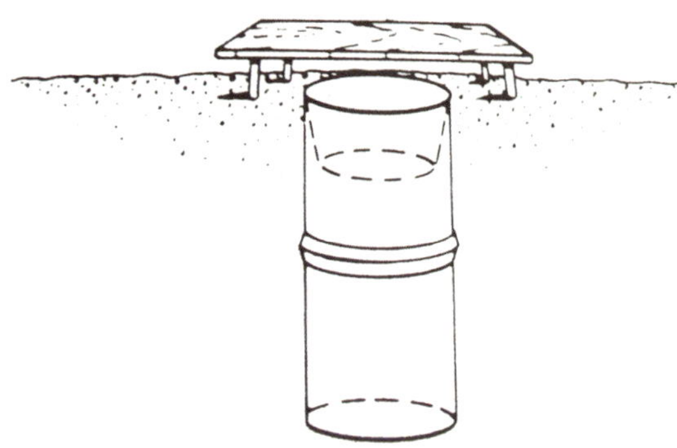

① 여름철(5~8월) 주간 포충망 등으로 성체 및 올챙이, 알 포획·이동
② Pitfall 트랩을 설치하여 성체를 포획

3 단계

포획 성과 모니터링

① 공사 전 및 공사 시 맹꽁이 잔류 여부 모니터링 실시
② 맹꽁이 잔류 확인 시 추가 포획 실시
③ 대체서식처 맹꽁이 포획·이주 및 사후 모니터링

[그림 6-109] 맹꽁이 포획·이주 단계별 계획 예시

한편, 이주 대상지역에는 보호종의 안정적인 서식을 위하여 천적의 침입을 방지하고 외부로 도망가는 것을 방지하기 위하여 이주 대상지역에 서식지, 동면지, 채식지, 산란지를 포함하여 펜스를 설치하여야 한다. 펜스의 높이는 종에 따라 차이는 있지만, 지면에서 80㎝ 이상으로 하고, 땅속으로 이동하는 종일 경우에는 지면에서 지하로 30㎝ 이상으로 매립하여 설치한다. 참고로 맹꽁이는 표토로부터

토심 30㎝까지 서식하는 것으로 알려져 있다(국립생태원, 2022.08). 지주대의 설치는 망과의 결합을 유지하기 위하여 1~1.5m 간격으로 설치하는 것이 좋다. 망은 양서류의 경우 아성체의 출입을 방지하기 위하여 보통 직경 4㎜ 이하의 구멍 크기를 유지해야 하므로 PVC 모기장(분진망)을 이용하고, 펜스의 범위는 반드시 서식지, 동면지, 채식지, 산란지를 포함하여 범위를 설정해야 한다.

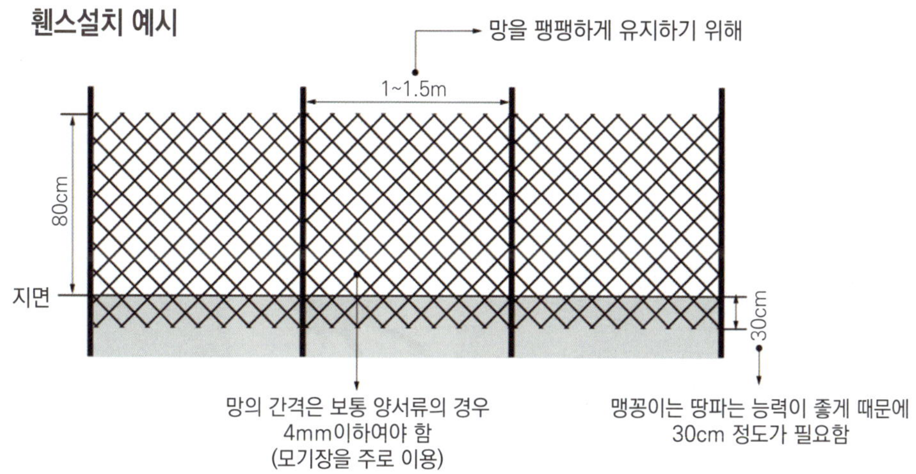

[그림 6-110] 이주 지역 내 펜스 설치

[그림 6-111] 맹꽁이 이주 지역 펜스 설치 모습

포획된 보호종의 올챙이는 아가미 호흡을 하기 때문에 가로 × 세로 × 높이(30㎝ × 30㎝ × 30㎝)의 플라스틱 용기(뚜껑은 공기의 출입을 위하여 구멍을 냄)에 적당량의 물을 담고, 휴대용 산소 발생기를 장착한 후 방사 지역으로 운반한다. 성체의 경우에는, 가로 × 세로 × 높이(30㎝ × 30㎝ × 30㎝)의 플라스틱 용기(뚜껑은 공기의 유통을 유지하기 위하여 구멍을 뚫어둠)에 일정량의 물을 채운 후 방사 지역으로 운반한다.

이주시킬 개체는 이주 후 모니터링을 실시하여야 하므로, 포획한 개체는 별도의 표식을 해야 한다. 개체의 표식 방법은 개체 표시용 마이크로칩 삽입, 형광 Tag 부착법, 발가락 절단법 3가지 방법 중 가장 보편적이며 비용이 적게 드는 발가락 절단법을 사용한다. 이 방법은 양서류의 발가락에 임의의 번호를 부여하고 그 번호를 맞추어 발가락을 2~5㎜가량 절단하여 표시하는 방법으로 개체군의 수를 고려하여 연구자가 임의로 번호를 부여하는 방식이다. 이러한 방법은 절단한 발가락을 이용하여 각 개체의 연령을 확인할 수 있고 많은 개체에 적은 비용으로 번호를 부여할 수 있다는 장점이 있다. 하지만, 대상동물에 스트레스를 주고 절단 이후 감염과 생존율에 부정적인 영향을 미치는 것으로 알려져 있다.

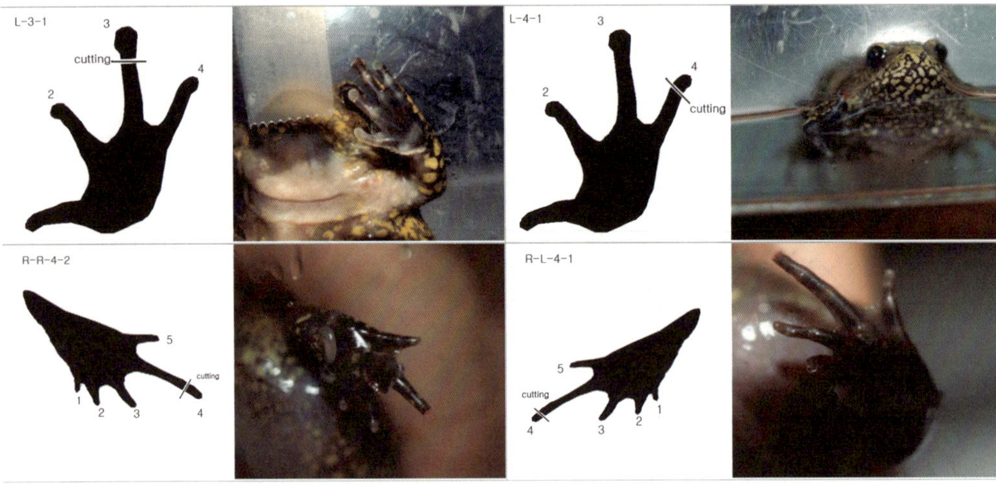

[그림 6-112] 포획 개체의 발가락 절단 표식 기법

(4) 서식처 복원 방법: 맹꽁이 예시

맹꽁이는 환경부에서 지정한 멸종위기 야생생물 II급 생물종이다. 맹꽁이는 부드러운 흙 속에서 주로 생활하다가 여름 장마철에 산란을 위해서 습지(일시적인 여름 습지 포함)로 나왔다가 다시 흙 속으로 들어가는 패턴을 보인다.

[표 6-57] 맹꽁이의 서식처 특성

목적	공간 성격	비고
먹이(먹이터)	• 대상지 주변으로 서식하고 있는 곤충 및 절지류 등을 먹이원으로 함.	먹이 환경 분석
은신(은신처)	• 낮에는 초지, 토질이 부드러운 흙, 돌틈 등에 몸을 숨기고 있음. • 밤에 먹이 활동을 함.	일반 환경 분석
산란(산란처)	• 영구적인 습지 및 장마철 일시적인 습지에 산란을 함.	번식 환경 분석
동면(동면지)	• 부드러운 흙을 파고 들어감.	동면지 분석

맹꽁이 먹이터

맹꽁이 은신처

맹꽁이 산란처

※ 자료출처: 환경부·한국환경산업기술원, 2015(연구기관: 넥서스환경디자인연구원).

이러한 맹꽁이는 도시지역을 포함하여 각종 개발 사업에서 상대적으로 자주 출현하여 대체 서식지를 만들어 주는 사례가 빈번한 편이다. 이에 따라 필자가 연구책임자로 수행한 "도시지역 생태계 건전성 확보를 위한 멸종위기종 서식처 복원기술 개발(환경부 · 한국환경산업기술원, 2015)"의 내용을 토대로 맹꽁이의 서식처 적합성 지수 개발과 서식처 조성 기법 등에 대한 내용을 요약하여 제시하였다. 또한, 환경부의 생태계보전부담금 반환사업으로 2014년에 수행한 "목포시 매립지의 생태적 복원을 통한 맹꽁이 대체 서식처 조성 사업"을 실시한 내용을 함께 제시하였다.

맹꽁이와 관련된 문헌들을 종합하여 맹꽁이에 대한 생태 및 서식처 특성을 정리해 보면 [표 6-58]과 같다.

[표 6-58] 맹꽁이의 생태 및 서식처 현황 문헌조사 결과

구 분		내 용
공간	서식 분포	• 강원도를 제외한 모든 지역에서 관찰
	행동권	• 번식지로부터 500m 이상 먼 거리까지 이동 • 산란공간과 서식공간을 공유. 154m까지 이동 • 번식기 중 하루 최대 이동거리는 167m, 동면준비기 중엔 103m(국립생태원, 2022.08)
먹이	성체	• 곤충, 절지동물, 지렁이, 파리류, 먼지벌레, 개미류, 거미류 등
	유생	• 죽은 동물의 조직 부스러기, 물이끼나 조류
은신처	은신	• 배수가 잘되는 움푹 패인 곳의 습기가 유지되는 돌이나 인공물 밑에서 한 마리에서 수십 마리씩 무리를 지어 머묾. • 흙 속, 돌 밑 등 틈. 부드러운 흙인 경우 20㎝ 이상 들어감
	은신 (유생)	• 웅덩이 아래 풀 속에 동그란 홈을 파기도 하며 그 안에 몸을 숨기기도 함
	활동기간	• 낮에는 땅 속에서 숨어 있음. • 4월부터 11월 사이에 먹이 활동을 위해 밤에 밖으로 나옴. • 비가 내리거나 습도가 높은 날에 많은 맹꽁이가 이동. • 무더운 시기에도 맹꽁이는 해가 진후에는 활동. • 15℃ 이상에서만 맹꽁이 관찰이 가능
물 (번식)	번식시기	• 온도가 높은 여름기간, 많은 비가 내리는 날 산란 • 우리나라에 서식하는 무미류 중에서 늦은 시기에 번식을 하며 짧은 번식 기간을 가짐 • 장마철 전후 4월 하순부터 8월 하순까지 번식함
	기후요소	• 맹꽁이 산란에 영향을 주는 요인으로 강우량이 가장 크며, 습도와 기압이 영향을 줌
	산란지	• 비가 온 후 연못이나 물이 고인 웅덩이에 산란이 많이 이루어짐 • 초지〉농수로 등 수로〉논〉웅덩이 주변 습지 순으로 분포 • 영구 습지〉하천주변〉일시적 습지〉농경지나 주택 주변 순으로 분포
	산란지 습지의 식생	• 송이고랭이, 돌피, 개구리밥, 여뀌, 미나리, 수련 등으로 정수식물이 가장 많은 종을 차지하며, 다음으로 부엽식물이 많음 • 갈대, 부들류, 골풀, 미나리 등 정수식물 군락의 하부로 개방되지 않은 공간을 선호. 정수식물 군락 피도는 50% 이상. • 개방수면의 비율이 낮은 곳. 그늘이 형성되는 곳에 산란
	산란지 수심	• 50㎝ 이하의 장소 • 10㎝~40㎝. 동결 방지를 위해 1m 이상 수심 확보
	산란지 주변	• 밭 〉 하천 〉 논 순으로 분포

[표 계속]

구 분		내 용
동면	-	• 연구자료 없음
생활사	발생기간	• 산란 후 1~2일 이내 올챙이로 부화
	알에서 성체가 되는 기간	• 20~40일가량으로 평균 25일 내외
위협요소	도시화	• 도시화에 의한 산란지 매립 및 감소, 도로 및 산책로 조성으로 인한 로드킬
	농업	• 농약이나 비료 살포
	포식자	• 붕어, 미꾸라지, 붉은귀거북, 물방개, 물방개의 유생, 잠자리 유생 등

※ 자료출처: 환경부·한국환경산업기술원(2015, 넥서스환경디자인연구원 수행)의 내용을 수정함.

[표 6-58]에서 제시한 문헌 조사 내용과 현지 조사 등을 토대로 만들어진 맹꽁이의 서식처 적합성 지수는 [표 6-59]와 같다.

[표 6-59] 맹꽁이의 생활사에 기초한 서식처 적합성 지수(HSI)

구성요소	변 수	기 준
공간	습지, 초지, 밭, 하천, 논과의 거리	150m 이내
	산란처 고도	400m 이하
먹이	수림대 층상 구조	상층, 중층, 하층 층상 구조 존재
	저층 초지 공간	50~1,500㎡
은신처	돌 및 돌 틈	돌 도입
	토질	부드러운 흙 (토심 20㎝ 이상)
물 (번식)	영구습지 면적	500㎡ 이상
	일시습지 면적	50㎡ 이상
	습지 수생식물의 피도 (개방수면 비율)	70% 내외 (30% 내외)
	수심	10~50㎝
	수온	-
	수질(DO)	5.1~7.5
	pH	5.8~7.5
위협요소	포식자 유무	-
	도로와의 거리	150m 이상
	오염원과의 거리	100m 이상

※ 자료출처: 환경부·한국환경산업기술원, 2015(연구기관: 넥서스환경디자인연구원).

[표 6-59]에서 제시한 맹꽁이의 서식처 적합성 지수를 토대로 맹꽁이 서식처 조성 및 복원을 위한 표준 모델의 평면도, 단면도, 모델링 내용은 [그림 6-113], [그림 6-114], [그림 6-115]에서 제시하였다.

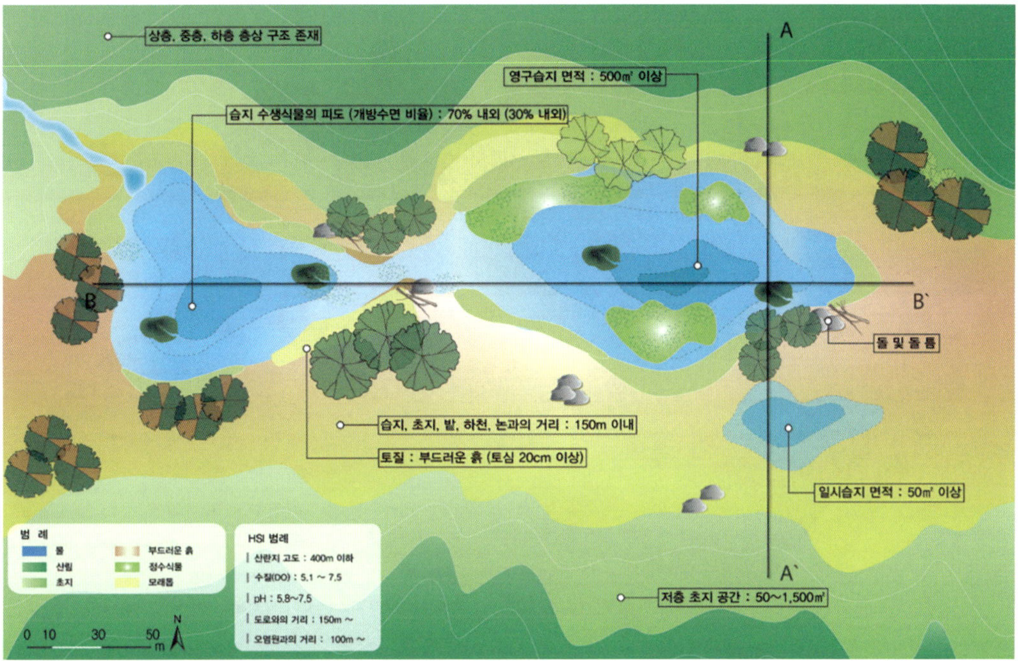

[그림 6-113] 맹꽁이 서식지 복원 표준 모델(평면도)

※ 자료출처: 환경부·한국환경산업기술원, 2015(연구기관: 넥서스환경디자인연구원).

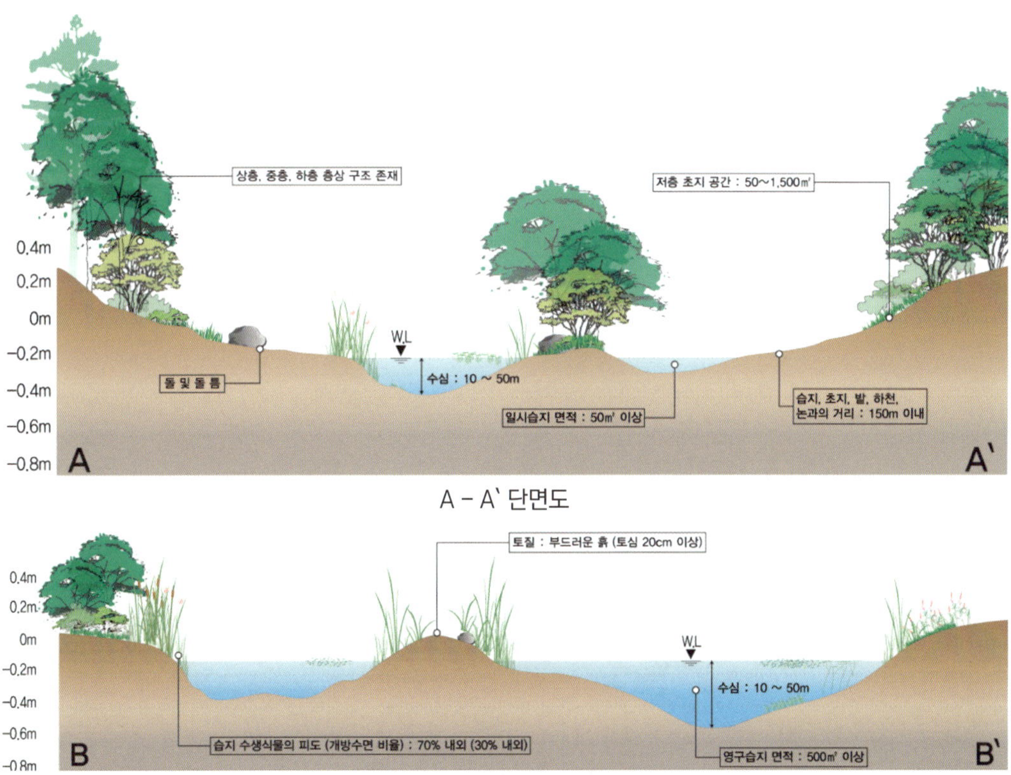

[그림 6-114] 주요 지점 단면도

※ 자료출처: 환경부·한국환경산업기술원, 2015(연구기관: 넥서스환경디자인연구원).

[그림 6-115] 맹꽁이 복원 및 서식지 조성을 위한 모델링
※ 자료출처: 환경부·한국환경산업기술원, 2015(연구기관: 넥서스환경디자인연구원).

지금까지 제시한 맹꽁이의 생태적 특성 파악 및 서식처 적합성 지수 개발 등의 연구 과정을 실제 대상지역에 적용한 사례는 다음과 같다.

목포시 산정동에 위치한 복원 사업 대상지는 과거 매립지였으나 방치된 상태였다. 이 지역 주변으로는 맹꽁이들이 다수 발견되어 안정적인 서식처 제공의 필요성이 대두되었으며, 2014년 환경부 생태계보전부담금 반환사업으로 선정되어 시행되었다.

[그림 6-116] 복원 전 대상지 현황

복원 대상지역에 대한 현황 조사 및 분석 내용을 종합한 도면은 [그림 6-117]과 같다.

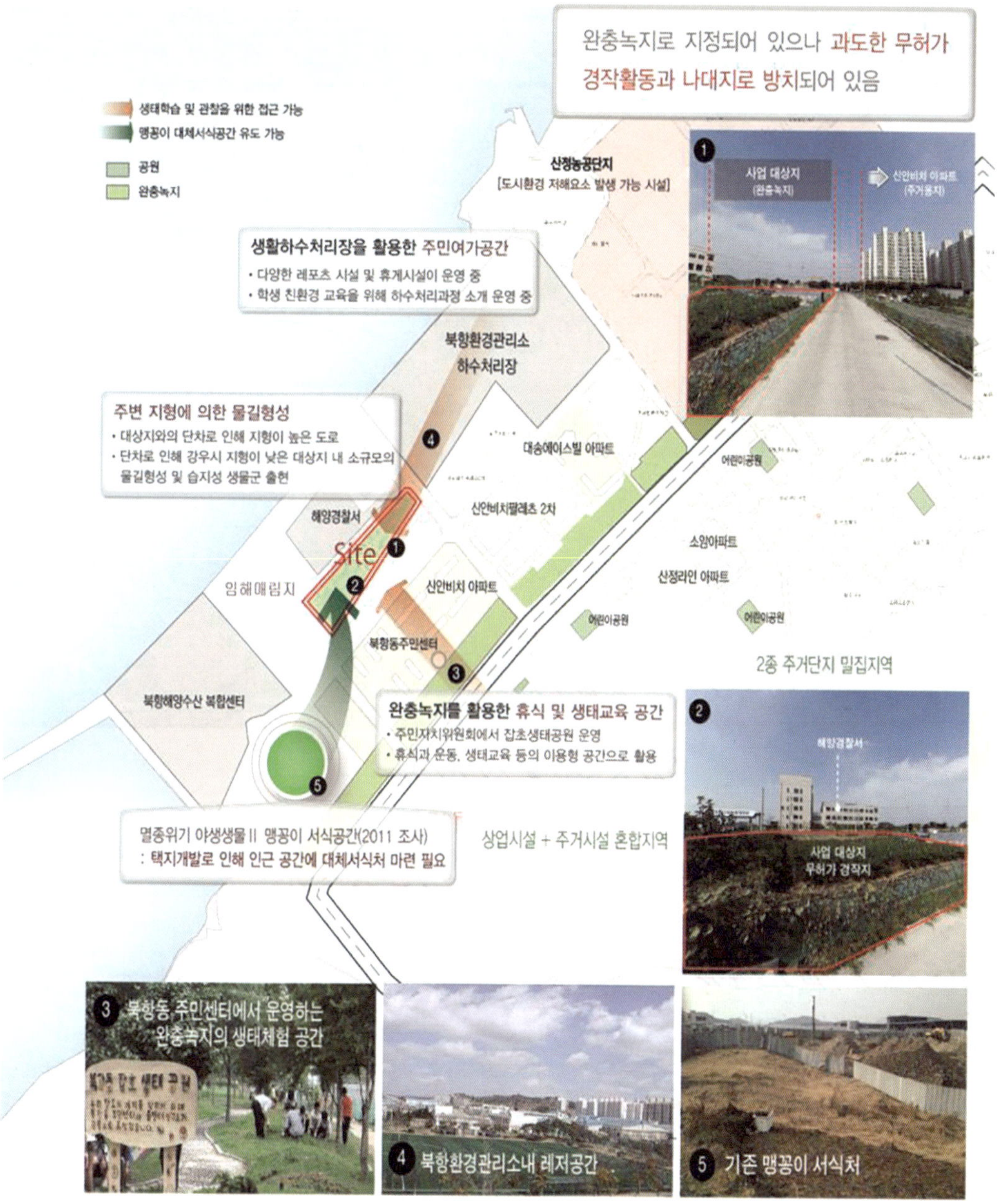

[그림 6-117] 복원 전 대상지의 주요 현황

이후 분석된 내용을 토대로 맹꽁이를 목표종으로 대체 서식처 조성을 위한 기본 계획을 수립한 내용은 [그림 6-118]과 같다.

[그림 6-118] 기본계획도

시공 후 주요 모습은 다음과 같다.

[그림 6-119] 복원 후 대상지 전경 (2015년 8월)

복원 후 대상지역에서는 주변 지역에 서식하고 있던 맹꽁이들이 자연 유입하는 결과를 가져왔다. 다만, 모니터링 과정에서 확인한 사항으로 복원 지역에 설치된 배수구로 맹꽁이가 빠져서 나오지 못하는 상황이 발생하였다. 또한, 인접 지역에서 복원 지역으로 유입하는 과정에서 맹꽁이가 도로변 방지턱을 넘지 못하는 현상이 발생하였다. 이에 배수로는 상부를 그물망으로 막았고, 도로변 방지턱에는 그물망을 임시로 설치하여 맹꽁이의 유입을 도왔다. 이후 작은 터널형 생태통로를 조성해 주는 과정을 거쳤다. 이 지역은 복원 후 지역 환경단체 등에서 맹꽁이를 주제로 한 다양한 환경교육 및 체험의 장으로 활용하고 있다. 반면, 여름철 맹꽁이의 울음소리가 너무 크고 시끄럽다는 민원도 발생하고 있다.

a) 영구적 습지

b) 일시적 습지

c) 인접 지역 배수구에 빠진 맹꽁이

d) 인접 지역에서 맹꽁이의 자연 유입을 돕기 위해 임시로 설치한 그물망

[그림 6-120] 맹꽁이 서식처 복원 후 모니터링 (2015년 8월)

6) 파충류 서식처 복원

가) 파충류의 생태적 특징

파충류는 뱀류와 거북류로 구분한다. 뱀류는 거북류와 달리 다리가 없으며, 눈꺼풀이 없다는 특징이 있다. 파충류는 변온동물의 전형적인 특징을 보인다. 따라서 추운 겨울에는 에너지 소비를 최소화하고 적정 온도에서 생활하기 위해 동면하는 것이 일반적이다. 또한, 먹이를 섭취한 후에는 소화를 위해서 따뜻한 돌이나 햇볕이 잘 드는 나뭇가지를 찾기도 한다.

나) 파충류 서식처 조성 기법

(1) 뱀류

뱀류의 서식처를 조성하기 위한 전형적인 방법은 돌쌓기를 하는 것이다. 돌무더기라고도 표현할 수 있으며, 쉽게 설명하면 우리나라 전통가옥에서 볼 수 있는 돌담과 같은 곳이다. 멸종위기에 처해 있는 구렁이는 원래 초가집 지붕이나 돌담 주변에 서식하였으나, 지붕 개량 사업, 서식처 파괴, 보신 문화 등으로 개체수가 급감하고 있는 실정이다.

(2) 거북류

멸종위기 야생생물 II급이면서 천연기념물로 지정되어 있는 남생이는 최근 급격하게 그 개체수가 줄어들고 있어 관심의 대상이 되고 있다. 더불어 생태적 지위가 유사한 붉은귀거북과 형태적으로나 생태적으로 유사하여 그 교란의 정도는 갈수록 심화되고 있다. 남생이 서식지 복원과 관련하여 일반적으로 고려할 사항을 제시하면 다음과 같다.

[표 6-60] 남생이의 일반적 서식지 조건

구분	일반적 서식지 조건
공간	• 강과 이어진 논이나 늪, 냇가, 연못, 호수, 민물 등에서 서식하며 낮에는 강가의 은신처에서 몸을 숨긴다. • 기온이 높은 여름에는 기생충을 없애기 위해 바위에 올라가서 햇볕을 쬐며, 산란기에는 물가 모래톱에서 구덩이를 파고 알을 낳으며, 겨울철에는 강바닥에 진흙 속에서 동면한다.
먹이	• 잡식성으로 다양한 식물과 죽은 동물을 주식으로 한다. • 개구리, 우렁이, 민물고기, 새우 따위의 갑각류, 다슬기, 양서류, 달팽이, 지렁이, 곤충류, 수초, 물풀, 떨어진 과실 등을 먹이로 한다. • 아침과 해질녘에 물가나 물속에서 작은 물고기, 우렁이, 물풀 등을 먹는다. • 1~2년생은 대기의 온도가 15℃ 이하로 내려가면 채식을 중단한다.
은신처	• 낮에는 강가의 돌 밑에 있거나 흙이나 진흙 속으로 파고 들어가 있으며, 날씨가 추워지면 물속의 진흙을 파고 들어가서 동면을 한다.
물	• 강의 중류, 하류, 호수, 연못, 늪, 논의 관개수로와 같이 유속이 약하거나 고인 담수에서 서식한다. • 주로 물에서 서식하며 헤엄치고 먹이를 잡아먹으며, 겨울잠을 잘 때도 물속의 강바닥의 진흙 속으로 들어가서 겨울을 난다.
기타	• 본래 번식기는 봄이지만, 가을에 번식하기도 한다. • 산란기는 보통 6월~7월 사이이다. • 미생물, 거머리류 및 흡충 등의 기생충은 서식에 영향을 끼친다. • 물새나 공격적인 조류, 육식성 어류(블루길, 베스 등), 소형 포유류 및 설치류는 남생이의 유생이나 성체에게 위협이 된다. • 모기 유충은 면역력이 낮은 어린 유생에게 위협적이며 너구리나 개미 등은 산란한 알을 위협하는 포식자이다. • 남생이의 가장 큰 생존 위협은 지역 개발과 담수 형태의 변형이다.

전남 구례 사림저수지	전남 구례 용정저수지

[그림 6-121] 남생이 서식처

7) 조류 서식처 복원

가) 조류의 생태적 특징

조류는 포유류와 함께 고차원 소비자로서 서식처에 있어서 중요한 역할을 한다. 즉, 조류는 물과 유실수목, 곤충, 어류, 양서류 등을 먹이로 하는데, 조류가 다양하게 서식하면 안정적인 먹이사슬이 형성되며, 이는 생태적으로 양호한 서식처임을 나타낸다. 한편, 조류는 인간의 간섭에 매우 민감하며, 비교적 넓은 서식처를 요구한다. 특히, 조성 면적에 한계를 가질 수 있는 도시지역에서 넓은 서식처를 확보하지 못할 경우에는 주변의 양호한 서식처를 활용할 수 있도록 해야 한다. 또한, 조류는 사람들에게 친근감을 주어 가장 큰 심미적 효과를 주기도 한다. 조류는 일주행동(日周行動)을 보이는데, 대체로 주행성과 야행성으로 나눠진다. 대부분의 조류는 주행성이고, 일출과 동시에 행동하여 야간에 수면에 들어간다. 일반적으로 조류의 행동이 가장 활발한 시간대는 일출 후 수 시간 사이이며, 번식기에도 마찬가지이다. 야행성 조류는 낮에는 휴식하고, 밤에 논 등에서 채이(採餌, feeding)한다. 그러나 공원 등과 같이 인위적인 영향이 큰 장소에서는 사람이 낮에 주는 모이를 낮에 채이하는 등 조류의 행동 양식도 그 환경 조건에 따라 변동한다. 조류의 먹이는 종류에 따라 차이가 있다. 대부분의 소조류는 번식기에는 곤충이나, 거미, 지렁이 등을 채이하는 비율이 높고, 월동기에는 식물의 열매 등을 채이하는 경우가 많다. 종류에 따라 어류, 수생식물, 수생곤충, 갑각류, 논 등의 소동물을 다양하게 채이한다. 조류의 일생 행동 범위인 행동권은 박새와 같은 소조류의 1㏊에서 2,000~6,000㏊까지 다양하다. 1년을 통하여 행동권이 변하지 않는 종도 있지만 계절에 따라 행동권이 바뀌는 종도 있다. 한편, 조류는 서식하는 장소에 따라서 산새, 숲 가장자리새, 들새, 물새, 도시새 등으로 구분할 수 있는데, 주요 서식 특성은 [표 6-61]과 같다.

[표 6-61] 서식 장소에 따른 조류의 서식처 특성

구분	은신처	먹이	물	인간 영향
산새	• 수관, 관목, 초본 • 하층 식생이 풍부한 자연숲 • 바위틈(침식지형)	• 먹이자원(벌레, 열매)의 양이 많은 자연숲, 큰 숲	• 먹을 물, 목욕할 물 필요	• 적을수록 좋음
숲가장자리새	• 산, 들	• 산새와 들새의 먹이와 유사	-	• 적을수록 좋음
들새	• 관목이 꼭 있어야 함	• 벌레, 열매, 곡식, 양서류	• 물이 있으면 좋음 (들에는 물이 많음)	• 적을수록 좋음
물새	• 물가의 식생 (관목) • 아주 가까운 숲의 교목, 관목, 초지 • 휴식처는 사주부	• 유충, 곡식, 어류, 양서류 • 수면성: 수심은 얕을수록 좋음 • 잠수성: 잠수를 위한 적정 수심 확보	• 물이 없으면 안됨	• 적을수록 좋음
도시새	• 도시 녹지, 가로수, 주택, 교각	• 농작물, 쓰레기, 곤충, 열매, 양서류	• 도시 내 수자원	-

※ 자료출처: 성남시(2004)와 환경부(2009)의 내용을 수정·보완함.

한편, [표 6-61]에서 제시한 조류의 서식처 특성에 대한 내용을 바탕으로, 조류의 서식 기능에 영향을 주는 정량적인 서식처 변수는 [표 6-62]와 같다.

[표 6-62] 조류 서식처의 변수

구분	은신처	먹이	물	인간 영향
산새	• 숲의 크기(+) • 상층, 중층, 하층식생 피도(+) • 지형 다양성(+)	• 열매 양(+) • 곤충 양(+)	• 이용가능한 물까지 접근 편익/비용(+)	• 숲 경계, 등산로로부터 거리(+)
숲 가장자리새	• 가장자리의 양(길이)(+) • 가장자리의 질(중층, 하층 식생 피도)(+)	• 열매 양(+) • 곤충 양(+) • 양서류 양(+) • 농작물 양(+)	• 이용가능한 물까지 접근 편익/비용(+)	• 인간 영향 요소로부터 거리/강도(+)
들새	• 관목숲 크기(+) • 중층, 하층 식생 피도(+)	• 열매 양(+) • 곤충 양(+) • 양서류 양(+) • 농작물 양(+)	• 이용가능한 물까지 접근 편익/비용(+)	• 인간 영향 요소로부터 거리/강도(+)
물새	• 수면의 면적(+) • 하천변 식생 면적(+) • 하천변 사주부 면적(+) • 이용가능한 숲까지 접근 편익/비용(+)	• 초본 양(+) • 양서류 양(+) • 어류 양(+)	• 이용가능한 물까지 접근 편익/비용 (물 아닌 단위 비오톱)(+)	• 인간 영향 요소로부터 거리/강도(+)
도시새	• 도시 녹지 크기(+)	• 열매 양(+) • 곤충 양(+) • 양서류 양(+) • 농작물, 음식 양(+)	• 이용가능한 물까지 접근 편익/비용(+)	• 없음

※ 자료출처: 성남시(2004)와 환경부(2009)의 내용을 수정·보완함.

나) 서식처 조성 기법

(1) 조류의 유인 및 서식환경 조성 기법

조류를 유인하고 서식하기에 적합한 환경을 제공할 수 있는 습지를 조성하기 위해서는 수심, 가장자리 처리, 식재 등이 주요 관점이 된다. 습지 주위에 물새류를 유인하기 위해서는 수변부에 몸을 숨길 수 있는 갈대와 습지 주변으로 숲을 조성하도록 하며, 물새들이 먹을 수 있는 각종 수생동물과 곤충류의 서식 밀도를 높이도록 습지의 수변부를 다양하게 조성해 줄 필요가 있다.

[표 6-63] 조류의 서식처 조성 방법

구 분	내 용
조류와 수심	• 깊은 곳: 수면에서 생활하는 조류(쇠물닭 등) • 얕은 곳: 물가에서 생활하는 조류(덤불해오라기, 황로 등)
조류와 물바닥	• 돌틈, 바위: 꼬마물떼새, 노랑할미새 등 • 모래, 자갈땅: 쇠제비갈매기, 흰물떼새 등 • 점질토 토양: 큰뒷부리도요, 물떼새류 등
조류와 식생	• 갈대밭, 억새, 줄풀 등 정수식물대: 개개비, 물닭, 청둥오리 등 • 풀밭: 덤불해오라기, 쇠오리, 흰뺨검둥오리, 알락도요, 고방오리 등 • 관목, 덤불류: 고방오리 등 • 교목: 황로, 왜가리, 검은댕기해오라기, 백로류 등 • 고목: 호반새
조류와 물가장자리	• 약간 가파른 경사지: 물총새류, 갈색제비 등 • 완만한 경사지: 청호반새 등

조류의 유인 및 서식 환경 조성 기법과 관련한 구체적인 내용은 다음과 같다. 우선, 수심은 3~4m 이상이 되면 생물학적 활동이 발생하기 어려우므로 이보다 낮은 깊이(일반적으로 2m 이하의 깊이)가 되게 하며, 다양하게 조성해 주는 것이 바람직하다. 또한, 식물의 성장 한계 수심을 파악하여(정수식물의 평균 성장 한계 수심은 2m임) 접근할 필요가 있다. 호안은 조류 중에서 약간 가파른 제방에 서식하는 종류는 일반적으로 1.5~2m 높이의 거의 수직적 제방이 요구되나, 그 외 대부분의 조류는 완경사면을 선호한다. 또한, 조류가 공중에서 인식할 수 있는 서식 환경을 조성해 주어야 하는데, 개개비류의 번식 및 이동을 위해서는 갈대 군락이 연속적으로 조성되어야 하고, 쇠물닭 등은 줄과 부들 군집을 필요로 한다. 또한, 붉은머리오목눈이의 경우에는 연속적인 관목과 덤불이 조성되어야 이동에 도움이 된다.

더불어서 습지의 개방수면도 조류를 유인하는 데 매우 중요한 역할을 한다. 조류뿐만 아니라 곤충과 같은 비행성 생물들에게도 개방수면은 중요하다. 수면에 비춰지는 반사빛(편광, 偏光)을 이용하여 물 서식처를 찾기 때문이다. 따라서 습지를 조성할 때 전체 수면적의 50% 내외는 개방수면을 유지할 수 있도록 해야 하며, 조성 후 관리 단계에서도 이 비율이 유지되도록 해야 한다. 섬(island)은 조류의 서식처 및 은신처로서 중요한 역할을 한다. 한국수자원공사(1997)의 설계 기준에 의한 섬의 조성 방법을 요약해 보면, 우선, 섬은 길이와 폭의 비율이 5:1~10:1이 적절하며, 습지와 횡방향으로 위치시켜서 물의 흐름을 방해하지 않는 것이 바람직하다. 섬의 크기는 전체 습지 면적의 1~5%의 면적 구성비가 생태적 균형을 확보하는 데 도움을 준다.

한편, France(2003)의 경우에는 200㎡ 이상인 섬들은 야생동물들에게 포식동물과 사람들을 피할 수 있는 은신처를 제공할 수 있다고 제시하였다. 하지만, 200㎡ 이상인 섬은 대규모 습지에 적용 가능할 것이며, 일반적으로 도시지역이나 소규모 습지에서는 최소 4㎡ 이상을 확보해야 한다. 또한, 섬을 여러 개 만들 때는 섬끼리 15m 이상의 거리를 확보해야 하며, 습지의 호안 가장자리로부터도 15m 이상을 이격시켜서 조성해 주는 것이 좋다. 한편, 섬의 윤곽도 습지의 모양처럼 불규칙한 곡선을 이용하는 것이 좋으며, 섬 내부의 경사는 10% 내외로 조성하여 조류의 접근을 쉽게 하는 것이 좋다.

모래톱이나 자갈톱은 조류의 휴식처로서 중요하며, 물떼새류 등에게는 산란지로서의 역할도 한다. 따라서 하천이나 습지를 조성할 때 모래톱이나 자갈톱을 도입하도록 해야 하며, 하천의 경우에는 물 흐름을 고려하여 자연스럽게 모래톱이나 자갈톱이 형성될 수 있도록 하는 것이 바람직하다.

모래톱은 조류의 중요한 서식처이며 휴식처가 된다(청계천 하류 구간).

섬은 새들에게 은신처와 서식처 역할을 한다 (서울 어린이대공원).

[그림 6-122] 조류 서식처로서 모래톱과 섬

횃대

수림대 내 자연스럽게 형성된 딱다구리류 서식처

[그림 6-123] 조류 서식처

한편, 산림에서 조류 서식처를 조성할 때에는 수직 및 수평적 구조를 고려하여야 하며, 특히 수관층위별로 선호하는 조류가 다름을 고려하여 다양한 수직적 구조를 우선적으로 고려해야 한다. 즉, 다층구조화된 식생 구조를 형성해 주어야 한다. 또한, 나무 구멍을 둥지로 이용하는 조류를 위해서 인공

새집을 가설해 줄 필요가 있다. 일반적으로 산림이 클수록 조류 다양성은 증가하며, 더불어서 산림 식생의 구조적 다양성이 확보될 때에도 조류 다양성은 증가한다. 즉, 대경목이 많을수록 둥지가 많아지고, 조류 다양성은 증가한다. 또한, 수직적 엽층(foliage lyaer) 구조가 조류 다양성에 영향을 준다.

[그림 6-124] 조류 서식처로서의 길드

(2) 먹이 식물의 식재

조류의 서식처 복원 혹은 조성을 위해서 가장 흔하게 사용되는 방법 중에 하나는 먹이 식물(식이식물)을 식재하는 것으로서 몇 가지 주요한 내용을 제시해 보면 다음과 같다.

- 식생은 야생동물, 특히 조류의 은신처나 피난처로 이용될 뿐만 아니라 먹이원으로 활용된다.
- 멧새류를 위하여 주변 녹지에 조류의 식성을 만족시킬 수 있는 다양한 종자식물을 선정하여 식재한다.
- 물새류를 위한 습지는 은신처나 번식 장소로서의 저습지가 2/3, 먹이를 획득하기 위한 넓은 개방수면이 1/3의 비를 갖추어야 하며, 물새류가 가장 선호하는 수생식물의 위치는 수심 30~60㎝의 곳에 있는 식물이라고 알려져 있다.
- 수심이 얕을 때 오리류는 수면성 오리류(청둥오리, 흰뺨검둥오리, 쇠오리 등)가 주를 이룬다. 이러한 수면성 오리류는 거의 초식성으로 천변에 먹이가 되는 수초를 식재하여 이들의 먹이와 함께 서식

처를 조성해 주어야 한다.

- 물떼새, 도요류와 할미새류는 얕은 물가의 모래나 자갈밭에서 번식(서식)하기 때문에 하천변에 자갈(크기 7~15㎜)밭과 모래밭을 조성하면 이들의 번식(서식)을 유도할 수 있다. 또한, 하안 식생을 유지하여 은신처로 작용할 수 있도록 하여야 한다.
- 박새, 멧새, 참새류는 교목과 관목을 적절하게 잘 혼용하여 이들의 서식공간을 조성해 주고 이들의 먹이가 되는 종자식물을 많이 식재하여야 한다.

우리나라에서 조류가 선호하는 대표적인 먹이 식물은 다음과 같다(이우신 등(2017)을 일부 수정함). 참고로 아래 목록은 귀화종을 제외하지 않은 것이다.

- 초본류: 여뀌, 왕싱아, 쇠비름, 명아주, 계요등, 뱀딸기, 기장, 수크령, 강아지풀 등
- 목본류: 꽝꽝나무, 주목, 산초나무, 사철나무, 댕댕이덩굴, 까마귀밥나무, 멀구슬나무, 노간주나무, 벚나무, 쥐똥나무, 화살나무, 작살나무, 개머루, 청가시덩굴, 팥배나무, 아까시나무 등

(3) 둥지 조성

인공 새집은 도시와 같이 환경이 열악한 서식지에서 새들이 둥지를 만들 수 없는 경우에 인위적으로 새집을 만들어 주는 것이다. 특히 도시지역에서는 나무의 성장이 좋지 않기 때문에 나무구멍을 둥지로 이용하는 종이 서식할 수 있는 흉고직경이 큰 수목이 많지 않다. 따라서 인공적으로 새집을 제공해 주면 안정적인 서식을 유도할 수 있다. 복원할 지역에 둥지가 필요할 경우, [표 6-64]의 내용을 참고하여 조류의 서식공간을 조성하는 것이 바람직하다.

[표 6-64] 우리나라에 서식하는 조류의 둥지 모양과 이용 조류

둥지 위치	모양	이용 조류	비고
나무 줄기	나무 구멍	딱다구리류, 박새류, 찌르레기, 올빼미류, 원앙, 흰눈썹황금새	딱다구리류는 나무구멍 둥지짓기 조류이며, 이외 조류는 나무구멍 둥지 이용 조류임
숲 지붕층, 덤불층	그릇 모양	백로류, 지빠귀류, 직박구리, 붉은배새매, 까마귀, 어치	
	컵 모양	붉은머리오목눈이, 휘파람새, 개개비	
	돔 모양	까치, 팔색조	
지면	맨땅	꿩, 검은딱새, 쏙독새	움푹 파인 곳을 활용
	자갈밭	꼬마물떼새	
바위, 절벽	옆 방향 출입구	굴뚝새	
	그릇 모양	큰유리새, 매류	
	접시 모양	가마우지류	
인가	그릇 모양	제비, 딱새, 참새	

※ 자료출처: 이우신 등(2017)의 내용을 약간 수정함.

(4) 조류의 휴식처 조성 기법

습지 내에서 조류의 휴식처는 일반적으로 가볍게 앉아서 쉬는 공간을 필요로 하는데, 이러한 공간의 조성 기법으로는 식물섬(floating island, 부도)이나 고목, 횃대(통나무 박기) 등이 있다. 식물섬은 일반적으로 수질정화용으로 많이 알려져 있지만, 조류의 휴식처 혹은 서식처로서도 매우 중요한 공간이다.

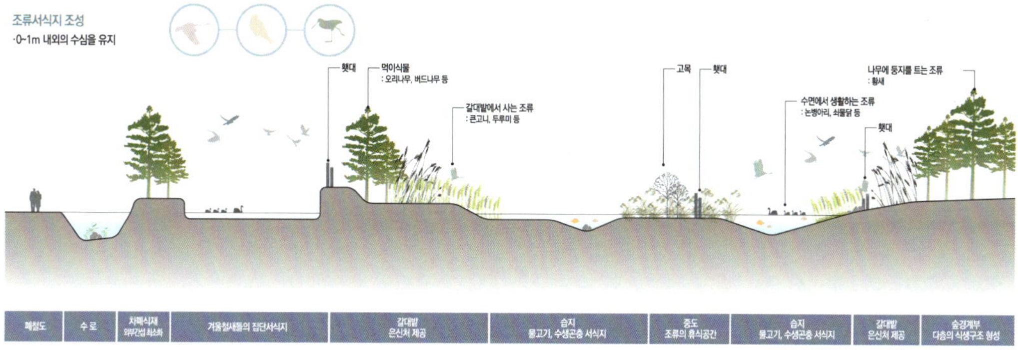

[그림 6-125] 조류 서식처의 전형적인 단면도

(5) 비간섭 거리 확보

(가) 야생동물과 인간의 거리

야생동물과 인간의 거리는 도주거리, 임계거리, 공격거리 등으로 구분한다. 도주거리(flight distance)는 포식자 등 적과의 만남, 즉, 적이 일정한 거리에 도달하면 도망을 치는데, 이 거리를 말한다. 이는 이종 간의 개념이며, 동종 간의 경우에는 세력권이라고 부른다. 동물의 신체 크기와 도주거리 간에는 정의 상관관계가 형성되는 것이 일반적이며, 동물의 성, 연령, 적의 종류, 환경 등에 따라 다르다. 또한, 위장, 가시나 털을 세움, 불쾌한 냄새 등의 방어 방법이 없는 동물종은 도주거리가 길어진다. 공격거리(attack distance)는 동물종이 도주거리를 확보하지 못하고, 적이 보호 거리 안에 들어왔을 때 공격의 성향을 띠는 것을 말하며, 방어거리라고도 한다. 등산길에서 갑작스럽게 만난 곰이나 뱀, 멧돼지 등이 대표적인 예가 된다. 임계거리(critical distance)는 도주거리와 공격거리 간의 임계 반응을 나타내는 거리의 폭을 말한다.

(나) 조류와 인간의 거리

조류와 인간의 거리는 비간섭거리, 경계거리, 회피거리, 도피거리 등으로 구분한다. 비간섭 거리는 조류가 사람의 모습을 알아차리면서도 달아나거나 경계의 자세를 취하는 일 없이 먹이를 계속 먹거나 휴식을 계속할 수 있는 거리이다. 경계거리는 이제까지 계속하고 있던 행동을 중지하고 사람 쪽을 바라보거나 경계음을 내거나 또는 새의 꽁지와 깃을 흔드는 등의 행동을 취하는 거리를 말한다. 회피거리는 사람이 접근하면 수십 ㎝에서 수 m를 걸어 다니거나 또는 가볍게 뛰기도 하면서 물러서서 사람과의 일정한 거리를 유지하려고 하는 거리를 말한다. 마지막으로 도피거리는 사람이 접근함에 따라 단숨에 장거리를 날아가면서 도피를 시작하는 거리를 말한다. [그림 6-126]은 조류의 서식처를 고려한 생태복원 계획·설계 시 조류와 인간의 거리를 고려하여 동선을 설정한 개념을 보여주고 있다.

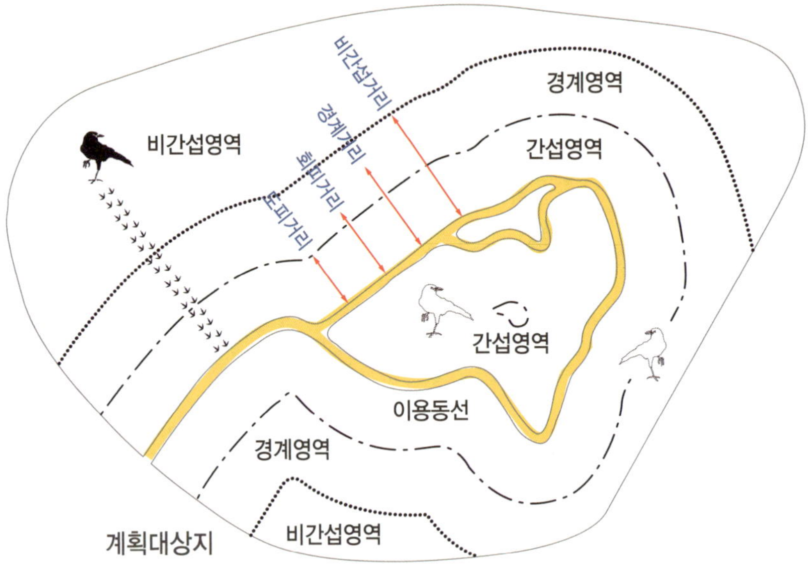

[그림 6-126] 조류와 인간의 거리를 고려한 접근 방법
※ 자료출처: 이명균 등 譯, 2004.

이러한 거리 개념은 조류 서식처를 조성할 때 유용하게 사용되는데, 아직까지 우리나라의 주요 조류에 대한 거리 값이 많이 연구되지 못했다는 것은 아쉬운 점이다. 이러한 거리를 좁히기 위해서 조류 관찰벽을 만들거나 사파리차를 이용하거나 먹이로 유인하는 방법이 대안으로 사용되고 있다(문석기 등 역, 2004). 이러한 방법은 인간과 생물이 만나는 방법으로서 유용하다.

뒤쪽으로 습지가 있으며, 조류관찰대는 수림대에 의해 위요되어 있어 바람직하게 조성됨.

조류관찰대가 산책로 변에 독립적으로 조성되어 있어 조류와의 비간섭 거리 확보라는 측면에서는 바람직하지 않음.

[그림 6-127] 조류 관찰대 조성 사례
※ 사진제공: 우측-홍태식 박사(자연환경관리기술사)

사진에서 데크 지붕 부분도 차폐되는 것이 조류 보호 측면에서는 더 바람직함.

[그림 6-128] 데크형 조류관찰대(인천 소래습지생태공원)

(다) 조류 관찰을 위한 이용자 통제 및 관찰 시설 조성

조류 서식을 위해서 가장 중요한 것은 외부 간섭을 최대한 줄여주는 것으로서 조용하면서 사람의 간섭이 적도록 해야 한다. 이러한 관점에서 특히 섬이 조류의 서식을 위해서 큰 기능을 한다고 할 수 있다.

a) 서식처에 진입할 수 없게 수로를 조성한 경우

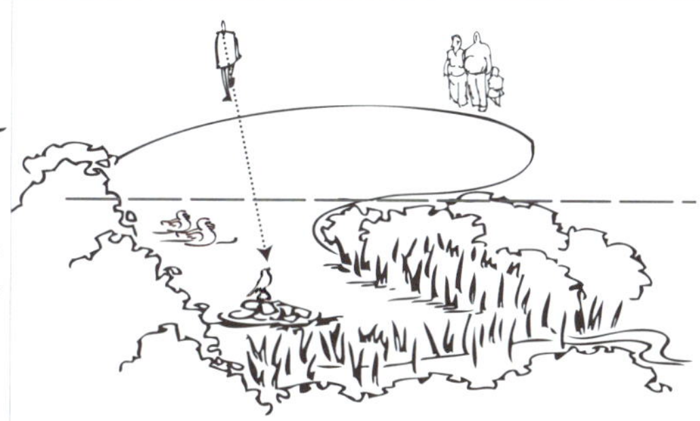

b) 조류의 주된 서식처를 사람들이 간섭할 수 없도록 식재한 경우

[그림 6-129] 조류의 서식처 보호 및 관리 방안

※ 자료출처: Chris Baines and Jane Smart(1991)와 杉山惠一, 進士五十八 編(1992)

일반적으로 생태공원이나 습지의 전체 면적 중에서 절반 이상은 생물들을 위한 공간으로써 사람들의 출입을 제한하는 것이 바람직하다. 그리고 습지 내의 생물들이 안정적으로 서식하기 위해서는 관찰 행위로 인한 간섭을 최소화해 주기 위해서 관찰로를 조성해 줄 수 있다. 관찰로는 생물종을 포함한 생태환경에 주는 영향을 최소화하면서도 관찰하는 이로 하여금 최대 만족을 얻을 수 있는 은신형으로 조성한다.

다) 주요 생물종별 서식처 조성 기법

(1) 두루미류의 대체 서식처

두루미류는 환경부 지정 멸종위기 야생생물이면서 천연기념물이다. 과거 두루미류는 일본을 거쳐 중국 및 러시아로 이동하면서 우리나라에서 월동을 하던 종이었으나, 우리나라에서 개발 지역 증가 등으로 그 개체 수나 서식 지역이 제한적으로 변하게 되었다. 김포 지역의 경우에도 주요 서식 및 취식지로 이용되던 홍도평은 김포, 파주, 인천 등지의 택지 개발이 늘어나면서 발생된 준설토와 건설폐기물 등이 홍도평에 유입되면서 농지 매립으로 인한 농경지 감소 및 각종 시설물이나 인간의 행위로 인한 간섭, 지역 농민들의 보호 의식 부족, 보호 대책 미흡, 환경오염 및 각종 교란 등 취식 및 서식의 활동이 매우 어려운 상황으로 지속적인 재두루미 도래지로서의 역할이 의심되는 수준에 이르게 되었다.

따라서 기존 서식지의 교란 및 파편화로부터 재두루미의 안정적인 서식 및 취식을 위한 보호 대책 및 보전 필요성이 대두됨에 따라 김포시의 다른 지역에 재두루미류의 취식을 위한 대체 서식처 조성 사업을 실시한 바 있다. 두루미류의 서식처 보전 및 대체 서식처 조성을 위한 기법으로는 벼 수확 존치, 벼 미수확 존치, 차폐막 설치, 무논 조성, 후리새(모형으로 만든 새) 설치 등으로 구분해 볼 수 있다.

또한, 두루미류는 잠자리와 취식지가 서로 다른데, 잠자리는 외부로부터 독립된 0.5ha 이상의 면적을 필요로 하며, 취식지는 농경지로서 최소 16ha 이상의 면적을 요구하면서 도로나 인가, 사람 등의 방해 요인과 가급적 멀리 떨어져 있는 것이 좋다. 또한, 잠자리는 수심이 20cm 미만이면서 1m 이상 크기의 갈대 등 수변 식물이 있는 곳이 좋다. 취식지의 수심은 30cm 미만이 좋다(김인규, 2010).

[그림 6-130] 두루미류의 서식처 조성 기법

[그림 6-131] 두루미류의 서식처 보전을 위한 무논 조성 조감도

(2) 연안지역 물새류의 서식처 조성 기법

갯벌 지역 등을 주요 서식처로 하는 조류의 서식처 조성 기법을 모식도화 하여 제시해 보면 다음과 같다.

[그림 6-132] 연안 지역에서의 조류 서식처 모식도 1

[그림 6-133] 연안 지역에서의 조류 서식처 모식도 2

또한, 도요새, 물떼새, 검은머리물떼새, 백로, 갈매기, 저어새 등의 서식처 조성 기법은 [그림 6-134]에서 함께 제시하였다.

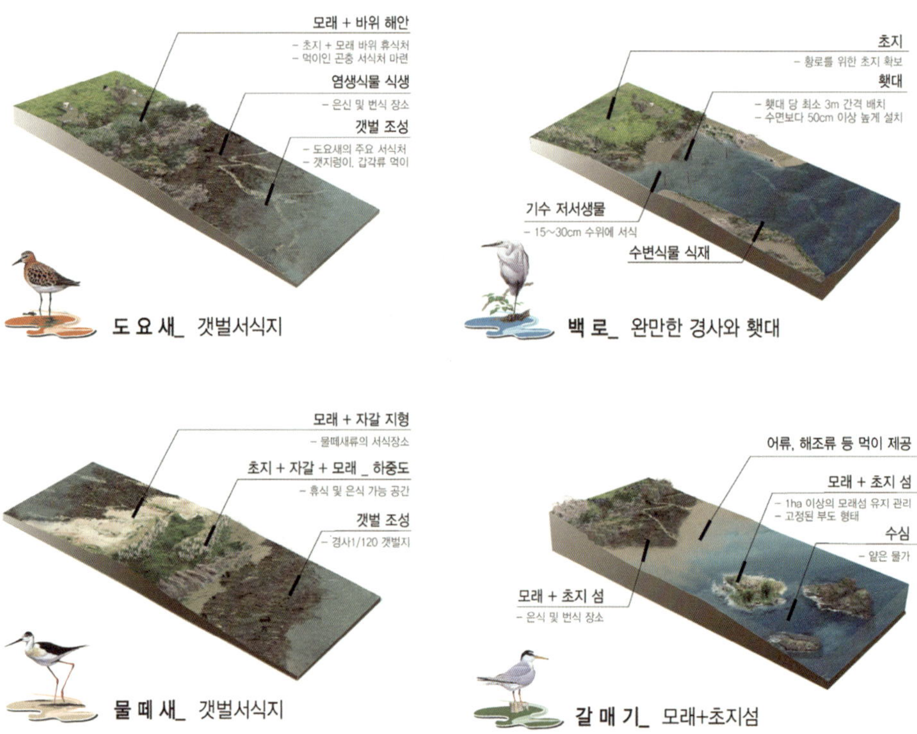

[그림 계속]

[그림 6-134] 연안지역의 주요 종별 서식지 특성과 조성 모식도

(3) 쇠제비갈매기 서식처 조성

쇠제비갈매기는 2022년 멸종위기 야생생물 II급으로 지정된 종이다. 쇠제비갈매기의 기본 정보를 국립생물자원관의 누리집에서 제공하는 내용을 토대로 제시하면 다음과 같다. 우선 몸길이는 평균 약 24㎝이며, 몸의 빛깔은 윗면이 회색이고 아랫면은 흰색이다. 머리 윗부분과 뒷목은 검은색이며, 검은색의 눈 가장자리 선이 있는 형태를 보인다. 한국, 일본, 중국, 우수리 등지에서 번식하고, 필리핀, 뉴기니섬, 오스트레일리아, 인도차이나, 인도, 스리랑카 등지에서 겨울을 보내는 새이다. 주요 먹이는 풀망둑, 감성돔, 숭어, 끄리, 전어, 배스, 새우류 등이며, 주된 서식처는 전국의 하천, 해안, 하구의 모래섬 등이다. 대체로 식생이 없고, 시각적으로 알의 보호가 가능한 조개껍질이 분포하는 곳을 선호하는 경향이 있다. 둥지는 해안의 모래밭이나 자갈밭에 땅을 파서 만든다. 국제적으로 70,000~100,000쌍이 서식하는 것으로 추정된다. 우리나라에서는 관심대상종(LC)으로 평가한 종이다. 2006년 아산만에서 30여 쌍이 번식한 기록이 있으며, 2007년 간월도, 영종도 등 서남해안을 중심으로 700여 개체, 2008년 서해안 지역뿐만 아니라 청주, 조치원 등 내륙에서 500여 개체를 관찰한 기록이 있다. 2009년 시화호에 320여 쌍이 번식한 기록이 있으며, 2009년 새만금에 2개체, 2010년 천수만에 40여 개체, 2010년 유부도에 47개체를 관찰한 기록이 있다(국립생물자원관 한반도의 생물다양성 누리집).

그런데 이러한 쇠제비갈매기는 해안사구의 감소, 강의 준설 등으로 인한 번식지 감소가 발생하고 있다. 또한, 사람의 접근과 너구리, 고양이, 쥐 등의 포식자로부터 자유롭지 못한 상태이다. 현재의 주된 서식지는 한국의 서남해안에 위치한 시화호, 천수만, 새만금, 낙동강 하구 등 모래사장이 있는 해안이나 큰 강 하구를 중심으로 분포한다.

이러한 쇠제비갈매기의 서식처를 조성하기 위해서 안동호에서 인공모래섬을 조성한 사례가 있다. 댐 수면에서 수위 변화에도 물에 잠기지 않는 공법을 적용하고, 태양광 CCTV 촬영장비 사용으로 모니터링 효율을 높이는 방법을 도입하였다.

[그림 6-135] 안동호 쇠제비갈매기 인공모래섬 조성 설명 자료

※ 자료출처: K-water, 2022.

인공모래섬을 조성한 이후 안동댐의 쇠제비갈매기 개체수가 증가하면서 생태관광객도 함께 증가함에 따라 안동시에서는 본격적으로 생태관광자원으로 발전시키기 위한 계획을 마련하여 시행 중에 있다.

8) 포유류 서식처 복원

가) 포유류의 생태적 특징

포유류는 먹이사슬에서 맹금류와 함께 최상위 포식자에 해당한다. 우리 주변에서 포유류를 발견할 수 있다는 것은 생태계가 안정화되었다는 것을 반증해 준다. 하지만, 일반적으로 포유류는 쉽게 관찰하기가 어렵고, 연구의 대상이 되는 종들도 포획의 어려움 등으로 많은 연구가 되지 못하고 있는 실정이다.

나) 포유류의 종 증식 및 복원 사업

- 연구 체계 확립

멸종위기에 처한 야생동물의 증식·복원을 위해서 먼저 연구 체계가 구축되어야 하며, 이를 통해 지속적인 모니터링과 증식 공간에 대한 관리가 이루어지도록 해야 한다. 생물종의 합리적이고 효율적인 복원을 위해서는 개체군 변동 연구, 서식지 특성 연구, 인공 증식 연구, 자연으로의 복원 연구 등 4개의 부분으로 이루어진 과정이 종합되어야 한다.

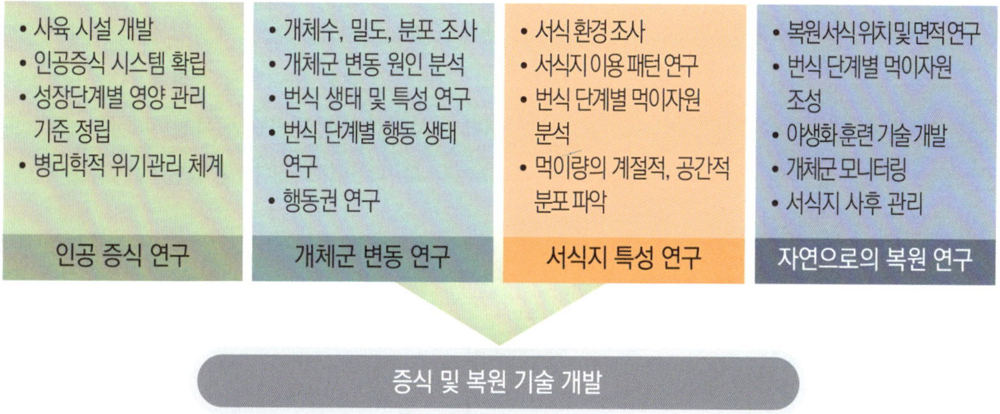

[그림 6-136] 멸종위기종의 인공 증식 및 복원을 위한 연구 체계
※ 자료출처: 국립공원관리공단, 2010.

- 원종 확보

멸종위기종 복원 사업의 주된 목적은 한반도에 멸종 및 멸종위기에 처한 특정종 및 아종의 야생 개체군이 자연 상태에서 지속적으로 생존이 가능하도록 하는 것이다. 멸종 및 멸종위기종을 복원하기 위하여 재도입하는 개체는 복원 대상종과 동일한 종을 도입하여야 한다. 이를 위해서 재도입 개체의 분류학적 위치가 의심스러울 경우 분자유전학적 분석이 도입 대상 종 선정에 도움이 될 수 있다.

특히, 우리나라에서 원종을 확보하기 어려운 사향노루와 대륙사슴 같은 우제류는 우제류에서 발생하는 구제역이라는 질병 때문에 검역 및 검사에 많은 노력과 비용이 소요되기도 한다. 따라서 도입 대상 국가 및 개체의 선정에 특별한 주의가 필요하며, 도입 개체는 구제역을 포함한 다른 질병이 존재할 가능성에 대해서도 다각적으로 신중하고 엄격한 검토 단계가 반드시 필요하다. 또한 실제로 국외에서 복원 대상 종을 국내로 도입하기 위해서는 정치, 경제, 기술적으로 선결하여야 할 사항들에 대한 충분한 검토 과정이 필요하다.

원종 확보 방법은 국내 서식 실태를 검토한 후에 외국에서 수입해야 하는지 혹은 국내에서 포획하여 사용할 것인지를 결정해야 한다. 일반적으로 멸종위기종의 경우 국내에서 포획하기 어려운 것들도 많기 때문에 국외에서 복원 사업에 필요한 수정란을 도입하는 방법이나 수입 허가 지역에서 직접 개체를 도입하는 방법이 있다. 인공증식용으로 사용되는 개체의 경우 수놈이 우수한 종이어야만 후대에 우수한 유전자를 전달하여 계통적으로 우수한 능력을 보유한 새끼를 생산할 수 있다. 따라서 인공증식용으로 선정되는 개체는 후대에 직접적인 영향을 미치므로 우수한 개체를 선택하도록 신중을 기해야 한다.

또한, 관련된 국제 협약 및 국내법에 대한 검토도 필요하다. 예를 들어, 사향노루와 같은 경우에는 국제적 멸종 위기종으로 "멸종위기에 처한 야생 동·식물종의 국제 거래에 관한 협약"의 부속서Ⅱ에 속하는 종으로 국내에서는 환경부 장관이 고시를 통하여 국제 거래를 규제하는 종이다. 국제적 멸종위기종에 해당하지 않는 종일지라도 야생생물 보호 및 관리에 관한 법률에 의해 환경부령이 정하는 수출·수입 등 허가 대상 야생생물에 포함되는지도 검토하여야 한다. 또한, 대륙사슴과 같이 가축으로 고시되어 있는 종들은 축산법 및 가축전염병예방법을 검토하여야 한다.

위에서 언급한 원종 확보가 이루어져 실제로 국내에 도입된 멸종위기종은 국내의 최적의 서식처에서 증식 및 적응 훈련을 거친 후 자연 지역에 방사하고, 지속적인 적응 모니터링 과정을 거쳐서 생물종 복원 사업을 완결시킬 수 있다. 우리나라는 국가차원에서 지리산의 반달가슴곰 복원 사업을 시작으로 월악산과 설악산의 산양 복원 사업, 그리고 소백산의 여우 복원 사업이 국립공원공단 야생생물보전원의 주도로 진행하고 있다.

다) 주요 포유류 종별 서식처 조성 기법

(1) 수달 서식처 복원

수달은 족제비, 오소리, 담비 등과 같은 식육목 족제비과에 속해 수달아과로 분류되는 동물이다. 우리나라에 서식하는 수달은 Eurasian otter(*Lutra lutra*) 1종으로 천연기념물 제330호(1982년 11월 4일 지정)이며, 멸종위기 야생생물 I급으로 지정하여 보호받고 있다. 국제적으로는 IUCN 멸종 위기 생물 목록(Red Date Book List) 보호 등급 1로 고시되어 있다. 또한 IUCN의 보고서에 따르면 수달은 "수(水) 환경의 조절자 역할을 하는 핵심종"이자 "해당 지역 수환경의 건강도를 판단할 수 있는 수환경의 지표종"으로 평가받고 있다. 특히, 수달은 수환경의 먹이사슬에서 최고 정점에 위치하고 있다. 해양이나 하천, 계곡 등 깨끗한 수환경에 주로 출몰하는 반수생 포유동물로서 주로 어류나 갑각류, 양서류 등을 먹이로 하는 조심성이 매우 많은 야행성 동물로 분류된다.

[표 6-65] 수달의 주요 먹이와 서식 환경

구 분	설 명
어류	잉어, 붕어, 갈겨니, 피라미, 누치, 끄리, 꺽지 등
	고마리, 부들 등 초본과 마름과 같은 식물이 자라는 환경
양서·파충류	옴개구리, 황소개구리, 거북류 등
	물의 흐름이 약한 습지와 주변에 초본류가 확보된 환경
조류	논병아리, 흰뺨검둥오리 등의 오리류
	정수식물이 수면 위 0.9m 이상 높이로 넓게 펼쳐진 환경
포유류	흰넓적다리붉은쥐, 등줄쥐, 집쥐 등
	콘크리트 제방 및 석축 지양, 이동통로가 확보된 환경

수달의 서식처를 조성할 때 수달이 새로이 조성되는 환경 속에 쉽게 적응하기 위해서는 보금자리 및 주변의 물리적 환경 요인도 개선해야 한다. 수달의 서식 환경을 개선하는 것은 어류, 조류, 포유류 등의 서식 안정도를 크게 높이고, 하천 생태계를 향상시키므로 수달 서식 조건의 개선은 하천의 건강도를 향상시키는 것이다. 수달 서식처를 조성할 때에는 놀이 및 털 다듬기 장소, 배설 장소, 보금자리, 은폐 장소가 필요하다. 또한, 초본류 및 모래, 바윗돌 공간 등을 활용하여 수달이 서식할 수 있는 최적의 공간을 조성해 주어야 한다. 수달의 서식처 요구 조건을 정리해 보면 다음과 같다.

[표 6-66] 수달의 서식처 요구 조건

구 분	설 명
먹 잇 감	주로 어류를 섭식하므로 근처에 먹잇감이 풍부한 장소 필요
보금자리	하나의 서식지당 최소 2~3개의 보금자리 권장
배설 및 섭식 장소	낮은 수심의 하천에 솟아 있는 둥근 바윗돌 필요
털 말리기 장소	초지, 흙과 같은 장소 필요
휴식 장소	갈대 또는 물가에 길게 자란 초본류 필요
놀이 공간(물)	물에서 자맥질하면서 놀 수 있는 공간 필요
은 폐 물	식생(초본, 목본 등)과 하천변에 바위 필요

[그림 6-137] 수달의 자연서식처 모형도

(2) 산양 증식장 및 서식처 복원

(가) 산양의 생태적 특성

산양은 전국적으로 약 700여 마리가 서식하고 있으며, 강원도 북부권인 비무장지대, 양구-화천, 울진-삼척-봉화 지역 등을 중심으로 서식하고 있다. 산양은 환경부 지정 멸종위기 야생생물 I급, 천연기념물, CITES 협약 대상 종으로 지정되어 있다.

(나) 산양의 서식처 요구조건

산양의 서식지 이용에 있어 계절별로 지역을 달리하는 특성을 가지고 있으므로 계절별로 이용하는 서식지에 대한 파악, 즉 번식지 및 월동지의 서식환경 특성에 대한 조사 · 연구가 필요하다. 지금까지 조사된 내용이 종합되어 있는 문화재청·녹색연합(2006)의 자료를 토대로 산양의 서식지 요구 조건을 분석해 보면 다음과 같다.

• 서식 특성

우리나라에 서식하는 산양은 시베리아 동남부, 만주, 한반도에 분포하는 아종으로 우리나라에서는 설악산, 대관령, 태백산과 같이 바위가 많고 기암절벽으로 둘러싸인 경사가 가파른 전형적인 산림지역에 서식하고 있다. 보통 햇빛이 잘 드는 남향에서 다른 동물들 특히, 천적이 접근하기 힘든 험준한 바위 지역 혹은 이러한 암서(巖棲) 지역의 동굴에서 2~5개체씩 군집 생활을 하기도 한다. 이러한 군집은 암컷이 새끼들과 함께 생활하는 동안에 군집을 형성하는 것이고 수컷은 교미기를 제외하고는 단독으로 생활한다. 외형적으로 뒷다리의 길이가 앞다리의 길이보다 짧기 때문에 경사진 암석지대에서 이동 및 생활하는 데 알맞은 신체 구조를 가지고 있어 바위가 많은 암석지대의 정상부와 산림의 정상부에서 관찰된다. 겨울철에는 고산지대 및 암석지대에서 먹이를 찾기 쉽지 않기 때문에 저지대로 이동하는 경향을 보이며, 4월 중순경이 되면 다시 고산지대로 이동하여 새끼를 낳고 생활한다. 또한, 성질이 매우 국소적이어서 한 번 선택한 서식지를 영구적으로 이용하는 성향이 있어 평생을 통해서 각 개체별로 자신들이 주로 서식하는 지역을 벗어나지 않는다.

- 먹이

먹이는 칡덩굴, 다래줄기, 진달래 가지, 냉이, 쑥, 갈대 줄기, 마른 풀, 참나무류의 잎 등 다양한 종류의 식물을 먹이로 이용하며, 소화 효율이 그리 좋지 못해 휴식을 하는 동안 대부분의 시간을 되새김질하는 데 소비하는 특성을 가지고 있다.

- 외부 간섭 특성

산양의 서식지는 토지이용 형태에 의해 영향을 받으며, 사람이 드나들 수 없는 바위 구멍에 서식하는 습성을 가지고 있고, 성질이 매우 조심스러워 사유림 및 하천 주변 마을, 경작지 등 인공의 영향을 받은 지역에서는 발견되지 않는다. 설악산의 경우 암석지대에서 상당한 개체수의 산양이 서식하고 있는 것으로 확인되며, 두타산의 경우에도 산양이 현재 서식하고 있는 지역은 암석 및 너덜지대(돌무더기)가 매우 발달하고 있는 산림에 한정되고 있다. 이는 사람들의 직·간접적인 간섭이 이루어지는 지역은 산양이 회피하는 것을 알 수 있으며, 산양의 이동권과 서식지 보호를 위해 사유림과 인근 마을, 경작지에 대한 정기적이고 체계적인 관리 및 단속이 필요한 실정이다.

(다) 증식 및 적응 지역 조성 방법

여기서는 넓은 면적을 필요로 하는 산양의 서식처를 복원하는 기법을 제시하기 보다는 구조된 개체를 치유하고, 다시 자연에 적응하기 위한 공간의 조성 방법에 집중하여 제시하였다.

- 수의 / 사육동 및 전망대

수의동은 증식에 대한 전체적인 수의 관리와 산양에 대한 정보 등을 알려주는 학습 전시 공간으로 이용객에게는 산양에 대한 중요성, 복원에 대한 중요성 등을 홍보하는 공간으로 활용되는 곳을 말한다.

사육동은 구조된 개체를 치유하는 공간으로써 이러한 공간은 증식장에 방사하기 위한 사전 공간에 해당한다. 또한, 일반적으로 증식장과 인접하여 있기 때문에 사육동의 옥상부를 활용하여 전망 및 관찰 공간을 조성하기도 한다. 이때 옥상에 조성되는 관찰 공간은 기본적으로 이용객과 야생동물이 직접적으로 접촉하는 것을 회피하여 야생동물에 대한 간섭 및 위협을 최소한으로 줄인 상태에서 자연스럽게 이들을 관찰할 수 있어야 한다. 따라서 관찰 공간의 대부분이 차폐되어야 하며 단지 관찰을 위해 일부분만을 개방한 형태가 바람직하다.

• 계류장 및 먹이 급여통

산양 구조 개체의 치료와 순치(안정화) 및 자연환경 적응을 위한 목적으로 설치되는 시설을 말한다. 이 공간에는 산양을 위한 은신처와 먹이 급여통 등을 갖추어야 하며, 외부로의 탈출을 방지하기 위한 펜스를 설치하여 준다.

계류장 내 은신처	계류장 내 먹이 급여통

[그림 6-138] 계류장내 은신처와 먹이 급여통

• 습지 공간

증식 및 적응 개체 공간에 사육된 산양의 물먹이 공간으로 기존의 지형을 잘 활용하여 생태성 증진 및 유지를 위한 습지 공간을 조성하도록 한다.

• 돌무더기(은신처)

증식 및 적응을 위해 기존 산림지역 곳곳에 돌무더기(은신처)를 설치하여 산양이 서식하기 적합한 환경을 마련하도록 한다.

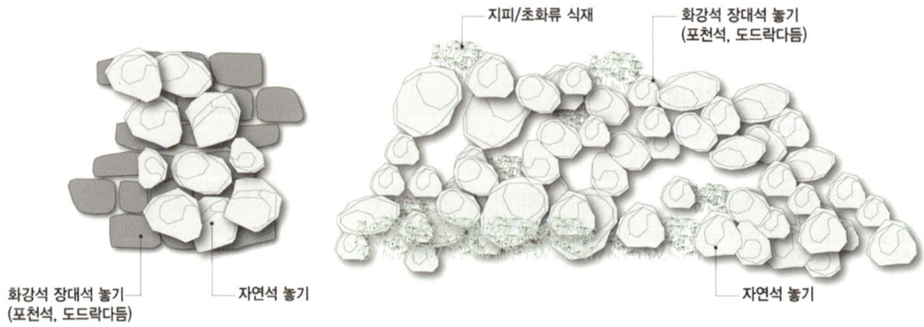

[그림 6-139] 돌무더기(은신처) 및 암벽지대 조성 개념도

• 증식 및 적응 개체 공간

야생 환경 적응을 위해 인공사육하는 공간으로 자연 상태와 동일한 조건에서 생활할 수 있도록 기존

산림 지대를 보전하고, 증식과 적응 개체 공간을 분리하여 사육 환경을 보호하기 위한 펜스를 설치하고, 외곽 펜스를 설치하여 외부 사람들의 접근을 방지하도록 해야 한다.

9) 비오톱 서식처 복원

하나의 공간에 다양한 생물종들이 서식하는 공간을 조성하는 비오톱은 가장 일반적인 생태복원의 방법이다. 우리가 특정 목표종을 설정하더라도 그 종의 먹이 등을 위해서 필요로 하는 다른 생물종이 함께 서식해야 함을 고려한다면, 대부분 비오톱을 복원하는 것이라고 봐도 무방할 것이다.

따라서 우리가 생태계를 복원할 때에는 다양한 생물종이 서식할 수 있는 환경을 제공해야 하며, 가급적 각각의 생물종들이 상호 관련성을 갖고 있는 종들로 조합될 수 있도록 접근하는 것이 중요하다.

[그림 6-140] 연안대부터 산림지역까지의 비오톱 조성 개념도

특히, 서식처의 유형별로 비오톱 서식처를 복원하는 것도 방법인데, 예를 들어 농경 비오톱은 농작물의 재배나 수확뿐만 아니라 과거 농촌지역에서 서식하였던 생물종들의 서식처 제공에도 기여할 수 있으며, 학습 및 체험의 기회를 제공할 수도 있다.

[그림 6-141] 길동생태공원의 농경비오톱 사례

바. 복원 재료 및 시설물, 포장 계획

1) 복원 재료

복원 공사에 사용되는 재료는 해당 지역 고유의 재료를 최대한 활용하고, 자연친화적인 소재를 이용하는 것이 바람직하다. 복원 공사에서 사용되는 재료는 대부분 흙과 식물이다. 물론 습지를 만들기 위한 물이나 동물들의 서식처를 제공하기 위한 돌이나 나무 재료도 있다. 어떠한 재료가 되었든 그 지역의 고유한 재료를 활용함으로써 자연 친화력을 높이고 복원 효과를 극대화 하며, 생물학적 침입을 방지할 수 있도록 해야 한다.

한편, 재활용 가능한 자원 및 현장에서 발생하는 자연 자원은 최대한 활용하는 것을 원칙으로 한다. 오염되지 않은 양질의 표토는 재활용함을 원칙으로 해야 한다. 표토 내 포함되어 있는 토양동물과 유기물 등은 복원 효과를 증진시키는 데 도움이 된다.

또한, 이식할 수 없는 수목을 파쇄시킬 경우에는 파쇄목을 이용하여 멀칭 재료나 천연 퇴비 등으로 재활용하거나, 비오톱 서식처 조성에 활용될 수 있도록 해야 한다. 즉, 각종 개발 및 건설 현장에서 발생하는 폐기물을 재활용함으로써 지역 내 안정된 물질 순환 시스템에 기여할 수 있도록 한다. 특히, 폐기물이 다량 발생할 경우에는 폐기물 처리 비용 절감 및 자원의 재활용에 따른 경제적 이익 확보 방안을 고려해야 한다.

2) 복원 시설물

복원 지역에서의 시설물 도입은 최소화하는 것이 바람직하다. 그리고 시설물이 꼭 들어가야 하는 지역은 친환경적 소재로 만들어진 시설물을 우선 사용해야 한다. 복원 사업에서 도입할 수 있는 시설물과 관련해서는 "도시생태축 복원사업 가이드라인"에서 도입 가능한 시설을 예시하고 있는데, 구체적인 내용은 [표 6-67]과 같다. 다만, 이 표에서 생태시설을 협력지역에 배치할 수 있게 한 것은 고민해 볼 문제이다.

참고로 도시생태축 복원사업에서 도입할 수 없는 시설은 건축법에 저촉될 수 있는 건축물, 도시생태축 복원사업 목적에 부합되지 않는 과도한 관광시설, 이용시설 등은 원칙적으로 불가하다. 그러나 사업 시 대상지의 특수여건에 의해 발생되는 시설물의 적용 여부, 시설물의 종류, 규모, 디자인 등은 '도시생태축 복원위원회'의 기술 검토를 통해 결정할 수 있도록 규정하고 있다.

중요한 것은 어떠한 시설물이든지 도입하고자 하는 시설물의 목적과 필요성, 그리고 그 시설물의 생태적 측면에서 올바른 이해를 바탕으로 도입 여부를 결정해야 한다는 것이다. 즉, 왜 이러한 시설물이 필요한 것인지를 이해한 후에 그 필요성과 목적에 맞는 최적의 시설물을 도입해야 한다. 예를 들어, [그림 6-142]의 a에서 제시하고 있는 것은 생태통로 조성 후 유도울타리를 설치하여 로드킬을 저감시키기 위한 사례이다. 하지만, 그림에서 알 수 있듯이 좌측의 도로변 유도 울타리는 로드킬 저감 역할을 할 수 있는 가드레일과 유도울타리 사이에 열린 공간이 형성되어 있어 야생동물이 이 열린 공간으로 이동할 수 있다. [그림 6-142]의 b는 유도울타리 주변으로 식재를 잘못한 사례이다. 야생동물은 사진에서

[표 6-67] 도시생태축 복원사업에서 도입 가능한 시설

구분	시설명		생물권보전지역 공간 모형			적용 기준
			핵심	완충	협력	
생태시설	생물서식 관련 시설	부도(식물섬)	●	●	●	2
		야생동물 이동통로	●	●	●	3
		어도	●	●	●	2
		서식·재배지, 돌무더기, 나무더미	●	●	●	4
		인공새집, 곤충호텔	●	●	●	4
		횃대, 피난처 등	●	●	●	2
	보호시설	보호 및 유도펜스	●	●	●	2
		보호안내판	●	●	●	2
체험학습 시설	관찰로(자연포장, 데크탐방로, 연결목교 등)			●	●	2
	관찰대, 관찰벽, 탐조대 등			●	●	2
	안내판, 해설판류			●	●	-
	생태학습장			●	●	2
	자연놀이시설				●	5
모니터링 시설	자동관측장비		●	●	●	6
	자동수위계		●	●	●	6
	센서카메라		●	●	●	6
	기타 모니터링 장비		●	●	●	-
관리 및 편의시설	휴게시설 (파고라, 벤치 등)				●	2

※시설물 적용기준 참고자료
1. 인공습지조성 가이드라인(환경부)
2. 자연환경보전·이용시설 업무편람(환경부)
3. 생태통로 설치 및 관리지침(환경부)
4. 대체 서식지 조성·관리 환경영향평가지침(환경부)
5. 어린이 생태체험공간 조성 가이드북(환경부)
6. 습지보전·이용시설 설치 가이드라인(환경부)
7. 생태휴식공간 조성사업 가이드라인(환경부)

※ 자료출처: 환경부 자연생태정책과, 2023.07.

B 지역으로 다녀야 한다. 그러려면 목표종이나 이동가능한 생물종이 선호하는 식물을 B 지역에 식재해야 하는데, 이 지역에선 A에 식재하였다. 또한, [그림 6-142]의 c는 생태통로 위에 조성된 유도울타리이지만, 침입 방지를 하고자 하는 목표종의 형태적 특성을 무시하여 망 크기를 너무 넓게 하였다. 일반적으로 고라니의 경우에는 망 크기는 50×50㎜ 내외로 조성하는 것이 바람직하지만, 망목 간의 간격을 너무 넓게 조성하여 고라니가 걸리게 되는 결과를 가져왔다.

a) 도로변 유도울타리의 부적절 시공 사례

b) 유도울타리 주변의 잘못된 식재

c) 생태통로 위 유도울타리에 걸려 죽은 고라니 사체

[그림 6-142] 도입 시설물의 올바른 이해가 필요한 사례

환경교육 및 체험 등을 위한 시설물은 풍부하고 다양할수록 좋다. 특히, 자연학습장이나 체험장을 조성하는 사업일 경우에는 자연생태의 원리나 생물종의 정보를 충분히 제공해 주어야 한다. 이를 위해 자연환경보전·이용 시설 지침에서 제시하고 있는 안내 시설물의 설치 기준을 제시해 보면 다음과 같다.

- 설치 위치

안내 시설물은 자연환경보전·이용 시설의 입구에 설치하여 많은 탐방객이 쉽고 정확하게 볼 수 있도록 해야 한다. 멸종위기 및 보호 야생생물이 서식하거나 야생생물의 이동이 빈번한 지역과 생태계 관찰에 장애를 주는 지역에는 안내판 등을 설치하지 않아도 좋다.

- 크기 및 형태

안내 시설물의 크기 및 형태는 설치 목적이나 기능에 적합하게 설치하되 보전지역의 면적, 탐방객의 수 등을 고려하여 결정한다. 안내 시설물의 형태는 주변의 경관과 조화가 되도록 설치하여 탐방객이 친근감을 가질 수 있도록 해야 한다.

- 사용 재료

안내 시설물의 재료는 국내에서 생산되는 목재를 사용하되 불가피한 경우에는 철재 등을 사용한다. 목재는 환경 위해성이 없는 방부제로 방부 처리된 것을 사용하고 철재는 부식을 방지하여 장기간 사용한다.

• 색채 및 반사

안내 시설물의 색채는 갈색 및 녹색 계통을 많이 사용하되 주변 자연색의 채도 이하로 하여 주변 지역의 색채와 조화가 되도록 해야 한다. 생태계 훼손을 경고하는 내용 등은 빨간색 계열의 색상으로 휘도가 낮은 색을 사용하는 것이 좋다. 간판의 기둥이나 뒷면 등의 표면은 무광택으로 처리하여 빛이 반사되지 않도록 해야 한다.

• 안전성

안내 시설물은 견고하게 설치하여 강한 비바람 등에도 안전하게 유지될 수 있도록 해야 한다. 안내 시설물의 기둥은 콘크리트를 사용하지 않고 지하 깊이(기둥 높이의 1/2 이상)로 묻어서 고정시키고 부득이한 경우에는 지하에 콘크리트 구조물을 설치하여 기둥을 고정시키는 것이 좋다.

[그림 6-143] 다양한 아이디어에 의해 만들어진 해설판
※ 사진제공 : 박상규 소장(수풀리안)

한편, 자연놀이시설 같은 경우에도 생물종의 생태학적 원리나 행동 특성 등을 활용하여 도입할 수도 있다. 이와 관련하여 좋은 사례는 영국 런던의 습지센터 내에 조성된 체험존이다.

a) 물고기 형태를 이용한 주 출입구

b) 생물종들이 하천을 이동하는 방법을 나타내는 해설판인데, c), d), e)의 시설물을 만든 이유이기도 함.

[그림 계속]

c) 하천을 이동하는 패턴 1(출렁그물)

d) 하천을 이동하는 패턴 2(징검다리)

e) 하천을 이동하는 패턴 3(통나무), 4(짚라인)

f) 버드나무류를 이용한 놀이시설

[그림 6-144] 생물종 생태·행태를 활용한 다양한 유형의 놀이시설

3) 포장

포장은 가급적 자연 토양으로 한 후 다짐하는 것이 가장 바람직하다. 사람들이 많이 이용하는 공간의 경우에 불가피하게 포장 재료를 도입해야 한다면, 투수성이 높은 포장재를 우선 사용한다. 이는 빗물의 지하 침투를 활성화시키기 위한 것으로 물순환 시스템 구축에 도움이 된다.

용늪의 군사용 도로에 조성한 자연석 포장

투수마사토 공법

[그림 6-145] 친환경 포장 공법

※ 사진제공: 우측 - 박상규 소장(수풀리안)

4) 안내 및 해설 시설

생태복원 지역은 도시지역의 공원이나 녹지와 달리 생태적인 방식으로 조성하는 경우가 많기 때문

에 일반인들에게 낯선 공간이나 시설들이 많이 조성된다. 때문에 생태복원 지역을 이용하는 사람들로 하여금 오해를 불러일으키는 경우가 많은데, 이는 언론 기자나 해당 분야의 전문가들도 마찬가지인 경우가 많다.

예를 들어, 큰 나무를 중심으로 식재한 공원의 나무들만을 보아 온 사람들은 생태복원 지역에 식재된 작은 나무나 묘목, 종자로 식재된 지역 등에 대해서 잘못되었다고 생각하기 쉽다. 또한 건습지(dry wetland)처럼 자연 강수에 의해서만 유지되는 곳은 강수량이 부족할 때에는 풀밭이나 자갈밭으로 오해 받기도 한다. 이러한 경우는 생태복원 사업이 준공된 지 얼마 되지 않은 곳에서 더욱 빈번하게 발생한다. 따라서 생태복원 지역에서는 계획 및 설계가나 시공자 등 전문가가 의도했던 사항을 설명할 수 있는 친절한 안내판이나 해설판을 이용자들이 잘 볼 수 있는 곳에 설치하는 것이 바람직하다.

a) 태풍으로 쓰러진 나무가 생태적으로 중요함을 알리는 친절한 안내판

b) 해설판의 내용 : 쓰러진 나무의 이유와 자연 그대로 방치한 이유를 설명하고 있음.

[그림 6-146] 친절한 안내판

생태계보전부담금 반환사업을 포함한 생태복원 사업 지역에서는 종합안내판을 설치하고 있으나, 대부분 공간 안내도나 사업 개요를 설명하는 역할만 하는 경우가 많다. 따라서 종합안내판 이외에도 중요한 복원 기법이 적용된 지역이나 유목을 식재한 지역 등에서는 충분한 정보를 제공할 수 있는 별도의 안내 및 친절한 해설판을 설치하는 것이 좋다.

a) 종합안내도

[그림 계속]

b) 생태놀이터 해설판	c) 암석원 해설판

[그림 6-147] 복원 지역의 안내 및 해설판 [인천 서구 연희자연마당(2016년 6월)]

한편, 복원 지역을 포함하여 자연지역에서도 안내판이나 해설판은 적정 규모로 설치하는 것도 중요하다. 실제로 하천변에 층층둥굴레가 서식하는 장소에서 자생지를 훼손시킨 사례가 있었는데, 이것은 너무 작게 만든 안내판을 공사 관계자가 인지하지 못하여 발생한 것이었다. 따라서 보전이 필요한 곳이거나 주의해야 할 곳에서는 적정 규모 이상의 안내판 혹은 해설판을 만드는 것이 중요하다.

a) 원 서식지 주변으로 옮긴 층층둥글레의 대체 서식지 조성 안내판	b) 원 서식지에서의 안내판: 너무 작게 만들어져 공사 관계자가 인지하지 못하였다.

[그림 6-148] 안내판의 적정 규모

사. 환경교육 및 체험, 활용 계획

생태복원 지역은 주변의 자연 지역 등과 연계하여 환경 교육 및 체험을 할 수 있는 유용한 공간이다. 최근 중요한 화두로 떠오르고 있는 자연환경에 대한 현명한 이용의 대상이 된다. 환경교육 및 체험 등의 계획을 수립할 때에는 공간의 성격을 규정하고, 이후에 다양한 이용자층을 고려하여 운영 프로그램을 세분화하여 개발해야 한다. 활용 프로그램의 수립 시 고려할 사항은 다음과 같다.

- 실 체험 목적의(hands-on) 교육 프로그램은 실내에서 수행
- 현장 체험이 필요한 관찰·학습 프로그램은 현장에서 수행
- 프로그램 길이는 프로그램 특성 및 이용자 연령에 따라 달리 함
- 프로그램 종류에 따라 참여할 수 있는 인원 및 그룹을 제한
- 프로그램을 안내하고 진행하는 주제별 자원봉사자들을 활용
- 운영 프로그램 전담 개발자를 확보

한편, 환경교육 및 체험 등을 위한 프로그램은 지역 주민이 참여할 수 있는 프로그램으로 마련되어야 한다. 이것은 가능한 기본계획 단계에서부터 구성된 이해당사자간 파트너십이 운영 단계에서도 유지될 수 있도록 하기 위함이다. 지역주민은 해당 생태복원 공간에 접근하기 쉽고 지역사회의 참여에 기여할 수 있으므로 효과적인 장·단기 프로그램을 추진하도록 해야 한다. 지역주민이 참여할 수 있는 활동으로 서식처 관리, 생물종 모니터링, 시설 관리, 해설·교육, 새로운 서식처 창출, 생태건축물 건축, 기타 지역사회와 연관된 활동 등의 다양한 자원 활동을 고려할 수 있다.

아울러서 생태복원 공간은 전문적인 자연환경 학습 및 체험의 장이 될 수 있도록 체계화해야 한다. 가능하다면, 환경과 교육 분야에 전문성을 갖춘 환경교육 전담 인력을 상시 또는 시간제로 배치함으로써 보다 전문적이고 체계적인 환경교육이 이루어질 수 있도록 하면 좋다.

[표 6-68] National Wetland Center Wales의 프로그램 구분 예시

구분	프로그램명	주제	활동 프로그램
Key State 1 (유아대상)	Diana the Duck	• 서식처, 다양성 및 적응, 생물의 분류 및 동정, 환경의 보호	• 연못에 손 담그기, 프리즈 그림 만들기
	Barny the Barnacle Goose	• 계절적 변화, 오랜 항해를 위한 준비의 필요성, 인간을 포함한 이동의 위험성, 어떻게 거위들이 이동, 섭식, 생식하고 그들의 감각을 이용하는지 학습	• 이동에 대한 이야기 해설
	Infant Explorer	• 조류의 오감, 조류와의 의사소통 및 안전 유지를 위한 감각의 활용, 우리를 알게 하고 숨게 하는 색	• 게임과 활동, 냄새 맡기, 듣기, 만져보기, 눈으로 보기 등 관찰로 안과 밖에서 아이들과 조류에 의한 감각을 사용하는 것을 탐구
	Spot the difference	• 생물 및 비생물 간의 차이점, 그룹핑의 필요성, 여러 동물들간의 유사점 및 차이점, 사람과 조류 간의 유사점 및 차이점	• 아이들이 조류를 여러 가지 그룹으로 분류할 수 있도록 돕는 실내 활동 및 게임

[표 계속]

구분	프로그램명	주제	활동 프로그램
Key State 2 (저학년층)	Exploring ponds	• 서식처, 적응 및 다양성, 라이프 싸이클, 먹이연쇄, 오염 및 서식처 파괴의 영향	• 간단한 키를 사용하여 다양한 연못 생물을 확인하는 게임 및 슬라이드쇼
	Designs for living	• 생물의 필요성, 여러 가지 서식처, 적응 – 발, 부리, 깃털 등의 적응 구조	• 사막섬으로의 여행, 조류의 몸체가 섭식, 보온, 이동하도록 만들어진 방법을 탐험하는 많은 손놀이
	Feathers and flight	• 서식처 및 적응, 조류 이외의 날 수 있는 동물들, 위험 회피 및 먹이 탐색, 장거리 항해 및 이동	• 조류가 어떻게 날고 적응하는지를 발견하기 위한 역할 놀이, 슬라이드, 토론 및 실험
	Family life	• 사람과 야생생물의 필요성, 어떻게 짝을 유인하는지, 둥지 만들기, 알 및 새끼의 필요성 및 발달, 부화 및 새끼 보호, 짝짓기 및 보전	• 역할 놀이, 토론, 슬라이드(5~6월에 가장 적절함. 3~7월 중에는 새끼 및 둥지 관찰 가능)
	Long distance travellers	• 계절 변화, 적응, 조류의 감각, 보전 활동	• 철새 이동 관찰(가을, 겨울, 봄에 적당함)
	Caring for the planet	• 서식처 및 적응, 생물이 환경에서 어떻게 생존하는가, 어떻게 인간이 다른 동물들과 갈등할 수 있는가, 환경에 대한 여러 입장들, 어떻게 환경에 대한 영향을 제한하기 위하여 변화를 창출하는가	• 희귀 물새종 관찰
	Environmental change	• 우리는 환경을 어떻게 변화시킬 수 있는가, 우리의 환경을 보살피고 향상시키기	• 게임 및 시간 여행, 간단한 맵핑
	Round and round	• 물의 필요성, 수순환, 수질오염과 같은 인간의 영향, 우리는 무엇을 할 수 있는가	• 게임 및 역할 놀이로 거대한 그림 만들기 및 수순환 탐험
Key State 3 (저학년 중등층) · Key State 4 (고학년 중등층)	Pond Ecology	• 서식처, 적응, 종, 생태계, 먹이사슬 및 피라미드, 분류 및 동정	• 슬라이드, 토론, 폰드디핑, 식물맵핑
	Environmental change, people and wildlife	• 서식처 및 적응, 여러 가지 관점에서의 환경 관리, 지속성 책무, 상호의존	• 희귀종 탐구, 보전 활동 소개, 지역 사례 분석
	Salt marsh and estuary ecology	• 분포, 군체 형성 및 적응, 서식처 및 군집, 먹이사슬 및 그물, 조류 개체군, 환경적 압력 및 관리	• 강어귀를 구성하고 있는 동식물 및 비생물 군집 살펴보기
GCSE 및 A 단계	A looking at biodiversity	• 생물다양성, 적응, 서식처, 보전 및 책무, 지속성	• 폴드 디핑 또는 야생생물 연구 탐험
Field work		• 토론 및 실제 현장 작업 프로젝트	
New program		• 마케팅 및 녹색관광, 지속가능한 개발 및 자원관리, 서식처 창출 및 관리	

※ 자료출처: 환경부(2005)의 내용을 수정·보완함.

한편, 체험 프로그램을 예시해 보면 [표 6-69]와 같다.

[표 6-69] 체험 프로그램의 종류 예시

(1) 흙 체험 프로그램	
목적	• 흙을 특별히 밟을 기회가 없는 참가자들에게 직접 흙을 밟아보고 흙을 이용해서 조형물을 만들어 보기도 하며 흙과 동식물 간의 간단한 메커니즘을 파악한다.
내용 및 방법	• 인솔자 없이 일련의 루트와 안내문을 통해서 이루어진다. • 설명 안내문(전시 자료)은 다음과 같은 순서를 통해 학습이 전개되도록 전시한다. 흙의 생성 과정 → 두꺼운 지층이 형성되는 과정 → 흙의 역할 → 흙 속에 사는 생물(흙과 생물들의 상호 작용에 초점을 두어서 설명, 흙 속의 유기양분을 공급해 주는 지렁이 등) • 전시 자료는 유리벽을 통해서 흙 속 단면을 측면에서 관찰할 수 있도록 한다. 이때 생물 등이 자라고 있는 모습을 실제로 전시한다. • 흙과의 교감이 중요하므로 전시 통로 바닥을 흙이나 풀을 깔아서 맨발로 이용할 수 있도록 고안해 본다. • 루트의 끝 부분에는 흙을 이용해 여러 가지 간단한 놀이를 할 수 있도록 놀이방을 만들어 놓고 활용토록 한다. 이때 건조한 흙, 젖은 흙과 모래 등을 구분해 놓아 참가자들이 다양하게 활용해 볼 수 있도록 한다.
필요한 시설	• 해당하는 내용에 대한 전시물과 안내문 • 이동 루트를 흙이나 약간의 풀로 덮는다. • 흙 놀이를 할 수 있는 공간 필요 • 흙 놀이를 정리할 수 있는 간이 세면장 필요
시설의 운영 방안	• 흙 속에는 다른 돌들이 포함되지 않도록 항상 흙을 고르는 작업을 실시한다. • 계절별로 흙의 변화 상태에 따라 전시 내용을 달리 할 수 있도록 한다.
(2) 수피 체험 프로그램	
목적	• 각각 다른 나무 수피의 느낌을 직접 촉감으로 느낀다.
내용 및 방법	• "사람들은 피부색깔이 다르고 느낌도 조금씩 다릅니다. 나무에게도 느낌이 다른 피부가 있습니다" 와 같은 지도자의 간단한 얘기 또는 안내문을 참조하고 친구들이나 가족끼리 서로의 피부를 만져보고 느낌을 느껴보도록 한다. • 특징이 다른 나무들의 수피들을 직접 만져보도록 한다. • 실내 시설물이면 작게 나무들을 자른 것들을 준비해 놓으면 된다. • 실외 시설물이면 몇 가지 특징적인 나무들을 의자의 형태든 그냥 세워 놓은 형태이든 수피를 보고 만져 볼 수 있도록 해주면 된다. • 수피와 함께 나무속이나 나이테의 차이들도 직접 확인해 볼 수 있어도 좋다. • 확장 활동으로 자세히 그려보기나 표본 작업 등을 해보는 것을 유도한다.
필요한 시설	• 숲 산책로 중 수목 체험장
(3) 나무 키우기 체험 프로그램	
목적	• 단순히 보고 듣는 교육이 아니라, 직접 참여하고 체험하는 교육으로 그리고 이후의 일상 생활까지 연결이 가능한 교육 활동이다.
내용 및 방법	• 몇 가지 나무 묘목이나 자생식물들의 묘목을 준비한다. • 그 종류는 지금 주변에서 흔히 볼 수 있는 것들이어야 할 것이다. • 작은 화분과 흙을 준비해 주고 묘목이나 분을 직접 만들 수 있도록 한다. • 작은 분에 가족이나 개인의 이름 또는 별명 그리고 장소 등을 기록한다. • 이 활동 후 정기적으로 관찰해 기록할 수 있도록 한다. • 관찰하고 기록한 기록물이나 사진들을 찍어 보내고, 전시할 수 있는 공간 등을 만들어 전시할 수 있도록 한다.
필요한 시설	• 온실 및 재배장 • 어떤 소재로든 비를 맞지 않고 작업 할 수 있는 공간을 만든다.
시설의 운영 방안	• 그곳의 활동에 대한 기본 설명을 지도자가 하거나 더 좋은 방법은 스스로 할 수 있도록 기본적인 방법이 적힌 안내문을 구조물로 만들어 준다.

[표 계속]

(4) 지렁이의 흙 살리기 체험 프로그램	
목적	• 지렁이가 땅을 기름지게 하는 과정을 체험을 통해 알 수 있다.
내용 및 방법	• 유리 상자에 지렁이를 넣은 장치를 한다. • 지렁이가 있는 흙 위에 채소를 심는다. • 지렁이가 흙에 유기물을 만드는 과정을 패널로 만들어 둔다.
필요한 시설	• 유리 상자, 관찰장
시설의 운영 방안	• 개방형으로 운영
(5) 식물 관찰 체험 프로그램	
목표	• 식물을 자세히 관찰하고 다양한 방법으로 표현할 수 있다.
내용 및 방법	• 학년 수준을 고려하며, 그리기, 만들기 등 여러 가지 활동을 한다. • 그리기 프로그램에는 염료를 대나무로 만든 펜촉을 이용하여 세밀화를 그린다. • 그릴 대상을 정하고 관찰한 것을 세밀하게 그리는 활동을 통하여 식물의 특징을 알게 되는 활동이다. • 강사는 아이들이 하는 활동을 안내하며 어떤 관점으로 식물을 볼 것인지 그리고 활동의 결과를 체크 한다. • 아이들은 활동을 마치고 자기가 그린 그림을 들고 설명한다.

※ 자료출처: 환경부(2005)의 내용을 수정·보완함.

또한, 가능하다면 환경교육을 시행할 전문가들은 생태복원 전 과정에 참여하는 것이 필요하다. 환경교육 전문가는 미래에 수행할 환경교육 프로그램을 제작하고, 이 프로그램의 내용을 고려하여, 사업의 초기 단계부터 조언해 주면 좋다. 또한, 환경교육 전문가는 개발된 프로그램과 연관된 내용을 중심으로 지정 안내판, 동식물 해설판의 내용을 제작하며, 이 경우에도 환경교육적 여러 개념이 잘 조화될 수 있도록 제작하면 그 효과가 더 커진다.

환경교육 전문가는 지정 안내판, 동·식물 해설판 등 안내 및 해설 시설에 표현되는 설명과 그림 등의 내용을 지속적으로 연구하며 학습 효과를 높이기 위한 다양한 아이디어를 제시하면 좋다. 환경교육 전문가는 프로그램의 규모, 프로그램 운영자의 규모, 운영자에 대한 교육 프로그램의 개발 및 트레이닝 등을 포함하는 프로그램 실행 방안을 수립한다. 환경교육 전문가는 기존의 프로그램을 운영하며 발생된 여러 문제점을 지속적으로 보완하여 새로운 교육 프로그램을 지속적으로 개발하면 좋다.

아. 모니터링 및 유지·관리·운영 계획

1) 모니터링 계획

모니터링 및 유지, 관리 계획은 시공 전부터 시공 후 안정화 단계까지 모니터링 방안과 유지 및 관리 내용을 설정하는 것이다. 특히, 모니터링은 생태복원의 효과 검토와 함께 사업 성패를 판단하는 기준이 되므로 매우 중요하다. 모니터링 계획에는 시공 전의 현황 조사 및 분석 결과 내용을 체크해 두고, 시공 단계에서 모니터링 할 내용, 그리고 시공 이후 모니터링 내용으로 구분해서 수립한다.

2) 유지·관리·운영 계획

유지 및 관리, 운영 계획에서는 누가, 어떻게 유지·관리, 운영할 것인지를 수립한다. 우선, 누가 유지·관리, 운영할 것인지는 매우 중요한 사항으로 일반적으로 지자체나 사업자가 하는 경우가 많다. 하지만, 여기에 지역주민이나 어린이, 환경단체 등 다양한 이해당사자들이 참여하게 하는 것이 바람직하다. 또한, 관리와 운영 등을 위한 비용을 어떻게 확보할 것인지도 매우 중요하다.

• 관련 비용 확보

유지 및 관리비의 확보와 관련하여 어디서 어떠한 재원을 확보할 것인지에 대한 것도 미리 검토해 두어야 한다. 무엇보다도 지속적인 운영·관리를 위한 예산 확보 방안을 마련하는 것이 중요하다. 특히, 자연환경보전·이용 시설과 같이 입장료를 받을 수 있는 시설에 대해서는 자체 수입 비율을 향상시키기 위한 방안도 모색해 보아야 한다. 이러한 자체 수입은 다양한 프로그램을 개발하여 유치원, 초등, 중등 학생의 적극적 참여를 유도함으로써 교육비에 의한 예산 확보 비율을 높일 필요가 있다. 즉, 입장료, 시설 이용비, 교육비, 수익 사업, 임대 사업 등이 포함될 수 있다.

또한, 외부 지원을 적극적으로 유치하는 것도 좋은 방안이 된다. 각종 이벤트 및 전시회 등을 개최함으로써 기업, 비정부기구, 환경단체, 일반 시민으로부터 후원을 받는 것도 좋다.

• 운영 관리

효율적인 운영 관리를 위한 구체적인 계획을 수립할 필요가 있는데, 운영·관리 계획에 포함되어야 할 사항은 다음과 같다.

- 기본적 내용: 관리 운영 주체, 이용 기간, 이용 요금, 청소 관리 방법, 시설 유지 방법 등
- 관리 운영 체제: 운영 관리 전문 인력 확보, 관리 운영 조직의 개요, 직원 수, 직원 배치, 관리 운영의 협력 체제(관련단체, 운영협의, 자원봉사 등), 홍보 방안 등
- 자연해설(체험) 활동 프로그램: 해설 대상의 설정, 해설 프로그램 내용, 실시 체제, 실시 시기, 개최 빈도, 자료 작성 계획 등

• 복원 지역의 유지 관리

복원 생태계의 유지 관리 계획의 기본 방향에서는 사업 지역의 모니터링 결과에 기초한 순응적 관리 방식을 채택하는 것을 기본 원칙으로 하는 것이 바람직하다. 이외에 최소한의 유지 관리를 지향하고, 자연에 맡기는 자율적 관리 방식을 도입할 수 있도록 계획을 수립하여야 한다. 복원된 생태계의 유지 관리 계획에 포함해야 할 내용은 다음과 같다.

- 생태기반환경의 유지 관리 방안
- 복원 목표종 및 서식처 유지 관리 방안
- 외래종(외래식물, 외래동물)의 관리 방안
- 생태계 교란종, 생태계 위해종의 관리 방안
- 기타 복원 재료 및 시설물 등의 관리 방안

한편, 서식처 혹은 사업의 유형별로도 미리 예상되는 변화 내용을 고려한 후, 유지 관리 시 고려해야 할 기본 사항들을 포함하여 계획을 수립하도록 해야 한다. 예를 들어, 습지의 경우에는 습지 식물의 지나친 확산으로 인한 개방 수면 축소를 방지하기 위한 관리 방안을 포함하는 것이 바람직하다.

Memo

사진설명 : 충남 보령 소황사구

7장 생태복원 계획의 생태적 영향 평가

7. 생태복원 계획의 생태적 영향 평가

가. 생태적 영향 평가의 필요성

이 장은 생태적 영향 평가의 이론과 방법을 소개하기 위한 것도 있지만, 생태복원 사업에 대한 계획이 수립되었을 때, 사업 계획 내용이 생태계에 미치는 영향을 파악하고 그에 따른 저감 대책을 마련해야 할 필요성을 제시하기 위한 것이다. 생태복원 사업이 훼손된 생태계를 대상으로 하는 것은 엄연한 사실이지만, 생태복원 사업도 시공으로 인해 해당 지역이나 그 주변의 생태계에 영향을 미치는 경우도 많다. 즉, 복원이라는 미명하에 자연환경을 훼손할 수 있다는 것이다. 예를 들어, 도로에 의해 단절된 지역에 생태축 복원과 야생동물의 이동을 위한 생태통로 조성은 그 취지나 목적은 좋은 것일지라도 주변의 온전한 생태계를 훼손시킬 수도 있다. 특히, 하부형 생태통로 조성을 위해서는 주변의 자연지역을 이용해 가설 도로를 만드는 경우가 많고, 개방도를 확보하기 위해 자연 지형을 조작하는 등의 불가피한 훼손을 가져오기 마련이다. 이런 경우에는 복원 사업에 대한 재검토도 필요하다. 불가피하게 생태통로를 조성하는 것이 더 중요하다고 의사 결정이 이루어졌다면, 주변 생태계 훼손을 최소화시키기 위한 노력을 해야 한다.

이와 같은 맥락에서 생태영향평가는 앞 단계에서 이루어진 복원 사업의 부문별 계획이 생태계에 미치는 영향을 미리 검토하고, 그 영향에 대한 평가를 실시하기 위한 것이다. 또한, 제안된 계획 내용이 환경에 미치는 영향을 최소화시키기 위한 구체적 대안이나 저감 공법, 새로운 친환경적인 공법 등을 제시하기 위해서 절대적으로 필요하다.

나. 생태적 영향 평가의 개념

생태적 영향 평가(ecological impact assessment)는 제안된 개발 사업이나 복원 계획이 생태계 혹은 생태계의 구성 요소에 미치는 잠재적 영향을 파악하고, 계량화하며 평가하는 과정을 말한다. 개발과 생물다양성 보전과의 조화를 위해서는 환경 분석에 대한 자원 지향적 접근 방법(resource-based approach)을 필요로 한다. 이와 같은 필요를 충족하기 위한 목적으로 개발되어온 여러 가지 생태영향 평가 기법은 토지이용과 자연자원 계획에 큰 기여를 해오고 있다. 생태적 영향 평가는 종합적인 환경 영향평가의 일부를 이루기도 하지만, 생물과 주변 환경간의 관련성을 조사·연구하는 분석적 절차를 제공함으로써 환경과 개발에 관한 리우 선언의 기초를 형성하는 지속가능성과 "현명한 이용"의 원칙을 실천에 옮기는 데에 중요한 역할을 하고 있다. 만약 이것이 적절하게 적용된다면, 생태계 관리를 위한 과학적이고 합리적인 접근 방법을 제공하게 될 것이다. 생태적 영향 평가는 자연 자원의 관리와 계획의 전 분야에 대한 잠재적인 적용 가능성을 가지고 있다. 많은 다양한 형태의 환경 관련법에서 또한 생태적 영향 평가의 목적이나 일관된 방법에 대한 수요를 보여주고 있으며, 특히 산업 활동과 관련된 항목에서는 더욱 그러하다. 예를 들면, 통합된 오염 방재 관련법에서 생태 분석이나 위험 평가에 대한 요구가 커지고 있다. 생태적 영향 평가의 기술은 인간보다는 다른 생명체에 대한 인간 활동의 결과를 예상하는 데 주로 활용되지만, 환경 영향의 수용자 혹은 생태적 변화의 행위자로서 인간의 중요성을 간과할 수 없다. 생태적 영향 평가는 지역 혹은 개별 사업의 개발 행위에 대한 생태적 결과를 인식, 예측하고 평가하는 데 활용된다. 그것은 일정한 범위에서 적용될 수 있으며, 생태계 전반 혹은 개별 종들에 대한 효과 평가도 가능하다. 생태적 영향 평가와 관련된 다양한 법적 틀이 있으며, 이것은 산업 규제 과정이나 토지이용계획의 한 부분으로서 활용될 수 있다. 생태적 영향 평가의 범위가 어느 수준이든지 간에, 생태적 영향 평가는 주요한 생태계 요소의 인식과 그들 상호간의 요소나 과정의 이해를 바탕으로 한다. 생태적 영향 평가는 현황 조사, 모니터링, 기능 분석 및 예측 모델과 같은 전통적인 기술을 포함하는 생태과학에 근간을 두고 있다. 뿐만 아니라 생태적 영향 평가는 어떤 예상되는 결과에 대한 적용 후 평가를 요구한다. 다시 말하면, 생태적 영향 평가는 결정을 내리고 환경 관리를 하는 데 있어서 과학적으로 확실한 근거를 제공해야 한다.

다. 생태적 영향 평가 시행의 원칙

실무적인 관점에서 볼 때, 생태적 영향 평가에 따라 얻게 될 효과는 법적 그리고 절차적 준거틀(framework)이 아래에 제시한 원칙을 어느 정도 채택하느냐에 달려있다.

- 생태적 영향 평가는 핵심적인 이슈들이 파악되고 자료 요건들이 충족되도록 하기 위하여 제안된 사업의 계획이나 설계의 초기 단계에서 시작되어야 한다.
- 생태적 영향 평가의 공간적 범위와 시간적 범위는 제안된 사업과 생태계 경계가 일치해야 한다.
- 생태적 영향 평가는 관련된 믿을 만한 자료와 경험에 바탕을 두어야 한다.
- 생태적 영향 평가는 제안된 행위로 발생할 수 있는 잠재적이며 중요한 모든 영향이 파악되고 평가되도록 해야 한다.
- 예측을 위한 가정과 신뢰 한계가 구체화되어야 한다.
- 생태적 영향 평가는 심각한 악영향을 회피하거나, 효과적이고 잘 검증된 기법을 이용, 최소화하거나 보상되도록 해야 한다.
- 생태적 영향 평가는 모든 관련된 인자들, 예를 들어 누적 영향, 장기적인 영향, 광역적인 영향 등을 다루어야 한다.
- 생태적 영향 평가는 잔류 영향의 심각성을 고려하는 환경 관리를 제안해야 하며, 예측과 저감에 있어서의 불확실성을 서술해야 한다.
- 생태적 영향 평가는 믿을만한 모니터링의 결과에 의한 평가(assessment and evaluation)에 바탕을 두어야 한다.
- 생태적 영향 평가는 가능한 경우, '받아들일 수 있는 변화의 한계(limits of acceptable change, LAC)'를 고려해야 한다.

라. 생태적 영향 평가의 과정별 방법

앞서 제시한 원칙을 바탕으로 한 생태적 영향 평가의 일반적인 과정은 [그림 7-1]과 같다. 이상적인 생태적 영향 평가 과정은 융통성이 있고, 반복적인 것이어야 한다. 또한, 정확하고 일관성이 있으며 투명한 방법에 바탕을 두어야 한다.

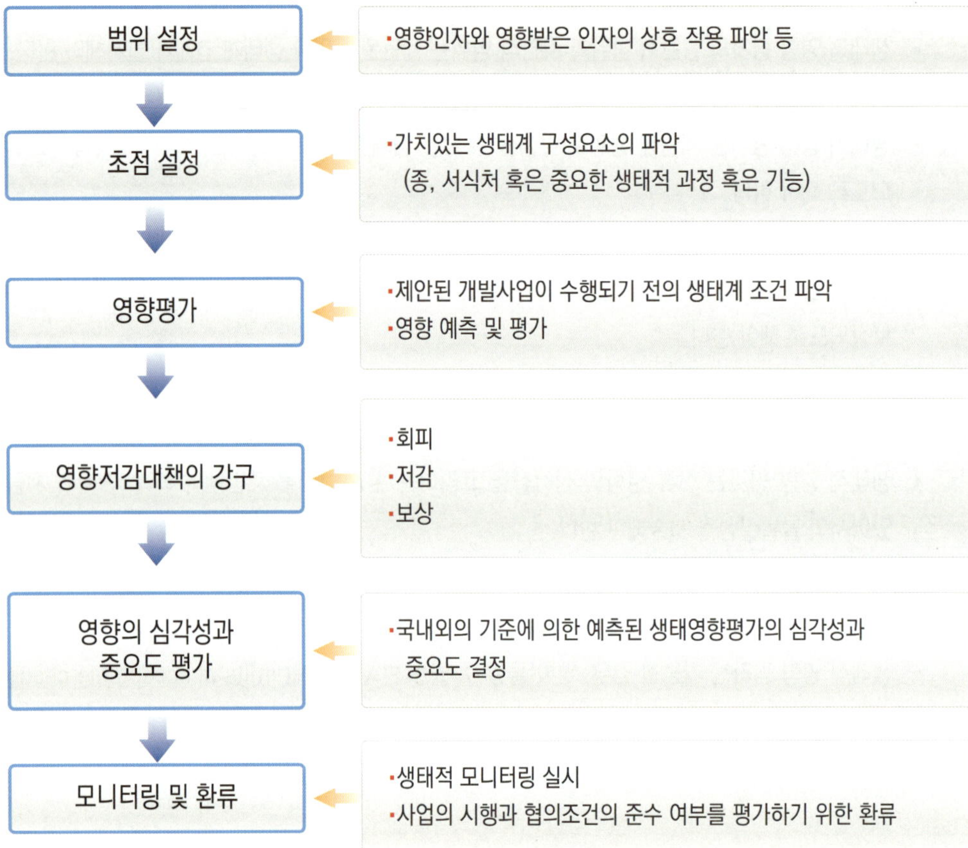

[그림 7-1] 생태적 영향 평가의 일반적 과정

※ 자료출처: Jo Treweek, 1999.

1) 범위 설정

범위 설정은 생태적 영향 평가 연구의 적절한 범주를 설정하는 데 사용되며, 제안과 받아들이는 환경 간의 잠재적 상호관련성을 나타내 준다. 잠재적으로 영향을 받은 생태계와 그들의 구성 요소들에 대한 분류는 생태적 영향 평가의 범위를 설정하는 데 있어서 필수적인 단계이다. 생태계는 공간적이며 일시적이다. 역사적인 정보나 모니터링 자료의 부재 속에서 일시적인 경향에 대해 수량화한다는 것은 쉽지 않다. 포괄적이며 국가 차원의 모니터링 자료는 조사 지역에서 발생될 수 있는 것을 확신하는 것이 가능하도록 하며, 그럼으로써 적절한 조사 설계의 기회성 증진과 놓칠 수 있는 중요한 생태적 구성

요소의 위험성을 감소시킬 수 있는 기회성을 준다.

생태적 영향 평가에서 조사와 목록 작성을 위한 "Top-Down" 접근은 개념적이며, 서식처와 더 큰 경관 단위에 종을 배치한다. 새로운 기술은 더 큰 면적을 효과적으로 조사하는 우리의 능력과 자료에 대한 새로운 자원에 대한 접근을 가능하게 한다. 원격탐사자료(remotely sensed data)와 GIS는 확장된 생태계 조사와 모니터링이 지역 차원에서 지구적 차원까지 저비용으로도 가능하게 했다.

이 단계는 제안된 활동과 생태적 구성 요소간의 공간적·일시적 관계에 대한 분석을 필요로 한다. 그러므로 생태적 영향 평가의 범위 설정에서는 받아들여지는 환경의 특성화뿐만 아니라 제안 사항의 이해와 그것이 만들어내는 영향에 대한 이해를 요구한다. 생태적 영향을 검토하고 평가를 나타내는 일부 형태가 생태적 영향 평가 범위 설정의 일반적인 형태이다. 지금까지의 내용을 요약하면 다음과 같다.

- 사업 계획서와 생태적 스트레스나 교란과 관련되는 자원에 관한 해석
- 환경에 있어서 잠재적인 생태적 수용체에 대한 서술, 특징화 및 목록의 기술
- 잠재적인 스트레스 인자와 생태계 수용 인자 혹은 구성 요소간의 잠재적 상호 작용 범위를 설정하기 위한 예비 영향 평가
- 연구 범위 설정: 어떻게 스트레스 인자와 수용체 간의 상호관계를 연구하고, 가치 있는 생태계 구성 요소를 평가할 것인지를 결정하여 연구 범위 설정

2) 초점 설정

초점 설정은 가치 있는 생태계 구성 요소를 인식(종, 서식처, 혹은 생태계의 과정과 기능)하는 것이며, 평가 범위를 한정시키는 것이다. 세부적으로 환경의 기능과 모든 구성요소를 조사한다는 것은 불가능하기에 생태적 영향 평가를 위한 범위 설정이 필요하다.

3) 영향 평가

영향 평가에서는 생태계에 영향을 미치는 기반 요소에 대한 연구와 영향 예측과 평가(선택된 생태계 요소를 바탕으로 한 영향의 인식과 예측) 등을 수행한다. 영향의 예측과 평가로서 구체적인 내용은 다음과 같다.

가) 영향의 예측

영향의 예측은 생태적 영향 평가에 있어서 가장 핵심이 되는 부분이지만 일반적으로 가장 약한 부분 중의 하나로 알려져 있다. 생태계의 복잡성과 샘플의 제한, 지속적인 모니터링의 부족은 생태적 영향 평가에 있어서 예측이 상당히 불확실할 수 있음을 의미할 수도 있다. 대부분의 생태계에 있어서 생태계의 기능을 설명하는 인간의 능력이 상대적으로 제한적일 수 있다. 반면, 종들의 분배와 물리적 요소 사이의 상관관계는 잘 이해될 수 있다. 기후나 토양과 식물간의 관계가 그 예라 할 수 있다. 생태적

영향 평가는 예측에 의존하지만 또한 제한된 스트레스에 반응하는 생태계에 대한 이해를 도울 수 있도록 생태학자가 많은 사례 연구를 제시할 수 있다. 그러나 이러한 경험에 따른 능력은 모니터링이나 사후 연구의 부족에 의해 제한받기도 한다.

나) 영향의 평가

예측된 생태적 영향은 수학적으로 해석되거나 생태적 위협이나 제한에 대해 평가된다. 생태계의 구성 요소나 과정, 기능에 대한 가치는 사회적, 정치적, 경제적 요소에 의해 결정된다. 또한, 결정하는 과정에 있어서 생태적 가치 평가의 결과는 사회적, 경제적, 윤리적 요소에 대한 설명이 가능해야 한다.

4) 영향의 저감 대책 마련

많은 다양한 생태적 영향이 저감 등의 조치를 통해서 감소될 수 있다. 저감은 원인 요소에 의한 영향을 조절하는 것뿐만 아니라 생태적인 수용자에 의한 노출과 같은 다양한 효과를 저감시키기 위한 행위를 포함한다. 저감 효과는 기존 및 주변의 생태계와 그곳에 서식하고 있는 생물종들에게 미치는 생태적 영향을 최소화 시키는 데에 기여할 것이다. 생태복원 사업일지라도 생태계에 미치는 영향을 충분하게 검토하고, (1)No Action 대안, (2)회피 대안, (3)최소화 대안 그리고 (4)보상 대안과 같은 것들을 다양하게 검토하여야 한다.

5) 영향의 심각성과 중요도 평가

영향의 심각성과 중요도를 평가하는 것은 내·외부의 기준을 바탕으로 예상되거나 남아있는 생태적 영향의 중요성을 확신하는 것으로 영향의 가치 평가에 해당한다.

6) 모니터링과 환류

모니터링은 자연적인 변화와 인류학적인 변화 사이에서 우리가 구분하는 하나의 과정이다. 생태계는 시간이 지남에 따라 상당한 변화가 있다. 야생생물종과 서식처의 상태에 대해 믿을만한 정보를 제공할 수 있는 모니터링이 없다면, 관찰된 변화가 확실하다고 어떻게 말할 수 있는가? 따라서 믿을만한 생태적 바탕을 제공하기 위해 필요한 정보들을 지속적으로 만들어 나가야 한다. 이러한 모니터링은 지식 기반을 강화하기 위한 생태적 모니터링과 예견되지 않은 결과에 대한 관련 행위에 대한 기회성을 제공한다. 그리고 당초 계획 내용의 적용과 순응을 평가하기 위한 환류 과정도 필요하다. 한편, 복원사업 계획에 대한 생태적 영향 평가에서는 기존의 사업 계획이 생태계에 미치는 영향이 있다고 평가될 경우, 다양한 저감 방안을 마련하는 것으로 끝나지 않고, 기존의 사업 계획을 새롭게 제안된 저감 방안(새로운 친환경적인 공법 등)을 이용하여 수정·보완토록 해야 한다.

Memo

사진설명 : 길동생태공원

8장 친환경적 시공 및 생태복원감리

8. 친환경적 시공 및 생태복원감리

가. 친환경적 시공

1) 기본 방향

친환경적 시공은 계획 및 설계 내용에 기초하여 수행되어야 한다. 하지만, 설계 상세 내용 중에서 재료의 형태나 치수, 수량 등에만 집중하는 것보다는 생태계의 기능을 고려한 시공이 되도록 해야 한다. 특히, 설계 단계에서 확인하지 못했거나 설계 내용과 현장 조건이 다른 경우 등 현장의 세부적인 사항들에 대해서 체크하면서 시공해야 한다.

• 생활사를 고려한 공정 채택

시공을 위한 공정 계획을 수립할 때에는 목표종 또는 대상지역 내 서식하고 있는 중요 생물종의 생태 특성을 고려하여 시공해야 한다. 대표적인 접근 방법은 생물종의 생활사에 맞춘 시공 계획을 마련하는 것이다. 일반적으로 야생동물은 번식기 및 산란기에 가장 민감한 반응을 보이기 때문에 대상지역 내 중요한 생물종의 번식·산란 시기를 파악하는 것이 중요하다.

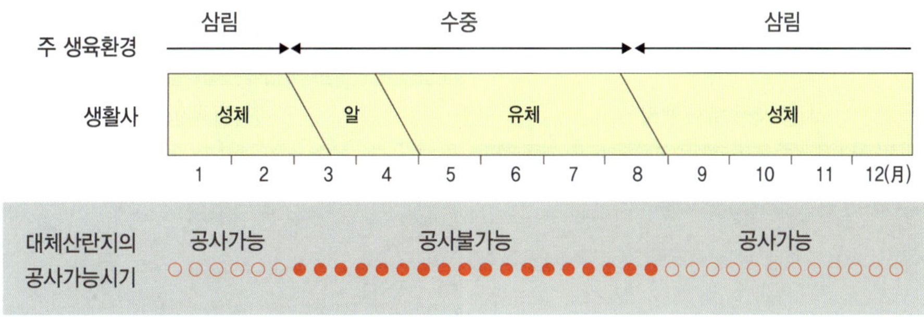

[그림 8-1] 도롱뇽의 생활사를 고려한 공정 계획 예시

• 공사 범위 및 장소의 최소화

공사 중에 주변 생태계에 미치는 영향을 최소화하기 위해서는 주변 생태계에 불필요한 접근을 피하고 공사 범위나 장소를 최소화시키는 것이 좋다. 또한, 복원 사업의 경우에는 기존의 서식처를 활용하는 경우도 많기 때문에 기존의 서식처 내에서 계속 유지할 것들은 훼손되지 않도록 주의해야 한다.

• 공사 중의 피난처 확보

피난처의 경우, 대상종의 서식 조건을 만족하고, 기존에 생육·서식하고 있는 생물종에 영향을 미치지 않아야 하며, 확실한 이동 가능 경로와 환경이 확보되어 있는지를 확인해야 한다.

• 시험시공의 실시

시공할 면적이 광범위한 경우에는 시험 시공을 실시하는 것이 바람직하다. 이것은 본 시공에 앞서서 미리 소규모의 시험 시공을 실시한 후 그 결과를 모니터링하여 습득한 지식을 기반으로 본 시공을 실시하는 방법으로 예방적인 리스크 관리로 볼 수 있다. 우리나라의 경우, 현재 비탈면 녹화 시공에 있어서 시험 시공을 실시하도록 하고 있다. 또한, 강원도 옥계의 시멘트 광산과 같이 대규모로 개발된 지역에서도 복원 사업의 실효성을 높이기 위해 시험 시공을 실시 중에 있다.

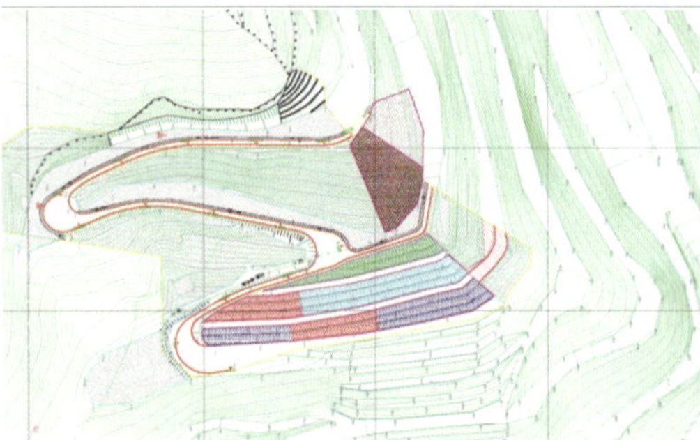

기호	식재유형	단위	실험면적
	식재 I	m²	793
	식재 II	m²	1,474
	식재 V	m²	1,264
	식재 VI	m²	1,505
	파종 II	m²	421
	잔벽 I	m	50
	잔벽 II	m	50
	기복구지식재	m²	18,815

시험 시공 실시 계획

식재 시험구

이식 시험구

파종 시험구

[그림 8-2] 옥계 시멘트 광산의 실험 시공 지역

※ 사진 및 자료 제공: 김경훈 박사(일송환경복원)

• 재료의 확인 및 검수

생태복원 사업에서는 자생종 도입을 원칙으로 하고 있다. 따라서 식재해야 할 수종이나 도입할 생물종들이 대부분 일반 공원이나 녹지에서 사용하는 것들과는 다르다. 소나무류 보다는 참나무과 식물을 많이 도입하는 경우가 대표적이다. 그러다 보니 신갈나무나 갈참나무 등 생태복원 사업에서 주로 사용하는 수종들에 대한 확인 및 검수 과정이 중요하다. 특히, 참나무과 식물들은 야생에서도 변종이 많고, 변종이 아니더라도 수피로만 확인한 후 식재해야 하는 경우가 있기 때문에 설계 도서에 적시한 수종이 현장에 제대로 납품되었는지를 꼼꼼하게 체크해야 한다. 동물종의 경우 생태복원 사업에서 별도로 도입하는 경우가 많지는 않지만, 이 경우에도 정확한 동정을 한 후에 복원 현장에 도입해야 한다.

• 사진 자료의 확보

생태복원의 주요 과정별로 사진을 찍는 것은 매우 중요하다. 단순히 행정적인 서류를 제출하는 차원을 넘어서서 대상지역에 대한 복원 전과 중, 후의 사진을 체계적으로 정리하는 것은 그 대상지역에 대한 역사적인 기록이 되기도 한다.

준공 도서를 갖추기 위해서는 대부분 사업 전과 중, 후의 사진을 찍어서 제출하면 된다. 하지만, 주요 공정별, 그리고 주요 복원 기법이 적용되는 과정별로 사진을 찍고 기록해 두는 것은 또 다른 의미를 갖는다. 우선 해당 기술의 개발이나 발전에서도 의미가 있으며, 훗날 홍보용 자료를 만드는 데에도 요긴하게 활용된다. 또한, 복원 이후에도 가급적 동일한 지점을 정해두고 주기적으로 사진을 찍게 되면, 교육 자료로도 활용성이 높아진다. 이때 중요한 것은 항상 고정된 지점에서 정기적으로 사진을 찍도록 해야 한다는 것이다.

2) 주요 시공 과정별 고려 사항

가) 시공 과정 일반

생태복원 공사의 과정이나 시공의 주요 방법은 다른 토목이나 조경 등의 분야와 크게 다르지 않다. 다만, 생태적인 측면에서의 차이 즉, 사용하는 재료와 기법, 야생생물의 서식처 제공 기능이 보다 강화되어 있다고 볼 수 있다. 사용하는 재료와 기법은 대부분 인위적인 재료를 사용하는 대신 자연 재료를 사용하는 것을 우선으로 한다. 그리고 자연의 순환을 거스르지 않는 방법을 존중하는 것이다. 예를 들어, 습지를 조성하는 경우에 있어서 방수시트를 깔지 않고 진흙다짐 등으로 마무리하는 것을 말한다. 물론 복원 목적에 따라서 방수를 해야 할 경우에는 친환경적인 소재나 기법을 사용하는 것이 바람직하다. 또한 물을 인위적으로 끌어오는 것처럼 에너지를 사용하는 방식은 권고하지 않는다.

야생생물의 서식처 제공 기능을 강화한다는 것은 목표로 하는 생물종 또는 다양한 생물종이 서식할 수 있는 환경을 우선적으로 고려하여 적용하는 것이다. 이것은 물론 설계 단계에서 구체적인 도면으로 제시되지만, 시공 과정에 있어서도 주의를 기울일 필요가 있다.

본격적인 생태복원 공사에 들어가기 전에 각종 인·허가 사항을 체크하고 관련 기관의 승인을 득한 후에 시행해야 한다. 특히, 멸종위기종의 이식이나 이주와 같은 경우에는 필히 유역(지방)환경청에 사전 승인을 득한 후 시공에 들어가야 한다. 이것은 야생생물 보호 및 관리에 관한 법률 제14조(멸종위기 야생생물의 포획·채취 등의 금지)에 의거한다. 천연기념물일 경우에는 자연유산의 보존 및 활용에 관한 법률 제34조(천연기념물인 동물의 관리)에 의해 국가유산청의 허가를 득해야 한다.

또한, 각종 개발 사업에서 "환경영향평가법"에 의한 전략환경영향평가, 환경영향평가, 소규모 환경영향평가 등을 받는 과정에서 대체 서식지 조성 및 유지 관리 등에 관한 협의 사항이 있을 때에는 "대체서식지 조성·관리 환경영향평가 지침(환경부 국토환경평가과, 2013)" 등에 의거 대체 서식지를 조성하고 관리해야 한다.

이후에 전반적인 일정 계획 및 재료와 인력 조달 계획을 상세하게 수립해야 한다. 일정 계획에는 날씨(혹서, 혹한 등) 요인이나 인부나 장비의 가용 여부, 자금 여력 등을 충분히 고려해야 한다. 식물과 같이 살아 있는 생명 소재를 주로 다루기 때문에 혹서나 혹한기에 식재하는 것은 피하는 것이 좋다. 종자를 이용하여 복원할 경우에는 시공 전에 충분한 시간을 확보하여 복원 대상지 주변 지역(가급적 동일 유역권역을 권고함)에서 자생 종자를 채취하는 것이 좋다.

한편, 생태복원 공사 시 주의할 것은 기존에 일반 조경 공사나 토목 공사에 익숙한 작업 인부들이 많기 때문에 사전에 충분한 교육을 시키고 현장에 투입해야 한다. 또한, 도입되는 자재나 식물 등의 검수 작업을 충분히 진행시켜야 한다.

무엇보다도 안전 교육(의무 교육임)을 통한 현장 안전에 주의를 기울여야 한다. 건설기술진흥법 제62조(건설공사의 안전관리)부터 제65조(건설공사의 안전교육)까지의 규정에 의거 작성된「건설공사 안전관리 업무 수행 지침」을 준수하여야 한다.

나) 주요 시공 과정 및 고려 사항

John Rieger 등(2014)이 제시한 생태복원 사업의 실행 즉, 설계 도서에 따른 시공 및 시설 설치, 관리 등의 전반적 과정은 [그림 8-3]과 같다.

[그림 8-3]에서 제시한 전반적인 시공 과정은 다소 간소화된 경향이 있다. 따라서 실제 현장에서 이루어지는 생태복원 시공 과정을 제시해 보면 다음과 같다.

사전 공지 및 사업 안내 → 보호 대상의 확인(문화유산, 자연유산, 멸종위기 야생생물 등) → 장애물(지장물) 제거 → 시공 측량 → 가설 시설물 설치(비점오염원 관련 및 비산먼지, 소음 등) → 정지 작업(가도로 개설, 지표면 정리 등) → 표토의 채취 및 보관·복원(필요시) → 토공사 → 급·배수 등의 관로를 포함한 기반공사 → 식재 공사와 식재 후 유지 관리 → 시설물 및 자연석 등 설치 공사 → 생물서식공간 조성 공사 → 안내 및 해설판 설치 공사 → 포장 공사 등의 순으로 진행한다.

다만, 현장 여건에 따라서 일부 공종들은 함께 진행하거나 순서가 바뀌는 경우도 있다. 그리고 세부 부문별로 구체적인 공사 방법은 설계도서 및 시방서에 따라서 진행해야 한다.

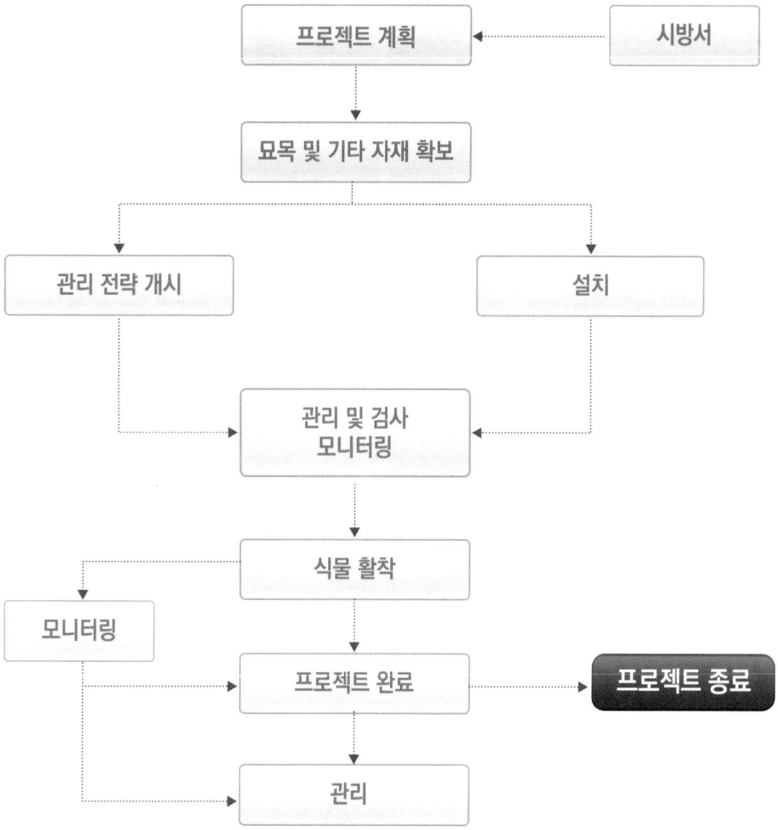

[그림 8-3] 복원 사업 실행(시공 및 설치, 관리)의 전반적 과정
※ 자료출처: 박소현 등 譯, 2016 (원전: John Rieger *et al.*, 2014)

앞서 제시한 과정을 생태복원 용어로 달리 표현하면, 공사 준비 작업(보호 대상의 확인부터 정지 작업까지) → 지형 및 토양 복원 공사 → 수리·수문 복원 공사 → 식생 복원 공사 → 복원 시설 설치 공사 → 생물서식공간 조성 공사 → 안내 및 해설판 설치 공사 → 포장 공사 등으로 분류할 수 있겠다.

위의 과정에 따라서 실제 환경부 생태계보전부담금 반환사업으로 양평에서 실시한 사례를 예시하여 설명하면 다음과 같다.

- 사전 공지 및 사업 안내

생태복원 대상지역은 대부분 훼손지가 많지만, 생태계보전부담금 반환사업이나 도시생태축 복원 사업과 같은 사업은 훼손지 이외에 무단 경작지도 상당 부분 분포하는 경우가 많다. 이런 경우에는 사업을 시행하기 이전에 대상지역에 복원 사업을 알리는 문구가 적힌 안내판을 설치해야 한다. 기존에 불법 경작을 하던 사람들로 하여금 사전에 작물을 재배하지 못하게 하려는 것이다. 간혹 이러한 공지를 하지 않아서 농작물을 재배해 버렸을 경우에는 그 비용을 배상하는 경우도 있다. 또한, 현수막 등을 이용하여 주변 지역에 생태복원 사업이 진행된다는 것을 알리면, 지역주민 참여의 장이 마련되기도 하고, 교통 불편 등에 대한 사전 양해를 구하는 경우도 있다.

a) 사업 시행 알림판

b) 도로변 현수막 설치로 복원 사업 안내

c) 경작물 및 지장물 철거 안내 현수막

d) 경작물 철거 안내 입간판

[그림 8-4] 사전 공지 및 사업 안내 [한강 배후 습지 복원 사업(2016)]

• 보호 대상의 확인

생태복원 공사는 지형과 토양을 복원하는 것부터 시작한다는 견해가 많다. 그런 맥락에서 본 공사에 들어가기 전까지를 공사 준비 작업이라고 할 수 있겠다. 우선 보호 대상의 확인은 각종 문화유산, 자연유산과 법정 멸종위기 야생생물 등에 대해서 확인하는 과정이다. 물론 대부분 사전 조사를 통해서 문화·자연유산이나 멸종위기 야생생물 등의 분포·서식 여부를 조사하기 때문에 해당 문서에 관련 사항이 없을 경우에는 바로 진행하는 경우가 많다. 그러함에도 불구하고 공사를 시작하는 단계에서 새롭게 법정 문화·자연유산이나 멸종위기 야생생물이 발견되었을 경우에는 공사를 중지하고, 관할 관청에 신고해야 한다. 이후 관할 관청의 지시에 따라 처리하여야 한다. 이외에도 기존에 우수한 수목이나 생태적으로 민감한 지역 등도 확인해야 한다. 무엇보다도 전기 및 통신 시설, 가스, 상하수도 등 지하 매설물을 확인하는 과정도 거쳐야 한다. 보호할 대상이 있는 경우에는 현장 작업 인부 누구나 쉽게 확인할 수 있는 표식을 명확하게 설치해 두어야 한다.

[그림 8-5] 보호 대상 확인 작업 [한강 배후 습지 복원 사업(2016)]

• 시공 측량 및 경계 설정

무엇보다 중요한 것은 경계를 측량하는 것으로서 생태복원 공사를 시행할 범위를 명확히 해야 한다. 사유지를 침범하거나 사업 범위 밖에 있는 국·공유지를 훼손하지 않도록 해야 한다. 경계 측량 및 지적 관련 측량은 대부분 한국국토정보공사에 의뢰하여 이루어진다. 이후 한국국토정보공사에서 제시한 경계를 현장에서 정확하게 표시하고, 사업의 경계로 설정하여야 한다.

주의해야 할 것은 대상지 주변으로 사유지가 있을 경우, 사유지로 진입하는 우회 경로도 미리 확보해 주어야 한다. 그렇지 않을 경우 복원지역을 경유하여 사유지로 진입하기 위한 시도 때문에 훼손이 발생하기도 하고, 복잡한 민원 문제도 발생할 수 한다. 한편, 복원 대상지역에 대한 시공 측량 과정은 현장에서 각종 환경 여건에 대한 위치와 높이를 확인하는 과정이다. 설계 단계에서도 측량이 이루어지지만, 시공 단계에서도 현장 여건을 면밀하게 재검토하기 위해서 측량을 시행하기도 한다.

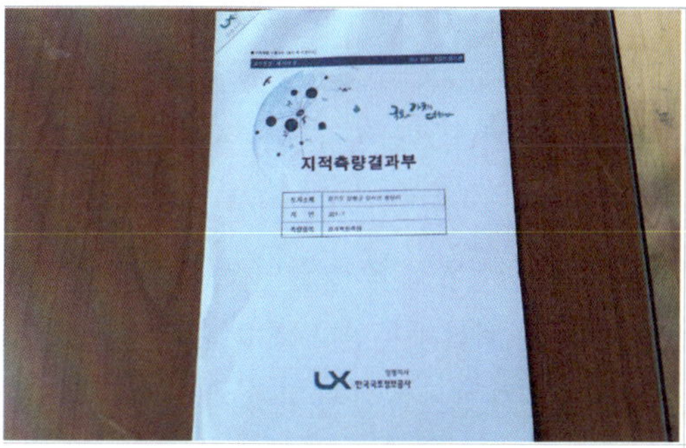

a) 한국국토정보공사의 지적 측량 결과 안내 문서

b) 시공을 위한 현황 측량

c) 대상지 경계 표식

[그림 8-6] 지적 및 시공 측량, 경계 설정 [한강 배후 습지 복원 사업(2016)]

• 장애물(지장물) 제거

장애물은 흔히 지장물이라고도 하며, 본 공사에 들어가기 전에 제거하거나 이전시켜야 한다. 지장물에는 각종 구조물이나 폐기물 등이 포함된다. 때론 잡목을 포함한 수목이 될 수도 있다. 어떠한 경우든 생태복원을 하는 데 있어서 지장을 줄 수 있는 것들은 사전에 제거 혹은 옮기는 것이 필요하다. 재활용해야 할 수목 등은 공사장 인근 혹은 가장자리 등에 가식하는 것도 방법이다.

a) 잡목 등 제거　　　b) 장애물 제거와 함께 작업로를 개설하는 과정

[그림 8-7] 지장물 제거 작업 [한강 배후 습지 복원 사업(2016)]

- 가설 시설물 설치

가설 시설물 설치는 가설사무소나 가설 창고 등을 포함한다. 또한, 용수 공급 시설이나 전력 공급과 전기 설비 등도 임시로 설치하는 경우가 있을 때에는 이 단계에서 처리한다. 복원할 대상지가 맹지이거나 산림 등 자연 환경 지역일 경우에는 현장 접근로를 만들거나 가설 도로를 설치하는 경우도 있다. 또한, 가설 시설물에는 각종 비점오염원 관련 처리 시설이나 비산먼지 저감 시설, 소음 방지 시설 등도 포함된다. 복원 공사 과정에서도 비점오염이 발생하거나 비산먼지, 소음 등이 발생할 수 있기 때문에 공사 지역 주변에 피해를 주거나 민원이 발생하지 않도록 처리해야 한다. 특히, 복원 사업 장소 인근에 주택 등이 있을 경우에는 관련법에 의해 의무적으로 분진 펜스와 같은 환경 저감 시설을 설치해야 한다.

- 정지 작업

대부분의 정지 작업은 필요한 곳으로 흙을 옮기거나 제거하기 위해 흙 깎기(절토), 흙 쌓기(성토), 정지, 노반의 마무리, 다짐 등의 공사를 하게 된다. 또한 구조물이나 각종 시설물, 관로 등을 설치하기 위한 터파기나 되메우기, 잔토처리 등을 포함한다. 정지 작업 과정에서 중요한 것은 토량을 정확하게 파악하는 것이며, 외부에서 흙을 유입하거나 외부로 흙을 반출하는 것은 지양해야 한다. 물론 이것은 설계 단계에서 토량을 고려하여 실시설계를 시행한 것이지만, 시공 과정에서도 적절한 처리가 필요하다.

a) 정지 과정 중 모습　　　b) 정지 완료 후 모습

[그림 8-8] 정지 작업 [한강 배후 습지 복원 사업(2016)]

• 표토의 채취 및 보관과 복원

필요할 경우에는 표토를 채취하여 보관하고, 식재 시 복원·활용해야 한다. 표토를 이용해야 할 필요가 있을 때에만 해야 하며, 우수한 표토의 경우 가적을 하게 되는데, 최적 두께는 1.5m를 기준으로 하며, 최대 3.0m를 넘지 않는 것이 좋다. 한편, 과거 농경지나 목장 등으로 사용되었던 곳에서는 표토 내에 과다한 유기물과 잡초성 매토종자 등이 많이 분포하기 때문에 일정 깊이 이상으로 파서 제거하는 것도 방법이다. Clewell과 Aronson(2013)은 90㎝까지 흙을 파서 치환시키는 것을 권고하였는데, 필요하다면 일정 깊이의 토양을 제거하는 것이 좋다. 서울시 고덕동에 위치한 수변 생태복원 지역(고덕수변생태공원)의 공사 때에도 일정 깊이(30㎝)의 토양을 제거한 후 복원하였다. 그러함에도 불구하고 복원 후 망초류 등이 발생하여 생태계가 발달하는 것을 저해하기도 했다. 어떤 경우에 표토를 활용하고, 어떤 경우에 표토를 제거할 것인지는 현장의 여건, 기존에 생육 및 우점하고 있던 식생, 과거 토지 이용 등에 따라서 결정해야 한다.

a) 표토 및 양호한 토양의 채취 b) 표토의 보관(사진에서 우측)

[그림 8-9] 표토의 채취 및 보관 [한강 배후 습지 복원 사업(2016)]

• 토공사 (지형 복원 및 토양 복원 공사)

토공사(지형 복원 공사)는 조경공사, 토목공사 등 건설공사에 있어서 흙의 굴착, 싣기, 운반, 성토와 다짐에 관한 작업의 전부를 의미한다(강태호 등, 2016). 토공은 모든 건설공사의 가장 기본이 되는 요소이고, 생태복원에 있어서도 광산 개발지역이나 도로 절개면 등과 같이 지형이 과도하게 훼손된 경우에는 매우 중요한 공정이다. 따라서 이 단계를 생태복원의 측면에서 보면, 지형 복원 공사에 해당한다. 또한, 토공사에서는 식물 생육이나 동물 서식에 적절한 토양 조건을 제공하는 것을 포함하기 때문에 토양 복원 공사도 포함된다. 생태복원 사업이 식생을 회복하고, 생물의 서식을 증진시키기 위한 것이기 때문에 매우 중요한 단계라고 할 수 있다.

지형 및 토양의 복원 공사는 훼손되기 전의 지형으로 복원하거나 새롭게 조성할 서식처의 특성에 적합하게 만들어주는 것이 핵심이다. 경사가 급하거나 지반이 연약한 것과 같은 특수 지역에서는 토양 밀림(슬라이딩) 현상이 발생하지 않도록 주의해야 한다. 또한, 토양은 식물의 생육 기반이 되는 환경인자인 만큼 목표로 하는 식물이 생육하는 데 필요한 적정 생육 환경 조건 범주에 들도록 해야 한다. 즉 지나친 산성이나 알카리성 토양은 개량하고 생육에 적절한 유기물을 공급해 주기도 해야 한다. 이렇게 토양의 물리적, 화학적 특성을 염두에 두고 접근해야 한다. 최근에는 군부대 이전 지역이나 폐군사 시설 지역 등에서도 복원 사업이 활발하게 이루어지는데, 이런 곳은 토양 오염 여부도 확인해야 한다. 토양 오염이 심할 경우에는 토양 복원 전문가의 도움을 받는 것이 좋다.

- 기반 공사 (수리·수문 복원 공사)

급수와 배수 등의 관로를 포함한 기반 공사는 지하로 매설하는 것만을 포함하는 것은 아니다. 생태복원 지역에서 습지를 만들거나 수로, 실개천 등을 만드는 모든 과정을 포함한다. 따라서 수리·수문복원 공사로 보았다. 조경적인 측면에서 보면 수경 공사일수도 있다. 어떻게 보든지 간에 이 과정에서는 생태복원 대상지역에서 물을 모아서 습지를 만들고, 필요할 경우에는 물길을 순환시키거나 부지 밖 하천 등 다른 수체계와 연결시키는 작업을 하게 된다.

일반적으로 생태복원 공사에는 습지를 만드는 것과 생물 서식이 가능한 수로를 만드는 것으로 귀결될 수 있다. 이를 위해 수원 공급처를 찾고 지형적으로 움푹 패인 공간에 습지를 만들며, 대상지 밖의 수체계와 연결하는 작업을 시행하게 된다. 유입수가 많은 경우나 오염원 유입이 우려될 경우에는 다단형의 수질정화습지를 만드는 것도 방법이며, 반대로 생태복원 지역에서 물을 대상지 밖의 수체계로 내보내는 과정에서도 수질을 한 번 더 정화시키기 위한 방법을 고안해야 한다. 한편, 습지를 여러 개 만들 때에는 출수구 쪽부터 터파기를 시작하여 입수구 혹은 최상단쪽 습지로 진행하는 것이 좋다. 습지는 서식을 목표로 하는 생물종의 특성에 따라서 필요할 경우에는 친환경적 방수를 하는 것을 포함하지만, 특별한 경우가 아니라면 진흙다짐과 같은 자연 방수를 권한다. 지하수위가 높거나 기존에 습지였던 곳에서는 현지 토양을 다짐하는 것만으로도 충분한 기능을 할 수 있다. 한편, 수원이 충분하지 않아서 보다 친환경적인 방식으로 조성한다면 건습지를 만드는 것도 방법이다. 최근에는 건습지를 의도적으로 도입하는 경우도 자주 볼 수 있다. 생태놀이터를 포함하여 특별히 위생시설을 갖추어야 할 경우에는 관로를 매설하여 급·배수 시설을 갖추는 것이 좋으며, 이때 배수 시설은 노출형으로 하게 될 경우 다양한 생물의 서식에도 도움이 될 수 있다.

- 식재 공사 (식생 복원 공사)

조경 공사의 경우도 그러하지만 생태복원 공사에서 가장 중요한 것은 식생 복원 공사 단계이다. 식재 공사는 설계 도서에 적시된 수종의 보급 루트 확보가 중요하다. 가급적 동일 유역권이면 가장 바람직하지만, 생태복원용 혹은 조경용 수목을 생산하는 곳이 한정되어 있기 때문에 가급적 근거리에서 보급하는 것이 좋다. 동일종이더라도 상당한 이격 거리가 있는 경우, 예를 들어 중부지역에서 복원 공사를 하는데 남부 지역에서 동일 수종을 가져오는 경우에는 주의할 필요가 있다. 동일종이라도 유전적 교란을 유발할 수도 있기 때문이다. 또한, 도입할 수종이 묘목부터 생육했던 환경과 생태복원 지역의 환경이 다른 경우에는 활착이나 환경 적응성이 떨어질 수 있기 때문에 이것도 유의해야 한다. 가장 대표적인 사례가 해안지역과 같이 특수한 지역에서 복원할 때에는 가급적 복원 수종의 재배지역이 유사 권역의 해안지역인 곳에서 보급하는 것이 가장 좋다. 그렇지 않을 경우에는 순화 기법을 적용하여 우

a) 습지 경계 설정

b) 습지 터파기

c) 방수 작업(터파기 후 다짐)

d) 습지 주변부 마운딩

e) 습지 호안 조성

f) 습지 계획 수위 설정(사진에서 빨간색 선이 최대 수심)

g) 생물서식 관점에서 습지 형태 작업

h) 복원 후 6개월 경과 모습(2017년)

[그림 8-10] 습지의 복원 과정 [한강 배후 습지 복원 사업(2016)]

선은 복원할 지역의 환경과 재배지역 환경의 중간 정도의 지역에서 가식하여 적응성을 확인한 후에 본 식재를 하는 것도 좋은 방법이 된다.

이러한 많은 문제점들이 있기 때문에 생태복원에서는 가급적 복원할 지역의 주변 지역에서 종자를 채취하고, 인근 유휴지의 양묘장에서 키워낸 후에 복원 지역에 도입하는 것이 좋다. 더 좋은 방법은 주변 지역의 자생 종자를 복원 현장에 바로 도입하는 것이다. 물론 산림복원사업의 경우에는 관련 법과 산림복원용 자생식물 및 자연재료의 공급 등에 관한 고시 등에 따라야 한다. 식재는 복원 대상지역에 도입되는 수종들 중에서 교목, 아교목, 관목, 지피류의 순으로 식재하는 것이 효율적이다.

수목을 식재한 후에는 식재 후 뿌리의 활착과 빠른 정착을 위한 유지 및 관리 작업도 중요하다. 수목의 물조임 과정이나 흙다짐, 물받이(물집) 등을 잘 만들어 유지하고, 2m 이상의 수목에는 지주목을 설치하는 것이 좋다. 멀칭재의 포설도 중요하며, 강풍에 노출되는 열악한 지역이라면 바람을 막기 위한 방풍책과 같은 생육 보조 시설들도 추가로 설치해 주어야 한다.

한편, 복원 현장에서의 식생 복원 과정을 중심으로 공사 순서를 제시하면 [그림 8-11]과 같다.

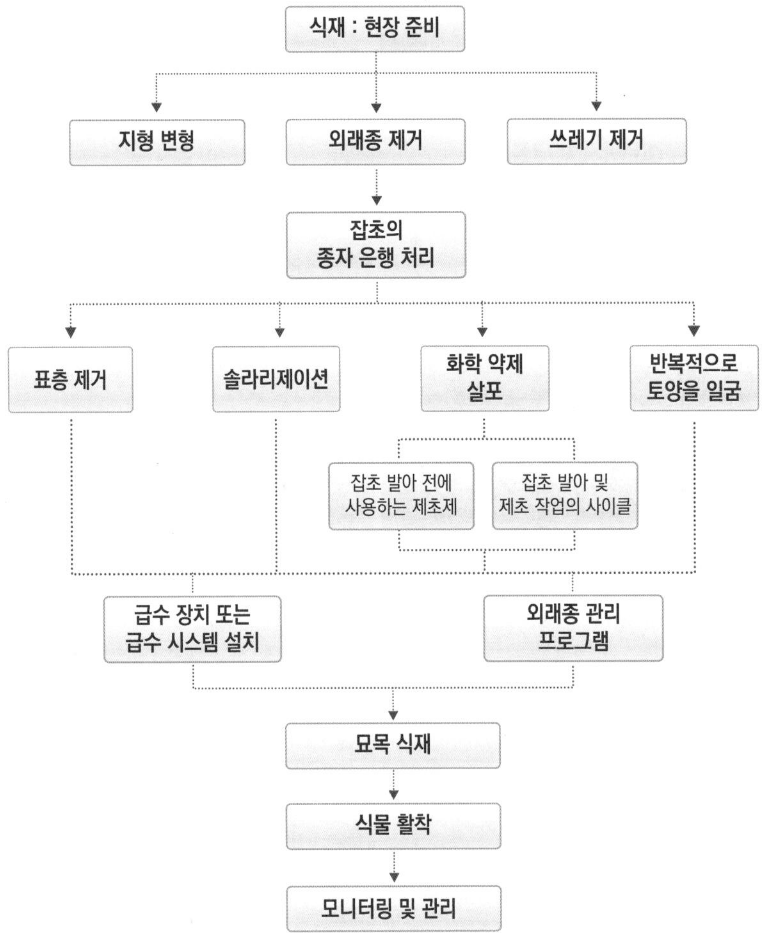

[그림 8-11] 복원 현장에서 식생 복원 작업의 흐름도

※ 자료출처: 박소현 등 譯, 2016 (원전: John Rieger *et al.*, 2014)

a) 수목 반입 b) 교목 식재

c) 교목 및 관목 식재

d) 지주목 설치 e) 식재 후 관수 등 관리

[그림 8-12] 식생 복원 과정 [한강 배후 습지 복원 사업(2016)]

- 시설물 설치 공사 (복원 시설 설치 공사)

생태복원 지역에 도입되는 각종 시설물이나 자연석 등을 설치하는 공사는 다른 분야의 방법과 큰 차이가 있지 않다. 식생 복원 지역의 보호 또는 습지 등 수환경의 관찰 여건을 높이기 위한 데크 설치나 휴게 공간, 학습 공간 등에 도입되는 시설물들은 재료의 선정과 기초 공사, 조립 및 설치 등의 순서로 진행한다.

어떠한 시설이든지 생물 서식을 최우선으로 염두에 두고 접근해야 하며, 자연환경 보전 이용시설 설치 가이드라인이나 습지 보전 및 이용 시설 설치 가이드라인 등을 준용하는 것도 하나의 방법이다.

a) 자재 반입

b) 생태놀이터 시설 설치

[그림 8-13] 시설물 설치 모습 [한강 배후 습지 복원 사업(2016)]

• 생물서식공간 조성 공사

돌무더기 쌓기나 고사목 놓기, 곤충 호텔 등과 같은 소규모 비오톱 즉, 생물들이 서식하는 공간을 조성하는 단계에서는 적절한 위치 선정이 중요하다. 이러한 공간들도 모두 생물이 서식하는 작은 공간들이기 때문에 가급적 사람의 이용이 많지 않고, 서식이 예상되는 곳에 도입하는 것이 좋다. 관찰로 등이 조성될 때에는 관찰로로부터 충분한 이격 거리를 두고 설치해야 하며, 인공새집 등은 비간섭거리를 확보하는 것이 바람직하다. 다만, 이러한 생물서식공간을 교육용으로 설치하고자 할 때에는 관찰로 주변에 배치하는 것도 방법이 될 수 있다.

한편, 돌무더기 쌓기나 고사목 놓기 등은 너무 정형적으로 설치하지 않는 것이 좋다. 대부분의 생태복원 지역에서 돌무더기를 놓을 때 원추형과 같은 특정 형태로 가지런히 놓는 경우가 많은데, 가급적 자연스런 패턴이 나오도록 연출하는 것이 바람직하다. 특히, 복원 대상지역에서 서식하거나 이동 가능한 생물종이 있을 경우에는 야생동물들이 돌무더기 등에 발이 빠지지 않도록 신경 쓰는 것도 중요하다. 돌무더기 쌓기나 고사목 놓기 등은 모두 자연 소재를 이용하는 것이기 때문에 외부에서 들여오는 것도 방법이겠지만, 가급적 복원 대상지에서 공사 과정 중에 발생하는 자연석이나 나무 등을 이용하는 것이 더 좋다. 또한, 돌무더기를 쌓거나 고사목을 놓은 것은 그 공간도 작은 생명체들이 서식하는 곳이기 때문에 안정적 서식이 필요한 경우라면, 찔레 등을 보식하여 천적들이 쉽게 접근하지 못하도록 하는 것도 좋은 방법이다.

a) 돌무더기 놓기

b) 나무더미 놓기 (복원 후 모습)

[그림 8-14] 생물서식공간 조성 모습 [한강 배후 습지 복원 사업(2016)]

• 안내 및 해설판 설치 공사

안내 및 해설판 설치는 생태복원 지역에서는 매우 중요한 과정이다. 도입된 주요 복원 기법이나 공간 등에 대한 적절한 안내 및 친절한 해설판을 설치하여 이용자나 학습자, 관찰자들에게 도움을 줄 수 있도록 해야 한다.

또한, 식물표지판 등은 식재된 식물과 식물표지판 내용이 다르지 않도록 주의해야 하며, 이는 복원 후 관리 과정에서도 주의를 요한다. 특히, 복원 후 식생이 발달하면서 도입된 식생들이 변화하는 천이 과정을 거치기 때문에 잘못된 식물표지판이 없는지 주기적으로 체크해야 한다.

a) 맹꽁이 조형물과 안내판 (조성 후 모습)

b) 개구리 놀이터 안내판 (조성 후 모습)

[그림 8-15] 안내판 등 설치 후 모습 [한강 배후 습지 복원 사업(2017)]

• 포장 공사

포장 공사는 가급적 친환경적인 소재를 사용하는 것이 가장 바람직하다. 불투수성 포장 재료를 이용하는 것은 생태복원 지역에서 권고하지 않는다. 최근에는 마사토를 이용하여 적정 강도를 유지할 수 있으면서도 투수가 되는 친환경 공법들이 많이 개발되어 있기 때문에 적극적으로 도입하는 것도 고려해 볼 수 있다. 나아가서 어싱(earthing)길을 만들어 주는 것도 좋은 방법이 될 수 있다. 주차장 등 불가피하게 포장을 해야 할 경우에는 가급적 투수성 재료나 식생이 포함된 블록 포장을 하는 것이 좀 더 친환경적이다.

a) 원지반 다짐

b) 골재 포설

c) 골재 다짐

d) 흙 포장

e) 블록 포장 다짐

f) 잔디 블록 포장

[그림 8-16] 주요 포장 공사 과정 [한강 배후 습지 복원 사업(2016)]

나. 생태복원감리

생태복원 사업이 시행되는 동안 수행하게 될 자문과 감리에서도 생태적 기능을 수행할 수 있는지를 중점적으로 체크할 필요가 있다. 이를 위해서 환경부에서는 "생태자문단"과 "생태복원 감리" 제도를 도입하여 시행하고 있다. 생태복원 감리는 생태학적인 측면에서 시공되고 있는 내용이 제 기능을 수행할 수 있는지를 점검하는 것이다. 현재 생태계보전부담금 반환사업과 도시생태축 복원사업의 경우에는 설계 단계에서는 "생태자문단" 제도를 운영하고 있다. 생태계보전부담금 반환사업의 경우, 생태자문단은 계획·설계 분야 1명과 자연생태 분야 1명으로 총 2명으로 구성되며, 사업기간 중 설계 단계에서 1회 운영한다. 생태자문단은 목표종 및 서식처 특성을 고려한 설계 적정성 검토와 사업 계획, 설계 내역의 적합성 등을 검토한다. 한편, 생태복원감리는 생태계보전부담금 반환금을 이용한 생태복원 사업 중 자연환경보전사업 대행자가 시행하는 사업에 적용하는데, 1개 사업 당 1인을 선정하여 운영한다. 생태복원 감리에 참여하는 전문가는 (1) 사업 계획, 설계 내역 및 사업비의 적합성 검토, (2) 실시설계에 따른 시공 내역 및 공사 과정의 적정성 검토, (3) 공사 과정에서의 공정관리 및 품질관리, (4) 착공, 공사, 준공(기성) 등 단계별 현장 점검 및 감리보고서 작성 등을 하게 된다.

생태자문단이나 생태복원감리자의 역할 중 중요한 것은 현장의 상황에 맞게 설계 내용들을 변경할 수 있어야 한다는 것이다. 즉, 설계된 내용들이 현장에 적합하지 않거나 주요 동·식물을 포함한 생태적 재료의 수급 문제 등 예상치 못한 상황이 발생하였을 경우에는 현장을 우선시 하여 수정한 후 감독기관과 협의하고, 시공하는 것이 바람직하다. 무엇보다도 설계 도서에서 적시한 정확한 수량이나 규격을 맞추려고 하는 것 보다는 현장 상황에 맞는 최적의 상태가 되도록 해야 한다. 다만, 설계자의 설계 의도가 명확한 곳이나 특수 기법이 적용된 곳도 있을 것이기 때문에 중요한 변경 사항은 원 설계자와의 협의를 사전에 거치는 것이 바람직하다.

사진설명 : 충남 서천 장항 송림해수욕장(알락꼬리마도요)

9장 모니터링 및 평가, 유지·관리

9. 모니터링 및 평가, 유지·관리

가. 복원 지역의 모니터링

1) 모니터링의 개념 및 필요성

모니터링의 기초 개념은 모든 사물의 상태를 감시하는 것이다. 이를 생태복원 측면에서 볼 때에는 복원 사업에 있어서 복원 후 생태기반환경과 생태환경에 대한 주기적 감시를 통해서 지속가능하고 순응적인 관리 방안을 마련하고, 이를 통해 복원 사업을 성공적으로 이끌기 위한 수단으로 해석할 수 있다. 즉, 생태계는 항상 변화를 계속하며 주위의 환경과 연결되어 있는 개방계로, 예측하기 어려운 변화가 발생하기 때문에 모니터링을 수행함으로써 복원 사업 후 관리 방향을 제시해야 한다. 유연성 있는 관리 방법(순응적 관리, adaptive management)을 채택하여 모니터링 결과를 가설의 검증에 이용, 생태계의 보다 나은 관리, 계획, 설계에 다시 적용할 필요가 있다.

생태계의 복원 사업은 복원 공사를 마무리한 직후부터 시작된다고 할 정도로 모니터링은 중요하다. 모니터링을 통해서 복원 공사 후의 자연적 힘에 의한 천이와 발달이 될 수 있도록 하기 때문에 복원 사업의 성패에도 중요한 영향을 미친다. 이러한 과정에서 어떻게 기반환경이 변하고, 어떠한 생물상이 나타나고 사라지는지에 대한 모니터링의 실시는 복원 사업을 성공적으로 이끄는 데 중요한 역할을 하고, 지속가능한 관리 방안인 순응적 관리의 근거 자료를 제공한다. 따라서 모니터링은 대상지의 복원 목표에 따라 복원 과정이 제대로 진행되는지의 여부를 평가하여 복원 효과를 검증하고, 문제점 개선을 위한 기초자료로 활용된다. 또한, 일반적인 식생 복원 과정에 대한 모니터링과 함께 복원 사업이 주변에 미치는 영향에 대한 전반적인 내용을 모니터링하여 환경교육과 생태환경의 중요성을 인식시킬 수 있는 계기를 마련할 수 있다.

한편, 모니터링 및 유지·관리는 최소 3년 이상 지속되어야 하는데, 이 기간은 식생 활착 후 생물들이 안정적으로 서식할 수 있는 최소한의 기간으로 보고 있다. 참고로 산림복원사업은 관련법에 의해서 10년 이상 모니터링하도록 규정되어 있다. 환경부는 3~5년의 기간 동안 모니터링하도록 가이드라인에서 제시하고 있다. 따라서 이 기간의 성실한 모니터링과 그 결과에 따른 적절한 관리 방안은 복원 사업을 성공적으로 이끌 수 있게 하므로, 모니터링은 복원 사업의 성공을 위한 필수적인 요소로 볼 수 있다.

2) 모니터링의 목적

모니터링은 복원 후 생태기반환경의 안정화 과정의 검토와 식생 활착, 동·식물상의 변화 등 생태환경 변화를 파악하여 성공적 복원 사업의 기초자료로 활용하고 바람직한 유지·관리 방안을 제시하는 데 목적이 있다. 또한, 복원 사업 이후의 주기적인 모니터링은 복원 전, 복원 중, 복원 후 모니터링을 통한 복원 사업의 효과를 확인하기 위해서 실시한다. 이외에 계절, 시간에 따른 생태계의 변화에 따라 친환경적인 방식으로 유지·관리하는 데 기여하며, 환경 변화에 지속적으로 대응할 수 있는 시스템을 구성해 준다는 데에 의의가 있다.

그 외에 생태계 교란종 등에 대한 관리를 통하여 기존 생태계 및 자생종에 대한 보전·보호뿐만 아니라 침입 외래종에 대한 생태계의 피해를 최소화함으로써 복원 사업 지역을 효율적으로 관리하게 해준다. 마지막으로 복원 사업 후 지속적인 모니터링 자료는 추후 다른 복원 사업에서의 소중한 경험과 교훈을 제공함으로써 관련된 후속 사업을 보다 성공적으로 추진하는 데 중요한 자료를 제공해 준다.

3) 모니터링의 수행 체계

복원 사업 지역에서의 모니터링은 기본적으로 복원 사업 이전, 중간, 그리고 복원 사업 이후로 구분하여 조사한다. 특히, 복원 사업 이후의 모니터링은 복원 후부터 1년, 2년, 3년, 5년, 10년, 20년, 30년 등의 주기로 지속적으로 수행하여, 복원 사업에 따른 생태환경 개선 효과를 검토해야 한다. 복원 사업 지역의 모니터링 수행은 전체적인 모니터링 방법을 설정한 이후에, 그 방법에 따라서 생태기반환경, 생태환경 등에 대한 모니터링을 수행하고, 그 결과를 종합하여 지속가능하고 순응적인 유지·관리 방안을 도출하는 체계로 진행한다.

한편, 생태복원 사업에 있어서는 BARIC 접근 방법을 이용한 모니터링을 실시하기도 한다. 이 개념에서 사용된 의미들은 다음과 같다.

- Before : 복원 전의 부지 상태
- After : 복원 사업 이후 상태(1, 3, 5, 10, 20년 등)
- Reference Site : 참조 서식처로서 대부분 복원 계획·설계 시 참고한 자연 상태의 지역을 의미
- Impact : 복원 사업 자체를 의미하는 것으로서 생태복원을 실행한다는 긍정적 의미
- Control : 부지 중 복원 사업을 실시하지 않은 장소 ; 대조구

[그림 9-1]은 복원 지역을 모니터링할 때 복원 사업 전과 복원 사업 후, 그리고 사업을 실시하지 않은 대조구와 참조 서식처들 간의 비교가 필요하다는 것을 보여준다. 가능할 경우, 복원 이전의 훼손되지 않은 상태와 참조 서식처 사이도 비교할 필요가 있다.

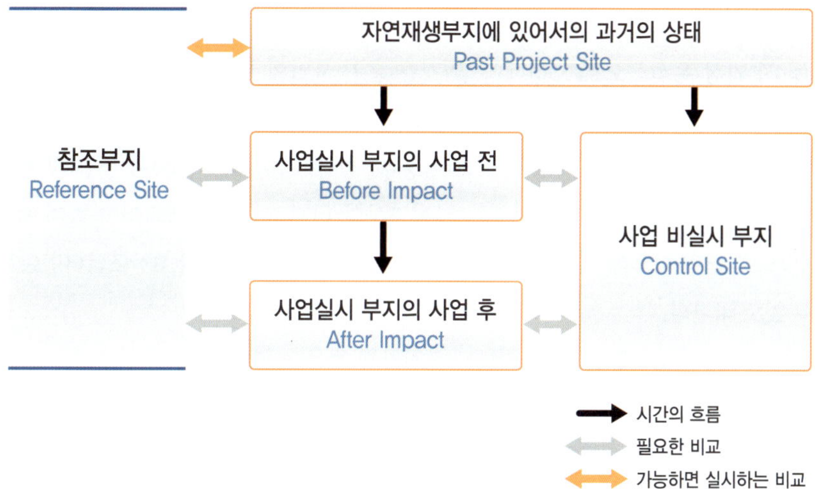

[그림 9-1] 생태복원 사업에 있어서 BARIC Design
※ 자료출처: 김남춘 등, 2010.

위의 개념은 생태복원을 계획·설계하는 데 있어서 하나의 실험적 접근 방법을 의미하기도 한다(Craig W. Osenberg *et al.*, 2006). Osenberg 등(2006)은 *Before-After-Control-Impact*(BACI) 설계를 복원을 실시하는 실험구와 그러하지 않은 대조구에서의 시간과 공간적 변화를 고려한 접근 방법으로 설명하였다. 이들은 다시 *Control-Impact*(CI) 설계와 *Before-After*(BA) 설계로 세분화될 수 있다. *Control-Impact*(CI) 설계는 복원 사업에 따른 공간적 변화를 파악하기 위한 방법으로 활용된다. 반면, *Before-After*(BA) 설계는 공간적 변수를 제외하고 복원 사업 전과 후 즉, 시간적 흐름에 따른 서식처 변화를 비교하기 위한 실험 방법으로 활용된다. 따라서 *Before-After-Control-Impact*(BACI) 설계는 CI와 BA 설계 기법을 모두 포함시킨 방법이라고 할 수 있다.

4) 모니터링의 기본 방향

복원 지역에서의 모니터링은 생태학적 모니터링을 기본으로 하며 복원된 생태계의 상황을 파악하기 위한 수단으로 생태기반환경과 생물상 조사가 가장 일반적인 방식이다. 생태학적 모니터링의 실제 과정은 생태기반환경과 생물상 조사라고 볼 수 있으며, 대상지가 지니고 있는 생태계의 구조와 기능적 특성을 조사·분석하기 위하여 서식하고 있는 생물상을 채집하고 분류하여 분석하는 과정을 포함한다. 생태학적 모니터링은 가급적 동일한 대상지들로부터 자료를 수집하여야 하며, 이러한 이유에서 고정 조사구를 설치하는 것이 바람직하다. 고정 조사구에서 수집된 자료를 토대로 모니터링 결과를 분석하여 문제점을 파악하고, 이를 해결·개선할 수 있는 방안을 제시하여 유지·관리가 이루어질 수 있도록 한다. 복원 사업 완료 후 모니터링 항목 및 방법은 복원 사업 계획을 수립하기 위해서 작성한 대상 지역의 현황 조사 및 분석 방법에 준하도록 한다. 다만, 복원 사업이 완료된 시점이기 때문에 계획·설계 및 시공 내용에 대한 결과를 평가하고, 바람직한 관리 방향을 제시하기 위한 내용이 포함되어야 한다.

5) 조사 원칙

모니터링 시 가장 우선적으로 고려해야 할 것은 복원 사업의 목표 및 목적에 대한 명확한 인식을 통해 모니터링의 항목과 조사 방법을 선택해야 한다는 것이다. 또한, 반복된 기록의 영속성, 조사구의 주기적인 반복 기록, 추가적인 기록(가뭄, 태풍, 홍수, 범람, 혹한, 혹서 등)이 대상 지역에서의 특정 환경 변화 전·후에 측정되어야 한다. 반드시 사전조사와 현지조사가 병행되어야 하며 복원 전, 복원 중, 복원 후의 모니터링 이후에 식생 안정화 단계까지(복원 후 최소 3년 소요) 모니터링이 지속적으로 이루어질 수 있도록 한다.

조사 내용은 크게 생태기반환경과 생물종, 복원공법 적용 지역의 조사·분석으로 구분하여 수행하고, 구체적인 조사가 필요할 경우에는 환경부에서 발간한 전국자연환경조사 지침을 표준으로 하며, 조사 도면의 축척은 1:5,000 이하의 도면 사용을 원칙으로 한다. 생태복원 지역의 모니터링도 장기 모니터링과 같이 가급적 동일한 전문가에 의해서 주기적으로 이루어지는 것이 중요하다. 특히 생태조사는 전문가의 조사 습성, 지식의 정도, 동정의 정확도 등에 따라서 그 결과물이 크게 달라질 수 있기 때문에 동일 전문가에 의한 지속적인 조사가 필요하다. 이러한 접근 방법이 행정·법적 형평성 등의 사유로 불가능할 경우에는 동일한 조사 방법 및 정밀도 등이 이루어질 수 있도록 체계적이고 구체적인 지침을 미리 마련해 두는 것이 바람직하다. 또한, 생태 모니터링의 경우 동일한 지점과 동일한 권역 등 조사 범위도 통일시켜 두어야 한다. 이것 역시 전문가마다 조사 때마다 다른 지점이나 범위를 조사하면 생태조사 결과물의 신빙성이나 객관성이 떨어질 수밖에 없기 때문이다. 결과적으로 생태 모니터링 등의 조사는 가능하다면 동일한 전문가에 의해서 동일한 지점을 대상으로, 동일한 조사 범위를 설정하여, 주기적이고 장기적으로 조사하는 것이 가장 중요하다. 특히, 사후 모니터링에 있어서도 조사 때마다 동일 지점과 방향으로 사진을 촬영하여 기록 자료로 활용하도록 해야 한다.

가) 사전 조사

사전조사는 실내에서 이루어지는 것으로서 기존의 조사 자료를 수집·분석하는 것을 말한다. 이를 위해 환경부, 국토교통부, 산림청 등 기존의 생태조사·분석 자료를 수집할 수 있는 누리집의 자료와 논문 자료 등 객관적인 자료를 우선적으로 검토한다. 사전조사 자료에서는 환경부 누리집 등에서 해당 지역의 전국자연환경조사, 생태·자연도를 수집하여 검토하고, 해당 개발 사업 등을 위해 수행한 환경영향평가서나 관련된 생태조사 등의 기존 문헌조사도 포함하여 실시한다.

또한, 가능할 경우 해당 복원 사업을 위해 추진한 사전 생태조사 자료 및 공사 중의 생태조사 자료를 수집하는 것이 바람직하다. 다만, 복원 사업 추진 시 특별한 사전 조사가 없었던 경우에는 생략할 수밖에 없다. 하지만 생태복원 사업을 처음부터 기획한다고 하면 사전 생태조사를 필히 수행하는 것이 바람직하다.

나) 현지 조사

사전 조사와 동일한 축척 도면으로 현지에서 조사를 시행하고, 주요 군집식재 지역에 대해서는 고정 방형구를 설치하여 복원성과를 주기적으로 모니터링 할 수 있도록 한다. 고정 방형구란 시간에 따른 식물상 및 식생의 변화를 주기적으로 모니터링하기 위해서 설치하는 조사구로서, 복원 지역에서 식생이 균일한 지역을 선택하여 경계를 설정하고 이를 표시해 둔 곳을 말한다. 고정 방형구 설치 지역은 조사와 함께 사진을 촬영하여 변화되는 경관을 시간의 흐름에 따라서 비교할 수 있도록 한다.

조성 후 1년차 봄철 현황 | 조성 후 1년차 여름철 현황 | 조성 후 1년차 가을철 현황

[그림 9-2] 계절에 따른 고정 방형구 사진 촬영 예시(영동선 폐도 복원지역)

복원 전, 복원 중, 복원 후를 모니터링하고 목표종이나 여건에 따라 모니터링 시기를 정하되 준공 후 최초 3년은 매년 시행하고, 그 이후는 준공 후 5년, 10년, 20년 주기로 시행하도록 한다.

복원 전 | 복원 중 | 복원 후

[그림 9-3] 복원 전, 복원 중, 복원 후 모니터링 예시(영동선 폐도 복원지역)

6) 모니터링 영역

모니터링 영역은 크게 5가지 영역으로 구분하며, 생태기반환경, 서식처, 생물종, 복원 공법 적용 지역, 복원 재료 및 시설물에 대한 조사로 이루어지며, 그 외 전반적인 생태복원 효과를 확인하여야 한다. 그 중 생태기반환경, 서식처 및 생물종은 생태계의 기초 구성 요소로 구분할 수 있으며, 모니터링은 대상지 내부와 생태계 영향이 예상되는 대상지 주변 지역에 대한 전반적인 모니터링을 실시하는 것이 바람직하다.

가) 생태기반환경

대상지 및 주변 지역의 기후 및 기상, 지형, 수리 · 수문(수질 포함), 토양 등을 대상으로 한다.

나) 서식처

복원 사업 후 조성된 서식처 유형(생태숲, 습지, 초지 등)을 대상으로 한다.

다) 생물종

대상지 목표종을 중심으로 조사하되, 식물상 및 식생, 곤충, 어류, 양서·파충류, 조류, 포유류 등 해당 분류군을 대상으로 한다. 식물상과 식생은 기본적으로 조사하고 동물상은 모든 분류군을 실시하는 것을 원칙으로 하지만, 대상지에 복원된 서식처의 유형을 고려하여 중점 동물분류군을 선정한 후 정밀조사가 이루어질 수 있도록 한다. 특히, 식생의 복원 관점에서는 중요 생물종(목표종)의 서식 여부, 적용 공법지역에 도입된 식물의 정착 및 천이 여부, 도입 식물의 성장률, 생존율, 그리고 적용 공법 지역의 생물다양성 증진 여부 등을 주의 깊게 살펴야 한다. 이러한 항목들을 모니터링하기 위해서는 나무 성장률, 생존율, 질적 관찰 등이 이루어져야 하는데, 구체적으로 구조적 발달, 성장 형태와 건강 상태, 외부로부터의 피해, 하층의 상태 등을 조사하여 기록해야 한다. 수목 성장률을 포함한 모니터링의 주요 항목과 방법을 예시해 보면 다음과 같다.

- 수목성장률: 종별 전체 수고와 당해 연도 성장 높이, 흉고직경 등 조사
- 실험구 내 25㎡당 종별 개체 수
- 실험구 내의 교·관목의 성장률 예측: 식재 시 수고, 현재 평균 수고, 성장 높이, 연간 평균 성장량 예측, 당해 연도의 평균 성장량, 연중 평균 증가량 등 조사

JunsMeter를 이용한 수목활력도 측정 모습

엽록소 함량 측정 모습

[그림 9-4] 생태복원지역에서의 수목활력도 및 엽록소 함량 측정 예

- 실험구 내 모든 수종의 생존 특성: 식재 당시 수량, 실험구 내 25㎡당 평균 수량, 현재의 추정 수량, 예측되는 생존율 등 조사
- 실험구 내 하층의 수종: 식재종, 출현종, 잡초의 밀도 등 조사

특히, 식생 복원 후 도입한 식물종이 안정적으로 생육하는지에 대한 지속적인 모니터링을 위해서 수목 활력도나 엽록소 함량을 주기적으로 측정하는 것도 도움이 된다.

라) 복원 공법 적용 지역

필요할 경우에 한하며, 복원 공법 적용 지역에 대하여 지형의 안전성, 수목의 활력 상태, 식생 피복률 및 활착 여부 등에 대한 조사를 실시한다. 특히, 해당 복원 사업을 위해서 특별히 적용한 공법들이 있을 경우에는 이들에 대해서 집중적으로 모니터링한다.

마) 복원 재료 및 시설

필요할 경우에 한하며, 포장 재료, 도입된 복원 재료 및 시설물 등의 상태와 활용 상태에 대해 조사한다.

7) 법, 가이드라인에서의 지침

가) 산림청 산림복원사업

산림자원의 조성 및 관리에 관한 법률 42조의8(산림복원지의 사후 모니터링)에 의해서 산림청장 및 지방자치단체의 장은 산림복원사업을 종료한 후 복원목표의 달성도, 식생 회복력 등에 대하여 10년 이상 모니터링을 실시하여야 한다. 다만, 대통령령으로 정하는 규모 이하의 산림복원지는 제외하도록 되어 있는데, 660㎡ 이하가 여기에 해당한다.

법 제42조의8제2항에 따라 지정된 모니터링 기관은 같은 조 제1항에 따른 사후 모니터링을 실시하기 전에 산림청장 및 지방자치단체의 장에게 사후 모니터링 계획서를 제출해야 한다. 사후 모니터링은 다음 각 호의 구분에 따라 실시한다.

1. 1단계 모니터링: 산림복원사업이 종료된 후 첫 번째 되는 해와 두 번째 되는 해
2. 2단계 모니터링: 산림복원사업이 종료된 후 다섯 번째 되는 해와 열 번째 되는 해

위의 내용에도 불구하고 다음 각 호의 어느 하나에 해당하는 경우에는 산림복원사업이 종료된 후 세 번째 되는 해 또는 네 번째 되는 해에 추가로 사후 모니터링을 실시할 수 있다.

1. 산림복원사업의 보완 및 수정 사항이 발생한 경우
2. 산림생태계에 교란이 발생한 경우
3. 복원하려는 생물종이 「산림보호법」 제18조의2제1항에 따른 특별산림보호대상종인 경우
4. 그 밖에 산림청장 또는 지방자치단체의 장이 산림복원지의 관리를 위하여 사후 모니터링이 추가로 필요하다고 인정하는 경우

사후 모니터링의 내용은 다음 각 호와 같다.

1. 산림복원지 및 주변 지역의 기상, 지형 등 기반 환경
2. 생물다양성의 증진·감소 여부
3. 토양·계류(溪流) 등 현장 여건의 변화
4. 산림복원사업에 사용된 재료 및 산림복원사업 관련 시설물 등의 상태

모니터링 기관은 사후 모니터링을 실시하고, 사후 관리 방안이 포함된 결과 보고서를 산림청장 및 지방자치단체의 장에게 제출해야 한다. 그리고 산림청장 및 지방자치단체의 장은 사후 모니터링 결과를 반영하여 산림복원지를 유지·관리해야 한다. 산림복원사업은 앞서 제시한 시행령 제48조의7(산림복원지의 사후 모니터링 절차 등)의 규정 이외에 사후 모니터링의 기준, 절차, 방법 등에 관한 세부적인 사항은 산림청장이 정하여 고시토록 하고 있다. 이 고시(2019.8.20., 제정 기준)에 의한 산림복원지 조사 방법을 요약하여 제시하면 다음과 같다.

(1) 모니터링 고정 조사구 설정 방법

산림복원지의 전 면적을 조사하는 것이 가장 용이하나, 불가능할 경우 종조성의 온전성과 균질한 환경조건을 갖춘 대표적인 입지를 선정한다. 즉, 표본조사법을 사용해도 되며, 이때 조사구의 수는 산림복원지 면적에 따라 다음과 같이 면적 대비 최소 개수 이상으로 정한다.

[표 9-1] 산림복원 사업지역의 표본조사를 위한 조사구 수

면적	최소 개수	비고
1 ha(10,000㎡) 이하	3	산림복원지의 분포, 식재 등 현장 여건에 따라 다르게 적용할 수 있음
3 ha(30,000㎡) 이하	3 ~ 5	
5 ha(50,000㎡) 이하	5 ~ 7	
7 ha(70,000㎡) 이하	7 ~ 9	
10 ha(100,000㎡) 이하	9 ~ 11	
10 ha(100,000㎡) 초과	11 ~	

※ 자료출처: 산림복원지 사후 모니터링 세부기준 등 고시(산림청고시 제2019-51호, 2019.8.20., 제정 기준)

조사구의 위치와 관련하여 대표 조사구는 균등성을 고려하여 임의의 위치를 선정하고 고정 설치한다. 조사구의 면적은 군집의 종류와 조사 목적에 따라 다르게 적용하며, 정방형구를 사용한다.

[표 9-2] 조사구의 면적

식생유형	조사구 면적(㎡)	비고
교목림	100 ~ 400	산림복원지 현장 여건에 따라 다르게 적용할 수 있음
관목림	25 ~ 100	
초원(고경)	4 ~ 25	
초원(저경)	1 ~ 4	
수생식물·이끼·지의류	0.1 ~ 4	

※ 자료출처: 산림복원지 사후 모니터링 세부기준 등 고시(산림청고시 제2019-51호, 2019.8.20., 제정 기준)

(2) 모니터링 항목별 조사 방법

모니터링 항목은 기반환경, 생물다양성, 경관, 현장 여건, 재료 및 시설 등 5개 분야로 구분하여 고시하였다.

(가) 기반환경

기반환경에서 기상은 기온, 대기습도, 강수량 등 산림복원지에서 측정하는 실측자료를 사용하거나 산림청 산악기상정보시스템 또는 기상청에서 제공하는 자료 중 산림복원지에서 가장 가까운 관측소의 자료를 활용토록 하고 있다.

지형 분야에서 해발고도(m)는 산림복원지에서 GPS 또는 고도계를 사용하여 측정하고, 경사도(°)는 산림복원지에서 중력에 의한 지표수 흐름 방향으로 경사계 등을 사용하여 측정한다. 방위는 산림복원지에서 중력에 의한 지표수 흐름 방향으로 방위계를 사용하여 8방위(북, 북동, 동, 남동, 남, 남서, 서, 북서)를 측정하고, 지형은 산꼭대기, 산비탈, 산기슭 등 선택하여 기입토록 하고 있다.

수문은 수로의 경로 변화, 유입·유출구의 변형 등을 파악한다. 토양 분야에서 토양의 정보(토성, 토양형, 토양배수 등)는 산림공간정보서비스에서 제공하는 산림토양도로 사전 검토한 후 현장에서 확인토록 하고 있다. 토심(㎝)은 토양의 변화가 없는 경우에는 타당성 평가 조사결과를 활용하며, 변화 발생 시 새롭게 측정해야 한다. 토양배수는 토색, 경사, 구조, 기후조건, 지하수위 등의 기초자료를 바탕으로 지표면에서 흘러내리는 상태, 토양 내로 스며드는 상태를 종합하여 다음과 같이 구분한다.

[표 9-3] 토양배수 상태 파악 방법

구분	기준
매우 양호	• 물이 매우 빨리 빠지며 대부분 미숙토양으로 경사가 매우 급하고 공극이 많음
양호	• 배수가 적당하며 사양토~양토인 토양
보통	• 토양은 오랫동안 습한 상태를 유지하고 지하수위는 비교적 높음
불량	• 토양은 상당히 오랫동안 습한 상태를 유지하고 지하 수위는 지표 가까이에 있음
매우 불량	• 점토반층(점토가 집적하여 굳은 토층)·중식토(점토함량 45% 이상) 등이 대표적으로 토양 입단화 또는 대공극이 전혀 없는 토양

※ 자료출처: 산림복원지 사후 모니터링 세부기준 등 고시(산림청고시 제2019-51호, 2019.8.20., 제정 기준)

토양건습도는 강우의 경과일수를 감안하여, 탁구공 크기 정도의 토양을 2~3회 움켜쥐며 수분의 감촉으로 판단하고 다음과 같이 구분한다.

[표 9-4] 토양건습도 측정 방법

구분	기준	출현지형(참고)
건조	수분이 거의 느껴지지 않음	산꼭대기, 능선부
약건	손바닥에 습기가 약간 묻을 정도	산비탈, 경사면
적윤	손바닥에 물기 감촉이 뚜렷함	계곡, 평탄지, 계곡 평지, 산기슭
약습	손가락 사이에 물기가 약간 비침	경사가 완만한 계곡 및 평탄지
습	손가락 사이에 물방울이 맺힘	凹지형, 지하수위 높은 곳

※ 자료출처: 산림복원지 사후 모니터링 세부기준 등 고시(산림청고시 제2019-51호, 2019.8.20., 제정 기준)
(원자료: 산림건강성 모니터링 지표(국립산림과학원, 2017))

토양견밀도는 토양의 단단한 정도로 견밀도 측정기를 이용하여 5반복 이상 측정한 평균값을 다음과 같이 구분한다.

[표 9-5] 토양견밀도 구분 방법

구분	측정값(㎏/㎤)	토양입자의 결합력
심송	〈 0.5	큰 공극으로 구성되어 있어 결합력 낮음
송	0.5-1	매우 연하여 잘 부서짐
연	1-1.5	비교적 단단하여 손으로 눌러야 부서짐
견	1.5-2.5	단단하여 힘을 가해야 부서짐
강견	〉 2.5	매우 단단함

※ 자료출처: 산림복원지 사후 모니터링 세부기준 등 고시(산림청고시 제2019-51호, 2019.8.20., 제정 기준)
(원자료: 산림토양탄소 조사·분석 표준메뉴얼(국립산림과학원, 2007))

산림 내 유기물층(㎝)은 분해 정도에 따라 L, F, H층으로 구분하며 깊이를 3반복 이상 측정하여 평균값을 사용토록 하고 있다.

[표 9-6] 유기물층의 특성

구분	특징
Litter layer (L층 / 낙엽층)	• 낙엽, 꽃, 겨울눈, 가지, 초본류, 동물 분변, 동물 사체 등이 거의 분해되지 않았으며, 주로 표층에 위치함
Fermentation layer (F층 / 분해층)	• 토양 미생물이나 토양 동물에 의해 분해작용이 일어나는 분해층으로 조직 등이 육안으로 구별 가능
Humus layer (H층 / 부식층)	• F층보다 분해가 상당히 진행되어 육안으로 본래의 상태를 구별하기 어려우며, 분해가 좋을 때는 H층이 없는 경우도 있음

※ 자료출처: 산림복원지 사후 모니터링 세부기준 등 고시(산림청고시 제2019-51호, 2019.8.20., 제정 기준)

(나) 생물다양성

목표종의 정착 여부와 관련해서는 복원 목표를 달성할 목적으로 복원공사에 도입하여 최종 단계에서 복원대상지에 자리 잡기를 바라는 식물로 피도를 조사하여 분석토록 하고 있다. 목표종의 생존율(%)은 "(생존 식물종 수 / 식재 및 파종 전체 종 수) × 100%"의 수식을 이용하여 산정한다. 수목의 생장 상태를 확인하기 위해 직경과 수고를 측정하여 이전과 비교한다. 흉고직경 6㎝ 미만 시, 수고만 측정토록 고시하였다. 활력도는 식물 생육 상태의 정도를 보는 것으로 수관활력도를 이용한다. 수관활력도는 수목에서 생물적·물리적 환경 조건에 반응하는 당년생 어린가지, 주가지, 수관을 대상으로 조사하여 구분한다.

[표 9-7] 수목활력도 판단을 위한 수관활력도 판정 기준

구분	판정기준
건강	• 나무가 건강한 상태로 죽은 주가지가 없음 • 수관이 임분 상태에서 정상이며, 주가지 또는 주가지 가장자리의 잔가지와 잎의 죽은 비율이 10% 이하 또는 잎의 변색율이 10% 이하
중간 건강	• 주가지 치사율, 주가지 가장자리의 잔가지 치사율 또는 잎의 변색율이 수관의 11~25% • 죽은 가지로 인하여 잎이 없는 주가지 또는 수관 부분이 25% 이하
중간 쇠퇴	• 주가지 치사율, 주가지 가장자리의 잔가지 치사율 또는 잎의 변색율이 수관의 26~50% • 죽은 가지로 인하여 잎이 없는 주가지 또는 수관 부분이 50% 정도
심한 쇠퇴	• 주가지 치사율, 주가지 가장자리의 잔가지 치사율 또는 잎의 변색율이 수관의 50% 이상 이지만, 잎으로 나무가 살아있음을 판단가능 할 경우 • 죽은 가지로 인하여 잎이 없는 주가지 또는 수관 부분이 50% 이상
고사	• 고사가 진행 중

※ 자료출처: 산림복원지 사후 모니터링 세부기준 등 고시(산림청고시 제2019-51호, 2019.8.20., 제정 기준)
(원자료: 산림건강성 모니터링 지표 (국립산림과학원, 2017))

피해 여부는 복원지 내 식물의 상·충해 피해, 궤양·함몰·비대 등 결함 여부 등을 조사한다. 식물종(이입종, 귀화식물, 유해식물, 희귀·특산 식물, 식물구계학적 특정종 등)의 종류 및 증·감, 침입 여부를 조사하는데 구체적인 방법은 다음과 같다.

1) 산림복원지 조사구 내 출현하는 모든 야생 관속식물(양치·나자·피자 식물)을 조사하여 국가표준식물목록을 기준으로 식물상 목록 작성
2) 식물상 분석 : 타당성 평가, 모니터링 결과 등의 식물상 자료를 활용하여 식물종수, 이입률, 귀화율, 생태계교란 생물 등 증·감 및 침입 여부 분석
  가) 이입률(%) : (이입된 식물종 수 / 전체 종 수) × 100
  나) 귀화식물 : 인위적 또는 자연적으로 들어와 자연생태계에 도태되지 않고 자력으로 토착하여 공존하면서 살아가는 식물로 국립수목원에서 제공하는 최신목록을 사용
  다) 귀화율(%) : (귀화식물 종 수 / 전체 종 수) × 100
  라) 생태계교란 생물 : 유입주의 생물 및 외래생물 중 생태계의 균형을 교란하거나 교란할 우려가 있는 생물이자 유입주의 생물 및 외래생물에 해당하지 아니하는 생물 중 특정 지역에서 생태계의 균형을 교란하거나 교란할 우려가 있는 생물로 환경부에서 지정·고시하는 생태계교란 생물 최신목록을 사용(「생물다양성 보전 및 이용에 관한 법률」 제2조, 제23조)
  마) 생태계교란 식물의 경우, 산림복원지 조사구 내 피복률 추가 조사

서식하는 동물의 조사에서는 타당성 평가 및 문헌 등의 자료를 바탕으로 동물상을 파악하고, 산림복원지 내 발견되는 동물의 특이사항을 조사토록 하고 있다. 또한, 산림복원사업 시 조성한 서식처의 보존·훼손 여부를 조사하는데, 산림복원지 내 조성한 서식처의 훼손 및 훼손 가능성 등을 조사해야 한다. 피복률 및 소밀도의 향상·저하 여부 조사는 다음과 같은 방법을 따른다.

1) 식생조사 결과를 기초로 피복률 및 소밀도의 향상·저하 여부를 판단
2) 피복률(%) : 산림복원지에 설치한 조사구 전체의 식생 피도 비율
3) 소밀도 : 수관의 밀도 상태를 조사하고 다음과 같이 구분

[표 9-8] 수관 밀도 구분 방법

구분	1	2	3	4
수관밀도	0-25%	26-50%	51-75%	76-100%

※ 자료출처 : 산림복원지 사후 모니터링 세부기준 등 고시(산림청고시 제2019-51호, 2019.8.20., 제정 기준)
(원자료 : 국가산림자원조사 및 산림의 건강·활력도 조사 -현지조사지침서- (국립산림과학원, 2011))

종합적인 생물다양성의 증진·감소 여부 조사는 산림복원지 모니터링, 참조생태계 조사 등의 축적

된 자료로 생태계의 변화, 유사도지수, 종다양성 등을 비교·분석하여 종합적인 생물다양성 변화를 파악하도록 하고 있다. 여기서 유사도지수는 산림복원지가 어느 정도 복원되고 있는지를 판단하기 위해 참조생태계 등의 대상지와 비교하는 것을 말한다.

가) 유사도지수 = 2c / a + b
나) a : 산림복원지 군집(조사구)의 총 출현종 수
다) b : 비교하고자 하는 군집(조사구)의 총 출현종 수
라) c : a, b 두 군집(조사구)의 공통으로 출현하는 종 수

(다) 경관

산림복원지의 생태계 분포와 공간을 고려하여 주변 경관과의 조화성·연속성을 조사해야 한다.

(라) 현장 여건

현장 여건과 관련하여 토양의 붕괴·침식·유출 여부 등은 산림복원지 내 토양의 붕괴, 침식, 유출 등의 면적을 조사하여 전체면적 대비 토양여건의 변화 정도(%)를 파악토록 하고 있다. 계류(溪流)의 안정·침식·퇴적·유로변화 등은 산림복원지 내 계류의 침식, 퇴적, 유로 변화 등을 조사하는 것이다.

습원의 수위, 수량, 수질의 변화 등에서는 산림복원지 내 습원의 수위, 수량, 수질 조사와 습원 내 수위를 측정하고자 하는 지점에 수위계 또는 측정 기준목을 고정 설치하고 매번 동일한 조사 시기에 수위 변동을 파악토록 하고 있다. 단, 강우 시에는 약 2주의 시간 경과가 필요하다. 수량은 적정 수량 유지 여부를 파악하기 위해서, 수질은 오염·녹조·악취 등 육안으로 이상 유·무를 확인토록 하고 있다.

(마) 재료 및 시설

산림복원사업에 사용된 재료의 상태를 조사할 때에는 복원 공법과 활용을 위해 공종·시공에 사용한 재료의 파손·변형·균열 등 훼손 및 보전 상태를 조사해야 한다. 그리고 산림복원사업과 관련된 시설물의 활용·보전 상태를 파악하도록 하고 있다. 산림복원 관련 시설물은 복원 시설물과 이용자 시설물로 구분하는데, 복원 시설물은 지형, 사면 안정화, 수리·수문 복원 등 다양한 공법을 말하며, 이용자 시설물은 탐방로, 파고라, 벤치, 야외교육시설 등 이용자를 위한 시설물을 말한다. 산림복원사업과 관련된 시설물의 파손·변형·균열 등 훼손 및 보전 상태를 조사해야 한다.

나) 환경부 자연환경복원사업

자연환경보전법에 의한 자연환경복원사업은 구체적인 모니터링 항목이나 방법을 고시하지 않고, "생태복원사업 모니터링 및 유지관리 가이드라인(환경부, 2017.01)"과 "도시생태축 복원사업 가이드라인(환경부 자연생태정책과, 2023.07)"에서 제시하고 있다. 이 가이드라인들에서 제시하고 있는 모니터링 항목과 필수 및 선택 항목들은 [그림 9-5]와 같다.

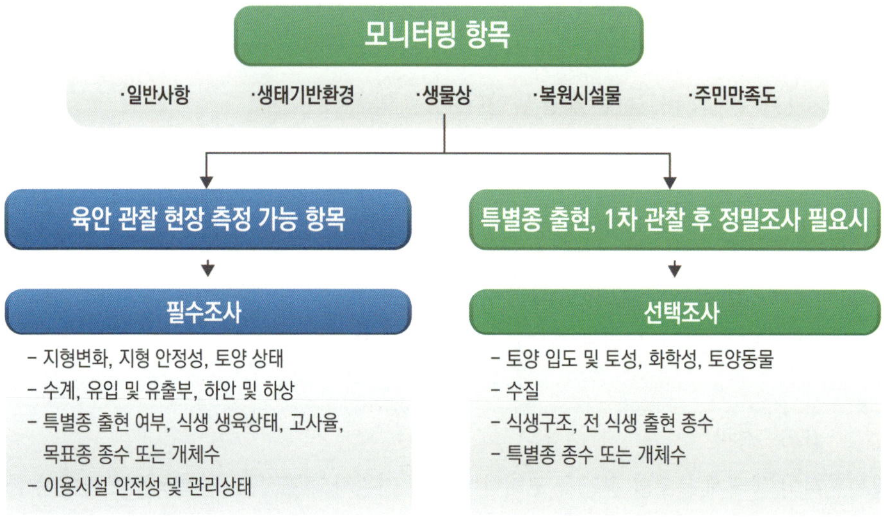

[그림 9-5] 모니터링 항목(필수/선택) 예시

※ 자료출처: 환경부 자연생태정책과(2023.07.)를 다시 그림.

도시생태축 복원사업의 경우, 모니터링의 공간적 범위는 해당 사업구역 및 사업 영향권 내를 대상으로 하며, 시간은 복원 후 1, 3, 5년차에 실시하도록 하고 있다. "생태복원사업 모니터링 및 유지관리 가이드라인(환경부, 2017.01)"에서는 생태기반환경의 조사 항목과 관련하여 필수 조사 항목으로 기온, 지형 중 토양 침식 및 유실, 건습 상태, 비탈면 표면 안정성을 조사하도록 하고 있다. 토양의 물리성은 토양경도(답압 상태), 토양유효수분을 조사하고, 토양 화학성은 토양오염을 필수 항목에 포함시켰다. 수환경에서 수리·수문은 수계유지, 유입 및 유출부, 수위 및 수량, 호안, 하안 및 하상 유지를 조사하고, 수질은 녹조와 오염(부유물) 등을 필수 항목에 포함시켰다. 복원시설물 분야는 훼손 유무를 필수로 조사해야 한다. 선택조사 항목은 토양 물리성 중 기타 항목으로 입도 및 토성, 토양 입단율, 토양 공극률, 유효토심 등이며, 토양 화학성은 기타 항목으로 산도, 전기전도도, 양이온치환용량, 유기물함량, 전질소, 유효인산, 염분농도, 치환성양이온 등과 토양 생물상으로 토양 소동물, 미생물 등이다. 수환경의 수질 항목은 수질에 대한 구체적 항목은 제시하지 않았으며, 선택항목으로 제시하였다.

생물상 조사에서 필수 항목과 선택 항목으로 식물상 및 식생 분야에서는 식물상의 기존 및 복원지역 각각에서의 출현종수, 생육이상여부(병충해 등), 고사율을 조사토록 했으며, 멸종위기종이나 생태계 교란생물과 같은 종의 출현 여부도 필수 조사항목에 포함시켰다. 동물상 조사에서도 멸종위기종이나 생태계 교란생물과 같은 특별종의 출현 여부는 필수 항목이며, 목표종에서는 목표종별 출현 여부와 종수 또는 개체수를 필히 조사해야 한다. 선택 조사항목으로는 식생 구조, 식물상 분야에서의 멸종위기종이나 생태계 교란생물과 같은 특별종의 출현종수 또는 개체수, 특성(생활사 등)을 선택조사토록 했다. 동물상도 출현종수와 분포 현황, 멸종위기종이나 생태계 교란생물과 같은 특별종의 출현종수 또는 개체수, 특성(생활사 등)은 선택 항목으로 제시하였다. 구체적인 조사 방법은 이 책에서 제시하는 내용과 유사하다.

나. 복원 후 평가

1) 성공과 실패의 판단 기준

Leopold에 의하면 복원은 생태적 목적으로 수행해야 한다고 언급하였다. 복원은 시행착오적인 노력을 필요로 하므로, 일정 부분 실패가 있더라도 실제로 성공과 마찬가지로 가치 있는 것으로 볼 필요가 있다. 복원은 생태 이론의 궁극적인 실험이 되기 때문이다. 생태복원은 모든 사람이 승리하는 활동이다. 성공하면, 지구 표면의 일부를 종전의 생태로 되돌림으로서 보상받게 된다. 실패할 경우에는 생태계가 작동하는 방법에 관한 광범위한 지식을 얻게 되며, 왜 실패했는지를 배우게 된다. 생태복원 사업의 성공을 판단하기 위해 가장 흔하게 이용하는 기준은 단순하게 복원한 군집이 원래의 것을 닮았는지의 여부이다. 구체적으로는 복원 목표 설정 및 계획·설계 시 참고하였던 참조 생태계와 비교·분석하는 방법이다. 정량화시키는 방법은 앞서 산림복원사업에서 제시한 유사도지수를 활용하는 방법이 일반적으로 사용된다. 한편, Ewel(1987)은 복원 계획의 생태적 측면에서 성공이나 실패를 측정할 수 있는 5가지 기준을 제시하였는데, [표 9-9]와 같다.

[표 9-9] 회복 계획의 평가 요소

기　　준	질　　문
시스템은 지속할 수 있는가?	• 새롭게 조성된 시스템은 스스로 자기 조절을 할 수 있거나 자신의 체계를 유지하는 데 도움을 줄 수 있는가?
침입으로부터의 취약성	• 새로운 군락 구조는 다른 종의 침입에 저항할 수 있는가(견딜 수 있는가)?
생산성	• 원래의 시스템처럼 새롭게 조성된 것도 같은 생산성을 가질 수 있는가?
영양물질의 보유	• 영양물질의 순환에 얼마나 효과적인가?
생물학적 상호작용	• 중요한 동·식물종(key animal & plant)이 출현하는가?

※ 자료출처: Kathrin Schreckenberg & Malcolm Hadley, 1990.

• 지속가능성(sustainability)

새로이 만들어지는 군집이 스스로 유지 가능한 것인가? 아니면, 농업생태계나 골프장과 같이 인간에 의해 관리 될 때에만 지탱 가능한 것인가? 발아는 식물 군집 발달의 가장 불안정한 단계이지만 종자 대신 묘목을 사용함으로써 복원 기간 동안의 발아 단계를 거치지 않을 수 있다. 묘목 식재나 파종 후의 군집 발달의 실패는 환경의 변화 때문이거나 생태학자들이 도입하는 종의 재생 요건을 잘 이해하지 못하는 데에서 기인하게 된다.

• 침입가능성(invasibility)

복원된 군집이 새로운 종의 침입을 허용하지 않는가? 인간의 간섭을 받지 않는 자연군락은 피해를 받는 군집이나 하나 이상의 핵심종이 없는 군집보다 다른 종의 이입을 덜 허용한다. 다른 종의 이입은 광선, 물과 영양물질의 불완전한 이용의 증상이 될 수 있다.

• 생산성(productivity)

생산성은 침입 가능성과 마찬가지로 군집에 의한 자원 이용의 효능에 의존한다. 복원된 군집은 원래의 군집만큼 생산적이어야 한다. 순생태계 생산성은 특히 군집 성능의 유용한 측정 지표가 되는데, 순생태계 생산성은 광합성, 호흡 작용, 초식 동물과 고사를 포함하는 많은 과정을 통합하기 때문이다.

• 영양물질 보유(nutrient retention)

영양물질은 모든 생태계로 흘러들어가고 흘러나오지만, 어떤 생태계는 다른 생태계보다 더 개방되어 있다. 복원된 군집은 원래의 군집보다 많은 양의 영양물질을 잃는다. 이와 같은 군집은 장기적으로는 지탱 가능하지 않은 것으로 나타나는데, 새로운 종이 이입되고 생산성이 떨어지기 때문이다.

• 생물학적 상호작용(biotic interactions)

항상 그렇지는 않지만, 흔히 식물 개체군을 종전처럼 재구성할 경우, 전체 군집의 재구성을 가져오게 된다. 동물과 미생물은 대개의 경우 동시에 새로 이입하게 되는데, 이는 그들의 이동성과 도처에의 존재 가능성 때문이다. 그럼에도 불구하고 생물학 교과서들은 군집의 기능적 완전성은 풍매화, 질소 고정이나 인 섭취에 필수적인 미생물, 먹이연쇄에 있어서의 핵심 고리(key link)에 의존하는 많은 사례들을 소개하고 있다. 핵심종의 중요성은 이들 종이 없을 때에 가장 잘 밝혀진다. 생태학자들은 군집을 이루고 있는 부분들과 과정을 정밀하게 조사함으로써 생태계 구조와 기능에 관해서 많은 것을 배워왔다. 그러나 생태계가 작동하는 방법에 대한 이해의 진정한 진단은 복원생태학 이론과 접근 방법에 바탕을 둔 생태계를 재창출하는 우리의 능력이라고 보아야 한다.

생태복원 사업의 성공과 실패를 판단하는 다른 방법은 "생태복원 계획·설계론 제I권, 제4장. 복원생태학 이론"에서 제시한 바 있는 복원된 생태계의 생태적 속성을 이용할 수도 있다.

한편, 노백호(2010)는 생태 복원 사업은 "무엇을", "어디에", "어느 정도"와 함께 "얼마 동안" 복원·창출할 것인가를 고려해야 한다고 하였다. 결과적으로 생태 복원 사업은 복원하고자 하는 "주제"×"공간"×"질"×"시간"을 복원 목적에 따라 평가할 것을 제안하면서, 구체적인 방법론으로서 HEP(Habitat Evaluation Procedure)를 제안하였다.

[표 9-10] 생태복원 성과 평가를 위한 항목

평가 항목	주 요 내 용
주제	어떤 생물을 대상으로 하는가?
질	환경 질(서식 환경)의 상태는 어떠한가?
공간	서식지는 얼마나 그리고 어떤 형태로 배치하는가?
시간	얼마 동안 이용할 수 있는가?

※ 자료출처: 노백호, 2010.

2) 회복 정도의 평가

여기서 제시하는 것은 국제생태복원학회(SER)의 복원 프로젝트 평가 방법으로 McDonald T. 등(2016.12)이 작성한 국제생태복원학회의 공식문서인 "생태복원 실행을 위한 국제 표준 – 원리와 주요 개념(International standards for the practice of ecological restoration – including principles and key concepts)"에 기반하고 있다. 생태복원 사업에서의 복구 수준을 평가하기 위한 방법을 제시하고 있는데, 참고로 원서에서는 복구(recovery; 엄격한 의미에서는 복원으로도 해석함)라는 단어를 사용하고 있다.

국제생태복원학회에서는 복구 수준을 5등급으로 구분하고 있다. 기준들은 규제 당국이 시간에 따른 프로젝트의 진행 상황을 추적할 수 있도록 복구 정도를 평가하고 순위를 5등급으로 매길 수 있는 효과적인 도구로 사용된다. 이런 기준들은 [표 9-11]에 요약되어 있으며, [표 9-13]에는 생태복원의 여섯 가지 주요 생태계 속성에 대해 보다 자세하게 정리되어 있다. [그림 9-6]은 시간에 따른 해당 지점의 복구 진행 상황을 시각적으로 보여주는 양식이다. 즉, 생태계가 적절한 현지 자생 참조생태계에 따라 완전한 회복을 향한 자기조직화의 궤도에 있는 상태가 모든 생태복원 프로젝트들이 목표로 삼아야 할 '매우 중요한 기준'이다. 목표가 낮은 프로젝트들은 5단계 평가 등급 시스템을 사용하여 프로젝트 목표가 달성되는 수준을 확인하고, 미래를 위한 비전을 강화하도록 권장된다. 적절한 관련 지역의 자생 참조생태계의 생물군 특성 복구에 중점을 두지 않는 프로젝트들은 복원보다는 복구로 간주된다. 그러나 이런 복구 프로젝트들도 또한 5단계 복구시스템을 통해 기능적 특성의 회복을 도모할 수 있다.

[표 9-11] 1~5단계 복구수준에 대한 일반적 기준들

별의 개수	복구 결과(참고 : 적절한 지역의 자생 참조 생태계를 모델로 함)
★	• 훼손 진행의 방지. 기초적 처리(물리적, 화학적), 적절한 단계의 자생생물군의 존재; 생물학적 혹은 무생물학적 요인에 의해 무효화되지 않는 미래의 복원지점. 계획된 모든 속성들과 미래의 현장 관리에 대한 향후 개선 사항
★★	• 인접 지역의 위험이 관리되거나 완화되기 시작. 복원 부지가 지역의 종 특성과 작은 부분 집합을 가지며 현지의 불필요한 종들로부터의 위험이 적음. 인접한 인근 부동산 소유자와의 연결성 개선
★★★	• 인접한 위험의 관리와 저감이 진행되며 현지의 불필요한 종들로부터의 위험이 매우 낮아짐. 지역의 종 특성과 부분 집합이 확립되며 생태계 기능이 시작되는 증거들이 발견됨. 연결성이 두드러지게 향상됨
★★★★	• 모든 생물군을 대표하는 생물종들의 많은 특성들이 보이기 시작함. 개발중인 공동체 구조와 생태계 과정이 시작되는 증거들이 발견됨. 연결성이 향상되고 주변의 위협요소들이 관리되고 완화됨.
★★★★★	• 더 이상의 개입이 없어도 구조적, 영양적 복잡성이 스스로 발전할 수 있는 수준까지 생물군의 특징적인 집단이 성립됨. 적절한 교차 경계 흐름이 시작되고 교란 상황에 대한 높은 회복력을 가짐. 장기적인 관리 방식이 가동 중임

※참고 1 : 각각의 수준들은 누적된다.
참고 2 : 서로 다른 속성들이 각각의 속도로 진행된다.
- 6가지 주요 생태계 속성에 대한 각각의 일반적인 기준들은 [표 9-13]에 제시되어 있다.
참고 3 : 이 시스템은 참조 생태계에 대해 어떤 수준으로도 적용 가능하다.

※ 자료출처 : McDonald T. *et al.*(2016)의 표를 수정하여 제시함.

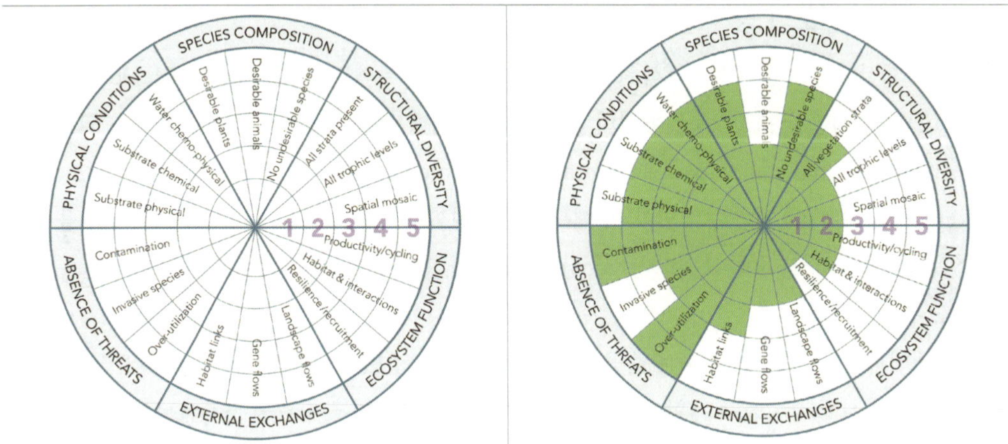

[그림 9-6] 생태계 회복 진행 정도의 평가를 위한 '회복의 바퀴(Recovery wheel)'

※ 자료출처: McDonald T. *et al.*, 2016.

[표 9-12] 생태계 회복 정도의 평가를 위한 표

속성 범주		회복 수준(1-5)	회복 수준의 증거
속성 1. 위협요인의 부재			
	과도한 이용		
	침입종		
	오염		
속성 2. 물리적 조건			
	기질의 물리성		
	기질의 화학성		
	물의 화학성/물리성		
속성 3. 종 구성			
	바람직한 식물종		
	바람직한 동물종		
	바람직하지 않은 생물종이 없음		
속성 4. 구조적 다양성			
	모든 식물의 층위		
	모든 영양 수준		
	공간 모자이크		
속성 5. 생태계 기능			
	생산성, 순환 등		
	서식지와 식물·동물간의 상호작용 등		
	탄력성, 개체수 변화 등		
속성 6. 외부와의 교류			
	경관의 흐름		
	유전자 유동		
	서식지 연결성		

※ 자료출처: McDonald T. *et al.*, 2016.

[그림 9-6]에서 제시한 회복의 바퀴에 포함된 각각의 내용은 [표 9-12]에서 해석하여 제시하였다. 한편, [그림 9-6]의 우측 그림은 4단계 조건으로 진행 중에 있는 가상의 1년된 복원 프로젝트를 묘사한 것이다. 이 도표를 통해서 관리자는 관리 중에 있는 생태계가 시간이 경과하면서 회복되는 단계를 설명할 수 있다. 프로젝트에 대한 목표와 목적 그리고 복구 부지의 구체적인 지표, 현재까지의 복구 수준을 잘 알고 있는 실무자는 공식적으로나 비공식적으로 평가를 한 뒤 각 부분들에 색을 채울 수 있다. 참고로 특정 생태계를 보다 잘 나타내기 위해서 각 속성에 대한 표를 조정하거나 추가할 수도 있다.

[표 9-13] 1~5 단계 복원 등급 평가를 위한 여섯 가지 주요 생태계 속성

속성	★	★★	★★★	★★★★	★★★★★
위협 요인의 부재	추가적인 악화는 중단되고 부지는 소유권과 관리권을 확보	인접한 지역으로부터의 위험은 관리 및 완화	모든 인접한 위험은 낮은 범위로 관리 및 완화	모든 인접한 위험은 중간 범위로 관리 및 완화	모든 인접한 위험은 높은 범위로 관리 및 완화
물리적 조건	총 물리적, 화학적 문제 해결 (예, 오염, 침식, 답압)	기질의 화학적, 물리적 특성(pH, 염도)이 자연적 범위 내로 안정화 되어 가고 있음	기질이 자연적 범위 내로 안정되고 특징적인 생물군의 증가	지속적인 성장과 특징적 생물군의 보충에 적합한 조건을 적절하게 유지	참조생태계와 유사한 물리적 및 화학적 특성을 보이며 무기한적으로 종과 과정을 유지할 수 있는 증거가 확인됨
종 구성	자생종의 이식 (예, 참조생태계의 2%) 재생 공간 또는 향후 천이에 대한 위험 없음	유전적 다양성이 정립되고 특정적인 자생종의 작은 부분집합 형성 (예, 참조생태계의 10%), 외래 침입종 또는 악성종의 현지 위협이 적음	부지의 상당 부분을 차지하고 있는 주요 자생종의 집합(예, 참조생태계의 25%), 악성종으로부터의 매우 낮은 위험도	부지에 존재하는 특징적 생물군의 다양성과 종군의 다양성을 대표(예, 참조생태계의 60%), 악성종으로부터 위험이 없음	참조생태계와 매우 높은 유사성을 가지는 특징적 종(참조생태계의 80% 이상)의 높은 다양성은 시간이 지남에 따라 더 많은 종의 이식 가능성이 개선됨
구조적 다양성	하나 또는 소수의 지층이 존재하며 참조생태계와 관련된 공간적인 패턴 및 영양적 복잡성이 없음	보다 많은 지층이 존재하지만 참조생태계와 관련된 낮은 공간적인 패턴 및 영양적 복잡성	대부분의 지층이 존재하며 참조생태계와 관련된 공간적 패턴 및 영양적 복잡성	모든 지층이 존재함. 참조생태계와 관련된 명백한 공간적 패턴과 발달된 상당한 영양적 복잡성	모든 지층이 존재하며 공간적 패턴과 영양적 복잡성이 높음. 참조생태계와 매우 높은 유사성의 자체 구성할 수 있는 복잡성과 공간적 조직성
생태계 기능	기질과 수문은 기초적인 단계에 있으며 참조생태계와 비슷한 기능의 미래 발전을 할 수 있음	기질과 수문은 영양물질 순환을 포함하는 넓은 범위의 기능에 대한 잠재력이 증가함을 보이며 다른 종에 대한 서식지/자원의 공급	기능 시작 증거(예, 영양물질 순환, 수질 정화, 여러 종에 대한 서식지, 자원의 공급)	주요 기능의 상당한 증거와 종의 번식, 확산 및 모집을 포함하는 과정 시작	적절한 교란 체제를 복원한 후의 생태계 복원력 증거와 참조생태계에 대한 안전한 궤도에 대한 기능 및 과정에 대한 상당한 증거
외부와의 교류	주변 경관이나 확인된 수서환경(예, 종, 유전자, 물, 불)과의 교환 잠재성	이해관계자와 부지구성의 협력을 통해 처리·증가된 긍정적(최소화 된 부정적) 교환에 대한 연결	현장과 외부 환경 간의 연결성 증가와 교류를 통해 명확해짐 (예, 더 많은 종, 흐름)	다른 자연지역과의 높은 수준의 연결성, 악성 교란 또는 유해종의 제어 관찰	외부 교류에 대한 잠재성의 증거는 보다 넓은 경관을 갖춘 참조생태계 및 장기 통합 관리 약정과 매우 유사

※ 참고: 일반적인 1~5 단계 복원 등급은 자체 구성 상태로의 진행 상황을 측정하는 데 사용되는 여섯 가지 주요 생태계 속성의 맥락에서 해석된다. 이 5단계 복원 등급은 참조생태계와 매우 높은 유사성부터 매우 낮은 유사성까지 누적 단계를 나타낸다. 생태계와 식별된 하위 속성에 대한 지표 및 모니터링 측정 항목을 사용자가 개발하도록 요구하는 일반적인 체계만 제공한다.

※ 자료출처: McDonald T. *et al*.(2016)의 표제목 등을 수정하여 제시함.

지금까지 제시한 국제생태복원학회의 5등급 평가 체계 해석에 있어서 고려할 사항들은 다음과 같다. 우선 5등급 체계는 생태계의 진행을 평가하는 역할을 한다. 이것은 복원할 대상지역을 평가하거나 실무자의 개인성과를 평가하는 도구가 아니다. 5등급 평가 체계는 관리자, 실무자 및 규제자가 특정 생태계에 맞게 보다 정량적으로 해석할 수 있는 체계를 제공하는 개념적 정도를 나타낸다. [표 9-11]과 [표 9-13]에서 설명한 지표는 일반적인 것이며, 관리자가 특정 생태계 또는 프로젝트에 맞게 구체적으로 재해석해야 한다. 평가는 정보를 제공하는 모니터링만큼 엄격할 수 있으므로, 그만큼 신뢰할 수 있다. 평가는 세부 수준과 결론이 도출된 모니터링의 결과를 투명하게 명시해야 한다. 이는 [그림 9-6] 또는 평가표를 기반으로 하는 모니터링 보고서를 인용하지 않고는 복원 성공의 증거로 사용해서는 안 된다는 것을 의미한다.

각 복원 프로젝트 속성은 1단계에서 시작하지 않아도 된다. 잔류 생물군과 변형되지 않은 기질을 포함하는 대상지역은 상위 순위에서 시작할 수도 있다. 반면 기질이 손상되거나 생물군이 없는 대상지역은 낮은 순위에서 시작한다. 프로젝트의 진입점이 무엇이든, 목표는 생태계가 복구의 궤도를 따라 가능한 한 5등급 회복으로 나아갈 수 있도록 돕는 것이다. 복구되지 않은 것의 점수는 서면 보고서에 기록하지 않거나 스프레드시트에 0으로 기록되며, 다이어그램에는 빈 칸으로 표시된다. 5등급 체계와 [그림 9-6]을 사용하는 평가는 대상지역의 규모에 맞게 적용해야 한다. 5등급 체계는 복구 또는 재건 조치가 적용되지 않은 육지/수생 지역보다는 개별 복원 프로젝트 또는 현장의 규모로 적용할 때 가장 유익하다. 하지만 다수의 하위 부지를 개별적으로 평가하여 통합한 후 대규모 프로그램에서 복구 정도를 평가할 수도 있다. 복원 및 사회 개발 요소가 포함된 프로그램의 경우, 5등급 보고서에는 이러한 이득을 나타내는 보충 정보가 수반되어야 한다.

최근 국제생태복원학회에서는 회복의 바퀴를 "생태적 회복의 바퀴(Ecological Recovery Wheel, ERW)"로 명명하고 있다. [그림 9-7]에서는 복원 전 조사단계에서의 수준(좌측 그림)과 복원 후 10년이 경과한 시점에서의 생태적 회복 바퀴(우측 그림)를 나타낸 것이다.

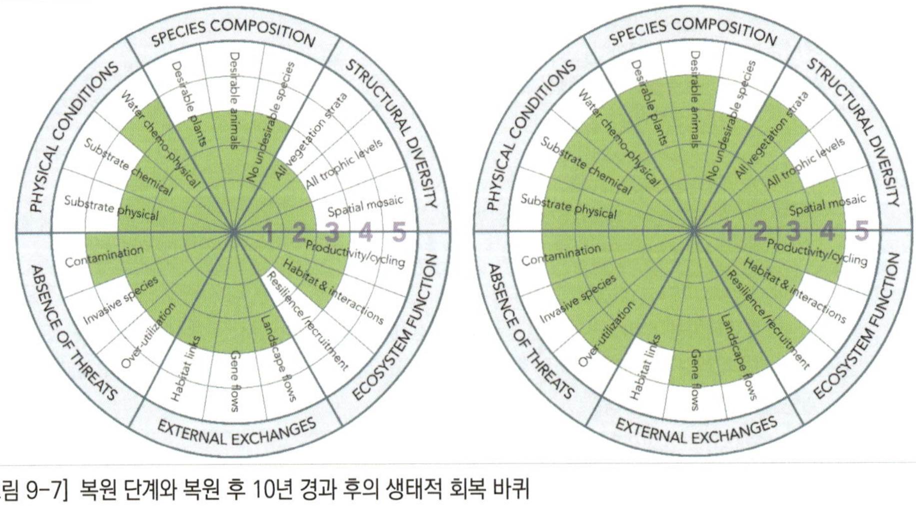

[그림 9-7] 복원 단계와 복원 후 10년 경과 후의 생태적 회복 바퀴

※ 자료출처: George D. Gann *et al.*, 2019.

또한, Gann 등(2019)은 생태적 회복 바퀴 이외에도 사회적 혜택 바퀴(social benefits wheel)를 아래 그림과 같이 제안하였다. 이것은 생태복원 프로젝트나 프로그램이 사회 발전과 관련된 분야의 목표를 달성하는 정도를 평가하기 위한 것이다.

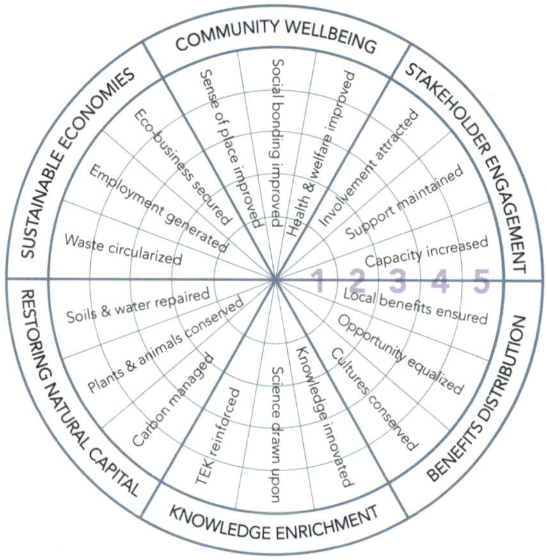

[그림 9-8] 생태복원 사업의 사회적 혜택 바퀴

※ 자료출처: George D. Gann *et al.*, 2019.

3) 생물서식공간의 조성 후 평가 방법

이용 후 평가(post-occupancy evaluation)와 유사한 조성 후 평가(post-construction evaluation)는 어떤 기술이나 기법이 적용된 후에 목표로 하였던 효과가 나타나는지 평가하는 것이라고 할 수 있다. 참고로 이용 후 평가는 어떤 프로젝트가 실행된 후에 이에 대한 이용자의 이용 행태에 기초하여 설계가의 의도대로 시행되고 있는지의 여부를 판단하는 것이다.

가) 조성 후 평가의 방법

조성 후 평가에 대한 구체적인 방법은 아직까지 문헌을 통해서 제시된 적은 없으나, 이와 유사한 이용 후 평가는 많은 연구와 함께 실제 적용된 경우가 많기 때문에 이 방법론을 참고하여 인위적으로 조성된 생태적인 공간을 평가하는 방법을 추출해 보았다. 이용 후 평가는 원래 건물을 대상으로 실행되어 오다가 차츰 옥외 공간으로 확장되어 사용되고 있다. 따라서 건물의 평가에서는 기술적 측면, 기능적 측면, 행태적 측면에 관심을 가졌다면, 옥외 공간의 평가에 대한 것은 물리·사회적 환경, 이용자, 주변 환경, 설계 과정에 대한 고려요소를 가지고 있다. 이용 후 평가는 어떤 공사가 이루어진 후에 설계가의 의도대로 이용자가 반응을 보여주는 지에 대한 평가를 바탕으로 다음에 유사한 프로젝트에 활용하기 위한 것이 주목적이라고 할 수 있는데, Friedmann 등은 이용 후 평가의 목적을 다음과 같이 5가지로 요약하였다(안봉원 등, 1995).

- 인간과 인공 환경의 관계성을 연구함으로써 인간 행태에 관한 이해를 증진시킨다.
- 기존 환경의 개선 및 새로운 환경의 창조를 위한 의사결정에 평가 자료를 반영시킨다. 이를 위하여 평가 및 환류(feedback) 과정을 기존의 설계 과정에 추가시킨다.
- 장래 설계 교육에 필요한 중요한 자료를 마련한다.
- 환경 설계에 관련되는 정책 및 프로그램의 효율성 분석을 위하여 필요한 자료를 마련한다.
- 넓은 의미의 환경영향평가를 위한 이용자 만족도 및 환경의 적합성 예측을 위한 능력 개발을 시도한다.

환경설계평가에서 이용 후 평가 시 고려해야 할 요소는 [표 9-14]와 같다.

[표 9-14] 옥외 공간 평가 시 고려해야 할 요소

구 분	고 려 요 소
물리·사회적 환경	• 이용 재료, 구조적 요소, 설계안 • 환경적 질(소음, 빛, 온도) • 이용자에게 상징적 가치를 지닌 요소들 • 장애인을 위한 접근로, 물리적 환경 상태 및 잠정적 요소
이용자	• 이용자들의 기호, 필요성, 태도 • 개인 및 그룹의 행위 패턴, 사회적 행태 • 시간, 공간의 변화에 따른 행태 변화 • 개인적 특성
주변 환경	• 주변 환경의 질 • 토지이용, 주변 시설
설계 과정	• 설계 참여자들의 역할, 의사결정 • 환경에 대한 가치관, 선호 및 지식 • 시공 후 이용자, 관리인 혹은 설계자에 의한 공간 변형

※ 자료출처: 안봉원 등(1995), 한국토지공사(1997)의 내용을 토대로 재작성함.

나) 물리적 흔적의 관찰

물리적 흔적(physical trace)의 관찰이란, 인간의 주변 환경 혹은 행위의 결과로 남은 흔적들을 체계적으로 조사하는 것으로, 조성된 환경의 내력, 설계자의 의도, 실제 이용 현황, 이용자들의 반응 및 만족도에 대한 추론이 가능하다. 물리적 흔적의 관찰은 손쉽게 자료를 얻을 수 있으며, 이용 행태에 영향을 미치지 않고 자료 조사가 가능하지만, 흔적을 남기지 않는 행태의 관찰에는 어려움이 있다. 이와 같은 방법에는 프로젝트의 연구 방향 및 성격을 용이하게 파악하기 쉬운 것으로 일반적으로 일정 장소에 대한 의자 배치, 청결 상태, 낙서, 잔디 마모 등의 물리적 흔적에 바탕을 두어 그 공간의 분위기, 문제점, 행위 패턴 등에 대한 사항을 미루어 짐작할 수 있는 것이다. 주요 관찰 방법으로는 '무엇이 있는가'도 중요하지만, '무엇이 빠져 있는가'를 관찰하는 것이 더 중요하다.

다) 인간 행태의 관찰

인간 행태의 직접적인 관찰은 이용자들이 자신의 환경을 어떻게 이용하고 있는가를 체계적으로 조사하는 것으로 이용자 상호 간에 어떠한 공간적, 사회적 관계성을 지니며 동시에 물리적 환경이 그 안에서 일어나는 행위에 적합하게 구성되어 있는가를 관찰하는 것이다. 이 방법은 행위자의 느낌을 쉽게 이해할 수 있어 행태의 해석이 용이하며, 동적인 행태를 직접 관찰하며 시간의 흐름에 따라 변화되는 행태를 연구하는 데 유용하다. 관찰 대상은 '누가', '무엇을', '누구와 함께'하며, 이러한 행태가 '어떠한 상황' 및 '어느 장소'에서 이루어지는가를 체계적인 분석을 통한 관찰이 요구된다. 이를 위해서 기술 및 조사표를 이용하거나, 사진, 비디오를 촬영하는 방법을 이용할 수 있다.

라) 인터뷰 및 설문지

인터뷰는 질문을 통하여 이용자들이 무엇을 생각하고 느끼며, 어떠한 행동을 하는가, 무엇을 알고 있고, 믿으며, 기대하는가에 대한 것을 체계적으로 밝혀내는 방법이다. 이것은 일정 상황에 대한 사람들의 해석과 입장을 추측하고, 다양한 문제에 대해 이용자들이 느끼는 우선순위를 파악하여 문제에 초점을 맞추어 해결 방안을 모색하고자 하는데 주요 목적이 있다. 또한, 직접적인 자문을 통한 행위자의 의도를 파악할 수도 있다. 설문 방법의 이용은 표준화된 설문지를 여러 응답자에게 반복적으로 사용함으로써 여러 사람의 응답을 비교할 수 있으며, 별개의 유사한 연구에서 동일한 설문지를 이용함으로써 과거의 연구 결과를 비교할 수 있다. 또한, 통계적인 처리를 통한 계량적 결론을 얻어내므로 연구 결과를 설득시키는 힘이 비계량적인 결과보다 크다고 할 수 있다.

생물서식공간에서는 앞서 언급한 이용 후 평가의 세 가지 방법을 모두 사용할 수 있다. 특히, 이용자의 간섭을 최소화해야 하는 공간임에도 불구하고, 간섭을 완벽하게 제어하기 어려우므로, 생물서식공간에서 이용자의 흔적을 관찰함으로써 대안을 마련할 수 있다. 즉, 도심 속에 자연 공간이 조성되고 야생생물이 들어옴으로써 이를 관찰하려는 이들의 이용 형태를 파악해 볼 필요가 있다.

마) 생태계획공간에서 조성 후 평가를 위한 기준 및 인자

(1) 평가 방법 설정

Lamb(1988)은 생태계 회복을 위한 조성 지역의 주요 평가 인자를 생물-물리적인 인자와 사회-문화적인 인자로 분류하였다.

[표 9-15]에서 살펴 본 기준 및 인자들에 대한 것들은 구체적인 수치나 정도를 표현하기에 어려운 점들이 있다. 즉, 생물서식공간의 지속성이나 취약성, 안정성이나 효율성 등에 대한 정도를 제시해 주는 데에는 한계점이 있어 다소 간소화된 방법을 제시하여야 할 것이다. 이를 위해서 앞서 살펴본 이용 후 평가 방법을 응용하면서 생물·생태학적인 평가 방법을 첨가하여야 한다. 또한, 실제로 복원 계획을 평가한 사례에 근거하여 평가 요소를 도출해 보면 대부분 생물종의 변화에 기초한 것이 많다. 이러한

[표 9-15] 생태계 회복을 위한 조성 지역의 평가 인자

생물-물리적 인자	사회-문화적 인자
안정성 (stability)	
• 토양의 안정성 • 적절한 식물의 피복 및 성장 • 적절한 생산 • 적절한 식물종의 조합 및 구조 • 적절한 동물 집단 • 선호하는 종의 적절한 재생산(번식) • 지표수, 지하수의 수용가능한 수질 • 적절한 알베도(albedo)	• 인간으로부터의 안정(인간집단에 의한 회복력) • 시장가격의 안정성 • 적절한 식량 • 토지이용패턴의 안정성 • 토지보유체계(land tenure system)의 안정성 • 생존식량과 현금식량과의 적절한 균형 • 화석연료 소비의 안정적인 비율 • (건조지역에서) 물 사용 비율의 안정성
효율성 (efficiency)	
• 종자나 비료의 투입 필요성 • 잡초 제어의 필요성 • 관수의 필요성	• 프로그램에 있어서 대중(포함이나) 참여의 수준
적응성 (flexibility)	
• 토지의 대안적이거나 다양한 사용 한도	• 경제적 탄력성의 한도 • 경제적 부의 축적

※ 자료출처: Kathrin Schreckenberg & Malcolm Hadley, 1990.

사례에서 언급한 내용은 복원·창출 계획의 성공 여부를 평가하는 데에는 정확히 설계된 모니터링 시스템이라고 한다. 이를 위해서 복원 계획을 수립할 초기 단계에서 사업 계획의 명확한 목적을 제시해 주는 것이 가장 중요하며, 이에 기초하여서 결과를 평가하는 것이 바람직하다고 보고 있다. Manci, Karen M(1989)은 복원 계획의 평가를 위해서는 다음과 같은 자료들이 마련되어야 한다고 제시하였다.

첫째로, 조성 지역의 역사적인 자료(historical data)의 수집이다. 이것은 복원계획의 성공을 평가하기 위한 기준에서 가장 중요하게 도움을 줄 수 있는 것으로 대상 지역이 예전부터 어떠한 생태환경을 가졌으며, 인간에 의한 간섭이 어느 정도 이루어졌는지를 파악하기 위한 것이다(Cairns *et al.*, 1979).

둘째로, 미국 워싱턴주의 교통국에서는 습지 조성 계획의 성공을 판단하기 위해 식물의 생존량과 성장량을 제시하였다(Miller, 1988). 여기에서 주로 관찰하고자 한 것은 식물의 피도와 종 조합이다.

셋째로, 미국 플로리다 지역에서 수행된 Agrico Swamp Restoration Project에서는 자연지역과 조성한 지역을 대상으로 4년간 조사를 수행하여 평가하였다(Erwin, 1986). 여기서 조사한 것으로는 종 풍부성, 식물의 피도, 생존량, 성장량이다. 이런 조사 결과를 자연 지역의 군락 구조와 비교하여 평가하였으며, 수질은 미국 정부의 수질 기준에 따라서 평가하였고, 수리, 종자 파종한 수목의 발아율과 성장 상태, 그리고 야생동물과 어류를 3년간 추가하여 조사하였다.

결론적으로 생물의 서식을 위한 공간은 다음과 같은 사항들을 관찰함으로써 그 효과를 평가해 보아야 할 것이다.

[표 9-16] 생물서식공간의 조성 후 평가를 위한 고려요소

구 분		고 려 요 소
서식환경	이용자의 기호 및 행위에 의한 물리적 흔적의 관찰	• 답압 흔적(이용자들의 기호 및 행위패턴)에 따른 식물 및 곤충 등의 서식환경에 영향 정도 파악
	주변 환경	• 대상지역을 중심으로 일정한 반경 내의 녹지 및 수환경 요소(토지이용 현황)
	대상지역의 서식환경	• 조성 전과 후의 서식처의 면적 및 위치의 변화 내용 • 조성 전·후의 서식 환경 변화 내용(수환경, 토양환경 등)
생물종	대상지역 내 생물종 변화	• 조성 전·후의 식물상 변화 내용(조성 전과 후의 종구성 변화) • 조성 전·후의 동물상 변화 내용(서식환경과 식물종 구성의 변화 내용에 따른 동물상 조사)
서식환경과 생물종의 상관관계		• 서식환경과 생물종간의 상관관계성 규명 • 대상지역 내 먹이연쇄도 작성을 통한 회복도 조사

[표 9-16]에서 나타내고자 하는 것은 생물서식공간의 평가에 있어서는 소생태계를 조성하기 전과 조성한 후의 서식환경의 변화와 그 변화에 따른 생물종 구성의 차이를 조사함으로써 조성 기법에 대한 효과를 파악해 보고자 한 것이다. 여기서 가장 중요한 것은 조성된 기법으로 인해서 생물종이 증가한 것인지, 아니면 그러한 공간이 새롭게 창출되어서 종이 증가하게 된 것인지에 대한 관계성을 파악해야 한다는 것이다. 또한, 조성 전·후의 생물종 변화 내용 이외에도 생물다양성과 먹이연쇄 등에 대한 분석을 실시하여 조성된 공간의 생태적 안정성을 파악해 볼 수도 있다. 생물다양성 분석과 함께 먹이연쇄도 작성은 생물서식공간의 조성 효과를 생물·생태학적인 관점에서 파악하는 데 매우 중요한 요소가 된다. 예를 들어, 일본의 요코하마에서는 소생태계 유형별로 조사된 생물종을 바탕으로 하여 서식환경에 바탕을 둔 먹이연쇄도를 작성한 바 있다. 인공적으로 조성된 지역에 대한 먹이연쇄도의 작성은 대상 지역의 회복력을 평가하는데 중요한 방법이 될 수 있다.

(2) 생물서식공간의 평가 및 모니터링 시 고려할 점

생태조사와 모니터링에 있어 고려해야 할 요소는 다음과 같이 요약할 수 있다.

첫째는 생태조사 및 모니터링을 통해서 조성 기법을 평가할 수 있는 기초 자료를 제공해야 하는데, 이것은 소생태계에서 발생·관찰되는 생물종이 어떻게 출현한 것인지에 대한 원인을 살펴보아야 한다. 예를 들어, 연못 주변을 날아다니는 잠자리가 과연 연못 안에서 자라서 우화를 했는지, 다른 지역에서 우화하여 유입되었는지 확인할 수 있어야 조성 기법이 잠자리 유충의 서식에 적합하게 적용된 것인지를 평가할 수 있다. 잠자리들의 경우 이동 거리가 멀기 때문에, 연못 주변에서 관찰된다고 해서 반드시 그 곳에 서식한다고 판단하기는 힘들다. 따라서 소생태계의 조사 및 분석에 있어서 단순한 관찰만이 아닌 관찰된 종의 서식 형태까지 살펴보아야 한다.

둘째는 소생태계를 관리하고 구조를 개선하기 위한 기초 자료를 제공해야 한다. 이를 위한 조사는 소생태계 내에 출현하는 생물종에 대한 정기적인 조사 결과가 축적되면, 소생태계의 구조를 파악할 수 있으며 계획·설계가가 원하는 방향으로 구조를 변경할 수 있다. 예를 들어 광범위한 주변 환경을 고려

할 때, 나비나 벌이 유입될 수 있는 환경임에도 불구하고, 나비나 벌이 출현하지 않는다면 그들을 유인할 만한 밀원 식물이 부족하기 때문이라는 판단을 내릴 수 있다.

마지막으로 생태조사 자료의 한계점으로는 조사 기간과 횟수의 제한성이다. 즉, 복원된 지역이 성공적으로 제 기능을 수행하는지에 대한 것은 많은 연구와 시간이 필요하다. 왜냐하면, 생태계의 구조와 기능이 성공적으로 복원된 것을 평가하기 위해서 구조적인 측면에서는 조성 후 약 3년 이내에 가능하며, 기능의 경우에는 더욱더 많은 시간들을 필요로 하기 때문이다(J. E. Grayson *et al.*, 1999).

이와 같이 생태복원에 영향을 미치는 요인으로는 초기의 대상지역 환경, 종자의 근원, 물리적 환경, 그리고 묘목 등을 들 수 있다(Krystyna M. Urbanska *et al.*, 1997). 복원생태학에서 기본적으로 추출할 수 있는 개념은 훼손되기 이전의 식물종의 종류나 분포 등에 대한 역사적인 자료가 필요함을 의미하면서, 한편으로는 유사한 자연생태계에 대한 원형(prototype) 즉, 참조 생태계 분석의 필요성을 나타내기도 한다.

4) 생태복원사업 지역의 사후 평가

환경부 도시생태축 복원 사업 가이드라인(환경부 자연생태정책과, 2023.07)에서는 복원사업지역에서 복원 후 유지·관리를 하면서 사후관리 결과 보고를 하도록 제시하고 있다. 즉, 도시생태축 복원과 관련한 해당 사업시행자(지방자치단체)는 모니터링 및 유지·관리 결과 내용에 대해 사후관리 결과보고서를 작성하여 유역(지방)환경청에 제출해야 한다. 이를 위해서 해당 사업시행자는 대상지 생물상 및 생태기반환경 변화, 이용 시설물 유지 여부, 주민 만족도 등에 대해 모니터링을 실시하고 모니터링 결과에 따라 유지·관리를 실시해야 한다. 이후 모니터링 및 유지·관리 결과를 바탕으로 사후관리 결과보고서를 작성한 후 관할 유역·지방환경청에 제출하여야 한다. 사후관리 결과보고서 작성 시 사업 전·후 비교 분석 내용을 기술하기 위해서는 현황 조사 단계부터 사후관리 단계까지 가급적 동일한 항목으로 현황 조사, 모니터링 및 유지·관리를 실시해야 한다. 또한, 사후관리 결과보고서는 사후관리 기간(최소 5년) 동안 매년 제출해야 하며 복원공사 완료 시점을 기준으로 12개월(1년)간의 사후관리(모니터링 및 유지관리)를 실시한 이후 결과 보고서로 작성하여 사후 관리 기간이 종료한 달로부터 2개월 이내에 제출해야 한다. 예를 들어, 10월 사업종료 시 익년 12월까지 제출, 이후 사후관리 기간 종료 시까지 매년 12월까지 제출해야 한다.

또한 이 가이드라인에서는 사후 평가와 관련해서, 평가 항목은 생태축 연결성, 생물종 서식 안정성, 생물종 다양성, 생태기반환경 안정성, 주민 만족도, 기타 등으로 구분하여 평가할 수 있다고 제시하였다. 이외에도 사업 시행자가 사업 목표 달성 여부를 파악하거나 사업의 방향성을 결정하는 데 적합하도록 평가 항목과 지표를 선정할 수 있으며, 사업 계획부터 사후관리 단계까지 연계될 수 있는 항목과 지표여야 한다. 구체적인 평가 항목은 [표 9-17]과 같이 예시하였다.

[표 9-17] 사후 평가 항목 예시

<table>
<tr><th>평가 항목</th><th>평가 지표</th><th>비고</th></tr>
<tr><td>생태축 연결성</td><td>• 사업 전·후 토지피복률 변화</td><td>- 설계도서 분석</td></tr>
<tr><td>생물종 서식 안정성</td><td>• 사업 전·후 목표종/멸종위기종/주요 지표종 등의 출현개체수/출현위치/출현빈도 변화</td><td rowspan="4">- 모니터링 결과분석</td></tr>
<tr><td>생물종 다양성</td><td>• 사업 전·후 생물종다양성 출현종 구성비율 변화</td></tr>
<tr><td rowspan="2">생태기반환경 안정성</td><td>• 사업 전·후 토양 이화학성 변화</td></tr>
<tr><td>• 사업 전·후 수질 변화</td></tr>
<tr><td>주민 만족도</td><td>• 사업 이후 지역주민 만족도</td><td>- 주민만족도 결과분석</td></tr>
<tr><td>이산화탄소</td><td>• 사업 전·후 수목 탄소저장량 또는 탄소흡수량 변화</td><td rowspan="2">- 준공 시점에서는 설계도서의 수목 규격을 참조하여 분석
- 준공 이후에는 수목이 생장함을 감안하여 규격 측정 후 분석</td></tr>
<tr><td>미세먼지</td><td>• 사업 전·후 수목 미세먼지 흡착량 변화</td></tr>
</table>

※ 자료출처: 환경부 자연생태정책과, 2023.07.

다. 유지 및 관리, 운영

1) 기본 원칙 및 관련 개념

복원된 생태계의 유지 및 관리, 운영 등에 있어서 기본적인 원칙은 순응적 관리(adaptive management)이다. 이는 생태계의 시간적인 변화와 공간적인 변화의 유연성을 고려사항으로 도입하여 어느 정도의 변화를 허용한 구조이다. 즉, 생태계의 동적인 성질에 입각한 유연성 있는 관리 방법을 말하며, 가장 기초적인 원칙으로 적용되어야 한다. 순응적 관리는 1970년대 초반부터 대두된 개념인데, 관리 정책이나 실행을 향상시키기 위한 것이다. 즉, 복원 후 모니터링 등을 통해서 터득한 지혜를 토대로 관리 능력을 향상시키기 위한 체계적인 접근 방법이라고 할 수 있다. 순응적 관리는 복원 후 변화하게 될 생태계에 대한 불확실성을 감소시키기 위한 것이며, 관리의 향상에 초점을 맞춘다는 특징이 있다. 또한 순응적 관리는 실험적 관리라고도 하며, 공식적이고 구조적이며, 체계적인 접근 과정을 중요시한다. 이러한 순응적 관리는 기본적으로 [그림 9-9]에서 제시한 바와 같이 6단계의 과정을 거친다.

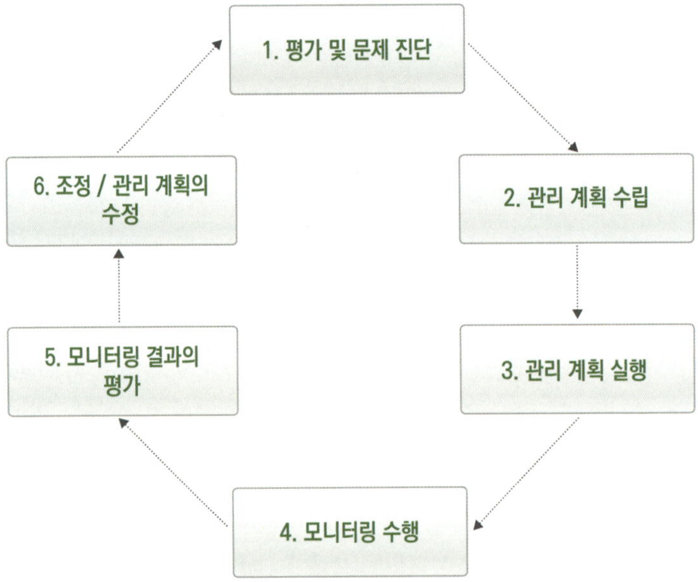

[그림 9-9] 순응적 관리의 6단계 과정

또한, 순응적 관리는 수동적인 순응 관리와 능동적인 순응 관리 2가지로 구분할 수 있다. 수동적인 순응 관리(passive adaptive management)는 설정된 관리 목표에 따라서 최적의 관리 방식이라고 판단되는 관리 대안을 실행한 후 모니터링하고 평가하는 과정을 거친다. 반대로 능동적인 순응 관리(active adaptive management)는 수동적인 순응 관리와 달리 설정된 관리 목표에 따라서 적용 가능한 다양한 대안들을 모두 실행한 후 모니터링하고 평가하는 과정을 거친다. 즉, 수동적인 순응 관리와 능동적인 순응 관리는 관리 목표에 따라 설정하는 대안이 최적의 대안만을 적용하는 것인지, 아니면 적용 가능한 대안을 모두 적용하는 것인지에 따라서 구분한다.

참고로 환경부와 G-7 국내 여건에 맞는 자연형 하천공법 개발 연구팀(2002)에서 작성한 '하천 복원 가이드라인(시안)'에서는 복원된 하천의 관리를 위한 방법으로 순응 관리와 적응 관리를 구분하여 제시하였다. 이 자료에 의하면, 순응 관리는 생태계의 형성 과정에 순응하여 관리하는 방식을 말하는 것으로서, 생태계 형성 과정에 대한 모니터링을 지속적으로 시행하면서 인위적 교란을 원천적으로 방지하는 접근 방식이다. 하천의 경우에는 하천의 종자 공급원이 풍부하고 상·하류의 물질 이동이 원활하며, 자연 형성 과정이 활발하여 자연적으로 하천 생태계의 지속성을 유지할 수 있는 대상에 적용한다. 순응적 관리가 이루어지는 곳은 생태적으로 예민하며, 훼손 가능성이 높은 보전지역으로 선정하며, 이용자의 출입을 제한하고 생태계의 인위적인 교란을 최소화하는 것이다. 반면, 적응 관리는 인위적인 관리를 통하여 생태계 형성 과정을 촉진시키고 생물다양성을 증진시키기 위한 관리 방식이라고 설명하였다. 이 방식은 대체 복원이 이루어진 곳으로 생태계의 발전 과정을 모니터링 한 후 퇴행적 진행 과정을 보이는 곳을 대상으로 한다.

최근에는 기후변화 등으로 의도했던 방향과 달리 변형·변화하는 생태계를 고려하여 "RAD 순응적 관리 방식"이 대두되었다. 앞서 제시한 순응적 관리는 일반적으로 6단계 순환주기(검은색)로 정의할 수 있다. RAD(resist–accept–direct; 저항–수용–유도) 프레임워크(녹색)는 생태계의 변화 정보에 기초하여 위험 감수를 지원하기 위해 이 과정에 중첩될 수 있다.

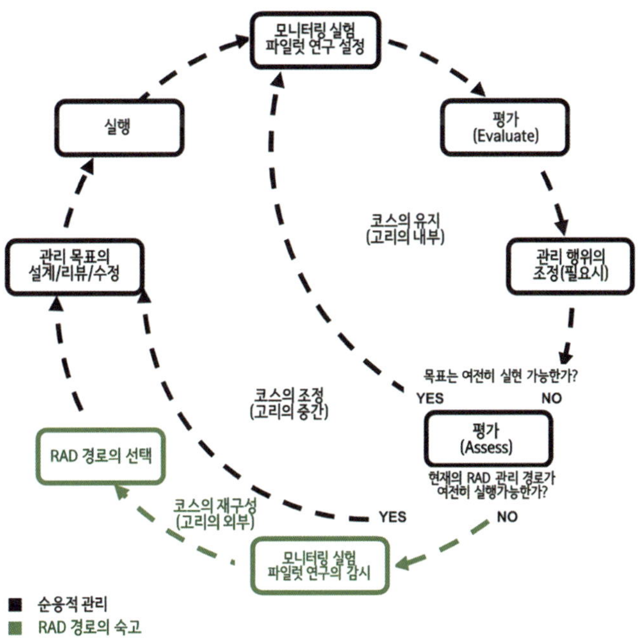

[그림 9-10] 순응적 관리와 RAD 순응적 관리 과정

※ 자료출처: Abigail J. Lynch *et al.*, 2022.

[그림 9-11] Resist, Accept, Direct의 개념

※ 자료출처: Gregor W. Schuurman *et al.*, 2021.

여기서 resist(저항), accept(수용), direct(유도 혹은 전환)의 개념과 관련해서는 바다에 항해를 나갔던 보트가 육지로부터 강한 바람(위험)이 불어오는 경우에 선택할 수 있는 방식을 비유해서 설명할 수 있다. Resist는 역사적 또는 수용 가능한 현재 조건을 기반으로 생태계 구성, 구조, 과정 또는 기능을 유지하거나 복원하기 위해 노력하여 궤도에 저항하는 것을 의미한다. [그림 9-11]에서 바람이 불어오는 방향으로 모터를 이용하여 되돌아가려는 것이다. 예를 들어, 참나무림 복원을 목표로 하여 실행하였는데 복원 공사 후 버드나무림이 형성되고 있을 경우, 산림관리를 통해서 참나무림으로 되돌리는 것이다. Accept는 생태계 구성, 구조, 과정 또는 기능이 자율적으로 변경되도록 허용하여 궤도를 수용하는 것을 의미한다. [그림 9-11]에서 바람이 불어오는 방향에 순응하여 바람이 흐르는 방향으로 움직이는 것이다. 참나무림이 버드나무림으로 변화할 때 버드나무림의 확장을 허용해 주는 것이다. Direct는 선호하는 새로운 조건을 향해 생태계 구성, 구조, 과정 또는 기능의 변화를 적극적으로 형성함으로써 궤도를 유도 혹은 전환하는 것을 의미한다. [그림 9-11]에서 보트의 돛과 방향타를 통해 바람을 활용하여 이용 가능한 옵션 중에서 보트를 특정 새로운 선호 목적지로 조종하여 나아가는 것을 의미한다. 참나무림이 버드나무림으로 변화할 때 따뜻한 온도와 범람에 저항성을 가진 종들이 혼합된 새로운 산림 생태계(novel forest)를 목표 지향점으로 전환하는 것이다.

• 복원 후 유지 관리 비용 확보

생태복원 지역은 일반적인 생각과는 달리 복원 후 식생이 활착 및 정착할 때까지는 집중적인 관리를 해야 한다. 복원도 일종의 교란 행위이기 때문에 복원 직후 다양한 침입종들이 발생하고 잡초도 무성해질 수 있기 때문이다. 또한, 복원 계획 시 수립했던 의도대로 대상지역이 발달해 나갈 수 있도록 하기 위해서는 복원 후 최소한 3년간은 지속적이고 집중적인 관리를 해 주는 것이 바람직하다. 다만, 생태복원 계획이나 설계, 시공 시 주의하여 접근할 경우 복원 후 유지 및 관리 비용을 최소화시킬 수 있기 때문에 전 과정에서 주의를 기울일 필요가 있다.

무엇보다도 복원 후 유지 및 관리를 위한 비용을 적절하게 확보하는 것이 중요하다. [표 9-18]은 2014년을 기준으로 하여 주요 공간별로 유지 관리 비용을 단위 면적으로 환산한 금액이다.

[표 9-18] 주요 공간별 유지 관리 비용

구 분	양재천 강남구 구간	국립생태원 야외공간 식물관리	서울시 생태 공원(평균)	경기도 고양시 전체 공원(평균)
단위 면적당 관리비 (1년)	9,300원/㎡	2,875원/㎡	412원/㎡	3,120원/㎡

※ 자료 근거: 2014년에 필자가 작성한 자료로 관련 문헌, 관리 담당자 인터뷰, 언론 보도 내용 등을 종합한 것임.

적정 관리 비용이 확보되지 못할 때에는 복원 목적을 상실하거나 기대했던 목표와는 다른 상태로 변화하기 쉽다. [그림 9-12]의 사례는 실제로 2009년 자연학습 등을 목적으로 과거 목장지역을 수림대로 복원했던 지역이다. 하지만 유지 관리 비용을 확보하지 못하여 계속 방치하게 되었고, 5년이 경과한 상태에서는 사진 자료와 같이 교란된 상태로만 남게 되었다.

a) 복원 후 관리 비용 확보를 못해 방치한 상태 (복원 후 5년 경과 시점, 2014년 8월)

b) 대상지 외연부로 칡 등에 의해 교란된 상태 (복원 후 5년 경과 시점, 2014년 8월)

[그림 9-12] 관리비 부재로 방치한 자연학습장

복원 후 관리비 확보는 공원 및 녹지 분야와 마찬가지로 대부분 지자체에서 부담하는 방식이다. 따라서 지자체의 재정 여건에 따라서 복원 지역의 관리비를 확보하지 못하는 경우가 많다. 이와 관련하여 공원분야이기는 하지만, 참고할 만한 일본 제도와 사례가 있어서 소개하고자 한다.

일본의 경우, 도시공원의 노후화 시설 개선 등 정비·관리 비용을 마련하기에는 지자체 재정에 한계가 있기 때문에 '도시공원법'을 개정하여 민간 자금을 활용할 수 있도록 PARK-PFI(공모설치 관리제도)를 도입하였다. PARK-PFI(공모설치 관리제도)는 행정기관은 공원 내 민간에게 임대를 내주어 공원의 일정 부분에 대한 관리 및 정비 금액을 받고, 민간은 용적률(2~12%)을 제공받는 제도이다.

이와 관련한 실제 사례는 일본 시부야 구립 키타야 공원이다. 1963년 조성한 키타야 공원은 면적 960㎡의 소규모 공원으로 벚꽃놀이 등을 즐기는 장소였지만, 시설 노후화로 자전거 주차장, 흡연구역 등으로 변모되었다. 2019년 PARK-PFI(공모설치 관리제도)를 최초로 도입하여 공원 내 시설물을 민간(커피숍-블루보틀)에 임대해 주고 운영 수입의 일부를 공원의 운영·관리 비용으로 활용하고 있다.

개선 전 키타야 공원

개선 후 키타야 공원
(공원 뒤쪽에 보이는 2층 건물이 블루보틀 키타야점임.)

키타야 공원 내 행사 및 홍보를 위한 큰 지붕 존과 런웨이 존

[그림 9-13] 키타야 공원 현황

이러한 제도는 일본의 공원에 한정된 것이지만, 향후 우리나라에서 노후 공원의 재정비, 조성 후 공원의 유지 및 관리를 위한 방법으로도 활용 가능할 것이다. 더불어서 생태복원지역과 같은 곳도 적용해 볼 수 있을 것이다. 물론, ESG나 TNFD(자연자본 관련 정보공개협의체) 등의 영향으로 민간 자본이 생태복원지역의 관리에도 충분히 활용될 수 있을 것이다.

2) 유지·관리 방향과 주요 항목

앞서 제시한 순응적 관리 방식에 기초하여 생태복원사업지역에서의 유지·관리는 복원사업의 방향성 및 효과 유지 등 대상지의 지속가능성 확보를 위하여 모니터링 결과를 기초로 유지·관리 방안을 도출하도록 하고 있다(환경부 자연생태정책과, 2023.07). 환경부 관련 가이드라인에서 제시하고 있는 유지·관리 방안의 대안은 3가지로 유지, 보완, 수정이며, 구체적 내용은 [그림 9-14]와 같다.

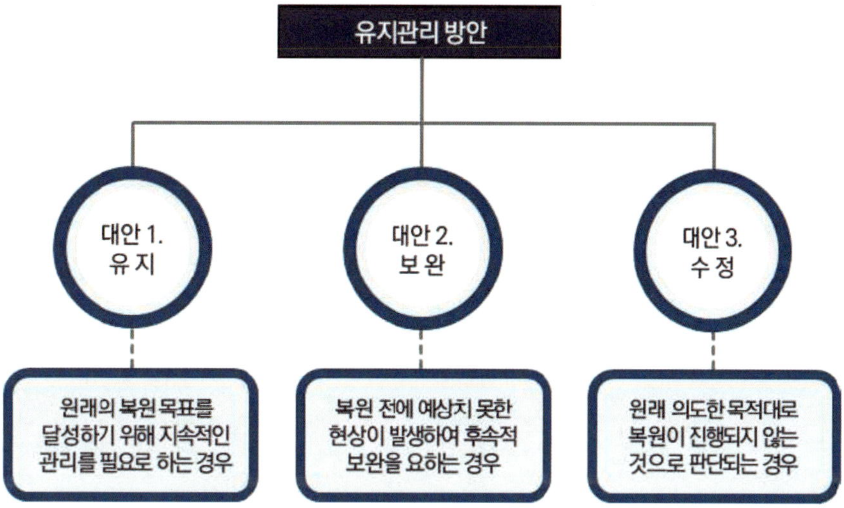

[그림 9-14] 모니터링 결과에 따른 유지관리 방안의 방향성
※ 자료출처: 환경부 자연생태정책과, 2023.07.

위 그림에서 유지는 원래의 복원 목표를 달성하기 위해 지속적인 관리를 요하는 경우를 말하며, 보완은 복원 전에 예상치 못한 현상이 발생하여 후속적 보완을 요하는 경우에 해당한다. 그리고 수정은 원래 의도한 목적대로 복원이 진행되지 않는 것으로 판단되는 경우에 해당한다.

유지·관리 계획은 모니터링 계획과 연계하여 수립해야 한다. 유지·관리는 교목, 초화류, 잔디 등의 식생 조성, 서식지 조성, 생태시설물 설치의 준공 후 일정기간 또는 별도의 독립된 공종으로 시행되는 유지·관리에 관한 일련의 모든 작업공정에 적용할 수 있다. 유지·관리의 항목과 방법은 환경부의 「생태복원사업 모니터링 가이드라인」을 기준으로 하여 정기적 유지·관리와 비정기적 유지·관리로 구분하여 시행할 수 있다.

[표 9-19] 유지·관리 주기 및 방법

단계	방법
정기적 유지·관리	• 토양환경, 수환경 등의 기반환경 안정성, 서식지 관리, 교란 식물종 제거, 시설물 재료 교체 등 점검 • 시설물을 육안으로 확인, 협잡물 제거, 식생관리 등은 수시로 점검
비정기적 유지·관리	• 장마, 홍수, 가뭄, 태풍 등이 발생한 경우 시설물의 훼손 상태 확인 등 전반적인 점검 - 침식 또는 퇴적으로 인한 치수상의 문제 및 시설물 파괴 또는 훼손, 보식 및 재파종 등 관리

※ 자료출처: 환경부, 2017.01.

유지·관리 항목은 모니터링 항목과 유사한 체계로 생태기반환경, 식물상, 서식지, 복원시설물, 이용자 등으로 구분하여 시행할 수 있는데, 이에 대한 예시는 [표 9-20]과 같다.

[표 9-20] 유지관리 항목 예시

구분		항목	
생태기반환경	토양환경	• 침식/유실 • 비탈면 안정성 • 토양경도	• 유효수분 • 배수불량 • 토양오염
	수환경	• 물순환 • 수량/수계	• 개방수면 • 하안 및 하상 • 수질
식물상 및 식생	식물상 및 식생	• 시비 • 병해충 관리 • 수분관리	• 월동 • 생태계교란종 • 하자보수
	식생 군락 유형	• 기존 식생 • 수생식물	• 초화 군락지 • 군락 식재모델 적용지
서식지	분류군별	• 곤충류 및 소동물 • 어류 • 양서류	• 조류 • 생태계 교란종
생태시설물	서식환경시설	• 이동통로	• 다공질 공간
	이용시설	• 관찰시설 • 학습/체험시설 • 생태놀이시설	• 휴게/편익시설 • 포장 • 기타관리시설
	점검 및 청소	• 점검 및 청소	
이용자	이용자 관리	• 안전성 확보 • 핵심지역 통제	• 완충지역 안내 • 환경교육
	거버넌스 참여	• 거버넌스 구축 및 주민 참여 유도	

※ 자료출처: 환경부 자연생태정책과, 2023.07.

3) 수환경 관리

가) 습지의 물순환형 체계 유지

습지의 물이 정체되어 있으면 수질이 악화되기 쉽다. 따라서 물을 지속적으로 순환시켜 주어야 한다. 물을 순환시키는 방법은 외부에서 지속적으로 물을 유입시키고 유입된 물을 유출구나 습지 바닥을 통하여 빠져나가도록 하며, 이때 습지 바닥의 침전물이 물과 함께 빠져나가도록 한다. 유입할 수 있는 물이 많지 않을 경우에는 습지 내의 물을 펌프 등을 통하여 순환시킨다. 순환되는 물은 되도록 공기와 많이 접촉할 수 있도록 다공체를 통과시키거나 기포가 많이 발생할 수 있는 흐름을 만들어 준다. 인위적으로 조성된 습지에서의 물순환은 유입구부터 유출구까지의 물의 흐름이 원활하게 이루어질 수 있도록 해야 하는데, 낙엽 등의 이물질이 유입구나 유출구를 막고 있는지를 잘 관찰하여 곧바로 제거해 주도록 한다. 또한, 습지에 퇴적물이 많을 경우에는 물순환용 펌프가 막히는 원인이 되므로 퇴적물은 주기적으로 제거해 주며, 펌프의 필터를 자주 점검하여 청소해 주거나 교체해 준다.

나) 수질 개선을 위한 관리 방안

습지의 식물은 물속의 영양염류를 흡수하여 물의 부영양화를 방지하는 역할을 하지만, 식물체가 죽은 후에는 썩어서 수질을 악화시키는 주원인이 된다. 따라서 생육이 끝난 가을에는 수생식물의 지상부를 제거해 주는 것이 바람직하다. 제거한 수생식물의 지상부는 법적으로는 폐기물 관련법에 의해 소각 처리하는 것이 원칙이다. 또한, 습지에 퇴적물이 많을 경우에는 유기물의 증대로 수질이 악화될 뿐만 아니라 습지의 수심이 얕아지게 된다. 이는 생물의 서식환경을 나쁘게 하므로 퇴적된 침전물은 주기적으로 제거해 주는 것이 바람직하다. 유입수에 포함된 이물질을 제거하기 위하여 설치한 침전조는 주기적으로 청소해 주어야 한다. 유입수에 포함된 유기물질을 걸러서 분해시키기 위해 설치된 여과층이 막히지 않도록 자주 점검한다. 습지의 수질을 주기적으로 점검하여 수질이 나빠지고 있을 경우에는 물순환의 양과 횟수를 늘려준다.

다만, 수체의 바닥에 쌓이는 퇴적물들은 수질오염원의 일종으로만 간주하는 단편적인 사고를 벗어날 필요가 있다. 즉, 수저퇴적물(水底堆積物)에 서식하는 저서생물뿐만 아니라 이를 포함하는 수생태계를 건강하게 유지·보전하기 위해서는 수저퇴적물을 단순한 수질오염원으로 보기보다는 물, 대기, 토양과 같이 적정한 질을 유지해야 하는 독립적인 매체로 인식할 필요가 있다(이창희, 유혜진, 2000). 이러한 인식은 수저퇴적물의 관리가 수질관리에 초점을 둔 사후처리 위주의 단편적 목적에서 벗어나 저서생물 보호를 포함한 생태적인 목적으로 전환되어야 함을 의미한다(이창희, 유혜진, 2000). 결과적으로 습지나 하천 등에 퇴적되는 물질들이 생태적인 측면에서는 저서생물의 서식처 기능을 할 수 있기 때문에 하천이나 습지의 조성·관리 목적에 따라서 준설 등에 대해서는 충분한 검토 후 시행하는 것이 바람직하다.

다) 안정적인 수위 유지

수심과 주기적인 수위의 연중 변화는 식물과 동물의 군집에 중요한 영향을 주므로, 야생동물의 서식을 목적으로 하는 습지의 수위 유지는 중요한 관리 항목이 된다. 상수나 지하수를 이용할 경우에는 평균 수위를 정하여 관리의 기준으로 삼되, 항상 일정한 수위를 유지하는 것보다는 자연생태계에서 볼 수 있는 것처럼 홍수기에는 평균 수위 이상을 유지하도록 하고, 갈수기에는 최저수위를 유지하도록 한다. 빗물을 이용하는 생태연못에서는 상수나 지하수를 보조수원으로 사용하거나 보조 물탱크를 설치한다. 보조 물탱크의 크기는 강우 빈도와 강우량 및 증발량을 계산하여 물탱크의 크기를 정한다. 보조 물탱크를 사용할 경우는 물탱크 내의 침전물을 주기적으로 제거해 준다.

라) 부영양화 현상의 관리

(1) 부영양화의 발생 원인

부영양화 현상이란 수중에 영양분이 다량 존재하는 상태를 말한다. 부영양화가 발생한 습지에는 섬유 형태의 식물성 플랑크톤이 서로 엉켜 수층 전체에 조류층을 형성하기도 하고, 여러 지역에 군락을 형성하여 습지 표면에 떠 있기도 한다. 부영양화를 유발하는 주요 영양염류는 질소, 인 등이며 조류(algae)는 수온, 빛, 영양분 등이 적절하면 며칠 안에 습지 전체를 뒤덮을 만큼 빨리 성장한다. 습지의 수질이 악화되면서 규조류에서 녹조류 또는 남조류 등으로 조류의 우점종이 바뀐다. 영양염류는 생활하수, 공장폐수, 토지배수(농경지 폐수, 산림지역 배수), 대기 중의 먼지 등 습지 외부로부터 유입되기도 한다. 또한, 습지 바닥에 쌓여 있던 퇴적물로부터 영양염류가 다량으로 용출될 수도 있다. 습지에서 조류(algae)의 성장에 영향을 미치는 인자들은 다음과 같다.

- 물리적 인자
  - 수표면과 수심에 따른 태양 에너지
  - 수표 면적과 습지 바닥의 면적, 깊이, 그리고 저수용량 등을 포함한 습지의 형상
  - 유속, 확산 등을 포함한 물의 흐름 상태
  - 수온

- 화학적 인자
  - 조류의 성장에 필요한 원소 및 영양분으로서 C, H, O, S, K, Ca, Mg, N, P, Mo 등이 있는데, 질소와 인 성분이 조류의 성장에 직접적인 영향을 미치는 것으로 알려져 있다.

- 생물학적 인자
  - 동물성 플랑크톤은 조류(algae)를 먹이로 하므로 이들이 많이 존재하면 조류의 성장 속도에 영향을 미칠 수 있다. 동물성 플랑크톤 역시 먹이사슬 속에서 상위 동물의 존재에 의해 성장 속도가 조절된다.

부영양화는 일반적으로 다음과 같은 현상이 발견될 때에 일어날 가능성이 높다.

- 가을의 전도 작용이 일어나기 전 심수층의 용존산소 농도가 매년 감소하는 경우
- 용존성 오염원 특히 질소, 인 또는 간단한 탄수화물 등이 증가하는 경우
- 유기물 등과 같은 부유 고형물이 증가하는 경우
- 규조류가 우점종을 이루다가 남조류 또는 녹조류가 우점종으로 변하는 경우
- 투명도가 감소하는 경우
- 바닥층에 유기물 또는 영양염류 등이 축적되는 경우

부영양화의 판단 기준으로 여러 문헌들을 통해 정리한 내용은 [표 9-21]과 같다. 표에서 나타난 것과 같이 호소의 영양 상태를 분류한 기준은 유기물의 유입, 호소가 위치하고 있는 지형적인 특성, 호소내의 식물의 생산성, 수리학적인 체류 시간 등의 여러 가지 인자와 호소 고유의 특성 및 각 연구자가

조사한 호소군의 특수성과 개별적인 판단에 있어서 개인적인 주관 차이에 의해 상당히 다르게 나타나고 있는 것을 알 수 있다.

[표 9-21] 부영양화 판단 기준

계급 / 지표	빈영양화 (oligotrophic)	중영양화 (mesotroophic)	부영양화 (eutrophication)	참고문헌
T-P(mg/㎥)	5~10	10~30	30~100	Vollenweider, 1967
	〈 10	10~20	〉20	US EPA, 1976
	〈 12	12~24	〉24	Carlson, 1977
	〈 10	10~35	35~100	OECD
	〈 15	15~25	25~100	Forsberg & Ryding, 1980
T-N(mg/㎥)	〈 400	400~600	600~1500	Forsberg & Ryding, 1980
I-N(mg/㎥)	200~400	300~650	500~1500	Vollenweider, 1967
클로로필 a (mg/㎥)	〈 4	4~10	〉10	US EPA, 1974
	〈 3	3~7	7~40	Forsberg & Ryding, 1980
투명도(m)	〉3.7	2.0~3.7	〈 2.0	US EPA, 1974
	〉4.0	2.0~4.0	〈 2.0	Carlson, 1977
	〉4.0	2.5~4.0	〈 2.5	Forsberg & Ryding, 1980

※ 자료출처: 국립환경과학원 누리집

일반적인 부영양 상태의 환경은 다음과 같은 특성을 나타낸다.

- 물리적 성질
  - 물색: 녹색이나 갈색
  - 투명도: 5m 이하

- 수질
  - pH: 중성에서 약알카리성이며, 여름철에 표층이 강알카리성으로 되는 경우도 있음.
  - 용존산소농도: 표수층은 포화 또는 과포화, 심수층에서는 현저히 감소함. 산소의 소비는 주로 플랑크톤 사체의 산화에 의한 것임.
  - 현탁물질: 플랑크톤 및 그의 사체에 의한 현탁물질이 많음.
  - 영양염류: 다량 존재, N 〉0.2ppm, P 〉0.02ppm

- 생물상
  - 생산력: 높다, 200mgC/㎡/day 이상
  - 클로로필 a: 5~140 mg/㎥, 20~140 mg/㎡
  - 식물성 플랑크톤: 풍부, 담수의 경우 여름에 남조류에 의한 수화(water bloom)가 발생함.
  - 동물성 플랑크톤: 풍부, 윤형동물류가 증가함.
  - 저서생물: 종류 수 감소, 산소 부족에 내성이 강한 종류가 우점함.
  - 어류: 양이 많음. 붕어, 잉어, 장어 등의 난수성(暖水性) 어종이 풍부함.
  - 연안식물: 풍부, 얕은 곳에만 생김.

- 저질: 유기물이 많고 부식저질

(2) 부영양화 제어 기술

습지의 부영양화를 제어하기 위해서는 부영양화의 원인 물질인 영양염류의 유입원을 차단하여야 한다. 영양염류는 습지 외부에서 유입되는 경우가 많지만 오랜 시간 동안 영양염류가 누적된 습지의 바닥 저니층으로부터 인이 용출되어 나올 수도 있다. 경우에 따라서 습지 내부의 오염부하는 습지의 부영양화에 심각한 영향을 끼치기도 한다. 습지의 수질 회복을 위한 합리적인 방법을 모색하기 위해서는 영양염류의 출처를 먼저 파악하고, 그에 따른 적절한 대안을 검토하는 것이 매우 중요하다. 습지의 수질 회복을 위해 많은 방안이 모색되고 시도되었으나, 여기서는 대표적인 방법만을 몇 가지 간략히 소개하였다.

(가) 영양염류를 제어하는 방법

- 하수의 고차 처리: 하수처리장의 시설을 개량, 강화하여 질소와 인의 유입을 감소시킨다.
- 하수의 유입 지점 변경: 하수 또는 폐수가 습지에 직접 유입되지 않도록 유입 지점을 습지 외부로 변경시킨다.
- 희석과 세척: 습지를 대량의 물로 희석시키거나 씻어내는 방법이다. 이 방법에서는 희석 또는 세척을 위한 수원이 필요하고, 하류에 미칠 영향에 대한 대책을 적절히 마련해야 한다.
- 인의 불활성화: 명반(alum) 등과 같은 응집제를 사용하여 수중의 인을 침전시키고 과량의 응집제를 첨가하여 바닥층에 쌓이게 하고 인의 재용출을 차단한다. 이 방법을 성공적으로 적용하기 위해서는 외부 오염원을 우선적으로 차단해야 한다. 단, 흐름이 빠른 수역에는 이 방법이 적절하지 않을 수 있다.
- 저니층의 산화: 습지 내부에 철 성분이 다량 존재할 경우에 인은 (III)가의 철 성분과 결합하여 불용성 물질인 $FePO_4$를 형성하여 습지 바닥에 침강된다. 습지 내부에 산소가 부족하여 환원적 조건이 형성되면 (III)가의 철은 용존 가능한 (II)가로 변화하면서 수중으로 인산이온을 방출시킨다. 따라서 저니층에 산화제를 첨가하면 인산이온은 $FePO_4$의 형태로

되어 수중에 노출되지 않을 수 있다. 산화제로서는 질산이온(NO_3^-) 또는 순산소(pure oxygen)를 사용하는데, 비용이 많이 드는 단점이 있다.

- 준설: 습지 저니층을 제거함으로써 습지 내부의 영양염류 용출을 차단시킨다.
- 저층수의 제거: 사이폰이나 펌프 등을 이용하여 영양염류의 농도가 높은 저층의 물을 제거한다.

(나) 조류의 성장을 제어하는 방법

- 저층수의 폭기: 저층수에 기계 장치를 이용하여 산소를 공급하는 방법이다. 성층 현상에 영향을 주지 않으므로 차가운 물에 서식하는 물고기를 보호할 수 있다. 또한, 동물성 플랑크톤을 적절히 유지하면 식물성 플랑크톤의 수를 제어하는데 도움이 된다. 저수층에 충분한 산소가 존재하면 낮에는 동물성 플랑크톤이 저수층으로 이동하여 숨을 장소를 제공받게 되므로 시각적으로 먹이를 포획하는 물고기로부터 보호를 받을 수 있다.
- 습지의 인공 순환: 저수층의 물을 인공적으로 끌어 올려 표수층의 물과 혼합시킴으로써 성층 현상을 파괴시킨다. 습지 연안에서 압축 공기를 실린더 형태로 생긴 공기 양수통의 하단에 불어넣으면 양수통 내부에서 공기는 부력에 의해 수면으로 이동하고 아래쪽에 발생하는 부압에 의해 물이 흡입된다. 이에 따라 물이 순환되는데, 압축 공기에 의한 산소 전달 효과는 미약하지만, 대기와 접촉하여 산소가 풍부한 표층의 물이 저수층과 혼합됨으로써 저수층에 산소 전달 효과가 있다. 조류는 수체의 순환 작용에 의한 난류 현상과 수온의 감소 등에 의하여 생장 조건이 파괴된다. 또한, 저수층으로 이동하여 태양광선에 노출되는 기회가 제한되어 광합성이 감소함으로써 성장이 둔화된다. 이 방법을 성공적으로 적용하기 위해서는 적절한 혼합 대책이 가장 중요하며, 소규모의 습지에 주로 사용된다.
- 수위 감소법: 습지의 물을 완전히 제거하여 겨울철 동결이나 여름철의 태양에너지를 이용하여 습지 내 각종 식물의 성장을 통제하는 방법이다. 일반적으로 기상 조건을 이용하는 것만으로는 효과적이지 못하며 저니층을 제거하는 등의 방법을 병행하는 것이 효과적이다.
- 수초 제거: 습지 내부에서 분해되면서 영양염류 또는 유기물 등을 배출할 수 있는 뿌리 생장형의 수초를 제거함으로써 이들에 의한 부작용을 방지하는 방법이다. 그러나 이 방법은 증상에 대한 임시방편일 뿐, 근본적인 대책은 아니다. 또한, 제거된 수초의 일부가 오염되지 않은 지역으로 이동하여 새로운 문제를 일으키는 부작용이 발생할 수도 있다.
- 생물 제어: 수생식물을 섭생하는 곤충이나 어류를 이용하여 조류를 섭취하도록 유도하는 방법이다. 그러나 생태의 파괴에 따른 각종 부작용이 발생할 수 있으며, 대부분의 기법이 아직도 실험 단계에 불과하다.
- 저니층 격리법: 습지 바닥과 수층을 격리하여 수초의 생장을 차단하고 또한 각종 물질이 바닥에서 수층으로 이동하는 것을 차단한다. 이는 효과적인 부영양화 통제 수단이기는 하지만, 비용 부담이 매우 크고 관리하기 어려운 단점이 있다.

지금까지 소개된 부영양화 제어 방법을 비교, 분석해 보면 [표 9-22]와 같다.

[표 9-22] 부영양화 제어 방법의 비교

방 법	단기적 효과	장기적 효과	비 용	부작용 발생가능성
희 석	좋 음	좋 음	적 음	낮 음
세 척	보 통	보 통	보 통	낮 음
인의 불활성화	매우 좋음	매우 좋음	적 음	낮 음
저니층 산화	좋 음	매우 좋음	보 통	-
준 설	보 통	매우 좋음	높 음	보 통
저층수 제거	좋 음	좋 음	적 음	보 통
저층폭기	보 통	-	적 음	보 통
인공순환	좋 음	-	적 음	보 통
수위감소법	좋 음	보 통	적 음	보 통
수초제거법	매우 좋음	보 통	보 통	보 통
생물 제어	-	-	매우 적음	-
저니층 격리법	매우 좋음	보 통	높 음	낮 음
살 조 제	좋 음	나 쁨	적 음	높 음

4) 식생 관리

• 수변의 식생 관리

연못이나 호수를 유지하기 위해서는 퇴적된 진흙과 잎이 말라가는 식물은 늦가을에 제거해야 한다. 이때 서식하는 생물에 대한 영향을 최소한으로 줄이기 위해 한 번에 전 지역을 대상으로 하지 않고, 몇 개의 구역으로 나누어서 작업하고 수중으로 퍼 올린 진흙은 수변에 모아두어 진흙에서 빠져나오는 물이 다시 연못으로 흘러들게 해야 한다. 이것은 진흙 속의 수생생물이 습지로 다시 되돌아가게 하기 위해서이다.

수변에 존재하는 남쪽 방향의 적절한 수목은 그늘을 만들어 수온 상승을 방지하나, 지나치게 밀생한 수변 식생은 수면에 햇빛을 차단하므로 적절히 관리하는 것이 좋다. 특히 돼지풀, 단풍잎돼지풀, 양미역취 등의 생태계교란생물은 발아 초기부터 철저하게 제거해야 한다.

잠자리 등 개방 수면을 필요로 하는 곤충을 위해 생육 및 확산이 왕성한 갈대, 부들류, 수련 등의 식물은 적절히 풀베기를 실시해 주면 좋다.

a) 조성 직후의 전경 (1999년)

b) 조성 후 10년이 경과한 부분 경관 (2009년)

[그림 9-15] 길동생태공원의 조성 직후와 10년 경과 후의 모습

• 야생초지의 식생 관리

지속적인 관리가 필요한 잔디보다는 별도의 관리가 필요 없고 계절에 따라 다양한 느낌을 줄 수 있는 야생초화류를 식재하는 것이 유리하다. 잔디와 야생초화류가 혼재된 초원의 관리는 야생초화류의 개화시기를 고려하여 풀베기를 시행할 수 있으며, 다양한 높이를 갖는 초본류를 도입하여 초원성 곤충의 서식 환경을 조성하는 것이 좋다. 야생초화류의 경우에도 부분적으로 초장의 길이를 조절해 주면 생물다양성을 증진시키는 데 기여할 수 있다. 예를 들어, 일부 조류는 다양한 초장이 유지되는 초지를 선호한다. 깍기와 함께 불을 통해 초지를 일부 태우는 것은 식물종의 증진에 기여할 수 있다. 불을 통한 초지의 관리는 다음과 같은 이점을 줄 수 있지만, 부정적 영향도 고려하여 신중하게 접근해야 한다.

- 귀화식물을 제어할 수 있다.
- 유기물의 지나친 축적을 막을 수 있다.
- 곤충이나 포유류의 군집에 긍정적인 영향을 준다.
- 조류의 먹이자원을 풍부하게 해 준다.
- 개방수면의 확보에 도움을 준다.
- 저습지의 천이가 천천히 이루어지게 한다.

우점종이 출현하여 식물종이 단순화될 우려가 있을 때에는 우점종의 수를 줄여주고, 우점종의 확산을 방지할 대책을 세운다.

• 2차림의 식생 관리

2차림을 유지해야 하는 경우에는 벌채 작업을 실시한다. 벌채 작업은 공사 책임자나 전문가가 지시한 수목을 남겨두고 나머지 수목은 모두 베어내는 작업으로 벌채로 생긴 가지를 이용해 울타리를 만들고, 수목과 가지를 우드칩으로 만들어 공원에 다시 이용할 수 있다. 이때 주의할 것은 참나무류를 식재한 공간에는 참나무류로 만든 우드칩을 포설해 주어야 한다. 즉, 식재한 수종과 동일한 수종의 우드칩을 포설해 주는 것이다. 또한, 벌채로 생긴 가지를 숲에 쌓아 두면 곤충의 서식처로서도 기능을 할 수 있다. 벌채 2~3년 후, 남겨진 수목의 주변 사방 1m 내외의 식물이나 덩굴을 손으로 제거하는 작업을 통해 관리 수목의 생육을 보호해 주도록 한다. 벌채 후 풀베기 작업을 행하면 대부분의 경우 초기 생장이 빠르지 못한 수목의 맹아 가지는 모두 제거되기 때문에 초장이 낮은 식물이 공존하는 경우에는 지면으로부터 10㎝ 정도의 높이로 풀베기를 행하는 것이 좋다. 특히, 풀베기를 행할 때에는 인부가 작업의 목적을 바르게 알고 풀베기에 임할 수 있도록 목적을 잘 이해시키는 것이 매우 중요하다.

한편, 수림대로 조성해야 할 지역에서 풀베기 작업을 너무 자주하게 되면, 숲으로의 천이를 방해함과 동시에 풀베기 작업 시 주변 지역에서 유입되어 발아하는 수목의 성장을 저해하기도 하므로 주의해야 한다.

수림대로 천이시켜야 하지만
지속적으로 제초 작업이 이루어지고 있는 지역

풀베기 작업으로 잘렸다가
다시 자라 성장이 더딘 나무

[그림 9-16] 수변 구역 복원 지역

• 극상림으로 천이시키는 식생 관리

극상림으로 숲을 천이시키기 위해서는 숲의 경계부에 있는 군락을 남겨두는 것이 좋다. 지금까지는 극상림으로 천이하는 구역은 그대로 방치하는 것이 좋다는 생각이 지배적이었으나, 도시와 인접하여 부근에 종의 공급원이 부족한 경우에는 인위적으로 극상림 우점종의 종자를 도입할 필요가 있다.

일단 숲이 극상림으로 천이되면 인위적인 교란은 삼가야 한다. 또한 극상림의 주변 식생을 보전하여 교란이 발생하지 않도록 관리해야 하며 편향천이의 원인이 되는 아까시나무 등을 선택적으로 벌채하여 관리하는 작업도 병행해야 한다.

• 인공림 복원 지역의 식생 관리

과거 외래종 혹은 속성수를 이용한 사방 사업이나 치산 녹화 사업이 이루어진 지역은 우리 고유의 자생종을 이용하여 자연림으로 복원할 필요가 있다. 이를 위해서는 우선 인공림에서 우점하고 있는 수종을 전체 밀도 중 30% 내외로 간벌을 실시한다. 이 후 교목성상의 자생종 혹은 해당 지역의 극상림으로 발전할 수 있는 종을 이용하여 간벌된 지역에서 임의로 식재를 해 준다. 이때 인공림에서 간벌로 인해 발생한 맹아들은 지속적으로 제거해 주어야 한다. 이후 인공림의 수종과 새롭게 식재한 자생종의 자연 경쟁을 유도하고, 최종적으로 다층구조의 식재림을 형성하는 단계로 밀도를 조절하는 관리를 시행할 필요가 있다.

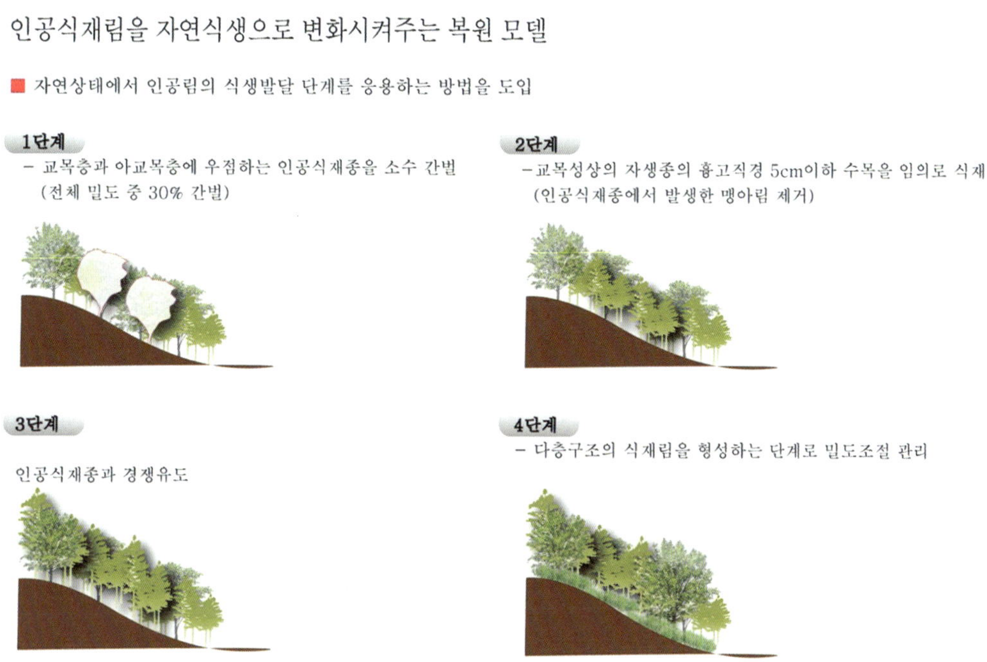

[그림 9-17] 인공식재림을 자연식생으로 유도하는 모델

• 외래식물의 관리

생태계교란 생물이나 망초류 등의 귀화식물은 빠른 성장 및 확산력을 바탕으로 하여 복원된 지역에 식재된 국내의 자생식물상을 피압시킬 가능성이 있으므로 다양한 방법으로 이들을 적절히 관리해 주어야 한다. 특히, 복원 지역에서의 답압은 자생식물의 성장을 억제하는 대신에 적응력이 강한 귀화식물을 발생시키므로 불필요한 출입을 제한하고, 관리용 징검다리나 데크 등을 설치하여 답압이 발생하지 않도록 하는 것은 귀화식물의 발생을 줄일 수 있는 방법이 된다.

답압은 군락을 단절시키거나, 복원되어야 할 식생 군락을 형성하지 못하게 하면서, 귀화식물의 이입을 촉진시킨다.

[그림 9-18] 답압에 의한 식생 피해

복원 후 귀화식물이 확산되어 우점종이 된 경우에는 인위적으로 제거하는 것이 바람직하다. 귀화식물이 우점종으로 나타나는 환경 조건은 척박한 토양이나 건조한 수분 조건을 가진 곳이 많으므로, 귀화식물을 생태적인 방법으로 제어하기 위해서는 토양 및 수분 환경을 자연생태계와 유사하게 유지되도록 관리하는 것이 바람직하다.

[표 9-23] 물리적 방법에 의한 외래종의 제어

처리방법	내 용
수작업에 의한 제거	• 과도 성장한 식물을 직접 뽑아냄. 시간 소모가 많다는 단점이 있지만 습지 생태계에 주는 충격을 최소화할 수 있음
기계 작업에 의한 제거	• 수작업에 의한 제거로 잡초를 제거하기 힘든 크고 깊은 수체에 적용
서식처 환경 변화	• 조도, 영양물질, 물의 순환 체계를 변화시킴 • 영양물질의 농도를 낮춤으로써 잡초의 성장을 둔화시킴 • 수위 조절은 습지의 서식환경을 조절하는데 가장 중요한 요소임 • 퇴적물 제거 • 수위 조절과 준설 작업을 시행할 때는 습지 생태계에 대한 이해와 주의를 요함

한편, 생태복원 지역에서의 복원 후 잡초 관리와 관련하여 Rieger 등(2014)은 복원 지역에서의 잡초 관리에 있어서 우선순위 체계를 작성하도록 권고하였다. 우선 당연한 것이지만, 가장 공격적인 잡초를 집중 관리할 수 있도록 사업 현장에 있는 잡초 전체를 확인하는 것은 매우 중요하다. 위협이 되지 않거나 일시적으로 이롭다고 생각되는 잡초는 교란 없이 그대로 두게 하고, 높은 우선순위의 잡초들을 먼저 관리하고 난 다음에 전체적으로 통제하도록 한다. 왜냐하면, a)일반적으로 다수의 비토착종 잡초가 존재하고, b)때로는 복원 지역의 모든 외래종 잡초들을 관리하기란 불가능하고, c)매우 다양한 야생동물종들이 잡초의 어떤 부산물(예를 들어, 종자 생산)을 이용할 수 있기 때문이다(박소현 등 譯, 2016). 잡초 관리의 우선순위로 최우선순위에 두어야 하는 것은 다년성 잡초이다. 두 번째 우선순위는 2년생 잡초이다. 첫 번째와 두 번째 우선순위에 있는 종들은 적극적인 관리를 필요로 한다. 세 번째 우선순위 종은 1년생, 2년생, 다년생 등이지만, 이들은 상대적으로 성장이 더디고 확산이 빠르지 않은

종들이 해당한다. 따라서 일반적인 경우에는 관리의 대상에서 제외하는 경우가 많다. 마지막으로 네 번째 우선순위 종 역시 1년생, 2년생 또는 다년생 등이지만, 이들은 느리게 자라고 복원 지역에 피해를 주지 않는 종으로서 적극적인 제거가 필요하지 않는 종들이다.

한편, 훼손된 자연지역에서의 잡초 관리와 관련해서는 브래들리(Bradley) 자매가 개발한 기법이 권고된다(Bradley, 2002). 이 자매는 자연지역에서 잡초 관리를 하는 데에 있어서, 첫 번째 원칙으로 비교적 교란되지 않은 자연지역에서 잡초 관리를 시작해서 점차적으로 좀 더 침범을 당한 지역으로 작업을 진행시키는 것이 바람직하다고 했다. 두 번째 원칙은 침입 식물을 제거하는 반면에 필요 이상의 토양 교란을 피하도록 노력하는 것이다(Rieger *et al.,* 2014). 주지하다시피 토양 교란은 또 다른 매토종자의 발생을 유발시켜 침입종이 생육할 기회를 제공하기 때문이다.

5) 동물상 관리

가) 곤충 관리

- 수서곤충

수서곤충의 관리를 위해서는 깨끗한 수질 유지가 필요하다. 잠자리류의 경우에는 개방수면이 일정 면적 이상 확보될 수 있도록 해야 한다. 생물다양성을 목적으로 하는 습지의 경우에는 개방수면을 전체 수면의 50% 내외로 유지해 주는 것이 바람직하다. 한편, 잠자리는 물속에서 생활하다가 성충으로 우화하기 위하여 정수식물을 필요로 하므로, 갈대나 부들류와 같은 정수식물이 지속적으로 유지되도록 관리해야 한다. 반면, 개방수면을 적절하게 유지하기 위해서는 수초의 지나친 성장을 제어해야 한다.

- 육상곤충

나비류의 경우에는 식이식물, 우화식물, 흡밀식물 등이 다양하기 때문에 다양한 식생을 지속적으로 유지, 관리해 주는 것이 바람직하다. 서식처 규모가 작을 경우에 식이, 우화, 흡밀 등의 행위가 주변에 위치하는 서식처를 이용하도록 유도하는 방법이 바람직하다. 다공성 공간을 이용하는 육상곤충이 서식할 수 있도록 습지의 적소에 통나무나 나무 가지 다발 등을 보완해 주는 것이 좋다. 곤충류의 경우에는 어두운 공간을 선호하는 종과 밝은 공간을 선호하는 종들로 구분할 수 있으므로 지나치게 밝은 공간만 형성되지 않도록 식생구조를 관리해 줄 필요가 있다.

- 모기의 관리

물이 정체되어 있고 수질이 좋지 않은 웅덩이에서 흔히 발생하는 모기가 생태연못이나 습지에서도 쉽게 발생할 것으로 우려하는 사람이 많으나, 이것은 양서류, 어류와 포식성 수서곤충 등에 의해서 제어할 수 있다. 일반적으로 지극히 수질이 나쁘지 않은 경우에는 생태연못에 도입된 물고기에 의해서 모기 관리를 쉽게 할 수 있다. 즉, 모기의 유충을 물고기들이 잡아먹음으로써 모기의 발생을 억제시키는데, 이러한 방법은 매우 효과적이다.

정헌모 등(2013)이 어종에 따른 모기의 포식률을 실험한 연구가 있다. 이 실험에 의하면, 온도차에 따른 모기의 포식률은 32℃에서는 왜몰개가 가장 높았고, 미꾸라지가 가장 낮은 것으로 나타났다. 또한, 낮은 온도에서는 왜몰개와 얼룩동사리가 가장 빠르게 포식하였다. 미꾸라지는 온도와 상관없이 어류 6종 중에서 모기 유충 포식률이 가장 낮았다. 수심에 따른 어류 종류별 모기 유충 포식률은 [그림 9-19]에서와 같이 수표면에서는 대륙송사리가 가장 높았고, 수조 바닥 부분에서는 미꾸라지가 가장 높은 포식률을 보였다.

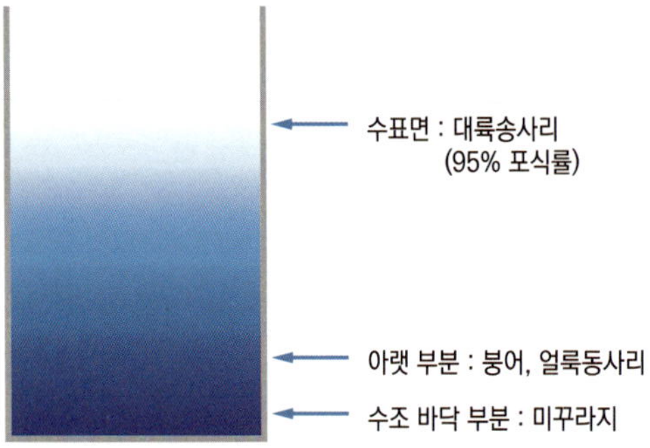

[그림 9-19] 수심 차이에 따른 어종의 모기 포식률

서로 다른 위치에서 먹이활동을 하는 어류 3종을 선정하여 모기유충 50마리를 포식하는 데 걸리는 시간을 측정한 결과, 왜몰개 2마리는 10분, 대륙송사리 2마리는 21분 그리고 미꾸라지 2마리는 45분이 걸렸다. 반면, 미꾸라지와 왜몰개를 각각 1마리씩 넣었을 때는 8분, 미꾸라지와 대륙송사리를 넣었을 때는 17분이 걸렸다(정헌모 등, 2013). 한편, 모기는 지역의 특성을 배려한 적절한 설계와 식생 및 수위의 조절 등의 방법으로도 효율적으로 관리할 수 있다.

나) 어류 관리

어류의 관리는 수질 관리와 수온 관리 등으로 구분할 수 있는데, 가장 중요한 것은 수질 관리로서 가급적이면 1등급의 수질을 유지할 수 있도록 하여 버들치 등의 자생 어종이 서식하는 데 지장을 받지 않도록 해 준다. 여름철의 경우에는 수온의 급상승으로 어류의 서식처가 훼손될 것을 대비하여 남쪽 방향에 수초나 관목 및 활엽수종의 교목숲으로 그늘 지역을 일부 형성해 주는 것이 바람직하다. 겨울철에는 수온의 급강하로 얼음이 어는 것을 대비하여 수심이 1m 이상이 되는 곳을 일부 조성해 주어야 한다.

다) 양서류 관리

양서류의 생활사에 필요한 산란 장소, 활동 및 휴식 장소, 동면 장소가 습지(수공간과 주변 공간) 내에 갖추어지도록 해야 한다. 만약, 주변의 서식처와 연계되어 있을 때에는 주변의 서식처에서 상대적으로 취약한 공간을 조성해 주어야 한다. 양서류의 서식을 위해서는 습지가 있는 공간이 항상 보존되도록 해야 하며, 흐르지 않는 수체와 웅덩이, 식생으로 형성된 호안 등이 있어야 한다. 아울러서 수질에 급격한 변화가 일어나지 않도록 하여 양서류가 서식하는 데 지장을 주지 않도록 하는 것이 바람직하다.

라) 조류 관리

조류는 차량이나 인간에 의해 발생하는 불규칙적인 소음에 가장 민감하며, 서식하는 장소에서 사람의 존재를 확인하면 위협을 느끼므로 사람이 쉽게 눈에 띄지 않는 장소를 조성해 준다. 환경교육이나 자연학습을 위한 공간일 경우에는 조류관찰대를 조성해 주도록 하되, 조류의 안전한 서식처를 위해서 전체 공간을 개방하는 것보다는 일부 공간만을 개방해서 관찰할 수 있도록 한다. 습지 내에 서식하는 조류가 선호하는 둥지가 형성되지 않은 경우에는 인위적으로 새집을 달아 주도록 하며, 다양한 식생구조를 유지해 주는 것도 조류의 서식에 도움이 된다.

6) 외래종의 관리

- 사전 조사 단계

복원 계획 대상지와 그 주변 지역에 있어서 종의 생육·서식 상황을 조사하여 출현 생물 리스트를 작성한다. 외래종에 대해서 항목을 설정하고 별도로 정리하여, 작성한 리스트에 기반한 제거, 검토로 침략적 외래종을 유추하면 좋다. 유추된 침략적 외래종에 대해서 제거 대책을 충분히 수립해야 한다.

- 계획·설계 단계

복원을 위한 재료 선택 시 침략성 있는 외래종의 사용은 절대적으로 피해야 한다. 특히, 배제해야 할 침략적 외래종에의 대응에 대해서 구체적인 검토를 실시해야 한다. 준공 후에 비의도적으로 도입될 가능성이 있는 외래종이 새로운 문제를 일으킬 가능성에 대해서도 예측하고 접근한다. 외래종이 유입되어도 침입할 수 없는 구조를 유지하는 등의 조치를 취해야 한다.

- 시공 단계

재료 및 자재 등에 부착·혼입되어 외래종이 도입되는 경우가 있으니 주의해야 한다. 특히 토양에는 매토종자와 소동물과 그 알 등이 포함되어 있는 경우가 많으므로 주의를 기울여야 한다. 환경 변화에 의한 외래종의 침입 가능성도 많다. 또한, 대형 중장비 시공으로 대규모의 환경 변화에 의해 발생한 공지에는 개망초 등의 외래종 침입이 쉽기 때문에 주의한다.

- 유지·관리 단계

생태계의 동태에 유연하게 대응할 수 있는 순응적 관리 방법으로 실행한다. 외래종의 대응을 위한 유지 관리 방침을 수립하는 것도 도움이 된다. 관리 방침에 대한 문제가 발생하였을 때에는 재평가를 통하여 유지·관리를 실시하며 재차 모니터링을 실시한 후 구체적 상황을 파악하여야 한다. 유지·관리 단계에서 출현하는 생태계 교란 생물 등의 외래종은 복원지역에 서식하는 생물종을 마구잡이로 잡아먹음으로써 생태계의 교란을 일으키므로 인위적으로 제거해야 한다. 특히, 환경교육을 통해 외래종의 방사를 제어하는 것도 도움이 된다.

7) 생태계교란종 관리

주지하다시피 생태계의 교란종은 한번 발생하고 나면 확산 속도가 빠르고 강한 생명력을 가지고 있기 때문에 적극적인 관리 대상이 된다. 그리고 쉽게 관리하기 어렵다는 문제점도 있다. 따라서 복원지역 등에서 생태계교란종이 발생할 때는 빠른 제거가 최선의 방법이다. 생태계교란종의 관리에 관한 구체적인 방법은 환경부·국립생태원(2016.5)의 생태계교란 생물 현장관리 핸드북이나 국립생태원(2021) 생태계교란 생물 현장관리 가이드 등을 참고하면 된다. 여기서는 대표적인 몇 가지 생물종만 그 특성과 간략한 관리 방법을 제시하였다.

[표 9-24] 주요 생태계교란종 특징 및 관리 방안

교란종	구분	내 용
환삼덩굴	특징	• 빠른 성장으로 인하여 주변 식물의 성장을 방해하고 꽃가루 알레르기를 유발할 수 있어 생태계교란종으로 지정 • 우리나라 하천 및 나지에 분포하고 있음
	관리 방안	• 잎과 줄기에 있는 가시 같은 털로 인해 낫이나 예초기 사용에 어려움이 있으므로 유묘 단계에서 뿌리째 뽑는 방법으로 관리하여야 함 • 꽃가루 알레르기를 유발하기 때문에 꽃이 피기 전 제거 및 관리하는 것이 좋음
돼지풀	특징	• 북아메리카 원산으로 대규모 군락으로 분포하여 다른 식물의 생육을 방해하고, 꽃가루 알레르기를 유발함 • 우리나라 전국 하천변에 광범위하게 분포하고 있음
	관리 방안	• 분포면적이 넓거나 다른 생태계에 미치는 영향이 있는 지역을 우선적으로 제거 • 돼지풀이 발생한 장소는 주기적으로 모니터링하여 재발생을 확인하고 제거 • 꽃이 피기 전 뿌리째 뽑아 제거
가시상추	특징	• 발아 속도가 빠르고 제초제에 저항성이 강하여 작물 재배지에 심각한 피해를 줌 • 제주도를 제외한 전국의 도로변, 방조제, 항구, 공한지 등에 분포
	관리 방안	• 지상부를 제거해도 뿌리 및 줄기로 재생하기 때문에 식물체 전체를 물리적으로 제거 • 종자의 확산 방지를 위해, 결실 전 제초작업 필요
양미역취	특징	• 개체가 크고 생육 밀도가 높아 침입지역에 우점하여 자람 • 하천변, 도로변 등에 무리 지어 자라며, 인위적 간섭이 없으면 100년간 유지되기도 함
	관리 방안	• 뿌리로 번식하므로 뿌리째 제거를 하고 제거 후에는 잔여 뿌리가 없는지 확인 • 제거 시 지나치게 표토를 교란하면 다른 외래식물의 침입에 용이하므로 생육조건에 적합한 식물을 제거 지역에 식재하는 방안 검토
황소 개구리	특징	• 북미가 원산지로 식용을 목적으로 도입되었으나 자연생태계로 유출되어 현재 전국에 분포함 • 육식성으로 양서류, 소형파충류, 포유류, 조류, 어류, 곤충류 등 다양한 섭식행동을 함 • 세계자연보전연맹(IUCN)에서 지정한 100대 악성 침입외래생물목록에 포함되어 있으며, 각국에서 특정외래생물로 구분하여 적절한 관리 방안을 수립 후 관리중임
	관리 방안	• 알, 유생, 성체를 직접 제거하는 방법을 사용 • 퇴치 시 인근지역으로의 회피 및 이동을 차단하기 위해 차단막을 설치 후 지역 간 공동 제거를 실시하며, 제거 완료 지역은 재발생에 대비하여 상시 관찰하고, 포획된 개체는 신속하게 제거하는 방법을 사용(국립생태원, 2016)

※ 출처: 환경부, 국립생태원(2016)의 내용을 수정·보완함.

8) 이용자 관리

- 이용자의 안전성 확보

친수시설이나 친환경적인 활용이 가능한 습지의 경우, 수심이 1m 이상으로 조성되어 어린이들의 접근시 안전사고가 발생할 우려가 있는 지역은 접근을 방지하기 위한 시설과 함께 안내판을 설치해 주는 것이 좋다. 특히, 접근 방지를 위한 펜스의 설치는 어린이의 안전성을 확보할 수 있을 뿐만 아니라 이용자의 접근을 통제함으로써 식물과 동물의 서식처를 보호할 수 있는 장점을 가지고 있다.

- 완충지역의 관리

완충지역은 인간의 이용과 생물의 서식공간 간의 상충성을 완화시키는 공간으로서 적절한 완충지역을 설정하여 관리해야 한다. 완충지역의 관리는 생물들에게 은신처를 제공해 주며, 토양의 침식이나 식물의 답압, 오염 등을 줄일 수 있는 효과를 가져 온다.

- 생물의 서식을 위한 일반 이용자 관리

출입 제한을 위한 펜스나 안내판 등을 설치하면 좋다. 또한, 생물의 서식 특성을 고려한 관찰로를 조성하도록 한다. 관찰로의 조성은 가급적 데크를 설치하여 조성하되, 습지의 중앙을 관통하는 방법보다는 호안의 일부를 따라가게 하는 방법이 좋다. 즉, 관찰로로 인하여 다른 생물들이 사람을 인식하지 않도록 배려해 주어야 한다.

- 환경교육을 통한 이용자 관리

복원 지역의 조성 현황과 함께 이곳에서 서식하는 주요 생물종의 특성을 함께 제시할 수 있는 안내판을 설치하여 이용자의 행위가 생물의 서식에 미치는 영향을 파악할 수 있도록 한다. 이용자 관리를 위한 환경교육은 생태학자나 자연환경해설사 등 정규 교육을 받은 전문가와 함께 하는 것이 바람직하다.

- 반달리즘에 대한 관리

반달리즘(vandalism)은 공공 기물을 대상으로 낙서를 하는 등 훼손 행위를 하거나 파손시키는 것을 말한다. 즉, 공공 기물 파손 혹은 문화 파괴 행위 등을 의미한다. 생태복원 지역에서도 이러한 반달리즘이 발생하는 경우가 많다. John Rieger 등(2014)은 생태복원 지역에서의 반달리즘 유형을 4가지로 구분하였다. (1)무작위적인 파괴 행위와 (2)무작위적이고 우발적인 파괴 행위, (3)고의적인 파괴 행위, 그리고 (4)절도 등 적어도 4종류의 폭력적 파괴 행위가 생태복원 사업성과에 영향을 미칠 수 있다고 주장하였다. 생태복원 사업 현장에도 다양한 종류의 폭력적 파괴 행위가 닥칠 수 있으므로 이러한 파괴 행위를 미연에 방지하거나 단념하도록 만들기 위한 전략을 마련해 둘 필요가 있다. 그리고 실제 현장에서 피해가 발생했을 때는 원상태로 되돌려 주고, 재발을 방지하기 위한 방안도 마련해 두어야 한다.

9) 시설물 관리

복원을 위해 도입된 시설물들도 주기적으로 점검하고 관리해 주어야 한다. 특히, 복원 지역의 식생 환경이 주기적으로 변화할 수 있으므로, 도입 시 설치하였던 식물 표지판 등은 주의해서 주기적으로 교체해야 한다.

노루오줌을 식재하였으나,
강아지풀 등에 의해 피압되어 사라졌다.

데크는 설계된 수명을 고려하여 시공 후
일정 시간이 지나면 재시공 여부를 검토해야 한다.

[그림 9-20] 시설물 관리

Memo

사진설명 : 전남 순천만

10장 복원사업의 교훈과 피드백

10. 복원 사업의 교훈과 피드백

지금까지 제시한 생태복원 사업의 전체 과정을 수행하게 되면, 각각의 과정별로 다양한 경험과 교훈을 얻을 수 있다. 특히, 복원 사업 후의 모니터링은 계획 및 설계 시 의도하였던 사항이 제대로 구현되는지를 파악할 수 있고, 지역적 특색에 맞게 수행된 것인지도 확인해 볼 수 있다.

생태복원은 실험적 학문이다. 첫 시도에서 성공을 거둔다는 것도 쉽지 않다. 따라서 생태복원 사업의 과정에서 터득한 경험과 교훈들은 잘 정리할 필요가 있고, 그 결과는 유사한 지역의 유사 사업에 절대적으로 반영되어야 한다. 그래야만 실패 확률이 줄어들게 된다.

특히, 생태복원 과정에서 얻은 성공 및 실패에 대한 교훈과 경험의 기록은 생태복원 사업의 지식으로 승화되고, 이는 가이드라인이나 규정을 업그레이드하는 데 기초자료로 활용할 수 있다.

모니터링 등을 통해 적용된 기법의 평가 역시 소중한 교훈을 주기 때문에 게을리 하지 말아야 하며, 깨닫게 된 교훈은 반드시 피드백하여 보다 나은 환경 조건을 만드는 데에 기여해야 한다.

특히, 이러한 과정을 통해서 우수한 생태복원 사업들에 대해서는 다양한 유형의 홍보 자료를 작성하여 널리 알리도록 해야 한다. 국민을 대상으로 하여 올바른 생태복원의 사업과 효과 등에 대해서 알리는 것은, 이 분야의 관심과 인식 제고에 기여할 수 있다. 무엇보다도 생태복원 사업의 필요성이 절실해지고, 국민의 관심이 높아질수록 이 분야의 발전을 꾀할 수 있기 때문이다.

사진설명 : 태화강 대나무숲

참고문헌

참고문헌

▶ 국내문헌

ICLEI 한국사무소, 2013, 지방생물다양성 전략 및 이행계획 지침서, 51pp.

KOTRA, 2016, 유엔기후변화협약 당사국총회(COP21) 논의 현황 및 유망 프로젝트 조사결과, 진한엠앤비, 175pp.

UNDP, 서울대학교, 과학기술부, 한국토지공사, 2000, 경기북부지역에서의 환경적으로 건전하고 지속가능한 개발을 위한 조사·연구.

강세림, 2023, 생태습지 조성 사례를 통한 개방수면 확보 방안 고찰, 동아대학교 대학원 석사학위 논문대체 실적 보고서, 89pp.

강전유 등, 2015, 나무 생리적 피해 진단·예방·치료(나무병원 시리즈 III), 학술편수관, 270pp.

강태호 등, 2016, 新 조경시공학, 조경학대계 VI, 문운당, 616pp.

강현경, 2001, 도시 식물군집의 구조적 특성 및 자연성 복원을 위한 식생모델에 관한 연구, 상명대학교 대학원 환경자원학과 박사학위 논문, 171pp.

강현미, 송재탁, 최송현, 김동효, 2017, 산림생태계 복원유형별 토양동물 변화, 한국환경생태학회지 31(1):62~71.

강혜순, 오인혜, 정근, 이우신 譯, 2011, 생태학(7판), 라이프사이언스, 638pp. (원저 : Thomas M. Smith·Robert Leo Smith, 2009, Elements of ecology)

건설교통부, 1999, 개발제한구역 제도 개선을 위한 환경 평가 기준 연구.

공우석, 2007, 생물지리학으로 보는 우리 식물의 지리와 생태, 지오북, 335pp.

곽상만, 유재국, 2016, 시스템 다이내믹스 모델링과 시뮬레이션 Vensim의 활용, 북코리아, 475pp.

관계부처 합동, 2014.3., 제3차 국가생물다양성전략:생물다양성은 미래의 자산이다. 125pp.

국립공원관리공단 국립공원연구원·멸종위기종복원센터, 2010, 여우종 복원을 위한 서식지 및 환경 특성 조사, 146pp.

국립산림과학원, 2012, 임업기술핸드북, 한국장애인문화인쇄협회, 1,664pp.

국립생물자원관, 2011, 남생이(*Chinemys reevesii*) 증식·복원 연구 Ⅱ, 170pp.

국립생물자원관, 2014, 생물다양성과 비즈니스의 경제학 관련 연구, 569pp(pdf 버전).

국립생태원, 2015, 자연환경보전사업 설계 가이드라인, 180pp.

국립생태원, 2021, 생태계교란 생물 현장관리 가이드, 241pp.

국립환경과학원 생태평가과, 2007, 제3차 전국자연환경조사 지침(지형 등 각 분야별 보고서).

국립환경과학원, 2011, 자연방파제 해안사구, 142pp(pdf 버전).

국토교통부, 2019, Korean Design Standard:수목식재(KDS 34 40 10), 한국조경학회 작성, 17pp.

국토교통부, 2019, 조경 설계기준(KDS 34 00 00) 및 조경공사 표준시방서(KCS 34 00 00)

국토교통부, 2022, 조경기준(국토교통부고시 제2021-1778호, 2022.1.7., 일부 개정)

국토해양부, 2009.06, 도로비탈면 녹화공사의 설계 및 시공 지침, 109pp.

국토해양부, 2010, 국립해양생물자원관 오염토 적치장의 친환경적 정화 및 옥외공간 조성 방안 수립, 138pp.

기업과 생물다양성 플랫폼, 2018.9.18. 보도자료, DNA 메타바코딩으로 해양과 산림 동물 식별한다.

김경훈 등, 2018, 훼손지 생태복원:생태복원 실행을 위한 국제 표준, 기문당, 229pp.

김경훈 등, 2019, 석회석광산의 생태적 복원-백두대간에 인접한 광산의 생태복원을 시작하는 20년간의 기록, 넥서스환경디자인연구원 출판부, 226pp.

김계훈 등, 2006, 토양학, 향문사, 471pp.

김귀곤, 조동길, 2004, 자연환경·생태복원학원론, 아카데미서적, 601pp.

김남춘, 1998, 경관 훼손지의 생태적 복구 방안에 관한 연구, 한국환경복원녹화기술학회지, 1(1):31.

김남춘, 박보신, 조민환 譯, 2010, 자연재생; 생태공학적 접근, 보문당, 375pp.

김다윤, 조용현, 손인기, 김윤호, 2021, 방위에 따른 벽면녹화식물의 생육 비교, 한국조경학회지 49(5):71~78.

김도성, 조영복, 고재기, 1999, 옥천군 지역의 붉은점모시나비의 소멸 원인과 복원 방안, 한국환경생물학회지 17(4):467~479.

김도훈, 문태훈, 김동환, 1999, 시스템 다이내믹스, 도서출판 대영문화사, 261pp.

김동환, 2004, 시스템 사고; 시스템으로 생각하기, 선학사, 323pp.

김명수, 2001, 파편화된 서식처 복원을 위한 기초이론 고찰, 한국환경복원녹화기술학회지 4(2):52~61.

김명원 역, 2012, 식물생리학; 식물의 삶과 행동(원저: Peter Scott, 2008), 라이프사이언스, 328pp.

김미진, 2024, 산림복원 시 초기 생장력 향상을 위한 식생 복원 모델 개발 -우리나라 식생기후대를 고려한 접근을 중심으로-, 동아대학교 대학원 박사학위논문, 143pp.

김상욱 譯, 2010, 습지설계, 내하출판사, 195pp. (원저: Robert L. France, 2003, Wetland Design)

김성도, 김동윤, 김철규, 2017, 생태복원의 인문학적 상상력, 아산재단 연구총서 제417집, 집문당, 509pp.

김은규, 2013, 한국의 염생식물, 자연과생태, 368pp

김인규, 2010, 주요 수조류(waterbirds)의 대체 서식지 조성 방안, 자연누리 제19호, pp.33~51.

김재근 등, 2004, 생태조사방법론, 보문당, 285pp.

김재근, 김흥태 옮김, 2008, 생태학-개념과 적용, 4판, 라이프사이언스, 574pp.

김종엽, 2007, 수도권 도시 내 조성 녹지의 군락 식재 모델 개발 연구, 서울시립대학교 대학원 박사학위논문, 264pp.

김종원, 2006, 녹지생태학(제2판), 월드사이언스, 340pp.

김종원, 이율경, 2006, 식물사회학적 식생 조사와 평가 방법, 월드사이언스, 240pp.

김종환, 2011, 세계의 환경문제 논의 동향과 시사점:리우+20 정상회의, '지속가능한 소비와 생산(SCP)', 국가환경정보센터 Special Issues(제40호). 12pp.

김준민, 전의식, 임양재, 2000, 한국의 귀화식물, 282pp.

김준호 등 譯, 2006, 생태와 환경, 라이프사이언스, 284pp.

김준호 등, 2007, 현대생태학(개정판), (주)교문사, 434pp.

김지석, 2009, 한국 생태복원에 있어서 나비, 잠자리류 서식지 복원과 과제, (사)한국환경계획조성협회 정보지 제14호, pp.64~75.

김진용 등, 2015, 산불 후 복원 방법 차이가 번식기 조류 군집에 미치는 영향, 한국환경생태학회지 29(4):508~515.

김채영 등, 2021, 미국 잠정종자이동구역(Seed transfer zone) 개념의 국내 적용 방안, 한국환경복원기술학회지 24(2):39~56.

김혜주, 2004, 자연형 하천 계획·설계, 태림문화사, 347pp.

노백호, 2010, 생태복원 성공여부는 무엇으로 평가할 것인가? –목표 설정과 서식지 평가를 중심으로–, 환경포럼 4권 10호.

노태복 譯, 2009, 생태학 개념어 사전, 에코리브르, 239pp. (원저, Ernest Callenbach, 1998, Ecology: A Pocket Guide)

농림부, 농업기반공사, 2004, 농업용수 수질개선을 위한 인공습지 설계·관리 요령, 319pp.

대한민국, 2009, 생물다양성협약 제4차 국가보고서, 41pp.

도넬라 H. 메도즈 등, 2004(김병순 옮김, 2011), 성장의 한계(30주년 기념판), 갈라파고스, 485pp.

라파즈한라시멘트주식회사·일송환경복원주식회사, 2010, 라파즈한라시멘트주식회사 옥계 석회석광산 생태복구 2010년도 시험시공 모니터링, 140pp.

문석기 등 譯, 2004, 생태공학, 보문당, 196pp. (원저: 亀山 章, 2002, 生態工學)

문화재청, 1999, 천연기념물 산양과 사향노루의 분포와 생태 연구 보고서.

문화재청, 녹색연합, 2006, 산양 서식지 실태 조사 및 보호 방안 연구.

박석곤, 신현탁, 이명훈, 2010, 집적한 산림표토의 환경조건이 매토종자의 토양동물에 미치는 영향, 한국환경생태학회 학술대회논문집 20(2):208~212.

박석순, 나은혜, 2000, 환경영향평가에 사용되는 컴퓨터 모델에 관한 연구II:수리수문 모델, 환경영향평가 9(1):25~37.

박소현 등 譯, 2016, 생태복원 사업의 계획과 관리, 넥서스환경디자인연구원 출판부, 415pp. (원저: John Rieger *et al.*, 2014)

박수현, 2009, 세밀화와 사진으로 보는 한국의 귀화식물, 일조각, 575pp.

박승민, 최재혁, 강희진, 박혜린, 천승주, 구교성, 성하철, 2019, 한국산 두꺼비(*Bufo gargarizans*)의 동면지점과 춘면지점의 특징에 관한 연구, 한국환경생태학회 학술대회논문집 29(2):25~25.

박용하, 최재용, 2009, 우리나라의 이동성 야생동물종의 보전에 관한 협약 가입 여부에 대한 타당성 분석, 환경영향평가 18(2):111~122.

박은진, 2009, 도시 수목의 이산화탄소 흡수량 산정 및 흡수 효과 증진 방안, 경기개발연구원 기본연구보고서, 158pp.

박찬성 역, 2021, 실전 시계열 분석:통계와 머신러닝을 활용한 예측 기법, 한빛미디어, 568pp.

방상원, 안선영, 박주현, 2006, 습지보전을 위한 정책 방안 연구; 습지은행제도(Wetland Banking)를 중심으로, 한국환경정책·평가연구원 연구보고서.

산림청, 2017, 지속가능한 산림자원 관리지침(산림청훈령 제1339호, 2017.8.30., 일부 개정)

서울대학교 산학협력단, 2009, 토종 여우(*Vulpes vulpes*)의 인공 증식 및 자연 생태계 복원 기술 개발; 생태환경 이용 및 관리기술, 환경부 차세대 핵심환경기술개발사업 최종보고서(완결본), 363pp.

서울특별시 도시계획국, 2016.4., 서울특별시 생태면적률 운영지침(안), 36pp.

손요한, 구창덕, 김춘식, 박필선, 윤충원, 이계한, 2019, 신고 산림생태학, 향문사, 346pp.

송영근, 김종희, 원수연, 박찬, 2019, 환경DNA 메타바코딩 기술을 활용한 수생태계 어류종 군집조사의 가능성; 도시 생태하천 초기분석 자료를 중심으로, 한국환경복원녹화기술학회지 22(6):125~138.

송원경, 2011, 공간 그래프 이론을 적용한 삶 서식지 네트워크 모형 개발, 서울대학교 환경대학원 박사학위논문, 200pp.

신현철 등, 2009, 한국의 보전생물학 현황과 과제, 월드사이언스, 267pp.

안봉원 등, 1995, 조경학대계 Ⅰ 조경계획론, 한국조경학회, 390pp.

양병이, 2011, 녹색도시 만들기, 서울대학교출판문화원, 378pp.

여천생태연구회, 2005, 현대생태학실험(개정판), 교문사, 370pp.

오구균, 1986, 자연식생의 생태적 특성을 고려한 배식설계 기준에 관한 연구:창덕궁 후원 자연식생분석을 통하여, 서울대학교 환경조경학과 석사학위논문, 159pp.

오구균, 박석곤, 2002, 백두대간 피재-도래기재구간의 능선부 식생구조, 한국환경생태학회지 15(4):330~343.

우보명, 2003, 훼손지환경녹화공학, 서울대학교 출판부, 558pp.

우보명, 오구균, 김봉년, 조영채, 전기성, 1998, 고속도로 비탈면 녹화용 도입초종의 생육특성 분석, 한국조경학회지 26(1):12~20.

우효섭 등 편집, 2017, 생태공학 원리와 응용, 청문각, 456pp.

원주지방환경청, 2013, 대암산 용늪 육화 및 건조화 진단을 위한 연구 용역 보고서, 107pp.

월드워치연구소 엮음, 2013, WWI 2013 지구환경보고서:지속가능성의 도전 (오수길, 함규진, 이창언, 곽병훈 옮김, 2013), 도요새, 786pp.

월드워치연구소 엮음, 2016, WWI 2016 지구환경보고서:도시는 지속가능할 수 있을까? (황의방, 김종철, 이종욱 옮김, 2017), 환경재단, 724pp.

월드워치연구소(박준식·추선영 譯), 2012, 지속가능한 발전에서 지속가능한 번영으로(2012 지구환경보고서(리우+20 특집호)), 도요새, 528pp.

유종해 등, 1993, 행정학대사전, 고시원, pp.294-295.

윤상욱, 2010, 도시와 생태, 문음사, 351pp.

이경준 등, 1996, 산림생태학, 향문사, 395pp.

이경준, 2020, 수목의학(개정판), 서울대학교출판문화원, 13p.

이경준, 2021, 문답으로 배우는 조경수 관리지식 3판, 향문사, 346pp.

이동근 등, 2004, 경관생태학, 보문당, 518pp.

이동근, 이명균, 정태용, 2014, 생물다양성, 경제로 논하다, 보문당, 263pp.

이명균 등 譯, 2004, 생태공원; 생물이 서식하는 공원 조성, 보문당, 292pp.

이수동, 김선희, 김지석, 2012, 양산시 화엄늪의 산지화 진행 실태 및 예방관리 방안, 한국환경생태학회지 26(4):498~511.

이수욱, 1981, 한국의 산림토양에 관한 연구(II), 한국임학회지, 54:25~35.

이영만, 2002, 통계생태학, 전남대학교 출판부, 262pp.

이우신 등, 2010, 야생동물 생태 관리학, 라이프사이언스, 331pp.

이재영, 2009, 첨단환경기술 2009년 3월호. pp.8~16.

이창희, 유혜진, 2000, 수저퇴적물 환경기준 개발에 관한 연구, 한국환경정책·평가연구원 연구보고서, 148pp.

장수군, 2011, 장수군 멸종위기종 복원사업 관련 기본계획, 넥서스환경디자인연구원, 181pp.

정경선 등, 2010, 도로와 환경, 넥서스환경디자인연구원, 396pp.

정구복, 김원일, 이종식, 김경민, 2002, 장기 재배 시험에 의한 중금속 오염 토양의 식물 정화, 한국환경농학회지 21(1):31~37.

정부부처합동, 2021.03., 제3차 국가 기후변화 적응대책(2021~2025) 세부 시행계획, pp.137~139.

정승우 외, 2009, 토양복원공학. 도서출판 동화기술, 262pp.

정헌모, 김해란, 유영한, 2013, 습지생태계의 공익적 서비스 연구 1:자생 어류을 이용한 모기 유충의 효과적인 생태학적 제어 방법, 한국습지학회지 15(1):19~24.

제임스 B. 나르디(노승영 譯), 2009, 흙을 살리는 자연의 위대한 생명들, 상상의 숲, 431pp.

제주도, 1997, 제주도 친환경 개발을 위한 환경지표설정, 980pp.

조동길 등 譯, 2015, 생태복원:떠오르는 전문 분야로서의 원칙, 가치 그리고 체계(제2판), 넥서스환경디자인연구원 출판부, 411pp. (원저: Andre F. Clewell, James Aronson, 2013)

조동길, 1999, 인공습지 조성 후 생물다양성 증진효과에 관한 연구; 서울공고 생태연못을 중심으로, 서울대학교 대학원 생태조경학과 석사학위논문, 111pp.

조동길, 2004, 소택형 습지의 복원 및 창출을 위한 생태적 식재 설계 모델; 생물다양성 증진을 중심으로, 서울대학교 환경대학원 박사학위논문, 159pp.

조동길, 2021, 생태복원 식물종 사용 실태에 관한 연구; 생태계보전협력금 반환사업을 중심으로, 한국환경생태학회지 35(5):525~547.

조동길, 2022, 생태복원 사업에서의 식재 설계에 관한 인식 조사, 한국환경과학회지, 31(7):579~592

조동길, 김상욱, 2010, 생태계보전협력금 반환사업의 추진 현황과 개선 과제, 환경복원녹화, 13(3):63~72.

조동길, 조동범, 2007, 친환경 주거단지 외부공간의 비오톱 조성을 위한 재료 및 기법 연구, 환경복원녹화 10(1):72~81.

조동길, 조동범, 2007, 친환경 주거를 위한 외부공간의 비오톱 유형 분류 및 적용 항목에 관한 연구, 환경복원녹화 10(1):57~71.

조동길, 조종훈, 문다휘, 조은숙, 김미진, 정희정, 이혜지, 2023, 온대지역의 생태적 식재를 위한 신갈나무 군락 구축방법(특허 제 10-2572566호, 출원인: 한국산지보전협회)

조동길, 최재용, 전용철, 2010, 폐고속국도의 생태복원 방안; 영동선 192.4K(인천) 지점을 중심으로, 환경복원녹화 13(5):38~50.

조동범, 조동길 譯, 2007, 내 손으로 만드는 비오톱 가든, 도서출판 조경, 127pp.

조용현, 이종문, 2017, 훼손지 유형별 생태계 복원 가이드라인, 넥서스환경디자인연구원 출판부, 474pp (비매품).

조은지, 2023, 생태복원 사업에서 상수리나무 유목의 생육증진을 위한 잡초제어 관리방안 연구, 동아대학교 대학원 석사학위논문, 72pp.

주쩐(ZHU ZHEN), 2024, 식재 및 관리 기법과 환경 요인에 따른 상수리나무림의 생장 차이에 관한 연구 -생태복원 접근을 중심으로-, 동아대학교 대학원 박사학위논문, 188pp.

최병길, 조태인, 나영우, 이광원, 2011, GIS를 이용한 도시기후지도 제작방안 연구, 한국측량학회지 29(2):183~191.

최서영, 노백호, 2016, 대명유수지에 서식하는 맹꽁이(*Kaloula borealis*) 개체군 크기 추정, 한국환경생태학회지 30(4):684~693.

최태영 등, 2016, 광역생태축의 보전 및 복원을 위한 기반 연구, 국립생태원, 181pp.

한국생물과학협회 편, 1998, 생물학사전, 아카데미서적, 2068pp.

한국수자원공사, 1997, 조경설계기준.

한국조경학회 편, 2007, 국토해양부 승인 조경설계기준 2007, 404pp.

한국토지공사, 2006, 김포 장기지구 복사이식 및 모델식재 연구, 187pp.

해양수산부, 2023.2., 제1차 해양수산생명자원 관리기본계획('19~'23); 2023년도 시행계획, 30pp. (온라인 버전)

홍선기 등, 2004, 생태복원공학; 서식지와 생태공간의 보전과 관리, 라이프사이언스, 174pp.

홍재상 등 譯, 2008, 해양생물학:생태학적 접근 6판, 라이프사이언스, 472pp. (원저: James W. Nybakken, Mark D. Bertness, 2005, Marine Biology:An Ecological Approach, 6th Edition, Pearson Education, Inc.)

환경부 국립습지센터, 2014, 습지 정책 담당자를 위한 업무 가이드북, 192pp(pdf).

환경부 국토환경평가과, 2013, 대체서식지 조성·관리 환경영향평가 지침, 22pp.

환경부 수생태보전과, 2021.10., 생태하천복원사업 업무추진 지침(예·결산, 사업관리) 13차 개정, 128pp. (온라인 버전)

환경부 자연생태정책과, 2023.07., 도시생태축 복원사업 가이드라인, 134pp. (온라인 버전)

환경부, (사)한국환경복원녹화기술학회, 2008, 자연환경 복원사업 발전을 위한 공청회 결과보고서, 63pp.

환경부, 2004.3., 생태자연도 활용에 있어 식생보전등급 적용 방안 연구, 165pp.

환경부, 2005, 생물자원보전 종합대책 자료집.

환경부, 2005, 자연환경보전·이용시설 업무편람, 51pp.

환경부, 2007, 광역생태축 구축을 위한 연구. 237pp.

환경부, 2007, 녹지총량제 도입 방안 연구.

환경부, 2008, 국토환경성평가지도 백서(2001년~2008년), 324pp.

환경부, 2008, 생태문화탐방로 조성 가이드라인 연구, 99pp.

환경부, 2009, 2009년 국토환경성평가지도 유지·관리 최종보고서, 한국환경정책평가연구원, 210pp.

환경부, 2009, 녹지자원 총량관리제 지표 및 기준 마련 연구.

환경부, 2009, 환경성평가제도 관련 규정·지침. 493pp.

환경부, 2010, 환경30년사.

환경부, 2012, 국토 환경의 생태계 기반 관리방안 마련 연구, 넥서스환경디자인연구원(주).

환경부, 2014.11, 통계로 본 국토·자연 환경, 85pp(pdf).

환경부, 2014.2., 생태놀이터 조성 가이드라인.

환경부, 2015, 국가생태문화탐방로 조성·운영 가이드라인. 113pp(hwp 버전).

환경부, 2016.7.1., 생태면적률 적용 지침.

환경부, G-7 국내 여건에 맞는 자연형 하천공법 개발 연구팀, 2002, 하천 복원 가이드라인(시안), 255pp.

환경부, 국립생태원, 2016.5, 생태계교란 생물 현장관리 핸드북, 83pp.

환경부, 국립환경과학원, 2006, 재3차 전국자연환경조사 지침, 298pp.

환경부, 행복중심복합도시건설청, LH, 한국환경공단, 2018.12., 저영향개발(LID)기법 조경·경관 가이드라인, 122pp.

▶ 국외문헌

Admiraal, A. N., Morris, M. J., Brooks, T. C., Olson, J. W., Miller, M. V., 1997, Illinois Wetland Restoration & Creation Guide, Illinois Natural History Survey, 188pp.

Akira KAMEYAMA & Noboru KURAMOTO, 1998, Eco-park:Planning and Design for Ecology Park.

Alard, D. and Poudevigne, I., 1999, Factors controlling plant diversity in a rural landscape: a functional approach, Landscape and Urban Planning 46:29~39.

Anaya, A. L., 1999, Allelopathy as a tool in the management of biotic resources in agroecosystems, Critical Reviews in Plant Sciences 18(6):697~739.

Andre F. Clewell and James Aronson, 2007, Ecological restoration:principles, values, and structure of and emerging profession, Island Press, 216pp.

Andreas Chovanec, 1994, Man-made wetlands in urban recreational areas:a habitat for endangered species?, Landscape and Urban Planning 29:43~54.

Ann L. Riley, 1998, Restoring Streams in Cities:A Guide for Planners, Policy makers, and Citizens, Island Press, Washington, D.C.

Anthony D. Bradshaw, 1988, Rehabilitating Damaged Ecosystems 'Alternative Endpoints for Reclamation', CRC Press.

Aoki, J., 1994, Soil Animal, Indicator Organisms-Measure to see nature-. The Nature Conservation Society of Japan Compilation, Heibonsha, Tokyo, 252-257

Bailey, J. A., 1984, Principles of Wildlife Management, John Wiley & Sons, Inc., 373pp.

Balzter, H., 2000, Markov chain models for vegetation dynamics, Ecological Modelling 126:139~154.

Barazani, O. and Friedman, J., 1999, Allelopathic bacteria and their impact on higher plants, Critical Reviews in Plant Sciences 18(6):741~755.

Bazzaz, F. A., 1968, Succession on abandoned fields in the Shawnee Hills, southern Illinois, Ecology, 49(5):924~936.

Bill Freedman, 1995, Environmental Ecology:The Ecological Effects of Pollution, Disturbance, and Other Stresses, Second Edition, Academic Press, San Diego. p.5.

Bradford, J. B., Shriver, R. K., Robles, M. D., McCauley, L. A., Woolley, T. J., Andrews, C. A., & Bell, D. M., 2022, Tree mortality response to drought┌density interactions suggests opportunities to enhance drought resistance, Journal of Applied Ecology 59(2):549~559.

Bradshaw A. D., 1984, Ecological principles and land reclamation practice, Landscape Planning 11(1):35~48.

Campbell, C. S. and Ogden, M. H., 1999, Constructed Wetlands in the Sustainable Landscape, John Wiley & Sons, Inc., 270pp.

Chris Baines and Jane Smart, 1991, A guide to habitat creation. A London Ecology Unit Publication.

Clouston, B.(*eds*), 1994, Landscape Design with Plants, The Landscape Institute, 416pp.

Crawford, R. M. M.(*eds*), 1987, Plant life in aquatic and amphibious habitats; special publication number 5 of the british ecological society, Blackwell Scientific Publications, 452pp.

Cronk, J. K. and Fennessy, M. S., 2001, Wetland Plants:Biology and Ecology, Lewis Publishers, 462pp.

Crossle, K. and Brock, M. A., 2002, How do water regime and clipping influence wetland plant establishment from seed banks and subsequent reproduction?, Aquatic Botany 74:43~56.

Cylinder, P. D., Bogdan, K. M., Davis, E. M. and Herson, A. I., 1995, Wetlands Regulation ; A Complete Guide to Federal and California Programs, Solano Press Books Point Arena, California, 363pp.

Dabl, T. E. and Johnson, C. E., 1991, States and Trends of wetlands in the conterminous United States, mid-1980s, U.S. Department of the Interior, U.S. Fish and Wildlife Service, Washington, D. C., 82pp.

Dai, Y., Shen, Z., Liu, Y., Wang, L., Hannaway, D., & Lu, H., 2009, Effects of shade treatments on the photosynthetic capacity, chlorophyll fluorescence, and chlorophyll content of Tetrastigma hemsleyanum Diels et Gilg, Environmental and experimental botany 65 (2-3):177~182.

Damstad, W.E., Olsen, J.D. and Forman, R.T.T., 1996, Landscape Ecology Principles in Landscape Architecture and Land-Use Planning, Harvard University Graduate School of Design.

Dave Egan, 2003, "Ecological Restoration and Sustainable Development", Ecological Restoration Volume 21 Number 3, pp.161~162.

David B. Lindenmayer and Joern Fischer, 2006, Habitat Fragmentation and Landscape Change: An Ecological and Conservation Synthesis, Island Press, 328pp.

Davis, B. and Coppeard, R., 1989, Soil conditions and grassland establishment for amenity and wildlife on a restored landfill site, In:G. Buckley(Editor), Biological Habitat Reconstruction, Belhaven Press, New York, pp. 221~234.

Development Bureau, 2023.09., Street Tree Selection Guide:Greening, Landscape and Tree Management Section, 81pp. (온라인 버전)

Donald A. Falk *et al.(eds)*, 2006, Foundations of Restoration Ecology, Island Press, 364pp.

Donald Harker *et al.*, 1993, Landscape Restoration, Lewis Pub.

Eric Higgs, 2003, Nature by design:people, natural process, and ecological design, The MIT Press, 341pp.

Eugene P. Odum, 1993, ecology, Sinauer Associates.

FAO, IUCN CEM & SER, 2021, Principles for ecosystem restoration to guide the United Nations Decade 2021–2030, Rome, FAO.

France, R. L.(*eds.*), 2002, Handbook of Water Sensitive Planning and Design, Lewis Publishers, 699pp.

George D. Gann, Tein McDonald, Bethanie Walder, James Aronson, Cara R. Nelson, Justin Jonson, James G. Hallett, Cristina Eisenberg, Manuel R. Guariguata, Junguo Liu, Fangyuan Hua, Cristian Echeverria, Emily Gonzales, Nancy Shaw, Kris Decleer, Kingsley W. Dixon, 2019, International principles and standards for the practice of ecological restoration. Second edition, Restoration Ecology Vol. 27, No. S1, pp.S1–S46 S3.

Gilbert, O. L. and Anderson, P., 1998, Habitat Creation and Repair, Oxford University Press, 288pp.

Given, D. R., 1994, Principles and Practice of Plant Conservation, Timber Press, 292pp.

Gleason, H. A. and Cronquist, A., 1964, The Natural Geography of Plants, Columbia University Press. 420pp.

Gockel, H., 1995, Die Trupp-Pflanzung, Ein neues Pflanzschema zur Begründung von Eichenbeständen, Forst und Holz, 5:570~575.

Gopal, B.(compiler), 1995, Handbook of Wetland Management, WWF-India, New Delhi, India. 305pp.

Graham Bennett and Kalemani Jo Mulongoy, 2006, Review of experience with ecological networks, corridors and buffer zones.

Granata, M. U., Bracco, F., Nola, P., & Catoni, R., 2020, Photosynthetic characteristic and leaf traits variations along a natural light gradient in Acer campestre and Crataegus monogyna, Flora 268, 151626.

Grayson, J. E., Chapman, M. G., Underwood, A. J., 1999, The assessment of habitat in urban wetlands, Landscape and Urban Planning 43:227~236.

Gross, K. L., 1987, Mechanism of colonization and species persistence in plant communities(in Restoration ecology; a synthetic approach to ecological research), Cambridge University Press, pp. 173~188.

Haber, E., 1997, Guide to Monitoring Exotic and Invasive Plants (http://www.cciw.ca).

Hammer, D. A., 1996, Creating Freshwater Wetlands(2nd ed.), Lewis Publishers, 406pp.

Harris, J. A., Birch, P., Palmer, J., 1996, Land Restoration and Reclamation; Principles and Practice, Longman, 230pp.

Hey, D. L., and Philippi, N. S., 1999, A case for wetland restoration, John Wiley & Sons, Inc., 215pp.

Heyer, W.R., M.A. Donnelly, R.W. McDiarmid, L-A C. Hayek and M.S. Foster, 1993, Measuring and monitoring biological diversity:Standard methods for amphibians. Biological Diversity Handbook Series, Smithonian Institution.

Hobbs, R.J. and C.J. Yates, 2003, Impacts of ecosystem fragmentation on plant population :generalising the idiosyncratic, Australian Journal of Botany 51:471~488. In Lindenmayer, D.B., J. Fischer, 2006, Habitat Fragmentation and Landscape Change:An Ecological and Conservation Synthesis, Washington, ISLAND PRESS.

Hoffmann, J., 1998, Assessing the effects of environmental changes in a landscape by means of ecological characteristics of plant species, Landscape and Urban Planning 41:239~248.

Hough Woodland Naylor Dance Limited Gore & Storrie Ltd., 1995, Restoring Natural Habitats; A Manual for Habitat Restoration in the Greater Toronto Bioregion, 170pp.

Hough, M., 1984, City form and natural process:Towards a new urban vernacular, Van Nostrand Reinhold Company, 288pp.

Hough, S. and Michalski L., 1982, Naturalization Project, National Capital Commission, 170pp.

J. P. Kimmins, 1987, Forest Ecology:A Foundation for Sustainable Management. 2nd ed., Prentice Hall, Inc., 596pp.

JNCC, 2010, Handbook for Phase 1 habitat survey - a technique for environmental audit, ISBN 0 86139 636 7

John Cairns, Jr, 1988, Rehabilitating Damaged Ecosystems - Volume I, II, CRC Press, Inc.

John Cairns, Jr.(ed.), 1995, Rehabilitating Damaged Ecosystem, Second Edition, Lewis Publishers, London, 425pp.

John Tillman Lyle, 1985, Design for Human Ecosystems:landscape, land use, and natural resources, p.214.

Juan J Armesto *et al.*, 2007, Towards an ecological restoration network:reversing land degradation in Latin America, Front Ecol Environ 5(4):W1~W4, The Ecological Society of America.

Kendle, A. D. and Rose, J. E., 2000, The aliens have landed! What are the justifications for 'native only' policies in landscape plantings?, Landscape and Urban Planning 47:19~31.

Kentula, M. E., 2000, Perspectives on setting success criteria for wetland restoration, Ecological Engineering 15:199~209.

Lewis III, R. R., 1990, Wetlands restoration/creation/enhancement terminology:suggestions for standardization. in Kusler and Kentula, 1990, Wetland Creation and Restoration: The status of the science. Island Press, pp. 417~422.

Luckeydoo, L. M., Fausey, N. R., Brown, L. C., Davis, C. B., 2002, Early development of vascular vegetation of constructed wetlands in northwest Ohio receiving agricultural waters, Agriculture Ecosystems & Environment 88:89~92.

Luken, J. O., 1990, Directing Ecological Succession, Chapman and Hall, 251pp.

Lyle, J. T., 1986, Design for Human Ecosystems:Landscape, Land Use, and Natural Resources, John Wiley & Sons, Inc, 272pp.

M. O. HILL, D. B. ROY and K. THOMPSON, 2002, Hemeroby, urbanity and ruderality:bioindicators of disturbance and human impact, Journal of Applied Ecology 39:708–720.

MacArthur, R. H. and Wilson, E. O., 1967, The Theory of Biogeography, Princeton University Press, 216pp.

Malcolm Emery for the Ecological Parks Trust, 1986, Promoting Nature in Cities and Towns: A Practical Guide, Ecological Parks Trust, 400pp.

Manci, Karen M., 1998, Riparian ecosystem creation and restoration:A literature summary, U.S. Fish and Wildlife Service Biological Report.

Marble, A. D., 1992, A Guide to Wetland Functional Design, Lewis Publishers, 222pp.

Martin R. Perrow and Anthony J. Davy(*eds.*), 2002, Handbook of Ecological Restoration. Volume 1. Principles of Restoration, Cambridge University Press, 444pp.

Martin R. Perrow and Anthony J. Davy(*eds.*), 2002, Handbook of Ecological Restoration. Volume 2. Restoration in Practice, Cambridge University Press, 599pp.

Martínez-Herrera, E., Bravo, V., Grez, I., Vaswani, S., Toro, N., Yáñez, M. A., & Magni, C. R., 2023, The use of mulch and shading improves the survival of sclerophyllous species established in island plots in central Chile, Applied Sciences 13(14):8333.

McDonald T, Gann GD, Jonson J, and Dixon KW, 2016, International standards for the practice of ecological restoration – including principles and key concepts. Society for Ecological Restoration, Washington, D.C., 48pp.

Middleton, B., 1999, Wetland Restoration, Flood Pulsing, and Disturbance Dynamics, John Wiley & Sons, Inc., 388pp.

Mitsch, W. J. and Cronk, J. K., 1992, Creation and Restoration of Wetlands:Some Design Consideration for Ecological Engineering, Springer-Verlag New York Inc., pp. 217~259.

Mitsch, W. J. and Gosselink, J. G., 1993, Wetlands(2nd Edition), John Wiley & Sons, Inc., 722pp.

Miyawaki, A., 1999, Creative Ecology:Restoration of Native Forests by Native Trees, Plant Biotechnology. 16(1):15–25

Mulamoottil, G., Warner, B. G., McBean, E. A.,(*eds.*), 1994, Wetland; Environmental Gradients, Boundaries, and Buffers, Lewis Publishers, 298pp.

Needelman, B.A., 2013, What a soils? Nature Education Knowledge 4(3):2.

Nelson, C.R., Hallett, J.G., Romero Montoya, A.E., Andrade, A., Besacier, C., Boerger, V., Bouazza, K., Chazdon, R., Cohen-Shacham, E., Danano, D., Diederichsen, A., Fernandez, Y., Gann, G.D., Gonzales, E.K., Gruca, M., Guariguata, M.R., Gutierrez, V., Hancock, B., Innecken, P., Katz, S.M., McCormick, R., Moraes, L.F.D., Murcia, C., Nagabhatla, N., Pouaty Nzembialela, D., Rosado-May, F.J., Shaw, K., Swiderska, K., Vasseur, L., Venkataraman, R., Walder, B., Wang, Z., & Weidlich, E.W.A., 2024, Standards of practice to guide ecosystem restoration – A contribution to the United Nations Decade on Ecosystem Restoration 2021-2030. Rome, FAO, Washington, DC, SER & Gland, Switzerland, IUCN CEM. https://doi.org/10.4060/cc9106en

Newbold, C. and Mountford, O., 1997, Water level requirements of selected plants and animals, English Nature Freshwater Series No. 5, English Nature, 36pp.

Nishihiro, J., Araki, S., Fujiwara N., Washitani, I., 2004, Germination characteristics of lakeshore plants under an artificially stabilized water regime, Aquatic botany 79:333~343.

Noon, K. F., 1996, A model of created wetland primary succession, Landscape and Urban Planning 34:97~123.

Norbert Müller, Peter Werner & John G. Kelcey(*Eds.*), 2010, Urban Biodiversity and Design, Wiley-Blackwell Publishing Ltd., 626pp.

Norm Johnson, Sally Duncan, 2007, The Future Range of Variability:Project Summary. 41pp.

Norton, B. G., 1998, Evaluation and ecosystem management:new directions needed?, Landscape and Urban Planning 40:185~194.

Nowicki, P. *et al.*(editors), 1996, Perspectives on Ecological Networks, European Centre for Nature Conservation, pp.16~17.

Olivera, A., Fischer, C. R., Bonet, J. A., Martínez de Aragón, J., Oliach, D., & Colinas, C., 2011, Weed management and irrigation are key treatments in emerging black truffle (Tuber melanosporum) cultivation, New forests 42:227~239.

Paul Rookwood, 1995, Landscape planning for biodiversity, Landscape and Urban Planning 31:379~385.

Riis, T. and Hawes I., 2002, Relationships between water level fluctuations and vegetation diversity in shallow water of New Zealand lakes, Aquatic botany 74:133~148.

Robert E. Keane *et al.*, 2009. The use of historical range and variability(HRV) in landscape management, Forest Ecology and Management 258:1025~1037.

Robert L. France, 2003, Wetland Design; Principles and Practices for Landscape Architects and Land-Use Planners, W. W. Norton & Company, 160pp.

Rookwood, P., 1995, Landscape planning for biodiversity, Landscape and Urban Planning 31(1-3):379~385.

Secretariat of the Convention on Biological Diversity, 2012, Cities and Biodiversity Outlook, Montreal, 64pp.

Shuwen, W., Pei, Q., Yang, L., Liu, X. P., 2001, Wetland Creation for rare waterfowl conservation: A project designed according to the principles of ecological succession, Ecological

Engineering 18:115~120.

Sigurdur Greipsson, 2011, Restoration Ecology, Jones & Bartlett Learning, 408pp.

Singh, H. P., Batish, D. R., Kohli, R. K., 1999, Autotoxicity:Concept, Organisms, and Ecological Significance, Critical Reviews in Plant Sciences 18(6):757~772.

Smallidge, P. J. and Leopold, D. J., 1997, Vegetation management for the maintenance and conservation of butterfly habitats in temperate human-dominated landscape, Landscape and Urban Planning 38:259~280.

Stuart K. Allison, 2024, Ecological Restoration and Environmental Change - Renewing Damaged Ecosystems, 2nd Edition, Routledge, 249pp.

Tang, H., Hu, Y. Y., Yu, W. W., Song, L. L., & Wu, J. S., 2015, Growth, photosynthetic and physiological responses of Torreya grandis seedlings to varied light environments, Trees 29:1011~1022.

TEEB, 2010, The Economics of Ecosystems and Biodiversity:Mainstreaming the Economics of Nature:A synthesis of the approach, conclusions and recommendations of TEEB.

The SER International Primer on Ecological Restoration; Society for Ecological Restoration International Science & Policy Working Group(Version 2:October, 2004).

Theobald, D. M., Miller, J. R., Hobbs, N. T., 1997, Estimating the cumulative effects of development on wildlife habitat, Landscape and Urban Planning 39(1):25~36.

Thompson, E. H. and Sorenson, E. R., 2000, Wetland, Woodland, Wildland:A Guide to the Natural Communities of Vermont, The Nature Conservancy and the Vermont Department of Fish and Wildlife, 456pp.

Thunhorst, G. A., 1993, Wetland Planting Guide for the Northeastern United Status:Plants for Wetland Creation, Restoration, and Enhancement, Environmental Concern, Inc., 179pp.

Tilton, D. L., 1995, Integrating wetlands into planned landscapes, Landscape and Urban Planning 32(3):205~209.

Urbanska, K. M., Webb, N. R. and Edwards, P. J., 1997, Restoration Ecology and Sustainable Development, Cambridge University Press, 397pp.

Uwe Riecken, 발표자료(undated), Core areas and corridors of the German ecological network with national and international relevance, 30pp.

V Despotakis, M Giaoutzi and P Nijkamp, 1992, "Spatial Depiction of Local Sustainable Development", in M. J. Breheny(ed.) Sustainable Development and Urban Forum, Pion Limited, London, pp.242~267.

Vicky M. Temperton *et al.*, 2004, Assembly Rules and Restoration Ecology; Bridging the Gap Between Theory and Practice, Island Press, 439pp.

Wheeler, N. and Horton, P., 1997, Ouse Valley Link Trial Area Report, English Nature Habitat Restoration Project, pp. 22~24.

Widyati, E., Sutiyono, Darwo, Mindawati, N., Yulianti, M., Prameswari, D., & Baral, H., 2022, Optimum plant density and harvest age for maximizing productivity and minimizing competition in a Calliandra short-rotation-coppice plantation in West Java, Indonesia, Forest Science and Technology 18(1):26~35.

William J. Mitsch and Sven Erik Jørgensen, 2004, Ecological engineering and ecosystem restoration, John Wiley & Sons, Inc., 411pp.

William R. Jordan III *et al.*, 1987, Restoration ecology; a synthetic approach to ecological research, Cambridge University Press.

Zavala, M. A. and Burkey, T. V., 1997, Application of ecological models to landscape planning:the case of the Mediterranean basin, Landscape and Urban Planning 38(3-4):213~227.

Zhang, X., Cao, Q. V., Duan, A., & Zhang, J., 2017, Modeling tree mortality in relation to climate, initial planting density, and competition in Chinese fir plantations using a Bayesian logistic multilevel method, Canadian Journal of Forest Research 47(9):1278~1285.

杉山惠一, 進士五十八 編, 1995, 自然環境復元の技術, 朝倉書店, pp. 108~112.

▶ 인터넷 자료

http://mab.unesco.or.kr/

http://www.acad.carleton.edu/

http://www.biodiversityhotspots.org/

http://www.for.gov.bc.ca/

http://www.forest.go.kr (산림청)

http://www.me.go.kr (환경부)

http://www.moleg.go.kr (법제처)

http://www.natureserve.org

http://www.nier.go.kr (국립환경과학원)

http://www.planningfornature.wur.nl

http://www.ser.org, 2010.8, "Leaflet 21 Supplement:References for Leaflet 21." (http://www.ser.org/mwgl/pdf/Leaflet_21.pdf)

http://www.unesco.or.kr/heritage (유네스코 한국위원회)

http://www.unesco.org

http://www.usda.gov/stream_restoration

http://www.d.umn.edu

사진설명 : 남해 물건리 어부림

부록

부록

♣ 국제생태복원학회의 생태복원 가이드라인(2판)

국제생태복원학회

생태복원 실무의 개발 및 관리를 위한 지침(2판)

Guidelines for Developing and Managing Ecological Restoration Projects, 2nd Edition. Andre Clewell, John Rieger, and John Munro. December 2005. www.ser.org and Tucson: Society for Ecological Restoration International.

• 지침의 차례

• 2판 머리말

생태복원 실무의 개발 및 관리를 위한 지침(Guidelines for Developing and Managing Ecological Restoration Projects)의 초판은 2000년 6월 24일, 국제생태복원학회(SER International)의 공식 사이트(www.ser.org)에 수록되었다. 본 2판은 초판에 수록된 지침들이 "국제 생태복원 입문서(SER International 2002 and 2004)"의 원래 의도에 더욱 부합되도록 일부 내용이 수정 및 추가되었다. 용어와 관련하여서는 '설치(installation)'를 '실행(implementation)'으로 대체하는 등 그 의미 전달을 더욱 명확하게 하였다. 본 지침의 차례는 초판과 동일하나 제목이 일부 수정되었다. 본 지침은 SER 국제 과학 및 정책 실무 그룹(SER International Science and Policy Working Group)과 SER 국제 이사회(SER International Board of Directors)의 검토를 거쳐 2005년 12월 15일, SER이사회에 의해 국제 문서로써 공식 승인되었다.

■ 서론

본 지침은 "국제 생태복원 입문서(SER 2002 and 2004, www.ser.org)"에서 수립한 기준에 따라 생태복원의 실무 과정을 그 공정 단계별로 설명한 것이다. 각 과정은 생태 복원 실무 종사자들이 쉽게 실무에 적용할 수 있도록 지침 형식으로 간결하게 설명되었다. 본 문서에 제시된 51 가지의 지침들은 복원 사업의 실행 중 일부 과정이 누락되는 실수를 최대한 줄이고 프로젝트 비용의 절감과 고효율의 우수한 결과물을 얻을 수 있도록 요긴하게 사용될 것이다. 각 항목들은 육수생태계를 포함하여 어느 생태계에나 적용 가능하며, 프로젝트의 주체, 인종 및 특성을 망라하는 모델로써 사용될 수 있을 것으로 기대된다. 대상 범위는 공공사업, 환경 관리 프로그램, 저감(mitigation) 프로젝트, 민간 토지 사업을 모두 포괄한다. 본 지침에 수록된 내용은 기본적으로 "국제 생태복원 입문서(SER International Primer)"를 주축으로 구성되었다. 그러므로 이 지침서를 효율적으로 사용하기 위해 "국제 생태복원 입문서"를 먼저 읽어볼 것을 추천한다. 지침서에 사용된 용어 및 개념들 또한 해당 입문서에 자세히 기술되었다. 한편, 본 지침은 복원 프로젝트를 진행할 때 마주칠 구체적인 설계 이슈들과 상세 계획안 작성 및 시공 요소들을 설명하기 위한 것은 아니며, 단지 보다 복잡한 문제들을 다루기에 앞서 사용되는 사전 지침서의 성격을 지니는 것이다.

생태복원은 저하, 훼손 및 파괴된 생태계의 회복을 도와주는 과정이다. 다시 말해 생태복원은 생태의 건강성(기능)과 통합성(integrity, 종 조성과 군집 구조), 지속 가능성(교란에 대한 저항성과 회복탄력성)의 원리들을 토대로 생태계 회복을 유도하거나 가속화하기 위한 의도적 행동이다. 이 과정은 인류가 물리적 환경으로부터 받고 있는 자연 자원들을 지속적으로 확보하는 것은 물론 이를 둘러싼 환경에 대해서 적합한 생물종과 물질의 교환 및 유동을 가능하게 하며, 생태계가 의존하고 있는 특징적인 생태-문화 상호적 맥락의 회복을 도모한다. 생태복원은 또한 훼손된 생태계를 시간의 흐름에 의거하여 원래의 생태계로 되돌려 놓는 것을 목표로 한다. 즉, 역사적 흐름을 고려하여 자연적으로 변한 것으로 예상되는 특정한 상태나 각종 자료를 바탕으로 추정된 본래의 자연을 바탕으로 하여 그와 유사한 생태계를 구현하는 것이다. 이처럼 훼손된 생태계를 최적의 원형 공간으로 되돌리려는 시도에도 불구하고, 복원된 생태계는 현 상태의 제약으로 인하여 대부분 훼손되기 이전의 모습 그대로 복원되는 것이 불가능하다. 특히, 생태계가 자체적으로 변형된 경우 또는 주변 환경의 개발로 인해 생태계가 일방적으로 변한 경우에는 온전한 생태계로의 복원이 어렵다.

"국제 생태복원 입문서"와 동일하게 본 지침도 생태복원의 완료 시점을 생태계의 지속 가능성이 확립되어 전문가의 개입이 더 이상 불필요한 시점으로 가정한다. 복원된 생태계에는 자연적 혹은 인위적인 훼손이 불가피하기 때문에 지속적인 관리 방안이 요구된다. 이러한 측면은 생태복원의 단계가 관리로 넘어가는 특정한 시점이 존재함을 시사한다. 생태복원은 생태계를 원형의 모습으로 되돌리는 과정이며, 이때 생태계 관리란 복원된 공간이 온전하게 유지되도록 돕는 행위이다. 한편, 복원 후 특정 생태계는 전통적, 문화적 관행하에서 진행되는 관리 대책을 요구하기도 한다. 이처럼 복원과 문화적 관행을 포함하는 관리 단계를 구분하는 것은 자원의 계획 및 예산 책정을 용이하게 하며, 생태계 관리 측면에서 제기될 수 있는 잘못된 판단과 그에 수반되는 모순성에 대해서 생태복원 전문가에게 책임이 전가되지 않도록 한다.

각 지침들은 사용자의 편의를 위해 일련번호가 매겨졌다. 이 순서를 정확히 따를 필요는 없고 실제로 적지 않은 경우 특정 항목들이 동시에 진행되기도 한다. 본 지침은 총 여섯 단계로 구분되었다. 실행 가능성을 평가하는 개념 계획, 다음 작업의 바탕이 되는 예비 작업, 실행 계획, 실행 작업, 모니터링과 관리를 포함하는 실행 후 단계, 마지막으로 평가 및 홍보의 순이다.

프로젝트 실행 중에는 각 단계별로 정보 및 자료들의 축적과 함께 기록 일지를 작성하는 것이 좋다. 1번 항목으로부터 36가지의 단계들에 대해서 정량화된 자료, 그래픽 자료, 각종 보조 서류들을 정리해 두면, 이후에 공공 대행사, 금융 기관, 허가 기관 관계자, 기업 등에 제공할 종합적 생태복원 자료가 구축된다. 뿐만 아니라, 이러한 기록들은 진행 보고서나 재정 신청서의 기준 산정에도 도움이 된다. 새로 창업한 생태복원 기업이나 프로젝트 중간에 투입되는 관리자 등에게도 참고가 되며, 프로젝트 완료 후, 각 지침에 대한 기록은 가벼운 수정을 거쳐 정확하고 체계적인 최종보고서로 집성된다. 프로젝트 완료 후에는 홍보 및 출판을 위한 기사 작성 시 효과적으로 활용되기도 한다.

■ 개념 계획

개념 계획(conceptual planning)은 복원 프로젝트 대상지의 특성 파악을 통해 복원 목표를 정하고 복원 목표 수행에 있어 관련된 지식과 참고자료들을 탐색하는 과정이다. 본 단계에서는 대상지의 가능성에 대한 판단을 내리기 전에 사전 답사를 통한 관찰, 측정, 그리고 예비 자료를 준비한다. 세부적이고 체계적인 생태계 특성 조사 및 생물상 내용은 본 단계에 포함되지 않는다. 지침 1번에서 16번까지의 항목들은 개념 계획에 대해서 통합적으로 정리함으로써, 복원 실무에 대한 일반적인 속성들을 기술한다.

1. 대상지의 위치와 그 경계를 설정한다.

프로젝트 대상지의 경계를 구획한 후에 지도들에 표기한다. 이때 가급적 소축척의 항공사진에 표기하는 것이 권장되며, 복원 사업의 실행 범위를 유역이 표기된 지도, 주변 경관을 설명하는 지도, 지리 정보가 포함된 토양도 및 지형도 등에 표기하도록 한다. GPS, 토지 정보 또는 기타 다양한 측정 도구 등이 적절히 활용될 수 있다.

2. 토지 소유자들을 확인한다.

대상지 특성과 관련된 토지 소유자들의 이름과 주소를 기록해야 한다. 특정 단체나 기관이 프로젝트 대상지 전체를 소유 또는 관리하고 있을 수도 있으며, 부분적인 소유권자 또는 관리권자일 경우에는 핵심적인 위치에 있는 사람의 이름과 직위를 명기해야 한다. 앞으로 진행될 프로젝트가 누구에 의해서, 어떠한 방식으로 진행될 것인지 기록하라. 가령, 프로젝트가 공공 기관에 의한 것인지, 환경 단체에 의한 것인지, 저감(mitigation) 사업에 속하는지 파악해 두어야 한다. 대상지의 토지 소유자가 다수인 경우, 생태복원 실행을 위한 목표 및 진행 방법과 관련하여 해당 소유권자들의 의견 일치가 필요하다.

3. 생태복원의 필요성을 기술한다.

이 단계에서는 대상지의 생태복원 필요성에 대해서 조사하고 기록한다. 그 필요성을 간과할 경우 예측되는 결과를 기술하고, 복원 이후 예상되는 개선점을 제시한다. 그 혜택의 범주로써 생태, 경제, 문화, 미학, 교육 및 과학적 측면 내 다양한 효과들이 파악될 수 있을 것이다. 특히, 생태적 혜택으로서 생물다양성의 증진과 먹이 사슬의 개선 등을 기술한다. 경제적 혜택은 인류의 웰빙(wellbeing)과 경제적 지속성에 기여하는 자연 친화적 서비스, 통칭 사회적 서비스와 이로 인한 생산품들을 포함하는 것이다. 이처럼 자연적인 자본으로서 그 가치를 높이 인정받고 있는 생태계의 다양한 필요성들을 기술하도록 한다.

한편, 복원이 줄 수 있는 문화적 혜택의 경우 사회적인 행동 양식과 종교 의식, 수동적 레크리에이션, 그리고 정신적 치유 등을 포함한다. 미학적 혜택은 생태계가 제공하는 자연의 미를 감상할 수 있다. 교육적 혜택은 학생들을 생태복원 과정에 참여시키고 복원된 대상지의 이용자들이 직접 자연을 느끼고 배우게 하여 환경에 대한 깊은 관심을 가지게 되는 점 등이 있을 수 있다. 복원 이후에, 복원 사업 실행 대상지는 이를 통해 생태적 원리와 개념을 보여주는 시범 지역으로 활용되고 새로운 실험 및 연구의 장이 되는데, 이는 과학적 혜택으로 볼 수 있다.

4. 복원할 생태계의 유형을 파악한다.

저하, 훼손 및 파괴된 대상지의 생태계 유형을 구분하고 현재 상태를 간단히 서술한다. 복원할 대상지의 유형은 건조한 열대 산림, 반 건조한 온대 초원(Steppe), 인도의 숄라(Shola), 유럽의 백악질 목초지, 미국의 사이프러스 습지 등 그 지역 고유의 특성을 지닌다. 특정한 지역의 생태계에 친숙하지 않은 사람과 소통할 때는 독특한 특성에 대한 부가적인 설명이 필요하다. 그 설명은 해당 생태계의 특징이나, 일반인들에게 잘 알려진 생물종들을 중심으로 한 기술 등이 포함될 수 있다. 특정 서식지의 군집 체계(사막, 초원, 사바나, 산림지대, 숲 등), 생육 특성에 따른 유형(다년초, 다육 식물, 관목, 상록수 등), 우점 분류군의 범주(침엽수, 목초 등), 습도 조건(다습, 건조 등), 염도 조건(담수, 기수, 염수 등) 또는 지형학적 특징(산간 지대, 충적지, 강어귀 지대 등) 등 대상지 특성 인자에 따라 다양하게 기술한다. 필요할 시 복원될 생태계에 대해 사전에 구축된 자료들을 적극적으로 사용한다.

5. 생태복원의 목적을 진술한다.

생태복원의 최종 목적은 생태복원의 실행을 통하여 목표로 하고 있는 이상적인 상태나 그 환경을 구축하는 것이다. 이때 구체적인 목표를 명시하는 것이 모든 생태복원 작업의 기초가 되며, 향후 프로젝트 평가의 직접적인 기준이 된다. 신중한 목표의 기술은 명료할수록 좋다. 생태복원 프로젝트라면, 생태계의 통합성과 건강성, 그리고 향후 생태계가 지속가능할 수 있는 잠재성의 회복이라는 동일한 목적을 지니는데, 이러한 목적과 관련하여 "국제 생태복원 입문서"의 셋째 장에 복원된 생태계의 속성들이 기술되어 있다[1]. 생태복원 프로젝트별로 뚜렷한 목적이 기술되지 않으면, 전문성이 결여된 정부 당국 및 이해 관계자들이 프로젝트의 목표를 간과하거나 과소평가할 수 있다. 프로젝트의 목적에는 또한 특정 종의 서식지 제공, 특정 생물 군집의 회복 등 세부적인 하위 목적들이 포함된다.

생태복원의 목적은 훼손 이전 상태를 기준으로 복원 이후, 시간에 따라서 진행될 생태계의 흐름에 대한 현실적인 예측이 포함된 기준에 따라 정직하게 기술되어야 한다. 특정 대상지는 기존의 생태복원으로 인한 효과의 개연성이 남아 있어 사실적인 목적 아래 충실한 복원이 비교적 용이한 경우도 있다. 예를 들어, 훼손이나 그 피해 정도가 심하지 않다고 판단되는 경우, 인구 밀도가 낮은 지역, 또는 혹독한 환경 조건으로 인해 식물 종 개체수가 현저히 적은 경우 등이다. 이러한 목적으로 복원된 생태계라 할지라도 불확정적인 생태계의 복잡성과 역동성 때문에 이전의 생태계와 동일하기는 어렵다. 가령, 새로 복원된 생태계의 어린 초목들은 교란 전 상태와 유사하게 돌아가려는 습성이 있지만, 교란 이전의 원숙한 식생 상태와 완전히 똑같이 회복되기는 어렵다. 만약 대상지에 존재하는 제한 요소나 주변 조건의 일방적인 개입이 이전 상태로의 복원 자체를 불가능하게 하는 경우라면 훼손되기 이전의 상태로 비슷하게나마 복원하는 것 자체가 어려울 수도 있다.

---

1) 역자 주: 이와 관련해서는 생태복원 계획·설계론 제I권, 제4장, 복원생태학 이론에서 최신의 내용으로 제시하였다.

생태복원은 아래 다섯 가지 유형 중에 하나의 특성을 지니게 된다. 나중에 발생할 수 있는 착오로 인한 의견 충돌 및 책임을 최소화하고 복원의 원론적 의도를 강조하기 위하여 가장 적절한 정황적 판단이 필요하다.

a) 저하(생태계의 통합성과 건강성이 점진적으로 나빠지고 그 변화를 포착하기 어려운 경우) 혹은 훼손(생태계가 심각하고 명백하게 변화된 상태)된 생태계를 이전의 상태로 복원(Recovery)한다.

b) 완전히 파괴(저하나 훼손으로 인해 한 눈에 봐도 생물이 없는 상태)되었거나 기존의 자연 환경이 폐허가 된 생태계를 동일한 유형의 생태계로 대체(Replacement)한다. 새로운 생태계를 대체를 통해 조성할 때에는 육상생태계의 식생이나 수생태계의 저서(benthos, 水底, 물 바닥) 생태계가 훼손된 지역 등을 온전하게 재조성해야 한다. 대체는 일반적으로 탄광 지역이나 오염되어 버려진 산업 지역(심각하게 훼손된 도시나 산업 지대) 등지에서 시행된다.

c) 되돌릴 수 없을 정도로 훼손된 지역의 현재 상태를 훼손되기 이전의 생태계와는 완전히 다른 생태계로 변형(Transformation)한다. 변형은 도시화 영향을 받아 훼손 이전의 수문학적 특징이 복원되기 어려운 도시 속 자연 지역의 복원에 자주 사용된다.

d) 변화된 환경이 그 생물지역 내에서 자연적으로 발생되는 그 어떤 생태계 유형도 유지하기 어려운 경우에는 대체생태계로 치환(Substitution)한다. 쓰레기 매립지와 같이 대체생태계는 새로운 대상지 조건에 적응이 용이한 지역적인 생물종들로 구성된다.

e) 생태복원의 모델로 이용할 참조 생태계가 없는 경우에는 가능성이 높은 잠재적인 대체생태계로 교환(Substitution)한다. 가령, 수세기 동안 지속된 토지이용으로 생태계의 잔존물이 거의 남아있지 않은 인구 밀도가 높은 유라시아 지역에 적절한 방식이다.

모든 생태복원 프로젝트는 문화적 특성을 지닌다(지침 3번 참조). 이로 인해 공공 기관이 사업 실행과 허가의 모든 권한을 행사하기도 하지만, 프로젝트의 문화적 목적성은 대중에게 프로젝트의 혜택을 설득하는 주요 기준이 된다. 프로젝트에 대한 대중의 공감은 정부의 예산 편성, 프로젝트 실행 시 공공 기관에 대한 편의 도모, 프로젝트 계획과 실행에 있어서 이해당사자들의 참여 유도, 그리고 복원된 생태계에 대한 지역 주민들의 자발적 관심 등의 혜택을 준다.

6. 복원이 필요한 대상지역의 물리적 상태를 확인한다.

복원이 필요한 대부분의 생태계는 토양 답압(compaction), 토양 침식, 지표수 변환, 그리고 조수 침수 장애 등의 물리적 조건으로 인한 기능적 제약을 가질 수 있다. 물리적 환경은 복원 목적에 부합할 가능성을 지닌 생물종에 대해서 생태계 내의 지속적 존속을 도모할 수 있어야 한다.

7. 규제나 초기화(re-initiation)가 필요한 스트레스 요인을 확인한다.

스트레스 요인은 경쟁력 있는 종들을 반복적으로 방해함으로써 생태계를 유지하는 환경을 저하시키는 요인들을 의미한다. 예를 들면, 화재, 홍수, 장기화된 장마로 인한 산소 결핍, 주기적 가뭄, 조수 및 해안 에어로졸로 인한 염분 쇼크, 결빙 온도 또는 바닷가, 사구, 범람원 등에서 자주 일어나는 물과 바람 혹은 중력으로 인한 불안정한 기질 등이 이에 포함된다. 특정 생태계는 스트레스 요인이 생물자원의 주기적인 수확 또는 주기적인 방화와 같은 지속적인 문화 활동에 의한 것일 수도 있다. 이들을 문화적 요인으로 인해 발생하는 장애 요인으로 볼 수 있다.

8. 생태복원을 위해 도입이 필요한 생물상의 유형을 분류하고 확인한다.

많은 복원 프로젝트는 생물상의 조작(manipulation) 특히, 식생 조작이 필요하다. 복원 전문가는 생물상 조작을 통해 복원지역에서 원하지 않는 종은 제거하거나 개체 수를 줄이며, 서식하길 원하는 종을 생태계로 유도하기도 한다. 일반적인 관행에 따르면, 외래종은 완전히 제거되어야 한다. 생물상의 천이를 방해하거나 지체시킨다고 판단되면 외래종뿐만 아니라 토착종 역시 제거해야 한다. 반면에 도입이 필요한 종은 균근류, 질소 고정 박테리아 및 기타 토양 미소 생물종 등이다. 수환경에서는 저서생물 즉, 바닥 퇴적물(sediments)에 서식하는 생물종이 있다. 이동성 동물종은 대부분 복원된 서식지에 자연스럽게 도래하지만, 때로는 의도적으로 동물종을 들여 올 수도 있다. 조류를 위한 횃대나 작은 동물이 숨을 수 있는 바위 더미, 대형무척추동물을 위한 다양한 세균 배양 기질이 있는 개울 등을 만들어 도입하고자 하는 생물종을 복원 지역으로 유인할 수 있다.

9. 주위 환경(landscape)의 제한 요소를 확인한다.

때로 프로젝트 지역에서 다양한 생물종의 개체군 통계는 복원 지역을 둘러싸고 있는 주변 환경의 외면적인 상태의 지표가 되는 조건들 및 종들의 활동 특성에 따라 부정적인 영향을 받는다. 보통 주변 지역의 토지와 수자원 이용이 가장 큰 제한 요인이 된다. 만일 주위 환경의 특정 요소들이 복원을 제한하는 상태라면, 생태복원을 시도하지 않는 것이 좋다.

수생태계 복원 시, 유역 내 다른 공간들을 생태적으로 향상시키는 것이 매우 중요한데, 보통 외부 지역(off-site)으로부터의 실행 계획이 작성되어야 한다. 즉, 수생태계 복원을 위해서는 주위 환경을 복원해야 한다. 가령, 농업 지역의 탁한 오염수가 복원하고자 하는 지역으로 흘러 들어와 수생태계를 해치는 경우가 있을 수 있다. 또한 산림 지역에서 나무를 무분별하게 벌채하여 물의 흐름을 통제할 수 없기 때문에 빈번한 홍수가 발생하여 저지대가 상습적으로 퇴적되는 경우이다. 이러한 상황에서는, 수생태계 내 대상지 자체를 복원하기보다는 고지대의 산림 지역을 복원하는 것(조림(造林) 등)이 더 현명하다. 수문학의 체제는 어떠한 복원 현장에서든 댐이나 배수 시설, 도로 건설이나 공공사업에 의한 유거수의 전환, 개발 지역의 불침투수성 지표면 등에 의해 달라질 수 있다. 지하수면은 조림사업에 따른 증산작용으로 천천히 낮아질 수도 있고, 벌목 후 혹은 배수로가 메워진 후에 급격히 상승할 수도 있다. 주로 산불이 발생하는 곳은 화재 진압으로 인해 잡목림의 생육 밀도가 높은 곳인데, 화재 빈도는 의도적인 진압 또는 가연성 식물종을 피한 경관을 군데군데 조림함으로써 줄일 수 있으며, 때로는 식생 피복 면적의 감소를 유도하는 파편화 현상에 의해서 점차적으로 줄기도 한다. 한편, 복원 지역 내에 외래종이 정착되었다는 것은 주변 지역에도 그 생물종이 만연하다는 의미이다. 복원된 생태계에 조류 및 기타 이동성 동물종들이 다수 정착하기 위해서는, 이들의 영역 중 일부를 포함하는 복원 지역의 다른 생태계들 또한 건강해야 한다.

주변 환경 내 어느 곳에나 있을 수 있는 위험 요소들을 찾아내고 복원 프로젝트에 어떠한 영향을 미칠 것인지 감안하여, 사업 대상지가 개선될 수 있는 가능성을 현실적으로 평가해야 할 것이다.

10. 복원 프로젝트 예산의 출처를 확인한다.

계획된 내부 자금이 부족한 경우에 대비하여, 외부에서 조달할 수 있는 자금의 출처를 확인해 두어야 한다.

11. 필요한 인적 자원과 장비를 확인한다.

생태복원 프로젝트를 위해 정규 직원을 고용하고, 자원봉사자를 초빙하거나, 다른 인력 기관에 하도급을 줄 수 있다. 특수 장비가 필요한지, 제때 이용 가능한지의 여부 또한 확인해야 한다.

12. 필요한 생물자원과 그 공급처를 확인한다.

생물자원은 종자나 식물을 번식시키는 덩이줄기, 모종, 그리고 프로젝트 대상지의 잠재적 서식 종들을 포함한다. 시장에서 구입할 수 있는 종류도 있지만, 지방 고유의 토착 식물 종자와 같은 것들은 다른 인접 지역의 유사한 생태계에서 도입해야 할 것이다.

13. 정부기관에서 요구하는 인·허가 사항을 확인한다.

준설 혹은 강이나 습지의 매립, 토공사, 제초제의 사용, 불 놓기 등의 작업은 정부기관으로부터의 허가를 필요로 할 수도 있다. 복원 전문가는 멸종 위기의 야생 생물종 및 사적지 보호와 관련된 허가 사항들에 대해 숙지하고 있어야 한다.

14. 허가 시방서, 사유지의 행위 제한, 기타 법적 제한을 확인한다.

용도지역 또는 행위 제한에 대한 규정으로 인해서 복원 작업이 중단될 수도 있으므로 법률적 규제 내용을 사전에 확인해야 한다. 특히, 생물 종의 반입과 반출에 대한 조항은 생태복원 작업의 실행을 막을 수도 있다. 자연 보전 규제 하에 진행되는 사업의 시의성을 유념해야 자연보호지역에서 복원 사업을 진행할 때, 주변 환경을 특정한 목적으로 이용하여 기간 내에 프로젝트를 완성할 수 있다. 계약이나 저감 사업, 대체습지 조성에 의한 복원 사업의 경우, 계약 조건과 허가 시방서가 복원 계획 및 일정에 부합해야 하고 만약 그렇지 않다면, 담당 부서와 협의해야 한다.

15. 복원 프로젝트의 수행 기간을 확인한다.

프로젝트 수행 기간은 사업비에 큰 영향을 미친다. 단기 복원 프로젝트가 장기 프로젝트보다 비용이 더 많이 들 수 있다. 프로젝트 수행 기간이 길어질수록, 본문 지침 27번에 설명된 구체적인 복원의 목적을 이루기 위해서 생태복원 전문가가 자연 회복력 및 자원봉사자들의 참여 등 포괄적인 의미에 중점을 두기 때문이다. 저감 프로젝트와 같은 가속화된 복원 프로그램에는 이러한 자연적인 회복 과정보다 비용이 많이 드는 인위적 개입이 요구된다.

16. 장기적인 보호 및 관리를 위한 전략을 제시한다.

개인 사유지 내 복원 생태계의 보전이 위협을 받고 있는 경우, 보호 지역으로 설정하거나 다른 유형의 용도구역으로 지정하여 그 영향을 줄여야 한다. 외부로부터의 위협은 완충 지대의 설정이나 주변 토지 소유자들로 이루어진 공동 위원회의 결성 등 다양한 방법을 통해 대처할 수 있다. 다른 대안으로는, 복원된 사업지에 대한 권리를 공공 자원을 담당하는 부서나 비영리단체에 합법적으로 넘기는 것이다. 그러나 국유지에 조성된 복원 공간은 보호 및 관리가 완전히 보장되기 어려우므로, 책임 있는 부서에 의해 공식적인 약속을 받는 것이 좋다.

■ 예비 작업

예비 작업은 향후 복원 실행의 기반이 되고 잘 계획된 복원 설계의 토대가 된다. 예비 작업은 개념 계획 이후, 프로젝트를 실행할 판단이 들었을 때 진행된다.

17. 복원의 기술적인 측면을 담당할 복원 전문가를 고용한다.

복원 프로젝트는 생태계 발달 과정 중 드러나는 자연의 복잡성 때문에 항상 다른 분야 및 다양한 이해당사자들 간의 조율을 요구한다. 그러므로 복원 전문가는 프로젝트의 완결성에 위협이 될 수 있는 사항들을 미연에 방지하기 위해 전체적인 사업 흐름을 간파하고 조율해 나가야 하며, 본인의 판단에 의해 결단성 있게 대처할 수 있어야 한다. 대부분의 소규모 프로젝트들은 복원 전문가로 하여금 감독부터 현장 기술자 및 인부에 이르기까지 다양한 역할들을 동시에 담당하도록 한다. 반면, 대규모 프로젝트는 여러 명의 복원 전문가로 구성된 복원 팀을 지휘 감독할 수 있는 책임 복원 전문가(chief restoration practitioner, CRP)를 필요로 한다. 책임 복원 전문가(CRP)는 특정 임무의 수행 권한을 지니며, 궁극적으로 프로젝트의 목표를 완수할 책임을 지게 된다.

프로젝트 계획가들은 책임 복원 전문가(CRP)로부터 실무 정보를 습득한다. 대규모 사업에 대한 하도급 계약의 경우, 복원 전문가는 진행 일정상의 어려움, 설계 내용의 왜곡, 부풀려진 비용 등의 문제를 미연에 방지하기 위해 다른 하도급 업자와 동등한 지위를 지녀야 한다. 책임 복원 전문가(CRP)와 프로젝트 팀장은 끊임없는 의사소통을 통해 정보를 주고받게 된다.

때로는 상위 법인체의 특성 및 담당 부서의 성격에 따라서 전문가들의 역할이 구분된다. 한편, 사업의 지휘자가 여러 명인 경우에는 프로젝트 설계 및 실행에 있어 문제가 발생하기 쉽다. 허가 시방서로 작업 지시가 내려오는 특정한 복원 작업의 경우에는 대행사 직원이 복원 전문가와 함께 일하게 되는데, 이러한 관계는 복원 전문가의 사업 중 조정된 사항들에 대한 즉각적인 실행을 어렵게 하여, 전문가 본인의 탄력성과 혁신 능력을 감소시킬 수 있다. 책임자가 다수인 복원 프로젝트를 수행할 때 사전에 문서화된 규정을 마련할 필요가 있을 것이다.

18. 복원 사업 시행을 위한 팀을 구성한다.

대규모 프로젝트의 원활한 수행을 위해, 책임 복원 전문가(CRP)는 필요한 기술이나 경험을 보유한 기술자는 물론, 일반 노동자와 하도급자 등을 감독하는 다른 복원 전문가들과 협력해야 한다. 각 개인의 책임 소재가 분명하게 명시되어야 하며, 그에 수반되는 권한들이 적절히 주어져야 할 것이다.

19. 예비 작업의 완결을 도모하기 위한 예산을 준비한다.

예비 작업의 예산은 인건비와 재료비, 그리고 보고서 작성과 공사에 요구되는 비용을 모두 포함한다. 이 내역에는 중요한 사업의 추진 일정이 명시되거나 권장되기 때문에 향후 일정 조정에 중요한 역할을 한다.

20. 대상지의 현 상태와 생물상을 기록한다.

이 지침은 3번과 4번 지침에 수록된 내용과 관련된 항목으로써, 예비 작업에 있어서 보다 종합적이고 상세한 결과물을 요구한다. 이 단계의 문서화된 자료에는 대상지의 훼손 및 피해 정도가 정량적으로 기입된 체계적인 조사 내역이 포함되어야 한다. 또한 종 구성의 파악과 그 개체수의 추정에 대한 사항이 기록되어 있어야 한다. 차후 복원 사업 실행의 효율성을 가늠하기 위해서는, 대상지의 생태계를 구성하는 생물들의 구조 및 특성을 더욱 상세하게 기술할수록 좋다. 이에 더하여, 토양, 수리·수문 등의 물리적 환경에 대한 다양한 인자들에 대한 특성을 기록한다. 수집된 정보들은 향후 프로젝트 평가 시, 복원 전·후의 대상지 비교를 위해 유용하게 활용될 수 있다.

현장의 진행 상황 조사를 통해 수집된 사진 자료의 체계적인 분류와 보관 또한 매우 중요하다. 대상지의 기상 조건이 좋은 경우, 시공 전 현장 상황을 충분히 보여줄 수 있을 정도의 양만큼 사진이 촬영되어야 한다. 또한 복원 전·후의 상황을 비교할 수 있도록 사진이 어느 위치와 방향에서 촬영되었는지 기록한다. 클로즈업과 광각 사진, 트럭의 화물칸 정도의 높이에서 찍은 사진도 추후 유용하게 활용될 것이다. 녹화 및 영상 자료, 항공사진, 저공 비행기에서 사선 방향으로 촬영된 항공사진 또한 유용하다.

21. 복원의 필요성을 알려주는 대상지의 역사를 기록한다.

포괄적인 개요 작성을 위해, 지침 3번에서 언급된 사업 대상지에 대한 역사적 정보를 상세히 서술하는 것이 도움이 될 수 있다. 대상지의 생태계에 큰 영향을 준 사건들에 대해서 기간 및 그 내역을 기록한다. 이때 교란이 진행되고 있는 단계를 시각적으로 보여줄 수 있는 과거에 촬영된 항공사진들이 큰 도움이 된다.

22. 사전 모니터링을 필요한 만큼 수행하라.

프로젝트 실행에 앞서 보통 일 년 혹은 그 이상에 해당되는 기간 동안 수질, 지하수위, 토양 생물의 총대사량과 같은 변수들의 기초 측정값을 확보, 축적하는 것이 큰 도움이 된다. 이러한 측정값은 모니터링의 일부로서, 사업이 완료될 때까지 지속적으로 확보되는 자료들이다. 그 중 예측하지 못한 결과가 있다면, 프로젝트의 손실을 방지하기 위해 특정 문제에 대한 중간 수정이 필요하다. 축적된 모니터링 자료들은 복원 사업 이후, 복원의 효율성을 평가하기 위한 자료로 활용될 수 있다.

23. 참고 모델로서 참조 생태계를 지정한다.

복원할 생태계에 대한 참고 모델은 복원 계획의 기준이 될 대상지의 현 복원 상태나 미래 목표의 설정 때에 필요한데, 특히 복원 이후 평가의 기준이 된다. 참고가 되는 생태계는 대상지의 훼손 이전 모습일 수도 있고 유형이 동일한 다른 생태계들 가운데 교란이 특히 적은 곳이나, 그러한 장소들에 대한 간접적인 모식도일 수도 있다. 본 항목과 관련하여 "국제 생태복원 입문서"의 다섯 번째 장에 참고할만한 서류들이 기술되어 있다. 참조 생태계는 복원으로 인하여 기대되는 잠재적 목표 범주를 수용할 수 있을 정도의 충분한 규모를 지닌 지역이어야 한다.

대상지 주위에 산재하는 위협 요인들로 인해서 대상지의 역사적 맥락이 변질되었거나, 복원 이후 생태계와 비교할만한 대상지와 유사한 특성을 지닌 생태계의 발견이 쉽지 않은 경우에는 참조 생태계의 지정이 어렵다. 극단적인 경우에는 이용 가능한 참조 자료가 목표 군집 구조의 생태계 조성에 필요한 잠재적인 자생종 목록뿐일 수도 있다. 참조 생태계가 복원 프로젝트의 실행과 복원 후 평가의 모델로 기능할 수 있는가에 대한 여부는 그 선정에 대한 구체성과 타당성에 달려있으며, 이는 프로젝트에 따라 달라진다. 참조 생태계는 프로젝트의 성격에 따라서 적절한 모델로서 기능하기도 하지만, 향후 복원 사업이 진행될 방향만을 암시해주기도 한다.

24. 핵심 종을 위한 적절한 개체생태학 정보를 수집한다.

복원 전문가는 대상지역에서 핵심적인 역할을 하는 종의 확보, 관리, 생식 방법에 대한 관련 지식과 정보들을 가능한 많이 파악해야 한다. 필요한 경우라면, 프로젝트 실행 전에 핵심 종의 정착과 성장을 위한 실험들이 복원 팀에 의해서 직접 수행되기도 한다.

25. 복원 방법과 전략의 효율성을 평가하기 위한 조사를 수행한다.

혁신적인 복원 방법은 복원 대상지에 적용되기 전에 실험을 통해 검증되어야 한다. 이러한 시험 시공이나 소규모의 시범사업들은 대규모 복원사업의 실행 이전에 설계나 시공에 있어 그 가능성과 취약점을 파악할 수 있도록 도와준다. 특히 특정 생태계를 처음으로 복원할 때에는 이러한 조사 및 시범사업이 유용할 수 있다.

26. 생태계 복원 목표가 실현가능한지 또는 조정이 필요한지 결정한다.

현실적인 목표의 선택은 어느 복원 사업에서나 매우 중요하다. 개념 계획 중 다섯 번째 항목에 제시된 복원 목표들은 이후 얻어진 보다 상세한 정보들을 통해 검토했을 때, 현실적으로 그 실현이 어려운 것으로 판단될 수 있다. 이러한 경우에는 부수적인 목표들을 반영하거나, 기존의 목표를 재평가하여 실현 가능한 목표로 조정하는 과정이 요구된다.

27. 복원 목적을 달성하기 위해 필요한 단계별 목표들을 수립한다.

복원 목적을 달성하기 위해서는, 단계별로 세분화된 목적을 달성하기 위해서 명백한 조치를 취해야 한다. 그 단계별 결과를 목표라고 한다. 가령, 농경지를 이전의 산림 생태계로 되돌려 놓는 것을 목표로 하는 복원 프로젝트의 경우, 대상지의 일정 지역에 선정된 식물종의 조합을 통해 개체수가 풍부한 수림을 조림하는 것이 하나의 단계별 목표가 될 수 있다. 하도급으로 실행되는 프로젝트에서는 프로젝트 수행 일정이 목표를 대신하는데, 이는 프로젝트의 계획, 예산 수립, 제도적 검토 과정에 따라서 지정된 기간 내에 목표를 달성하는 것이다.

36번째 항목에 기술된 바와 같이, 목표들은 정확한 실험과 경험을 기반으로 하여 확정되어야 한다. 복원 사업의 목적 설정 이후에는 그 프로젝트의 성과를 기준으로 단계별 목표가 정해진다. 이때 목적은 단계별 목표만큼 정확한 실험 혹은 경험에 의거하여 확정되기 어려운데, 이는 끊임없이 변화하는 생태계의 역동성으로 인하여 발생되는 변수들을 측정할 수 없기 때문이다.

생태적 목표는 특정 생물상이나 물리적 환경에 대한 조작(manipulation)을 통하여 구현된다. 도로 제거하기, 이전에 파였던 수로 메우기, 토양에 유기물이나 석회 뿌리기 등의 작업들은 복원의 초기 단계에서 시행되기도 한다. 목표종의 서식 및 생육을 위협하며 지속적으로 침입하는 식물종의 제거, 침입을 방지하기 위한 주기적인 불 놓기 작업 등은 주기적으로 수행해야 하는 작업들에 속한다. 때로는 수립된 목표가 대상지 내 상황 개선을 위하여 그 외부 지역을 복원해야 하는 조치일 수도 있다. 단계별 생태적 목표들의 수와 각각 포함하고 있는 내용들은 프로젝트의 목적과 대상지 안팎의 생태계 훼손 및 파괴 정도에 따라 다양하게 변할 수 있다.

문화적 측면에서의 생태복원 목적은 특정 프로젝트가 속한 사회 속에 내재된 문화적 의식에 대한 고취에서 시작한다. 그에 따른 상세한 목표들은 공공 캠페인, 진행 중인 복원 사업에 대한 홍보, 복원 실행과 모니터링에 대한 이해 당사자나 학생들의 참여, 또한 생태복원에 따른 문화적 유대감을 추구하는 행사를 포함하여 다양한 활동을 수반한다.

28. 각종 관리 기관과 도시계획 부서에서 요구하는 인·허가를 빠짐없이 받는다.

프로젝트 관련 인·허가 사항에 대해서는 지침 13번과 14번에서 기술하였다.

29. 관련 공공기관과 연락망을 구축한다.

생태복원 프로젝트가 공공 부문의 지출 없이 사유지에서 실행되는 경우에도 프로젝트는 대중의 관심을 필요로 한다. 복원된 생태계와 그 생산품은 소유 지역의 물리적 경계를 넘어 다수에게 이로운 자연 서비스를 제공하며, 공공을 위한 사회적 복지에 기여한다. 자연 자원의 보호 및 관리를 책임지는 공공 기관은 소유권과 자금 출처에 상관없이, 관할권 내에서 실행되는 모든 복원 사업에 대하여 파악해야 한다. 이는 언론의 호의적인 관심이나 미래에도 운영될 수 있는 세심한 관리 혹은 공공기관에서 제공하는 다양하고 우호적인 편의를 제공받으며, 궁극적으로는 복원 프로젝트가 보호받을 수 있도록 한다. 공공기관과의 긴밀한 유대 관계망을 구축하기 위해서는 복원 지역으로의 관광, 홈페이지 정보 공개, 소식지 공시, 보도 자료 발표 등 다양한 방법을 활용한다. 또한, 관계 부처 간 비망록을 통하여, 후원 기관에 의해서 공유지에 수행 중인 복원 프로젝트에 대한 정보가 다른 기관들에 알려질 수도 있다.

30. 대중과 소통하고, 공개적으로 프로젝트를 홍보한다.

지역주민은 복원 사업의 실질적인 이해당사자이다. 그러므로 복원된 생태계가 제공하는 개인적인 이득에 대하여 이해할 필요가 있다. 가령, 복원된 생태계는 친환경 관광을 통하여 지역 경제에 도움을 줄 수 있으며, 그 지역의 학교 아이들에게는 환경교육의 장으로 기능할 수 있다. 지역주민들이 생태계 복원을 적극적으로 선호하는 경우에는 복원 지역이 지속적으로 보호될 수 있고, 그들의 정치적인 후원도 받게 될 것이다. 반대로, 지역 주민들이 복원 실행 작업 및 그로 인한 혜택을 이해하지 못한다면, 복원 지역에 대한 훼손이 불가피해진다.

31. 문화적 목적을 이루기 위하여 일반 대중들이 프로젝트 계획 및 실행에 참여할 수 있는 기회를 마련한다.

일반적으로 생태복원 실행 공정은 전문 기술자에 의한 방식(technocratic manner)으로 실행된다. 특히, 공공 기관에 의해 명시된 계약 조건과 규정들을 충족하기 위한 프로젝트일 경우, 법률적으로 요구되거나 혹은 가끔 형식적으로 열리는 공청회를 제외하면 일반 대중이 프로젝트에 참여할 기회는 거의 없다. 복원 프로젝트의 경우에도 일반적인 계획 및 실행, 그리고 모니터링은 자원봉사자의 도움 없이 훈련된 전문가에 의해서 수행된다. 자원봉사자에 의한 모니터링의 경우, 보험과 관련된 책임 부담의 위험 요소가 생길 수도 있고, 프로젝트의 진행 일정이나 관리 감독 측면에서 차질이 생길 수도 있다. 또한, 일반 대중의 참여는 사업비를 증가시키고 복원 사업의 완공에 차질을 줄 수도 있다. 그러나 일반 대중의 참여를 완전히 배제한다면, 지침 30번에서 언급한 여러 문제들이 일어날 수가 있다. 공공 기관은 지역 주민 및 다른 이해당사자들이 복원의 모든 단계에서 복원 프로젝트에 참여할 수 있게 주선함으로써 얻게 될 이익들을 이해하고 대중에게 완성된 프로젝트에 대해 소유자로서의 느낌을 주며, 관리자로서의 책무를 가질 수도 있다.

32. 사업 실행의 용이성을 위해 도로, 사회기반시설 등을 설치한다.

일반적으로 도로나 기타 사회기반시설들은 복원 사업 이전에 제거된다. 하지만 사업 현장으로의 원활한 접근과 프로젝트 실행과 관리를 용이하게 하기 위해서 기존 사회기반시설을 개선하거나 새롭게 조성할 필요가 있다. 예를 들어, 사회기반시설의 개선은 사업 기간을 줄일 수 있고 안전성을 높이며, 프로젝트를 홍보할 수 있는 관광 기회들을 만들어 준다. 뿐만 아니라 민감한 서식지 내 통행량을 줄이며, 노출된 토지의 토양 유실로 인한 침식을 줄일 수 있다. 이를 위해 운반 도로, 적재 장소 그리고 소방 도로 등이 충분히 설립되어야 한다. 가능하다면 프로젝트 수행의 마무리 단계에서 이러한 사회기반시설을 제거하도록 한다.

33. 프로젝트를 수행하고 감독할 직원을 고용하고 훈련시킨다.

생태복원 경험이나 특정 방법론에 대한 지식이 부족한 프로젝트 담당 직원은 본인의 지식을 넓히기 위해 워크숍, 학회, 협회 등에 참여하는 것이 좋다. 또는 책임 복원 전문가(CRP)가 적절한 훈련을 위한 기회를 주선하여 제공할 수도 있다. 인부들을 포함하여 복원 사업에 종사하는 모든 사람들이 진행 중인 프로젝트의 목적과 단계별 목표가 무엇인지 개략적으로라도 이해하는 것이 가장 이상적이다.

■ 실행 계획

실행 계획은 프로젝트의 목표를 실현하기 위해 수행하는 작업을 말한다. 이 작업은 프로젝트 설계의 총괄적인 실행을 의미한다. 실행 계획이 얼마나 신중하고 완전하게 구성되었는가는 실제적인 작업의 적절한 수행 및 결과로 이어진다.

34. 각 단계별 목표를 달성하기 위해 필요한 조치들을 기술한다.

책임 복원 전문가(CRP)는 지침 27번에 나열된 각각의 목표들을 성취하기 위해 필요한 모든 행동과 처리 공정, 세밀한 조정 등을 명확하게 지정하고 기술해야 한다. 가령 단계별 복원 목표가 이전 경작지에 정주하던 생물종들의 조합을 통해 풍성한 수림을 조성하는 것이라면, 지정된 수종의 어린 나무들을 특정 밀도로 조림하는 것이 하나의 조치가 될 것이다.

복원 프로젝트는 비용 증가나 촉발된 일정상의 지연으로 인해 중간 과정에서 설계 변경을 해야 하는 번거로움을 줄이기 위해, 미리 이러한 위험요소들을 고려하여 설계해야 한다. 이를 위해 생물자원의 도입 이전에 현장 준비 작업을 세심하게 계획해야 할 것이다. 생물자원이 도입된 이후에는 부적절한 현장 준비 때문에 발생한 물리적 환경의 기능 장애를 조정하기 어렵고, 비용도 많이 든다.

초기 실행 후에 사후 관리 혹은 주기적인 관리가 필요한 복원 조치들도 있다. 이러한 조치들은 예측 가능하며, 상응되는 단계별 목표들의 실행 계획과 관련하여 기록된다. 가령, 새롭게 조성된 땅의 침식에 대한 개선 작업이나 묘목 근처에서 경쟁적으로 침범하는 잡초나 넝쿨의 제거 등을 통하여 관리 작업이 수행된다.

35. 복원의 자연적 과정과 의도적 과정을 동시에 인정한다.

극단적인 경우를 제외하고 생태계는 일반적으로 복원 목적의 달성을 위한 의도적 개입(intervention)을 필요로 한다. 가령, 특정 대상지에 생물군의 회복을 위한 물리적 환경의 조작만이 요구된다면, 복원 전문가는 물리적 환경의 개선을 위한 복원 기법들을 선별하여 사용하게 될 것이다. 한편, 생태계 회복을 위한 자연적인 예측 또한 고려하였다는 점을 확실히 하기 위해, 복원 계획에는 인위적인 개입 없이 자연적으로 전개되리라 예측되는 속성들이 포함되어야 한다. 앞에서 제시한 사례에서, 전문가는 생물군 자체의 복원을 위한 조정은 별도로 필요하지 않았음을 명시하였을 것이다.

정리하자면, 생태복원은 전문가에 의한 최소한의 신중한 개입을 포함한 의도적인 과정임을 직시해야 한다. 만약 어떠한 개입도 관여되지 않았다면 이것은 자연적 재조정(natural reestablishment)으로 봐야 마땅하며, 그것도 아니라면 "생태복원"이 아닌 다른 용어를 사용해야 할 것이다.

36. 각 목표의 달성을 측정할 성과 기준 및 모니터링 계획안을 마련한다.

성과 기준(performance standard, design criterion, success criterion)은 복원 목표가 달성되었음을 판단할 수 있는 생태계의 특정한 회복 상태를 말한다. 예를 들어, 이전의 농경지에 도래하였던 생물종들의 조합으로써 풍성한 수림을 조성하는 것(지침 27번 사례)이나, 특정 식물종의 어린 나무를 특정 밀도로 식재하는 것(지침 34번 사례)이 하나의 단계별 목표라면, 이에 대한 효과적인 성과 기준은 종의 밀도, 나무의 크기, 수관 폐쇄성(canopy closure) 등의 기준을 활용하여 특정 종들의 나무들로 이루어진 어린 숲의 조성이 될 것이다. 주어진 기간 안에 파종된 지역에서 성장력을 갖춘 식물의 조성 한계 비율을 달성하는 경우에도 성과 기준이 필요하다.

한편, 수로가 메워졌는지 아닌지와 같이 단지 관찰을 통하여 특정한 성과 기준에 도달했는지 가늠하는 경우도 있다. 반면, 물리적 변수들, 식물 개체수의 증가량 등을 바탕으로 생육 수준을 측정하기 위한 기록 중 특징적인 결과를 파악하기 위해서 지속적인 모니터링이 요구되는 성과 기준도 있다.

단계별 목표의 성취 여부를 평가할 때는 전문가 스스로의 확신을 위해서라도 성과 기준을 신중하게 선택해야 한다. 그렇지 않으면 초기 실행 결과에 따라 성과 기준이 성급하게 편향되어 객관성을 유지하지 못하게 될 수도 있다.

효과적인 성과 기준의 평가를 위하여 모니터링 계획안 또는 그에 대한 지침(protocol)은 사전에 준비해야 한다. 성급하게 준비된 모니터링 계획은 관련 없는 정보를 양산하는 동시에 프로젝트 예산을 부풀린다. 모니터링 원안은 저비용으로 모니터링 자료를 쉽게 모을 수 있는 것으로 마련해야 한다. 모니터링 계획이 정해지면, 자료 분석을 위한 절차를 명시해야 한다. 예를 들어, 중요한 결과적 차이점을 밝혀내기 위해서 통계 절차를 규정하며, 이에 대한 신뢰 구간이 명기되어 있어야 한다.

성과 기준은 도급업체에 의한 복원 계획이나 허가 조건의 충족이 필요한 프로젝트의 경우 특히 유용하게 사용될 수 있다. 성과 기준의 달성은 목표의 성취에 대한 증거가 되므로, 도급업체는 계약에 따른 금액을 받게 되고 허가증 소지자는 규제에 대한 부담에서 면제될 수 있는 근거를 얻게 된다. 성과 기준을 달성하지 못했을 때는 불이행의 증거가 되어 집행 조치 및 법률상의 제재를 받을 수 있다.

그러나 기술주의적 맥락을 조금 벗어나면, 생태복원 프로젝트에 대한 성과 기준의 필요성이 줄어든다. 규모가 작고 비교적 단순한 프로젝트 또는 주어진 기간 안에 완료하는 것이 그다지 중요하지 않은 프로젝트의 경우에는 성과 기준을 반드시 명기하지 않아도 된다. 이는 지침 49번에 기술된 생태적 평가로 대치될 수 있다.

37. 각 목표를 달성하기 위한 작업 일정을 수립한다.

복원 작업의 세부 일정 계획은 상황에 따라서 매우 복잡할 수도 있다. 어떤 조치들(interventions)은 동시에 진행하고, 다른 조치는 순서에 따른 실행이 필요할 수 있다. 묘목의 경우에는 대상지에 이식되기 전에 사전 계약을 통하여 여러 달 동안 재배하여 최적의 상태에서 식재해야 한다. 이때 식재 작업이 지연되면 묘목들이 뿌리를 내려 이식이 어려워진다. 직접 파종 작업을 하는 경우에는 종자 채취 구역에 대해 알아 두어야 한다. 종자는 잘 숙성된 후 채취해야 하고, 보관 및 사전 처리를 필요로 할 수도 있다. 한편, 육상 생태계 복원 사업을 위한 프로젝트 현장 준비는 여건이 맞지 않는다고 판단된다면, 일정을 잡지 말아야 한다. 예를 들어, 많은 비가 올 때에는 토양 조정이 불가능하며, 불 놓기 작업의 경우에는 적절한 소방 규약에 따라 계획 및 실행되어야 하기 때문이다. 특히, 노동력 조달의 어려움이나 장비의 일시적인 불가용은 일정 수립을 훨씬 복잡하게 만든다. 더운 날씨나 번개를 동반한 폭풍우가 있는 날에는 현장에서의 근무 시간을 짧게 줄여야 할 것이다. 또한 우천 시에는 장비가 진흙으로 더러워질 수도 있다. 그러므로 작업 일정을 짤 때에는 이러한 예측 불가능한 사태들에 대하여 계획을 세워 두어야 한다.

대부분의 실행 목표들은 주로 1년에서 2년 사이에 완료된다. 하지만, 시간이 많이 지연되는 작업도 있을 수 있다. 예를 들어, 특정한 서식지 조건을 필요로 하는 식생이나 동물을 재도입하는 경우, 해당 종의 서식지가 적합한 상태로 발달되기까지 수년을 기다려야 하는 경우도 있다.

38. 장비와 공급물자 및 생물자원을 확보한다.

복원 계획에 대한 실행은 적절한 장비들을 필요로 한다. 기계류의 선택은 토양을 과도하게 경화시키지 않고 회전 시에 토지에 손상을 일으키지 않는 것을 선택해야 한다. 또한, 자연적으로 분해되지 않는 플라스틱으로 만들어진 피복재보다는 친환경 유기질의 멀칭 재료와 같은 분해가 잘되는 재료를 사용해야 한다. 묘목은 발달 상태가 가장 좋은 생장 적기에 구입해야 하고, 화분에 필요한 흙은 자연 재료를 이용해야 한다. 무엇보다 생물자원은 제대로 적응하지 못할 생태계의 무분별한 도입을 방지해야 하고, 대상지로의 유전적 적합성을 증가시키기 위해서 해당 지역의 생태계 유형들로부터 도입해야 할 것이다. 특히 결정적인 환경적 변화에 봉착한 대상지에는 생물자원이 미리 적응할 수 있도록 보다 넓은 범위의 생태계 유형을 고려하여 생물종을 선택하는 것이 좋다. 때로는 종묘상으로부터 수급 받은 훌륭한 수목으로 선별되었던 우수한 나무들을 의도적으로 하급의 나무들 사이에 심어, 수염뿌리 생성 외에 생태계 진행 과정을 촉진시키는 경우도 있다. 동일한 맥락으로, 기형적인 나무는 야생생물의 서식지로 중요한 가치를 지닐 수도 있다. 또한, 특정 재배종 및 교배종을 자연적인 종이나 분류군으로 간주할 수 없다는 이유로 인해서 일시적인 지피 식물이나 보모 작물(nurse crops) 이상의 기능으로 이용할 수 없게 되는 경우도 종종 있다.

39. 실행 작업, 관리비, 그리고 만일의 사태에 대비한 예산을 준비한다.

계획된 실행 작업의 예산을 산출하는 일은 매우 중요한데, 예측할 수 없는 만일의 사태에 대응하기 위한 예산도 함께 고려되어야 한다. 그 어떤 복원 사업도 초기에 예측된 모습과 정확히 일치된 상태로 완료될 수 없다. 복원 과정에는 수많은 변수들이 발생할 것이므로, 이에 대해 완벽히 대비하는 것은 불가능하다. 좋지 않은 기상 여건, 새로 식재된 대상지에 사슴과 같은 초식동물의 습격, 외래종의 군집 형성, 공공 기물 파손 또는 프로젝트 구역에 손실을 주는 주변 지역의 토지이용을 예로 들 수 있다. 이는 프로젝트 과정의 설계 변경, 조정 등의 과정을 요구한다. 일반적으로 중간 단계의 조정에 드는 비용은 그 필요성이 발견된 이후로부터 대응에 소요되는 시간에 비례한다. 이러한 이유 때문에 예비비는 단기간의 통보나 변수의 발생에도 바로 사용될 수 있도록 사전에 계획되어야 한다.

■ 실행 작업

프로젝트 실행 작업은 실행 계획을 이행하는 작업이다. 현실적이고 정확한 계획과 신중한 감독 및 검토를 통해 실행 작업을 계획된 예산 범위 내에서 수월하게 완료하도록 한다.

40. 프로젝트 대상지와 작업 공간의 경계를 설정한다.

작업 인부들이 작업할 공간을 쉽고 정확하게 인식할 수 있도록 대상지 내 사업 실행 지역이 눈에 잘 띄도록 표시해야 한다.

41. 영구적인 모니터링 시설물을 설치한다.

주기적인 모니터링에 사용될 절개선의 끝부분, 촬영을 위한 시설 공간, 벤치마크, 기타 설비들의 위치 파악을 위하여 말뚝을 박아 구분하거나, 특별한 표기를 한다. 또한, 가능한 경우 GPS 좌표를 입력시켜 둔다. 설치된 스태프용 계량기, 압력을 측정하는 피에조미터 구멍이 혹은 다른 특정 모니터링 장비들이 가시적으로 쉽게 인지되도록 하고, 그 위치를 GPS 좌표에 입력한다.

42. 복원 작업을 실행한다.

생태계 복원 목표를 달성하기 위해 지침 34번에 제시된 복원 작업들을 실행한다. 책임 복원 전문가(CRP)는 직접 프로젝트 실행을 감독할 수 있고, 감독을 선출하여 팀원들에게 위임할 수도 있다. 복원 전문가는 실제적인 작업을 하고 있는 하도급자나 자원봉사자 혹은 작업 인부들이 시행 후 책무를 지지 않도록 수시로 조정해야 한다. 프로젝트 실행 중간에 발생한 문제를 조정하는데 드는 비용은 적절한 관리 감독의 비용을 훨씬 능가하는 것이다.

■ 실행 후 단계

복원 목표의 달성 여부는 실행 과정은 물론 실행 후 관리 작업에 의해 좌우된다. 이러한 실행 후 작업의 중요성은 아무리 강조해도 지나치지 않다.

43. 복원된 지역을 고의적 파괴 행위자 및 초식 동물들로부터 보호한다.

사업 실행 후에는 프로젝트 지역의 보안에 대해 검토해야 한다. 반달리즘(vandalism)은 청소년들이 복원 지역을 캠프파이어, 진흙 오토바이 트랙 설치 등의 레크리에이션 활동의 장으로 활용하는 것을 포함한다. 가축이나 멧돼지, 사슴, 코끼리, 거위 등의 초식 동물을 고려해야 한다. 가령, 비버 역시 개울 및 지하 배수로를 막을 수 있기 때문에 새로 식재된 지역을 훼손시킬 수 있다. 해를 끼치는 동물들은 덫으로 잡아 다른 구역으로 이동시키거나 복원 지역 주변에 펜스를 둘러서 막을 수도 있다.

44. 사후 관리를 실행한다.

지침 34번에서 제시한 관리 작업을 실행한다.

45. 중간 단계에서 조정의 필요성을 확인하기 위해 대상지역을 주기적으로 점검한다.

책임 복원 전문가(CRP)는 관리 일정을 수립하고 만일의 사태에 신속하게 대응하기 위해서 복원 사업 후로부터 첫 1~2년 사이에는 복원 지역을 자주 점검해야 한다.

46. 성과 기준의 달성을 문서화하는 데 필요한 모니터링을 수행한다.

모니터링 및 수집된 자료를 이용한 보고서 작성에는 적지 않은 비용이 들 것이다. 그러므로 특정 모니터링 자료가 결정적인 의미를 지닌다는 판단을 내리기 전에는 성급하게 모니터링을 하지 않는다. 주기적으로 예비 조사(지침 45번 참조)를 수행한다면, 필요 이상의 모니터링을 수행할 필요성을 줄일 수 있다. 물론 모든 모니터링이 지연될 수 있는 것은 아니다. 수위 및 수질 변수와 같은 결정적인 요인들은 개연성 있는 자료들의 구축과 정리를 위해 정기적인 일정으로 측정해야 할 것이다. 때로는 식재된 묘목의 생존 관리를 위한 모니터링이 지속적으로 필요하다. 모니터링 과정 중에 죽어버린 묘목을 새 묘목으로 교체하는 것은 순간적으로 효율적인 방안을 강구한 사례이다.

47. 필요할 경우 순응적 관리 과정을 실행한다.

복원 전략으로서 순응적 관리는 모든 대상지에 필수적이지는 않더라도 매우 추천할만한 것이다. 이는 한 단계의 프로젝트 작업에서 발생하는 상황이 다음 단계의 계획 사항들을 변경시킬 수 있기 때문이다. 복원 계획은 목표에 도달하지 못한 결과에 대해서 대안적인 조치를 용이하게 하도록 할 유연성을 지녀야 한다. 순응적 관리 계획의 이론적 근거로써, 모니터링 자료 혹은 관찰 자료들을 충실하게 기록한다. 프로젝트 매니저는 책임 복원 전문가(CRP)로서도 조정하기 어려운 문제들로 인해 복원 대상지가 그 목표를 달성할 수 없는 상황이 발생하는 경우에 대하여 숙지하고 있어야 한다. 이러한 경우에는 손상이 적고 기능을 다할 수 있는 건강한 생태계로의 회복을 위한 새로운 목적(지침 5번 참조)이나 단계별 목표들(지침 27번 참조)을 정립해야 할 것이다.

■ 평가 및 홍보

평가는 프로젝트의 목표와 목적이 충실히 이루어졌는지를 검토하기 위해서 수행한다. 또한, 홍보를 위해서 생태복원 프로젝트를 일반 대중 및 관련 전문가들을 위해 공개할 수 있다.

48. 성과 기준을 달성했는지 그리고 프로젝트 목표가 달성되었는지를 결정짓기 위해 모니터링 자료를 평가한다.

자료 분석 결과는 서면으로 기록한다. 만일 성과 기준을 타당한 기간 내에 달성하지 못했다면, 지침 47번을 참조하라. 본 지침은 36번 항목에 기술된 성과 기준이 규정되지 않은 소규모 프로젝트에는 적용되지 않는다.

49. 완료된 사업에 대한 생태적 평가를 실행한다.

이 지침은 지침 36번에서 제시한 별도의 성과 기준이 없는 프로젝트의 평가를 위한 것이다. 지침 20번에 제시한 바와 같이, 복원된 이후의 생태계를 이전의 상태와 비교하여 평가해본다. 이 평가는 지침 5번에 언급된 복원된 생태계가 생태적 속성을 포함한 모든 생태적 목적을 달성했는가의 여부를 결정짓는다. 평가는 전문적인 출판물의 형식으로도 이루어질 수 있다. 특정 전문지들이 부여하는 엄격한 과학적 필요조건들의 충족을 위해서, 이 평가는 모니터링을 통해 얻어지는 자료보다 복원지의 특성을 설명해주는 많은 자료들을 필요로 한다. 이러한 생태적 평가는 완성된 모든 복원 프로젝트에 적절하다고 볼 수 있다. 복원 프로젝트에 의해 조성된 생태계 보호에 대한 관리를 때로는 후속적인 연구를 수행할 수 있는 기관에 영구적으로 맡길 수도 있다. 차후에 활용될 목적을 위해서라도 시행 전·후 결과를 비교하기 위해 필요한 자료의 목록 구성 및 프로토콜 수립에 신중을 기해야 한다.

50. 프로젝트의 문화적 목적이 충족되었는지 고찰한다.

이러한 목적들은 지침 5번에 제시하였다.

51. 완성된 복원 프로젝트를 홍보하고, 서면 기사를 준비한다.

프로젝트 수행자들은 보통 완성된 프로젝트의 중요성과 그것이 일반 대중과 환경에 미치는 이익을 미처 고려해 보지도 않은 채 새로운 프로젝트로 넘어간다. 때로는 계약 혹은 허가를 위한 최종보고서가 요구되기도 하지만, 이러한 경우가 아니더라도 최종 보고서를 준비하는 것은 프로젝트의 확실한 기록을 남기는 것이다. 또한, 일반 대중은 완료된 프로젝트의 내용과 그 이점에 관한 정보를 받을 권리가 있다. 이를 위해, 보도 자료 준비, 미디어 관련 행사, 공개적인 기념행사 등을 일정 별로 실시할 수 있다. 이때 일반인을 위한 홍보용 기사에는 전문 용어를 남용하지 않도록 한다. 홍보는 대중으로부터 생태복원에 대한 지속적인 관심을 유도할 수 있는 방법이다. 또한, 정책 수립자나 정치인들이 성공적으로 완성된 프로젝트에 대해 알게 되고, 이것이 새로운 복원 프로젝트의 장려 또는 자금 조달로 이어질 수 있다. 프로젝트의 기술적인 면 또한 홍보를 통해 알려질 수 있다. 복원 전문가가 축적한 연구 및 현장 자료들은 전문적인 능력을 향상시키고자 하는 모든 복원 전문가들에게 귀중한 정보로 제공된다. 이러한 정보들은 구체적으로 다양한 생태복원 사업을 위한 회의 시 문서 및 포스터 형식으로 활용되거나, 전문 잡지, 업계의 학술회지 또는 온라인을 통해 발표 및 공시될 수 있다.

사진설명 : 군산 회현방조제

찾아보기

찾아보기

숫자

영어

B

F

K

P

R

S

한글

ㄱ

ㄹ

ㅁ

ㅂ

ㅇ

ㅈ

ㅍ

ㅎ